普通高等教育"十一五"国家级规划教材

兽医产科学

章孝荣　主编

中国农业大学出版社
·北京·

内容简介

本教材共分七章，内容包括动物生殖内分泌学基础、生殖生理、生殖疾病和繁殖控制新技术四个方面，并附实习指导。

生殖内分泌学基础主要介绍内分泌与激素的基本知识、主要生殖激素和生殖内分泌调控机理。生殖生理包括母畜生殖生理、公畜生殖生理、泌乳生理和新生仔畜生理等，其中母畜生殖生理主要介绍了母畜的生殖机能发育、发情、排卵、受精、妊娠、分娩等生殖生理过程；公畜生殖生理主要介绍公畜的生殖机能发育、精子生成以及精子的形态结构与特点；泌乳生理主要介绍乳房的解剖结构、乳腺的发育和泌乳过程；新生仔畜生理主要介绍新生仔畜的生理特点和护理要点。生殖疾病包括产科疾病、母畜科疾病、公畜科疾病和新生仔畜疾病，其中产科疾病主要介绍母畜在妊娠期、分娩期和产后期常发的生殖疾病发生机理及其诊疗方法；母畜科疾病主要介绍母畜不育和乳腺疾病（重点是乳房炎）的病因、发生机理、诊疗方法和综合预防措施；公畜科疾病主要介绍引起公畜不育的常见生殖疾病及其诊疗方法；新生仔畜疾病主要介绍新生仔畜常发疾病的防治方法。动物繁殖控制新技术简要介绍了人工授精技术、发情和排卵控制技术（诱导发情、同期发情、超数排卵）、受精控制技术（体外受精、显微受精）、胚胎移植技术、动物克隆技术、性别控制技术和激素免疫中和技术等。

本教材的主要特点，是在系统介绍动物生殖活动基本规律的基础上，全面地介绍了动物生殖疾病的发生、发展机理及其防治技术，并对一些繁殖控制新技术作了简要介绍，以较少的篇幅为读者提供了系统而全面的兽医产科学基本知识和技术。

图书在版编目(CIP)数据

兽医产科学/章孝荣主编. —北京：中国农业大学出版社，2011.1(2022.9 重印)

ISBN 978-7-5655-0183-8

Ⅰ.①兽…　Ⅱ.①章…　Ⅲ.①家畜产科－高等学校：技术学校－教材　Ⅳ.①S857.2

中国版本图书馆 CIP 数据核字(2010)第 256653 号

书　　名　兽医产科学

作　　者　章孝荣　主编

策划编辑　张　程　潘晓丽　　**责任编辑**　赵　欢

封面设计　郑　川　　**责任校对**　王晓凤　陈　莹

出版发行　中国农业大学出版社

社　　址　北京市海淀区圆明园西路 2 号　　**邮政编码**　100193

电　　话　发行部 010-62731190,2620　　读者服务部 010-62732336

编辑部 010-62732617,2618　　出　版　部 010-62733440

网　　址　http://www.cau.edu.cn/caup　　**E-mail**:cbsszs@cau.edu.cn

经　　销　新华书店

印　　刷　北京溢漾印刷有限公司

版　　次　2011 年 2 月第 1 版　　2022 年 9 月第 4 次印刷

规　　格　185 mm×260 mm　　16 开本　　23 印张　　567 千字

定　　价　65.00 元

编　审　人　员

主　　编　章孝荣（安徽农业大学）

副 主 编　芮　荣（南京农业大学）

李铁栓（河北农业大学）

薛立群（湖南农业大学）

刘　亚（安徽农业大学）

编写人员　（按姓氏笔画排序）

马保华（西北农林科技大学）

王鲜忠（西南大学）

邓近平（湖南农业大学）

刘　亚（安徽农业大学）

李铁栓（河北农业大学）

李　键（西南民族大学）

芮　荣（南京农业大学）

庞训胜（安徽科技学院）

袁安文（湖南农业大学）

章孝荣（安徽农业大学）

靳亚平（西北农林科技大学）

薛立群（湖南农业大学）

主　　审　张家骅（西南大学）

绘　　图　王　瑶（安徽农业大学）

前　　言

兽医产科学是兽医专业的一门重要的临床课程。在教学过程中，教材是教和学的基本工具，因此教材建设直接关系到学生的学习和教师教学过程的实施。因为我国地域广阔，各地情况和畜牧业结构均不尽相同，且高等农业院校众多，所以实现教材多样化有利于体现各自的教学特色和适应兽医产科临床人才培养的需要。特别是随着我国高等教育教学改革的不断深入，宽口径、厚基础、重能力的高素质人才培养模式的实施，兽医临床学科课程的学时数已大为减少，很有必要精简教材内容，以方便教师组织教学和学生自学。另外，我国的执业兽医资格考试制度已经实施，兽医产科学的教学也要适应这一制度。为此，我们组织部分高等农业院校长期从事兽医产科学教学的教师编写了这本《兽医产科学》。本教材已被列入普通高等教育"十一五"国家级规划教材，可供各高等农业院校选用。

为方便教师组织教学和使学生能够系统地掌握兽医产科学的基本知识和技能，本教材根据兽医产科学教学的基本目的与要求，将内容分为七章，即动物生殖内分泌学基础、母畜生殖生理、产科疾病、母畜科疾病、公畜生殖生理与生殖疾病、新生仔畜生理特点与疾病以及动物繁殖控制新技术，并附兽医产科学实习指导，以避免实习指导内容与课堂教学内容脱节。本教材的内容既包括了动物生殖内分泌学和动物生殖生理学的基本知识，又突出了动物生殖疾病及其诊疗技术，并吸收了动物繁殖控制新技术的最新内容。本教材涵盖了兽医产科学的基本理论和临床技术，反映了学科的最新科技研究进展，以适应人才培养的需求。

本教材在编写过程中，对理论描述力求简明扼要，突出重点；对疾病的发生、发展及其诊疗技术介绍尽可能全面，并注意可操作性，充分体现兽医临床学科注重实践和培养技能的特色；对动物繁殖控制技术的选择和介绍力求简要、实用，并反映最新研究进展。另外，为了尽可能拓宽学生的知识面以及使学生在学习过程中能够与相关学科或知识融会贯通，有些知识以知识链接的形式作一简介，以达到精简教材篇幅的目的。

尽管我们在编写过程中尽了最大的努力，但由于水平有限，错误及不尽人意之处仍在所难免，诚望读者不吝指正。

编　者

2010 年 11 月

目　　录

绪　论

一、兽医产科学的主要内容

兽医产科学(veterinary obstetrics)是研究动物生殖生理、生殖疾病及繁殖技术的一门兽医临床学科。从整体上看,兽医产科学有两大部分内容:一是产科基础理论部分,包括动物生殖内分泌和生殖生理(母畜生殖生理、公畜生殖生理、泌乳生理和新生仔畜生理等)方面的基本知识;二是产科临床技术,包括动物生殖疾病(产科疾病、母畜科疾病、公畜科疾病、新生仔畜疾病等)及其诊疗技术以及繁殖控制技术。

(一)动物生殖内分泌

动物的生殖活动受着内分泌系统的精确调节,而且这一调节贯穿生殖的全过程。同时,激素在许多生殖疾病的发生及治疗中也起着重要的作用。要深入了解动物的生殖调控机制,以及利用激素调控动物的繁殖、治疗繁殖疾病,就必须掌握生殖内分泌学的相关知识。所以,生殖内分泌学知识是兽医产科学的重要基础理论内容之一。

(二)动物生殖生理

动物的生殖是一项复杂的生理过程,包括生殖机能的发育、配子发生、交配、受精、妊娠、分娩和哺乳等,其中每一环节都有自身的规律与调控机制。只有研究、阐明这些规律与机制,才能从本质上认识动物生殖过程中的各种现象以及疾病的发生与发展机理,从而保障动物的生殖健康以及实现人为地调控动物的生殖活动、提高其繁殖效率。因此,动物生殖生理科学是兽医产科学的最重要的基础理论。

(三)动物生殖疾病

为保证动物的正常生殖,必须有效地防治生殖疾病。兽医产科学作为一门兽医临床学科,最重要的任务就是研究动物的生殖疾病及其诊疗技术和预防措施,这也是兽医产科学有别于动物繁殖学的最主要的内容。根据疾病发生的时期和个体不同,生殖疾病大体上可分为产科疾病、母畜科疾病、公畜科疾病和新生仔畜疾病等。

产科疾病主要是指母畜从妊娠到分娩的产褥全过程中所发生的疾病,因此又分为妊娠期疾病、分娩期疾病和产后期疾病。

母畜科疾病是指母畜在非妊娠期间所发生的生殖疾病,包括各种类型的不育、乳腺疾病等。乳腺在解剖学上虽然不属于生殖系统,但在母畜的生殖过程中具有独特的作用。而且乳腺疾病也是母畜特别是乳用母畜的多发和常见病,所以将乳腺疾病归类到母畜科疾病。这也类似于人类医学上将乳腺疾病归类于妇科疾病。

公畜科疾病不仅影响公畜本身的健康，而且对母畜的繁殖效率也有重要影响。因此，公畜科疾病亦是兽医产科学的重要内容之一。

在动物繁殖过程中，只有保证母仔健康，才能提高繁殖效率。所以，新生仔畜疾病的防治也属于兽医产科学的内容。

（四）动物繁殖控制技术

动物繁殖控制技术是人们为了提高动物的繁殖效率或生产性能所采取的一些控制动物繁殖过程的手段或方法。自20世纪中期以来，随着生命科学各学科的快速发展，动物繁殖控制技术不断革新，从发情、排卵、配种、受精到妊娠、分娩、泌乳等生殖环节形成了一系列的技术。应用这些技术，可以使动物的繁殖在相当程度上能够摆脱自然因素的直接影响，显著地提高其繁殖效率和生产性能。兽医产科学作为一门应用型学科，不仅要保障动物的正常生殖，而且还要提高其繁殖效率，因此将新的动物繁殖控制技术纳入兽医产科学的内容，既能使该学科更好地为生产服务，又能延伸产科学的研究领域，这正是兽医临床学科发展的需要。

二、兽医产科学的任务与作用

兽医产科学的任务是使学生或兽医工作者了解动物生殖的基本规律和生殖疾病的发生与发展机理，掌握兽医产科临床诊疗及繁殖控制技术，以保证动物的生殖健康、防治生殖疾病和提高动物的繁殖效率。

过去，兽医临床学科主要是研究家畜的疾病及其诊疗方法，以保障家畜健康。随着我国社会经济的发展，畜牧业结构和生产方式都已发生变化，所饲养的畜种已从传统的家畜扩大到经济动物、观赏动物和宠物等；生产方式正在由传统向现代过渡。因此，兽医临床学科的任务和作用也要发生了相应的改变，不仅要防治家畜的疾病，还要促进畜牧业的发展。因为畜牧业的发展在很大程度上依赖于动物的繁殖效率，所以兽医产科学的重要作用就在于它不仅研究动物生殖疾病的防治技术，而且还研究和发展繁殖技术，承担保障动物的健康繁殖和提高繁殖效率的双重任务。

三、我国兽医产科学的发展现状与趋势

（一）我国兽医产科学的发展现状

我国兽医产科知识的积累历史悠久，从殷墟出土的考古资料和历代农事及畜牧兽医书籍中都可以见到相关记载。例如，公元前11世纪的《周礼》、公元6世纪的《齐民要术》和《安骥药方》、明代的《马书》和《元亨疗马集》、清朝的《活兽慈舟》、《猪经大全》、《抱犊集》和《驹疗集》等书籍中都记载着许多家畜产科疾病和仔畜疾病的防治方法。这些都是我国人民数千年来积累的宝贵经验，在畜牧生产的发展中起到了积极的作用。经过长期的流传和实践的检验，迄今仍有不少方法在生产中应用，是兽医科学知识宝库的重要组成部分。

我国现代兽医产科学的建立可以追溯到20世纪30年代，当时由陆军兽医学校最早开设了家畜产科学课程。但这门科学的发展是在新中国成立以后，特别是改革开放以来，随着畜牧业的发展需求，兽医产科学得到了快速发展。

在新中国成立初期，因受畜牧生产水平和教学条件的限制，多数学校的家畜产科学并不是

一门独立的课程，而是附属在家畜外科学中，叫家畜外产科学或家畜外科学附产科学，其内容仅有家畜的接生及难产的手术助产等。20 世纪 60 年代以后，产科学部分从家畜外科学中独立出来，叫家畜产科学，其内容也扩大到家畜生殖生理和生殖疾病防治。改革开放以来，随着畜牧业的快速发展，家畜的繁殖效率在生产中越来越重要，产科及母畜科方面的问题也就越来越受到人们的重视，而且要研究的畜种也越来越多，不仅包括牛、马、猪、羊等传统的家畜，还涉及经济动物、观赏动物和宠物等。另外，随着生命科学各学科的发展，家畜产科学的研究领域不断延伸，内容不断丰富。传统的家畜产科学已不能适应生产、科研和人才培养的需求。因此，从 1983 年起，我国将家畜产科学改名为兽医产科学。

兽医产科学是发展了的家畜产科学。在研究对象上，它已从传统的家畜扩大到所有的家养动物；在研究领域和内容上，它既包括了动物生殖生理学的主要内容，又涵盖了产科疾病、母畜科疾病、公畜科疾病、新生仔畜疾病等所有与动物生殖有关的疾病，并延伸到动物繁殖控制技术，这就几乎相当于医学上的产科学、妇科学和男科学以及辅助生殖技术等内容。正是由于研究领域的扩大和延伸，使得这门学科发展非常迅速，在动物生殖调控机理、生殖疾病防治和繁殖控制技术等方面取得了诸多成果和新研究进展，成为一门内容丰富、体系完整、与畜牧生产结合紧密且对现代生物技术发展有重要作用的兽医临床学科。那种将兽医产科学仅理解为家畜助产工作的认识早已成为历史。

(二)我国兽医产科学的发展趋势

当今，我国兽医产科学的发展虽然已取得很大的成就，但同时也面临着新的挑战和要求。例如，畜牧业生产方式的改变，集约化和规模化程度不断提高，以及环境污染、气候变化对动物生殖活动的影响越来越大，给生殖调控和生殖疾病防治提出了新的课题；畜牧业结构的变化，役用畜减少，奶用家畜、肉用家畜、经济动物和宠物等的增多，对这门学科提出了新的要求；畜牧业的发展，对种质和繁殖效率越来越重视，对繁殖技术的要求也越来越高；当今生命科学各学科的迅速发展和相互渗透，对生命活动本质的认识不断深化，新技术不断出现，不断给学科注入新的内容。因此，兽医产科学必须适应科技发展和生产需求，深化研究内容，延伸研究领域，加快发展步伐。今后，兽医产科学的发展将呈现如下趋势：

(1)动物生殖调控机理研究不断深化，进入分子时代　分子生物学技术将在生殖生理研究中得到更广泛的应用，从而在分子水平阐明生殖内分泌、配子发育、胚胎发育与附植等调控机制，并为发展分子生殖内分泌学、分子生殖生物学做出贡献。

(2)生殖疾病的防治研究仍是学科的最重要的任务　各种动物的生殖疾病，特别是群发、多发的疾病，如奶畜乳房炎、围产期疾病、不育以及一些严重影响繁殖的传染性疾病等的研究需要进一步加强；经济动物、观赏动物和宠物等疾病将更加重视。学科中的这些内容将不断充实，以突出学科的应用特色，适应畜牧业的发展和兽医人才培养需求。

(3)学科间的交叉、渗透加快，研究领域不断延伸　生命科学的快速发展及学科间的相互交叉、渗透，为兽医产科学提供了更广阔的发展空间，使这门科学的研究领域不断延伸，技术不断发展。例如，与内分泌学、免疫学、营养学等学科的交叉，促进了生殖内分泌、生殖免疫、生殖营养等调控技术的发展；细胞工程、胚胎工程、基因工程等生物技术在动物繁殖领域的研究与应用，促进了动物繁殖控制技术的快速发展，使动物良种繁育技术发生革命性的变化。

(4)技术应用范围不断扩大　随着学科的内容不断丰富和技术的不断发展，兽医产科学的技术已不仅仅是用于防治动物生殖疾病和提高动物繁殖效率，其中许多新技术，如配子和胚胎冷冻、胚胎移植、动物克隆、转基因等技术在动物遗传资源保护、动物育种、生物医药研发等方面将发挥越来越重要的作用。

四、学习兽医产科学的目的、方法与要求

兽医产科学是一门理论与实践并重的学科。学习兽医产科学的目的就是要掌握动物生殖的基础理论、生殖疾病诊疗技术和繁殖技术，为保证动物的健康生殖、防治生殖疾病和提高繁殖效率服务，并为研发新技术、新方法奠定基础。因此，首先要认真学习动物生殖内分泌、生殖生理的基础知识，在认知动物的生殖过程与基本规律的基础上，理解生殖疾病的发生、发展机理，掌握其诊疗和预防方法，以及掌握常用的动物繁殖技术的原理和方法。同时，在学习中还必须重视如下两个方面：一是要特别重视临床实践，提高实际诊疗操作的基本技能；二是要广泛了解国内外兽医产科学及其相关科学的最新研究进展，不断吸收新知识，提高创新能力。

（章孝荣）

第一章　动物生殖内分泌学基础

第一节　内分泌与激素概述

激素是机体内一种奇妙的化学物质，动物的各种生命活动都受到激素的精确调控。没有激素的参与，精子和卵子就不能生成，胚胎也不能在母体内孕育，新的生命就不可能诞生，动物就失去了繁衍后代的能力。所以，我们要了解或调控动物的生殖活动，就必须掌握内分泌和激素的有关知识。

一、内分泌和激素的概念

（一）内分泌和激素的经典定义

在动物体内，有许多腺体或组织能分泌一种或多种生物活性物质，直接进入血液，通过血液循环到达靶器官或靶组织，调节其生理活动。人们将这种现象称为内分泌（endocrine）；将具有内分泌功能的腺体称为内分泌腺（endocrine gland），如脑垂体、甲状腺、肾上腺、胰岛腺、性腺等；它们所分泌的生物活性物质则称为激素（hormone）。这些经典定义就是人们对内分泌和激素的传统认识。

（二）内分泌和激素概念的发展

随着研究的深入，人们发现除内分泌腺以外，体内一些无典型腺体结构的组织或细胞，如下丘脑、胎盘、子宫内膜、胃、肠，以及全身多种组织都能分泌激素或激素样物质，而这些组织均不属于传统认识上的内分泌腺。另外，激素的运输也不仅仅限于血液循环的方式，有些激素可通过局部弥散或细胞间传递等方式到达邻近的组织或细胞，还有的就在自身分泌的细胞内发挥作用。因此，激素的经典概念已不能完全反映其本质和特征。1982 年，Roth 等提出“激素是细胞与细胞之间传递信息的化学信号物质”。1990 年，Hyland 又将激素定义为“激素是机体分泌的、在局部或通过运输到达靶组织而起调节分泌或代谢作用的物质”。按照这些定义，除了经典的激素以外，一些非内分泌腺组织或细胞的分泌物、某些神经递质、细胞因子，以及一些小分子化合物（如一氧化氮等）等都可看做是激素。由此可见，现代的激素概念在激素的产生部位、种类、运输方式和作用等方面都突破了传统激素的范畴。

从生命活动的本质来看，化学信息的传递是一切细胞的基本特性。从这个意义上讲，所有的细胞可能都有内分泌功能。因此，现在一般认为，激素是细胞产生和分泌的一种特殊的化学物质，它们可以通过血液循环、局部弥散、细胞间传递等多种方式到达作用部位而发挥调节作用。由此推测，目前已发现的数十种激素仍可能仅是机体所产生激素的一小部分。

随着激素概念的扩大，人们又在经典内分泌概念的基础上，提出了旁分泌(paracrine)、自分泌(autocrine)、远距分泌(telecrine)、胞内分泌(introcrine)和外分泌(ectocrine)等概念。旁分泌是指激素分泌后通过局部弥散或细胞间传递，到达邻近的组织或细胞；自分泌是指激素分泌后直接作用于自身的分泌细胞；远距分泌是指激素分泌后通过血液循环运输，到达远距离的靶细胞，即传统的内分泌；胞内分泌是指胞浆分泌的激素转运至胞核，调节自身分泌细胞靶基因的表达；外分泌则指体表有管腺体或细胞分泌的生物活性物质(外激素)经空气等媒介传播，作用于其他动物，从而引起特定的生理反应。

二、激素的分类

已知动物体内分泌的激素(包括活性代谢物)有上百种，但研究得较为清楚的有60余种。这些激素可按一定的方式分类，最常见的是按化学性质和组织来源(或产生部位)分类。

(一)按化学性质分类

1. 含氮激素

这类激素的分子中都含有氮，包括蛋白质或多肽、胺类激素(氨基酸的衍生物)。

2. 类固醇激素

类固醇激素因分子中含有甾环，故又称甾体激素，其化学结构中有一个基本成分——环戊烷多氢菲(cyclopentenophenanthrene)。

3. 脂肪酸类激素

这类激素是不饱和脂肪酸的衍生物，如前列腺素。

4. 其他类激素

这类激素主要是维生素D_3的酸衍生物，属固醇类物质，如25-羟胆钙化醇，1,25-二羟胆钙化醇等。

(二)按组织来源分类

按组织来源或产生部位可大致将激素分为以下几类(表1-1)。

表1-1　激素按组织来源分类表

分　类	组织来源或产生部位	激素举例
神经激素	松果腺	褪黑激素
	下丘脑	促性腺激素释放激素、催产素
腺垂体激素	腺垂体	促性腺激素、生长激素、促甲状腺素
甲状腺激素	甲状腺	甲状腺素
甲状旁腺激素	甲状旁腺	甲状旁腺素
	甲状腺C细胞	降钙素
肾上腺皮质激素	肾上腺皮质	皮质醇、醛固酮
肾上腺髓质激素	肾上腺髓质	肾上腺素、去甲肾上腺素
胰腺激素	胰岛	胰岛素、胰高血糖素

续表 1-1

分　类	组织来源或产生部位	激素举例
性腺激素	睾丸	睾酮、抑制素
	卵巢	雌二醇、孕酮、松弛素
胎盘激素	胎盘	孕马血清促性腺激素、人绒毛膜促性腺激素
消化道激素	胃、肠	胃泌素、胆囊收缩素、促胰液素
肾脏激素	肾脏	肾素、促红细胞生成素
循环激素	心脏、血管	心钠素、内皮素
胸腺激素	胸腺	胸腺激素
局部激素	多种组织细胞	前列腺素、细胞因子
外激素(信息素)	靠近体表的腺体或细胞	麝香、雄性包皮分泌物、雌性阴道分泌物

知识链接

动物的内分泌系统

内分泌系统是机体的一个重要的调节系统，它由内分泌腺和组织细胞组成。与外分泌腺(如唾液腺、胰腺等)不同，内分泌腺产生的激素不是通过特殊的管道分泌出来，而是由腺体细胞直接释放进入血液或组织液。所公认的内分泌腺和组织有：垂体、甲状腺、甲状旁腺、肾上腺、胰岛腺、性腺，但体内具有内分泌功能的器官和组织却很多，如下丘脑、胸腺、松果体、肾脏、胃肠道、心脏、血管、皮肤等。

这方面的详细内容可参阅张家骅主编的《家畜生殖内分泌学》(高等教育出版社，2007 年)、杨钢主编的《内分泌生理与病理生理学》(天津科学技术出版社，2000 年第 2 版)等有关书籍。

三、激素的特点

(一)分泌或释放特点

激素是一种生理调节物质，其产生、分泌或释放具有一定的规律性。一是随着机体的生理状态的不同，激素分泌呈现节律性或周期性，如促肾上腺皮质激素、松果腺激素等的分泌呈现昼夜波动(昼夜节律)；季节性繁殖动物，其性激素的分泌具有明显的季节性(季节节律)；雌性动物的生殖激素分泌则随着发情周期而显现周期性变化。二是激素的分泌并不是恒定的，而是呈脉冲式或阵发性分泌，如在雌性动物的发情周期中，垂体促性腺激素出现有规律的分泌脉冲。

(二)运输特点

蛋白质或多肽激素是水溶性的，在血液中主要以游离的形式运输，只有其中的神经垂体激素(催产素、抗利尿素)在下丘脑合成后与大分子蛋白质结合，通过轴突转运至神经垂体，并且以这种结合的形式释放入血液中，随血液循环运输。

类固醇激素是脂溶性的，在血液中以与载体蛋白结合的形式运输，但这种结合是可逆的，所以在血液中，类固醇激素存在结合的和游离的两种形式，此两种形式保持着动态平衡。类固醇激素与其载体蛋白的可逆结合关系具有重要的生物学意义：一是它可保护激素在运输过程中免被代谢清除，降低代谢速率，维持体内基础激素水平；二是能调节激素到达靶细胞的量，起到平衡内分泌和保护机体的作用，因为只有游离的激素才能进入组织细胞而发挥其生物学效应，若某种激素分泌过多，就可通过这种结合机制使组织中呈游离状态的激素保持生理水平。如某些动物在妊娠期间，血中的雄激素结合蛋白显著增多，起到防止大量雄激素对母体和胎儿的敏感组织的有害作用。

（三）代谢特点

激素在体内的代谢地点主要有两处，一是在靶细胞，即当激素进入靶细胞发生作用后，激素本身就被降解失活；二是在肝脏和/或肾脏。肝脏中的多种酶可使激素代谢转化为低活性的甚至是无活性的代谢产物，从尿中排出。

激素在体内的代谢速率一般用“半衰期”表示。半衰期的长短视激素的种类不同而异，短的只有几分钟至十几分钟，如促性腺激素释放激素、促肾上腺皮质激素等；长的达数小时，有的甚至能维持数天，如孕马血清促性腺激素等。

因为激素在体内不断地被代谢清除，所以机体需要持续不断地分泌激素，以维持体内激素的基础水平和内分泌的平衡。了解激素的代谢特点非常重要，因为在临床上常见有些内分泌失调的动物出现某种激素基础水平升高的现象，而这种激素水平升高并不是因为分泌过多，而是体内激素代谢机制失调所致。如肝脏疾病时，由于醛固酮与雌激素代谢性灭活减少，出现钠水潴留、乳腺增大现象，就是典型的例子。

（四）作用特点

激素虽然种类繁多，作用复杂，但它们仍有一些共同的特点。

1. 传递生物信息的功能

激素在体内起着“信使”的作用，将生物信息传递给靶细胞，从而调节靶细胞的功能和物质代谢，但不能产生新的功能或反应。所以任何激素对组织或细胞的作用，只是使其功能加强（刺激）或减弱（抑制），而不能出现原先没有的活动，如促性腺激素可以刺激卵巢上的卵泡发育，而不能使卵巢以外的组织产生卵泡。

2. 作用的特异性

激素分泌后虽然能随血液循环或组织液扩散分布到多种组织或细胞，甚至全身，但其作用是有选择性的，即某种激素只作用于某些或某种特定的组织或细胞，如垂体分泌的促性腺激素虽然能随血液循环分布到全身各种组织，但只对性腺组织起作用，这种特定的组织或细胞就叫该激素的靶组织或靶细胞。激素的这种选择性作用现象称为激素作用的特异性，它与靶细胞上特异的激素受体有关。

3. 作用的高效性

激素在血液或组织中的生理浓度都很低，一般只有纳克（ng/mL），甚至皮克（pg/mL）水平，但对机体的功能或代谢的影响却很大。如几皮克的促性腺激素释放激素就可使动物的垂体促性腺激素分泌量成倍增加，几微克的血管紧张素就可使动物血管强烈收缩，血压迅速升高。

4. 作用的可饱和性

因为激素需要与相应受体结合才能发挥作用，虽然细胞的受体结合位点很多，但毕竟是有限度的，因此当某种激素与其受体的结合达到最大结合值后，就不再随激素浓度的增加而加大,机体表现出对增加激素的不反应性,甚至出现相反的作用,如在临床上长期大剂量使用高活性的促性腺激素释放激素类似物,不但不能刺激动物性腺发育,反而引起性腺退化。

5.激素间的相互作用

当多种激素参与某一生理活动的调节时,各激素之间往往存在相互作用的关系,在生物学效应上则表现出协同作用、颉颃作用和允许作用(permissive action)三种形式。

协同作用是指两种不同的激素作用于同一生理过程时,产生的效应比其中一种激素单独作用时要强;颉颃作用则与协同作用相反。如雌二醇和催产素都能促进子宫收缩,二者同时应用时,促进子宫收缩的效应就会增强;但如果将雌二醇与孕酮同时应用,因孕酮有抑制子宫收缩的作用,所以两者的作用就会相互抵消一部分。

允许作用是指某种激素本身虽然不能直接对某些组织或细胞产生生理效应,但有它存在时,可使另一种激素的作用增强,即对另一种激素的作用有调节和增强的效果,如糖皮质激素本身对心肌和血管平滑肌无收缩作用,但只有当糖皮质激素存在时,儿茶酚胺才能很好地发挥对心血管的调节作用。

四、激素与受体的相互作用

(一)受体的概念及基本功能

激素受体(receptor)是指存在于细胞膜或细胞内的、能与激素发生特异性结合,将激素的生物信息转导为细胞的生物效应的生物大分子。

激素只有与其特异性的受体结合后才能发挥其调节功能。如图1-1所示,受体在激素的作用过程中担负两个相关联的功能,一是识别与结合功能,即能准确地识别相应的激素并与之发生特异性结合;二是信息转导功能,即受体与激素结合后,能将激素的生物信息通过信息转

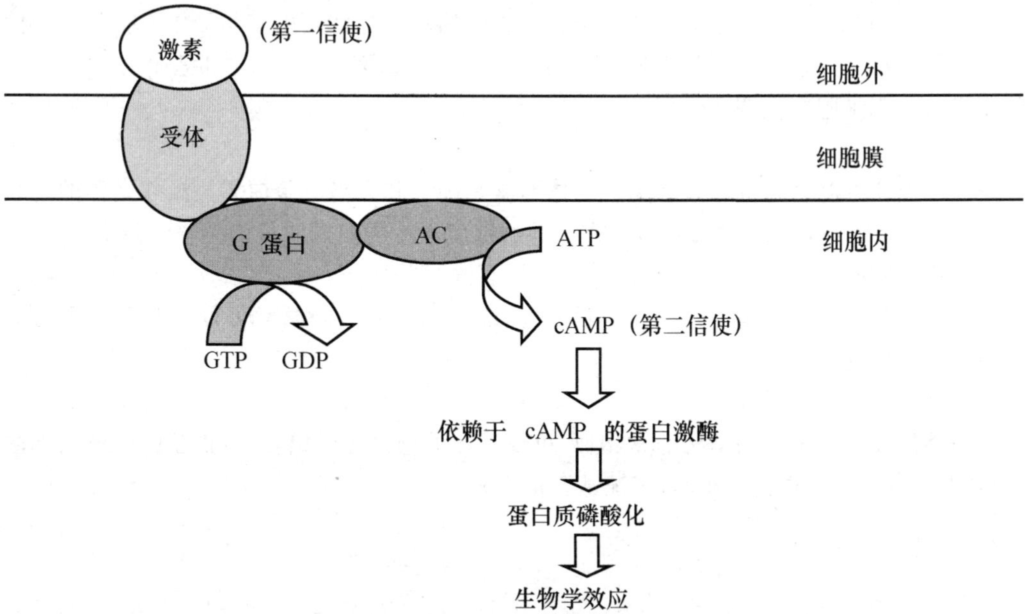

图1-1　激素-受体复合物传递信息示意图

注:AC表示腺苷酸环化酶。

导，触发细胞产生相应的生物效应。在信息转导过程中，激素起着第一信使的作用，它负责将生物信息传给受体，而不参与以后的反应；受体则负责将这种生物信息通过另外的信号转导分子，如环磷酸腺苷(cyclic adenosine-3′-5′-monophosphate，cAMP)，传给细胞内的效应器，产生相应的生物学效应。cAMP 在这一过程中起着第二信使的作用。

与受体的概念相对应，能与受体特异结合的物质称为配基或配体(ligand)。配基有两类：与受体结合后产生效应的称为激动剂(agonist)，不产生效应或妨碍激动剂与受体结合的称为颉颃剂(antagnonist)。而且，颉颃剂也分两类：在受体分子中，与激动剂的结合部位相同者称为竞争性颉颃剂；与激动剂的结合部位不同者称为非竞争性颉颃剂。

(二)激素受体的分类与结构

激素受体按其在细胞中的定位，可分为如下两类：

1. 细胞膜受体

这类受体一般是细胞膜上的糖蛋白或脂蛋白，含氮激素(甲状腺素等少量胺类激素除外)的受体均属此类。含氮激素与靶细胞膜上的受体结合，激活腺苷酸环化酶，引起细胞 cAMP 或其他激素第二信使含量的变化，从而发挥生理作用。

2. 细胞内受体

细胞内受体包括细胞核内受体和细胞浆内受体，它们一般是可溶性蛋白质分子，类固醇激素的受体均属于此类。类固醇激素进入细胞后，直接进入细胞核与其受体结合，或先与胞浆内受体结合形成激素-受体复合物，再进入细胞核而发挥生物学效应。

(三)激素与受体相互作用的特点

1. 专一性

一种激素(配基)只与特定的受体结合。激素作用的特异性是由其与受体结合的专一性所决定的。所以有些激素虽然可随血液循环到达多种组织或细胞，但只对那些带有激素特定受体的靶组织或靶细胞产生调节作用。

2. 亲和力高

激素与受体的结合力称为亲和力。受体与激素的亲和力高。蛋白质类激素受体的亲和力一般为 10^{-9}～10^{-6} mol/L。所以，激素在极低的浓度下就能发挥明显的生物学效应。

3. 结合的可逆性

激素与其受体的结合是可逆的。也就是说，结合到受体上的激素可以被亲和力更高的或浓度更高的其他配基所置换。

4. 可被竞争性颉颃剂阻断

竞争性颉颃剂与配基的结构非常相似，可与受体的结合部位结合，从而阻断受体与配基结合，也可与配基-受体复合物作用，将配基置换下来。

(四)激素对受体的调节

受体与细胞的其他物质一样，一方面处于不断合成与降解(更新)的动态平衡之中；另一方面它又受到体内各种因素，特别是激素的调节而发生变化，如数量、亲和力变化等。激素对受体的调节是机体生理调节的重要组成部分，也是维持机体内环境稳定的重要因素。

1. 降调节

降调节(down regulation),也叫衰减调节或反向调节,是指当体内某种激素浓度过高,或长时间受高活性激动剂的作用,靶细胞上的受体减少,表现为靶细胞对该种激素的敏感性降低,出现失敏、脱敏、耐受等现象。激素与受体作用的这一特性,一方面可阻止当某种激素的量过大时细胞的反应过于强烈,另一方面也使激素的功能受到受体表达水平的制约。

根据激素与受体的对应关系,降调节又分为同种降调节和异种降调节两种情况。前者是指体内某种激素增多时,引起该激素特异的受体数量减少;后者是指某种激素增多,引起与之无直接关系的受体减少的现象,如雌激素过多引起生长激素受体减少,这种现象可以解释某些女性雌激素分泌过多,女性副性征发育良好,但身材相对矮小,而雌激素分泌不足者常呈现瘦高个子。

降调节一般具有如下特点:①剂量依赖性,即激素浓度越高或给予的激素剂量越大,受体减少就越明显;②时间依赖性,即激素作用的时间越长,受体减少越明显;③可逆性,即去除激素后,受体在较短的时间内能恢复到原有的水平。

2. 升调节

升调节(up regulation),也叫上调节或正向调节。升调节也有两种情况,一种是当体内某种激素浓度升高时,靶细胞的受体数量随之增多,亲和力增加,表现为靶细胞对激素的敏感性增高,出现增敏或超敏现象。这种情况实际上是激素作用的放大机制,类似于正反馈作用,如在发育接近成熟的卵泡,随着雌激素增多,其促黄体素(Luteinizing hormone,LH)受体数量增加,亲和力增高,促进卵泡发育成熟、排卵。另一种情况是当体内某种激素浓度低或长期受到阻滞作用,可使该种激素的受体数量增加或受体对激素的敏感性增强,从而出现增敏或超敏现象。

第二节　生殖激素

在哺乳动物,几乎所有的激素都与生殖有关,有的直接作用于某些生殖过程,有的则通过调节生长、发育、代谢,维持正常的生命活动而间接影响生殖功能。一般将与动物生殖活动(如生殖器官发育、生殖细胞发生、发情、排卵、妊娠、分娩及泌乳等)有直接关系的激素统称为生殖激素(reproductive hormone)。

一、下丘脑的生殖激素

下丘脑虽属神经系统,但兼有内分泌功能,能分泌多种激素调节垂体的内分泌活动(表 1 - 2),在动物生殖内分泌活动中起着主导作用。目前在下丘脑的生殖激素中,最为重要、了解得最清楚、应用得也较多的是促性腺激素释放激素。

表 1 - 2　下丘脑产生的激素

激素名称	英文名称及缩写	化学性质	主要生理作用
促性腺激素释放激素	gonadatropin releasing hormone, GnRH	10 肽	刺激促性腺激素释放
促乳素释放抑制因子	prolactin release-inhibiting factor, PIF	多肽?	抑制促乳素释放
促乳素释放因子	prolactin releasing factor, PRF	多肽?	刺激促乳素释放

续表 1-2

激素名称	英文名称及缩写	化学性质	主要生理作用
生长激素释放激素	growth hormone releasing hormone, GRH	44 肽	刺激生长激素释放
生长抑素	somatostatin, SS	14 肽	抑制生长激素释放
促甲状腺素释放激素	thyrotropin releasing hormone, TRH	3 肽	刺激甲状腺素和促乳素的释放
促肾上腺皮质激素释放激素	corticotropin releasing hormone, CRH	41 肽	刺激肾上腺皮质激素释放
促黑素细胞激素释放因子	melanophore-stimulating hormone releasing factor, MRF	多肽?	刺激促黑素细胞激素释放
促黑素细胞激素释放抑制因子	melanophore-stimulating hormone release inhibiting factor, MIF	多肽?	抑制促黑素细胞激素释放
催产素	oxtocin, OT/OXT	9 肽	刺激子宫收缩和放乳等
血管加压素/抗利尿激素	vasopressin/antidiuretic hormone, ADH	9 肽	升高血压,减少泌尿

注:带"?"表示尚未确定。

(一)促性腺激素释放激素

20 世纪 60 年代初就发现,将动物和人的下丘脑提取液注入家兔或大鼠的腺垂体可引起排卵,注入体循环可引起垂体促黄体素(luteinizing hormone, LH)释放增多,加入体外培养的垂体组织,可使培养基质的 LH 浓度增高,表明在下丘脑提取液中存在促进垂体释放 LH 的物质。20 世纪 70 年代,最先从猪和绵羊的下丘脑分离出一种 10 肽,证明其能促进垂体释放 LH,故称之为促黄体素释放激素(luteinizing hormone releasing hormone, LHRH)。后来发现 LHRH 也能促进垂体释放促卵泡素(follicle stimulating hormone, FSH),故又将其称为促性腺激素释放激素(gonadatropin releasing hormone, GnRH)。

因为 GnRH 有刺激垂体释放 LH 和 FSH 的双重活性,所以曾有人推测在下丘脑提取的 GnRH中可能含有两种成分,一种是 LHRH,另一种是促进 FSH 释放的促卵泡素释放激素(follicle stimulating hormone releasing hormone,FSHRH),但由于分离 FSHRH 的努力一直未能成功,所以目前大多数学者认为 GnRH 可能是 LH 和 FSH 的唯一调节者。但 FSHRH 存在的可能性仍不能排除,因为近些年来亦有一些实验表明 FSH 的释放并不完全依赖于 GnRH。

1. 化学结构与性质

GnRH 是由 9 种不同氨基酸组成的直链式 10 肽,其结构为:焦谷-组-色-丝-酪-甘-亮-精-脯-甘-NH_2。在哺乳动物,GnRH 的结构完全相同,但在禽类、两栖类和鱼类则有差别。

2. 分泌与代谢

GnRH 由下丘脑促垂体区的肽能神经元合成。利用免疫组织化学技术证明,下丘脑的弓状核、视前区、内侧视交叉前区等区域或核团中的肽能神经元均能合成 GnRH。GnRH 由神经元合成后,以颗粒或囊泡的形式贮存于细胞内,当神经元受到某种刺激时,这些 GnRH 便沿着神经元的纤维(轴突)输送到正中隆起处释放出来,通过垂体门脉血液循环进入垂体前叶。

此外，下丘脑神经元合成的 GnRH 还可进入第三脑室的脑脊髓液中，由正中隆起处的多突室管膜细胞转运到垂体门脉。

值得注意的是，下丘脑可能不是合成 GnRH 的唯一器官，因为在松果体、其他脑区亦有 GnRH 分布；在脑外组织，如胎盘、肠、胰脏等也发现有类似于 GnRH 的物质存在。

GnRH 仅在下丘脑－垂体门脉血管中能达到有效的生物学浓度，一旦进入外周血液循环就被高倍稀释并迅速降解，其半衰期为 2～4 min。在哺乳动物下丘脑、垂体、肝、肾、睾丸、卵巢等组织中均存在降解 GnRH 的酶类。外肽酶可使 GnRH 的 C 端和 N 端裂开，内肽酶则可切断 GnRH 分子中的肽键。在下丘脑和垂体，GnRH 分子主要裂解为 $GnRH_{1\text{-}6}$ 和 $GnRH_{7\text{-}10}$ 两个片断；在血液中，肽酶对 GnRH 的裂解部位主要在色^{3}－丝^{4} 和酪^{5}－甘^{6}。此外，脯^{9}－甘^{10} 也是肽酶降解部位。

3. 分泌调节

(1)高级神经中枢的调节　在生理状态下，下丘脑 GnRH 呈脉冲式分泌。这种分泌特点虽然是 GnRH 神经元的内在特性所决定的，但 GnRH 神经元的活动受高级神经中枢的调节，来自体内外的各种刺激可以通过影响高级神经中枢产生的神经递质或神经多肽调节下丘脑 GnRH 分泌。已知能调节 GnRH 分泌的神经递质或神经多肽有儿茶酚胺、多巴胺、去甲肾上腺素、5－羟色胺、类阿片肽、神经肽 Y 等。实验证明，去甲肾上腺素和神经肽 Y 对 GnRH 的分泌有促进作用，而儿茶酚胺、多巴胺、5－羟色胺和类阿片肽等则有抑制作用。

(2)松果体激素的调节　松果体位于第三脑室顶部，受特异性交感神经支配，对光敏感，能分泌褪黑激素、5－羟色胺和 8－精加催产素等激素。这些激素可经血液循环和脑脊髓液弥散到下丘脑，抑制 GnRH 的分泌。

(3)靶腺激素的调节　GnRH 的靶腺有腺垂体和性腺，它们分泌的激素可通过反馈机制调节 GnRH 的分泌，以维持内分泌轴系的相对恒定。目前认为，在 GnRH 与靶腺激素之间存在着长反馈、短反馈和超短反馈三种调节机制。长反馈是指性腺激素作用于下丘脑和垂体，减少(负反馈)或增加(正反馈)GnRH 和促性腺激素分泌；短反馈是指腺垂体的激素作用于下丘脑，影响 GnRH 的分泌；超短反馈则指下丘脑分泌的 GnRH 能调节自身的分泌。

(4)下丘脑神经中枢的调节　雌性动物 GnRH 分泌呈现出明显的周期性，而雄性动物则不明显。一般认为，两性 GnRH 的分泌之所以存在这种差异，是因为存在于下丘脑的紧张中枢(tonic center)和周期中枢(periodic center)在两性是以不同的机制控制着 GnRH 分泌。前者位于下丘脑的弓状核和腹内侧核，控制着 GnRH 经常性分泌，使体内 GnRH 维持一定的基础水平，且在雌性动物，它的活动受高级神经中枢调节以及激素的负反馈调节；后者位于视交叉上核及内侧视前核，受雌激素的正反馈调节。在雌性动物，周期中枢对体内外的刺激非常敏感，对发情周期中的 GnRH 分泌起着决定性的调节作用，但在雄性动物，周期中枢因受雄激素的抑制而无明显活动，GnRH 分泌主要受紧张中枢的控制，所以雄性动物性活动的周期性变化没有雌性动物的明显。

4. 主要生物学作用

GnRH 的主要生物学作用是刺激垂体前叶细胞释放促性腺激素，调节性腺的功能。有研究发现，GnRH 对性腺也有直接作用，且这种作用是抑制性的。但目前对 GnRH 直接调节性腺功能的意义和作用机理仍不清楚。

5.在兽医临床及畜牧生产中的应用

天然的GnRH分子在体内极易受酶解作用而失活，半衰期很短。目前人们根据GnRH的分子特性，通过更换其分子中易断裂肽键位置上的氨基酸，合成了1 000多种具有不同生物活性的类似物(analogues)，其中人工合成的高活性类似物(GnRH激动剂)比天然GnRH的生物活性要高几十倍甚至几百倍，现已广泛用于人医学和兽医学临床或畜牧生产，治疗某些生殖内分泌疾病或提高动物的繁殖力方面。应当注意的是，如大剂量连续使用高活性GnRH激动剂，非但不能对性腺起到刺激作用，反而产生抑制作用。

(1)诱导发情和排卵　对有些发生卵巢静止的雌性动物，可使用GnRH诱导发情。如用人工合成的LRH-A_3(促排卵3号)给产后乏情的母牛肌肉注射50～100 μg，给断奶母猪肌肉注射20～30 μg，均能有效诱导发情和排卵。

(2)提高情期受胎率　在雌性动物配种时应用GnRH可促进卵泡发育成熟，加速排卵，提高情期受胎率。据报道，在给奶牛配种的同时，肌肉注射LRH-A_3 20 μg，第一情期受胎率比对照组提高27.3%。

(3)提高超数排卵效果　实验证明，在牛、羊超数排卵时，于第一次配种的同时应用LRH-A_3可以促进卵泡发育和排卵，增加可用胚胎数。

(4)治疗雄性动物不育　GnRH用于雄性动物，能刺激睾丸发育、雄激素分泌以及精细胞的发育，因而可用于治疗雄性动物的少精、无精或性机能减退等。

(5)免疫去势　将GnRH与大分子蛋白质，如人血清白蛋白、牛血清白蛋白等耦联，制备成GnRH抗原，可用于雄性动物的免疫去势。近几年，通过人工合成或用生物工程方法制备的GnRH免疫去势疫苗，已在公猪上进行试验性应用。

(6)催醒抱窝母鸡　母鸡抱窝后，可应用GnRH，使其醒抱，恢复产蛋。

知识链接

GnRH及其受体的类型

目前发现GnRH有23种存在形式，根据其与受体的亲和力，将它们分GnRH-Ⅰ、GnRH-Ⅱ和GnRH-Ⅲ等三类。每种脊椎动物的脑内至少能合成两类GnRH。但目前对GnRH-Ⅱ和GnRH-Ⅲ仍不甚了解。

在大多数哺乳动物，GnRH-Ⅰ主要由下丘脑的神经元分泌，即通常所称的促黄体素释放激素(LHRH)，而GnRH-Ⅱ或GnRH-Ⅲ则主要存在于下丘脑以外脑区和外周组织，其分子结构也是10肽，但在第7位和第8位两个氨基酸与GnRH-Ⅰ不同。已知在性腺、胎盘、肾脏、骨髓和前列腺中都有GnRH-Ⅱ基因表达。目前认为，脑内分泌的GnRH-Ⅱ和GnRH-Ⅲ可能主要起神经递质作用，而存在于外周组织中的可能起旁分泌作用。对GnRH-Ⅱ唯一明确的功能是可作为两栖类动物交感神经节M-电流(K^+通道)的抑制剂。但有一些研究提示，GnRH-Ⅱ可能有FSH-释放肽的作用。在公绵羊，已发现其下丘脑存在GnRH-Ⅱ，且能使FSH优先释放。

与GnRH相对应，GnRH也有Ⅰ型和Ⅱ型受体(是否有第三种类型还不清楚)。已发现，GnRH-Ⅰ受体在促性腺激素细胞上大量分布，在许多外周组织有编码GnRH-Ⅱ的mRNA表达。

(二)促乳素释放抑制因子和促乳素释放因子

20 世纪 60 年代初,Meites 等就证明在下丘脑含有抑制垂体促乳素(prolactin, PRL)分泌的物质,取名促乳素释放抑制因子(prolactin-release inhibiting factor, PIF),也称促乳素抑制因子。还有实验证明,将下丘脑正中隆起提取液给动物注射,或加到腺垂体培养物中,均能刺激 PRL 释放。因而人们认为,在动物的下丘脑存在两种调节垂体 PRL 释放的物质,一种称为促乳素释放抑制因子,即 PIF;另一种则称为促乳素释放因子(prolactin releasing factor, PRF)。之所以称"因子",而不称为"激素",是因为至今对这类物质未能分离、纯化,只知其生物学活性,而对其化学结构及性质尚不清楚。

在生理条件下,下丘脑对垂体 PRL 的调节是以 PIF 的抑制性影响为主。实验证明,当切断下丘脑与垂体的联系后,或将垂体移植到其他部位,将看到腺垂体的所有激素都减少或停止分泌,唯独 PRL 分泌量反而比正常明显增多,这说明生理条件下,PIF 对 PRL 分泌的抑制作用始终占着优势。PIF 的优势作用在人类也可见到,如女子在青春期后,尽管乳腺已发育成熟,但并无乳汁生成,只有在下丘脑病变时,才出现溢乳现象。

二、垂体的生殖激素

垂体位于蝶骨的垂体凹内,通过垂体柄与下丘脑相连。在结构上,垂体分为前叶、后叶和中叶。实际上,垂体前叶和后叶在功能上没有直接联系,前者是典型的腺体组织,能分泌多种激素,故又称为腺垂体;后者实质是下丘脑神经组织的延续部分,也称神经垂体,没有腺体细胞,只能贮存和释放下丘脑神经元合成的激素。中叶虽然在解剖上紧贴后叶,但在发生学上与前叶属于同一来源,可视为腺垂体的一部分。

目前,人们在垂体前叶发现的激素已达 30 多种,但被确认并已被分离出来的只有 6 种(表 1-3),其中与生殖关系最为密切的是促性腺激素和促乳素。

表 1-3 垂体前叶产生的激素

激素名称	英文名称及缩写	化学性质	主要生理作用
促卵泡素	follicle stimulating hormone, FSH	糖蛋白	刺激雌性动物卵泡发育和雄性动物精子生成
促黄体素/间质细胞刺激素	luteinizing hormone, LH/ interstitial cell stimulating hormone, ICSH	糖蛋白	在雌性,刺激卵泡成熟、排卵及黄体形成;在雄性,刺激间质细胞分泌雄激素
促乳素	prolactin, PRL	蛋白质	刺激乳腺发育和泌乳以及刺激某些动物的黄体分泌孕酮
生长激素	growth hormone, GH/somatotropin	蛋白质	刺激机体生长发育
促甲状腺素	thyroid stimulating hormone, TSH	糖蛋白	刺激甲状腺分泌甲状腺素及甲状腺增生
促肾上腺皮质激素	adrenocorticotropic hormone, ACTH	多肽	刺激肾上腺皮质分泌糖皮质激素及皮质细胞增生

(一)垂体促性腺激素

关于垂体对生殖的作用,早在1912年Ascheim就通过切除狗的垂体引起性腺萎缩和副性征的变化得到证实。后来Long(1921)和Zondek等(1926)又通过注射垂体提取物证实在垂体中存在能激活性腺功能的物质,并命名为促性腺激素(gonadotrophin)。1931年Fevold等证明了促性腺激素是蛋白质,并成功地分离出两种,一种能刺激卵巢,引起卵泡发育,取名为卵泡刺激素(促卵泡素),即FSH;另一种能促进排卵和黄体形成,取名为黄体生成素(促黄体素),即LH。在雄性,LH作用于睾丸的间质细胞,刺激雄激素分泌,所以又称为间质细胞刺激素(interstitial cell stimulating hormone, ICSH)。

1. 化学结构与性质

LH和FSH都是糖蛋白激素,分子中含有α和β两个亚基。已证明在各种动物,LH和FSH两种促性腺激素的α-亚基均相同或高度同源,如人的FSH和LH的α-亚基都是由89个氨基酸组成,牛和羊的LH α-亚基相同,猪的LH α-亚基与人的有95%的同源性,但β-亚基却存在很大的差异,不但有激素间特异性,而且还有种间特异性,故将β-亚基称为激素的特异亚基。两种促性腺激素的生物学活性均有赖于其分子结构的完整性,如果将α-亚基和β-亚基分开,则α-亚基无生物活性,β-亚基只有微弱的活性,两亚基重新组合后生物活性可基本恢复。肽链杂交的实验证明,促性腺激素的生物活性决定于β-亚基。另外,促性腺激素分子上糖基的含量和组成也存在激素间和种间差别,如牛LH的糖类含量为12%,而羊的为24%。正是因为以上原因,促性腺激素的相对分子量亦存在种间差异,如猪FSH相对分子量为29 000,牛的为57 300。而且,促性腺激素分子中的糖基还可能与激素的代谢有关。

2. 分泌与代谢

促性腺激素在垂体前叶促性腺激素细胞的内质网合成,并以分泌小泡(颗粒)形式储存于细胞内,当细胞受到GnRH刺激时,通过胞吐的方式排出分泌小泡内的促性腺激素。各种动物促性腺激素的分泌量不同,但分泌规律基本相同。动物从胚胎期便有促性腺激素分泌,但在初情期以前,分泌水平较低,分泌脉冲也不规律;初情期开始后,促性腺激素分泌增多,循环水平升高,这可能是下丘脑的GnRH分泌增加而刺激垂体的结果。在性成熟的母畜,外周血中促性腺激素水平随发情周期而呈周期性变化(图1-2),FSH在卵泡期随着卵泡的发育分泌量逐渐增多,发情时达到峰值,排卵后降至低水平,然后又呈现较平稳的脉冲式分泌;LH在卵泡

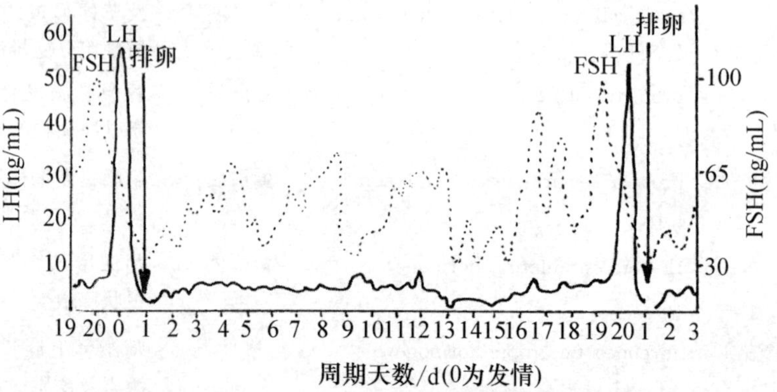

图1-2　母牛发情周期中垂体促性腺激素的变化

期分泌量基本保持恒定，直到排卵前在雌激素的正反馈作用下，分泌量增多，形成排卵前 LH 峰，排卵后分泌量又逐渐减少，并在整个黄体期基本保持在较低水平。

在外周血液循环中，促性腺激素与 β - 球蛋白结合而转运，FSH 的半衰期为 120～150 min，LH 则不超过 30 min，但它们的代谢清除途径目前还不清楚。

3. 分泌调节

促性腺激素的分泌受下丘脑神经激素、靶腺激素以及垂体自分泌和旁分泌的调节。

(1)下丘脑神经激素的调节　目前所知，下丘脑神经元分泌的 GnRH 通过垂体门脉循环到达垂体前叶，控制促性腺激素的合成和释放。中枢神经系统感受体内外信息而释放的神经递质或神经肽，以及体内其他激素，都是通过影响下丘脑 GnRH 的分泌而调节促性腺激素分泌的。高级神经中枢产生的神经递质或神经肽是否能直接作用于垂体激素分泌细胞，目前尚无确切的证据。

垂体促性腺激素的分泌是脉冲式的，但这种分泌特性并非垂体细胞本身所固有，而是下丘脑 GnRH 脉冲式分泌调控的结果。Clarke 等(1982/1985)通过同步采集绵羊和山羊垂体门脉和颈静脉血样，分析 GnRH 与垂体促性腺激素之间的关系，发现外周血浆 LH 脉冲频率与 GnRH 基本一致，即每出现一次 GnRH 脉冲，就相应出现一次 LH 脉冲。

GnRH 对 FSH 和 LH 的分泌调节有所不同。一般认为，下丘脑神经细胞以低频率、少量分泌 GnRH，有利于垂体释放 FSH，而高频率、大量分泌则主要引起 LH 释放。例如给大鼠一次静脉注射 GnRH，引起 LH 释放明显增加，而对 FSH 影响较小；但当缓慢注射同样剂量的 GnRH 时，却引起 LH 和 FSH 的释放同时增加。还有人以每间隔 1 h 给猴注射一次 LHRH，引起血浆 LH 和 FSH 同时升高，而以每间隔 3 h 注射一次则只有 FSH 水平升高。GnRH 这种对促性腺激素的不同调节特性可能有重要的生理意义。因为在动物发情周期的黄体期，GnRH 以持续的低频率分泌有利于促进 FSH 的释放，刺激卵泡发育，待卵泡发育接近成熟时，GnRH 在雌激素的正反馈作用下，分泌脉冲频率加快，分泌量增多，则有利于促进 LH 释放，并形成排卵前 LH 峰，刺激卵泡发育成熟和触发排卵。

(2)靶腺激素的调节　促性腺激素的靶腺是性腺。性腺类固醇激素(雌激素、孕酮、雄激素等)和性腺多肽激素(抑制素等)对垂体促性腺激素的分泌都有反馈调节作用。

性腺类固醇激素对垂体促性腺激素的反馈调节，一是作用于下丘脑，影响 GnRH 的分泌；二是直接作用于垂体。

在下丘脑，雌激素通过影响 GnRH 的分泌，对促性腺激素发挥双相调节作用。例如，在雌性动物的发情期，卵泡产生大量的雌激素，通过反馈作用调节下丘脑 GnRH 的分泌节律，使 FSH 分泌减少，而 LH 分泌增加，诱发排卵前 LH 峰。这时，雌激素对 FSH 的调节是负反馈，对 LH 却是正反馈。实验证明，雌激素对促性腺激素的双相调节作用可能是通过影响下丘脑的神经中枢实现的，因为在紧张中枢埋植雌激素可抑制垂体和卵巢的机能，若在周期中枢埋植雌激素，则引起排卵，说明紧张中枢可能是雌激素负反馈的作用部位，周期中枢则是其正反馈作用的部位。孕酮或睾酮在下丘脑主要通过负反馈机制抑制 GnRH 的分泌，减少垂体释放促性腺激素。但小剂量的孕酮或睾酮对 GnRH 分泌也有刺激作用。在绵羊的非繁殖季节，应用孕酮诱导发情就是依据孕酮的这种作用机制来完成的。

在垂体，一般认为性腺类固醇激素对促性腺激素的调节主要是负反馈作用。性腺类固醇激素可降低垂体细胞对 GnRH 的反应性，从而减少促性腺激素的合成和释放。在腺垂体已发现有睾酮的受体，睾酮与受体结合抑制促性腺激素的分泌。但也有研究表明，在垂体，性腺类固醇激素能调节 GnRH 受体基因的表达，雌二醇使稳态 GnRH 受体 mRNA 表达增加，从而刺激 LH 分泌，表明雌激素对垂体可能也有正反馈调节作用。

除了性腺类固醇激素对促性腺激素分泌有调节作用以外，卵巢颗粒细胞和睾丸支持细胞分泌的抑制素对下丘脑和腺垂体也有负反馈作用，能选择性地抑制 FSH 的分泌。此外，有人还从牛的卵泡液中提取出 FSH 释放蛋白（FSH releasing protein, FRP），能特异性地刺激 FSH 分泌。

（3）垂体自分泌和旁分泌的调节　近些年来的研究发现，垂体内存在自分泌和旁分泌系统，合成和分泌细胞因子对促性腺激素的分泌产生局部调节作用。这些细胞因子包括白介素、表皮生长因子、成纤维细胞生长因子、胰岛素样生长因子、神经生长因子、活化素、抑制素和卵泡抑素（FSH 抑制蛋白）等，它们相互作用，组成一个复杂的调节系统，影响促性腺激素的分泌。

4. 主要生物学作用

（1）FSH 的作用

①对雌性动物的作用。FSH 对雌性动物的作用主要是刺激的卵泡生长发育，在 LH 协同下刺激卵泡产生雌激素，此外还与动物的发情和排卵等生殖活动有关。

研究发现，在卵泡颗粒细胞上存在 FSH 的特异受体，FSH 与受体结合后可活化芳香化酶和诱导 LH 受体形成。芳香化酶将来自卵泡内膜细胞的雄激素转变为 17β-雌二醇，后者协同 FSH 使颗粒细胞增生，内膜细胞分化，卵泡液形成，卵泡腔扩大，从而促进卵泡发育。令人感兴趣的是，动物在发情期，卵巢内有许多卵泡同时发育，但生理状态下，单胎动物一般只有一个卵泡发育成熟至排卵，即便是多胎动物也只有部分卵泡发育成熟，其余卵泡在不同阶段先后退化闭锁。后来证明，随着卵泡的发育，卵泡液中有一种 FSH 受体结合抑制物也随之增加，它使 FSH 不能结合于卵泡发育稍慢的颗粒细胞上，致使 FSH 活化芳香化酶的作用消失，使得雌激素浓度降低、雄激素蓄积，导致卵泡停止生长而闭锁。但如果在发情前期注射大剂量的 FSH，就可能使将要退化的卵泡继续发育，其排卵数可超过生理排卵数量。

关于 FSH 刺激卵泡产生雌激素的作用，过去认为雌激素是在 FSH 作用下由卵泡内膜细胞合成的。但后来的研究发现，FSH 和 LH 分别控制两种卵泡细胞，雌激素的合成是 FSH 和 LH 共同作用的结果，即所谓的“二细胞学说”。在卵泡颗粒细胞，存在专一的 FSH 受体，FSH 可诱导颗粒细胞合成芳香化酶；在卵泡内膜细胞，有专一的 LH 受体和不专一的 FSH 受体，在 LH 的作用下，内膜细胞合成雄激素，雄激素扩散进入颗粒细胞，在芳香化酶作用下转化为雌激素。卵泡内膜细胞虽然也能单独合成雌二醇，但速度很慢，而且其中不少雄激素（睾酮）转变为二氢睾酮，后者不能转化为雌激素。所以，卵泡只有在 FSH 和 LH 的共同作用下，由卵泡内膜细胞和颗粒细胞合作，才能产生大量的雌激素。

FSH 与 LH 的协同作用还表现在促进动物的发情和排卵等方面。在动物的发情周期中，垂体 FSH 和 LH 的分泌需要维持一定的动态比例，才能保证正常的发情和排卵。垂体 FSH 的分泌量因动物种类不同而异，在家畜中以马最高，猪次之，然后为羊、牛。就 FSH 与 LH 的比例而言，马的比值最高，牛、羊最低，猪介于二者之间。在这些家畜中，发情持续期也以马最长，牛、羊最短，而且牛、羊的安静排卵的比例要显著高于猪、马。在促进排卵的作用上，虽然起主要作用的是 LH，但 FSH 也是不可或缺的。因为 FSH 能刺激卵泡的发育，且只有血液中

FSH 和 LH 达到一定浓度比例时，才引起排卵。

②对雄性动物的作用。FSH 对雄性动物的作用主要是刺激细精管上皮和次级精母细胞的发育，促进精子生成，并与 LH 协同作用刺激精子发育成熟，故有人将其称为促精子生成素。实验证明，在雄性动物性成熟后切除垂体，精子生成会立即停止，并伴有睾丸及副性器官萎缩，若给予外源性 FSH，几天后细精管上皮的分裂活动增加，精子细胞增多，睾丸增大。但是，如果只有 FSH 的单独作用，睾丸虽能生成精子细胞，却无成熟的精子产生，精子成熟需要 FSH 和 LH 的协同作用。因为精子在成熟过程中需要有睾酮的作用，LH 能刺激睾丸间质细胞生成睾酮。另外，FSH 还刺激睾丸间质细胞分泌雄激素结合蛋白(androgen-binding protein，ABP)。ABP 与睾酮结合，可使曲细精管腔内的睾酮保持较高浓度。

(2)LH 的作用

①对雌性动物的作用。在雌性动物，LH 的作用主要是刺激卵泡发育成熟和排卵，以及排卵后形成黄体。

如上所述，LH 与 FSH 协同作用刺激卵泡的发育。在卵泡发育过程中，优势卵泡选择、卵泡成熟及排卵都依赖 LH 的刺激。当卵泡发育接近成熟时，LH 也大量分泌，快速达到峰值，即触发排卵。实验证明，如果在动物 LH 排卵峰出现前使用抗 LH 血清可阻止排卵的发生。卵巢排卵后，在 LH 作用下，粒膜细胞形成黄体，促黄体素正是因为此功能而得名。研究证明，在有些动物，如牛、猪及人，LH 还促进黄体分泌孕酮，对维持黄体的功能也是必需的。如给牛注射 LH 可延长黄体寿命，注射抗牛 LH 血清，则使黄体溶解；向体外培养的猪黄体组织中添加 LH，能刺激孕酮的分泌。

②对雄性动物的作用。在雄性动物，LH 的作用，一是刺激睾丸间质细胞发育及睾酮分泌，所以被称为间质细胞刺激素；二是与 FSH 和睾酮协同作用，刺激精子发育成熟。

5.在兽医临床及畜牧生产中的应用

(1)诱导排卵和超数排卵　对于排卵延迟、不排卵以及从非自发性排卵的动物获得卵子，可在发情或人工授精时静脉注射 LH，一般可在 24 h 内排卵。在胚胎移植中，为了获得大量的胚胎，应用 FSH 对供体动物进行处理，促使其卵泡大量发育，并在供体配种的同时静脉注射 LH，以促进排卵。

(2)治疗不育　FSH 对雌性的卵巢机能不全、卵泡发育停滞或交替发育，以及雄性动物的性欲减退、少精等疾病均有较好疗效。FSH 能诱发雌性动物的卵巢及卵泡发育；对发生持久黄体的病例，能诱发卵泡生长，促使黄体萎缩。对雄性动物，应用 LH 能刺激间质细胞分泌睾酮，提高性欲，改善精液品质。

(3)预防流产　对于由黄体发育不全引起的胚胎死亡或习惯性流产，可在配种时和配种后连续注射 2～3 次 LH，可促使黄体发育和分泌孕酮，防止流产。

(4)提早动物的性成熟　季节性繁殖动物，如出生较晚，性成熟时可能错过繁殖季节，这样就会空养一年，如果在适当的时间应用促性腺激素，就有可能诱导其提早性成熟，及时配种。例如，给接近性成熟的肉牛或绵羊应用孕酮处理，配合使用促性腺激素，可使它们提早发情配种。

(5)诱导泌乳乏情期的动物发情　对产后 4 周的泌乳期母猪，子宫复旧已完成，用促性腺激素处理，可诱导其发情，以缩短胎间距，提高母猪的繁殖效率。母牛产后 60 d 内，因泌乳常处于乏情期，如果采用孕酮短期处理，并结合注射促性腺激素，可促进其发情并提高排卵率。

(二)促乳素

促乳素,即PRL,又名催乳素、生乳素,是腺垂体促乳素细胞分泌的一种单链蛋白质激素,在结构上存在着种间差异,一般由190～200个氨基酸组成,相对分子量从22 000～25 000不等。因为在一些动物它又有刺激和维持黄体分泌的功能,故有时又称为促黄体分泌素(luteotropic hormone, LTH)。

一般认为,垂体分泌PRL受下丘脑PIF和PRF的调节,而且在生理条件下是以PIF调节为主,维持着PRL的基础分泌。下丘脑分泌的其他神经激素或生物活性物质,如GnRH、多巴胺、γ-氨基丁酸、血管紧张素Ⅱ、促甲状腺素释放激素、血管活性肠肽和5-羟色胺等也可通过下丘脑-垂体门脉循环到达垂体前叶或通过旁分泌、自分泌的方式参与PRL分泌的调节。

1. 在雌性动物的主要生物学作用

(1)刺激和维持黄体功能　在大鼠、小鼠、绵羊和犬等动物已证实,PRL对于功能黄体有刺激和维持其分泌孕酮的作用,但对退化的黄体,它又有溶解作用。然而,在牛、猪、山羊和人,PRL的这种作用尚未得到证实。

(2)刺激乳腺发育和泌乳　乳腺发育和泌乳需要性腺类固醇激素、皮质醇和PRL的协同作用。PRL与雌激素协同作用于乳腺的腺管系统,与孕酮协同作用于腺泡系统,刺激乳腺发育;与皮质醇协同则可激发和维持发育完成的乳腺泌乳。例如,给9月龄未孕母羊每天注射孕酮60 mg、苯甲酸雌二醇250 μg ,30 d后乳腺实质发育良好,呈现泌乳活性,腺泡腔有脂肪滴等分泌物。如仅注射雌激素和孕酮或只注射孕酮,乳腺小叶-腺泡发育不明显。动物的乳腺发育或维持泌乳都需要PRL刺激,所以在分娩前PRL分泌增加,出现分泌峰,如经产奶山羊在分娩前2～3 d血液中PRL开始升高,在分娩之日达到峰值,分娩后3 d才开始下降。

(3)刺激阴道黏膜分泌黏液　PRL有刺激阴道黏膜分泌黏液的作用,并使子宫颈松弛,排出子宫分泌物。

(4)调节动物的繁殖行为　PRL能增强雌性动物的母性行为,如哺乳动物的护仔、造窝行为,禽类的抱窝、筑巢行为等。PRL还有促进鸽嗉囊黏膜上皮增生并分泌“嗉囊乳”的作用。例如,给鸽注射PRL后,嗉囊黏膜上皮细胞的直径、厚度和重量均增加,并分泌“嗉囊乳”以喂养仔鸽。

2. 在雄性动物的主要生物学作用

在雄性动物,PRL有维持睾酮分泌,与雄激素协同刺激副性腺的分泌等作用,并能增强LH刺激睾酮合成的作用。

3. 在兽医产科临床及畜牧生产中的应用

由于PRL来源缺乏,价格较贵,畜牧生产中尚不能直接使用PRL,目前主要应用升高或降低PRL的药物作为替代品。

(1)促进PRL分泌的药物　这类药物包括多巴胺耗竭剂,如α-甲基多巴、呱乙啶和利血平等,可以使组织中多巴胺浓度降低;多巴胺受体阻断剂,如吩噻嗪类药物(奋乃静、三氟嗪等)、苯甲酰胺类药物(灭吐灵和止呕灵)和丁酰苯类药物(氟哌啶醇和达哌啶醇等),可阻断多巴胺与其受体的结合;激素类药物,如雌激素、前列腺素 $F_{2\alpha}$ 等,可直接作用于PRL分泌细胞。所以,应用这些药物都能不同程度地促进PRL的分泌。

(2)抑制PRL分泌的药物　这类药物主要是麦角生物碱类,特别是它的合成品溴隐亭。

溴隐亭为多巴胺受体激动剂,体内外实验均证明它能抑制 PRL 的分泌。如给奶山羊肌肉注射溴隐亭,血浆 PRL 迅速降低,经 6 d 才逐渐恢复到注射前水平;用溴隐亭治疗假妊娠犬,每日服 30 μg /kg,连续 16 d,能完全停止泌乳,使乳腺变小。

(三)催产素

垂体后叶(神经垂体)激素有两种,即催产素(oxtocin, OT 或 OXT)和血管加压素(抗利尿激素),但与生殖直接有关的是 OT。实质上,垂体后叶是下丘脑神经组织的延续部分,没有腺体细胞,不能合成激素,OT 和血管加压素都是由下丘脑的神经细胞合成,然后由下丘脑 - 神经垂体的轴突运送到垂体后叶。所以垂体后叶只是起贮存和释放激素的作用,但因最早这两种激素是从垂体后叶中发现的,故习惯上仍将其归属为垂体后叶激素。

OT 又名子宫收缩素,因其具有使子宫肌收缩和加速分娩进程的作用而得名。但后来发现,OT 对排乳也有重要的调节作用,故也有人将其称为催产 - 排乳素。

1. 化学结构与性质

OT 是由 9 个氨基酸构成的环状多肽激素,相对分子量约为 1 000。在中性或碱性溶液中容易被破坏,而在酸性溶液中则很稳定。在体内容易被消化酶和血中 OT 酶所破坏。

2. 分泌与代谢

(1)合成与分泌。OT 由下丘脑的视上核和室旁核的神经元合成,其中室旁核可能是主要合成部位。但近些年的研究发现,下丘脑的其他区域以及某些外周组织,如黄体细胞、卵泡颗粒细胞、睾丸、肾上腺和胸腺等也能产生 OT,因为在这些组织中都存在 OT 或有 OT mRNA 表达。

传统的观点认为,OT 的分泌发生在分娩、吮乳或挤乳期间,但实际上,刺激生殖器官、按摩乳房、爬跨、交配或输精、异性刺激等,均可促进 OT 分泌。研究发现,下丘脑合成的 OT 沿下丘脑 - 垂体后叶的轴突运至垂体后叶贮存,当机体受到刺激,引起神经兴奋,使下丘脑 - 垂体后叶产生动作电位以及垂体后叶神经末梢去极化,从而释放 OT。

(2)代谢。在外周血液中,OT 以自由肽的形式存在,大部分经肝、肾和泌乳的乳腺迅速清除或灭活,少部分以结合的形式随尿排出。OT 在血液中的半衰期很短,第一半衰期不到 1 min,第二半衰期为 2～3 min。肌肉注射 OT 后 3～5 min 即开始生效,其作用能维持 20～30 min。

3. 分泌调节

OT 释放主要受神经调节。神经中枢接受来自体内外的刺激,如两性间交配的刺激,吸吮或按摩雌性的乳头或乳房、扩张阴道、刺激子宫颈以及分娩时胎儿刺激产道,按摩雄性动物生殖器等,均能引起下丘脑合成 OT 和垂体后叶释放 OT 增多。特别是在雌性动物分娩时,胎儿对产道的刺激能引起下丘脑大量合成 OT,以及垂体后叶大量释放 OT。观察发现,在分娩开始阶段 OT 分泌量很少,但随分娩过程的进行,分泌量逐渐增加,在胎儿排出时达到高峰,此后下降,胎衣排出期又形成一较小的分泌高峰。对于分娩时 OT 这种突发性大量释放的确切机理目前还不太清楚,但一般认为与妊娠末期雌激素水平升高,孕酮水平下降,导致二者比值变化以及分娩期前列腺素 $F_{2\alpha}$ 的大量释放有关。

4. 主要生物学作用

(1)在雌性动物的作用

①刺激子宫肌收缩。OT 刺激子宫肌收缩有两方面的重要作用，一是有利于维持的正常生殖机能，如在交配或输精时，反射性引起 OT 的释放，促进子宫(包括输卵管)平滑肌收缩，有助于精子及卵子在母畜生殖道内的运行；在产后，OT 刺激子宫肌收缩，有利于恶露排出和子宫复旧；二是参与分娩发动和加快分娩进程，有利于胎儿和胎衣排出。

OT 对子宫的刺激作用与机体内的雌激素和孕酮水平有关。雌激素对 OT 可能起一种“允许”作用。例如，卵巢切除的动物，其子宫对 OT 的敏感性很弱，若经雌激素预先作用，则敏感性升高，微量的 OT 就能引起子宫肌收缩；在非妊娠期，子宫肌的 OT 受体浓度很低，但在妊娠期，OT 受体浓度随雌激素分泌增加而增高，到分娩时达到峰值，所以妊娠后期子宫肌对 OT 越来越敏感，最终引起子宫阵缩。孕酮能降低子宫肌对 OT 的敏感性，大量孕酮甚至可完全阻断 OT 对子宫的作用。在妊娠期内，使子宫处于“安静状态”，可能与孕酮降低子宫肌对 OT 的敏感性有关。

②刺激排乳。OT 对排乳的刺激作用表现在两个方面，一是引起乳腺腺泡肌上皮的收缩，升高乳腺内压，使乳汁由腺泡排出，并使小导管扩张和缩短，乳汁经由小导管流入大导管和乳池；二是使乳腺大导管、乳腺乳池和乳头乳池外周平滑肌松弛，有利于排乳。

③对黄体的作用。小剂量 OT 具有促黄体作用，大剂量则有溶黄体作用。如给予大剂量 OT 能诱导牛、绵羊和山羊黄体溶解；在牛、羊的发情周期中，连续给予大剂量 OT，能抑制黄体形成。目前认为，OT 溶解黄体的机理是其能诱导子宫释放前列腺素 $F_{2\alpha}$。

(2)在雄性动物的作用　OT 对雄性动物的作用研究较少。一般认为，OT 对雄性动物生殖机能的发育和维持，以及在交配时射精起着一定的作用。例如，给性成熟前的公兔使用 OT，能增加睾丸重量和精细管直径，并能刺激间质细胞发育；公马交配前血浆 OT 水平很低，而交配后明显升高，证明 OT 不仅有类似 ICSH 的作用，也可能与性行为有关；还有人发现，在绵羊采精时注射 OT，精液量和精子数均有所提高。

5. 在兽医产科临床及畜牧生产中的应用

早期的 OT 制剂来源于动物的垂体提取物，其中含有血管加压素，使用时有一定的副作用，目前人工合成的 OT 已在人医学临床、兽医学临床和畜牧生产中大量应用。

(1)诱发分娩和同期分娩　给临近预产期的动物应用 OT，能诱发分娩。据报道，给妊娠 327～346 d 的母马，注射 OT 100 IU，可在 20～120 min 内分娩；给接近预产期的母牛，先注射地塞米松，48 h 后再注射 OT，可在 4 h 左右分娩；给妊娠 112 d 的母猪，先注射前列腺素 $F_{2\alpha}$ 类似物，16 h 后给予 OT，可在 4 h 内完成分娩。

(2)提高配种受胎率　据报道，在奶牛人工授精前 1～2 min，先向子宫颈内注射 OT 5～10 IU，然后输精，其受胎率可提高 6%～22%。肌肉注射 5 IU 也有作用，但效果不如子宫颈内注射。

(3)终止误配妊娠　如在母牛发生不适当配种后一周内，每日注射 OT 100～200 IU，能抑制黄体的发育而达到终止妊娠的目的，一般可于处理后 8～10 d 返情。

(4)治疗产科病和母畜科疾病

①治疗牛持久黄体和黄体囊肿。每 2 h 注射 OT 100 IU，连续 4 次，可使约 80%的患牛黄体溶解或消散，一般可在 2～10 d 内发情。

②催产。母畜在分娩过程中，如果胎势、胎向、胎位和产道均正常，但因子宫肌收缩无力造成分娩迟缓或分娩受阻，可应用小剂量 OT 可增强宫缩，缩短产程。

③促使死胎排出。母畜在妊娠期间因流产而发生死胎停滞，可先注射雌激素，48 h 后静脉滴注 OT 或将 OT 与前列腺素 $F_{2\alpha}$ 联合滴注，有助于死胎排出。

④治疗产后子宫出血。子宫出血时，应用大剂量 OT，可迅速引起子宫强直收缩，这种收缩作用在子宫体比子宫颈更强，由于肌层内血管受到压迫，可产生止血效果，但作用时间较短暂。

⑤治疗胎衣不下和子宫积脓。产后发生胎衣不下时，静脉滴注或每 2 h 肌肉注射一次 OT，可增强子宫收缩，促进胎衣排出。患子宫积脓时，可先注射雌激素，以增进子宫肌对 OT 的敏感性，48 h 后再给予 OT，可促进脓汁排出。

⑥促进产后子宫复旧。在产后早期或由于疾病等原因造成的产后子宫复旧不良，可应用 OT 和雌激素处理，促进子宫肌收缩，改善子宫血液循环，提高子宫的自我防护能力，有利于子宫复旧。

⑦治疗放乳不良。应用 OT 能促进泌乳的动物排乳，如给排乳不畅的奶牛，在按摩乳房并挤乳后每天静脉注射 60 IU OT，连续 4 d，可促进排乳；给母猪，静脉注射 30 IU OT，平均放乳反应期为 14 min，引起乳内压剧烈增加约达 7 min。

三、性腺激素

性腺，即雌性动物的卵巢和雄性动物的睾丸。它具有双重功能，一是产生配子，即卵巢产生卵子，睾丸产生精子，担负繁殖后代的基本功能；二是分泌两性特有的性激素，调节生殖活动。

性腺产生的激素分为两类，一类属类固醇激素，如雌激素、孕酮、雄激素等；另一类属蛋白质或多肽激素，如松弛素、抑制素和活化素等。

（一）性腺类固醇激素

类固醇激素又叫甾体激素，是带有不同侧链的环戊烷多氢菲的衍生物，属脂类化合物。性腺类固醇激素包括雌激素（estrogen）、孕激素（progestogen）和雄激素（androgen）。但性腺并非这些类固醇激素的唯一来源，胎盘能合成大量的雌激素和孕酮，肾上腺皮质也能产生少量的雌激素和雄激素。另外，雄激素或雌激素的命名是相对的，雌性动物能产生雄激素，雄性动物也能产生雌激素，其差别主要反映在分泌量上。

1. 合成与分泌

性腺类固醇激素的生物合成具有共同的途径，其直接前体都是由胆固醇衍化而成的孕烯醇酮，其最终产物主要取决于腺体组织的细胞类型、酶系和调节因子等（图 1 - 3）。

雄激素的合成有两条途径，一是孕烯醇酮为前体，在一系列酶的作用下，形成脱氢表雄酮和雄烯二醇，它们都是生物学活性较弱的雄激素；二是由孕烯醇酮合成孕酮，再以孕酮为前体，合成雄烯二酮，最后形成生物学活性最强的雄激素——睾酮。在雄性动物，95％的睾酮是由睾丸分泌的，睾丸间质细胞（leydig 细胞）是合成睾酮的主要细胞。

雌激素是以雄激素为前体，在芳香化酶的作用下，睾酮转化为雌二醇，雄烯二酮转化为雌酮。在雌性动物，雌激素是由卵泡的内膜细胞和颗粒细胞共同作用产生的，其中主要是雌二

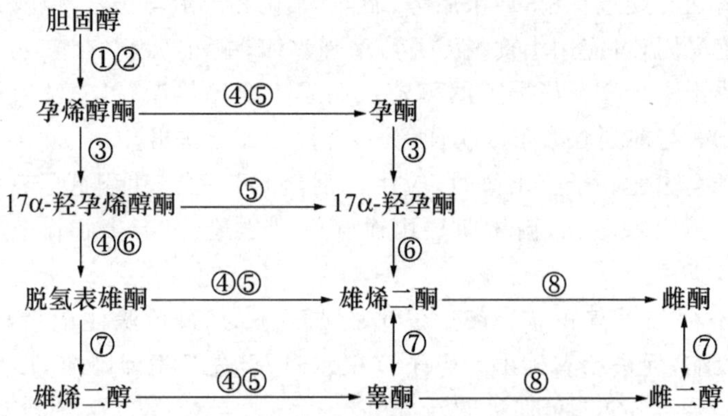

图 1-3　性腺类固醇激素的生物合成途径

①20,22-羟化酶　②20,22-裂解酶　③17α-羟化酶　④3β-脱氢酶

⑤5,4-异构酶　⑥17,20-裂解酶　⑦17β-羟甾脱氢酶　⑧芳香化酶

醇,但黄体细胞也能产生少量的雌激素。

孕激素,主要是孕酮,既可作用一种独立的激素被分泌入血而发挥作用,也可作为合成其它甾体激素的中间体。在雌性动物排卵后形成的黄体能合成大量的孕酮。

2. 转运及代谢

性腺产生的类固醇激素分泌进入血液后,大部分以与血浆蛋白结合的形式转运至靶细胞,游离的仅占2%～3%,如绝大部分雌激素和雄激素与特异性β-球蛋白结合,少量的与非特异性白蛋白结合;孕酮则与白蛋白或皮质醇结合球蛋白结合。结合状态的类固醇激素无生物活性,但可避免过快地被代谢失活和排出。在血液中,有生物活性的游离激素与无生物活性的结合激素保持着动态平衡。

性腺类固醇激素除了在靶细胞发挥作用后被降解以外,主要在肝脏内与葡萄糖醛酸及硫酸盐结合,大部分经肾脏随尿排出,一部分经胆汁排入肠道,其中大部分由肠道再吸收进入肝肠循环,小部分随粪便排出。类固醇激素在血液中的半衰期一般很短,如雌二醇为5～20 min,孕酮为20～30 min。

3. 分泌调节

性腺类固醇激素的分泌主要受下丘脑-垂体轴的控制。前叶促性腺激素调节,如前所述,雌激素的分泌受FSH和LH共同调节;孕酮分泌主要受LH调节,但在有些动物,如大鼠、小鼠、绵羊和犬等已证实还受PRL调节;雄激素分泌则主要受ICSH(即LH)调节。同时,性腺产生的类固醇对垂体前叶的促性腺激素以及下丘脑的神经激素又有反馈作用,维持着内分泌系统的平衡。

4. 主要生物学作用

(1)雌激素　动物体内的雌激素主要为17β-雌二醇(estradiol,17β-E_2)、雌酮(estrone)和雌三醇(estriol,E_3)等,其中17β-E_2活性最强。E_3则是17β-E_2和雌酮的代谢产物,其活性最弱。雌激素对雌性动物的主要生理作用有:

①刺激和维持雌性生殖器官和第二性征的发育。雌激素能刺激和维持雌性生殖器官和乳腺腺管发育,促进骨盆发育而变得相对宽大等,使雌性呈现第二性征。

②刺激并维持生殖机能。在雌性的发情周期中,雌激素能刺激性中枢,引起发情及性兴

奋;刺激生殖道,使其充血;刺激子宫内膜和阴道上皮增生、腺体生长、黏液分泌增多并变得稀薄,增强阴道、子宫及输卵管平滑肌收缩,有利于精子运行等。

③参与发动分娩和促进产后子宫复旧。在分娩前,雌激素能刺激子宫颈、外阴和骨盆韧带软化,有利于分娩,并能刺激子宫内膜产生前列腺素以及子宫肌 OT 受体发育,参与分娩发动;在分娩时,与 OT 协同刺激子宫肌收缩,启动分娩;在分娩后,促进产后子宫复旧等。

④在泌乳期间,与 PRL 协同,刺激乳腺发育和泌乳。

⑤刺激钙在骨骼的沉着、长骨生长和骨骺骨化;降低血管通透性和降低血清胆固醇;促进皮下脂肪的沉积、血浆蛋白合成,增强免疫机能。

(2)孕酮　孕酮(progesterone, P_4)又称黄体酮,其对雌性动物的主要生理作用有:

①参与妊娠识别和维持妊娠。雌性动物受孕后,P_4 能抑制母体对胎儿的免疫反应,参与妊娠识别;在妊娠早期,能刺激子宫腺体发育并分泌子宫乳,为早期胚胎发育提供条件;在整个妊娠期间,能抑制子宫前列腺素的合成和(或)抑制子宫合成的前列腺素进入子宫静脉,并降低子宫肌的兴奋性,使子宫保持"安静"状态,有利于胚胎着床、发育,维持妊娠。

②刺激子宫腺体增生及分泌。在发情周期中的黄体期,在雌激素引起子宫内膜增生的基础上,P_4 能进一步刺激子宫内膜腺体增生,并改变分泌型,使子宫内环境向有利于胚胎着床的方向转变;同时刺激子宫颈及阴道分泌黏稠的黏液。

③与雌激素协同,维持雌性正常的生殖机能。雌激素刺激雌性动物的生殖机能,发育、发情、排卵等都需要 P_4 参与。如雌性生殖道在雌激素刺激下开始发育,但只有经 P_4 的作用后,才能发育充分;雌激素刺激性中枢,引起发情和性兴奋需要少量的 P_4 协助,缺乏 P_4 则可能出现"暗发情"或不发情。

④抑制雌性的发情和排卵。大剂量的 P_4 对性中枢有很强的负反馈作用,能抑制雌性动物的卵泡发育、发情和排卵。

(3)雄激素　雄激素包括睾酮(testosterone)、脱氢异雄酮(dehydroepian-drosterone)、雄烯二酮(androstenedione)和双氢睾酮(dihydrotestosterone)等,其中以睾酮的生物活性最强。睾酮对雄性动物的主要生理作用有:

①刺激并维持雄性外生殖器官、副性腺发育等,使雄性表现并维持第二性征。

②刺激精子生成和维持雄性的性功能。

③促进蛋白质合成、骨骼肌生长和骨髓的造血功能。

④提高免疫机能,增加耐受力。

5.在兽医产科临床及畜牧生产中的应用

(1)雌激素的应用　目前应用的雌激素制剂主要是人工合成的,常用的有:苯甲酸雌二醇、戊酸雌二醇、二丙酸雌二醇、甲己烯雌酚、己雌酚、己烷雌酚等。

①诱导发情。如肌肉注射 7～8 mg 苯甲酸雌二醇,可使 80%的母牛在注射后 2～3 d 内发情。应当注意的是,应用雌激素虽然可诱导动物出现发情表现,但不一定能出现排卵。所以,临床上可以单独应用雌激素诱导发情,以激发动物的生殖机能,但要等到下一个发情期配种才可能受孕。

②治疗子宫疾病。因雌激素能促进子宫收缩、松弛子宫颈,所以可用于治疗子宫炎症,排出子宫内炎性分泌物;也可用雌激素配合 OT 促进子宫复旧等。

③诱导泌乳。将雌激素与孕酮配合,可用于诱导动物泌乳。如每日给非泌乳期的奶牛皮

下注射苯甲酸雌二醇 0.1 mg，孕酮 0.25 mg，连续处理 7 d，然后肌肉注射利血平 4～5 mg 或前列腺素 $F_{2\alpha}$ 1～2 mg，连用 2～4 d，即可引起泌乳。

(2)孕激素的应用　目前临床上应用的人工合成的孕激素制剂很多，常见的有：甲基乙酸孕酮(甲孕酮)、乙酸氯地孕酮(氯地孕酮)、乙酸氟孕酮、甲地孕酮、安宫黄体酮(醋酸甲羟孕酮)、炔诺酮、双醋炔诺醇、18-甲基炔诺酮等。

①同期发情。利用孕激素能抑制发情的原理，给一群母畜连续数天应用孕激素抑制发情，然后同时撤除孕激素，即可在预定的时间内引起集中发情。目前在畜牧生产中，同期发情一般采用孕激素皮下埋植法或孕酮阴道栓法。国内外都有商品孕酮阴道栓，如阴道孕酮释放装置(progesterone releasing intravaginal device, PRID)、含孕酮的药物释放装置(controlled internal drug release-device, CIDR)等。

②预防流产。对因黄体功能失调等原因引起的习惯性流产或先兆性流产，可应用大剂量孕激素治疗，以达到保胎作用。

③限制繁殖(节育)。对宠物等，如不希望其繁殖，可应用大剂量孕激素能抑制发情和排卵，实现节育之目的。

④与雌激素配合，用于诱导泌乳。

(3)雄激素的应用　目前临床上应用的雄激素，除人工合成的睾酮外，还有许多睾酮衍生物，如丙酸睾酮、苯乙酸睾酮、甲睾酮、氟羟睾酮、庚酸睾酮等。

①治疗雄性动物的性机能障碍，如性欲不强、阳痿、性机能减退、精子活力低等。

②促进鹿茸生长。在鹿长茸期，应用雄激素可提高产茸量。

③主动或被动免疫，提高绵羊繁殖率，如在绵羊应用双羔素(fecundin)增加产羔率。

(二)性腺蛋白质或多肽激素

1. 松弛素

(1)来源及化学性质　松弛素主要由妊娠黄体的颗粒细胞分泌，子宫内膜、胎盘等也能产生少量的松弛素。循环血液中的松弛素水平一般随着妊娠期的增加逐渐增高，到分娩前达到高峰，分娩后即从血中消失。

松弛素是一种多肽激素。从猪、鼠等不同动物提取、纯化得到的松弛素分子结构略有差异，但其分子均由 α 和 β 两个亚基通过二硫键连接而成。

(2)主要生物学作用　在妊娠期间，松弛素的主要作用是使耻骨间韧带扩张，抑制子宫肌的自发性收缩，防止胎儿流产；在分娩前，松弛素分泌增加，作用于生殖道等相关组织，使产道松软，有利于扩张，但这种作用需要有雌激素预先作用才能充分表现出来。

目前国外已有三种松弛素商品制剂：Releasin(由松弛素组成)、Cervilaxin(由宫颈松弛因子组成)和 Lutrexin(由黄体协同因子组成)，在临床上用于子宫镇痛、预防流产和早产、诱导分娩等。

2. 抑制素

(1)来源及化学性质　抑制素(inhibin)主要来源于睾丸的支持细胞(sertoli cells)和卵巢的颗粒细胞，但有一些研究发现，睾丸的间质细胞、灵长类动物的黄体细胞以及人的胎盘滋养层细胞均能产生抑制素，并且在大鼠的垂体前叶还发现抑制素和活化素与 FSH 和 LH 共存于同一分泌颗粒细胞内，在 FSH 和 LH 分泌时，这些抑制素和活化素也释放出来。

抑制素为糖蛋白激素，其分子是由 α 和 β 两个亚基以二硫键相连接的异二聚体，其中 β-亚基又有 βA 和 βB 之分。因此抑制素有 A 和 B 两种类型。A 型抑制素由 α 和 βA 亚基构成，B 型则由 α 和 βB 亚基构成。单独 α-亚基不具生物学活性，α-亚基和 β-亚基结合才表现出抑制素的生物活性。

虽然从不同种的动物分离得到的抑制素分子量有差异，但其分子结构和氨基酸序列极为相似，同源性很高。所以抑制素没有种属间特异性，不同来源的抑制素对多种动物都有作用。

(2)主要生物学作用　抑制素能特异地作用于垂体前叶，抑制 FSH 的合成和分泌，是 FSH 分泌的主要抑制因子之一。实验证明，抑制素抑制 FSH 基础分泌，且呈剂量依赖关系。此外，抑制素还能通过自分泌和旁分泌途径，直接作用于性腺影响其功能。

3. 卵泡抑素

卵泡抑素(follistatin)是卵巢颗粒细胞分泌的单链多肽激素，因其具有抑制 FSH 分泌的特性，故又叫 FSH 抑制蛋白(FSH suppressing protein，FSP)。它的主要生理作用是对 FSH 释放有特异抑制作用。

4. 活化素

活化素(activin)是卵泡颗粒细胞产生的一种激素。其分子结构与抑制素相似，是由两个抑制素的 β-亚基通过二硫键相连而成的二聚体。但它与抑制素的功能却截然不同。实验证明，高度纯化的活化素在体外有较强的选择性地促进 FSH 分泌，增高 FSH β mRNA 水平，刺激 FSH 的生物合成。

四、胎盘促性腺激素

哺乳动物的胎盘不仅是胎儿与母体之间的连接器官，承担胎儿与母体间营养物质及代谢产物交换的功能，而且是重要的内分泌器官，能分泌多种激素。本节介绍在兽医临床和畜牧生产中已广泛应用的胎盘促性腺激素(placental gonadotropin)，一种是孕马血清促性腺激素(pregnant mare serum gonadotropin, PMSG)，另一种是人绒毛膜促性腺激素(human chorionic gonadotropin, hCG)。

(一)孕马血清促性腺激素

1. 来源及化学性质

马属动物妊娠后，其胎盘尿囊绒毛膜的滋养层细胞逐渐侵入子宫内膜，增殖扩散形成杯状结构(子宫内膜杯)。它是一种特殊的腺体组织，能分泌一种促性腺激素，称为马绒毛膜促性腺激素(equine chorionic gonadotropin, eCG)，但因其最早是从妊娠母马的血液中发现的，故习惯上将其称为孕马血清促性腺激素，即 PMSG。母马在妊娠后 40 d，血液中开始出现 PMSG；到妊娠 60～80 d，血液中 PMSG 达到峰值；此后，子宫内膜杯开始退化，PMSG 分泌量逐渐下降，至妊娠 150 d 左右，血液中 PMSG 完全消失。

PMSG 是一种糖蛋白激素，其含糖量高达 41%～45%，相对分子量为 5 300。与其他糖蛋白激素一样，PMSG 也由 α 和 β 两个亚基组成，其中 α-亚基与 FSH、LH 和 hCG 的相似，β-亚基具有激素特异性，但只有 α-亚基与 β-亚基结合后，才能表现出激素的生物学活性。

2. 主要生物学作用

PMSG 具有 FSH 和 LH 双重生物学作用。对孕马本身而言，PMSG 主要显现 LH 的作用，这可能与妊娠维持有关，因在妊娠早期 PMSG 能刺激卵泡发育并形成黄体。但对于其他动物，PMSG 主要类似于 FSH 的作用，LH 的作用很小，因此用于代替 FSH 在兽医临床和畜牧生产中被广泛应用。

3. 在兽医产科临床及畜牧生产中的应用

在兽医临床及畜牧生产中，常用 PMSG 代替 FSH 用于如下方面：

(1)诱导发情　对不发情的动物，无论卵巢上是否有卵泡，用 PMSG 诱导发情一般都能获得良好效果。

(2)超数排卵　在胚胎移植中，PMSG 可用于供体的超数排卵，但效果不如 FSH 稳定。

(3)治疗卵巢疾病　在临床上，PMSG 可用于治疗动物的卵巢静止、卵巢囊肿和持久黄体等疾病。

(二)人绒毛膜促性腺激素

1. 来源及化学性质

hCG 由人胎盘绒毛膜滋养层的合胞体细胞所产生，在孕妇的血液和尿中大量存在，并由尿中排出。妇女约在妊娠后第 8 天(胚胎附植的第 1 天)，其胎盘即开始分泌 hCG，妊娠后第 10 天便能从尿或血中测出。孕妇尿中 hCG 在妊娠后第 45 天开始升高，第 10～11 周达到峰值，此后很快下降，至第 21～22 周降到最低，直到消失。

hCG 也是一种由 α 和 β 两个亚基组成的糖蛋白激素，其含糖量占 30%。与 PMSG 一样，hCG 的 α-亚基与 FSH、LH 的相似，但 β-亚基具有激素特异性。

2. 主要生物学作用

hCG 具有 LH 和 FSH 双重生物学作用。从临床应用角度而言，hCG 的作用几乎与 LH 相同，FSH 的作用很小。但在孕妇，hCG 对妊娠至少起两个方面的作用，一是作为胚胎的信号，参与妊娠识别；二是具有免疫抑制作用，参与妊娠维持。

3. 在兽医产科临床及畜牧生产中的应用

hCG 可从孕妇尿和刮宫废料中提取出来，来源广泛，是 LH 的一种经济的替代品，在兽医临床及畜牧生产中被广泛应用。

(1)保胎　当孕畜发生先兆性流产或有习惯性流产史时，可用 hCG 保胎。

(2)增强超数排卵的效果　在超数排卵程序中，可用 hCG 代替 LH 促进卵泡成熟和排卵，增加排卵数，且使排卵时间趋于一致。

(3)治疗卵巢疾病　用 hCG 可治疗排卵延迟、不排卵、卵巢囊肿等疾病。

(4)治疗雄性动物的性机能障碍　hCG 对雄性动物有促进性机能发育和生精机能，可用于治疗性欲不强、阳痿以及生精机能障碍等疾病。

五、前列腺素

前列腺素(prostaglandin, PG)是一类长链不饱和羟基脂肪酸，最先是从人及动物的精液中发现的，并设想是由前列腺分泌的，故命名为前列腺素。后来的研究发现，这类物质广泛存在于机体的各种组织，以旁分泌或自分泌的方式在组织中发挥局部调节作用。因此，在激素分类中，按产生部位分类，PGs 属于局部激素；按化学性质分类，则属于脂肪酸激素。

1. 来源、种类及化学结构

动物机体的各种组织均产生 PGs，其中产生 PGs 最活跃的组织是精囊腺，其次是肾髓质、肺和胃肠道，脑、肾上腺、脂肪组织、虹膜及子宫内膜等组织产生也较多。因此，PGs 广泛存在于机体的各种组织和体液中。在生殖系统，如卵巢、睾丸、子宫内膜、胎盘以及精液和子宫分泌物中都含有 PGs。

在精液中，PGs 的含量随畜种不同而异，公羊的含量最多，公猪的含量很低，公牛的含量则极微。

PGs 分子的基本结构是一个含 20 个碳原子的不饱和脂肪酸，即前列烷酸（prostanoic acid)，由一个戊环和两个脂肪酸侧链组成（图 1 - 4）。目前已知的天然 PGs，根据环外脂肪酸侧链中不饱和程度（双键数目），可分为 PG_1、PG_2 和 PG_3 等三类；根据戊环上取代基及双键位置的不同，又可分为 A、B、C、D、E、F、G、H 和 I 等九型，其中在 C - 9 位有酮基、C - 11 位有羟基的为 PGE，在 C - 9 位和 C - 11 位都有羟基的为 PGF，如 $PGF_{2\alpha}$（α 表示 C - 9 位上羟基的构型）。

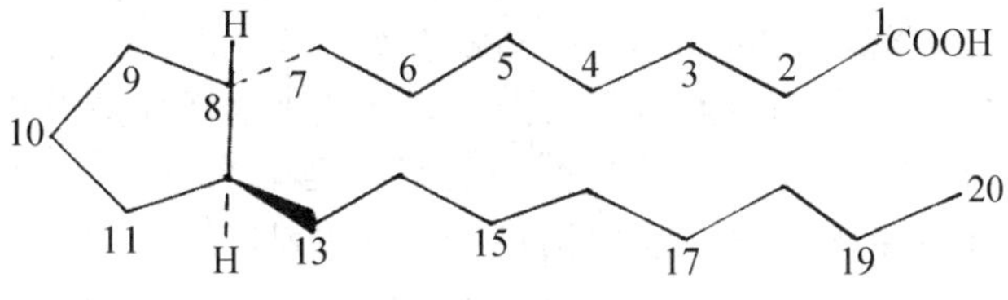

图 1 - 4　前列素的基本结构

2. 对雌性动物生殖的作用

PGs 对生殖、内分泌、心血管、呼吸、消化和神经系统都有作用，但不同的类型有不同的生理功能。在雌性动物，对生殖机能起调节作用的主要是 $PGF_{2\alpha}$ 和 PGE_2。

(1)溶解黄体　PGF 对动物的黄体有明显的溶解作用。子宫内膜产生的 $PGF_{2\alpha}$ 进入子宫静脉后，通过子宫静脉 - 卵巢动脉逆流机制到达卵巢（图 1 - 5），发挥溶解黄体的作用。PGE 也有溶解黄体的作用，但较 $PGF_{2\alpha}$ 弱。通常，牛、羊、马、大鼠等动物的黄体对 $PGF_{2\alpha}$ 比较敏感，排卵后 4 d 的黄体即可被其溶解，而猪、犬等的黄体敏感性要低些。在猪，排卵后 10～12 d 的黄体才能被 $PGF_{2\alpha}$ 溶解；在犬，排卵后 24 d 的黄体才对 $PGF_{2\alpha}$ 敏感。

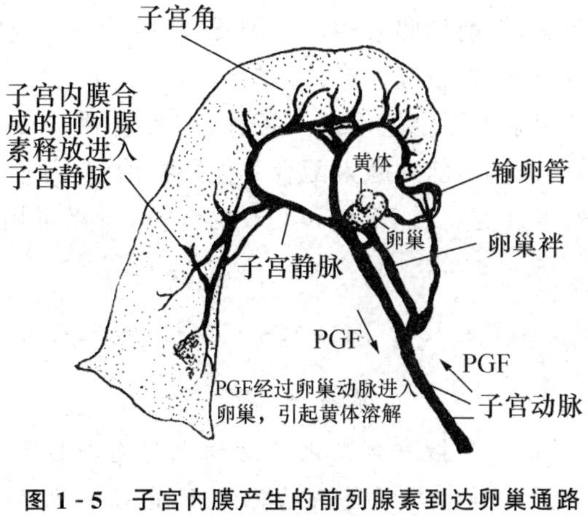

图 1 - 5　子宫内膜产生的前列腺素到达卵巢通路

（引自赵兴绪，2009）

(2)影响排卵　PGE_1 能抑制排卵，$PGF_{2\alpha}$ 则能引起血液中 LH 升高而促进排卵。

(3)影响受精　PGE_1 和 PGE_2 能引起输卵管上段(卵巢端)松弛，下段收缩；$PGF_{2\alpha}$ 则能引起整个输卵管收缩，从而调节卵子和精子在输卵管内的运行，影响受精。如输卵管下段收缩，可使卵子在壶腹部停留时间延长，有利于受精。

(4)刺激子宫肌收缩　PGE 和 PGF 对子宫肌都有较强的刺激作用。小剂量的 PGE 能促进子宫对其他刺激的敏感性，较大剂量时则对子宫肌有直接的刺激作用。另外，PGs 还能刺激 OT 的分泌，增强妊娠子宫对 OT 的敏感性，故二者具有协同作用。

(5)影响内分泌　PGs 对 GnRH、FSH、LH、PRL 和 OT 的释放都有刺激作用。

3. 在兽医临床及畜牧生产中的应用

天然的 PGs 生物活性不稳定，在体内极易被分解，且作用范围较广，使用时易产生副作用，而人工合成的 PGs 类似物具有生物活性高、作用时间长、副作用小等优点，现已广泛应用于兽医临床和畜牧生产。

人工合成的 PGs 类似物种类较多，用于动物生殖方面的产品有：15 - 甲基前列腺素 $F_{2\alpha}$、前列腺素 $F_{1\alpha}$ 甲酯、氯前列烯醇(cloprostenol)和氟前列烯醇(fluoprostenol)等。前三种我国均有生产，特别是氯前列烯醇应用最为广泛，其溶解黄体的生物活性是天然 $PGF_{2\alpha}$ 的 200 倍，促子宫收缩的作用与天然 $PGF_{2\alpha}$ 相似。国外生产的氟前列烯醇有两种，商品编号分别是 ICI-81008 和 ICI-79939。前者溶解黄体的生物活性约为氯前列烯醇的一半，但同时促子宫收缩的作用也较弱(只有 $PGF_{2\alpha}$ 的 20%)，所以主要用于马，因为马对子宫收缩引起的副作用(疼痛)较为敏感；后者溶解黄体的生物活性与氯前列烯醇相似，但因促子宫收缩的作用太强(约为 $PGF_{2\alpha}$ 的 10 倍)，现已停止应用。

(1)诱导发情或同期发情　主要用于牛、羊，对已确定发情周期的，可在周期的第 5 天以后(在第 9～11 天为宜)注射前列腺素，3～4 d 内一般有 60%～70%的动物出现发情；对不能确定发情周期的或为提高同期发情的效果，可采用两次注射法，即在第一次注射后，间隔 9～11 d 再次注射，能明显提高诱导发情或同期发情的效果。

(2)超数排卵　在超数排卵时，先用促性腺激素处理，再配合应用前列腺素，可提高供体的发情同期化和排卵数。

(3)诱导分娩或人工引产　在生产实践中，为使孕畜在预定的时间内分娩、同期分娩或终止妊娠，可注射前列腺素，一般在注射后 2～3 d 内引起分娩。但对有些动物，如绵羊、牛等，在妊娠中期，因胎盘能产生孕酮，对前列腺素相对不敏感，注射后不一定能达到引产的目的，而在妊娠早期或临近预产期时注射效果较好。

(4)治疗不孕症　前列腺素可用于治疗持久黄体、卵巢囊肿、子宫积液等疾病。对产后子宫复旧不全、子宫内膜炎等疾病，用前列腺素配合其他药物治疗，可提高疗效。

(5)诱导泌乳　因前列腺素能刺激 PRL 和 OT 的释放，所以可用于母畜的产后无乳症和奶畜的人工诱导泌乳。

知识链接

激素类似物

激素类似物(analogues)是指一类在化学结构上与内源性激素相似、能与内源性激素受体结合的化学物质。这类物质进入动物体后，通过受体的介导机制，引起机体产生相应的反应。机体受激素类似物的作用后,有两种迥然不同的反应,一种是使内源性激素的作用受到强化并超过正常范围,从而表现为内源性激素亢进效应;另一种则是阻断内源性激素与受体的结合,表现对内源性激素的颉颃效应。引起前一种效应的称为激素激动剂或兴奋剂,引起后一种反应的则称为激素颉颃剂。

对动物而言,激素类似物来源于两个方面:

一是天然的或环境中存在的物质。这些物质包括植物激素(如植物雌激素、大豆中异黄酮类等)和环境污染物(主要来自于人工合成的有机农药、植物促生长素、食品添加剂、化妆品和塑料消费品中的化学物质物,如硫丹、邻苯二甲酸酯、烷基酚、烷基酚聚氧乙烯醚等)。因这类外源化学物到体内后呈激素的作用,干扰内分泌系统,故又统称为内分泌干扰物(endocrine-disrupting chemicals)。据报道,人类从食物中摄入的植物雌激素量比从环境中获得的合成雌激素要多 4 000 倍!

二是人工合成的激素类药物(激素衍生物),如人工合成的 GnRH 类似物、前列腺素类似物和性激素等。目前临床应用的人工合成激素类似物基本是激素激动剂,而颉颃剂研究进展缓慢。

第三节 生殖内分泌调控机理

一、下丘脑 - 垂体 - 性腺轴

在动物的生殖内分泌调节系统中,下丘脑起着关键性的作用。下丘脑分泌的神经激素通过垂体门脉循环到达垂体前叶,控制垂体促性腺激素的分泌,而垂体促性腺激素又通过血液循环到达性腺,控制性腺的活动。另外,性腺分泌的激素也能通过反馈作用(feedback)调节下丘脑和垂体的内分泌活动。可见,由下丘脑、垂体和性腺所形成的这种三级生殖内分泌调节体系,相互制约,将体内的各种生殖激素分泌维持在合适的状态。人们将这种调节体系称为下丘脑 - 垂体 - 性腺轴(hypothalamus-pituitary-gonadal axis,HPGA),包括雌性动物的下丘脑 - 垂体 - 卵巢轴(hypothalamus-pituitary-ovarian axis,HPOA)和雄性动物的下丘脑 - 垂体 - 睾丸轴(hypothalamus-pituitary-testis axis,HPTA)。

(一)下丘脑与垂体在解剖形态学上的联系

下丘脑位于丘脑的腹侧,构成第三脑室下部的侧壁和底壁,其内含有许多左右成对的神经核团。垂体则位于下丘脑之下的蝶骨垂体凹内,通过垂体柄与下丘脑相连。

垂体可分为垂体前叶(腺垂体)和垂体后叶(神经垂体)两部分。在垂体前叶和后叶之间还有一块小的缺乏血管的区域叫中叶。下丘脑虽然没有神经纤维直接进入垂体前叶,但它们之间通过血管(下丘脑 - 垂体门脉)建立了功能上的联系。下丘脑神经元的纤维末梢在正中隆起处大量分布,因此这些神经元合成的激素通过神经纤维末梢分泌到正中隆起,进入下丘脑 - 垂体门脉的毛细血管丛,再经门脉血液循环到达垂体前叶(图 1 - 6)。

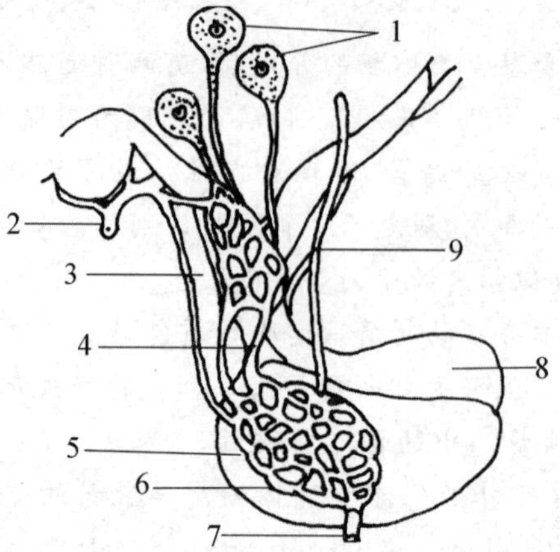

图1-6　下丘脑与垂体的关系示意图

1.下丘脑神经细胞　2.垂体上动脉　3.正中隆起毛细血管丛　4.垂体门脉　5.垂体前叶　6.垂体前叶毛细血管丛　7.通向海绵窦静脉　8.垂体后叶　9.返回下丘脑的静脉

注:下丘脑神经元分泌的激素进入下丘脑-垂体门脉,通过血液循环被输送到垂体前叶。神经细胞内的小点表示激素分泌颗粒。

(二)下丘脑-垂体-卵巢轴

下丘脑-垂体-卵巢轴与雌性生殖活动的关系可概括为图1-7。来自体内外各种刺激通过神经和内分泌系统作用于下丘脑,促进下丘脑释放GnRH;GnRH通过下丘脑-垂体门脉循环到达垂体前叶,刺激垂体前叶释放促性腺激素;促性腺激素则通过血液循环控制卵巢的活动,如促进卵泡生长发育、排卵或黄体形成、分泌性腺激素等;同时卵巢所产生的激素或因子又能通过反馈机制作用于下丘脑和垂体,使其内分泌保持在合适的状态。如前所述,在下丘脑存

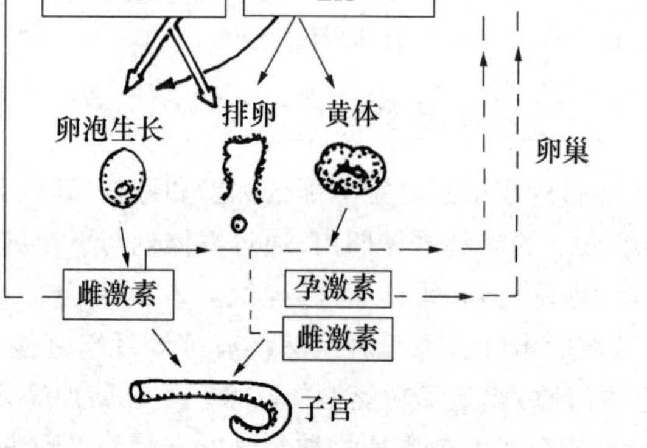

图1-7　下丘脑-垂体-卵巢轴示意图

在紧张中枢和周期中枢。前者在体内激素的负反馈作用下，控制着 GnRH 基础性释放，使体内 GnRH 维持一定的生理水平；后者接受雌激素的正反馈作用，控制 GnRH 的周期性释放，在雌性动物的发情周期调节中起着关键作用。

下丘脑 - 垂体 - 卵巢轴对雌性动物生殖活动的调节可参阅本书第二章第二节有关内容。

(三)下丘脑 - 垂体 - 睾丸轴

下丘脑 - 垂体 - 睾丸轴的作用模式(图 1 - 8)与下丘脑 - 垂体 - 卵巢轴基本相似。下丘脑接受来自体内外的刺激，释放 GnRH，促进垂体前叶释放促性腺激素；促性腺激素经血液循环到达睾丸，其中 FSH 的主要作用是刺激睾丸的生殖细胞产生精子和支持细胞产生 ABP；LH 的主要作用是刺激睾丸的间质细胞产生雄激素；同时睾丸所产生的雄激素又反馈作用于下丘脑和垂体，抑制下丘脑和垂体激素的释放，使其保持在合适的分泌水平。此外，睾丸产生的抑制素也能特异性地抑制 FSH 的分泌。

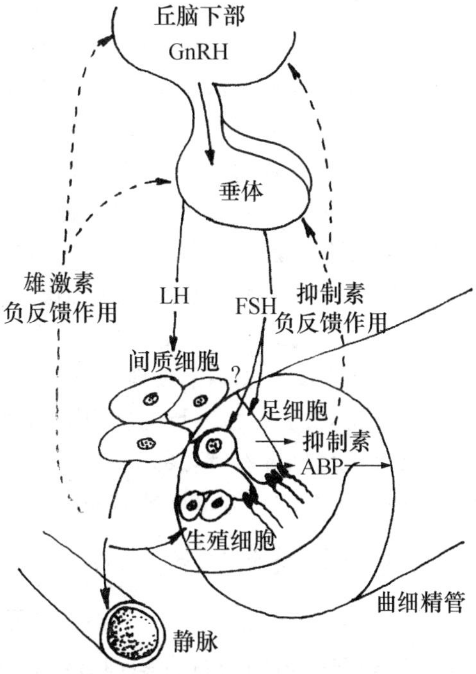

图 1 - 8　下丘脑 - 垂体 - 睾丸轴示意图

雄性动物每时每刻都在产生精子，其生殖活动不像雌性动物那样表现明显的周期性。一般认为，雄性动物的下丘脑周期中枢因受雄激素抑制而处于不活动状态，只有紧张中枢控制着下丘脑 GnRII 的分泌。

二、免疫 - 神经 - 内分泌调节网络

(一)免疫 - 神经 - 内分泌调节网络的概念

20 世纪 70 年代以后，随着神经科学、分子免疫学研究的不断深入，内分泌学的研究获得了两个方面的重要进展：一是一些新的肽能神经递质(如类阿片肽、P 物质等)的相继发现和分离，以及对经典的肽能或单胺能、胆碱能神经递质(如促肾上腺皮质激素等)的重新认识，使人们认识到下丘脑以外的高级中枢和外周神经系统在内分泌调节中的重要作用；二是发现免疫细胞产生的细胞因子(cytokines)对神经系统和内分泌系统有重要的影响，使原先认为互不相干的调节系统之间的紧密联系得到肯定。根据这些研究进展，1977 年 Besedovsky 提出了免疫 - 神经 - 内分泌网络(immune-neuro-endocrine network, INEN)学说。这一学说主要内容是：免疫系统可产生免疫调质(细胞因子)，如白细胞介素(interleukin, IL)、干扰素(interferon, IFN)、肿瘤坏死因子(tumor necrosis factor, TNF)等，甚至还能产生神经活性物质；这些物质通过自分泌、旁分泌或内分泌的方式影响神经系统和内分泌系统的活动；神经系统除了通过直接的神经支配外，还能产生具有激素样作用的神经递质，如肾上腺素、多巴胺、内啡肽等，有的神经细胞还能合成免疫调质，这些神经递质或免疫调质可影响免疫系统和内分泌系统的活动；而内分泌系统则可通过激素来直接或间接影响神经系统和免疫系统；免疫系统、神经系

统和内分泌系统之间不仅存在大的回路，而且彼此之间有直接的双向联系。

（二）免疫-神经-内分泌调节网络与生殖

INEN 学说首次从分子水平上阐述了神经、免疫和内分泌三大系统之间在功能上的密切联系，从而为用微观分子的活动研究机体整体功能提供了模式。

其实，早有很多例证可以证明免疫、神经及内分泌系统之间的联系。在神经系统，除了下丘脑直接控制垂体激素的分泌以外，有些神经纤维可与内分泌腺或内分泌细胞密切接触，甚至形成突触联系。例如，有人观察到大鼠垂体前叶内 5 - 羟色胺和生长抑素免疫反应阳性的神经纤维呈串珠状分布在同一区域，并可位于生长激素和促甲状腺素细胞的近旁，说明垂体前叶接受肽能和胺能神经支配。此外，中枢神经的某些部位产生的阿片肽能抑制下丘脑 GnRH 和垂体促性腺激素的释放，或直接作用于性腺细胞，影响性腺功能。在免疫系统，许多免疫细胞产生的细胞因子对下丘脑 - 垂体 - 性腺轴的活动有调节作用。例如，有人发现给阉鼠脑室注射白细胞介素 - 1 可引起剂量依赖性血浆 LH 浓度降低；α - 肿瘤坏死因子可影响 cAMP 的形成，从而抑制 FSH 对卵巢的作用，使雌激素分泌减少和 LH 受体数目下降；干扰素则抑制睾丸间质细胞分泌睾酮，并抑制滋养层的胚内睾酮向雌二醇转化。这些事实说明，免疫系统、神经系统与内分泌系统之间具有密切的关系，它们相互作用，共同调节动物的生殖活动。但是 INEN 所涉及的因子众多，它们调节生殖活动的机理仍未清楚。

知识链接

神经内分泌的发现与神经激素

德国科学家 E Scharrer(1928 年)报道，在硬骨鱼视前区神经元的胞浆中发现类似腺细胞内的分泌颗粒，指出下丘脑某些神经元可能有内分泌功能，首次提出了神经分泌(neurosecretion)的概念。但直到 20 多年后，Bargmann(1949 年)观察到下丘脑神经元延伸到神经垂体的纤维束才开始引起人们的重视。Harris(1955 年)提出下丘脑调节腺垂体的神经体液学说。他在《垂体的神经控制》中论证了下丘脑和腺垂体是一个完整的功能控制单元，首次将神经系统和内分泌系统有机地联系在一起。

神经内分泌概念的真正确立是在 20 世纪 70 年代以后。1968 年，美国的 Guillemin 的实验室从约 30 万只羊的下丘脑中成功地分离出几毫克促甲状腺激素释放激素(TRH)，并在一年后确定其为三肽的基本化学结构。同期的 Schally 实验室也在 1971 年从 16 万头猪的下丘脑中提纯出促性腺激素释放激素(GnRH)，又经过 6 年的努力，阐明了 GnRH 化学结构为十肽。因为发现了下丘脑激素，他们的卓越贡献与放射免疫检测技术(RIA)发明人之一的 Yalow 共同分享了 1977 年诺贝尔生理学暨医学奖。此后，生长激素释放抑制激素(GHIH，SS)、促肾上腺皮质激素释放激素(CRH)与生长激素释放激素(GHRH)陆续分离成功，并相继确定了化学结构。

目前，神经内分泌的概念已经扩大，凡神经元的分泌产物自神经末梢释放的均属神经内分泌，其中释放进入血液循环中的，称为神经激素(neurohormone)，如 GnRH、

OT 等；而直接作用于相关联的神经元或效应细胞（如肌肉或腺体），即作为神经递质或调质，如各种肽能神经元的分泌物（神经降压素、缩胆囊素、生长抑素、脑啡肽等），参与机体各种功能乃至行为的调节。

这方面的详细内容可参阅杨钢主编的《内分泌生理与病理生理学》（天津科学技术出版社，2000 年第 2 版）等有关书籍。

（章孝荣）

第二章　母畜生殖生理

第一节　母畜生殖机能的发育

一、生殖机能的发展阶段

母畜的生殖机能是一个从发生、发展到衰退的生物学过程。这一过程从胚胎期的性别分化开始,经历出生前和出生后的发育,达到能够繁衍后代的阶段,然后又逐渐衰退直至终止。

母畜出生后,随着机体的生长发育,生殖机能也逐步发育,其过程经历初情期、性成熟和体成熟,然后进入最适繁殖期,直至随着机体的衰老,生殖机能下降而进入绝情期。

(一)初情期

母畜初次出现发情的时期称为初情期(puberty)。此后,母畜的性腺就具备产生配子和内分泌的双重功能。

初情期的年龄主要由遗传因素决定,但受气候、光照、营养水平等因素的影响。一般而言,寿命短、生长发育快、个体小的动物,初情期早于寿命长、生长发育慢、个体大的动物;地方品种早于培育品种;同一品种,生长在热带地区早于生长在寒带地区;营养水平高的早于营养水平低的。初情期的年龄还与繁殖力有关。初情期早的动物,繁殖力一般较高,如鼠类、猪等;初情期晚的动物繁殖力相对较低,如牛、马等。各种母畜的初情期参考表 2-1。

表 2-1　各种母畜的生殖机能发育时期

畜种	初情期	性成熟期	始配年龄	体成熟期	绝情期
黄牛	8～12 个月	10～14 个月	1.5～2.0 年	2～3 年	13～15 年
水牛	10～15 个月	15～20 个月	2.5～3.0 年	3～4 年	13～15 年
马	12 个月	15～18 个月	2.5～3.0 年	3～4 年	18～20 年
驴	8～12 个月	18～30 个月	2～2.5 年	3～4 年	13～15 年
骆驼	24～36 个月	30～40 个月	3.5～4 年	5～6 年	20 年
猪	3～6 个月	5～8 个月	8～12 个月	9～12 个月	6～8 年
绵羊	4～5 个月	6～10 个月	12～18 个月	12～15 个月	8～11 年
山羊	4～6 个月	6～10 个月	12～18 个月	12～15 个月	7～8 年
兔	4 个月	5～6 个月	6～7 个月	6～8 个月	3～4 年
犬	6～8 个月	8～14 个月	1.5～2.0 个月		8～10 年
猫	6～8 个月	8～10 个月	12 个月		8 年
大鼠	50～60 天	60～70 个月	80 天		1～2 年
小鼠	30～40 天	36～42 天	65～80 天		1～2 年

(二)性成熟

母畜发育到一定年龄，生殖器官已基本发育成熟，具备了繁殖能力，称为性成熟(sexal maturation)。性成熟与初情期的发育有类似规律，即主要由遗传因素决定，而且受气候、光照、营养水平等因素的影响。各种母畜性成熟期参考表 2-1。

性成熟的母畜，虽然其生殖器官已基本发育成熟，但其身体尚未发育成熟，所以仍不适宜配种。如果在此阶段配种受孕，不仅会妨碍母畜身体的继续发育，也易造成难产，并影响幼畜的发育。

(三)体成熟与始配年龄

母畜的体成熟是指其身体已发育完全，具备了成年的体貌特征。母畜达到体成熟也就意味着进入了一生中繁殖能力最旺盛的时期。但在生产中，并不是等到母畜达到体成熟才开始配种，而是选择在其性成熟后的一定时期开始。此时的年龄就是始配年龄，也称配种适龄。

始配年龄的确定除考虑性成熟期以外，还要看母畜身体的实际发育情况。在生产中，母畜开始配种时的体重一般要达到其成年体重的 70%以上。

母畜在始配年龄后，配种受孕，身体继续发育，一般在产下 1～2 胎后，才能达到体成熟。所以，始配年龄并不等于体成熟期，一般是晚于性成熟期，而早于体成熟期(表 2-1)。

(四)绝情期

母畜到一定年龄后，生殖机能逐渐衰弱，最终停止发情而丧失繁殖能力。母畜的绝情期是指母畜繁殖机能停止时的年龄，也称繁殖机能停止期。母畜达到绝情期的年龄也主要由遗传决定，但受气候、饲养管理、健康状况等因素影响。在生产中的大多数情况下，母畜在达到绝情期年龄前就已被淘汰，因而难以观察到其实际绝情期的年龄。所以，表 2-1 中的各种母畜绝情期年龄仅供参考。

二、卵子发生与卵泡发育

卵子是动物体内一种高度特化的细胞。雌性配子正是通过卵子发生和卵泡发育而形成的，二者是两个不同但又密切相关的生物学事件。

(一)卵子发生

1. 卵子发生的过程

哺乳动物的原始生殖细胞(primordial germ cell, PGC)最早于胚盘原条尾部形成，后随原条细胞内卷而到达尿囊附近的卵黄囊背侧内胚层。随后，PGC 以阿米巴样运动沿胚胎后肠和肠系膜迁移到中肾腹侧的生殖嵴上皮内。到达生殖嵴后，PGC 立即发生失去伪足等形态学变化，然后迅速分裂产生第一代卵原细胞(oogonia)。生殖嵴内的卵原细胞不仅能产生生殖细胞，还决定着性腺的分化方向。正常情况下，只有细胞表面无 H-Y 抗原的 PGC 才能出现性腺向卵巢方向的分化。所产生的第一代卵原细胞迁移到生殖嵴髓质后不能与初级性索细胞相结合，于是初级性索退化。接着第二代卵原细胞下迁到生殖嵴皮质内，与次级性索细胞一起才可形成卵泡。卵原细胞与普通体细胞一样进行有丝分裂，在纺锤体两端具有两对中心粒。但到有丝分裂增殖结束时中心粒消失。故在卵母细胞内无中心粒，直到受精时才由精子带入典型的中心粒。

(1)卵原细胞增殖期　卵原细胞不断分裂增殖，形成许多卵原细胞，此时期称为卵原细胞增殖期。增殖期的长短因动物不同而异。在小鼠，接近出生的胎儿，所有卵原细胞都停止有丝分裂，进入减数分裂前期而变为卵母细胞；在猪，此过程可到出生后 7 d 才结束；牛、绵羊的卵原细胞增殖期均在胚胎的前半期便结束；而兔则在出生后 10 d 才停止。当卵原细胞经过最后一次有丝分裂后就进入第一次成熟分裂前期的细线期。进入第一次成熟分裂的卵称初级卵母细胞(primary oocyte)。初级卵母细胞经细线期、偶线期、粗线期后到达第一次成熟分裂前期的双线期。在双线期的后期，其染色体散开，特称为核网期，并休止在该期。小鼠出生后 5 d，几乎所有的卵母细胞均处于核网期。有人称此时的卵为未生长初级卵母细胞。未生长初级卵母细胞很快便被卵泡细胞所包围而形成原始卵泡。

(2)初级卵母细胞生长期　初级卵母细胞一般都要经过较长的生长期。首先，它的细胞核内 DNA 含量倍增，但细胞体积不增长，称之为小生长期；之后，由于初级卵母细胞内积累了多量的营养物质，细胞体积增大很快，称之为大生长期。大生长期结束时，卵母细胞基本上完成了生长过程。有人称此时的卵为充分生长初级卵母细胞。然后，卵子进入成熟期。

(3)卵母细胞成熟期　一般认为，卵母细胞成熟的标志是成熟分裂的恢复。即休止在第一次成熟分裂前期双线期的卵母细胞核接着经终变期继续进行成熟分裂，最后细胞核膜破裂，核内物质与卵质混合，这种情况称作生发泡破裂(germinal vesicle breakdown，GVBD)。GVBD 发生后，很快就排出第一极体。因此，充分生长的初级卵母细胞都要经过成熟期的发育才能完成第一次成熟分裂放出第一极体，形成次级卵母细胞(secondary oocyte)，并停滞在第二次成熟分裂的中期(MⅡ期)，等待受精。在核物质含量方面，第一极体和次级卵母细胞相等，均具有初级卵母细胞的半数染色体($1n$)；但两者的胞质含量极不相称，即次级卵母细胞几乎占有了初级卵母细胞所有的细胞质。不同种哺乳动物从卵巢内排出的卵其成熟度是不同的。马、犬、狐、貉的卵子在排出时，第一次成熟分裂尚未完成，而绵羊、山羊、小鼠、猪和牛的卵子则在 MⅡ期排出。在高等哺乳动物，次级卵母细胞在 MⅡ期即已成熟，卵子受精后才完全成熟，并放出第二极体，接着雌、雄原核融合在一起形成合子，即受精卵。

2. 卵母细胞成熟的调控

卵母细胞的成熟也是在复杂的调控机制下进行的，如下几个生物学机制在卵母细胞发育过程中可能起着关键的作用。

(1)成熟分裂阻滞　哺乳动物的卵母细胞，成熟分裂往往被阻滞在第一次成熟分裂前期的核网期，直至接收到卵泡成熟和排卵的信号，才能完成成熟分裂，这种现象称为成熟分裂阻滞。把卵母细胞从卵泡液环境中取出后，它们会自然成熟，表明卵泡液中的某种成分起了抑制作用，这种成分叫做卵母细胞成熟抑制因子(oocyte maturation inhibitor，OMI)。OMI 可能是一种小分子肽类，其化学结构、作用机理都不明确，并且可能在不同的动物间存在差异。在培养卵母细胞时加入颗粒细胞，GVBD 可受抑制，因此认为颗粒细胞的阻滞作用并不一定需要和卵母细胞直接接触，但两种细胞直接的联系能增强阻滞作用。此外，多种哺乳类的卵母细胞成熟都受到 cAMP 和嘌呤类物质的抑制。在啮齿动物也证实，cAMP 能够阻滞培养卵母细胞的自发减数分裂成熟。cAMP 类似物(如 8 - Br - cAMP)或磷酸二酯酶(一种降解 cAMP 的酶)抑制剂均能阻止细胞内 cAMP 的降解，从而抑制 GVBD 的发生。能够激活腺苷酸环化酶活性，引起 cAMP 水平升高的多种制剂(如 Forskolin 或 FSH)，也能维持成熟分裂阻滞。如果用二丁酰环磷酸腺苷(dbcAMP)或磷酸二酯酶抑制剂、3-异丁基-1-甲基黄嘌呤维持卵母细胞于生发泡期,并用cAMP依赖性蛋白激酶(PK-A)抑制剂对卵母细胞进行显微注射,就会发生成熟分裂恢复。反之,若能引发卵母细胞内cAMP下降,则可引发GVBD。

但并非所有的证据都支持cAMP是维持卵母细胞生发泡期的关键因素。成熟分裂的恢复并非总是需要卵母细胞内先发生cAMP水平的下降。霍乱毒素能升高绵羊卵母细胞的cAMP水平,但不抑制自发性成熟。在一些家养动物,升高cAMP水平并不能阻止卵母细胞的体外自发性成熟。卵丘细胞与卵母细胞间存在间隙连接,能允许一些小分子物质通过。颗粒细胞及卵丘细胞产生cAMP,通过缝隙连接进入卵母细胞内,可使卵母细胞的成熟分裂停滞。嘌呤类物质,如次黄嘌呤,以毫摩尔浓度添加在维持卵母细胞成熟分裂阻滞的培养基内,尽管对牛卵母细胞的抑制作用有限,但许多动物的卵母细胞自发性成熟可被抑制。注射给小鼠卵母细胞后,也可阻止GVBD。

(2)成熟分裂恢复　体内成熟分裂的恢复,发生于卵泡排卵前的促性腺激素峰反应之时,而成熟分裂的诱导是由促性腺激素与卵泡细胞结合引起的。配体诱导成熟分裂恢复的机理有两种假设:抑制性输入中断和正向刺激。卵巢卵泡是一个功能性合胞体,由代谢上相互耦联的体细胞与卵母细胞构成,代谢上的耦联是通过间隙连接实现的。抑制性输入中断是指该两种细胞类型间信息的双向传输,在排卵前的促性腺激素峰刺激下,卵母细胞和卵丘细胞间不再耦联,从而中断了抑制性物质(如cAMP)的流入,间接引起成熟分裂恢复。cAMP是一种具有抑制能力的分子,其大小适于通过间隙连接传输,但支持这一机理的证据是有矛盾的。诱导成熟分裂的另一种观点认为,促性腺激素刺激导致了某种正向因子的产生,它作用于卵母细胞,抑制了抑制性影响,诱发GVBD。正向因子仍未得到鉴定,但根据其机理推测,其分子量小于2 kD,有可能是Ca^{2+}。有证据表明,卵母细胞内Ca^{2+}增加可刺激成熟分裂阻滞的卵子发生GVBD。用Ca^{2+}载体A23187处理卵母细胞或增加细胞Ca^{2+}浓度,可逆转dbcAMP对自发性成熟的抑制作用,或刺激卵泡包被的卵母细胞成熟。Ca^{2+}可通过钙调素发挥作用,钙调素的抑制物也能抑制小鼠卵母细胞成熟。能量代谢产物是另一种可能的正向调节物。受dbcAMP阻滞的卵丘细胞包被的卵母细胞,其配体诱导的成熟依赖于葡萄糖的摄取和代谢,去掉培养基中的葡萄糖或用2-脱氧葡糖(一种糖酵解抑制剂)代替葡萄糖,则会抵消FSH对GVBD的诱导。在含葡萄糖的培养基中添加根皮素,通过阻止葡萄糖的摄取,也能阻止对FSH的成熟分裂应答。此外,丙酮酸、ATP等能量代谢产物均与成熟分裂恢复密切相关。

(3)成熟促进因子与成熟分裂恢复的关系　用M期颗粒细胞或处于成熟分裂恢复阶段的卵母细胞,或它们的提取液显微注入未成熟,但有成熟分裂能力的卵母细胞后,可刺激GVBD。这些提取液的活性成分称为成熟促进因子(maturation-promoting factor,MPF),也称M期促进因子(M phase-promoting factor)。MPF由两种蛋白质所组成:周期素B(cyclin B)和p34cdc2。周期素B为MPF的调节亚基,随细胞周期的变化而周期性的产生和消失,它在G_2/M期大量合成,而在M期的中期迅速降解;p34cdc2为催化亚基,分子量为34 kD,由细胞分裂周期基因(cell division cycle gene)cdc2和cdc28编码翻译的蛋白质。在细胞周期中,p34cdc2没有量的变化只是通过酪氨酸的磷酸化和去磷酸化而发生活性的变化。当细胞从G_2期向M期过渡时,p34cdc2与合成的周期素B结合,使p34cdc2去磷酸化,恢复其激酶活性;同时周期素B磷酸化,有活性的MPF产生,细胞从G_2期进入M期。MPF可作用于核纤层蛋白(nuclear lamins),与核膜破裂及重组有关,并作用于H1组蛋白。H1磷酸化后,能使染色体更紧密地超聚在一起。分裂后期，周期素 B 降解，MPF 失活。在卵母细胞，一系列的磷酸化/去磷酸化反应影响着 MPF 的活性状态，并决定着生发泡期卵母细胞是阻滞在核网期，还是逐步进入 G_2/M 过渡期。

(二)卵子的形态结构

哺乳动物的卵子多呈球形，由放射冠(corona radiata)、透明带(zona pellucida, ZP)、卵质膜(plasma membrance)、卵细胞质和细胞核组成(图 2-1)。

放射冠由卵丘细胞和卵泡液基质组成，是包裹在卵细胞最外围的结构。

透明带是由卵母细胞和卵泡细胞的分泌物共同形成的均质半透明膜，构成卵子的第二层结构。

卵质膜即为细胞膜，其内是富含卵黄物质的细胞质，在卵质膜和透明带之间形成的空隙称为卵周隙(perivitelline space)。卵细胞最内的结构是细胞核，其内有 1～2 个核仁。

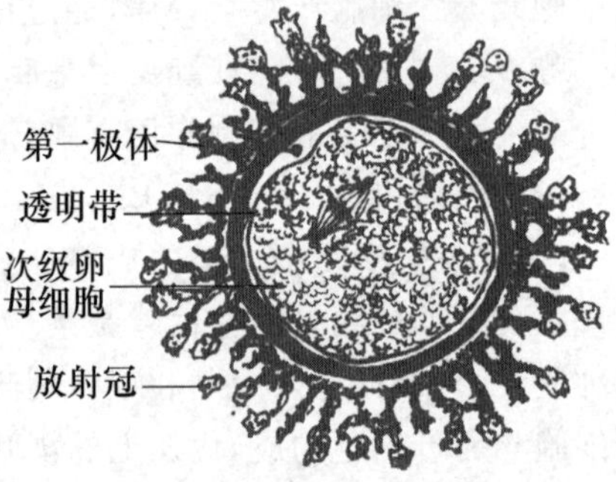

图 2-1　次级卵母细胞的结构示意图

卵细胞核又称生发泡(germinal vesicle)或卵核泡。因卵母细胞恢复成熟分裂时发生生发泡破裂，所以排出的卵子一般不表现卵核形态。

各种动物的卵子大小因所含卵黄物质的量不同，变化范围较大。家畜卵子的直径一般小于 185 μm，如牛为 120～140 μm，绵羊为 140～185 μm，猪为 120～170 μm，马为 120～180 μm，家兔为 120～140 μm。

(三)卵泡发育

卵泡是哺乳动物卵巢内的基本发育单位，卵子的发生是在卵泡内进行的，即卵泡为卵子的发生提供了一个稳定的微环境。所以，要理解卵子的发生必然要涉及卵泡的发育。

1. 卵泡发育的过程

卵泡发育的过程从形态学上可依次分为原始卵泡(primordial follicle)、初级卵泡(primary follicle)、次级卵泡(secondary follicle)、三级卵泡(tertiary follicle)等阶段(图 2-2)。三级卵泡发育成熟即为成熟卵泡(mature follicle)或称格拉夫氏卵泡(graafian follicle)。

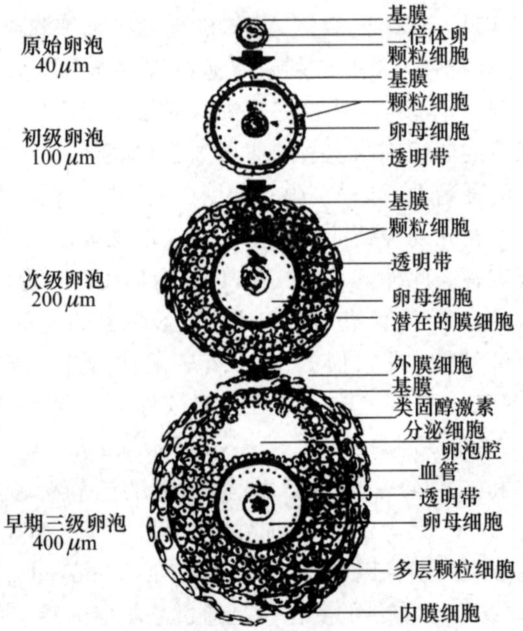

图 2-2　不同发育阶段的卵泡示意图

(引自杨增明等，2005)

初级卵母细胞一经形成，很快就被扁平上皮细胞所包围，这是最小的卵泡形式，称原始卵泡。原始卵泡一旦被一层颗粒上皮细胞完全包围，就成为中间型卵泡，然后为初级卵泡；第二层颗粒细胞的出现则标志着次级卵泡的产生。在这些变化过程中，卵母细胞直径从 30 μm 增至 60 μm。

原始卵泡、中间型和初级卵泡是构成卵泡贮存库的成分，分布于卵巢的外周。贮存库中的卵泡形成了卵巢中含有的绝大部分细胞(95%)。大型的次级卵泡可以看到卵母细胞周围出现了透明带。当可检测到上皮细胞形成卵泡内膜时，次级卵泡则变为腔前卵泡。此期(卵泡直径 110～150 μm)可分别在泡膜和颗粒细胞发现 LH 和 FSH 受体。因此促性腺激素可调节它的生长。在卵泡直径约 200 μm 时，开始形成卵泡腔，次级卵泡即转变为有腔卵泡。典型的哺乳动物有腔卵泡(图 2-2)，其外围是卵泡外膜，向内是内膜和基板，颗粒细胞则陷于其内；卵母细胞位于其中，其周围有一群特化的颗粒细胞，称为卵丘细胞；卵泡腔内充满了化学成分近似于血浆的卵泡液。

2. 卵泡发育的特点

卵泡发育是一个动态的过程。在母畜的卵巢上，卵泡数量很多，虽然每个卵泡都有同等的发育潜力，但却仅有极少数能发育到成熟，绝大多数在发育的过程中退化。在一个发情周期中，卵泡的发育要经历募集或补充(recruitment)、选择(selection)和优势化(dominance)三个阶段。募集是指卵巢内的一批小卵泡同时对促性腺激素变得敏感，并依赖促性腺激素开始迅速发育；选择是指只有部分被征集的卵泡继续发育，直至最终确立优势卵泡的过程；优势化则指优势卵泡迅速发育，而其他同时被征集的卵泡的发育被抑制。卵泡从募集开始，经过三个阶段发育后，最终只有少数能发育成成熟卵泡。所以，卵泡的发育并不是单个的和无规律的，而是以群或组的方式成批地按一定规律发育，卵泡的这种发育规律称为卵泡波(follicular wave)。几乎所有的哺乳动物在一个发情周期内都可能出现 2 个或 3 个卵泡波。母牛在一个发情周期中，可出现 3 个卵泡波(图 2-3)，也可能出现 2 个卵泡波。如出现 3 个卵泡波，第一个卵泡波出现于发情周期的第 6 天，以雌激素水平升高为特征；第二个卵泡波出现于发情周期的第 15～17 天，可能对启动黄体溶解有重要意义；第三个卵泡波出现于发情周期的第 20～21 天，可以发育成排卵卵泡。通常，出现 3 个卵泡波的牛，发情周期(23.4 d)比出现 2 个卵泡波的发情周期(19.5 d)要长些。

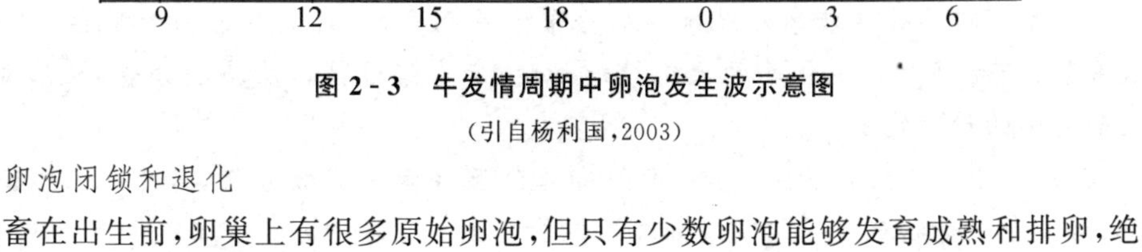

图 2-3 牛发情周期中卵泡发生波示意图

(引自杨利国，2003)

3. 卵泡闭锁和退化

母畜在出生前，卵巢上有很多原始卵泡，但只有少数卵泡能够发育成熟和排卵，绝大多数卵泡则在出生前和出生后发生闭锁(atresia)和退化。因此，随着母畜年龄的增长，卵巢上的卵泡数量逐渐减少，如初生母犊卵巢上约有 75 000 个卵泡，10～14 岁时仅有 25 000 个，到 20 岁时仅有 3 000 个。

4. 卵泡发育的调控

目前一般认为，卵泡在发育过程中要经历两个时期，即促性腺激素不依赖期和依赖期。在卵泡发育早期，即从原始卵泡发育至次级卵泡（小卵泡）期间，不依赖促性腺激素的调节，而主要依赖卵巢自分泌和旁分泌产生的一些生长因子，如胰岛素样生长因子（insulin like growth factor，IGF）、表皮生长因子（epidermal growth factor，EGF）等的调节。卵泡发育到形成卵泡腔以后，才对促性腺激素敏感，此后卵泡的发育主要受促性腺激素调节，但雌激素、孕酮、抑制素等及一些生长因子也参与调节过程。

卵泡在发育过程中绝大部分发生闭锁，只有少数可发育至成熟排卵。卵泡的募集、选择和优势化是制约排卵卵泡数量的主要原因。在卵泡募集期间，一批小卵泡变得对促性腺激素（主要是 FSH）敏感，并依赖促性腺激素继续发育。选择和优势化的机制可能有两种，一是被募集的卵泡群中的大卵泡产生较多的雌二醇和抑制素，反馈抑制 FSH 的分泌，使 FSH 浓度降低到不足以维持其他较小的卵泡发育，从而抑制了小卵泡的生长，而大卵泡本身一方面对促性腺激素的敏感性增强，另一方面将其对 FSH 的依赖性逐渐转向 LH，以维持其继续发育成为优势卵泡；二是优势卵泡可能产生一些"优势化因子"，抑制其他卵泡的发育。优势卵泡最终能否排卵，还要取决于 LH 的调节。卵巢上如有功能黄体存在，导致雌二醇分泌量不足以引起 LH 排卵前峰，优势卵泡最终闭锁；卵巢上的黄体若退化，雌二醇分泌增加，诱发 LH 大量分泌和脉冲频率增加，形成 LH 排卵前峰，则能刺激卵泡最后成熟并排卵。

知识链接

雌、雄配子在发生上的不同点

雌、雄配子的发生虽然都经过增殖、生长、减数分裂和染色体组的变化，但在以下方面有不同的特点：

（1）发生的时间不同　卵子发生在胎儿期进行，到出生时已基本完成；精子发生从初情期起仍继续进行，直至繁殖机能停止。

（2）生长程度不同　卵子和精子的染色体组基本相等，各为子代提供一半的遗传物质，但胞浆含量悬殊。卵子在生长期合成并储备大量卵黄，胞浆体积迅速增长，但精子含胞浆很少。所以，胚胎细胞的胞浆和营养主要由卵子提供。

（3）减数分裂方式不同　卵母细胞的分裂是不平衡分裂，即初级卵母细胞在第一次减数分裂时，只分出很少一部分胞浆和一半染色体，形成第一极体，大部分胞浆和另一半染色体则形成次级卵母细胞；次级卵母细胞进行第二次减数分裂时，同样产生 1 个大的卵细胞和 1 个小细胞（第二极体）。卵母细胞分裂方式有利于保存大量胞浆，为新一代发育提供营养物质。精细胞的分裂是平衡分裂，即初级精母细胞经第一次减数分裂，产生两个大小相等的次级精母细胞，后者经过第二次减数分裂，又形成两个同等大小的精细胞。

（4）产生子代的数量不同　1 个初级卵母细胞经两次减数分裂，只能产生 1 个卵细胞，而 1 个精母细胞经两次减数分裂后却能产生 4 个精细胞。

（章孝荣）

（芮荣）

第二节 母畜的发情、排卵及配种

一、发情与发情周期

发情(estrus)是母畜发育到一定的年龄或生理阶段所表现出的一种周期性的性机能活动。母畜发情时,不仅在行为上表现出性欲、性兴奋,而且其生殖系统也发生一系列变化,如外阴充血水肿、子宫和阴道黏膜分泌的黏液增多、子宫颈开张等。发情的本质是卵巢上的卵泡发育引起的,且受下丘脑-垂体-卵巢轴的调控。

母畜在发情时所表现的行为变化,称为性欲(libido)。发情时的性欲与外生殖道变化特征统称为发情征状(estrous sign)。

育龄母畜在未孕状态下,每隔一定时间就会出现一次发情和排卵。母畜所出现的这种周期性发情和排卵的时间间隔叫发情周期(estrus cycle)。发情是发情周期中的一个生理阶段。通常,发情周期的计算是从一次发情的开始到下一次发情开始的间隔时间。

母畜在初情期以后,发情周期周而复始,一直到绝情期为止,但在妊娠或非繁殖季节暂时停止。

(一)发情母畜的生理变化

正常发情的母畜主要表现出三个方面的变化:即卵巢变化、生殖道变化和行为变化。三个方面的生理变化程度,因发情期不同阶段而有差异。一般来说,在发情盛期时最为明显,而在发情前期和后期则较弱。此外,因畜种不同或个体的不同,其表现程度也有差异。

1. 卵巢变化

在发情周期中,母畜的卵巢经历着卵泡发育及成熟、排卵、黄体形成和黄体退化等一系列的变化。一般在发情开始前3～4 d,卵巢上的卵泡开始生长,至发情前2～3 d,卵泡迅速发育,卵泡内膜增生,卵泡液分泌增多,卵泡体积增大,卵泡壁变薄而突出于卵巢表面;至发情征状消失时,卵泡已发育成熟,卵泡体积达到最大,在激素的作用下,卵泡壁破裂,排出卵子;排卵后,卵泡壁塌陷,颗粒层向卵泡腔内形成皱襞,内膜结缔组织和血管随之长入颗粒层,使颗粒层脉管化,同时在LH作用下,由颗粒细胞和内膜细胞形成黄体组织;排卵后7～10 d(牛、羊、猪)或14 d(马),黄体发育至最大。此后,若排出的卵子已受精,黄体则继续发育成为妊娠黄体;若未受精,其黄体则成为周期黄体,分别在排卵后14～15 d(牛)、12～14 d(羊)、13 d(猪)、14 d(马),子宫便开始产生前列腺素$F_{2\alpha}$,使周期黄体逐渐退化,孕酮分泌迅速减少,从而消除了对促性腺激素的抑制作用。同时在FSH的作用下,卵巢又开始新一轮的卵泡发育,并逐渐过渡到下一个发情周期。

2. 生殖道变化

发情时随着卵泡的发育和成熟,雌激素分泌增加,而孕激素分泌减少,因此,生殖道在血管系统、黏膜、肌肉以及黏液性状等方面发生了显著性的生理变化。

发情时,随着卵泡分泌的雌激素量增多,生殖道血管增生并充血,至排卵前,卵泡达到最大体积,雌激素分泌达到最高峰,生殖道充血最明显。排卵时,雌激素水平骤然降低,可引起充血的血管发生破裂，使血液从生殖道排出体外。这种类似于灵长类动物“月经（menstruation）”的现象在犬称为“滴血”。几乎所有发情正常的犬和80%～90%的处女牛、45%～65%的经产母牛在发情时均有血液从阴道流出，其他动物则极少发生这种现象。值得指出的是，灵长类动物的“月经”发生于排卵后第14天，而不同于犬和牛。

发情时，生殖道黏膜上皮细胞和子宫腺体发生一系列变化。以牛为例，发情时的输卵管上皮细胞增高，子宫黏膜层增厚，子宫腺体发育加快并产生许多分支，分泌大量黏液，上皮细胞快速增长，子宫颈上皮细胞的高度也有所增加，阴道黏膜呈现水肿和充血，其中外阴在发情时的充血、肿胀，以及子宫腺分泌的大量稀薄黏液从阴道排出体外，这些都是鉴别发情的主要特征。

发情时子宫肌细胞的大小和活动也发生变化，表现为子宫肌细胞变长，收缩频率加快，收缩幅度减小。通常，雌激素使子宫肌肉收缩增强，而孕激素使收缩活动减弱。

3. 行为变化

发情时由于卵泡分泌的雌激素，并在少量孕酮作用下，刺激神经中枢，引起性兴奋，所以发情的母畜常表现兴奋不安，食欲减退，泌乳量减少，对外界的变化刺激十分敏感，愿意接近公畜，接受爬跨和交配或爬跨同群母畜，并常鸣叫，举尾拱背，频频排尿，放牧时常离群独自行走。发情母畜的这些行为变化是生产中进行发情鉴定的重要依据。

（二）发情周期的类型

动物的发情周期主要受神经内分泌所调控，但也受外界环境条件的影响。各种动物的发情周期表现不同，一般可以分为季节性发情周期和无季节性发情周期两种类型（表2-2）。

表2-2 动物的发情季节与排卵类型

自发排卵动物			诱发排卵动物	
季节性多次发情	季节性单次发情	全年发情	季节性发情	全年发情
马、驴（春、夏、秋）	犬*（春、秋）	牛	猫**（春、秋）	家兔
绵羊（秋、冬）		猪	野兔（1～8月）	
山羊（秋、冬、春）		湖羊、寒羊	水貂（3～4月）	
牦牛（夏）		大鼠（交配后才形成功能性黄体）	雪貂（春、夏）	
吉林鹿（秋、冬）		小鼠（交配后才形成功能性黄体）	骆驼（冬、春）	

* 不同地区、不同品种的犬在发情季节上可能有所不同，某些地区犬在夏季、早冬也可以发情配种。少数犬会在一个发情季节内出现两次发情。

** 猫的发情季节一般为每年的12月底到第二年的9月初，但不同地区会有所差异，如江淮地区，10月中旬仍有猫发情。

（1）季节性发情周期　这一类型的动物，只有在发情季节才能发情排卵。在非发情季节，卵巢处于相对静止状态，无周期性的功能活动，称为乏情（anestrus）期。在发情季节，有些动物有多个发情周期，称为季节性多次发情（polyestrus），如马、驴和绵羊等；有些动物在发情季节只有一个发情周期，称为季节性单次发情（monoestrus），如绝大多数犬（少数犬会在一个发情季节内出现两次发情）及一些野生动物。

（2）无季节性发情周期　这一类型的动物，全年均可发情，无发情季节之分。猪、牛、湖羊以及地中海品种的绵羊等属此类型。

动物发情周期之所以有季节性，是长期自然选择的结果。在未驯化前，动物处于原始的自然条件下，只有在全年中比较良好的环境条件下，才能保证所生幼仔能够存活。例如，马的发情季节为春季，妊娠期为11个月，则分娩季节为春季，这时有利于幼驹成活；某些绵羊的发情季节是在秋季，妊娠期为5个月，则分娩季节也为春季，有利于羔羊成活。但是，动物的发情季节并不是不变的，随着驯化程度的加深，饲养管理的改善，动物发情季节性的限制也会发生改变，甚至可以变成没有季节性。反之，那些没有发情季节性、终年多次发情的母畜，如牛、猪等，如果饲养管理条件长期非常粗放，则发情周期也有比较集中在某一季节的趋势。

（三）发情周期的分期

在母畜的发情周期中，根据机体所发生的一系列生理变化，可人为地将发情周期分为几个时期，其分期一般采用四期分法或三期分法，也有人将四期分法合并为二期分法。

1. 四期分法

此法主要根据母畜的精神状态、性欲反应、卵巢以及生殖道的生理变化等四个方面进行综合判断，将发情周期分为发情前期、发情期、发情后期和间情期四个时期。

（1）发情前期（proestrus）　这是卵泡发育的准备时期。此期的特征是：卵巢中的上一个发情周期所产生的黄体进一步萎缩，新的卵泡开始生长；雌激素也开始分泌，使生殖道轻微充血肿胀，子宫腺体略有生长，但仍保持较直和具有少数分支，腺体活动逐渐增加，分泌少量稀薄黏液，但尚无性欲表现。

（2）发情期（estrus）　是雌性动物性欲达到高潮的时期。此期的特征是：卵巢上的卵泡迅速发育，雌激素分泌增多，强烈刺激生殖道，使阴道及外阴部充血、肿胀明显，子宫颈管松弛，子宫黏膜显著增生，子宫角和子宫体充血，肌层收缩加强，腺体分泌增多，有大量透明稀薄黏液排出。排卵多在这个时期的末期进行。

（3）发情后期（metestrus）　又称后情期，是排卵后黄体开始形成的时期。该期的特征是：动物由性兴奋逐渐转入安静状态，雌激素分泌显著减少，孕酮开始分泌并作用于生殖道；子宫颈管逐渐收缩，腺体分泌活动渐减，黏液分泌量少而黏稠，子宫肌层蠕动逐渐减弱；子宫内膜逐渐增厚，子宫腺体逐渐发育。

（4）发情间期（diestrus）　又称间情期或休情期，是黄体的活动期。该期的特征是：动物性欲已完全停止，精神状态恢复正常。间情期的早期，黄体继续发育增大，分泌大量孕酮作用于子宫，使子宫内膜增厚，腺体高度发育增生，大而弯曲分支多，分泌活动旺盛，以产生子宫乳供胚胎发育营养。如果卵子受精，这一阶段将延续下去，动物不再发情；如未孕，经过数天后，增厚的子宫内膜回缩，腺体变小，分泌活动停止，周期黄体开始退化萎缩，卵巢上新的卵泡开始发育，进入下一个发情周期的前期。

2. 三期分法

此法是根据母畜在发情周期中生殖器官和性行为的变化，将发情周期分为兴奋期、抑制期和均衡期三个时期。

（1）兴奋期（exaciatory stage）　此时期相当于四期分法中的发情期。在此时期，母畜的卵巢上卵泡发育增大，生殖道出现明显的发情时的变化，同时母畜表现出明显的性欲和性兴奋，即表现发情。此期最后是卵泡破裂排卵，发情现象逐渐消退。

（2）抑制期（inhibitory stage）　此期相当于四期分法中的发情后期和间情期。因排卵后的卵泡开始黄体化，产生孕酮，抑制垂体促性腺激素的分泌，母畜不再表现发情，生殖道也朝着适应胚胎发育的方向变化。

(3)均衡期(equilizing stage)　此期相当于四期分法中的发情前期。因为母畜排卵后，如未妊娠，周期黄体到一定时间便开始退化，卵巢上又有新的卵泡发育，由抑制期向下次兴奋期过渡。

3. 二期分法

母畜在发情周期中，卵泡和黄体交替存在，因此可根据卵泡发育和黄体形成情况，将发情周期分为卵泡期和黄体期。

(1)卵泡期(follicular phase)　指黄体退化，卵泡开始发育直到排卵的时期，相当于四期分法中的发情前期和发情期。

(2)黄体期(luteal phase)　指从排卵后形成黄体，直到黄体萎缩退化的时期，相当于四期分法中的发情后期和间情期。

知识链接

异常发情

母畜的生殖机能发生紊乱时，发情可能出现异常，常见的有以下几种：

1. 安静发情(silent heat)：又称隐性发情或安静排卵，是指发情时缺乏发情的外表征状，但卵巢上有发育成熟的卵泡并排卵。安静发情常发生于产后或繁殖季节开始时的第一次发情，其原因可能与体内相关的激素分泌失调有关。如绵羊在繁殖季节开始的第一个发情周期，安静发情的比例较高是与缺乏前一周期的黄体有关；而在繁殖季节结束时发生的安静发情，可能与缺乏雌激素有关。

2. 短发情(short estrus)：指发情的持续时间短，征状不明显，如不注意观察，往往会错过配种机会。短发情多发生于青年母畜和乳牛，其原因可能是由于内分泌系统的功能失调，使发育的卵泡很快成熟破裂排卵，或卵泡突然停止发育所致。

3. 断续发情(split estrus)：指发情延续时间长，但时断时续。多见于一些动物在营养不良或繁殖季节初始时。这是由卵泡交替发育所致，先发育的卵泡中途发生退化，新的卵泡又再发育。

4. 持续发情(persist estrus)：也称长发情，其特点是发情持续时间长，卵泡迟迟不排卵。也有的表现为持续强烈的发情行为，如慕雄狂(nymphomania)。

5. 妊娠发情(estrus during pregnancy)：又称孕后发情，是指在妊娠期仍有发情表现。母牛在妊娠最初 3 个月内，常有 3%～5%的出现发情，绵羊孕后发情可达 30%。在有些动物，如大鼠、小鼠、兔、牛和绵羊等还可见到异期复孕(superfetation)的个别现象，即两胎相隔数天或一周才分娩。引起孕后发情的原因很复杂，尚未彻底弄清，据推测主要是因为激素分泌失调所致，如妊娠黄体分泌孕酮不足，而胎盘分泌雌激素过多等。发生这种情况，要仔细检查，以免误配，引起流产。

6. 假发情(pseudoestrus)：指只有发情的外部表现，但卵巢上无卵泡发育或仅有极小的卵泡。假发情又有两种情况：一种是在妊娠期间发生的，即是妊娠发情，如母牛在妊娠三、四个月时突然表现发情，爬跨它牛或接受爬跨；另一种是发生在卵巢机能不全或患有子宫或阴道炎症的母畜。

(章孝荣)

二、排卵

排卵(ovulation)是指突于卵巢表面的成熟卵泡发生破裂,包围有卵丘细胞的卵母细胞随卵泡液排出的过程。

(一)排卵类型

根据卵巢排卵特点和黄体的功能,哺乳动物的排卵可分为两种类型(表 2-2),即自发排卵和诱发排卵。

1. 自发排卵(spontaneous ovulation)

卵泡发育成熟后自行破裂排卵并自动形成黄体。这种排卵类型又有两种情况:一是在发情周期中黄体的功能可以维持一定时间,且具有功能性,如牛、猪、羊等;二是除非交配(刺激),否则所形成的黄体是没有功能的,即不具有分泌孕酮的功能,如大鼠、小鼠和仓鼠等,如未交配,发情周期很短(5 d),若交配未孕,则较长(12～14 d)。

2. 诱发排卵(induced ovulation)

诱发排卵是指必须通过交配或其他途径使母畜阴道受到刺激后才能排卵。骆驼、兔、猫等动物属于这种类型。

无论是自发排卵还是诱发排卵都与 LH 作用有关,但其作用途径有所不同(图 2-4)。自发排卵的动物,排卵前 LH 峰是在发情周期中自然产生的;诱发排卵必须经过交配刺激,引起神经-内分泌反射而产生排卵前 LH 峰,促进卵泡成熟和排卵。在这类动物,只有当阴道受到适当刺激后,神经冲动由子宫颈或阴道传到下丘脑的神经核,引起 GnRH 释放,由 GnRH 刺激垂体前叶分泌 LH,形成排卵前 LH 峰。但通过注射促排卵的 LH 或 hCG 等也可诱发这类动物排卵。

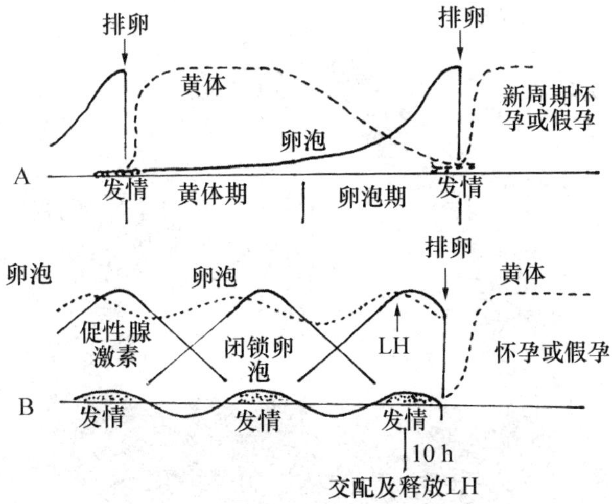

图 2-4 动物自发性排卵与诱发性排卵卵巢变化的比较

A. 自发排卵 B. 诱发排卵

(引自中国农业大学主编《家畜繁殖学》第 3 版,2000)

(二)排卵过程及卵泡形态结构变化

排卵前,卵泡经历了以下三个方面的变化:

1. 卵母细胞核成熟

在成熟卵泡的卵丘细胞团中出现空腔时,卵丘细胞和粒膜细胞层的联系松弛,卵丘细胞彼此逐渐分离,只有紧靠透明带的卵丘细胞得以保留,环绕卵母细胞而形成放射冠。卵丘细胞的分离使卵母细胞从颗粒层细胞释放出来,对于大多数哺乳动物,卵母细胞在促性腺激素峰后约 3 h 重新开始成熟分裂,这个过程称核成熟,于排卵前 1 h 结束,此时第一极体排出。但在马和犬,卵母细胞的成熟分裂则是在排卵后完成。同时,卵丘细胞积极地分泌糖蛋白,形成一种黏稠物质,分布于卵母细胞及其放射冠包围。待卵泡破裂时,这种黏稠物质散布于卵巢表面,以利于输卵管伞接住卵母细胞。

2. 卵丘细胞聚合力松解,颗粒细胞之间各自分离

卵泡壁的颗粒细胞开始脂肪变性,卵泡液侵入卵丘细胞之间,使卵丘细胞聚合力减弱,并与颗粒细胞逐渐分离,最后在卵泡顶部颗粒细胞完全消失。约在排卵前 2 h,颗粒细胞长出突起,穿过基底层,为排卵后黄体发育时卵泡膜细胞和血管侵入颗粒细胞作准备。

3. 卵泡膜变薄和破裂

卵泡膜变薄、破裂的主要原因是,随着卵泡液的不断增加,卵泡体积迅速增大,卵泡膜不断变薄,但卵泡液压力没有任何增加,卵泡膜细胞发生侵入性水肿。在接近排卵时,卵泡膜的上皮发生退行性变化,并释放出纤维蛋白分解酶,同时活性提高,此酶对卵泡膜有分解作用,故可使卵泡膜变薄、破裂。

排卵前卵泡形态与结构变化(图 2 - 5):卵泡凸出于卵巢表面,突出的卵泡壁扩张,细胞质

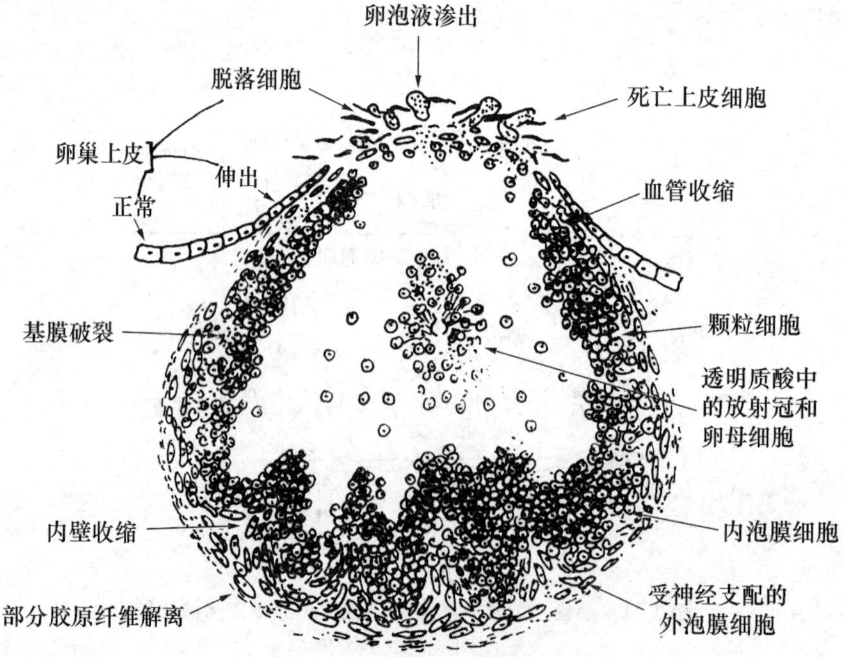

图 2 - 5　接近排卵时卵泡的形态学变化

(引自王建辰,章孝荣,1998,p82)

分解,卵泡膜血管分布增加、充血,毛细血管通透性增强,血液成分向卵泡腔渗出。随着卵泡液的增加,卵泡外膜的胶原纤维分解,卵泡壁变柔软,富有弹性。突出卵巢表面的卵泡壁中心呈透明的无血管区,排卵前卵泡外膜分离,内膜通过裂口而突出,形成一个乳头状的小突起,称为排卵点(stigma)。排卵点膨胀,多数卵泡将卵母细胞及其周围的放射冠细胞冲出,被输卵管伞接纳。

(三)排卵时间和排卵数

从排卵前 LH 峰算起,排卵时间因畜种不同而异,但在同一畜种几乎是一定的(表 2-3)。在一次发情中两个卵巢排出的卵子数,在不同的畜种之间差异很大(表 2-3)。此外,排卵数还受年龄和营养等因素的影响。

表 2-3　各种动物的排卵时间及排卵数

动物种类	排卵前 LH 峰至排卵的间隔时间/h	排卵数	动物种类	排卵前 LH 峰至排卵的间隔时间/h	排卵数
牛	28～32	1	大鼠	12～15	10
猪	24～42	10～25	小鼠	12～15	8
马		1	山羊	30～37	1～6
绵羊	24～26	1～4	犬		3～12
兔	9～12	5	猫		2～10

(四)排卵机理

排卵是卵子从卵泡内缓慢流失的过程,但其确切机理至今尚未完全清楚。目前认为,排卵不是单一因素而是多种因素作用的结果,既有激素作用下的酶性溶解,又有神经-肌肉机制的作用,而起决定作用的是 LH,但 FSH 也有重要作用。

1. 生物化学机制

各种动物血浆中 LH 水平在卵泡早期比较平稳,到达中期稍有升高,于排卵之前达到最高峰。LH 峰值的出现可以激发卵泡膜中腺苷酸环化酶的活性,导致 cAMP 增加,由此引起颗粒细胞黄体化,使卵泡内孕酮增加,并激活卵泡中蛋白分解酶、胶原酶等。这些酶作用于卵泡壁的胶原结构,使其张力下降,膨胀性增加,最后引起排卵。试验表明,LH 可使卵巢上的卵泡全部破裂,但只有配合 FSH 使用时才能排出成熟卵子。FSH 和 LH 的最小排卵剂量分别为 50 μg和 5 μg,如注射 LH 10 μg 或更多些,即可在注射后 11.5 h 内排卵,但如果剂量少于 10 μg,则卵泡就不发生排卵而黄体化,表明了 LH 和 FSH 两者的协同在排卵中的作用。因此,有人假定 LH 和 FSH 混合物称为排卵诱发激素(ovulation inducing hormone,OIH)。

此外,孕酮、PGE 及 PGF 等激素也对排卵起重要作用。

如上所述,在排卵过程中卵泡外膜发生水肿,导致卵泡膜纤维分解酶增加,使纤维蛋白分解,外膜细胞的聚合力松懈,因而使卵泡外膜分离,这些变化是由于排卵前出现 LH 峰后,雌二醇含量减少而孕酮含量增加,使雌二醇和孕酮比例骤变引起的。当接近排卵时,在促性腺激素的作用下,成熟卵泡的 cAMP 有明显增加,刺激 PG 合成,于是卵泡中 PGE_2 及 $PGF_{2\alpha}$ 的浓度显著升高。PGE_2 能增强纤维蛋白分解酶原的产生,从而增加纤维蛋白分解酶的活性,使卵泡膜分解破裂，还可刺激颗粒细胞合成孕酮及自身黄体化。而 $PGF_{2\alpha}$ 则能对溶酶体膜起破坏作用，促进卵泡顶端上皮细胞溶酶体的破裂，使上皮细胞脱落，顶端形成排卵点。因此，目前多数研究者认为，排卵主要是酶的作用。通过电镜观察，排卵裂口处的局部溶解是从卵巢表面上皮细胞开始，细胞先增大，胞质内溶酶体增多，释放的蛋白分解酶进入细胞外间隙，使下面的白膜、卵泡内膜与外膜的结缔组织崩解，致使卵泡壁在酶的作用下发生溶解。

2. 神经－肌肉机制

近年来研究发现，在卵泡壁上存在富含自主神经末梢的平滑肌细胞，主要分布在成熟卵泡的外膜细胞上。在排卵前 2～3 h，卵巢自发性的收缩频率开始增加，在排卵前后达到高峰。$PGF_{2\alpha}$ 具有刺激卵巢平滑肌收缩及收缩频率增加的作用。卵巢的收缩导致顶端变薄的卵泡破裂，同时，$PGF_{2\alpha}$ 刺激卵泡膜的神经－肌肉系统，促进卵母细胞的排出。

三、黄体形成与退化

（一）黄体形成

卵泡破裂排卵后，液体排空，卵泡壁塌陷皱缩，内膜细胞层与颗粒细胞层之间的基膜崩解，卵泡膜中的血管破裂流血，血液聚积于卵泡腔内形成血凝块，称为血红体（corpus hemorrhagicum）。大多数动物排卵后的出血现象并不严重，但少数动物如马、牛及猪流血较多，几乎充满整个卵泡腔。此后，颗粒细胞增生变大，并吸收类脂质－黄素（lutin）而变成颗粒黄体细胞，构成黄体（corpus luteum，CL）的主体部分；同时，卵泡内膜增生血管，布满于发育中的黄体。随着这些血管的分布，卵泡内膜细胞也移至黄体细胞之间，并发生黄体化，形成内膜黄体细胞，参与黄体的构成；此外，还有一些可能来自卵巢基质而形成的黄体细胞。这些黄体细胞增殖所需要的营养，最初由血红体供应，随着由卵泡内膜来的血管伸进黄体细胞之间，于是黄体细胞增殖所需的营养转由血管供应。

黄体是一个暂时性内分泌器官。早期的黄体发育很快，牛、绵羊、猪和马的黄体分别在排卵后的 10 d、6～8 d、12～13 d 和 14 d 达到成熟，此时体积最大。如果母畜在排卵后未孕，形成的黄体称为周期黄体或假黄体（corpus luteum spurium）。在排卵后 14～15 d（牛）、12～14 d（羊）、13 d（猪）、14 d（马），周期黄体发生退化；如怀孕，则转变为妊娠黄体或真黄体（corpus luteum verum）。妊娠黄体可以稍微继续增大，分泌孕酮，以维持妊娠。在大多数家畜，妊娠黄体一直维持到妊娠结束时才退化，但是马例外，其黄体到怀孕 160 d 左右时便退化，以后维持妊娠的孕酮，主要靠胎盘分泌。

（二）黄体退化

黄体退化先是以孕酮下降为标志的功能性退化，随后是以黄体组织破坏和清除为标志的结构性退化。黄体在退化过程中，颗粒层黄体细胞退化很快，表现为细胞质空泡化及核萎缩。随着微血管退化，供血减少，黄体体积逐渐变小，黄体细胞的数量也显著减少，颗粒层细胞逐渐被纤维细胞所代替，黄体细胞间结缔组织侵入、增殖，最后整个黄体细胞被结缔组织所代替，形成一个斑痂，颜色变白，称为白体（corpus albicans，CA）。大多数白体存在到下一周期的黄体期，新形成的功能性黄体与大部分退化的白体共存。一般的规律是第三个发情周期时，白体仅有疤痕存在。

一般认为黄体退化是子宫黏膜产生的 $PGF_{2\alpha}$ 作用所致。在反刍类家畜,黄体分泌的催产素协同 $PGF_{2\alpha}$ 消除黄体,并在雌激素和孕激素的调节下,以旁分泌形式相互作用。研究发现,小剂量催产素具有促进黄体作用,大剂量则有溶解黄体的作用;当黄体发生退化之前,给予外源性孕酮可以阻滞黄体细胞的退化;在牛和羊的发情周期中,施以 $17\beta-E_2$ 会引起黄体的溶解,而在猪,雌激素具有促进黄体功能,使血浆孕酮浓度升高的作用。

四、发情周期的调节

(一)初情期的启动

目前对母畜初情期启动的机理尚未完全清楚。但一般认为,母畜在初情期以前,松果体分泌较多的褪黑激素和多种生物活性物质抑制下丘脑 GnRH 神经元的活动,同时下丘脑和垂体对性腺类固醇激素负反馈作用的敏感性很高,少量的性腺类固醇激素就能起到很强的抑制作用,因而下丘脑、垂体在神经激素和性腺类固醇激素的双重抑制作用下,形成一个低水平促性腺激素和低水平性腺激素并存的内分泌调节体系;随着机体的发育,褪黑激素等抑制性因子分泌逐渐减少,到接近初情期时,对下丘脑 GnRH 神经元的抑制作用基本解除,下丘脑分泌 GnRH 增多,同时垂体对 GnRH 刺激的敏感性增高,而对性腺类固醇激素负反馈作用的敏感性降低,垂体促性腺激素分泌增多,从而启动初情期。初情期以后,动物便开始发情周期循环,直至绝情。

(二)发情周期的调节机理

母畜进入初情期后,其卵巢呈现周期性活动,其发情周期实质上是卵泡期和黄体期的交替循环,而卵泡的生长发育与排卵以及黄体的形成和退化受神经 - 激素的调节和外界环境因素的影响。不同动物对外界环境条件的反应存在差异。由于松果腺激素对生殖活动的调节作用,马、羊的发情有季节性,而牛则无。外界环境的变化,是通过不同途径影响中枢神经系统而起作用的,刺激下丘脑 GnRH 的合成和释放,由垂体门脉系统运送到腺垂体,刺激腺垂体促性腺激素的产生和释放,进而促进卵巢分泌性腺激素。卵巢分泌的性腺激素和腺垂体分泌的促性腺激素互相作用,使发情周期正常进行。因此,发情周期的循环可以说是下丘脑 - 垂体 - 卵巢轴所分泌激素相互作用的结果。现以发情前期为起点介绍其调节机理(图 2 - 6)。

在发情前期,因子宫内膜分泌的 $PGF_{2\alpha}$ 的作用,卵巢上的周期黄体退化,孕酮分泌减少,对下丘脑和垂体的负反馈作用减弱,下丘脑的 GnRH 分泌增加;下丘脑分泌的 GnRH 沿垂体门脉循环到腺垂体,刺激垂体分泌促性腺激素(主要是 FSH)增多;垂体分泌的促性腺激素经血液循环运输到卵巢,刺激卵泡生长发育,并分泌雌激素;雌激素又与 FSH 发生协同作用,从而使颗粒细胞的 FSH 受体和 LH 受体增加,于是就使卵巢对这两种促性腺激素的结合力增强,因而加快了卵泡的发育,并使雌激素的分泌量进一步增加。当血液中雌激素达到一定水平时,一方面刺激性中枢引起发情,另一方面通过正反馈作用于下丘脑,使下丘脑的 GnRH 分泌脉冲加快,刺激垂体大量分泌 LH,形成排卵前 LH 峰(图 1 - 2),刺激卵泡发育成熟并引发排卵。

但必须指出,只有在少量孕酮的协同作用下,中枢神经系统才能接受雌激素的刺激,出现发情的外部表现和性欲,否则卵泡虽发育,也无发情的外部表现。母畜在初情期安静发情的较多,就是这个原因。

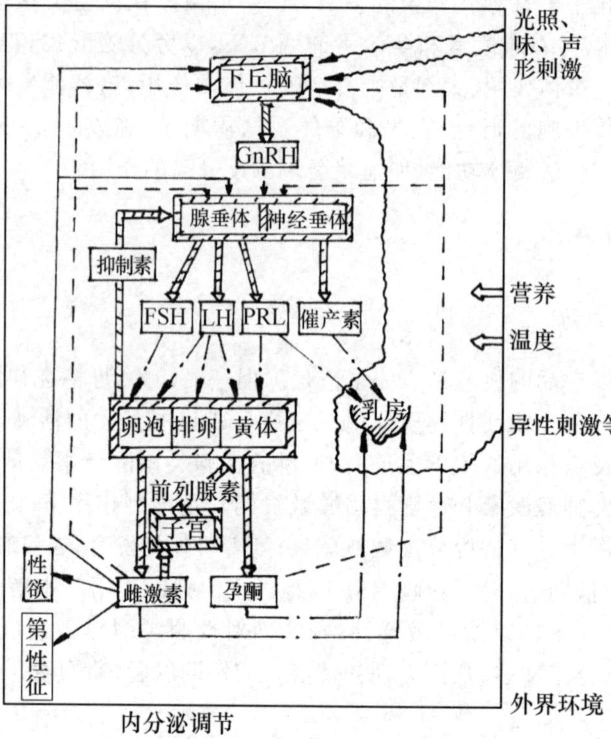

图 2-6 发情周期的激素调节示意图

神经支配　分泌激素　正反馈作用
激素支配　负反馈作用

排卵后，雌激素降低，同时卵泡颗粒细胞和内膜细胞在 LH 的作用下形成黄体并分泌孕酮。此外，垂体分泌的 PRL 与 LH 有协同作用，促进和维持黄体分泌孕酮。

黄体产生的孕酮对下丘脑和垂体产生负反馈作用，抑制 GnRH 和促性腺激素的分泌，使卵泡不再发育；抑制性中枢，使母畜不再表现发情，从而进入黄体期。同时，孕酮还作用于生殖道及子宫，使之发生有利于胚胎附植的生理变化。

如果排出的卵子已受精，发育的胚胎将抑制子宫内膜产生 $PGF_{2\alpha}$，使黄体功能得以继续发育成为妊娠黄体。若排出的卵子未受精，则黄体维持一段时间后，在子宫内膜产生的 $PG_{2\alpha}$ 作用下逐渐萎缩退化，孕酮分泌量减少，对下丘脑抑制作用减弱，又引起垂体促性腺激素释放增多，刺激卵巢上新一轮的卵泡开始发育，母畜开始进入下一次发情周期。

（三）影响发情和发情周期的因素

1. 遗传因素

动物的发情特点及发情周期的长短主要由遗传决定，不同畜种、不同品种之间差异较大（表 2-4），即使在同一品种的不同家系和不同个体之间也不完全相同。

2. 环境因素

气候、光照、温度和湿度等环境因素对动物的发情和发情周期都有一定的影响，尤其是光照和环境温度的影响更大。

表 2-4 各种动物发情周期等有关参数

种类	牛	水牛	猪	绵羊	山羊	马	驴	骆驼	兔	犬	大鼠	小鼠
发情周期/d	21(18～24)	21～23	21(19～23)	17(14～20)	20～21	21(16～25)	23(21～25)	10～20	8～15		4～5	4～6
发情期/h	18(12～21)	22(24～48)	2～3 d	24～36	40(18～48)	5～7 d	5～6 d	1～7 d	3 d(2～4 d)	6～14	数小时～27	9～20
黄体期/d	17		15～16	14							10～14(1～2)*	(同左)
卵泡期/d	3～4		5～6	2～3								
排卵期/h	发情结束后10～15	发情结束后11	发情开始后20～36	发情开始后20～30	发情开始后35～40	发情开始后3～5 d	发情开始后3～5 d	交配后30～48	交配后10～12	发情开始后1～2 d	发情开始后2～3 d	发情开始后第2天早晨
成熟卵泡直径/mm	12～19	10～12	8～12	5～10		25～70		11～24				
最适配种时间	发情开始后9 h至发情结束	发情开始后32～42 h	发情开始后15～30 h	发情开始后10～20 h	发情开始后12～36 h	发情第2天开始隔日1次至发情结束			诱发排卵后2～3 d	接受交配后2～3 d		
产后首次发情/d	奶牛35～50 黄牛60～100	55(25～116)	断奶后5～7	下个发情季节	下个发情季节	6～13	12～18	约1/3在产后第2天或15～35 d有卵泡发育排卵	断奶后27 d	数月	12～20	12～20

*注:未进行交配和排卵刺激。

光照时间的变化对于季节性发情动物(如绵羊、某些野生动物等)发情周期的影响较明显。某些动物在长日照条件下,可出现发情或产蛋,这些动物通常称为长日照繁殖动物,如马、貂和蛋鸡等;而对于绵羊和鹿等动物,其发情季节是在光照时间最短的季节,所以称为短日照繁殖动物。因此,在生产中可根据动物繁殖活动对光照时间长短反应性的不同,采用人工改变光照时间来提高动物的繁殖性能,如鸡产蛋时间的控制。

温度和湿度几乎对所有动物的发情都产生影响,适宜的温度和湿度适合于动物的发情,而高温、高湿或特别寒冷则不利于动物发情。例如,牛和猪虽然为非季节性发情动物,但在南方地区炎热的夏季发情率较冬季低;在有些地区,冬季特别寒冷时,母牛的发情也较少。

3. 饲养管理因素

合适的营养水平有利于动物的发情,营养水平过高或过低,造成母畜过肥或过瘦均可影响发情。在季节性发情动物,营养水平对发情的影响更为明显,如绵羊在发情季节到来之前,采用补饲的方法,不但可以适当提早发情季节的开始,而且可以增加双羔的可能性。对于发情无季节性的动物,营养水平也会影响其繁殖性能,如牛等家畜,在严重营养不良时,会停止发情,或者即使发情,也往往不正常。

哺乳能够抑制产后母畜的发情。这是由于母畜的乳头在受到幼畜吮乳刺激后产生的神经冲动,经神经反射途径传至下丘脑,促进了 PRL 分泌增多或抑制了 GnRH 释放,进而抑制了发情和排卵。因此,可采用断奶的方法促使产后母畜的及时发情。

此外,同种异性之间所产生的性外激素可对彼此间的生殖机能产生影响。因此在生产中,可利用公畜促进母畜的繁殖性能，如在乏情季节向发情季节的过渡阶段，羊群中放入公羊后，可以刺激母羊提早发情，并促使羊群在某种程度上的同期发情。

五、各种动物的发情周期与发情特点

各种动物的发情周期与发情特点的有关参数见表2-4。现就主要畜种的发情周期与发情特点介绍如下。

（一）牛

牛是非季节性多次发情动物。正常情况下，黄牛和水牛全年均可发情，但在不同季节发情率有差异，在气候温暖的季节比在严寒或酷热时发情率要高，发情表现也较为明显。

黄牛（含奶牛）的发情周期一般为21(18～24)d，其中发情期平均为18(10～24)h。水牛的发情周期为21～23 d，其发情期在各品种间有一些差异，如摩拉水牛一般为59～62 h，沼泽型水牛为53 h，滨湖水牛为36～48 h。另外，我国南方水牛异常的发情周期较多，表现为周期延长，但长周期未必真正为一个周期，可能其中夹有一次或数次安静发情。

黄牛的发情行为比较明显，初期表现为不安，哞叫，食欲下降；接着进入性兴奋期，常摇尾、举尾并常做排尿状，喜爬跨其他母牛或接受其他母牛爬跨，愿意接近公牛并接受交配。但在年龄较大的母牛、高产奶牛，特别是产后第一次发情时，发情表现并不一定明显。

水牛的发情行为与黄牛相似，但没有黄牛明显，而且发生安静发情的比例较高，可达14%～18%。

母牛发情时生殖器官的变化一般表现为：子宫颈口和阴道黏膜充血，分泌黏液增多；子宫颈口稍开张，阴门充血、水肿；在发情旺期，从子宫颈口内流出较多的清亮黏液，常悬挂在阴门之外，俗称“吊线”；有些母牛在发情时排出的黏液中还含有血液。发情时生殖器官的上述变化，黄牛比水牛明显，青年母牛比老龄母牛明显。

母牛在发情期中，卵巢上通常只有一个卵泡发育成熟，而且以右侧卵巢居多（占55%～60%），排双卵的情况仅占0.5%～2%。发育成熟的卵泡，直径一般为0.8～1.5 cm，卵泡壁变薄、紧张度增加，直检时有一触即破的感觉，预示着接近排卵。黄牛排卵一般发生在发情开始后20～32 h或发情结束后10～15 h；水牛排卵一般发生在发情结束后11 h。

（二）猪

猪属于非季节性多次发情周期动物，全年均可发情，但在严寒的冬季，饲养条件不良的情况下，发情可能停止一段时间。

猪的发情周期一般为21(19～23)d，其中发情期2～3 d。

母猪发情时，其行为表现为食欲减退，不安，流涎磨牙，嘶叫，频繁排尿，爬跨同群母猪；对公猪特别感兴趣，见到公猪或听到公猪叫声，或闻到公猪气味，即弓背、竖耳、静立不动；在发情旺期，人工按压其背部，表现出“静立反射”；其外阴部在发情前2 d，阴唇开始肿胀，发情时肿胀更为明显，阴门稍开张；阴道黏膜充血，从阴道内流出透明的黏液，有时稍带红色。

猪是多胎动物，其排卵数的多少因品种、年龄、胎次、营养水平而有差异，一般为10～25个，但在同一品种，青年母猪少于成年母猪，营养水平差的要少于营养水平高的。母猪排卵一般发生在发情开始后20～36 h，且排卵过程是陆续的，从排第一个卵子到最后一个卵子的间隔时间一般为 4(1～7)h。

（三）羊

羊属于季节性多次发情周期动物，其发情季节为秋季(短日照季节)。如我国北方的绵羊，发情季节从 6 月下旬开始到 12 月末或次年 1 月初结束，但发情旺季在 9～11 月份，在其他时间发情周期不正常的较多。而在我国南方等温暖地区饲养的品种，如湖羊、寒羊及大多数山羊品种，发情季节不明显，一般全年均可发情，但也以秋季发情较为旺盛，受胎率较高。

绵羊的发情周期一般为 17(14～20)d，其中发情期 24～36 h；山羊的发情周期一般为 20～21 d，其中发情期 40(24～48)h。发情期的长短因年龄不同而略异：当年出生的较短，周岁左右的一般，年老的较长；在发情季节的初期和晚期发情期常较短；公、母羊经常在一起的比不经常在一起的发情期可能短些。

绵羊的发情行为表现不明显，发情鉴定以试情为主。山羊的发情行为较为明显，一般表现为阴唇充血，摇尾，咩叫，爬跨同群母羊；有公羊存在时则与公羊亲近，并接受交配。

羊在发情期中，卵巢上成熟的卵泡数视品种不同而异。单胎品种的卵巢上一般有 1～2 个发育成熟的卵泡，而多胎品种则有 2～4 个，甚至更多。

绵羊排卵一般发生在发情开始后 20～30 h，山羊排卵则发生在发情开始后 35～40 h。

（四）马(驴)

马(驴)是季节性多次发情、长日照繁殖的动物，一般从 3、4 月份开始发情，到秋季结束。马的发情周期一般为 21(16～25)d，其中发情期 5～7 d；驴的发情周期一般为 23(21～25)d，其中发情期 5～6 d。发情期可因品种、个体、年龄、饲养条件及使役情况等不同而有差别，老龄或饲养水平低以及在发情季节早期，其发情期一般较长。

母马发情时，常表现不安，后肢撑开，弓腰举尾，阴门频频闪开，有时排出少量的尿液或黄白色的黏液；驴发情时，性兴奋比较明显，常表现为四肢撑开站立，头颈伸直，耳向后背，上、下颌频频开合，有时还发出磨牙的声音。

马(驴)发情期较长，其卵巢上的卵泡发育很有规律，一般在发情开始后 5～7 d 排卵，通过直肠检查可以准确地进行发情鉴定和确定排卵时间。

（五）犬

犬是季节性单次发情或双次发情发情动物，一般在春季(3～5 月)和/或秋季(9～11 月)发情一次。不同地区、不同品种可能有所差异，如江淮地区有些犬在盛夏季节可正常发情配种。家犬有 26%一年仅发情 1 次，约 65%发情 2 次，个别的可发情 3 次；野犬和狼犬一般一年发情 1 次。

在发情前期，母犬表现兴奋，阴门略出现肿胀，并排出血样分泌物，愿意接近公犬但不接受交配。此期约持续 7～9 d。在发情期(接受公犬交配的时期)，母犬的阴门肿胀变得明显，血样分泌物排出减少，愿意接受公犬交配。此期为 6～14 d，多数是 9～12 d。排卵一般发生在发情开始后 1～2 d，其过程往往需要几个小时。从发情结束(以拒绝公犬交配为标志)到生殖器官恢复正常为止，为间情期。母犬的间情期较长，排卵后未妊娠犬黄体功能可维持 75 d 左右，而对于一年只发情一次的犬，此期甚至可持续近一年时间；在每一个完整的发情周期中，由于子宫长期处于孕酮的作用下，因此，子宫会出现内膜增生过度和囊肿性变化，这些极易引起感染，这种现象多见于老龄母犬，尤其是长期没有配种繁殖过的母犬。

（六）猫

猫是季节性多次发情的动物，发情季节多在每年 12 月下旬或 1 月至来年 9 月初，有些地区在 10 月中旬仍有猫发情。母猫发情时，经常嘶叫，并频频排尿，发出求偶信号，外出次数增多，静卧休息时间减少，有些猫对主人特别温顺亲近，但也有些猫发情时异常凶暴，攻击主人。

母猫的发情期约 4(1～8)d，接受交配的时间 1～4 d。交配后 25～30 h 排卵。交配次数增加或注射促排卵激素均可诱导多排卵，排卵后的 16～17 d 时，孕激素含量达到峰值，如未受孕，20 d 后逐渐下降，并延续到 40～44 d 黄体退化（猫的假孕也在此时结束）。

六、发情鉴定

发情鉴定的目的是为了及时了解母畜的发情情况，判断其发情阶段，预测排卵时间，以确定适宜的配种时间，及时进行配种或人工授精，从而提高受胎率；通过发情鉴定还可以发现动物发情是否正常，以便发现问题，及时解决。

母畜发情时，既有外部特征，也有内部特征，外部特征是可以直接观察到的现象，而内部特征是指生殖器官的变化，其中卵泡的发育情况才是本质。因此，在进行发情鉴定时，不仅要观察母畜的外部表现，更重要的是要掌握卵泡发育状况，同时还应考虑影响发情的各种因素。只有进行综合的科学分析，才能做出准确的判断。

发情鉴定的方法有多种，但在实际应用时，要根据各种母畜的发情特征，坚持重点与一般相结合的原则进行。但无论采用何种方法，在发情鉴定前，均应了解母畜的繁殖历史、发情过程及其相关的繁殖记录。

发情的鉴定方法有如下几种。

1. 外部观察法

此法是各种母畜发情鉴定最常用的方法，主要观察母畜的外部表现和精神状态来判断其发情情况。例如母畜在发情时，常表现为精神不安，鸣叫，食欲减退，外阴部充血肿胀、流黏液，以及黏液的数量、颜色和黏性发生变化，频繁地排尿，并对周围环境和公畜反应敏感等。

由于母畜的发情征状表现随发情进程由弱到强，再由强到弱，直至消失，因此，在发情鉴定时，要根据不同动物的发情特点，最好从发情开始时便定期观察，以便了解其变化过程。

不同动物在发情时，除上述一般的发情征状外，还有一些其他特有的表现：

①母牛发情时，爬跨或接受其他牛的爬跨；在发情盛期时，从阴道内流出的黏液量多，呈透明状，牵缕性强，而在发情盛期后，流出黏液的量及牵缕性均减少，黏液中稍混杂一些乳白色丝状，最后黏性差，黏液量少，黏液由半透明变成乳白色。

②母猪发情时，出现闹圈现象（在圈内乱跑，嘶叫，流涎磨牙，用嘴咬圈门或拱土）；外阴部红肿表现比较明显，当阴唇红肿开始消退时，接受交配。

③山羊发情时，主动接近公羊或被公羊尾随，其尾部剧烈摆动。

④母兔发情时，表现活跃不安、站立、仰头、左顾右盼，摩擦下颚，后肢强力击拍笼底，爬跨其他母兔，喜接近公兔。

⑤母犬发情时，对口令反应迟钝，饮水量增多，排尿次数增加；阴道内有血样分泌物排出。

⑥母马发情时，无爬跨其他母马现象，但会寻找群中其他母马和骟马作伴，表现出如同公马或试情马在场时相似的行为。发情母马反复地采取站着排尿的姿势，举尾，排出少量的尿，并连续有节律地收缩闪露阴蒂，扬头嘶叫。

2. 试情法

应用试情公畜（结扎输精管或阴茎移位的公畜）对母畜进行试情，根据母畜在性欲及性行为上对公畜的反应情况来判断其是否发情及发情程度。发情母畜通常表现为喜接近公畜，并接受其爬跨等；而不发情或发情结束后的母畜则表现为远离公畜，当强行牵引接近时，往往会出现躲避，甚至踢、咬等抗拒行为。本法适用于猪、羊等多种动物，应用较广泛。

（1）猪的试情　将公猪牵至母猪旁，发情母猪与公猪鼻对鼻嗅闻、或闻公猪的会阴部，且常用鼻触弄其腹肋部；母猪交配欲的表现是时常排尿，爬跨其他猪，同时也接受其他猪的爬跨。若公猪在场或人用手按压母猪尻部，发情母猪站立不动，出现“静立反射”。

（2）羊的试情　将试情公羊放入母羊群内，一般在试情羊的腹部戴上发情鉴定器，发情羊接受爬跨，通过母羊背上是否有标记鉴定出发情羊。

3. 阴道检查法

应用阴道开张器或阴道扩张筒插入母畜阴道，借用光源观察阴道黏膜颜色、充血程度、子宫颈的颜色、肿胀度及开口的大小和黏液的数量、颜色和黏度、有无黏液流出等来判断发情。检查时，阴道开张器或扩张筒要洗净消毒，防止感染，同时在插入时要小心谨慎，以免损伤阴道黏膜。本法由于不能准确判断动物的排卵时间，因此，在生产中只是作为一种辅助性的检查手段。

4. 直肠检查法

方法是将手臂伸入母畜直肠内，隔着直肠壁用手指触摸卵巢及卵泡的发育情况，如卵巢的大小、形状、质地，卵泡发育的部位、大小、弹性、卵泡壁厚薄以及卵泡是否破裂，有无黄体等。检查时要有步骤地进行，触摸卵泡发育情况，切勿用力压挤，以免挤破卵泡。

由于本法可结合外部发情症状，较准确地判断卵泡发育程度，确定适宜的配种时间，同时，必要时也可顺便进行妊娠诊断，以免将孕畜进行配种而发生流产，因此在生产上广泛应用于牛、马等大家畜。但采用本法时，术者须经长期实践，积累比较丰富的经验，方能正确掌握。

（1）牛　母牛在间情期，多数情况是一侧卵巢大些，卵巢上有大小不等的黄体突出于表面。在发情期，卵泡发育过程可分为四期（图 2-7）。

第一期（卵泡出现期）：卵巢稍增大，卵泡直径 0.50～0.75 cm，触诊时为软化点，波动不明显，母牛一般已开始有发情表现。从发情开始算起，此期约持续 10 h。

第二期（卵泡发育期）：卵泡直径达 1.0～1.5 cm，呈小球状，波动明显，这一期持续 10～12 h。在此期后半期，发情表现已减弱，甚至消失。

第三期（卵泡成熟期）：卵泡不再增大，但卵泡壁变薄，紧张性增强，触诊时有一触即破之感，这一期持续 6～8 h。

第四期（排卵期）：卵泡破裂排卵，由于卵泡液流失，卵泡壁变松软，成为一个小凹陷。排卵后 6～8 h 开始变为黄体。原来的卵泡被填平，可触摸到质地柔软的新黄体。

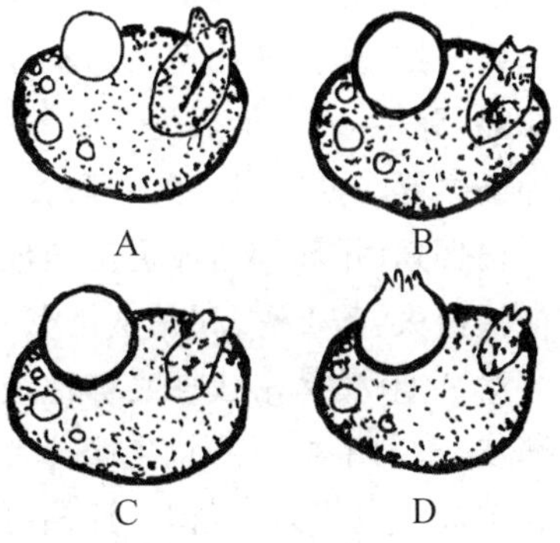

图 2-7　牛卵泡发育模式图

A. 卵泡出现期　B. 卵泡发育期
C. 卵泡成熟期　D. 排卵期

(2)马　发情时,卵泡大小、形状、质地都发生明显变化,因此,直肠检查是母马发情鉴定和判断排卵时间最准确的方法。母马卵泡发育过程一般分为五期(图 2-8)。

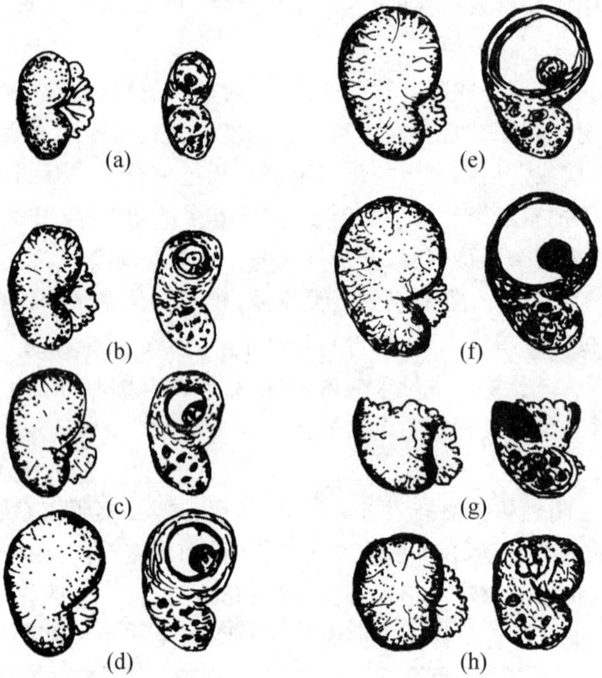

图 2-8　正常发情母马卵巢中卵泡发育过程外观及剖面模式图

(a)发情期正常卵巢,无卵泡发育　(b)卵泡发育第一期,卵巢一端变大　(c)卵泡发育第二期,卵巢一端膨大有波动感　(d)卵泡发育第三期,卵泡端呈球形,波动明显,较软　(e)卵泡发育第四期,卵泡壁薄而紧张,弹性强　(f)卵泡开始破裂,为排卵阶段,卵巢柔软无弹性　(g)卵泡液排空阶段,卵巢无固定性状　(h)黄体形成阶段,卵巢柔软有弹性,无波动

第一期(卵泡出现期):一侧卵巢内有一个或数个卵泡发育,以后其中一个获得发育优势,因此卵巢形状改变,体积增大,但初期卵泡硬、小、有弹性。此期一般持续 1～3 d。

第二期(卵泡发育期):在这一阶段中,获得发育优势的卵泡体积增大,充满卵泡液,有微弱波动感,突出卵巢部分呈圆形。此期一般维持 1～3 d,母马出现发情。

第三期(卵泡成熟期):卵巢体积增大,排卵窝由深渐浅,卵泡形似一大圆球,卵泡内液体波动明显,弹性减弱,最后完全变软,用手按压可改变其形状,或柔软有弹性。卵泡壁变薄,有一触即破之感。此期维持约一昼夜,长的可达 2～3 d。

第四期(排卵期):卵泡完全成熟后,便进入排卵期,这时的卵泡壁变薄而软,卵泡壁破裂后卵泡液流失,需 2～3 h 完全排空。

第五期(黄体形成期):卵泡液流失后,卵泡腔变空,卵泡壁凹陷松懈,用手捏时,可感到两层薄皮,滑动手指可感觉到摩擦音,渐渐收缩,由薄变厚。排卵后形成的红体,逐渐发育成扁圆肉状突起,最后形成黄体。此期可持续 6～12 h。

5. 生殖激素检测法

应用激素测定技术,如酶免疫测定(enzyme immunoassay,EIA)和放射免疫测定(radioimmunoassay,RIA)等,检测体液(血浆、血清、乳汁、尿液等)中生殖激素(FSH、LH、雌激素、孕酮等)水平,根据发情周期中生殖激素的变化规律来判断发情的方法。如用 RIA 测定母牛血清中孕酮的含量为 0.2～0.48 ng/mL 时,输精后的情期受胎率可达 51%。目前,国外已有多种激素检测试剂盒用于发情鉴定。

发情鉴定除了上述方法外,另外还有结合试情法的发情鉴定器法或颜色标记法、子宫颈黏液透析法、宫颈黏液结晶法、离子选择性电极法和阴道上皮细胞抹片法等。

知识链接

动物的发情鉴定方法小结

(1)牛　发情期较短,发情时征状明显,发情鉴定主要依靠外部观察法。对发情征状不明显或怀疑有安静发情的,可结合试情和阴道检查。如要确定配种时间,则需要进行直肠检查。

(2)猪　发情时征状明显,且对公猪特别感兴趣,所以发情鉴定主要依靠外部观察法或用公猪试情。当母猪出现“静立反射”时,表示其已进入发情高潮,是配种的最好时机。

(3)羊　发情期较短,发情时征状不太明显,发情鉴定主要依靠试情。

(4)马　发情期较长,卵泡发育较大,且规律性明显,发情鉴定主要依靠直肠检查法,也可结合外部观察和阴道检查。

(5)犬、猫、兔等小动物　发情周期的规律性不强,但发情时征状明显,一般依靠外部观察法,并可结合阴道检查和试情。

(章孝荣)

(庞训胜)

七、配种

配种是使母畜受孕的一种繁殖技术,有自然交配(natural mating,也称本交)和人工授精(artificial insemination,AI)两种方式。

(一)自然交配

自然交配是利用公畜直接与母畜交配,是一种传统的、较为简便的配种方法。常见的有如下几种方式:

1. 自由交配

直接将公畜与母畜按一定的比例混养,只要母畜发情,任何一头公畜均可与其交配。这是一种粗放的繁殖管理方法。采用这种方法配种,公畜的利用率低,且后裔血缘不清,易引起近亲繁殖或疾病传播,如畜群中公畜较多时,还常造成公畜为争夺配偶而相互角斗,引起伤害。

2. 控制交配

控制交配虽然也是一种自然交配方式,但是在公畜个体选择、交配时间等方面采取了一些人为的控制措施,以利于提高公畜的利用率和畜群的质量。

(1)分群交配　平时将公畜和母畜分群饲养,到繁殖季节时,选择优良公畜按比例(公母比例,马、牛 1∶(30～40),羊 1∶(50～60)放入母畜群中,任其自由交配。这种方法可实现一定程度的选种选配，但仍难以提高公畜的利用效率。

(2)圈栏交配　平时将公、母畜隔离饲养，当母畜发情时将其放入选定的公畜圈内与公畜交配，配种结束后又将其分开。这种配种方法常用于猪，既能人为控制配种频率和次数，提高公畜利用率，又能做到较严格的选种选配。

(3)人工辅助交配　平时将公、母畜隔离饲养，在母畜发情时，选择特定的公畜与其进行牵引交配，并在配种前对母畜的外阴进行消毒。如公、母畜体型悬殊，还可采取适当的辅助措施，使其交配成功。这种方法常用于舍饲的马和牛，既能实现严格的选种选配，又能预防疾病传播。

(二)人工授精

人工授精是通过人工的方法将公畜的精液输送到母畜的生殖道内，使其受孕，是一种较为先进的繁殖技术。具体操作方法参见本书第七章第一节。

(三)最适配种时机

母畜的发情、排卵以及排出的卵子在生殖道保持受精能力的时间都有一定的规律。另外，交配或输精后，精子到达受精部位也需要一定的时间，且精子应该先于卵子到达受精部位(输卵管壶腹部)等待卵子。所以要依据动物的这些生理特点确定适宜的配种时间，以提高母畜的受孕率和公畜利用率。各种动物的最适配种时间见表 2 - 4。

在生产中，因很难精确地估计排卵时间，所以一般在第一次配种或输精后，隔一定的时间再补配一次，其配种方案一般为：

奶牛、黄牛：一般在发情开始后 8～9 h 配种，隔 10～12 h 再配一次。在生产中的经验是“早上发情的傍晚配，次日早上再复配一次；傍晚发情的次日早、晚各配一次”。

水牛：滨湖水牛的最适配种时间是在发情后 32～42 h。在生产中的经验是“少配早(当日配)，老配晚(三日配)，不老不少配中间(二日配)”。

羊：最适配种时间是在发情后 10(2～15)h。在生产中，一般做法是：清晨发情的，在上午和傍晚各配一次；傍晚发情的，在当时和次日清晨各配一次。

猪：最适配种时间是在发情后 24～48 h。在生产中，一般采取间隔 12～24 h 的两次配种方案。

马、驴：最适配种时间要通过直肠检查才能确定，在卵泡发育到第三期或第四期时配种最为适宜。

(章孝荣)

第三节　受　　精

受精(fertilization)是两性配子(精子和卵子)相互作用、结合产生新的细胞即合子(zygote)的过程，是个体发生的开始。它包括一系列严格按照顺序完成的步骤：精 - 卵相遇、识别与结合，精 - 卵质膜融合、多精子入卵阻滞、雄原核与雌原核发育和融合。在受精过程中，精子和卵子的单倍体基因组融合，使合子获得双倍体的基因组，拥有亲代双倍体的遗传信息，具备发育成一个新个体的潜能。在自然界中，动物的受精分为体外受精和体内受精，哺乳动物的受精是在体内完成的。

一、精子在受精前的准备

哺乳动物的受精发生在输卵管壶腹部，因而精子和卵子必须在雌性生殖道内分别向这一位置运行，同时经历一系列变化才能进行受精。

（一）精子在雌性生殖道内的运行

1. 精子在子宫颈内的运行

阴道射精型动物在自然交配时，精液射在子宫颈外口周围，精子依靠自身运动和宫颈肌的收缩作用进入子宫颈。因子宫颈黏膜形成复杂的沟槽系统，所以精子通过子宫颈时，仅有一部分可以迅速穿过子宫颈黏液进入子宫腔，大部分精子则进入子宫颈黏膜的皱褶及隐窝内，然后在较长时间内相继游出，继续向受精部位运行。可见，阴道射精型动物的子宫颈是精子运行道路中的第一道屏障，也是第一个精子贮库。

凡不能进入子宫颈的精子，一般在死亡后随阴道黏液排出体外或被白细胞吞噬。

精子在子宫颈内的运行与子宫颈肌的收缩作用、精子本身的泳动以及子宫颈内的环境有关。发情时，子宫颈分泌的黏液变得稀薄，有利于精子通过；子宫颈肌的收缩作用能推动精子向前运行；子宫颈分泌物含有简单的糖类（葡萄糖、麦芽糖、甘露糖）、氨基酸、微量元素和酶类，可为精子运动提供能量物质等，同时也有利于精子在子宫颈皱褶及隐窝中存活较长时间。

知识链接

动物的射精类型

自然交配时，根据公畜的精液射在母畜生殖道中的部位，将射精类型分为以下两类：

（1）阴道射精型　交配时公畜的精液只能射入阴道前庭及子宫颈阴道部，所以精子在母畜生殖道中的运行是从子宫颈口前开始的。牛、羊、猫、兔等属于这一类型的动物。

（2）子宫射精型　交配时公畜的精液直接射入子宫颈管内（马）或子宫腔内（猪），故精子在母畜生殖道中的运行是从子宫颈后开始的。马、猪、犬等属于这一类型的动物。

（章孝荣）

2. 精子在子宫体内的运行

进入子宫的精子在子宫腔内迅速扩散，一部分进入子宫内膜的腺窝，在较短的时间内被白细胞吞噬（有些精子可能被释放出来，再游向宫管连结部）；大多数精子则很快到达并集聚在子宫与输卵管的连接部，然后源源不断地向输卵管运行。所以，宫-管连接部是精子运行道路上的第二个屏障和精子贮库。

精子在子宫内的运行主要依赖于子宫平滑肌的收缩，其收缩的方向、幅度及频率受神经、激素的调节。发情时，由于雌激素、前列腺素和催产素的作用，子宫肌的收缩活动加强，有助于精子的运行。雌激素水平升高是引起子宫收缩的主要原因,发情早期和晚期去甲肾上腺素和肾上腺素均能增加收缩的频率。交配前后性行为的刺激,包括视觉、听觉、嗅觉、爬跨等动作,以及生殖器对子宫颈的机械性扩张等,均可通过脑传至垂体神经部,引起催产素的释放。催产素一方面能直接促进子宫肌收缩,另一方面又能促进前列腺素的合成和释放,从而进一步促进子宫肌的收缩。

3. 精子在输卵管内的运行

输卵管具有同时向相对方向运送精子和卵子的独特功能(图 2-9)。输卵管的形态和分泌活动随发情周期的不同阶段而变化,发情时分泌增加,纤毛摆动增强,且肌层有多种复杂的收缩方式,有的是短小节段内发生局部性蠕动,有的是节段性收缩,也有整个输卵管蠕动方式的。精子在输卵管的运送机制与输卵管平滑肌的蠕动和逆蠕动、黏膜皱襞及输卵管纤毛的摆动引起的液流有关,促使精子向壶腹部运行。此外,获能精子主动运动的加强,也许对精子通过峡部进入壶腹部起到一定作用。输卵管的收缩可瞬间改变输卵管各小室的结构,以致液流能由一个小室朝另一个小室向输卵管壶腹部方向流动,起到运送精子的作用。

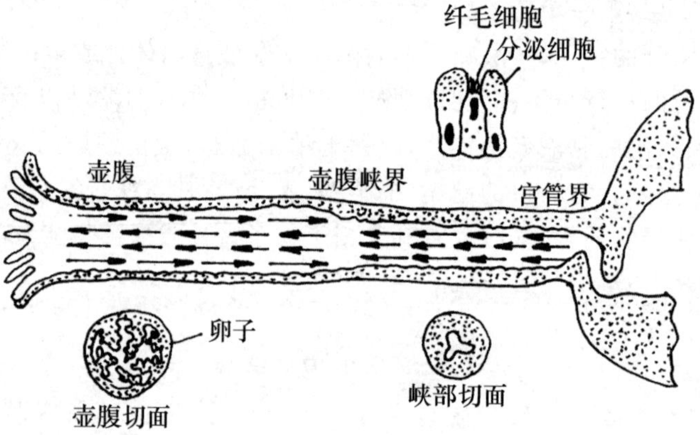

图 2-9　输卵管液流向与精子和卵子运行的关系

(改引自卢惠霖,卢光琇,2001)

注:峡部箭头和壶腹部中心箭头表示分泌液主流的流向,与精子运行有关;壶腹部边缘箭头表示纤毛摆动方向,与卵子和受精卵的运输有关。

进入输卵管的精子运行到输卵管壶-峡连接部后将滞留在峡部后段,滞留时间的长短与从交配到排卵间隔时间的长短有一定关系。在该部位滞留时,精子可以通过顶体区吸附在输卵管壁上,不能吸附的精子或者死亡,或者失去受精能力。在母畜接近排卵时,精子脱离输卵管壁,开始主动向壶腹部泳动而与卵子结合。进入输卵管峡部的精子,只有极少数可继续向壶腹部泳动。因而输卵管的壶-峡连接部可看作是精子运行路线中的第三道屏障和第三贮库。

4. 精子运行速度、到达输卵管壶腹部的时间和精子数

哺乳动物的精子从射精部位运行至壶腹部的速度一般都很快,仅需数分钟至数十分钟,不同的畜种差异并不明显(表 2-5)。

表 2-5　不同畜种的射精量、精子总数和精子运行至受精部位的时间与精子数

畜种	射精量/mL	一次射精的精子总数/$\times 10^6$	精子从射精部位运行到受精部位的最快时间/min	到达受精部位的精子数/个
牛	3～8	7 000	2～13	<5 000
绵羊	0.8～1	3 000	6	600～700
猪	100～300	40 000	15～30	1 000
马	50～150	10 000	24	—
小鼠	>0.1	50	10～15	<100
大鼠	>0.1	—	2～60	很少
仓鼠	0.1	58	15～30	50～100
豚鼠	0.15	80	15	25～50
兔	1	700	4～10	250～500
猫	0.1～0.3	—	—	40～120
犬	10	—	数分钟	50～100

精子运行速度受许多因素的影响，除激素外，还与受精方式有关。如牛在人工授精时仅需2.5 min，而自然交配时则需15 min。此外，免疫学作用对精子的运行也有一定影响。

精子在雌性生殖道的运行中，需分别通过子宫颈、宫-管连接部和壶-峡连接部形成的三个屏障，也称栏筛。经三个屏障的筛选和阴道及子宫白细胞的吞噬作用，最终只有极少数精子能够到达受精部位。屏障部位及其形成的精子贮库既能起到筛选精子和调节到达受精部位精子数量的作用，又能不断释放出活力强的精子继续前行，以保证受精部位能够不断保持一定数量的有受精能力的精子。

精子在雌性生殖道保持受精能力的时间因畜种、精子质量及生殖道部位和生殖状况而异。一般而言，牛为28 h，羊为30～36 h，猪为24 h，马为72～120 h，家兔为30～32 h，犬为48 h。鸟类相对较长，如公鸡的精子在母鸡生殖道内可存活长达32 d之久。

（二）精子的获能

哺乳动物刚射出的精子尚不具备受精的能力，只有在雌性生殖道内运行过程中发生进一步的成熟变化后，才获得受精能力，此现象称为获能（capacitation）。在多数哺乳动物中，精子在与卵子受精之前需完成获能过程。

一般认为，精子获能是除去或改变精子质膜的稳定因子或保护物质的过程。雌性生殖道内存在某些获能因子，它可以改变或除去精子表面的成分，使精子质膜发生一系列变化，成为获能精子。经过获能过程，精子质膜由获能前的稳定状态转化为去稳定状态，为精子发生顶体反应提供了必要的前期条件。有多种物质可以使精子获能，但导致精子体内获能的因子可能因动物种类不同而有差异。一般而言，子宫液的肽酶（大鼠、兔）、子宫和输卵管中的β-淀粉酶（大鼠、兔）及氨基多糖（牛、羊）等均可使精子获能。此外，卵丘细胞分泌的葡萄糖苷酸酶（仓鼠）和卵泡液的成分也可使精子获能。

1. 获能的部位及所需时间

在体内获能过程中，精子可在子宫和输卵管内获能。一般而言，雌性生殖道的不同部位对精子获能具有协同作用，精子首先在子宫内获能，最终在输卵管内完成，但在阴道射精型动物，精子通过子宫颈时可能脱除部分表面吸附物质，开始获能过程。参与受精的精子可能主要在输卵管内完成获能过程。此外，精子获能没有严格的种间特异性，即精子获能不仅可以在同种动物，也可以在另一种动物的雌性生殖道内完成。

在体内，不同动物的精子获能时间可能存在一定差异，如绵羊为 1.5 h，猪为 3～6 h，牛和家兔分别为 4～5 h 和 5 h。这种差异可能与精子质膜的物力和化学特性以及动物的生理状态有关。

2. 精子获能的变化

精子在通过雌性生殖道及获能过程中形态上并未发生明显改变。从生化水平上研究，精子获能包括两个连续变化的过程，即消除覆盖在精子质膜表面的附睾和精清蛋白中的去能因子以及精子质膜的糖蛋白，同时伴随着发生物质代谢和膜电荷的变化，表现为精子活力增强，呼吸率升高，耗氧量增多，尾部线粒体内氧化磷酸化过程旺盛等。

(1)脂类的变化　获能过程中，精子质膜脂质的组成发生改变，主要表现在磷脂含量和脂肪酸的成分发生变化。此外，质膜中胆固醇减少，使精子头部膜的流动性和通透性增加。

(2)蛋白质的变化　精子在获能时，质膜蛋白质发生重组，表面蛋白发生修饰、重新分布或丢失。这些改变可能在精 - 卵识别、活化代谢以及膜的融合等方面产生重要的生理作用。

(3)离子的变化　在精子获能及以后的顶体反应中，细胞内的各种离子的浓度发挥着重要而精细的调节作用，例如 Ca^{2+} 对激活磷脂酶和精 - 卵质膜的融合发挥着极为重要的作用。Ca^{2+} 通过 Na^{+}/Ca^{2+} 的逆向转运和 Ca^{2+} - ATP 酶而发挥调节作用。获能时，由于逆向转运或对 Ca^{2+} - ATP 酶的抑制，精子细胞内 Ca^{2+} 升高，使去能因子失活。此外，在发生顶体反应时，Ca^{2+} 也可通过其他 Ca^{2+} 通道迅速进入细胞内。当精子内 Ca^{2+} 浓度达到阈值时，便可诱发顶体反应。

(4)运动形式的变化　在发生顶体反应以前，获能的精子可能出现超激活运动。精子尾部摆动振幅增大，运动逐渐变为直线前进，多见于输卵管壶腹部。出现超激活运动的原因，目前认为是精子尾部质膜成分改变，膜流动性增加，加强了 Ca^{2+} 向细胞内流动，Ca^{2+} 又激活了 cAMP 系统和 Mg^{2+} - ATP 酶，加强了尾部外周致密纤维的运动和微管的滑动，从而使精子尾部运动能力增强。

3. 精子获能的异质性和可逆性

同一次射出的所有精子，其成熟度不同，精子膜结构内分子存在多样性，对雌性生殖道环境的反应性可能存在差异，表现为一些精子获能快，另一些则较慢。这种现象称为精子获能的异质性(heterogeneity)，或称非均一性。

精子的获能是一个可逆的过程。精浆中可能存在多种去能因子，将获能的精子再转入精浆或附睾液中，又可以失去受精能力。已经发现有几种哺乳动物的精浆可以抑制获能的兔精子对兔卵的受精。这种使获能精子又暂时失去受精能力的作用称为“去能”(decapacitation)。去能的精子在雌兔生殖道中停留 6 h 后，又可重新获能。

(三)顶体反应

获能时精子头部的去能因子被除掉，引起精子头部质膜形态上发生改变，同时顶体内酶被激活，此过程称为顶体反应(acrosome reaction，AR)，其主要变化过程是精子质膜与顶体外膜融合，出现空泡结构，顶体内膜暴露，顶体酶被释放(图 2 - 10)。

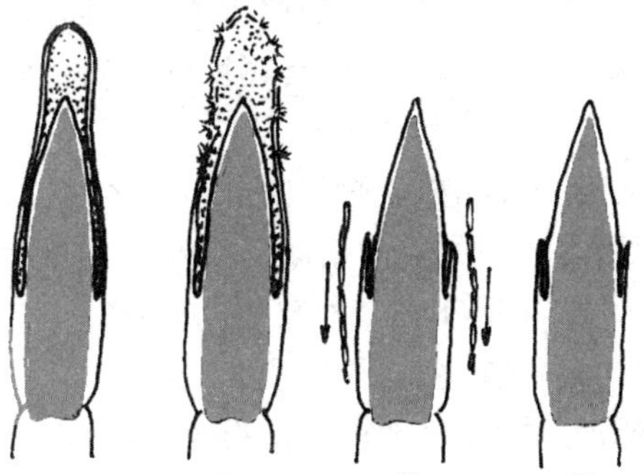

图 2-10 哺乳动物精子顶体反应过程

(引自桂建芳等,2002)

A. 顶体反应前的精子 B. 顶体反应时顶体外膜和精子质膜多发生融合

C,D. 顶体反应完成,精子向前运动时囊状膜及释放的内容物留在精子后面

顶体反应可以包括在广义上的精子获能概念内,但是也可以将精子获能与顶体反应分解为两个既密切联系,又相互区别的概念。精子获能后,主要表现为尾部的超激活运动;顶体反应则发生在精子的头部。顶体反应完成后,精子即可穿过透明带,而且顶体反应对精-卵的融合也是必不可少的,没有发生顶体反应的精子与裸卵的质膜不能融合。

二、卵子在受精前的准备

(一) 卵子的接纳与运行

1. 卵子的接纳(reception of egg)

卵泡发育成熟排卵时,黏液化的卵丘细胞包裹卵子及其放射冠形成卵丘-卵母细胞复合体(cumulus-oocyte complex,COC)随卵泡液排出,黏附在卵巢表面;同时,输卵管伞部充血开张,并紧贴于卵巢表面,这时由于伞部和输卵管系膜的不断活动,使伞部在卵巢表面扫动,加上卵巢固有韧带的收缩,使卵巢沿其纵轴前后缓慢移动,这有助于卵子进入输卵管内。两者活动的结果,将卵丘-卵母细胞复合体扫入伞内。

大鼠和小鼠卵巢的喇叭口封闭在卵巢囊中,卵子进入输卵管主要靠卵巢囊分泌液的流动。兔的输卵管伞部和间质部比较发达,排卵时伞部往往接近并覆盖在卵巢表面。猪的输卵管系膜在输卵管周围形成帽状薄膜,掩盖在卵巢表面,因而排出的卵子可直接进入输卵管。伞部、输卵管以及韧带的收缩活动受卵巢类固醇激素的调节,所以当发情排卵时,卵子接纳的效率最高。

2. 卵子的运行

进入输卵管伞的卵子很快运行至壶腹部的受精部位,与获能精子相遇而受精。卵子在输卵管内的运行受输卵管活动、上皮纤毛活动和分泌活动的影响(图 2-9)。

(1)输卵管的活动 包括输卵管肌层的收缩,卵巢系膜、输卵管系膜、伞系膜以及子宫输卵管韧带等的收缩活动,这些系膜与韧带的收缩能继续改变卵巢与伞部以及输卵管各段之间的相对位置。而各种形式的收缩,在一定程度上控制着卵子的运送速度或运行方式。如由壶腹部至壶-峡联结部的蠕动收缩,使卵子快速前进;由宫管联结部至壶-峡联结部的蠕动和逆蠕动，则使卵子运行受阻；输卵管的分段收缩，会使卵子关闭在局部区域；韧带收缩引起输卵管弯曲。不同形式的收缩和运动都起着调节卵子运行速度的作用。输卵管肌肉的活动受神经和激素的调节。

(2)输卵管上皮的纤毛活动　纤毛在壶腹部的分布较多，峡部较少。上皮纤毛的摆动是卵子在输卵管内运行的主要原因之一。纤毛的摆动受雌激素的激发，当孕酮升高时加快纤毛摆动，使原有频率(1 500次/min)提高近20%。推测哺乳动物纤毛可能有两种摆动方向，这与卵子和精子在雌性生殖道内逆向运行有关。

(3)输卵管上皮的分泌活动　输卵管上皮分泌物的流向，在一定程度上影响卵子运行的方向和速度，且与纤毛摆动的方向有关。分泌活动主要受卵巢类固醇激素的调节。在发情期，由于受雌激素的影响，分泌物增加；黄体期由于孕酮的作用，分泌物减少。

(二)卵子在输卵管内的运行速度和维持受精能力的时间

卵子在输卵管全程的运行时间因不同家畜而异，一般为3～6 d，牛约90 h，绵羊约72 h，猪为50 h左右，马约120 h。卵子在输卵管不同区段运行的速度也有差别，在从输卵管伞底部至壶腹部的这一段运行很快，仅需5(3.5～6) min，而在壶峡联结部内则滞留约2 d以上。通过峡部的卵子如未受精，即迅速退化。

卵子维持受精能力的时间要比精子短(表2-6)，一般不超过24 h，但也有个别例外，如犬的可长达6 d。卵子的受精能力是逐渐降低消失的，很难精确测定。延迟输精，往往因为卵子老化而不能受精，即便受精，也可能导致胚胎异常发育而死亡。

表2-6　各种哺乳动物卵子维持受精能力的时间

畜种	时间/h	畜种	时间/h
奶牛	22～24	恒河猴	<24
猪	约20	豚鼠	<20
羊	15～24	大鼠	12～24
马	约24	小鼠	8～12
兔	6～8	雪貂	约36

(三)卵子在受精前的变化

卵母细胞排出后，必须在输卵管内停留一段时期，才达到充分成熟，具备受精能力。排卵后的卵母细胞在输卵管内可发生如下形态学变化：卵母细胞四周包围的卵丘细胞逐渐松散；卵周隙增宽近一倍，达1.6 μm；卵质膜上伸出的微绒毛竖起，变得细长，伸入卵周隙中；MⅡ纺锤体旋转90°，其长轴垂直于质膜；部分皮质颗粒内容物提前外排。这些变化为精子穿入卵母细胞和第二极体排出创造了良好的条件。

三、受精的生物学过程

受精过程始于精子与卵子相遇，两性原核融合形成合子时结束(图2-11)。受精的第一步是精子进入卵子，这一过程包括精子穿过卵丘细胞、精子与卵子周围透明带(ZP)识别和初级结合、诱发精子顶体反应、顶体反应后的精子与ZP发生次级识别和结合、精子穿过透明带进入卵周隙、精子质膜与卵质膜结合和融合、精子入卵；第二步是入卵的精子激活卵子，使卵子恢复减数分裂并诱发卵子皮质反应；第三步是雌、雄原核的发育与融合，启动有丝分裂。

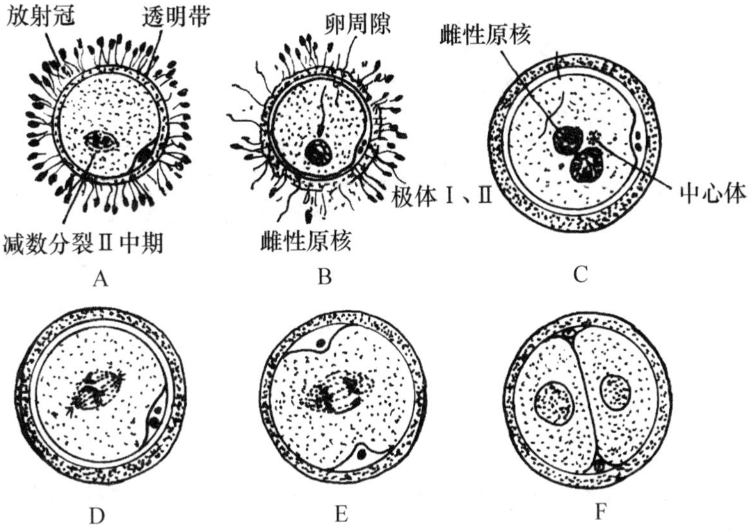

图 2-11 哺乳动物的受精过程

(引自卢惠霖，卢光琇，2001)

A. 刚排出的卵子 B. 精子已进入卵子 C. 雌雄原核形成 D. 合子 E. 开始第一次卵裂 F. 二细胞期

(一)精子进入卵子

1. 精-卵的识别与结合

精、卵之间的识别和结合发生在卵子透明带上。获能的精子与成熟卵子在输卵管壶腹部相遇，精子通过顶体反应释放透明质酸酶和放射冠穿透酶溶解卵丘细胞和放射冠细胞间的基质，使精子穿越放射冠与透明带接触，附着于卵子透明带(图 2-12)。与卵子结合的精子表面成分称为卵子结合蛋白，而与精子结合的卵子透明带表面成分则称为精子受体。精子与卵子之间的识别和结合是通过精子表面的卵子结合蛋白与卵子透明带上的精子受体相互作用而实现的。

哺乳动物卵子透明带蛋白含量及厚度不同，但都主要由 3 种不同的糖蛋白组成，即 ZP1、ZP2 和 ZP3。顶体完整的精子达到 ZP 表面，首先发生初级识别，在这一过程中，精子初级受体 ZP3 和精子质膜上的相应配体(即初级卵子结合蛋白)结合后诱发精子发生顶体反应；顶体反应发生后，精子质膜脱落，精子表面与 ZP3 结合的受体也随之丢失，已发生顶体反应的精子上次级卵子结合蛋白与 ZP2(次级精子受体)相互作用，发生次级识别和结合。ZP1 对精子无直接作用。

2. 精-卵质膜的融合

精子穿过透明带后很快附着于卵子微绒毛上，开始是精子头部与卵质膜接触(结合)，随后精子头部侧面附着在卵质膜上，发生融合，精子进入卵子(图 2-12，图 2-13)。雌雄两性配子的融合标志着受精的开始和新生命发育的开始。精子可在膜上任何区域与卵质膜结合，而卵质膜下第二次减数分裂器存在区域缺乏微绒毛和皮质颗粒，一般不会在此区域发生结合。哺乳动物参与精-卵融合的是精子头部的质膜，一般认为是头部赤道段及其附近的质膜。没有发生顶体反应的精子可能与卵质膜结合，但不能与其融合。

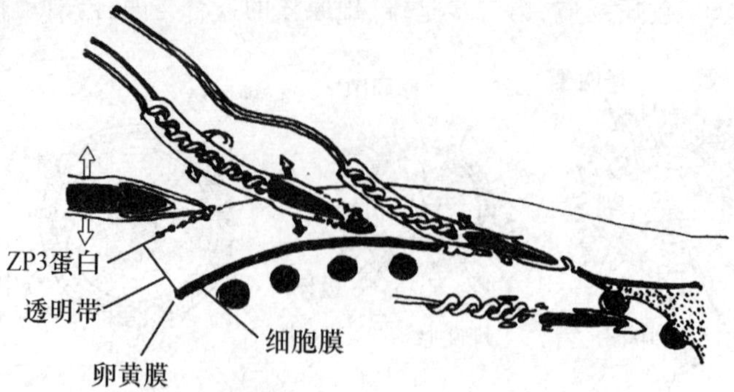

图 2-12　哺乳动物精子黏附并穿过透明带，然后与卵黄膜融合，进入卵子

（引自 Muller W A，1995）

（二）卵子的激活

受精前的卵母细胞，其发育停止在 MⅡ 期。在受精过程中，当精子接触卵质膜的瞬间，即触发卵子发生一系列的生化反应和代谢变化：首先是细胞质内游离 Ca^{2+} 浓度升高，释放皮质颗粒，使透明带和质膜改变，启动阻止多精子穿过透明带和多精受精生化机制（图 2-12，图 2-13）；其次是恢复第二次减数分裂，放出第二极体，形成完全成熟的卵子，最终完成整个受精过程（图 2-11）。卵子这种复苏过程称为卵子激活（egg activation）。

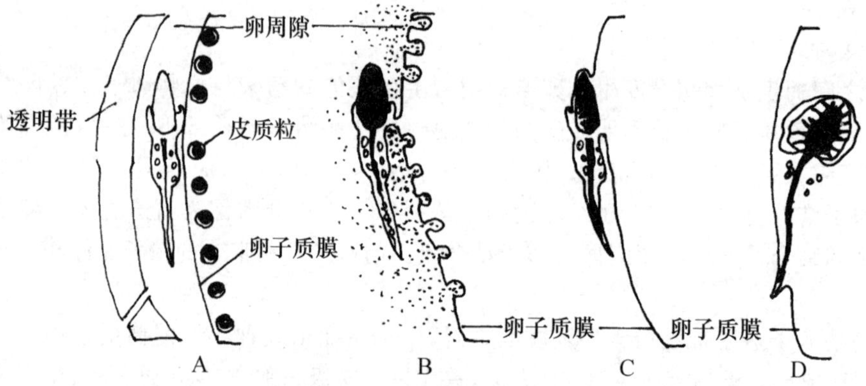

图 2-13　精-卵质膜融合与释放皮质颗粒

（引自卢惠霖，卢光琇，2001）

A. 精子穿过透明带　B. 精子接触卵质膜和卵子释放皮质颗粒　C. 精-卵质膜融合　D. 精子进入卵子

（三）原核发育与融合

1. 雄原核的发育

精子入卵后，首先是核膜开始破裂，膜发生囊泡化，高度浓缩的核染色质受卵子的激发而去致密，接着在其周围重新形成新的核膜，并出现核仁。

2. 雌原核的发育

卵子被激活后，恢复第二次成熟分裂，MⅡ 纺锤体进一步分化，留在受精后卵母细胞中的单倍体染色体发生分散,周围形成许多小泡,小泡相互融合形成核被膜片段。核被膜片段互相连接起来排出第二极体,形成雌原核。此后,雌原核变圆、增大,其内出现一至数个核仁。

3. 原核融合

雌、雄原核形成后,在卵胞质内向中央移动,彼此靠近直至紧密并列,同时核内进行 DNA 合成。然后,两原核的核膜和核仁消失,双方的染色体彼此混合,形成二倍体的合子核,受精过程到此结束,形成了一个单细胞,称为合子或受精卵。随后,合子内的染色体对等地排列在赤道部,形成纺锤体,开始了第一次卵裂(图 2 - 11)。

(四)防御多精子入卵的机制

在哺乳动物,正常情况下只有一个精子进入卵子而发生受精。但在受精部位,通常有许多精子同时与卵子接触,这就容易发生多个精子入卵,引起不正常的胚胎发育和胚胎早期死亡。然而,在长期的进化中,哺乳动物形成了比较完善的阻滞多精子入卵的机制。首先是在精子运行过程中,经过雌性生殖道生理屏障的阻碍和筛选,使到达受精部位精子数大大减少。通常,在受精部位,精、卵比例不超过 10∶1。更重要的机制是,精子入卵后激活卵子,引发了皮质反应(cortical reaction)。

所谓皮质反应是指精子入卵后,激发卵质膜下皮质颗粒发生胞吐,其内容物从精子入卵点开始迅速向四周扩散,导致透明带、卵质膜和卵周隙发生变化,是阻止多精子受精的重要机制。皮质颗粒是卵母细胞中的一种小而圆的膜包裹细胞器,其内含物主要包括蛋白酶、卵过氧化物酶、N - 乙酰氨基葡萄糖苷酶、一些糖基化物质和其他成分。皮质反应主要包括透明带反应和卵黄膜反应。

1. 透明带反应

透明带反应(zona reaction)是皮质颗粒内容物释放后,其中的酶类引起透明带中糖蛋白发生生化和结构变化,其主要表现为:初级精子受体 ZP3 和次级精子受体 ZP2 失去结合游离精子的能力,使精子不能黏附和穿入透明带;透明带硬化,使精子难以穿透。但在兔,没有透明带反应;在猪、大鼠和小鼠,透明带反应比较缓慢,因此在其卵周隙中常见到几个甚至十几个精子。

2. 卵质膜反应

卵质膜反应(vitelline membrane reaction)是因卵质膜中加入了皮质颗粒膜,使卵质膜发生质的变化而产生了封闭作用,因而阻止了其与精子质膜的融合及精子进入。

四、异常受精

哺乳动物正常的受精为单精子受精,产生双倍体的合子,而异常受精所产生的多倍体或单倍体胚胎,多在发育的早期死亡,这是由于染色体数目的紊乱所引起的。异常受精通常包括如下情况:

1. 多精子受精

两个或两个以上的精子几乎同时与卵子接近并穿入而发生受精的现象称为多精子受精(polyspermy)。这种现象在鸟类较为常见,但在哺乳动物一般不超过 1%~2%,在家畜中以猪的发生率较高。多精子受精可能与阻止多精子入卵的机制不完善有关,如卵子老化、延迟配种时间等常引起多精子受精。发生多精子受精时,进入卵内的多余精子若形成原核，其体积都较小。

2. 双雌核受精

卵子在某次成熟分裂中未将极体排出，卵内出现两个雌核，且都发育成原核而形成双雌核受精。双雌核受精在猪上多见，如母猪在发情开始后超过 36 h 进行交配，双雌核率可达 20% 以上；在兔（用老化精子）和小鼠（高温处理）上也有发生，在牛、羊则罕见。

3. 雌核发育或雄核发育

卵子开始受精时是正常的，但后来由于雌、雄任何一方的原核不能产生而形成只有雄核发育或雌核发育。在小鼠，延迟交配可引起这种异常发育，如用 X 射线或紫外线照射小鼠或兔的精子，则发生雌核发育。

（靳亚平）

第四节　妊　　娠

一、妊娠的识别、建立与维持

（一）妊娠识别

妊娠识别（maternal recognition of pregnancy）的概念最早是由 Roger Short 于 1969 年提出的，是指早期胚胎（孕体）产生某些化学物质作为信号传递给母体，母体接收这些信号并产生相应的反应，识别孕体的存在，因此延长了黄体的寿命并使母体对胚胎的免疫排斥受到抑制。可见，妊娠识别是母体与胚胎之间相互作用的结果，也是建立妊娠关系的先决条件。

关于妊娠识别的机理，迄今尚不完全清楚，而且不同畜种间可能存在差异。

在牛、绵羊等动物，早期胚胎从球形发育到线状时能产生一种曾被称为滋养层蛋白（trophoblast protein-1, TP-1）的物质，似乎是早期胚胎分泌的阻止黄体溶解的唯一因子。后经对其氨基酸序列分析发现，它与干扰素高度同源，故现在又称胚胎干扰素-τ（interferon tau, IFN-τ）。在绵羊，孕体滋养外胚层合成和分泌 IFN-τ 是从妊娠第 10 天开始，到 21～25 d 止，最大分泌量在 14～16 d。如绵羊在发情周期的第 9 天开始，垂体后叶释放催产素，诱导子宫内膜分泌 $PGF_{2\alpha}$，导致周期黄体退化，但如果母羊妊娠，则从周期的第 10 天开始，孕体滋养外胚层即产生 IFN-τ，抑制了子宫内膜细胞内雌激素受体和催产素受体基因的表达，从而阻断了子宫内膜分泌 $PGF_{2\alpha}$，维持了功能性黄体的存在，使妊娠得以继续下去。

在猪，妊娠识别可能并不依靠 IFN，而是依赖于孕体分泌的雌激素（雌酮、雌二醇）。发情周期中的母猪以内分泌方式将 $PGF_{2\alpha}$ 释放到血管内，并运输到黄体执行溶解黄体的功能，而在妊娠母猪，孕体分泌的雌激素则使 $PGF_{2\alpha}$ 以外分泌方式释放到子宫腔内，然后被代谢而失活。已发现，在妊娠母猪和雌激素诱导的假孕母猪的子宫 - 卵巢静脉血浆中，$PGF_{2\alpha}$ 的平均浓度、最高释放频率及最高浓度都明显低于处于发情周期的母猪。另外，雌激素还能改变 PGE 与 PGF 的比例，以及维持黄体和子宫内 LH 受体水平。PGE_2 可能保护黄体不受 $PGF_{2\alpha}$ 的溶解作用。实验显示，雌二醇在猪有直接的促黄体效应，胚泡来源的雌激素是猪母体妊娠识别所必需的。

在人和灵长类动物，囊胚分泌的绒毛膜促性腺激素(chorionic gonadotropin，CG)，与黄体上的 LH 受体结合，刺激孕酮的持续分泌，并且它还能阻断黄体中引起黄体退化的信号。

犬是季节性单次发情动物，每 4～6 个月发一次情，排卵后，无论妊娠与否，孕酮分泌类型都相同。因此，犬似乎似乎不存在妊娠识别。

知识链接

早孕因子

早孕因子(early pregnancy factor，EPF)是存在于妊娠早期母体血清中的一种免疫抑制因子，因其在孕血中的出现具有妊娠特异性，被认为是目前最早确认妊娠的生化标志之一。目前认为，EPF 是热休克蛋白家族成员伴侣蛋白 10(Cpn10)的同系物，在细胞外发挥效应，具有免疫抑制生长因子的作用，后来又发现它还对损伤修复过程及一些恶性肿瘤的生长起到支持作用。可用玫瑰花环抑制试验(RIT)做生物学鉴定。但由于 RIT 检测方法的复杂性及检测效率低等问题，EPF 的应用受到了极大限制。近年随着单克隆抗体技术的不断进展，EPF 的检验不仅可作为人类及家畜超早期妊娠诊断的指标，而且对预测流产和早期胚胎死亡，迅速鉴定胚胎移植效果以及尽早评价公畜的繁殖能力都有重要意义。

(章孝荣)

(二)妊娠建立与维持

妊娠建立(establishment of pregnancy)是指母体识别孕体的存在以后，进入妊娠状态并与之产生信息交流和相容性生理生化反应，同时周期黄体变为妊娠黄体持续存在下去，母体与孕体之间的妊娠关系被确定下来。所以，妊娠建立是妊娠识别的延续过程，二者虽有概念上的差别，但却密切相关。

妊娠建立后，母体与孕体之间的信息交流使母体发生一系列的有利于胚胎生长发育的生理变化，胚胎得以在子宫内继续生存，从一个单细胞发育成一个成熟的胎儿，直至被娩出。这一过程就是妊娠维持，其中包括多种生理机制。

1. 内分泌机制

从妊娠识别开始，母体与孕体之间的信息交流使母体的内分泌朝着有利于妊娠的方向发展，其中最重要的就是周期黄体转变为妊娠黄体，分泌孕酮以维持妊娠。牛和绵羊血液孕酮含量在全妊娠期保持不变；猪妊娠早期的血液孕酮含量很高；马到妊娠 35 d 时，随着卵巢上副黄体的发育，孕酮含量上升，一直维持到 150～180 d 副黄体开始退化时为止。

在不同畜种，妊娠黄体维持的时间和孕酮来源不尽相同(表 2-7)。除马以外，所有家畜的黄体均在整个妊娠期持续存在。牛、山羊和猪在妊娠期的任何时候切除卵巢都会使妊娠终止，但马和绵羊在妊娠后半期切除双侧卵巢不至于造成流产，因为他们的胎盘能产生孕酮；妇女在妊娠早期胎盘就能产生孕酮和 hCG，切除卵巢也不会影响妊娠。

许多动物的胎盘(包括啮齿类、灵长类、人类和绵羊等)可以分泌结构上与垂体生长激素和促乳素相关的胎盘促乳素(placental lactogens，PL)，在妊娠期间对刺激子宫内膜腺形态发生和功能分化发挥了重要作用，而子宫的这些变化对胎儿的生长和发育是至关重要的。

妊娠的维持还需要孕体和子宫内膜在附植和胎盘发生时进行相互的信息交流。绵羊 PL 是由孕体滋养外胚层的双核细胞在妊娠 16 d 开始分泌的，这与子宫内膜细胞开始表达绵羊子宫乳蛋白(ovine uterine milk proteins，UTMP)和骨桥蛋白(osteopontin，OPN) 的时间相一致。妊娠绵羊子宫内膜顺次暴露于雌激素、孕酮、IFN-τ、PL 和胎盘生长激素，激发和维持了子宫内膜的重塑、分泌功能和妊娠期间子宫的生长。

表 2-7　不同家畜维持妊娠的孕酮来源

畜　种	妊娠阶段	孕酮来源
牛	全妊娠期	黄体，胎盘(量很少)
猪、山羊、犬	全妊娠期	黄体
绵羊、豚鼠	妊娠前期	黄体
	妊娠后期	胎盘
马	妊娠前期	黄体
	妊娠后期	胎盘

2. 免疫机制

受精卵是由父母双方的配子结合所形成，其中来自父体的一半染色体所产生的抗原与母体不同。所以胎儿胎盘给母体免疫系统提供了抗原性刺激，使母体可能将胎儿及其附属物当作同种异体移植物予以排斥。但实际上胎儿并不被母体组织所排斥，胎儿自身也很少发生免疫反应，其原因主要有如下三个方面：

(1)母体的免疫抑制　从妊娠识别开始，胚胎与母体之间产生的信息交流，使母体将胚胎视为“已物”而产生免疫抑制或免疫耐受。

(2)胎盘的免疫屏障作用　胎盘的免疫屏障作用至少有两个方面：一是将胎儿抗原封闭起来，阻碍了胎儿抗原与母体免疫系统的接触，如胚胎滋养层组织虽然可以深入到子宫黏膜、子宫肌层，甚至血管内，但绝不会进入子宫的淋巴组织内，这样就避开了母体的免疫系统，起到封锁免疫反应弧传入的作用；二是阻止母体免疫活性细胞、抗原、抗体的通过，如滋养层细胞与母体组织之间的类纤维蛋白(唾黏蛋白，sialo-mucin)层可以保护滋养层免受母体淋巴细胞攻击。

不同的胎盘类型，其母子胎盘血床间的亲密程度不同，故屏障功能也不一样。马、猪以及反刍动物的胎盘，其屏障功能要强于猫、犬和灵长类动物的胎盘。如骡驹溶血病是由于胎儿抗原通过胎盘进入母体，诱发母体产生抗驴(马)抗体，但在妊娠期间，抗体不能通过胎盘屏障，骡驹只是在出生后吃了初乳才发病；而人类的由血型抗体引起的新生儿溶血病，则是在妊娠期间抗体通过了胎盘屏障，进入胎儿血液循环，引起溶血。

(3)胎儿的免疫耐受　过去认为，胎儿处于免疫无力状态，但现在的研究证实胎儿存在免疫应答。妊娠时尽管有胎盘的屏障作用，胎儿接触的外来抗原很少，但并非完全不接触，如母体的细胞可以进入胎儿体内，这些细胞携带与胎儿不同的母体抗原。胎儿免疫系统对这些非已抗原一般表现为免疫耐受，而非排斥。这可能与抗原量极少和胎儿的免疫系统发育不完全有关。另外，在妊娠期间，某些病毒可通过胎盘屏障感染胎儿，胎儿对入侵的病毒也同样产生免疫耐受，不发生特异性免疫应答。

(4)子宫、胎水的保护机制　妊娠时，胎儿在子宫内被胎水包围。子宫既是胎儿在母体内生长发育的场所，对胎儿又有物理性保护和免疫隔离作用。胎水则具有缓冲作用，可以保护胎儿，使其不至受到外界的物理性损伤，并给胎儿创造了自由活动的有利条件。

(三)妊娠识别与建立的时间

各种动物开始妊娠识别和妊娠建立的时间不尽相同，但一般都早于周期黄体溶解的时间（表 2-8），而且妊娠识别的时间窗口很窄，信号发送或接收失败都可能造成早期胚胎死亡。

表 2-8　不同家畜妊娠识别和妊娠建立的时间（配种后天数）　d

畜种	妊娠识别	妊娠建立
奶牛	15～16	18～22
绵羊	12～13	16
猪	11～13	18
马	14～16	36～38

二、胚胎发育

(一)胚胎发育阶段

根据组织器官发育情况，胚胎发育一般分为三个阶段，即附植前胚胎期、胚胎期（器官形成期）和胎儿期（胎儿生长期）。

1. 附植前胚胎期

即胚胎发育早期，前胚胎期也称胚胎发育早期，是指从受精卵的卵裂开始到囊胚形成的时期。这阶段受精卵经过卵裂，先后形成桑葚胚（morula）、囊胚（blastocyst）（图 2-14），但胚胎内循环尚未形成。

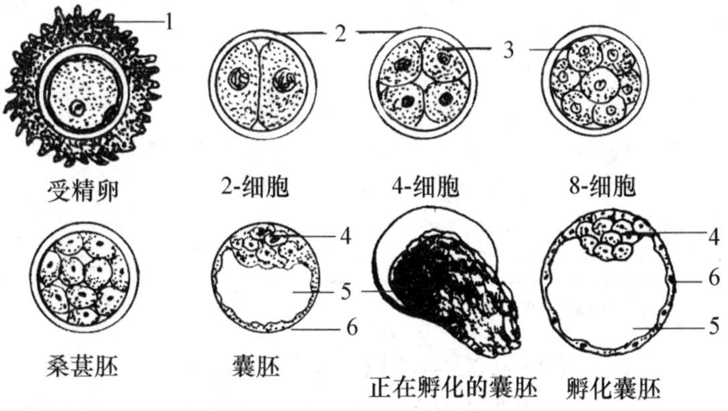

图 2-14　早期胚胎发育模式图

1. 放射冠　2. 透明带　3. 卵裂球　4. 内细胞团　5. 囊胚腔　6. 滋养层

哺乳动物的受精卵，边发育边从受精部位向子宫方向迁移（图 2-15）。不同动物的胚胎进入子宫的时间和发育阶段各不相同（表 2-9）。

受精卵的有丝分裂，称为卵裂（cleavage），所形成的单个细胞称卵裂球（blastomere）。卵裂与一般细胞的有丝分裂不同之处在于其分裂时间短。家畜受精卵的第一次卵裂是从受精卵的动物极（极体排出的部位）向植物极（储存卵黄部分）方向裂开，纵向分成两个卵裂球。第二次卵裂的卵裂面有两个，其中一个卵裂球的卵裂面与第一次的呈纵向垂直，即仍从动物极到植物极方向纵裂成两个；另一个则与第一次卵裂面呈横向垂直，使卵裂球分为上下两个。在以后的卵裂中，卵裂球的分裂速度可能不再同步（与品种等有关），因此在不同时期有可能出现3-细胞、4-细胞、5-细胞期等不同卵裂球数目的胚胎，并且卵裂球的大小也出现差异。

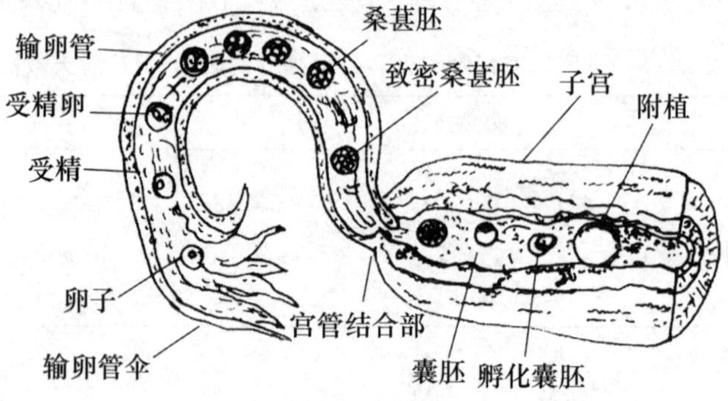

图 2-15　早期胚胎的发育和迁移

（引自 D. Zambelli *et al.*，2006）

表 2-9　各种动物胚胎早期发育和到达子宫的时间

动物	胚胎的早期发育阶段与时间/h					到达子宫的时间及发育阶段	
	2-细胞	4-细胞	8-细胞	16-细胞	桑葚胚	时间/d	发育阶段
牛	27～42	44～65	46～90	96～120	120～144	4～5	8～16 细胞期
马	24	30～60	50～60	72	98～106	6	囊胚期
猪	21～51	51～66	66～72	90～110	110～114	2～2.5	4～6 细胞期
绵羊	36～38	42	49	67～72	96	3～4	16 细胞期
山羊	24～48	48～60	72	72～96	96～120	4	10～16 细胞期
犬	96		144	196	204～216	8.5～9	囊胚期
猫	40～50	76～90		90～96	＜150	4～8	囊胚期
兔	24～26	26～32	32～40	40～48	50～68	3	囊胚期
豚鼠	30～35	30～75	80		100～115	3.5	8 细胞期
大鼠	37～61	57～85	64～87	84～92	96～120	3	桑葚胚期
小鼠	24～38	38～50	50～60	60～70	68～80	4	桑葚胚期

注：牛、马、犬为排卵后时间，其他动物为配种后时间。

随卵裂的进行，卵裂球数量越来越多，体积越来越小，形成一个无法准确计算其细胞数的类似桑葚的实心球，此时的胚胎称为桑葚胚（morula）。桑葚胚进一步发育，细胞排列更为紧密，并产生细胞连接，局部出现小腔隙。随后腔隙逐渐融合，并充满液体，形成一个有腔的胚体，称为囊胚（blastula），其中间的腔即称囊胚腔（blastular cavity）。包围囊胚腔的是一群较小的细胞，称为滋养层细胞，将来形成胎膜的外胚层部分。在囊胚一端的滋养层内侧，有一群较大的细胞构成的细胞团，称为内细胞团（inner cell mass，ICM）或胚结（germinal knot），将来发育成胎儿和胚外部分。

囊胚继续发育，囊胚腔迅速扩大并充满了液体，就形成扩张囊胚，然后在子宫和/或孕体分泌的酶（主要是透明带溶素）的作用下，透明带胀大变薄，最终被撑破而脱落（或被溶解），成为孵化囊胚(hatched blastocyst)。

2. 胚胎期

胚胎期是指从胚胎的内细胞团上的滋养层细胞消失、内细胞团形成胚盘(embryonic disc)开始,到胚胎的主要器官和系统形成的时期。胚胎经过此阶段的发育,动物的主要外形特征已基本出现,故又称组织器官形成期。这一时期在牛是妊娠的12~45 d,绵羊是11~43 d,马约12~(55~60)d。胚胎附植和胎盘、胎膜的形成主要也是在这阶段完成的。

3. 胎儿期

胎儿期是从胎儿已经形成到分娩的时期。此时妊娠已进入中期,胎儿的组织器官在已经形成的基础上继续发育直到个体生长成熟。这阶段的特点是胎儿逐渐由发育为主过渡到以快速生长为主,故又称胎儿生长期。特别是到妊娠后期,胎儿体重呈几何级增加,如牛在妊娠210~270 d期间,胎儿体重增长到210 d时的3倍。

(二)胚胎附植

哺乳动物的胚胎进入子宫内之初是游离的,与子宫内膜无组织上的联系,随着胚胎的生长发育,其体积和质量不断增加,活动范围逐渐受到限制,加之胚胎发育过程中与子宫内膜发生相互作用,使胚胎首先黏附与子宫内膜上,位置逐渐固定,接着便与子宫内膜建立生理及组织上的联系,这个过程叫附植(implantation)。

1. 附植的时间

附植时间一般从排卵开始计算到附植完成为止。但胚胎附植是一个渐进的过程,准确的时间难以确定。一般来说,附植时间与妊娠期有关,妊娠期长的胚胎附植较晚,妊娠期短的,附植时间要早些。各种家畜胚胎的附植时间见表2-10。

表2-10 部分家畜胚胎的附植时间 d

畜种	开始时间	完成时间	畜种	开始时间	完成时间
牛	28~32	40~45	猪	14~16	25~26
绵羊	14~16	28~35	马	35~40	95~105

2. 附植的部位

虽然不同畜种的胚胎附植部位不尽相同,但一般来讲,胚胎总是尽可能选择在最有利于其生长发育的部位附植。如牛、羊的胚胎多附植于子宫角小弯的基部或中部。这儿是子宫动脉进入子宫的地方,血管最丰富,血流量最大,能为胎儿发育提供充足的营养,另一方面,子宫角的中部和基部有很大的扩张潜力,能为胎儿后期生长提供足够大的空间。牛、羊怀双胎时,则多是每侧子宫角各附植一枚胚胎,这样,每个胚胎都可以获得丰富的营养和生长空间。同理,多胎动物的胚胎附植则是尽可能均匀分布在两子宫内。

3. 胚胎附植的过程

根据附植时胚胎与子宫内膜间的关系,哺乳动物胚胎附植可分为表面/中央附植、偏心附植和壁内植入三种类型。

家畜胚胎的附植主要属于第一种。这种附植的特点是胚泡表面的滋养层细胞仅与子宫上皮接触,而不侵蚀上皮细胞或嵌入子宫黏膜深部,因此又称为附着(adhesion)。

胚胎附植前,在酶的作用下脱去透明带,形成胚泡。随着胚泡表面滋养层细胞的迅速增殖,胚泡表面形成皱襞,附着于子宫内膜上,同时胚泡和子宫内膜细胞表面都生出许多微绒毛,呈指间相嵌式交叉,扩大了接触面,并增强了接合的紧密性。在牛、羊等反刍动物的胚胎附植时,由滋养层形成的微绒毛与子宫内膜特化的子宫阜部位表面交互作用,形成子叶状胎盘。在兔、豚鼠等动物,胚泡开始与子宫内膜接触时,滋养层细胞先将透明带溶开一部分,伸出伪足与子宫上皮接触,以后进一步侵入子宫内膜,透明带逐渐溶解消失。

偏心附植是指滋养外胚层及其内部的体壁中胚层在局部形成突起,嵌入子宫皱襞的一种附植方式,主要见于小鼠和大鼠。

壁内植入型附植以灵长类最为典型。灵长类的胚泡附着于子宫内膜表面后,滋养层合胞体细胞很快侵入子宫内膜,子宫内膜发生蜕膜变化,使整个胚泡被埋于子宫内膜中,形成牢固的联系,称为着床/嵌入(nidation)。在家畜中仅家兔的胚胎在发育过程中有类似现象。

4. 胚胎附植的机理

关于附植的机理目前仍不十分清楚,这一过程可能涉及生理生化等诸多因素。从目前资料看,胚胎和子宫内膜的变化可能起着决定作用。

(1)子宫内膜的变化　在附植前,子宫内膜发生与胚胎相适应的变化,主要表现在雌激素和孕酮的作用下,上皮增生,腺体分泌增强,成为分泌性内膜,产生的子宫乳能为胚胎生长发育提供营养物质。对绵羊的研究表明,绵羊基因组包含了 15～20 个拷贝的内源性 β - 反转录病毒——内源 JSRVs (enJSRVs),子宫内膜细胞内 enJSRV RNAs 的表达可能调节了孕体 - 子宫内膜相互作用、IFN - τ 的产生和胎盘的分化与发育。另外妊娠母羊子宫内膜细胞所分泌的 OPN 结合到滋养外胚层和子宫分泌的整合素异二聚体,刺激胚胎外膜发生形态变化并诱导子宫内膜细胞与孕体滋养外胚层的黏附,促进了附植。

(2)胚胎的变化　胚胎在其发育过程中至少发生两方面有利于附植的变化:一是分泌多种激素(统称胚泡激素),特别是孕酮和雌激素,前者不仅有促进和维持黄体机能的作用而且还可增加与附植相关的 enJSRV 的转录和诱导 OPN 的表达,后者能刺激胚泡附植部位毛细血管通透性升高,有利于附植;二是它能产生一种蛋白酶(透明带溶素),溶解透明带,使胚胎表面的滋养层细胞能与子宫内膜表面直接接触,这是附植的先决条件。

综上所述,附植是一个渐进过程,它是胚胎与子宫内膜双方相互作用的结果,它们之间的变化必须同步化,其中任何一方发生异常都会导致附植失败。

(三)胎膜和胎盘的发育

1. 胎膜

胎膜(fetal membranes)也称胚胎外膜,是胚胎在发育过程中经过复杂的胚层分化所形成的暂时性器官。胎膜及其与子宫内膜共同形成的胎盘在胚胎或胎儿生长发育期间不仅担负着保护胎儿的功能,而且担负着与母体交换气体、运输养分和代谢产物的作用,同时还能合成一些激素和酶,为胎儿的生长发育提供适宜环境,因而是维持妊娠必需的。

(1)胎膜的形成　囊胚期开始后不久,在胚盘后端外胚层与内胚层之间生出中胚层(包括体中胚层和脏中胚层),胎膜就是由这些胚层分化而形成的(图 2 - 16)。如内胚层和脏中胚层向胚盘下方形成皱襞,将原肠分为胚内和胚外两部分,其体外部分发育成卵黄囊;胚盘腹侧的外胚层和体中胚层生出皱襞,向外伸展,最后发育成为羊膜囊将胎儿包围起来;胚胎的原肠后端腹侧突出形成一个盲囊发育成尿囊,其内层来自内胚层,外层则来自脏中胚层;在羊膜发育的同时，滋养层和体中胚层则发育成绒毛膜。

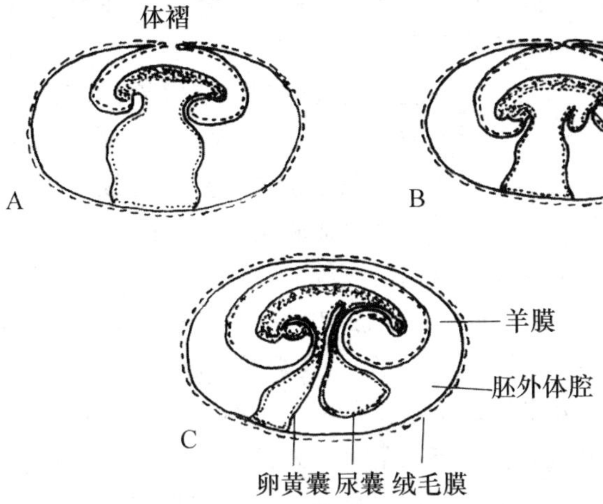

图 2-16 家畜胎膜的发生

(引自钱菊汾，2003)

A. 三个胚层及原肠的胚内和胚外两部分的发育

B. 卵黄囊和尿囊发育 C. 羊膜、绒毛膜和尿膜的发育

- - - - 外胚层 ······· 内胚层 —— 中胚层

(2)胎膜的结构 根据胎膜结构部位和功能可区分为绒毛膜、尿膜、羊膜和卵黄囊。家畜胎膜的结构见图 2-17。

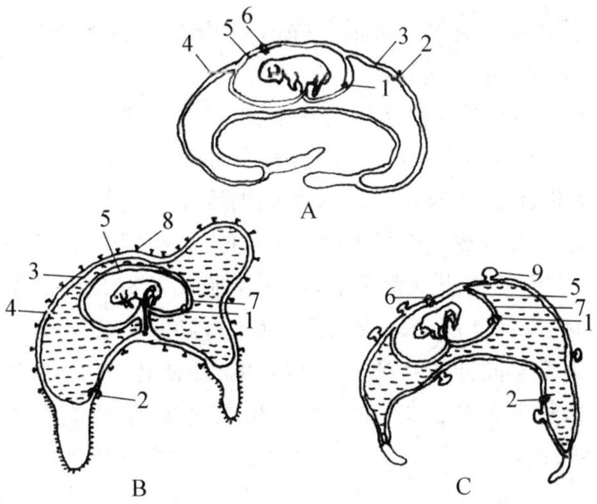

图 2-17 家畜的胎膜结构

(引自杨利国，2003)

A.猪 B.马 C.牛

1.尿膜羊膜 2.尿膜绒毛膜 3.尿膜外层 4.绒毛膜 5.羊膜

6.羊膜绒毛膜 7.尿膜内层 8.绒毛 9.子叶

①绒毛膜。绒毛膜(chorion)是胎膜的最外层，它所构成的囊称为绒毛膜囊，包围着整个胚胎及其他胎膜。由于其外表面被覆绒毛，故称绒毛膜。各种家畜绒毛膜上的绒毛分布及其

与子宫黏膜的联系各有特点(见胎盘)。

②尿膜。尿膜(allantoic membrane)位于绒毛膜与羊膜之间,它所构成的囊称为尿囊。尿囊内的液体称尿囊液或尿水,可能来自胎儿的尿液和尿囊上皮分泌物。尿水和羊水总称为胎水。尿囊在发育过程中向绒毛膜腔(羊膜囊外的腔)扩张,使尿膜和绒毛膜的内壁接触粘连,同时也和羊膜囊的外壁接触粘连,于是形成尿膜-羊膜和尿膜-绒毛膜。因为偶蹄兽羊膜囊的大弯及其周围部分无尿膜覆盖,故羊膜与绒毛膜粘合形成羊膜绒毛膜。因为两脐动脉及相应的脐静脉由脐带分布到尿膜上,所以尿膜上有大量血管构成血管网。随尿囊扩张,尿膜将血管带到绒毛膜上,并伸入绒毛内形成胎儿胎盘内的血管。

③羊膜。羊膜(amnion)是胎膜的最内层膜,由它所形成的囊称为羊膜囊,其内的液体称羊水,胎儿即悬浮于其中。牛、绵羊的羊膜一般在妊娠后 13～16 d 形成;猪、马略迟,一般分别在妊娠的 15～16 d 和 18～21 d 形成。羊水主要由羊膜不断分泌产生,又不断地被羊膜吸收和被胎儿吞饮,故羊水是不断更新的。羊膜和羊水在妊娠中对胚胎发育中起重要的保护作用。

④卵黄囊。卵黄囊(yolk sac)是胚胎发育早期的一个重要器官。哺乳动物的卵子卵黄虽然极少,但在胚胎发育初期卵黄囊却很发达,囊上分布有稠密的血管,通往原始心脏。在囊壁和子宫内膜之间,有一层滋养层,可以吸收子宫乳中的养分和排泄代谢产物,所以在胚胎发育初期起到原始胎盘的作用。以后随尿膜囊的发育和胎盘形成,卵黄囊的功能被取代而逐渐萎缩,最后只在脐带中留下一点痕迹。

⑤脐带。脐带(umbilical cord)是胎儿与胎膜之间相连的带状物。脐带外面被覆羊膜(在马属动物还有尿膜),其内有一根脐尿管、两根脐动脉和两根(牛、羊)或一根(猪、马)脐静脉及卵黄囊的遗迹。

(3)多胎妊娠时胎膜之间的关系　多胎妊娠时,不同胎儿的胎膜相互间的关系依畜种和孪生类型(同卵/异卵孪生)不同而有差异。

多胎动物妊娠时,胎儿都有各自独立的胎膜系统,各胎囊之间虽然相互接触,但并不发生血管吻合。分娩时,胎膜一般随各自的胎儿一起排出,或由后一个胎儿将前一个胎儿的胎膜顶出。

单胎动物怀双胎或多胎时,如果胎儿来自不同的受精卵,则各自有一套独立的胎膜;如果是卵裂早期,两个卵裂球各发育成一个胎儿,则各有自己的羊膜和绒毛膜;如果胎儿是由附植前的同一囊胚形成的两个内细胞团发育而来,则两个胎儿各有自己的羊膜,共有一个绒毛膜;如胎儿来源于附植后同一内细胞团分化成的两个原条,则它们通常会有共同的绒毛膜和共同的羊膜。牛怀双胎时,无论是同卵双生还是异卵双生,即使各有一个绒毛膜,二者也会发生粘连,且尿膜绒毛膜上的血管多有吻合支,血细胞可相互交换,形成嵌合体,若为异性孪生,则出生的母犊有 91%～94%会因生殖器官发育不全而不育(异性孪生不育)。

2. 胎盘

胎盘(placenta)是由尿膜-绒毛膜(偶蹄动物还有羊膜-绒毛膜)和子宫黏膜共同形成的一个临时性器官。因此它包含两部分结构:一是绒毛膜上的绒毛,称为胎儿胎盘;二是与绒毛相联系的已特化的子宫黏膜,称为母体胎盘。胎儿血管和母体子宫血管分别分布到各自的胎盘部分,它们之间仅发生物质交换,并不直接相通。

(1)胎盘的类型　按胎盘的形态和组织结构,可将其可分为以下 4 类:

弥散型/上皮绒毛膜型胎盘　猪、马和骆驼的胎盘属于此类,其共同的特点是胎盘的绒毛基本上均匀分布在绒毛膜的表面,故称为弥散型胎盘(diffuse placenta)(图 2-18A,

图 2-19C)。但猪和骆驼的绒毛有集中的趋势,即少数较长的绒毛聚集在一些小而圆的凹陷内,称绒毛晕(villus halo)。与绒毛相对应的子宫黏膜则凹陷形成腺窝,绒毛伸入腺窝内构成一个胎盘单位(又称微子叶)。各胎盘单位间的部分为绒毛间区,子宫腺开口于此。这类胎盘母体血液和胎儿血液之间共有 6 层组织,即:母体子宫血管内皮、结缔组织和黏膜上皮;胎儿的绒毛膜上皮、结缔组织和血管内皮(图 2-20A)。由于这类胎盘中母体子宫上皮细胞和胎儿绒毛膜上皮相接触,故又称上皮绒毛膜胎盘(epithelio-chorial placenta)。

子叶型/上皮结缔绒毛膜型胎盘　这类胎盘见于牛、羊和鹿等反刍动物,其子宫内膜的圆形无腺体区(子宫阜)发育成母体胎盘(又称母体子叶),胎儿绒毛膜上的绒毛则与子宫阜相对应地集中成许多呈块状的绒毛丛构成胎儿胎盘(又称胎儿子叶),且这些绒毛侵蚀性地嵌入子宫阜的腺窝内,故称子叶型胎盘(cotyledonary placenta)(图 2-18B,图 2-19A、B)。从组织结构上看,妊娠前 4 个月,牛胎儿胎盘和母体胎盘的组织层次和上皮绒毛膜型胎盘是相同的。但从妊娠 4 个月开始,母体胎盘表面的黏膜上皮出现变性、萎缩,继而消失,使胎儿的绒毛上皮直接与母体胎盘的结缔组织相接触,因而又称为上皮结缔绒毛膜型胎盘(syndesmo-chorial placenta)。妊娠后半期,整个母体胎盘表面及腺窝开口处失去上皮层,腺窝底部则保留了黏膜上皮。此类胎盘,母-胎血液之间,除子宫上皮在妊娠后半期消失以外,其余 5 种组织都存在(图 2-20B)。

带状/内皮绒毛膜型胎盘　这类胎盘见于犬、猫等食肉动物,其胚胎呈长囊状,构成胎儿胎盘的绒毛如腰带样集中分布于绒毛膜的中央,故将此类胎盘称为带状胎盘(zonary placenta)(图 2-18C)。因其母体胎盘失去了上皮和结缔组织,胎儿绒毛膜上皮直接和子宫内膜的血管内皮接触,因此按组织层次称为内皮绒毛膜型胎盘(endothelio-chorial placenta),其母-胎血液间共有 4 层组织(图 2-20C)。

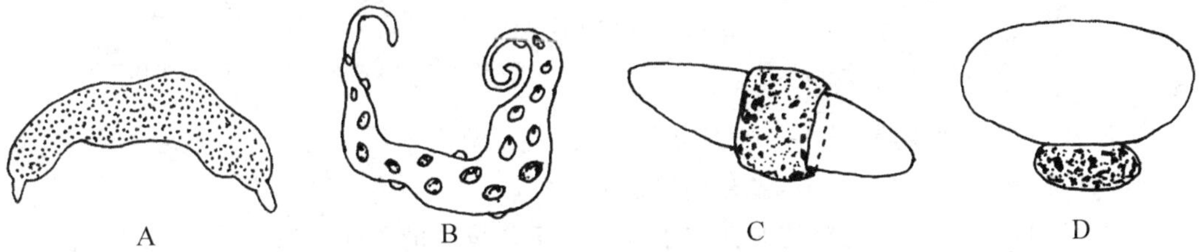

图 2-18　家畜胎膜模式图

A. 弥散型胎盘　B. 子叶型胎盘　C. 带状胎盘　D. 盘状胎盘

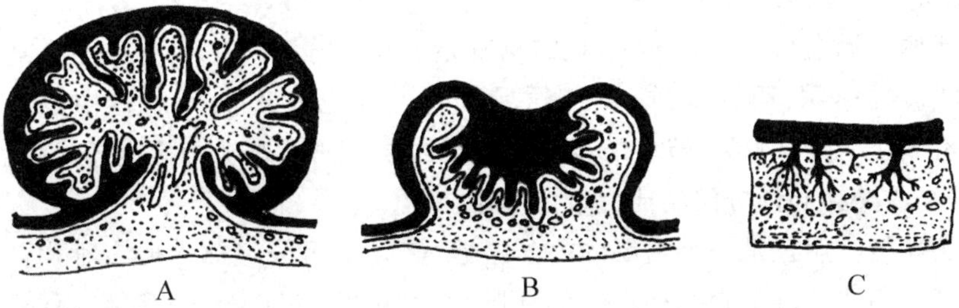

图 2-19　家畜的胎盘类型与结构示意图

(引自 E. S. E. Hafes,1974)

A. 牛的胎盘　B. 羊的胎盘　C. 马的的胎盘

注:示意图示意绒毛膜的绒毛(黑色部分)侵入子宫内膜上皮(点状部分)。

盘状/血液绒毛膜胎盘　灵长类和啮齿类动物的胎盘属此类型。这类胎盘的绒毛膜上的绒毛集中分布于一圆形区域，在形态上呈盘状，故称盘状胎盘(discoid placenta)(图 2-18D)。因为胎儿胎盘在形成时，其绒毛侵入子宫黏膜深处，并穿过血管内皮，直接浸入母体血液，因此又称为血液绒毛膜型胎盘(haemo-chorial placenta)(图 2-20D)。

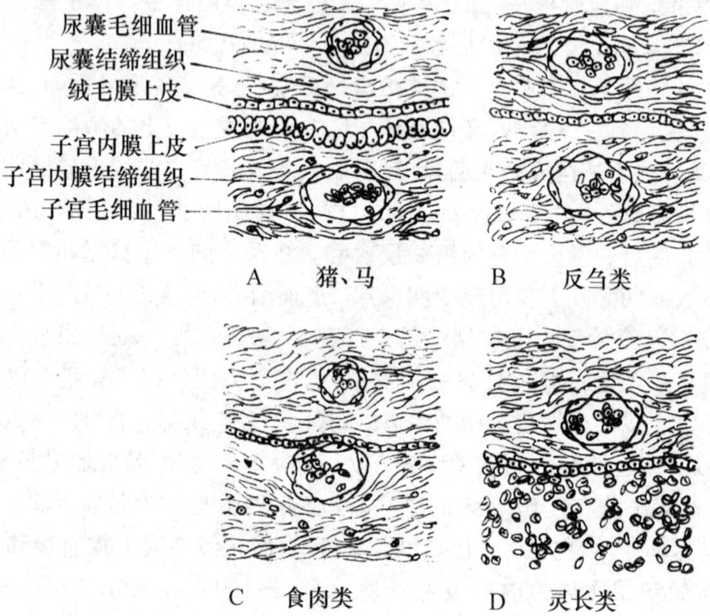

图 2-20　各型胎盘组织结构之比较

(引自钱菊汾,2003)

A. 上皮绒毛膜型胎盘　B. 上皮结缔绒毛膜型胎盘　C. 内皮绒毛膜型胎盘　D. 血液绒毛膜型胎盘

此外，按是否形成蜕膜，又可将胎盘分为蜕膜/结合型胎盘和非蜕膜/并列型胎盘。前者主要见于灵长类(包括人)和啮齿类，家畜则属于后一类。

(2)胎盘的功能　胎盘是维持胎儿在子宫腔内正常发育的临时器官，其主要功能有：

①物质转运。胎儿生长发育所需的氧、葡萄糖、氨基酸、维生素、电解质等通过简单扩散、主动运输及胞吞作用等方式经胎盘输送到胎儿血中；同时胎儿产生的代谢物，如尿素、尿酸、肌酐、肌酸等也可经胎盘排入母体血液。

②新陈代谢。胎盘可产生各种酶，把结构复杂的物质分解为简单的物质，或把结构简单的物质合成糖原、蛋白质、胆固醇等，供应给胎儿。目前已发现的人胎盘中的酶约有 800～1 000 种，含有氧化-还原酶类、转移酶类、异构酶类、溶解酶类及综合酶类等，而且一般活性极高，为胎盘的物质交换和内分泌功能提供了基础。

③内分泌功能。胎盘是一个重要的内分泌器官，几乎可分泌体内所有种类的激素。目前研究比较清楚的主要有雌激素、孕激素、促性腺激素(hCG 和 PMSG)和胎盘促乳素等。这些激素在妊娠识别和妊娠维持中起重要作用。

④防御和免疫屏障功能。胎盘虽然有弥散和渗透作用，但对物质的通过是有严格选择性的，而且胎盘内有酶系统，能分解某些有机质。一般细菌和更大的病原体不能通过胎盘，大分子蛋白质需经酶解成氨基酸后才能通过胎盘。但这种防御作用并不是绝对的，如病毒可以通

过胎盘进入胎儿血中;某些病原体如结核杆菌、疟原虫、螺旋体等可先在胎盘形成病灶,破坏绒毛后再进入胎儿血中感染胎儿。胎盘的构造使母-子血不直通,构成了一道免疫屏障,保护胎儿免受母体的免疫排斥(可参考妊娠维持的有关内容)。

(四)胚胎的营养供应

胚胎或胎儿在子宫内发育期间,其营养全部依靠母体供应。但不同发育时期其获取营养的方式是不一样的,大体分为以下四个阶段:

1. 卵裂期

受精卵经卵裂形成桑葚胚。这一阶段营养物质主要来源于受精卵自身的储存物质。

2. 囊胚时期

在透明带消失前主要依靠吸取子宫腺分泌的子宫乳继续发育。子宫乳是子宫腺分泌的乳白色液体,其主要成分是糖原和蛋白质,可以靠简单扩散进入囊胚。随着胚泡的生长,透明带胀大变薄被撑破而脱落(或被溶解)。透明带消失后,囊胚迅速生长,它不仅吸收子宫乳,而且其表层的滋养层细胞还可以吞噬子宫腔内分解的上皮细胞和渗出的血细胞,而且具有高度的代谢选择性,能主动控制各种物质进入囊胚的速率。

3. 附植时期

在卵黄囊形成后,卵黄囊与绒毛膜共同构成卵黄囊绒毛膜,具有临时胎盘的作用。以后囊膜迅速生长,逐渐与绒毛膜粘连形成尿膜-绒毛膜(在偶蹄兽还有羊膜-绒毛膜),最后绒毛膜逐渐侵入子宫黏膜,形成胎盘,完成附植。在附植过程中,胚胎对营养物质的摄取有三种途径:吸收和吞食子宫乳;滋养层摄取子宫上皮的细胞碎屑;通过正在形成的胎盘获取营养。

由于附植是一个渐进过程,所以胚胎摄取营养的途径是由前两种途径向后一种途径逐渐转换的过程。

4. 胎盘形成后时期

此期胚胎的营养供给和代谢产物排泄完全依靠胎盘来完成。

三、妊娠母畜的生理变化及妊娠期

(一)妊娠母畜的生理变化

妊娠后,随着胚胎的生长发育,母畜的机体在形态和机能上发生一系列的生理变化。这些变化对维持妊娠是非常必要的。

1. 生殖器官的变化

(1)卵巢的变化　妊娠后,卵巢上存在妊娠黄体,虽然可能也有卵泡发育(有些卵泡甚至发育到接近排卵前的体积),但一般不排卵而闭锁。大多数家畜(牛、山羊、猪、犬等)的妊娠黄体均以最大体积持续存在于整个妊娠期。但马不同,其妊娠黄体在妊娠 60 d 时开始退化;在妊娠 40～150 d 时,由于 PMSG 刺激,卵巢上出现卵泡发育,但这些卵泡大多不排卵而发生黄体化,形成副黄体;到妊娠 5～7 个月时,副黄体也完全退化,由胎盘分泌孕酮来维持妊娠。

(2)子宫的变化　随胚胎的生长发育,子宫的变化主要是增生、生长和扩张。在胚泡附植前,子宫内膜形态发生改变,主要是血管分布增加,子宫腺增生,分泌增多,为胚胎发育和附植提供条件;同时子宫颈也收缩紧闭,黏膜也出现增生,其上皮的单细胞腺分泌黏稠的黏液堵塞子宫颈管，形成“宫颈栓”将子宫与外界隔绝，为胎儿的生长发育提供一个不受干扰的环境。在妊娠前半期，子宫体积随胎儿和胎水的增长而增大，而且主要是子宫肌纤维肥大及增长。到妊娠后半期，子宫的增长速度没有胎儿及胎水增长快，因而使子宫壁被动扩张而变薄。单胎动物子宫的生长和扩张首先是从孕角和子宫体开始的，在整个妊娠期内，孕角增长速度远快于空角，所以孕角和空角始终不对称。

(3)子宫血管和血流的变化　妊娠后，子宫血管分布增加，且随着子宫体积的增大不断扩张变粗，血流量增加，尤其到妊娠中后期，子宫动脉内膜皱褶增生变厚，与下层组织的联系变得疏松，使原来明显的搏动变为间隔不明显的颤动，即出现所谓的“孕脉”。

(4)乳房的变化　妊娠开始后，在孕酮和雌激素作用下，乳腺组织生长加速，腺管数量增加，因而使乳房逐渐变得丰满，特别是到妊娠中后期，这种变化尤其明显。到分娩前几周，乳房显著增大，并开始有分泌机能，能挤出少量乳汁。

2. 生殖内分泌的变化

妊娠开始后，母畜的生殖内分泌即由周期状态转为妊娠状态。这种变化主要来自两个方面，一是下丘脑-垂体-卵巢轴的内分泌调节作用改变，主要表现为LH的促黄体作用占主导地位，周期性黄体转变为妊娠黄体，卵巢周期停止；二是胎盘、胚胎或胎儿分泌的激素参与妊娠识别、妊娠维持及妊娠期满时分娩的启动，导致母体生殖内分泌状态的明显改变。现将几种与妊娠密切相关的激素变化叙述如下：

(1)孕酮　妊娠期间，孕酮主要来自于妊娠黄体和胎盘。一般而言，母畜从妊娠初期开始，孕酮水平逐渐升高，并一直维持较高水平，到产前几天至几十天开始下降，但不同畜种又有各自的分泌特点。

牛的妊娠黄体一直维持到分娩才退化，虽然胎盘也分泌孕酮，但黄体是维持妊娠的主要孕酮来源。所以牛在妊娠期间任何时间摘除黄体都会导致流产。据报道，黄牛在妊娠初期血浆孕酮水平约为6 ng/mL，以后逐渐上升到7.4～9.8 ng/mL，到产前20～30 d逐渐下降，产前1 d降到约1 ng/mL。水牛妊娠时孕酮水平变化与黄牛相似。

绵羊在妊娠期的前60 d孕酮由黄体分泌，血浆水平较低，平均为2～4 ng/mL，以后由于胎盘分泌大量孕酮使血浆孕酮水平迅速升高，达到前期的数倍，直到妊娠140 d以后才开始下降。山羊的血浆孕酮水平比绵羊高，到妊娠90 d时可达33 ng/mL，以后持续下降，分娩前几天降到7 ng/mL。

猪的孕酮主要来自妊娠黄体。据报道，猪妊娠后12～14 d，血浆孕酮即达30～40 ng/mL，25 d后降到10～25 ng/mL，并一直稳定到妊娠100 d又开始下降，产前降到1 ng/mL以下。

马妊娠后8 d血浆孕酮水平即达7.5 ng/mL，28 d时降至4.9 ng/mL，50～140 d时可达最高值，为11～15 ng/mL，以后下降。妊娠200 d以后，孕酮含量低于1 ng/mL，并一直维持到300 d时再升高，产驹前达到4.4 ng/mL，分娩后立即下降到最低水平。

(2)雌激素　反刍家畜、猪、犬等动物妊娠期间雌激素分泌范型相似，即在妊娠早期和中期血浆雌激素水平较低，中期以后，由于胎盘合成大量雌激素而使其水平逐渐升高，到妊娠末期达到峰值，产前迅速下降。

水牛在妊娠期间，特别是在中后期，血浆17β-雌二醇水平明显升高，有的甚至达到发情时的水平，这可能是有较多(14.4%～20.8%)水牛妊娠期仍然发情的原因。

猪妊娠10～12 d时，其胚胎即能合成雌酮，并在妊娠10～12 d、16～30 d和60 d出现3次分泌峰。母猪血液硫酸雌酮水平由 60 pg/mL 上升到 3 ng/mL，但到妊娠 46 d 时，又降至 35 pg/mL，到 60 d 时再升至 3 ng/mL。

(3)$PGF_{2\alpha}$　在反刍动物已证明子宫内膜分泌的 $PGF_{2\alpha}$ 控制着黄体的寿命。在妊娠期间，由于胚胎产生的妊娠识别信号，使母体子宫内膜 $PGF_{2\alpha}$ 合成受到抑制。因此，$PGF_{2\alpha}$ 的水平在整个妊期间都维持在很低水平，直到产前才突然升高。

(4)促性腺激素　妊娠期间，家畜(猪除外)的垂体分泌促性腺激素的机能因孕酮的作用而逐渐降低，但母猪在妊娠期间，垂体促性腺激素的活性比在发情周期内的稍高。母马比较特殊，到妊娠 35～40 d 时，其血液中开始出现 PMSG(由子宫内膜的杯状细胞分泌)，70～80 d 达到高峰，此后即行下降，至 150 d 左右消失。

3. 全身状态的变化

(1)营养状况的变化　母畜妊娠后，新陈代谢加强，食欲旺盛，消化吸收能力提高，所以前半期孕畜营养状况改善，毛色光润。但到妊娠后期，由于子宫体积的增大妨碍了胃肠的容量和蠕动，尽管食欲良好，仍显得同化能力不足；加之胎儿快速生长，母畜需消耗妊娠前半期所蓄积的营养物质以满足胎儿生长发育的需要，因此母畜往往比较消瘦。此期如果饲养不当，母畜就会逐渐消瘦。饲料中如缺乏钙，就会导致母畜骨钙溶解以支持胎儿生长发育需要，严重时母畜会出现后肢跛行或瘫痪。

(2)循环系统的变化　主要表现为血容量增加，血液凝固性增强，血沉加快，但一般不伴有血红蛋白浓度的降低；心脏由于负担加重，所以稍微肥大。

(3)其他变化　妊娠后期，由于胎儿的生长和胎水的增加，子宫体积增大，挤压横膈膜，加之胎儿需氧量增加，所以呼吸频率加快，并由胸腹式呼吸变为腹式呼吸；同时胃、肠和膀胱也受到子宫的挤压，因而容积减小，排粪、排尿次数增加，每次量减少；腹底壁和后肢静脉由于受到子宫压迫而出现不同程度的循环障碍，因而到妊娠后期和末期，有些母畜会出现乳房、下腹壁和后肢的水肿。另外，孕畜行动变得稳重、谨慎，易疲乏出汗。

(二)妊娠期

妊娠期(gestation period)是指胎生动物的胚胎在母体子宫内完成生长发育的时间，从受精(生产上一般从最后一次配种日期)开始计算，到分娩为止。妊娠期长度主要由遗传决定，同一畜种的妊娠期基本一致，但受品种、营养、胎儿生长发育、环境等因素的影响。一般而言，早熟品种、营养水平高、胎儿生长发育快的妊娠期均较短；单胎动物怀双胎或多胎动物妊娠的胎儿数较多时，妊娠期也相对缩短。各种动物的妊娠期见表 2-10。

四、妊娠诊断

妊娠诊断的目的是为了确定妊娠与否，以便对已孕母畜加强饲养管理，对未孕母畜找出原因，及时补配或进行必要的处理，减小损失。因此妊娠诊断应做到早、准、简、快。所谓“早”，就是要在妊娠早期进行，尽早发现已孕或未孕母畜，及时采取相应的饲养管理措施；“准”就是诊断要准确，减少误差，以免造成损失；“简”就是方法要简单，不需要复杂的操作步骤和贵重的仪器设备，特别要适合在生产中操作；“快”就是获得结果的时间要短，速度越快，实用价值越高，最好能在检测现场就得出结果。

表 2-10　各种动物的妊娠期

d

动物	妊娠期	动物	妊娠期	动物	妊娠期
黄牛	280(260～290)	犬	62(59～65)	大鼠	22(20～25)
水牛	307(295～315)	猫	58(55～60)	小鼠	19(18～21)
牦牛	255(226～289)	双峰驼	409(374～419)	豚鼠	60(59～62)
猪	114(110～117)	单峰驼	389(336～405)	仓鼠	16～19
野猪	130(124～140)	美洲驼	348	水貂	50(49～51)
马	335(329～345)	羊驼	342～346	貂	59
马怀骡	351(321～374)	象(印度)	624(615～650)	恒河猴	165
驴	370(350～396)	梅花鹿	229～241	熊	208～240
绵羊	150(146～157)	马鹿	250	虎	110(105～113)
山羊	152(146～161)	家兔	31(28～35)	狮	105～113

目前家畜的妊娠诊断方法虽然很多,但都有不足之处,很难完全符合上述要求。现主要介绍在生产中有实际应用价值的妊娠诊断技术。

(一)外部检查法

1. 问诊

问诊就是向畜主或饲养员了解母畜一般生理状况、繁殖及配种情况,如年龄、已产胎数、最近一次分娩日期及产后状况、发情周期与配种情况、近期饮食欲与行为变化、病史等,通过这些情况的了解,可以对诊断对象的生理状况及妊娠的可能性作出初步判断。

2. 视诊

视诊就是在问诊的基础上再观察诊断对象的体态、行为及某些系统和器官的变化。

(1)体态观察　母畜妊娠后,前半期因食欲旺盛,代谢加强,营养状况一般会得到改善而显得毛色光润;到后半期,由于胎儿的增大和胎水增多,腹部膨大而不对称,且呈孕侧突出,在猪、犬、猫、兔等多胎动物则腹部充满、下垂;到妊娠末期,有的母畜还会出现下腹部或后肢水肿。同时,孕畜性情变得温顺,行动也较谨慎。

(2)胎动观察　妊娠后期,特别是接近分娩时,由于胎儿在母体内活动,故有时在母畜腹部最突出的地方可见到无规律的腹壁颤动。

(3)阴道检查　妊娠母畜的阴道及子宫颈外口的黏膜苍白、较干燥。但在持久黄体等某些病理状态下,阴道的变化与妊娠相似,应注意鉴别。

3. 听诊

听诊就是听取胎儿的心音。听诊部位在牛、羊为右侧膝褶的内侧,猪、犬等小动物两侧均可。听诊时间为妊娠后期。分辨胎儿心音与母畜心音的方法是胎儿心音快,一般在 100 次/min 以上,而且母体心音在下腹部是听不到的。凡听到胎儿心音的,均可判为妊娠且胎儿还活着,但听不到心音的在不能断定为没有妊娠或胎儿死亡。

4. 触诊

此法对牛等大家畜意义不大,但对中小动物如猪、羊、犬、猫等由于不能做直肠检查,因而较为重要。具体方法见实验指导。

上述方法的最大缺点是不能进行早期诊断,同时,没有某一现象时也不能肯定未孕。此外，不少马、牛妊娠后，亦有再出现发情的，依此做出未孕的结论将会判断错误。还有的在配种后没有妊娠，但由于饲养管理，利用不当，生殖器官炎症，以及其他疾病而不复发情，据此作出妊娠的结论也是不合适的。

（二）直肠检查法

直肠检查就是隔着直肠壁触诊母畜生殖器官诊断妊娠的一种方法。此法是目前对牛、马、骆驼等大家畜妊娠诊断的既经济又可靠的一种方法，虽然有费体力及天冷时操作不便等的缺点，但由于所需设备简单，不受条件及时间限制，结果准确，并可以诊断假发情、假妊娠、生殖器官疾病以及胎儿发育等情况，所以目前在牛和马等大家畜妊娠诊断中仍广泛使用，一般在配种后 40～60 d 进行。对猪也可进行直肠检查，但保定困难，不易操作。现将牛的直肠检查方法简介如下。

1. 方法与步骤

牛的直肠检查时首先要摸到子宫颈。顺着子宫颈向前，可摸到柔软而有弹性的子宫体，再将中指向前滑动，寻找角间沟。然后向前下方，把子宫角掌握在手中。经产牛子宫角有时不呈绵羊角状而垂入腹腔，不易全部摸到，这时可握住子宫颈，将子宫角向后拉，然后手沿着肠管向前迅速滑动，握住子宫角，这样逐渐向前移，就能摸清整个子宫角(图 2-21)。手沿着子宫角向前移，在其尖端的外侧下方或尖端附近即可找到卵巢。

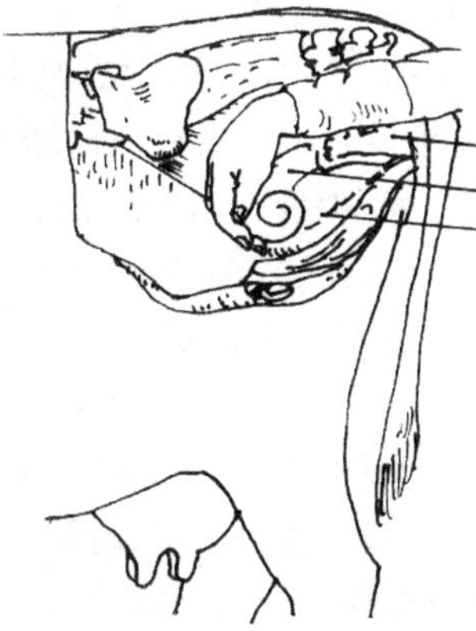

图 2-21　触摸牛子宫示意图

寻找子宫动脉的方法是将手掌贴着骨盆顶向前滑动，超过胛部后可以清楚地摸到腹主动脉的最后一对分支，即左、右髂内动脉。子宫动脉和脐动脉共同起于髂内动脉的起点处(图2-22)。子宫动脉从髂内动脉分出后不远即进入阔韧带内，所以追踪时感觉是游离的。触诊阴道动脉子宫支的

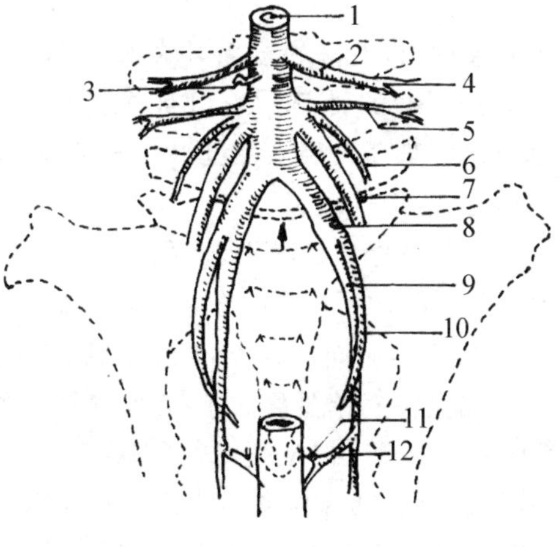

图 2-22　牛子宫动脉位置(自下面看，箭头所指处为岬部)

(引自北京农业大学主编《家畜繁殖学》，1989)

1. 腹主动脉　2. 卵巢动脉　3. 肠系膜后动脉　4. 卵巢动脉子宫支　5. 旋髂深动脉　6. 子宫动脉　7. 髂外动脉　8. 髂内动脉　9. 阴道动脉　10. 脐动脉　11. 阴道动脉子宫支　12. 尿生殖阴道

方法，是将指尖伸至相当于荐骨末端处，并且贴在骨盆侧壁的坐骨上棘附近，前后滑动手指。阴道动脉是骨盆内比较游离的一条动脉，由上向下行，而且很短，所以容易识别。

2. 未孕现象

子宫颈、体、角及卵巢均位于骨盆腔内，经产多次的牛，子宫角可垂入骨盆入口前缘的腹腔内。两角大小、形状、质地相似，弯曲如绵羊角状。经产牛有时右角略大于左角，弛缓，肥厚。能够清楚地摸到子宫角间沟，经过触摸子宫角即收缩，变得有弹性，几乎有硬的感觉，能将子宫握在手中，子宫收缩像一球形，前部有角间沟将其分两半。卵巢大小及形状视有无黄体或较大的卵泡而定。

3. 妊娠现象

妊娠 20 d，在上次发情排卵处有发育成熟的黄体，黄体呈扁椭圆形或半球状，质地柔软、光滑、肉感。子宫角轮廓清晰，子宫收缩反应稍差，两子宫角几乎对称，角间沟明显、柔软。

1 个月，角间沟仍清楚，孕角及子宫体较粗、柔软、壁薄、绵羊角状弯曲不明显。触诊时，孕角一般不收缩，有时收缩，则感觉有弹性，内有液体波动，像软壳蛋样；空角则收缩，感觉有弹性，且弯曲明显。子宫角粗细根据胎次而定，胎次多的稍粗。卵巢变化同 20 d。

2 个月，角间沟已不清楚，但二角间分岔仍明显；子宫角进入腹腔，孕角及子宫体更大，两子宫角大小显然不同，孕角较空角粗约一倍，而且较长；孕角壁软而薄，且有液体波动。如在子宫颈之前摸不清楚子宫角，而是一堆软绵绵东西，此牛可能已孕，仔细触诊可将两角摸清楚。卵巢变化同 20 d，胎次少的黄牛，孕角侧卵巢前移至耻骨前缘。

3 个月，角间沟消失，子宫颈移至耻骨前缘；由子宫颈向前可触到增大的子宫从骨盆腔向腹腔下垂，二角共宽一掌多；若肠胃内容物多，子宫可被挤入骨盆入口。当子宫壁收缩时，可以摸到整个子宫的范围，其体积比排球稍小，偶尔还可触到悬浮在胎水中的胎儿，感到“虾游”样胎动。但子宫壁一般均感柔软，无收缩。孕角比空角大得多，液体波动感清楚。有时在子宫壁上可以摸到如同蚕豆样大小的胎盘突。触诊不清子宫时，手提起子宫颈，可明显感到子宫的重量增加。卵巢移至耻骨前缘之前。有些牛子宫中动脉开始出现轻微的孕脉，但还不清楚，时隐时现，且在远端容易感到。

4 个月，子宫像口袋一样垂入腹腔，子宫颈移至耻骨前缘之前，手提子宫颈可明显感觉到重量，能清楚地摸到子宫壁上有许多胎盘突，其体积比卵巢稍小。子宫被胃肠挤回到骨盆入口之前时，可摸到整个子宫大如排球。偶尔可触及胎儿和孕角卵巢，空角卵巢仍能摸到。孕角侧子宫中动脉的孕及比 90 d 稍清楚，但仍轻微。

5 个月，子宫全部沉入腹腔。在耻骨前缘稍下方可以摸到子宫颈，胎盘突更大，往往可以摸到胎儿，但摸不到两侧卵巢，孕角侧子宫中动脉孕脉已较明显，空角侧尚无或有轻微孕脉。

6 个月，胎儿已经很大，子宫沉至腹腔底。因为牛的小结肠系膜短，仅在胃肠充满而使子宫后移升起时，才能触及胎儿。胎盘突有鸽蛋样大小，在孕角的两侧容易摸到。孕角侧子宫中动脉粗大，孕脉亦明显；空角侧子宫中动脉出现微弱的孕脉。

7 个月，由于胎儿更大，故从此以后都容易摸到胎儿。牛的胎动比马少得多，胎盘突更大；两侧子宫中动脉均有明显的孕脉，但空角侧较弱，个别牛甚至到产前也不显著；孕角侧子宫后动脉开始出现孕脉。

8 个月，子宫颈回到骨盆前缘或骨盆腔内，很容易触及到胎儿。胎盘突大如鸭蛋，两侧子宫中动脉孕脉显著，孕角侧子宫后动脉的孕脉也已清楚，但个别牛即使到产前也不显著。

9个月，胎儿的前置部分进入骨盆入口，所有的子宫动脉均有显著孕脉，手一伸入肛门，只要贴在骨盆侧壁上即可感到孕脉颤动。

4. 注意事项

对妊娠征状要全面考虑，综合分析，综合判断，尤其是做早期怀孕检查时，不能只根据个别征状就轻易判断，当然也要抓住典型征状。在妊娠的早期检查时，不要单检查子宫角的形状、大小、质地的变化，还要结合卵巢的变化，做出综合的判断。

(1)注意孕期发情　母牛妊娠20 d后偶尔也有假发情的，直肠检查妊娠征状不明显，外阴部虽有肿胀表现，但无黏液排出。这种牛应慎重对待，无成熟卵泡者不应配种。

注意特殊变化　如怀双胎母牛的子宫角，在2个月时，两角是对称的，不能依其对称而判为未孕。

(2)正确区分怀孕子宫和子宫疾病　妊娠90～120 d的子宫容易与子宫积液等相混淆。积液的子宫一侧子宫角及子宫体膨大，重量增加，有不同程度的下沉，卵巢位置也随之下降，但子宫并无妊娠征状，牛无子叶出现。积液可由一角流至另一角，水分也可被子宫壁吸收一部分而变稠，在直肠内触之有面团状感。但患子宫积液母牛的子宫动脉始终不会出现孕脉。

(3)正确区分妊娠子宫与充满尿液的膀胱　妊娠60～90 d的子宫，可能与充满尿液的膀胱混淆，特别是牛妊娠2个月的子宫，收缩时很像充满尿液的膀胱。但膀胱轮廓清楚，表面不光滑，有网状感，两侧没有牵连物；子宫前有二角分岔处，后有子宫颈，质地均匀。如果区分不清楚时，可等待片刻或牵遛运动后，使其排尿后再作检查，对比前后变化，有利于区别。

(三)超声波诊断法

超声波诊断法是利用超声波的物理特性，将其和动物组织结构的声学特点密切结合的一种物理学诊断法。其原理是利用孕体对超声波的反射来探知胚胎的存在、胎动、胎儿心音和胎儿脉搏等情况来进行妊娠诊断。用于妊娠诊断的超声诊断仪主要有A型、B型和D型。

1. A型超声波诊断仪(A超)

A超即幅度调制型超声探测仪，是妊娠诊断中最早应用的一种超声波诊断仪。此法利用超声波的方向性好及在母体内传播过程中，当遇到腹壁、子宫壁、胎体和胎儿等，由于它们的声阻抗不同而产生反射，其反射回声信号在示波屏上以波的形式显示出来。母畜妊娠后，子宫随着胚胎的发育、胎儿增大而逐渐下沉靠近腹壁，此时超声波就能探查已孕子宫，显示妊娠波型。

用A超诊断妊娠，除了以波型显示方式外，尚有以报警方式(声响)显示，如美国的Ranco公司的Ⅱ型妊娠报警仪，其发射的超声波遇到充满羊水而增大的子宫就会报警(发出音响)，以提示妊娠。

目前已有便携式、专用于妊娠诊断的仪器，操作简便，几秒钟便可得出结果，适合野外使用，其准确率随着妊娠时间增长而逐渐提高。有报道显示，猪妊娠18～20 d时，总准确率和阳性准确率分别为61.54%和62.50%，而在30 d时分别提高到82.50%和80.00%，75 d时都达到95%以上。

2. B型超声诊断仪(B超)

B超是目前妊娠诊断中应用最广泛的一种超声波诊断仪。此法是将回声信号以光点明暗的形式显示出来，属灰度调制(回声强，光点就亮；回声弱，光点就暗)。光点反映组织内各界面反射强弱及声能衰减的规律，由光点构成图像。以扇形或线形扫描方式在屏幕上通过明亮度变化显示探头所在部位的断面形态及其与周围器官的关系，可得到较完整的影像。因此，通过探查胎体、胎水、胎心搏动及胎盘等来判断妊娠阶段、胎儿数、胎儿性别及胎儿状态等，具有时间早、速度快、准确率高等优点。其探查部位和方法同 A 超，但探查时间可稍早一些，准确率也高于 A 超。

3. D 型(多普勒)超声诊断仪(D 超)

D 型超声诊断仪是应用多普勒效应的原理，即超声探头和反射体之间作相对运动时，其回声频率就会发生改变，此种频率的改变称为频移。频移的程度与相对运动速度成正比，当两者作对向运动时，频率就会增加，其频率增减的数字即频差可用检波器检出，再经低频放大，功率放大而推动扬声器发出多普勒信号音。利用超声多普勒检测仪探查妊娠动物，当发射的超声遇到搏动的母体子宫动脉、胎儿心脏和胎动时，就会产生各种特征性多普勒信号，从而进行妊娠诊断。该仪器可通过测定胎儿和母体血流量、胎动等做较早期诊断。

(四)激素测定法

1. 乳或血中孕酮测定法

动物配种妊娠后，黄体持续分泌孕酮，体液中孕酮水平升高；如果未孕，黄体则在下个发情周期退化，体液中孕酮水平降低。所以，采集动物的体液(血液、乳汁)，还可收集唾液、毛发、粪便等，测定样本中的孕酮水平即可判定妊娠与否。

测定孕酮水平可用 RIA 法和 EIA 法。

(1)RIA 法　RIA 是一种将同位素的放射测量与免疫反应原理相结合的微量分析方法。Laing 等(1971)首次将 RIA 用于乳中孕酮测定，并证明乳中与血中孕酮浓度平行，其所反映的发情周期阶段与直接的卵巢评估结果相一致。因此，测定乳中或血中的孕酮水平均可进行妊娠诊断。动物妊娠阳性乳中或血中孕酮水平因畜种、采样时间和样品处理方法的不同而有差异。以奶牛为例，在配种的当天、配种后 10～12 d 和 22～24 d 各采一次下午的末乳，离心后去除乳脂，测定乳清中孕酮水平，若孕酮水平分别为≤1 nmol/L，≥3 nmol/L，≥3 nmol/L (1 nmol/L≈0.31 ng/mL)，即可判定为妊娠。据报道，应用 RIA 法测定乳中或血中孕酮水平进行早期妊娠诊断，其妊娠诊断准确率可达 80%～95%，未妊娠诊断准确率可达 100%。

RIA 特异性强、灵敏度高、重复性好，但需要较昂贵的仪器设备，且存在放射性物质的污染，所以在生产中较难普及。但近年来，滤纸乳汁干样定量分析技术已研究成功，其滤纸片邮寄方便，可长期保存，为该方法的应用提供了便利。

(2)EIA 法　EIA 是继 RIA 之后建立起来的一种免疫化学分析法，它将化学反应中的酶促放大作用与抗原-抗体反应的特异性相结合，既保留了 RIA 的高灵敏度和专一性的优点，又避免了 RIA 的放射性同位素危害的缺点，使其在测定孕酮方面得以迅速发展。1971 年，瑞典科学家 Engvall 和荷兰科学家 Weemen 对 EIA 进行了改进，利用放射免疫的竞争原理，建立了酶联免疫吸附分析法(enzyme linked immunosorbent assay，ELISA)。目前用于乳汁孕酮现场定性测定的 ELISA 试剂盒已经商品化。这些试剂盒主要是通过酶反应系统呈现出的颜色反应直观地判定动物所处的生殖状态(发情或妊娠)。据杨国林等(1998)和孙忠刚等(1990)报道，应用 ELISA 法对奶牛进行早孕诊断，妊娠确诊率分别为 79.2%和 86.3%，未妊娠确诊率分别为 95.4%和 92.9%。

2.尿液中绒毛膜促性腺激素测定法

动物妊娠后，其胚泡的绒毛膜滋养层和胎盘子叶能分泌人绒毛膜促性腺激素样因子(human chorionic gonodotropin-like factor)，据此，可应用乳胶凝集抑制试验(latex agglutination inhibition test，LAIT)或和免疫金标记技术(immunogold labeling technique，ILT)检测动物尿中的 hCG 样因子进行妊娠诊断。

(1)乳胶凝集抑制试验　LAIT 也是一种免疫分析法，其诊断原理是将绒毛膜促性腺激素吸附于聚苯乙烯乳胶珠上作为抗原，与绒毛膜促性腺激素免疫血清配套作为试剂进行测定。方法是以收集自然排出的尿液作待测样品，先在黑色背景的玻片上画 2.5～3.0 cm 大小的漆圈，用洁净吸管或滴管滴加 1 滴被验尿及 1 滴抗血清，连续摇动半分钟，务必使液体布满圈内；再滴加 1 滴胶乳抗原，记录时间。连续缓缓摇动 2～5 min，肉眼观察结果。如出现均一的凝集颗粒为阴性(未妊娠)，不出现凝集颗粒者为阳性(妊娠)，如出现大小不均一的漂浮凝块是假反应。根据凌志忠等对我国 207 头黑白花奶牛的尿检，妊娠准确率为 84%～87%，未妊准确率为 87.7%～89.5%。本法的优点在于设备简单，操作简便，成本低廉，便于在畜牧生产现场应用。

(2)免疫金标记技术　ILT 是以胶体金(colloidal gold)作为示踪标记物，应用于抗原抗体反应的一种新型的免疫标记技术。胶体金是由氯金酸($HAuCl_4$)还原剂，如白磷、抗坏血酸枸橼酸钠和鞣酸等作用下，聚合成特定大小的金颗粒，并由于静电作用成为一种稳定的胶体状态，故称为胶体金。利用它在碱性环境中带负电荷的性质，与蛋白质分子的正电荷基团借静电吸引而形成的牢固结合。胶体金标记，实质上是抗体蛋白等生物大分子被吸附到胶体金颗粒表面的包被过程。由于这种吸附过程主要是物理吸附作用，并不影响蛋白质的生物学活性(如抗原与抗体的特异性结合)。

因 ILT 方法敏感、特异，不需要使用放射性同位素或有潜在致癌性的酶显色底物，在各种免疫学测定的应用日益广泛。Leuvering 等人根据胶体金标记物在发生免疫反应时形成金颗粒凝聚，导致颜色减退的原理，应用胶体金标记抗 hCG 抗体，建立了均相溶胶颗粒免疫测定法(sol particle immunoassay，SPIA)用于检测 hCG。反应不需要经过分离，直接用分光光度计($OD_{540\ nm}$)进行定量检测。

3.尿中硫酸雌酮测定法

硫酸雌酮是囊胚产生的一种雌激素代谢产物，可随粪便和尿液排出体外。因此，用 RIA 或 EIA 方法测定血清、粪便或尿液中硫酸雌酮水平可以进行妊娠诊断。母猪在妊娠第 15～30 d，血清和尿中雌酮明显升高。用 EIA 法测定硫酸雌酮水平，将 0.9 ng/mL 作为判定妊娠的标准，其妊娠准确率达 100%(151/151)。

(五)早孕因子诊断法

早孕因子(early pregnancy factor，EPF)与早期妊娠有直接关系，是受精、妊娠和胚胎存活的重要标志，参与抑制母体细胞免疫，对母体的妊娠识别和妊娠维持有重要作用，因而又称为免疫抑制性早孕因子(immunosuppressive early pregnancy factor，IsEPF)。在妊娠小鼠、兔、猪、绵羊、牛和妇女等所有研究过的对象体内已发现了 EPF 的存在。用玫瑰花环抑制试验测定发现，EPF 免疫抑制活性从受精后数小时开始一直维持到孕期的前 2/3 阶段。因此，检测血液或其他体液内EPF的存在可以作为超早孕诊断的方法。

目前,检测EPF的方法主要是玫瑰花环抑制试验(rosette inhibiton test,RIT)。其原理是:在补体作用下,淋巴细胞可与异种红细胞凝集形成花环状,而抗淋巴细胞血清(antilymphocyte serum,ALS)和EPF均可抑制花环的形成。将使花环数目减少75%所需要的ALS最大稀释度定为玫瑰花环抑制滴度。一般情况下,这种抑制滴度不超过4。如果用妊娠动物的淋巴细胞或将淋巴细胞在妊娠动物的血清中孵育,抑制滴度就明显升高。一般在抑制滴度大于14时认为有EPF存在,即判定为妊娠。但是,通过RIT检测EPF是一种间接反应,即通过检测免疫抑制活性,而不是直接显示EPF的存在,故检测结果可能受多种因素影响而降低可靠性,而且RIT很费时间。近几年有人用碱性磷酸酶和脲酶标记EPF,用ELISA分别进行EPF的定量和定性测定,以及用3%硫酸铜法检测乳中EPF,进行奶牛的妊娠诊断,据报道妊娠诊断符合率达86.2%~87.5%,最高达95%。

然而,由于目前对EPF的分子结构、特性和生理作用仍缺乏足够了解,EPF的纯品获得困难,对EPF的检测仍处于研究阶段,方法学上和诊断标准上都需要有较大的改进才能应用于生产实际。

(刘亚)

第五节　分娩与接产

妊娠期满,胎儿发育成熟,母体将胎儿及其附属物从子宫排出体外的过程称为分娩(parturition)。为了保证家畜正常的繁殖,有效防止分娩期和产后期疾病,必须掌握分娩的基本过程和接产的基本方法。

一、分娩的发动

(一)发动分娩的因素

关于发动分娩的因素,至今尚未完全清楚。一般认为,分娩的发生并不是单一的因素所致,而是有多种因素参与。

1.神经因素

中枢神经对分娩是否起主导作用,曾有不同的观点。以前曾认为分娩是母体神经反射活动,其反射中枢在脊髓,若脊椎以下的脊髓受到损坏,分娩就有困难。但与之相反的事实是,切断脊髓或使子宫与反射中枢断绝联系、将支配子宫的神经破坏,或者用其他方法消除神经系统的影响,均不能阻止分娩,说明神经系统对分娩并不是完全必需的。但是在分娩过程中,胎儿前置部分进入产道,对子宫颈、阴道产生刺激,然后引起神经冲动,这种冲动信号必经由下丘脑传导到垂体后叶,使它释放出催产素对子宫肌产生影响,表明神经因素参与了分娩调节。在生产实践中,很多母畜的分娩都发生在夜间,这是因为夜间外界光线及干扰较少,中枢神经容易接受子宫及软产道发来的冲动信号,这也说明了外界因素可以通过神经对分娩发生作用。由此可见,神经系统参与了分娩的调节,但并不是决定性因素。

2. 内分泌因素

内分泌因素包括胎儿和母体两个方面。

在胎儿方面，其下丘脑－垂体－肾上腺轴系，特别是在羊、牛，对发动分娩可能起着决定性的作用，其依据有：①如果胎儿腺垂体没有发育，或者切除胎儿垂体或肾上腺，妊娠就可被无限期地延长；②将合成的肾上腺皮质素或地塞米松滴注羊胚体后能诱发分娩；③给妊娠末期母羊的正常胎羔滴注合成的肾上腺皮质素或地塞米松诱发早产时，早产往往发生在孕酮下降和雌激素上升之前。这些事实表明，胎儿的肾上腺皮质激素可能与分娩发动有密切关系。

一般认为，胎儿发育成熟后，其中枢神经系统通过下丘脑使垂体前叶分泌促肾上腺皮质素（adronocorticotropic hormone，ACTH），并作用于肾上腺皮质，使之分泌皮质激素；在分娩前，胎儿皮质激素的分泌突然增加，并通过胎儿血液循环到达胎盘，改变胎盘内相应的酶活性，使胎盘合成的孕酮进一步转化为雌激素，这样就使母畜在分娩前 2～3 d 胎盘和血液中的孕酮水平急速下降，而且雌激素水平急速上升；这两种变化则诱发胎盘与子宫大量合成前列腺素，并在催产系的协同下发动分娩。

在母体方面，如下激素分泌的变化可能与分娩发动有关：

(1)孕酮　孕酮能使子宫肌安静，抑制子宫肌收缩，对于维持妊娠起着重要作用，因此孕酮浓度下降可能是分娩发动的一个重要诱因，如在牛、羊等家畜，母体血液中孕酮浓度下降恰巧发生在分娩之前，这可能是胎儿皮质醇刺激子宫合成前列腺素使黄体溶解所致。但在另外一些动物，如马、人等，分娩前孕酮水平并不下降。

(2)雌激素　随着妊娠期的增长，在胎儿皮质醇增加的影响下，胎盘产生的雌激素逐渐增加，分娩前达到最高峰。从理论上讲，雌激素是发动分娩的因素，因为它具有克服孕酮对子宫肌的抑制作用、促进前列腺素的合成、增强子宫肌对催产素的敏感性和兴奋性等作用，引起子宫肌产生规律性收缩，而且能使子宫颈、阴道、外阴及骨盆韧带（包括荐坐韧带、荐髂韧带）变得松软。但不同的动物，在分娩前雌激素水平变化的差别很大，有的明显升高（如绵羊、山羊、兔、牛、猪），有的无改变或缓慢上升（如人、豚鼠），有的则反而下降（如马、驴）。另外，无论是动物还是人类，用大量的雌激素引产均无效。这些现象均表明，单纯的雌激素增多可能不是发动分娩的主要原因。

(3)前列腺素　来源于母体胎盘的 $PGF_{2\alpha}$ 是溶解黄体、刺激子宫收缩的重要物质。分娩时羊水中的前列腺素较分娩前明显增高，母体胎盘子叶中含量更高，而且比羊水中的出现要早。前列腺素在分娩中至少起三种作用：一是溶解妊娠黄体，减少孕酮的分泌；二是对子宫肌有直接刺激作用，使子宫收缩增强；三是刺激垂体后叶释放催产素。

(4)催产素　各种家畜的催产素分泌范围大致相似，都是在胎儿进入产道后大量释放，以加强子宫收缩。因而催产素虽然参与分娩过程，但可能不是发动分娩的主要因素。

(5)松弛素　松弛素参与分娩，一是使妊娠末期的骨盆关节及荐坐韧带松弛、子宫颈软化，以利于胎儿产出；二是与催产素共同作用，使子宫产生节律性收缩。

3. 机械性因素

在任何空腔脏器，当其容量超过一定的限度时，都有发生收缩以排除内容物的倾向，子宫也不例外。单胎动物在双胎或多胎妊娠，或发生胎水过多时，容易出现早产的现象支持这一观点。到妊娠末期，一方面是胎儿发育逐渐成熟，子宫容积增加、内压增大，子宫肌纤维发生机械性伸展和扩张；另一方面，因羊水减少，胎儿与胎盘和子宫壁之间的缓冲作用减弱，使胎儿容易接触子宫壁而产生机械性刺激，尤其是容易对子宫后部和子宫颈产生机械刺激，传至下丘脑，促使垂体后叶释放催产素，从而引起子宫收缩。

4. 免疫学因素

胎儿带有父母双方的遗传物质，对母体免疫系统来说，胎儿乃是一种半异己的抗原，应引起母体产生免疫排斥反应。但在妊娠期间，由于母体-胎儿之间的特殊关系，使这种免疫排斥反应受到抑制，因此胎儿不会受到母体排斥，妊娠得以维持。待到胎儿发育成熟时，母体和胎儿之间的关系发生改变，如胎儿的肾上腺产生皮质素引起黄体溶解，孕酮分泌减少，导致母体的免疫抑制减弱，才会使母体发生免疫学反应，排斥胎儿。

（二）分娩发动的机理

综上所述，分娩的发动可能是多种因素共同作用的结果，而且在不同的动物也不完全相同，但一般认为，其中胎儿的下丘脑-垂体-肾上腺轴，特别是在牛、羊，可能起主要作用。现根据有关资料，将这一机理综合解释如下：

胎儿发育成熟时，其下丘脑-垂体-肾上腺轴激活，分泌的ACTH刺激肾上腺分泌皮质醇增多，引起胎盘分泌的雌激素增加，同时也刺激子宫内膜分泌$PGF_{2\alpha}$；$PGF_{2\alpha}$及皮质醇促使妊娠黄体溶解和抑制胎盘产生孕酮，导致孕酮水平下降，解除了对子宫的抑制作用；增多的雌激素一方面使子宫肌对催产素的敏感性增高，引起子宫发生收缩，另一方面又促进母体的子宫内膜合成和释放$PGF_{2\alpha}$以及垂体后叶释放催产素，增强子宫肌的收缩，推动胎囊及胎儿向子宫颈移动；胎儿的前置部分对子宫颈及阴道造成强烈刺激，反射性地使母体释放催产素等参与分娩的激素增多，最后引起子宫肌和腹肌发生强烈的节律性收缩，从而将胎儿排出。

二、分娩预兆

随着胎儿的发育成熟和分娩期的临近，母畜的生殖器官、骨盆、全身状况及行为都发生一系列的生理变化，以适应分娩和哺育仔畜的需要。通常将母畜的这些变化称为分娩预兆。

（一）乳房的变化

母畜的乳房在分娩前迅速发育，膨胀增大，有的还出现乳房浮肿。牛的乳房变化要比其他家畜明显，初产牛在妊娠4个月时乳房就开始发育，特别是在妊娠后期乳房发育更为迅速。经产母牛，约在产前10 d，乳头表面有蜡状光泽，能挤出少量乳汁或胶样液体；产前2 d左右，乳头中充满初乳；如出现漏乳现象，数小时至1 d左右即可分娩。

猪在临产前半个月左右，乳房基部与四周之间出现明显的界线；在临产前3 d左右，中部两对乳头可挤出少量清亮的液体，到分娩前1 d，可在前、后部乳头挤出初乳，有的母猪还发生漏乳现象。

马在分娩前2个月左右乳房发育迅速，并在乳房基部出现浮肿；在分娩前数小时，乳头变粗大，并可能出现漏乳现象。所以有的母马的乳头上存有干涸的乳汁，或在后肢内侧附有干涸的乳痂。

驴在分娩前1～1.5个月乳房发育迅速，乳头的变化要比马明显。在分娩前，乳头由基部向乳头尖部逐步肿大，临产前乳头发生变形、呈长粉状的圆锥形，内充满液体，越接近分娩，液体越多，乳房肿大越明显，乳汁先清后白，常伴有漏乳现象和卧地休息时易被挤出奶汁。若漏乳成股流出，一般半天左右即分娩，但也有少数驴到 3～4 d 后才分娩。

犬在分娩前 2 周内乳房开始膨大，分娩前数天从乳房可挤出白色的乳汁。

通过母畜在分娩前乳头和乳汁的变化情况来估计分娩时间虽比较可靠，但亦受母畜营养状况的影响，并和母畜乳头管的松紧程度有密切关系。营养不良的母畜有时不表现出漏乳现象。因此，不能单纯依靠乳房变化来判断分娩时间。

（二）骨盆韧带的变化

母畜的骨盆韧带在临产前数天开始变松软，如牛的荐坐韧带从分娩前 1～2 周开始软化，分娩前 12～36 h，后缘变得非常松软，外形几乎消失，尾根两侧下陷，只能摸到一堆松弛的组织，称为“塌窝”，但初产牛的这些变化没有经产牛明显；山羊的荐坐韧带软化也非常明显，当荐骨两旁各出现一纵沟，荐坐韧带后缘完全松软时，一般不超过 1 d 即分娩；猪、马和驴的荐坐韧带在分娩前虽然也出现软化现象，但因这部分组织比较丰满，变化不如牛的明显。

（三）外阴部及软产道的变化

母畜一般在分娩前数天到 1 周左右，其阴唇逐渐变松软、充血、肿胀，皮肤上的皱褶展平；同时子宫颈也开始胀大、变软，子宫颈管内的黏液栓软化，因而有从阴道内流出的黏液。这些变化以牛的最为明显，约在分娩前 1 周，阴唇就开始变软、肿胀，增大 2～3 倍，皮肤皱襞展平；分娩前 1～2 d 子宫颈开始胀大、松软，子宫颈管的黏液栓软化，流入阴道，有时吊在阴门之外，呈透明索状。猪阴唇肿大开始于产前 3～5 d，有时在产前数小时排出黏液。但母马和山羊的阴唇变化较晚，一般在分娩前数小时至 10 多小时才出现明显的变化。犬在分娩前亦出现外阴部肿大、充血，阴道和子宫颈变柔软，从子宫颈口流出水样透明黏液，同时伴有少量出血。

（四）精神状态及行为的变化

母畜在分娩前一般都出现精神抑郁及徘徊不安等现象，有离群和寻找安静地方分娩的习性，临产前食欲不振，粪尿排泄量少而次数增多。如猪在产前 6～12 h 有衔草做窝现象，这在我国品种的猪尤其明显；马、驴在临产前数小时在肘后和腹侧出汗，表现不安、频繁举尾、蹄踢下腹部、时常起卧和回顾腹部等；犬在分娩前变得不安，自动寻找屋角、棚下等僻静、黑暗的地方，开始筑窝，产前 24～36 h 食欲大减，行动急躁，不断用爪刨地、啃咬物品等，初产犬表现得更为明显。

三、决定分娩过程的要素

分娩是胎儿从母体的子宫中通过产道被排出的过程。这一过程是否正常，主要取决于产力、产道和胎儿与产道的关系三个方面因素。

（一）产力

将胎儿从子宫中排出的力量，称为产力。它是由子宫肌、腹肌和膈肌节律性收缩共同构成的，其中子宫肌的收缩，称为阵缩，是分娩过程中的主要动力；腹壁肌和膈肌的收缩，称为努责。

在单胎动物，子宫肌的收缩从子宫孕角的尖端开始，向子宫颈方向进行；而在多胎动物，子宫肌收缩由最靠近产道的胎儿前方开始，子宫角的其他部分则处于安静状态。阵缩是一阵阵的，具有节律性的收缩，且每次都由弱到强，持续一段时间后逐渐减弱至暂停。但在每次收缩间歇时，子宫肌并不完全弛缓，子宫不会恢复到收缩以前的状态，因为子宫肌除了缩短以外，还发生皱缩，使子宫壁逐渐变厚，子宫腔渐次变小。

子宫收缩在初期短暂而不规律，力量弱，随着分娩的进程，变得持久而有力，成为协调而有规律的收缩。子宫肌的这种收缩特点对胎儿的安全非常重要。如果子宫的收缩没有间歇性，在分娩时胎盘上的血管就会受到持续的压迫，使血液循环中断，导致胎儿在排出过程中因缺氧而窒息死亡。

（二）产道

产道是分娩时胎儿产出的必经之道，分为软产道和硬产道。软产道由子宫颈、阴道、前庭和阴门构成，正常情况下于分娩前数天开始变软，松弛，到分娩时能够扩张；硬产道是指骨盆，它是由荐骨及前3个尾椎、髂骨和荐坐韧带组成。

骨盆可分为入口、出口和骨盆腔三个部分。骨盆腔即骨盆入口与出口之间的空腔体，是胎儿产出时的通道，其大小取决于它的垂直径（骨盆联合前端向骨盆顶所作的垂线长）和横径（两侧坐骨上棘之间的距离）。坐骨上棘越低，则荐坐韧带越宽，骨盆腔就越能扩大。

将骨盆入口荐耻径、骨盆垂直径和出口上下径3条线的中点连接起来，形成的一条假想线，称骨盆轴（图2-23），以表示分娩时胎儿通过骨盆腔的路线。骨盆轴越短、越直，分娩时胎儿通过骨盆腔就越容易。

各种家畜的骨盆形状及骨盆轴有不同的特点（图2-23）。了解这些特点，有助于做好接产或助产工作。

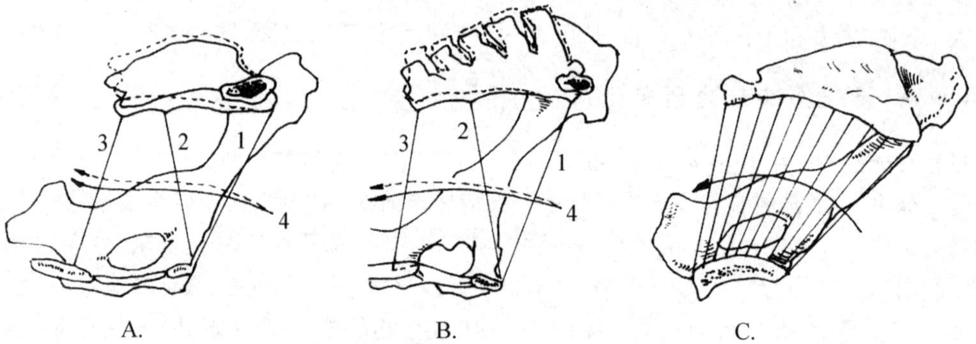

图2-23　牛、马、羊的骨盆

（改引自陈北亨，2001）

A. 牛　B. 马　C. 羊

1. 入口荐耻径　2. 骨盆腔垂直径　3. 出口上下径　4. 骨盆轴

牛的骨盆（图2-23A）入口的横径比荐耻径小，呈竖的长圆形，倾斜度较小；骨盆侧壁的坐骨上棘较高，并内向倾斜，所以骨盆横径较小，荐坐韧带较窄；因骨盆底后部向上倾斜，所以骨盆轴成为曲折的弧线，胎儿在产出时须随着这一弧形曲线多次改变方向。因此，母牛在分娩时排出胎儿所需的时间要比其他家畜长，也较难。但水牛的骨盆入口倾斜度比黄牛大，坐骨上棘较低，骨盆腔横径及荐坐韧带比较宽，而且骨盆底部较平坦，坐骨结节较大。因此，水牛骨盆出口比黄牛大，骨盆轴也比黄牛直，所以分娩时，胎儿排出比较容易。

马的骨盆(图 2-23B)入口近乎圆形,且倾斜度大;骨盆底宽而平,骨盆侧壁的坐骨上棘较小,荐坐韧带宽,骨盆腔的横径较大;出口的坐骨结节较低,容易扩大;骨盆轴为一向上稍凸的短而直的弧形,所以,分娩时胎儿排出速度较快。驴的骨盆与马的相似。

羊的骨盆(图 2-23C)构造虽然与牛的很相似,入口也为椭圆形,但入口的倾斜度很大;骨盆顶最后两块荐骨及尾椎活动性很大,坐骨上棘低,并向外翻,坐骨结节扁平外翻。髂骨向前倾斜与骨盆底均呈 35°～40°角;骨盆轴与马的相似,为一弧线形,利于骨盆腔扩张,因此分娩时胎儿通过比较容易。

猪的骨盆入口为椭圆形,倾斜度很大,坐骨上棘和坐骨结节很发达,骨盆底宽而平坦,坐骨后部宽大;骨盆轴向下倾斜,且近乎直线。

(三)胎儿与产道的关系

胎儿与产道的关系包括如下几种:

1. 胎向

胎向(direction of the fetus)即胎儿在母体子宫和产道内的方向,也就是胎儿的纵轴与母体身体纵轴之间的关系。胎向通常有如下 3 种:

(1)纵向　是指胎儿纵轴与母体纵轴互相平行。胎儿方向与母体方向相反的,即胎头和前肢先进入产道,称为正生;反之,即胎儿的后肢和臀部先进入产道的则称为倒生。

(2)横向　是指胎儿横卧在母体子宫内,其纵轴与母体纵轴呈水平垂直状态,其中胎儿背部向着产道的称为背部前置横向(背横向);腹部向着产道(四肢进入产道)的称为腹部前置横向(腹横向)。

(3)竖向　是指胎儿的纵轴与母体的纵轴呈上下垂直状态,其中胎儿的背部向着产道的,称为背竖向;腹部向着产道的称为腹竖向。

纵向是正常的胎向,而横向和竖向都属异常的胎向,易发生难产。但在生产中,严格的横向和竖向一般是不会发生的。

2. 胎位

胎位(position of the fetus)即胎儿在母体子宫内的位置,也就是胎儿的背部与母体背部或腹部的关系。通常有如下 3 种情况:

(1)上位　又叫背荐位,指胎儿伏卧在子宫内,其背部在上向着母体的背部与荐部(图 2-24-4)。

(2)下位　又叫背耻位,指胎儿仰卧在子宫内,其背部在下向着母体的腹部与耻骨(图 2-24-1)。

(3)侧位　又叫背髂位,指胎儿侧卧在子宫内,其背部偏于一侧,朝向母体左侧或右侧腹壁及髂骨(图 2-24-2、图 2-24-3),因此,又有左侧位和右侧位之分。

分娩时正常的胎位是上位,但轻度的侧位一般也视为正常。

3. 胎势

胎势(posture of the fetus)即胎儿在子宫内的姿势。妊娠期间,胎儿在子宫内的姿势是体躯微弯,四肢屈曲,但在分娩时胎势必须改变,由弯曲变为伸展。

4. 前置

前置(presentation)又称先露,是指胎儿身体先进入产道的部分,表示胎儿某部分与产道的关系，哪一部分先进入产道，就叫那部分前置。如正生时称头前置或称前躯前置，倒生时叫后躯前置。难产时，常用“前置”这一术语来说明胎儿的反常情况，如头颈弯曲，由于头颈没伸直，颈部先向着产道，就称为颈部前置等。

四、分娩时的胎向、胎位和胎势的变化

(一)分娩时的胎向、胎位和胎势的变化

在分娩前，胎儿在子宫内的方向一般是纵向，而且大多数是头(前躯)前置，少数后躯前置。胎位则视畜种不同而有差异，并与子宫构造特点有关，如牛、羊的子宫角大弯向上，胎位则以侧位为主，有的是上位；猪的胎位同样以侧位为主；而马的子宫角大弯是向下，胎位一般是下位。胎势则与妊娠期阶段、胎水多少以及子宫腔的可活动空间不同而有差别。在妊娠前期，胎儿小，羊水多，胎儿在子宫内有较大的活动空间，因此，胎势容易改变，但到妊娠末期，因子宫内的空间限制，胎儿的头、颈和四肢屈曲在一起，但仍能活动。

到分娩时，子宫内的空间限制，不允许胎向发生变化，但胎位和胎势则必须发生改变(图 2-24)，以适应骨盆腔的形状，否则就会造成难产。

分娩时，正常的胎向是纵向，且多数是头前置，即正生，少数为倒生，但在单胎动物如果是怀双胎，两胎儿可能一个是正生，另一个是倒生；正常的胎位是上位，但轻度的侧位也属正常；正常的胎势在正生时是两前肢和头伸直，头置于两前肢之上，倒生时则两后肢伸直。

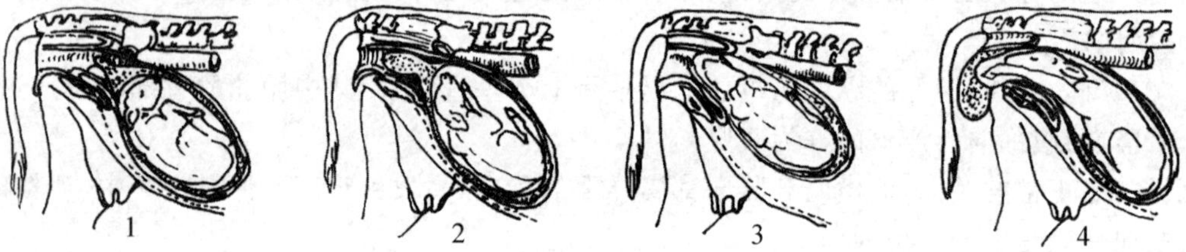

图 2-24 牛分娩时胎位和胎势的变化示意图

1. 分娩前胎儿的胎位(稍侧的下位) 2. 分娩开始时，胎囊通过子宫颈，胎儿也开始转体 3. 胎囊进入阴道，胎儿继续转体 4. 胎囊露出阴门外，胎儿变为上位

(二)母畜的分娩姿势

分娩时，母畜以侧卧姿势为多。一方面，侧卧时胎儿容易进入骨盆腔，而且腹壁不容易受到内脏器官和胎儿重量的压迫，使腹肌收缩更为有力，以利于产出胎儿。另一方面，骨盆腔的开张受骨盆韧带，特别是荐坐韧带松弛程度的影响，且荐骨、尾椎和骨盆部的韧带是臀中肌、股二头肌(牛、马)和半腱肌、半腱肌(马)的附着点。当母畜站立分娩时，这些肌肉就会紧张，使荐骨后部及尾椎向下拉紧，导致骨盆腔及出口扩大受到限制(图 2-25)；而侧卧分娩时两腿而后伸直，这些肌肉就变得松弛，使尾椎和荐骨能够向上活动，从而使骨盆腔和其出口能够扩张(图 2-26)。所以，母体侧卧姿势分娩时更有利于将胎儿产出。

图 2-25　牛站立分娩时，臀部肌肉紧张，骨盆腔不易扩大

（引自甘肃农业大学，1980）

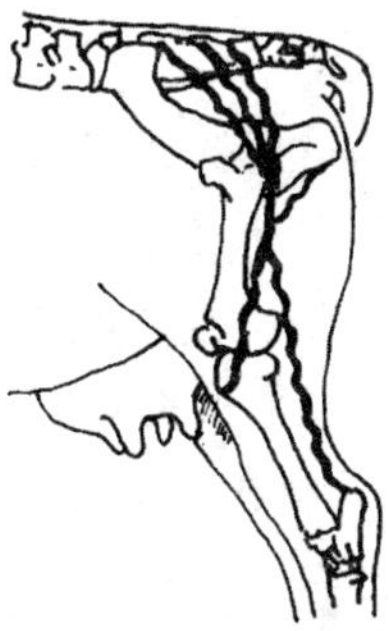

图 2-26　母牛侧卧分娩时，臀部肌肉松弛，骨盆腔容易扩大

（引自甘肃农业大学，1980）

五、分娩过程及各种家畜的分娩特点

（一）分娩过程

分娩过程从子宫出现阵缩开始，到胎儿及胎衣完全产出为止。这是一个连续的过程，但为叙述方便，将其划分为子宫颈开口期、胎儿产出期和胎衣排出期 3 个阶段。

1. 子宫颈开口期

子宫颈开口期是分娩过程的第一阶段，从子宫有规则地出现阵缩开始，到子宫颈口充分开大为止。这一期的特点是仅有阵缩，没有努责。开始时阵缩轻微，间歇期长，继而逐渐增强，间歇时间缩短。子宫通过阵缩将胎水和胎儿逐渐推向子宫颈，使胎儿的前置部位进入产道；同时母畜表现不安，食欲减退，时起时卧或徘徊运动，尾根抬起，常作排尿姿势，但经产畜一般表现不明显。

各种动物的子宫颈开口期的时间见表 2-11。

表 2-11　动物分娩各期的时间

畜别	开口期	产出期	胎儿产出间隔时间	胎衣排出期
牛	2～8 h (0.5～24)h	3～4h (0.5～6)h	20～120 min	4～6 h (不超过 12 h)
水牛	1 h (0.5～2)h	19 min		4～5 h
绵羊	4～5 h (3～7)h	1.5 h 15 min 至 2.5 h	15(5～60)min	0.5～4 h
山羊	6～7 h (4～8)h	3(0.5～4)h	5～15 min	0.5～2 h
猪	2～12 h	2～6 h	中国品种：1～10 min 引进品种：10～30 min	30(10～60)min
马	10～30 min	10～20 min	20～60 min	5～90 min
骆驼		8～15 min		21～77 min，长的达 131～184 min
犬	6～12 h，初产犬 可达 36 h	因产仔多少而异， 一般约 3～4 h	10 min 至 1 h	平均 1 只仔犬的胎衣 排出期为 5～15 min
猫		2～6 h	5 min 至 1 h	
兔		20～30 min		

2. 胎儿产出期

胎儿产出期是指从子宫颈口充分开张至胎儿产出的时期。这一时期的特点是阵缩和努责都很强烈。母畜先是表现极度不安，呼吸和心跳加快，起卧频繁，前蹄刨地，有时用后肢踢腹，回顾腹部，拱背努责；当胎儿前置部分进入并通过骨盆腔时，母畜一般采取侧卧、四肢伸直姿势，并强烈努责；经数次努责后，当胎儿前置部位露出阴门时，母畜常休息片刻，接着又继续努责，直至终将胎儿排出。胎儿产出后，母畜不再努责，休息片刻后，就能站起来照顾新生仔畜。

3. 胎衣排出期

胎衣(afterbirth)是胎膜的总称，包括部分断离的脐带。胎衣排出期是从胎儿产出开始至胎衣完全排出为止的时间。这一时期，因胎儿产出，母畜即安静下来，但几分钟后，子宫再次出现阵缩，但一般不出现努责或偶尔出现微弱的努责。此阶段的阵缩特点是持续时间和间隔时间都较长，但力量弱，如牛每次阵缩 100～130 s，每 1～2 min 一次。

由于各种家畜的胎盘组织构造不同，胎衣排出期的时间存有差异(表 2-11)，其中上皮绒毛膜型胎盘排出较快，上皮结缔绒毛膜型胎盘排出较慢，如猪的胎衣排出期为 10～60 min，马和驴的为 5～90 min，而牛需 4～6 h，有的长达 12 h。

各种动物的胎儿产出期的时间见表 2-11。

(二)各种家畜的分娩特点

1. 牛、羊

牛的分娩过程时间较长，特别是胎衣排出期时间长。母牛一般于努责开始后卧下，胎儿进入产道后，努责强烈。多数情况下先是尿膜绒毛膜呈囊状突出阴门外，破裂后排出尿水(第一胎水)，然后尿膜羊膜囊露出，破裂后排出羊水(第二胎水)和胎儿。但也有的先是羊膜绒毛膜囊先露出，破裂后排出羊水和胎儿，待胎儿产出后，尿膜绒毛膜囊才破裂，流出尿水。此种情况下，第一胎水是羊水，第二胎水是尿水。

羊的分娩过程与牛相似，但胎衣排出期要短些。胎衣一般产出胎儿后 2～4 h 内排出。

2. 马、驴

母马(驴)分娩时一般采取侧卧姿势，努责时阴门开张，从阴门内可看到尿膜绒毛膜囊呈红色。尿膜绒毛膜破裂后，排出尿水，即第一胎水。接着，尿膜羊膜囊露出，可看到内有胎儿。随着母畜的强烈努责，尿膜羊膜囊破裂，排出羊水(第二胎水)和胎儿。如果胎儿的前置部分露出阴门后，尿膜羊膜囊还不破裂，要及时撕破，以免胎儿窒息。

3. 猪

分娩时，子宫除了纵向收缩外，还有分节收缩，而且分节收缩从一侧子宫角基部最近的胎儿前方开始，一般是两子宫角轮流进行，但不规则，即一处收缩时，其余部分不收缩，先将一个胎儿推向子宫颈，再从另一个距子宫角基部最近的胎儿前方开始收缩，逐步到达子宫角尖端，依次将两子宫角内的胎儿全部排出。

在胎儿产出期，母猪一般采取侧卧姿势，胎膜不露在阴门之外，胎水也少，努责 1～4 次即可产出一仔，产出胎儿的间隔时间通常为 5～20 min 或更短。产出期所需时间依胎儿多少而有不同，一般为 2～6 h。产后 10～60 min，先后排出两堆胎衣。因为在子宫内，各个胎儿的胎囊是前后相连的，所以各胎儿的胎衣也彼此套叠，粘连在一起。

4.犬

犬分娩时，胎儿常包在胎囊内产出。有的母犬在胎囊刚露出产道时，就用牙齿将其拉出。每产一个胎儿，母犬都会撕破胎囊、咬断脐带，并舐干胎儿身上的黏液。产出一个胎儿后，接着就排出这个胎儿的胎衣，或后一个胎儿将前一个胎儿的胎衣顶出，但也有的是胎儿全部产完后才排出胎衣。多数母犬吞食掉胎衣，有时会引起呕吐或消化不良。

犬分娩时对外界干扰较为敏感，环境闹杂或有生人在场会影响母犬分娩。

5.猫

猫在分娩前常表现不安、尖叫。产出胎儿时，也常发出尖叫声。每产一个胎儿，母猫就快速舔胎儿，咬断脐带，有的母猫先清洁自身，然后才舔仔猫。胎衣一般随各胎儿一同排出。母猫也有吃胎衣的习性。

六、接产

接产的目的在于对母畜和胎儿进行观察，并在必要时加以帮助，避免胎儿和母体受到损失，达到母子安全的目的。但应特别指出，正常情况下，对母畜的分娩无需干预，所以接产工作一定要根据动物分娩的生理特点进行，不要过早或过多地进行干预。

(一)接产的准备工作

为给母畜提供良好的分娩环境，使分娩能顺利进行，以及在分娩出现异常的情况下，做好助产工作，所以应提前做好如下准备工作。

1.产房的准备

要给预产的母畜准备专用的产房或分娩栏。产房要求宽敞、清洁、干燥、安静、阳光充足、通风良好但无贼风，墙壁、地面和饲槽等设施便于消毒，并配备照明、保暖和消毒设备。猪的产房内还应设仔猪栏，以避免母猪压死仔猪。

在母畜进入产房前，对产房要进行一次彻底的消毒，并铺好消毒过的干燥褥草。

根据预产期，妊娠母畜应在产前 7～15 d 进入产房，以便熟悉环境。在母畜分娩时及产后，产房内温度以 18～25℃为宜。

2.用品及药品的准备

要准备好接产用具及药品，如助产器械、消毒药品(70％酒精，2％～5％碘酒，消毒溶液等)、催产和有关疾病防治药物等。助产器械要事先包裹消毒，放在专用的柜内或医用箱内备用。

3.接产人员的准备

接产者应选择有接产经验的人员来承担，新手应事先进行培训，使其熟悉各类动物的分娩规律，严格遵守操作规程。另外，孕畜多数在夜间分娩，因此要建立值班制度。

(二)接产的步骤与方法

1.做好清洗消毒等有关准备工作

(1)待分娩母畜的清洗消毒　接产前，要用温肥皂水清洗母畜的外阴部及其周围，擦干后再用消毒药水擦洗消毒，也可采用 0.1％高锰酸钾或 0.05％新洁尔灭溶液直接进行清洗消毒，并用绷带缠好尾巴，拉向一侧系于颈部。如果母畜的外阴部或后躯长有长毛，先剪毛后清洗消毒。

(2)接产人员的准备工作　接产人员要穿好工作服及胶围裙、胶靴，清洗并消毒手臂。

2. 临产观察与检查

在母畜分娩时，虽然要尽量避免不必要的人为干扰，但为防制难产，对临产母畜要观察其分娩情况、精神状态和行为表现等，如发现异常情况，要查明原因，及时处理。当胎儿前置部分进入产道时，可将手臂消毒后伸入产道检查，以确定胎儿的胎向、胎位和胎势以及母畜的产道是否正常。

3. 接产与助产

母畜正常分娩时无需帮助，让其自行产出胎儿。但如果出现下列情况，需要进行助产：母畜努责阵缩微弱，无力排出胎儿，要人工帮助拉出；正生时，胎儿口、鼻部已露出阴门外，如上面覆盖有羊膜，应将其撕破，并擦干口、鼻部的黏液；倒生时，如胎儿后肢蹄部已露出阴门外，要及时拉出，以免因脐带受压导致胎儿吸入羊水而窒息；如因产道狭窄、胎儿过大、胎位不正、胎向或胎势异常等导致的难产，要及时按难产进行助产。

胎儿产出后，对新生仔畜要做好如下护理工作(参见第六章第一节)。

4. 检查胎衣

在母畜产出胎儿后，要观察胎衣排出情况和排出的胎衣完整性，如发生胎衣不下，要及时处理。马、猪对胎衣不下特别敏感，更要注意观察和检查排出的胎衣是否完整。检查马的胎衣是否完整，可将胎衣平铺在地上，通过胎衣的破口向胎衣中注水，很容易确定胎衣的各个部位；或将胎衣破口的边缘对齐，如果两侧边缘及其血管互相吻合，证明胎衣是完整的；如果缺少了一部分，可将手伸入子宫，在子宫内的相应位置，找到这部分胎衣并将其剥下取出。猪的胎衣放在水中观察比较清楚。通过核对胎儿和胎衣上脐带断端的数目，即可确定胎衣是否已完全排出。

胎衣检查完毕后，应及时处理掉，以免母畜吞食后引起消化不良。在猪，吃惯了胎衣还可能形成食仔恶癖。

七、围产期母畜的管理

围产期(periparturient period)是指产前、产时、产后的一段时期。这是 20 世纪 70 年代以后医学上提出来的一个新概念，其目的是将母子作为一个整体来进行医疗护理，从而尽量降低母子死亡率，所以围产期管理应包括产前和产后阶段母子双方的保健问题。

我国医学上将围产期定义为从妊娠 28 周至产后 7 d 这段时期(这也是世界卫生组织规定中的一种)。胎儿进入围产期就称为围产儿。在兽医上，由于畜种多，目前对围产期尚无统一可遵循的时间划分标准。一般认为，奶牛围产期从产犊前 15 d 至产犊后 15 d，即干奶后期 2 周和泌乳期的最初 2 周的期间，因为这是母牛生产管理最重要的时期。猪也应以分娩前后 1 个月为宜。但也有人认为，围产期的产后阶段应该计算到生殖器官复旧为止。在生产上，从维护母、子健康、提高繁殖力和方便生产管理等诸多因素来考虑，目前一般将围产期的范围从妊娠的最后 2 个月(牛等大家畜)或最后 1 个月(猪、羊等小动物)开始算起，一直到产后子宫复旧完成为止。各种家畜的围产期时间不完全相同，现介绍家畜的围产期管理的一些基本要求。

知识链接

围产期胎儿死亡

医学上，将围产期前妊娠终止称为流产或小产；在围产期内妊娠终止则称为一次经产（俗称大产）；如果进入妊娠28周后的胎儿死亡，称为围产儿死亡。

兽医产科学上的围产期胎儿死亡（perinatal death of fetus）一般定义为：在分娩过程中及其前后不久（产后不超过1 d）所发生的胎儿死亡，而将出生前已发生的胎儿死亡称为死胎。

造成围产期胎儿死亡的原因很多，包括难产、弱胎、疾病和饲养管理不当等。从疾病的角度又可分为非传染性和传染性两大类。因此加强母畜围产期的饲养管理，对预防围产期胎儿死亡十分重要。

（章孝荣）

（一）产前管理

在妊娠期间，母畜一方面需获得大量营养物质以满足胎儿生长发育的需要，另一方面还要储备营养物质，以备产后泌乳和养育仔畜的需要。到妊娠末期，随着胎儿生长的加快和胎水的增多，母畜子宫体积和腹围不断增加，负担加重；同时增大的子宫对腹腔其他脏器有压迫作用，妨碍胃肠运动，影响消化吸收功能，所以在这一阶段对母畜除了加强日常的饲养管理之外，应特别注意以下几个方面：

1.供给全价、优质易消化的饲料

母畜妊娠末期的营养状况不仅影响胎儿的生长发育，而且对产后泌乳、生殖器官的复旧和再繁殖机能都有影响，所以应供给全价，优质易消化的饲料，特别是能量要充足。对放牧的母畜，要补饲增加精料和添加剂。对奶牛等泌乳家畜，因为在妊娠末期干奶以后，营养消耗有所减少，则应适当减少精料和钙的摄入量。

2.加强护理

妊娠末期的母畜，起卧困难，行动不便，应特别护理，以防受到损伤导致流产。因此，使役的母畜应停止使役；群养的母畜最好分开单独饲养，以免因相互挤压、斗架而受到损伤；放牧的母畜应在比较平坦的区域放牧，以防在坡地上跌倒，造成子宫捻转等。

3.加强对妊娠重病畜的监护

妊娠母畜，易受某些因素影响而发生疾病，如先兆性流产、胎水过多、妊娠毒血症、孕畜截瘫、阴道脱出、子宫或阴道出血等。这些病畜到妊娠末期病情往往加重，因此对妊娠重病畜要重点进行监护，注意其病情变化和妊娠进展情况。

（1）观察母畜的全身状况　对妊娠病畜每日进行常规检查，包括精神状态、食欲、体温、呼吸、脉搏等。必要时，可采血、尿等样品，进行实验室诊断。

（2）观察病情的变化　对有些疾病，如胎水过多、阴道脱出、子宫出血等，除了注意观察母畜的全身状态之外，对发病的主要部位亦需密切监视，注意与以前有无明显变化。

（3）观察胎儿的生长发育状况　母畜疾病严重时可能危及胎儿生命，因此要注意检查胎儿的生长发育是否正常。但检查时避免粗暴行为，并尽量减少直肠检查，以免损伤胎儿或诱发子宫收缩。

(4)注意分娩预兆和开展分娩监护　患病母畜分娩时发生难产的可能性很大,因此要注意分娩预兆,判断分娩日期,做好助产准备,一旦发生难产,立即助产。

对妊娠重病畜的观察和检查结果还要记录,进行分析比较。对那些距预产期较近,病情比较稳定的可采取保守方法,稳定和减轻病情,尽可能将妊娠维持到正常分娩;如果距预产期尚远,且母畜的病情不断加重,继续维持妊娠有可能严重损害母畜健康,甚至危及母畜生命,应尽早采取措施进行人工引产。

(二)产后管理

1.产后期母畜的生理变化

母畜的产后期(postpartum period)是指从胎衣排出到生殖器官恢复到妊娠前状态的一段时间。在此期间,母畜行为和生殖器官都发生一系列的变化。

(1)行为变化　在产后期,母畜主要的行为变化就是表现出母性行为,即哺育仔畜的行为,如舔仔畜、哺乳、认仔和护仔等,但这种行为随着仔畜的成长而逐渐减弱,直到消失。

(2)子宫的变化　母畜在产后期生殖器官中变化最大的是子宫。因为在妊娠期间,子宫为适应胎儿生长发育的需要,其形态和机能均发生了一系列的改变,如体积随胎儿的生长和胎水的增多而增大,黏膜增生并形成母体胎盘,子宫肌在孕酮的作用下活动减弱等。在产后期,子宫在妊娠期间发生的变化都要恢复到孕前状态,为重新孕育胎儿做准备。子宫在产后期的这一变化叫复旧(involution)。子宫复旧包括形态学和生理学两个方面。

①形态学变化。产后子宫形态学变化主要表现为子宫体积缩小和子宫内膜上皮组织的更新。据观察,家畜在产后最初 1～2 d,子宫肌收缩频率约为 2～4 min 1 次。产后子宫肌收缩使子宫肌纤维逐渐缩短,子宫壁由薄变厚,子宫腔容积减小,直至恢复到未孕时的状态。根据多数直肠检查结果,初产奶牛在产后 18～20 d,经产奶牛在产后 20～30 d,子宫体积可恢复到未孕状态。但经产多次的母畜子宫即使复旧完成,也难以恢复到原先的状态。分娩之后,在妊娠期间形成母体胎盘的子宫内膜表层细胞变性、脱落,与子宫残存的血液、胎水以及子宫分泌物形成恶露(luchia)排出体外,同时新上皮细胞增生,使子宫内膜组织得到更新。在产后头几天,恶露量多,显红褐色,以后逐渐变淡,最后成为无色透明的黏液,并且量也逐渐减少而停止排出。正常的恶露有血腥味,不臭;如有臭味,便是发生产后感染的征兆。

②生理学变化。妊娠期间,子宫不仅孕育胎儿,而且是重要的内分泌器官。其胎盘及孕体分泌的激素对生殖活动起重要调节作用。分娩之后,胎盘功能停止,使体内激素水平和子宫本身的活动发生很大变化。在产后最初几天,体内雌激素与孕酮的浓度比值很高,在这种较高水平的雌激素环境中,子宫肌对催产素保持着较高敏感性,解除了妊娠期间孕酮对子宫活动的抑制作用。同时子宫腺上皮增生,分泌增加,自我净化作用增强。产后子宫本身在内分泌方面的主要变化还有前列腺素分泌增加。一些研究表明,在产前几天,子宫内膜受催产素的诱导,$PGF_{2\alpha}$分泌就开始增加,至产后 4～5 d 达到峰值,一直维持到产后 15～20 d 才逐渐降低。产后子宫内膜产生大量 $PGF_{2\alpha}$对子宫本身的复旧和卵巢活动均有重要作用。据报道,产后母牛 $PGF_{2\alpha}$大量释放的时间愈长,子宫复旧愈快,产后首次发情或排卵时间也愈早。

子宫复旧的快慢因畜种、年龄、产仔数、哺乳、产程长短以及是否发生胎衣不下等有所不同。健康状况差、年龄大、胎次多、哺乳、难产及双胎妊娠、产后发生感染或胎衣不下等,复旧较慢。牛、羊、猪的子宫复旧特点如下：

牛：恶露较多，在产后 3～4 d 开始大量流出，持续时间也较长；头两天色暗红，以后呈黏液状，逐渐变为透明，10～12 d 停止排出。如在 3 周以后仍有排出者，可能是子宫感染。子宫阜的复旧过程是，血管发生变性，组织缺血、变性、分解、脱落及部分被吸收，产后约 10 d 仅为一突起；从 12～14 d 开始，子宫阜之间的子宫黏膜上皮细胞增生；产后约 20 d，子宫阜恢复原状；产后约 30 d，子宫阜上有新的上皮覆盖。子宫体积和形状在产后 12～14 d 基本恢复，至产后 40(32～46)d，完全恢复原状。

羊：恶露不多，绵羊在产后 4～6 d，山羊约到产后 2 周，恶露排出停止。但子宫复旧至少需 24 d 才能完成。

猪：恶露很少，初为污红，以后变为淡白，再成为透明，常在产后 2～3 d 停止排出。子宫上皮在产后 3 周更新，子宫复旧一般在产后 28 d 以内完成。

(3)卵巢的变化　产后卵巢活动恢复的开始时间随种属不同而有较大差异，而且受多种因素的影响。一般而言，产后哺乳的母畜卵巢恢复活动的时间比不哺乳的要迟。另外子宫复旧状况对卵巢活动亦有较大影响。如产后子宫感染，复旧延迟，其卵巢活动也迟。在有些母畜，特别是母牛，产后第一次卵巢周期不正常的发生率较高，主要表现为暗发情和短发情。

2. 产后母畜的护理

在产后期中，母畜整个机体，特别是生殖器官发生着迅速而剧烈的变化，机体的抵抗力降低。产出胎儿时，子宫颈开张，产道黏膜表层可能造成损伤；产后子宫内又积存大量恶露，都为病原微生物的侵入和繁殖创造了条件。因此，对产后期的母畜应加强护理，以促进母畜机体尽快恢复正常，预防疾病，保证其具有正常的繁殖机能。

(1)注意卫生　要注意产后母畜外阴部的清洁和消毒，如尾根、外阴周围黏附有恶露时，应洗净，并防止蚊蝇飞落。畜舍要定时消毒，褥草要经常更换。

(2)加强饲养　分娩之后，要及时供给新鲜清洁的饮水或麸皮汤等，以补充机体的水分。在产后最初几天，应给母畜质好、易消化的饲料，特别是谷物，但不宜过多，以免引起消化不良及乳腺疾病。豆科饲料只能逐渐恢复正常供给，不可太快。各种家畜饲料转为正常的时间是：牛 10 d，绵羊 3 d，山羊 4～5 d，猪 8 d；营养差的可以早转为正常，并加喂精料，以增加乳汁。多汁饲料不宜过多(奶牛例外)，以免乳汁分泌过盛，引起乳房炎或仔畜拉稀。

(3)注意日常监护　应每日观察母畜的精神状态、行为、饮欲、食欲，恶露的颜色和量，外生殖器官和乳房等变化，一旦发现异常应查明原因及时处理。例如，如发现母畜产后仍有努责，应检查子宫内是否还有胎儿或有滞留的胎盘，或发生子宫内翻及脱出；若发现乳房红肿，则可能是发生了乳房炎。

(王鲜忠)

八、诱导分娩

诱导分娩(induction of parturition)一般是指在妊娠末期的一定时间内，人为地诱发孕畜分娩，产出具有正常生理机能的仔畜。如果将诱导分娩的适用时间扩大，不再考虑胎儿在产出时的生理状态，就等同于人工引产。

(一)诱导分娩的适用范围

按照诱导分娩的应用目的,可将其分为管理性诱导分娩和治疗性诱导分娩。但应当指出,作为一项生产管理技术,诱导分娩的作用是有限的。正常情况下,只有在孕畜接近分娩期时,诱导分娩的效果才好,距分娩越早,效果越差,副作用也越大。

1.管理性诱导分娩

(1)控制分娩时间　根据配种日期和临产表现,人们很难准确掌握孕畜分娩的时间。通过诱导分娩,可以使绝大多数分娩发生在预定的时间或白天,或使预产期相近的孕畜同期分娩。这样既能避免在预产期前后日夜观察,节省人力,又便于安排对临产孕畜和新生仔畜的护理和管理工作。

(2)诱导同期分娩　由于个体差异的存在,即使同期发情、配种的母畜,其分娩时间也会有差别;而在生产中,更有许多未经同期发情处理的妊娠母畜,常常给分娩监护和生产管理造成许多困难和麻烦。通过分娩控制,人为地诱导分娩,将配种时间大体相近的母畜划为一组,使之分娩时间相对集中,既便于生产管理又便于临床监护,是集约化生产的未来发展方向。

(3)终止不需要的妊娠　母畜不到配种年龄偷配,或被劣种公畜、近亲公畜交配而妊娠,可用诱导分娩(人工引产)的办法中止其妊娠。

(4)获得具有特殊价值的胎儿　为取得花纹更美观的羔羊裘皮,可在预产期的前 10 d 以内诱导分娩,或为研究需要,避免杀母取胎,可通过诱导分娩获得胎儿。

2.治疗性诱导分娩

(1) 中止难以维持的妊娠　当孕畜患有严重的胎水过多、妊娠毒血症、阴道脱、骨软症、骨折等不宜继续妊娠的疾病,或单胎家畜怀胎儿过多,妊娠难以维持或继续妊娠有可能危及母畜生命时,可通过诱导分娩及时中止妊娠。

(2)中止异常妊娠　妊娠期间,发生胎儿死亡或胎儿干尸化,或妊娠延期,以及母畜生殖道发育不全或异常时,可通过诱导分娩,预防难产。

(二)诱导分娩的原理及方法

诱导分娩就是根据分娩发动的机理,应用激素处理来中断妊娠和启动分娩,常用的激素有ACTH、糖皮质激素和前列腺素。使用 ACTH 时应注意家畜所处的妊娠阶段。

如果使用过早(如孕羊在 130 d 之前)或胎儿已经死亡,都不能引起胎儿肾上腺皮质的应答,诱发分娩就不会成功。使用治疗剂量的水溶性短效糖皮质激素,2～5 d 后可使孕畜分娩。配合使用少量雌激素,可能有助于改进诱导分娩效果,但通常不单独和大剂量使用雌激素,否则会使子宫和产道过分水肿而增加发生难产的机会。一般也不主张给子宫颈很发达的牛和羊使用催产素。特别是当子宫颈没有开放时,使用催产素可能导致子宫破裂。前列腺素具有收缩平滑肌和溶解黄体的作用,对多数动物是诱导分娩最为方便、安全和有效的激素。

现将各种家畜诱导分娩的方法介绍如下:

1.牛的诱导分娩

(1)使用糖皮质激素　从牛妊娠 265～270 d 起,一次肌肉注射 20 mg 地塞米松或 5～10 mg 氟美松,母牛一般在处理后 30～60 h 分娩。

(2)使用前列腺素　肌肉注射氯前列烯醇 0.2～0.4 mg,或 $PGF_{2\alpha}$ 10 mg(或按 9 μg/kg 体

重计算)。但孕牛在接近分娩期时才对前列腺素敏感,如距分娩期尚早,注射后母牛不一定流产,到妊娠 275 d 时注射后 2～3 d 即可分娩。

(3)多种激素配合使用 地塞米松磷酸钠 50～70 mg 静脉注射,并配合肌肉注射催产素 15～20 mL;或静脉注射 15-甲基前列腺素 5 mg,同时肌肉注射乙烯雌酚 60 mg。

2. 羊的诱导分娩

(1)绵羊 在妊娠 144 d 时,12～16 mg 地塞米松或倍他米松,或 2 mg 氟美松可使多数母羊在 40～60 h 内产羔。在妊娠 141～144 d 注射 15 mg $PGF_{2\alpha}$或氯前列烯醇 0.1～0.2 mg,亦能使母羊在 3～5 d 内产羔。绵羊胎盘从妊娠中期开始产生 P_4,因而对 $PGF_{2\alpha}$不敏感,用 $PGF_{2\alpha}$诱发分娩的成功率不高,如果用量过大则会引起大出血和急性子宫内膜炎等合并症。

(2)山羊 方法与绵羊相似,但山羊在整个妊娠期都依赖黄体产生 P_4。因此,给妊娠山羊注射 1.2 mg 15-甲基 $PGF_{2\alpha}$或氯前列烯醇 0.1～0.2 mg,母羊在 1.5～3 d 内流产或分娩。

3. 猪的诱导分娩

根据母猪分娩机理,有 4 类激素可被用于诱导分娩,即促肾上腺皮质激素、皮质激素类、前列腺素和催产素,但处理时间不宜早于妊娠 110～112 d 之前,因此只能提前 1～2 d 分娩。

给妊娠 110 d 的母猪注射 60～100 IU ACTH,可使产仔间隙缩短 25%,从而使死产仔猪减少。在猪妊娠 109～111 d,连续 3 d 每天注射地塞米松 75 mg;或者在 110～111 d 连续 2 d 每天 100 mg,均可获得较理想的效果。

给妊娠最后 3 d 的母猪注射 5～10 mg $PGF_{2\alpha}$,大多数母猪在 22～32 h 之间产仔。如果在注射 $PGF_{2\alpha}$后 15～24 h 时再注射 20 IU 催产素,数小时后即可分娩。或者先连续 3 d 注射孕酮,每天 100 mg,第 4 天注射 $PGF_{2\alpha}$,约 24 h 后分娩。

4. 马的诱导分娩

在妊娠末期,当马乳房中有较多的初乳、子宫颈比较松软和向子宫颈外口可以伸进 1～2 指时,如果胎儿的前置、胎势和胎位都正常,注射 40 IU 催产素后约 30 min 可使母马产驹。更为安全的给药方案是间隔 15 min 注射 5 IU 催产素,注射 3 次之后将用药量增加到每次 10 IU,直到分娩开始为止。如果母马子宫颈尚未"成熟",可先注射雌激素,12～24 h 后再注射催产素。

从妊娠的 321～324 d 起,连续 5 d 每天注射 100 mg 地塞米松,可使母马在 3～7 d 后分娩。

妊娠末期的马对前列腺素变得敏感,用前列腺素诱导分娩是可靠的方法,方法是每间隔 12 h 注射 2.5 mg $PGF_{2\alpha}$,直到分娩为止。

(靳亚平,芮荣)

第三章　产科疾病

第一节　妊娠期疾病

妊娠期间，母体除了维持本身的正常生命活动以外，还要为胎儿的生长发育提供营养及生活环境，如果其生理状况能够满足这些要求，妊娠过程就能顺利发展，否则母体或胎儿的生理机能就有可能发生紊乱或健康受到损害，正常的妊娠过程就会转化为病理过程，而发生妊娠期疾病（diseases during gestation period）。

母畜的妊娠期疾病较多，本节主要介绍比较常见的几种疾病。

一、流产

流产（abortion）是由于胎儿或母体的生理过程发生紊乱，或它们之间的正常关系受到破坏，而导致的妊娠中断。流产可发生在妊娠的各个阶段，但以妊娠早期较为多见。流产不仅使胎儿夭折，而且危害母畜的健康，降低其繁殖和生产性能，甚至导致生殖器官疾病而不孕，因此必须特别重视对流产的防治。

（一）病因

流产的原因可以概括为 3 类（表 3-1），即普通性流产（非传染性流产）、传染性流产和寄生虫性流产。每类流产又可分为自发性流产与症状性流产，前者是指胎儿及胎盘发生反常或直接受到影响而发生的流产，后者则是某些疾病的一种症状或者是饲养管理不当导致的结果。

（二）症状与诊断

根据流产的发生时期、病理过程以及所引起的胎儿变化和临床症状，可以将其归纳为如下四种情况：

1. 隐性流产

隐性流产亦称胚胎早期死亡，常见于马、驴、牛和猪。此种流产发生在妊娠初期，囊胚附植前后，此时胚胎尚未发育成胎儿，死亡后组织液化，被母体吸收或随尿排出，未被发现。

隐性流产大部分发生在妊娠的第一个月内，因此母畜没有明显的临床症状，但表现为发情周期延长或屡配不孕。在马、驴和牛，配种后通过直肠检查已确定妊娠，而以后又返情，直检发现原妊娠现象消失，可判断发生了隐性流产。在猪，若配种后经过一个情期未见发情，但过了一段时间又发情，并且由阴门中流出较多分泌物，则可能是发生了隐性流产，但若是发生部分胚胎死亡（部分流产），妊娠仍能继续下去。

表 3-1　流产的病因及分类

分类	自发性流产	症状性流产
普通性流产	①胎膜及胎盘异常：无绒毛、绒毛发育不全、胎膜水肿、子宫某一部分黏膜发炎变性等； ②胎膜发育停滞：卵子或精子缺陷、卵子衰老、染色体反常、囊胚不能附植等； ③胎儿过多：发育迟缓的胎儿受邻近胎儿的排挤，不能和子宫黏膜形成足够的联系，血液供应受到限制	①生殖器官疾病：慢性子宫内膜炎，阴道炎，子宫粘连，胎水过多等； ②非传染性全身疾病：马疝痛，牛、羊的瘤胃臌气，顽固性前胃弛缓，真胃阻塞，马、驴妊娠毒血症等； ③激素分泌失调：孕酮不足，食入富含雌激素的植物等； ④饲养不当：维生素 A 或维生素 E、矿物质不足，硒缺乏，饲喂方法不当，长期饲料不足或不全价； ⑤损伤或管理不当：腹壁碰伤、抵伤、踢伤，挤撞，跌摔，斗架，剧烈运动，跳跃障碍，使役过重，粗暴鞭打等使子宫和胎儿受到机械性损伤，长途运输、惊吓、恶劣气候或环境等应激引起子宫反射性收缩； ⑥中毒：食入重金属(铅、镉等)、有机磷农药、有毒植物(疯草、西黄松叶等)、发霉饲料、未处理的棉籽饼、大肠杆菌内毒素等； ⑦医疗错误：全身麻醉，大量放血，服入过量泻剂、驱虫剂、利尿剂，注射子宫收缩药，接种疫苗引起过敏反应，误用刺激发情的药物，粗鲁的直肠或阴道检查，假发情时误配等
传染性流产	布氏杆菌病、结核病、支原体病、衣原体病、猪 SMEDI 病毒病、牛胎儿弧菌病、牛病毒性腹泻、猪繁殖与呼吸综合征、马副伤寒等	马病毒性鼻肺炎、马病毒性动脉炎、马传染性贫血、钩端螺旋体病(牛、羊、马)、李氏杆菌病(牛、羊)、乙型脑炎(猪)、O 型口蹄疫、牛传染性鼻气管炎等
寄生虫性流产	马媾疫、滴虫病(牛)、弓形体病(羊、猪)、新孢子虫感染(犬、牛、绵羊、马、猫)等	马梨形虫病、马纳塔梨形虫病、牛梨形虫病、环形泰勒梨形虫病、边虫病、血吸虫病等

2. 排出死亡、未经变化的胎儿

这是流产中最常见的一种，亦称小产，是指胎儿死后，母体于数天之内将其连同胎衣排出。此种流产若发生在妊娠初期，因为胎儿及胎膜很小，排出时不易发现，常被当作隐性流产；发生在妊娠前半期产，常无预兆，孕畜突然排出已死亡的胎儿；若发生妊娠末期，则预兆与正常的分娩相似。如孕畜的妊娠期未满而出现分娩预兆，直肠检查摸不到胎动，妊娠脉搏变弱或消失，阴道检查发现子宫颈口开张并流出稀薄黏液，则可作出诊断。

孕畜发生此种流产后，如胎儿小，排出顺利，预后较好，一段时间后仍能受孕；但若发生胎儿腐败，常引起子宫炎或阴道炎症，以后则不易受孕，严重的还可能继发败血病，导致死亡(主要是马、驴)。

3. 排出不足月的活胎儿

这类流产排出的胎儿是活的，但未妊娠足月，故也称早产，其预兆及过程与正常的分娩相似，但产前的预兆不像正常分娩那样明显，往往仅在排出胎儿以前 2～3 d 乳房突然膨大、阴唇稍微肿胀、乳头内可挤出清亮液体，阴门内有清亮黏液流出。

4. 延期流产(死胎停滞)

胎儿死亡后,由于子宫阵缩微弱,子宫颈管不开张或开张不大,死胎长期滞留于子宫内,称为延期流产或死胎停滞。此种流产依子宫颈是否开放,有以下两种结果:

(1)胎儿干尸化(mummification) 胎儿死亡后未被排出,其组织中的水分及胎水被母体吸收,变为棕黑(褐)色,好像干尸一样,称为胎儿干尸化或木乃伊。其原因是胎儿虽然已死亡,但母畜卵巢上的黄体并未萎缩,仍保持其机能,所以子宫并不强烈收缩,子宫颈也不开放,胎儿仍可留于子宫内,且没有细菌侵入,不发生腐败分解。随后,胎水及胎儿组织中的水分逐渐被母体吸收,胎儿变干,体积缩小,头及四肢蜷缩在一起而逐渐干尸化。

胎儿干尸化常见于牛、羊,也见于猪。

干尸化胎儿一般都在子宫中停留较长时间。在牛,一般是在妊娠期满数周,妊娠黄体退化后再发情时,才将胎儿排出,但也有的在妊娠期满前将胎儿排出,个别的干尸化胎儿则长久停留于子宫内而不被排出。发生胎儿干尸化后,在排出胎儿以前,母牛不出现外表症状,所以不易发现。但如经常注意母牛的全身状况,则可发现母牛妊娠至某一时间后,妊娠的外表现象不再发展;直肠检查感到子宫呈圆球状,且较妊娠月份应有的体积小得多,其硬的内容物就是胎儿,在硬的部分之间较软的地方乃是胎体各部分之间的空隙,子宫壁紧包着胎儿,摸不到胎动、胎水及子叶,也摸不到妊娠脉搏,但在卵巢上可摸到黄体。在猪,有时在分娩时发现正常的胎儿之间夹有干尸化胎儿。

孕畜发生胎儿干尸化后,如能将干尸化胎儿顺利排出,则预后较好,仍能继续生育。

(2)胎儿浸溶(maceration) 妊娠中断后,死亡胎儿的软组织分解,变为液体流出,而骨骼留在子宫内时,称为胎儿浸溶。与胎儿干尸化的情况相反,孕畜在胎儿死后,妊娠黄体萎缩,子宫颈管开放,病原微生物即沿阴道侵入子宫及胎儿,引起胎儿的软组织先是气肿,2 d左右开始分解液化而排出,骨骼则因子宫颈开放不够大而滞留在子宫内。

胎儿浸溶主要见于牛、羊,猪也可发生。发生胎儿浸溶时,因细菌感染,母畜往往出现败血症及腹膜炎的全身症状。在牛,起初表现为精神沉郁,体温升高,食欲减退,瘤胃蠕动减弱,并经常努责,伴有腹泻;随后,胎儿软组织分解变为红褐色或棕褐色难闻的黏稠液体,在努责时流出,其中夹杂有小的骨片,最后则仅排出脓液,粘染在阴门周围、尾根和后腿上,干后成为黑痂。阴道检查可发现子宫颈开张,在子宫颈内或颈前可摸到胎骨,视诊可看到阴道及子宫颈黏膜红肿。直肠检查可发现子宫颈粗大,子宫壁较厚,能摸到胎儿参差不平的骨片,捏挤子宫可能感到骨片互相摩擦。但胎儿浸溶若发生在妊娠初期,因胎儿小,骨骼间的软组织容易分解,所以大部分或全部骨骼可以排出,或仅留下少数,最后子宫中排出的液体也逐渐变得清亮。在猪,发生胎儿浸溶时,体温升高、心跳呼吸加快、不食、喜卧,阴门流出棕黄色黏性液体。

发生胎儿浸溶时,预后必须谨慎,因为这种流产可以引起腹膜炎、败血症或脓毒血症而导致母畜死亡。对于母畜以后的受孕能力,则预后不佳,因为它可以造成严重的子宫内膜炎或子宫与周围组织发生粘连,而造成不能受孕。

(三)治疗

首先应确定属于何种流产以及妊娠能否继续进行,在此基础上再确定治疗原则和措施。

1. 先兆性流产

先兆性流产是指已出现轻微的间歇性子宫收缩等流产的预兆,但子宫颈口未开,胎囊未破，经保胎治疗后，有可能继续妊娠的一种流产。其治疗原则为安胎，其措施有：肌肉注射孕酮，马、牛 50～100 mg，羊、猪 10～30 mg，每日或隔日 1 次，连用数次；为防止习惯性流产，也可在妊娠的一定时间试用孕酮，还可注射 0.1%硫酸阿托品 1～3 mL(马、牛)；必要时给以镇静剂(如溴剂、氯丙嗪等)；同时禁止进行阴道检查，尽量控制直肠检查，以免刺激母畜；还要进行牵遛，以抑制努责。

中医认为，胎动不安是因冲任(即冲脉和任脉)不固，不能摄血养胎所致，因此须补气养血，固肾安胎，可选服如下中药方剂(牛的剂量)：

白术安胎散：炒白术 30 g，当归 18 g，砂仁 18 g，川芎 18 g，白芍 18 g，熟地 18 g，阿胶(炒) 25 g，党参 18 g，陈皮 25 g，苏叶 25 g，黄芩 25 g，甘草 10 g，生姜 15 g 为引。共为细末，开水冲服，连用 2～3 剂。

保胎无忧方：酒当归 75 g，川芎 40 g，酒白芍 25 g，生芪 50 g，炙草 25 g，炒艾叶 50 g，贝母 2 g，芥穗 40 g，羌活 25 g，厚朴 50 g，炒枳壳 30 g，菟丝子 50 g，黄芩 20 g，白术 25 g，生姜 15 g 为引。共为细末，开水冲服，连用 2～3 剂。肾虚胎动不安者，加黑杜仲 25 g，续断 30 g，故纸 16 g，补肾元以固胎。无杜仲时可用桑寄生代替。

2. 无可挽回的流产

先兆性流产经上述处理，病情仍未稳定下来，阴道排出物继续增多，起卧不安加剧，阴道检查，子宫颈口已经开放，胎囊已进入阴道或已破水，流产已难避免时，应尽快促使子宫内容物排出，以免胎儿死亡腐败引起子宫内膜炎，影响以后受孕。

如子宫颈口已经开大，可用手将胎儿拉出。流产时，胎儿的位置及姿势往往反常，如胎儿已经死亡，矫正遇有困难，可以行施截胎术。如子宫颈管开张不大，手不易伸入，可参考处理胎儿干尸化的方法，促使子宫颈开放，并刺激子宫收缩。

对于早产胎儿，如有吮乳反射，应尽量加以挽救，帮助吮乳或人工喂奶，并注意保温。

3. 延期流产

胎儿干尸化时，首先应用雌激素、米非司酮，继之使用前列腺素制剂或催产素，溶解黄体并促使子宫颈扩张及子宫收缩，并向子宫及产道内灌注已消毒的润滑剂，以便于胎儿排出。由于干尸化胎儿头颈及四肢蜷缩在一起，如子宫颈开放不大时，须预先截胎才能将胎儿取出。

胎儿浸溶时，如软组织已基本液化，应尽可能将胎骨逐块取净。分离骨骼有困难时，须根据情况先将其破坏后再取出，然后用 0.1%新洁尔灭或其他消毒液或 10%盐水等冲洗子宫，并注射子宫收缩药，促使液体排出。还须向子宫内膜投入大剂量抗生素，并进行全身治疗，以免发生不良后果。操作过程中，术者须防止自己受到感染。

上述流产在排出胎儿及治疗后，为去淤生新，促进母畜生殖机能的恢复，可使用加味生化汤：党参 60 g，黄芪 45 g，当归 90 g，川芎 25 g，桃仁 30 g，红花 25 g，炮姜 20 g，甘草 15 g，黄酒 150 mL 为引，体温高者加黄芩、连翘、二花；腹胀者，加莱菔子。

(四)预防

引起流产的原因很多，各种流产的症状也有所不同。除了少数病例在刚出现症状时可以试行安胎以外，大多数流产一旦发生，往往无法阻止。尤其是群牧牲畜，流产常常是成批的，损失严重。因此对妊娠母畜要加强饲养管理，并有适量的运动或使役，以增强体质，预防流产。在发生流产时，除了采用适当治疗方法，保证母畜及其生殖道的健康以外，还应对整个畜群的情况进行详细调查分析，注意观察排出的胎儿及胎膜，必要时采样进行实验室检查，尽量作出确切的诊断，然后提出有效的具体预防措施。

调查应包括饲养条件及制度(确定是否为饲养性流产)、管理及使役情况，是否受过伤害、惊吓，流产发生的季节及气候变化(损伤性及管理性流产)；母畜是否发生过普通病，畜群中是否出现过传染性及寄生虫性疾病，以及治疗情况如何，流产时的妊娠月份，母畜的流产是否带有习惯性等。

对排出的胎儿及胎膜，要进行细致观察，注意有无病理变化及发育反常。在普通流产中，自发性流产常表现有胎膜上的反常及胎儿畸形；霉菌中毒引起的流产，表现为羊膜和胎盘水肿、坏死；因饲养管理不当、损伤、母畜疾病、医疗事故等引起的流产，一般看不到胎儿有明显的变化；传染性及寄生虫性引起的自发性流产，胎膜及(或)胎儿常有相应的病理变化，如牛因布氏杆菌病引起流产，常表现为胎膜及胎盘上常有棕黄色黏脓性分泌物，胎盘坏死、出血，羊膜水肿并有皮革样的坏死区，胎儿水肿，且胸腹腔内有淡红色的浆液等。

当疑似发生传染性流产时，应禁止解剖，以免污染，并将胎儿、胎膜以及子宫或阴道分泌物送实验室诊断，有条件时应对母畜进行血清学检查，同时做好消毒、隔离措施。

知识链接

自然流产与习惯性流产

医学临床上将妊娠不足28周、胎儿体重不足1 000 g而终止妊娠者，称为自然流产。根据流产发生的时间不同，自然流产又可以分为早期流产、中期流产和早产几种。

自然流产连续发生3次或以上的称为习惯性流产。近年国际上常用复发性自然流产取代习惯性流产。每次流产多发生于同一妊娠月份，其临床经过与一般流产相同。早期流产的原因常为黄体功能不足、甲状腺功能低下、染色体异常等。晚期流产最常见的原因为子宫颈内口松弛、子宫畸形、子宫肌瘤等。对习惯性流产要在查明原因后，采取相应的预防措施。

(章孝荣)

二、胎水过多

胎水过多(drops of fetal membranes and fetus)是指尿膜囊或羊膜囊内蓄积过量的液体，前者称为尿水过多，后者称为羊水过多，有时尿水和羊水同时积聚过多。如牛的羊水正常量为1.1～5 L，尿水为3.5～15 L(平均约9.5 L)，在发生胎水过多时，胎水的总量可达100～200 L。

胎水过多主要见于妊娠5个月以后的牛，羊偶有发生，马和犬也有报道。

(一)病因

胎水过多的原因还不清楚。在牛，此病常发生在怀双胎或有子宫疾病时，可能是由于缺乏维生素A等某些营养物质，子宫内膜的抵抗力降低所致，或是由于子宫内膜上有变性、坏死的子叶，起作用的胎盘数目减少引起的。母体的心脏和肾脏疾病、贫血等，可能因循环障碍，引起胎水过多。发生胎水过多时，母体也常有全身水肿。羊水过多可能是羊膜上皮的作用反常或胎儿发育反常引起。

(二)症状及诊断

胎水过多主要发生在妊娠的中、后期。病畜的临床表现为：腹部明显增大，而且发展迅速；因增大的腹部向两旁扩张，使腹壁紧张，背部凹陷；叩诊腹部呈浊音，推动腹壁液体晃动明显；直肠检查时，感到腹内压力升高，子宫内液体波动明显；子宫壁紧张，虽能摸到子叶，但不清楚；胎儿往往很小，不易摸到；同时，病畜运动困难，站立时四肢外展，呼吸快而浅，脉搏快而弱，因为卧下时呼吸困难，所以不愿卧地，但体温一般无变化。病情严重时，则起卧困难或发生瘫痪，有时发生腹肌撕裂。随着病情的加重，病畜全身状况也逐渐恶化，表现精神委靡，食欲减退，机体消瘦，被毛蓬乱。

(三)预后

病轻者，妊娠可以继续，但胎儿往往发育不良，甚至体重达不到正常胎儿的一半，常在分娩时或者出生后死亡。分娩或者早产时，常因子宫迟缓，子宫颈开张不全及腹肌收缩无力，而发生难产。排出胎儿后，常发生胎衣不下。胎水大量积聚可能引起子宫破裂，或者腹肌破裂而发生子宫疝气。如果胎水极多，距离分娩时间尚早或病畜因身体衰弱而已长久不能站立，则预后不佳。

(四)治疗

轻症者，可给以富含营养的精料，限制饮水，增加运动，并给以利尿、轻泻剂，尽量维持到分娩，然后按处理阵缩与努责微弱的方法助产。严重病例，由于子宫过大，收缩无力，子宫颈不能开张，可行剖腹产，但从术前约 1 d 开始，须用套管针通过腹壁缓慢放出胎水，以免突然大量排水引起休克。由于大量失水会造成电解质平衡紊乱，故手术前后均需静脉输入复方生理盐水。

如距分娩时间尚远而且症状严重时，应及早施行人工引产，终止妊娠，否则会危及母畜生命。方法是：首先应用雌激素、米非司酮，继之使用前列腺素或催产素溶解黄体，并促使子宫颈扩张及子宫收缩。胎儿排出前后需注意应用强心剂及电解质进行支持性治疗。

中兽医认为，胎水过多是因脾阳不足，气化失常，湿聚胞中所致，对脾气虚弱者，宜健脾渗湿，养血安胎，可选用鲤鱼汤加减(《千金要方》)；气滞湿郁者，可用茯苓导水汤(《医宗金鉴》)去槟榔。

三、阴道出血

妊娠时阴道出血(hemorrhage of the vagina)是指非外伤性的阴道黏膜出血，以妊娠末期的经产老马发生较多，偶尔见于驴和其他动物。

(一)病因

阴道出血是由于前庭或阴道壁(有时是阴瓣)上的静脉长期高度曲张，并发生细胞渗出或静脉破裂而引起的。其确切原因尚不清楚，可能与下列因素有关：

(1)妊娠末期，子宫体积扩大，腹压增加，盆腔静脉的血液回流受阻，同时由于盆腔血流增加，使静脉充盈过度，因而发生静脉曲张，静脉压升高，静脉壁的渗透性反常，甚至出现渗血或静脉破裂而出血。

(2)使阴道静脉压升高的疾病(如腹泻、便秘等)以及缺乏运动，长期站立于前高后低的地方等也可能导致阴道静脉曲张而发生出血。

(二)症状及诊断

阴门及其周围或臀部、尾根和附关节粘有血液，有时可以看到血液呈间隙性或点滴状流出，特别是当患畜卧下时，出血较多。

阴道检查可见前庭和阴道黏膜下静脉努张、弯曲。有时一处，甚至多处曲张的静脉聚积成球，色深紫，状如杨梅，静脉壁脆薄，轻微触动或努责时容易破裂出血。时间较长的病例，具有明显的出血破口、溃烂和血栓性静脉炎。

全身症状随出血的多少而定。出血少而时间短者，通常都没有什么影响，也没有腹痛不安等现象。但持续期长而出血多者，容易引起贫血及消化不良，严重时甚至危及母子生命。

(三)治疗

首先尽可能使患畜安静，保持前低后高姿势，以减轻阴道和前庭血管的负担，促使破损血管凝血，并禁止不必要的阴道检查或直肠检查；其次，应及时治疗容易诱发出血的疾病，并采取止血措施。

硝酸银止血法效果较好。方法是：用开膣器打开阴道，在强光(手电光、日光)照明下，用硝酸银棒涂擦出血部位，直到变成灰白色不再出血为止。为了避免硝酸银对健康部位的腐蚀，涂擦的出血部位必须精确，烧烙结痂后用生理盐水冲洗阴道。

亦可给出血部位注射血管硬化剂，如5%鱼肝油酸钠(1.0～3.0 mL)等，进行止血。

阴瓣出血者，可用开膣器扩张阴道，将阴瓣用止血钳牵至阴门附近，用缝合针线在出血处前后各结扎一道，即可达到充分止血的目的。

还可注射促进血液凝固的药物，如凝血酶、维生素 K、氯化钾、10%白明胶等，进行辅助治疗。

对于病期长、出血多的病例，须输液或输血。为了防止流产，可肌肉注射孕酮或 hCG。

中兽医认为，本病属于胎漏下血症，可按气血双虚、阴虚血热分型施治。因此，服用补中益气汤有一定效果。

四、子宫出血

子宫出血(metrorrhagia)是指妊娠期间绒毛膜或子宫壁血管破裂所引起的出血，通常是由于机械性原因引起流产的一种先兆。

(一)病因

机械暴力可使子宫血管或绒毛膜血管损伤、破裂而出血。妊娠期间，胎膜或子宫内感染(如布氏杆菌)引起的胎膜炎、胎盘病变也会发生出血。在牛，还经常见到“子宫沙”，它在子宫内膜与绒毛膜之间，呈干涸浓缩状，形似沙粒，直径 0.04～0.15 cm，这是有过胎盘炎及出血的征候。

（二）症状及诊断

出血量不多时，血液积聚于子宫和胎膜之间，不向外流，因此外表常无明显症状，或者只是在流产前溶化了的子宫颈黏液塞从阴道排出时混有血液。出血多时可从阴门流出，且常随子宫的收缩呈间断性流出。大量出血时，则从阴门不间断地流出较多的血液，但要与阴道出血相鉴别。

阴道出血是从阴道黏膜下的血管中流出，多为静脉曲张所致，因而血液以不断地渗出为特征，而子宫出血则是通过子宫颈，血液呈股状排出。

在奶牛，尤其是青年奶牛，配种后 1～3 d，常可从阴门处发现约 10 mL 的血性分泌物。这种出血若发生在母牛接受爬跨后 2～3 d 内，且出血量不多时，对受胎一般影响不大，但若出血发生在接受爬跨 4 d 以后，且出血较多，则不能受孕。

在妊娠期间，子宫少量的出血一般不致于破坏妊娠过程，但如出血多时易发生流产，严重者可危及生命。

应当指出，灵长类（包括人）的子宫内膜随月经周期的变化而发生变化，并有蜕膜生成（黄体期），蜕膜脱落时发生出血，即形成“月经”，它与牛子宫出血、马阴道出血以及少数青年牛情期配种后出血的性质完全不同。

（三）治疗

当孕畜发生子宫出血时，可注射止血药和保胎药，同时将其置于安静处，加强监护，必要时给予镇静剂，但要禁止应用强心剂和输低浓度液体，并避免不必要的阴道及直肠检查。

对保胎无效或出血加重时，应尽快引产，待胎儿产出后使用子宫收缩药以达止血目的。

五、孕畜截瘫

孕畜截瘫（paraplegia of pregnancy）是妊娠末期，孕畜既无导致瘫痪的局部病变（例如腰臀部及后肢损伤等），又没有明显的全身症状，而后肢不能站立的一种疾病。此病各种家畜均可发生，但多见于猪、牛和马，且常带有地域性和季节性（冬末、春初或炎热多雨季节易发）。母畜乏弱衰老，也容易发病。

（一）病因

截瘫是妊娠末期很多疾病的症状，例如营养不良、胎水过多、严重子宫捻转、损伤性胃炎（伴有腹膜炎）、风湿等。但饲养不当，长期饥饿、饲料单纯、缺乏钙、磷等矿物质及维生素，可能是发病的主要原因，因为补充钙、磷及青绿饲料，改善营养等，对本病常有良好的疗效及预防作用。

正常情况下，骨骼中的钙、磷和血液及身体其他组织中的钙、磷是维持动态平衡的。凡能引起孕畜缺乏钙、磷的原因均可能诱发本病，如饲料中的钙、磷含量不够或比例失调，饲料中含较多的磷酸或植酸而与钙结合成不溶性的磷酸钙或植酸钙，或胃肠机能紊乱、慢性消化不良等，造成孕畜钙、磷摄入不足。缺乏日照或维生素 D 不足，也妨碍钙从小肠中吸收。有的地区土壤及饮水中普遍缺磷，也能使骨盐不能沉积。

骨骼中的钙盐沉着不足，就会引起血钙浓度下降。血钙降低则促进甲状旁腺素分泌增加，刺激破骨细胞的活动，使骨盐（主要为磷酸盐、碳酸盐、枸橼酸钙）溶解，释入血中，以维持血钙水平，因而骨骼的结构可能受到损害而发生瘫痪。妊娠末期，一方面，由于胎儿迅速发育，对钙、磷的需要量增加，母体将大量的钙、磷优先供给了胎儿，加剧了血钙浓度的降低；另一方面，又由于妊娠末期子宫的重量也大为增加，且骨盆部韧带变为松软，使后肢的负重发生困难，甚至不能起立而发生截瘫。

另据报道，铜、钴、铁严重缺乏，贫血及衰弱也可引发本病。

（二）症状及诊断

在牛，一般在分娩前一个月左右后肢逐渐出现运动障碍。最初仅见站立无力，两后肢经常交替负重，行走时后躯摇摆，步态不稳，卧下时站立困难，因此长久卧地。以后症状加重，后肢不能起立。有时滑倒后突然发病。

临床检查时，后躯局部无明显病理变化，痛感反应正常，也无明显的全身症状。卧地时间较长者，可能发生褥疮，患肢肌肉萎缩，有时伴有阴道脱出。分娩时，患牛可能因子宫收缩无力而发生难产。

在猪，常见于产前数天发病。最初的症状是起卧困难，站立时四肢强拘，行动困难。与牛不同的是，先是一前肢跛行，以后波及四肢。病程较长的，触诊掌（趾）骨有疼痛，驱之不敢迈步，甚至跪地爬行，疼痛嘶叫。病重的则卧地不起。病猪还常有异食癖，消化紊乱，大便干燥等。

本病距分娩时间越短，病情越轻，预后越好。否则可能发生褥疮，继发败血症而死亡。

诊断时，应注意与胎水过多、风湿病、髋关节脱臼、骨盆骨折、后肢韧带及肌腱损伤等相鉴别。

（三）治疗及护理

如截瘫是缺钙引起的，可静脉注射10%葡萄糖酸钙，牛200～400 mL，猪50～100 mL，也可静脉注射5%氯化钙，隔日一次，有良好效果。如使用氯化钙制剂，须加于糖盐水中使用，注射速度须缓慢。为了促进钙盐吸收，可同时肌肉注射骨化醇（维生素 D_2）或维生素 AD，牛10 mL，猪、羊3 mL，隔两日一次；肌肉注射维丁胶性钙，猪1～4 mL，牛5～10 mL，隔日一次。也可同时穴位注射维生素 B_1 10 mL。如有消化扰乱、便秘等，可对症治疗。

电针（或针灸）治疗可选用百会、肾俞、汗沟、巴山及后海等穴。

如距分娩已近，但因褥疮而有引起全身感染的危险时，可人工引产，以便抢救母畜及胎儿的生命。

孕畜截瘫的治疗，往往拖延时间较长，必须耐心护理，并给予含矿物质及维生素丰富的易消化饲料，并多垫褥草，每日要翻转病畜数次，并用草把等摩擦腰荐部及后肢，促进后躯的血液循环。

病畜有可能站立时，每日应抬起或吊起几次，以便四肢能够活动，促进局部血液循环，并防止发生褥疮。

（四）预防

可给孕畜补加骨粉、蛋壳粉等含钙饲料，也可根据当地草料、饮水中钙、磷的含量，补加相应的矿物质，同时精、粗、青饲料要合理搭配。冬季舍饲的家畜应常晒太阳。

牛在产前1个多月如能吃上青草，对防止截瘫效果很好。因此在草场不好的地区，冬末产犊前，孕牛发生截瘫的较多，可将配种期推后，使产犊期移至青草已生长之后。

六、孕畜浮肿

孕畜浮肿(edema of pregnancy)是妊娠末期孕畜腹下及后肢等处发生的水肿。浮肿面积小，症状轻者，是妊娠末期的一种正常生理现象；浮肿面积大，症状严重的，则认为是病理状态。

本病多见于马，有时也见于牛，主要是乳牛。浮肿一般开始于分娩前1个月左右，产前10 d变为明显，分娩后2周左右自行消退。

(一)病因

引起孕畜浮肿的因素有以下几个方面：

1. 血液循环方面的因素

妊娠末期，胎儿生长发育迅速，子宫体积增大，腹内压增高。同时，孕畜的乳房增大，运动也减少，因而腹下、乳房及后肢的静脉血流滞缓，导致静脉淤血，毛细静脉管壁渗透性增高，水分渗出增多，而且组织液回流受阻，因而组织间隙液体积留，引起水肿。此外，孕畜的循环血量增加，使心脏及肾脏的负担加重。在正常情况下，心脏及肾脏有一定的生理代偿能力，故不出现病理现象。但如运动不足，机体衰弱，特别是有心脏及肾脏疾病时，则容易发生水肿。

2. 营养、代谢方面的因素

妊娠期间，特别是到妊娠末期，胎儿发育迅速，需要大量的蛋白质等营养物质，同时孕畜的代谢旺盛，全身血量增加，如摄取的蛋白质不足，则使血浆蛋白浓度下降，血液胶体渗透压降低，破坏血液与组织液间的水分动态平衡，而导致组织间隙水分增多。

3. 内分泌方面的因素

母畜妊娠时，其内分泌功能发生一系列变化，如抗利尿素、雌激素及醛固酮等分泌增多，使肾小管远端钠的重吸收作用增强，组织内的钠量增加，进一步引起机体内水分的潴留。

(二)症状及诊断

浮肿常从腹下及乳房开始，以后逐渐向前蔓延至前胸，向后蔓延至阴门，甚至涉及后肢的跗关节及球节。

浮肿一般呈扁平状，左右对称，无被毛部分的皮肤紧张而有光泽。触诊感觉其质地如面团，指压留痕，皮温稍低。病畜通常无全身症状，但如浮肿严重，则可出现食欲减退、步态强拘等现象。

(三)治疗和预防

对病情轻的，不必用药，只需改善饲养管理，给予含蛋白质、矿物质及维生素丰富的饲料，限制饮水，减少多汁饲料及食盐。

对病情严重的，可应用强心利尿剂，如内服苯甲酸钠咖啡因5～10 g，或皮下注射20%苯甲酸钠咖啡因20 mL，每日一次，连用5 d。

中兽医治则是补肾、理气、养血、安胎，浮肿势缓者可内服当归散：当归50 g、熟地50 g、白芎 30 g、川芎 25 g、枳实 15 g、红花 3 g，共为末，开水冲服；浮肿势急者可内服白术散：炒白术 30 g、砂仁 20 g、当归 30 g、川芎 20 g、熟地 20 g、白芍 20 g、党参 20 g、陈皮 25 g、苏叶 25 g、黄芩 25 g、阿胶 25 g、甘草 10 g、生姜 15 g，共为末，开水冲服。

任何情况下，都不可采用针刺放液的疗法，以免引起感染。

为预防本病，对舍饲的妊娠母畜，尤其是乳牛，每天要进行适当运动，擦拭皮肤，给予营养丰富的易消化饲料。役用家畜在妊娠后半期，也要轻度使役或让它们任意逍遥运动，不可长期系留在圈内。

七、阴道脱出

阴道壁的一部分或全部突出于阴门之外时称为阴道脱出(prolapse of the vagina)。本病多发生于妊娠末期，但在发情或患某些疾病时也能发生，如患卵泡囊肿的牛常继发阴道脱出；以舍饲的牛、羊多发，其他家畜偶尔亦能发生。

(一)病因

引起阴道脱出的原因主要是阴道壁及其固定的组织松弛，如年老体弱、饲养不良、运动不足等常引起全身组织紧张性降低；妊娠末期，因胎盘分泌较多雌激素，使骨盆内固定阴道的组织、阴道及外阴松弛。二是阴道壁受到外力持续的向外推压，如胎儿过大、胎水过多、双胎妊娠、瘤胃臌胀、产后努责过强、便秘、下痢、卧地不起等造成腹压持续增高，或长期拴于前高后低的厩舍内，向外压迫阴道，致使松弛的阴道壁脱出。

(二)症状及诊断

根据脱出的程度不同，阴道脱出分为部分脱出和完全脱出。

部分脱出主要发生在产前或是习惯性脱出。病初仅在患畜卧地时，可见阴道壁形成一粉红色的瘤样物夹在阴门内或露出于阴门外，起立后脱出部分自行缩回。以后如病因未除，则脱出的阴道壁逐渐增大，以致患畜起立后，脱出的部分也不能缩回，黏膜变得红肿干燥，或经过较长时间才能缩回。

完全脱出，发生在产前的，一般由部分脱出发展而来，可见由阴门突出一排球大小(牛)的囊状物，表面光滑，粉红色，在脱出的阴道末端可以看到子宫颈管外口及黏液塞。因脱出的阴道压迫尿道口，排尿也受到阻碍。有时，膀胱或胎儿的前置部分常进入脱出的阴道囊内，触诊时可以摸到。在产后发生的，脱出的阴道壁较厚，体积一般较产前的小，在其末端上有时看到肥厚的子宫颈膣部的横皱襞。

阴道脱出若不能缩回，时间一长，脱出的部分因淤血变为紫红色，甚至发生水肿。严重水肿时可使黏膜与肌层分离，表面干裂，流出血水。在受到摩擦、损伤及粪尿、泥土、草料等污染时，常使脱出的阴道黏膜发生破裂、发炎、坏死及糜烂，表面污秽不洁，甚至继发全身感染而死亡。

根据脱出程度及损伤情况，病畜有不同程度的努责。牛发生在产前的完全脱出，常因阴道及子宫颈受到刺激而出现持续强烈努责，甚至继发直肠脱出、胎儿死亡及流产等；发生在分娩后的脱出，须注意是否有卵巢囊肿。

犬发病时，所见的全部是部分阴道壁脱出，且发生在非妊娠期，脱出的阴道呈粉红色的囊状物或瘤状物。时间较长不能回缩时，则出现水肿，颜色绀紫，质地较硬，甚至表面糜烂不洁，但应注意与阴道肿瘤相鉴别。

（三）预后

视发生的时期、脱出程度、时间长短、致病原因是否除去而定。阴道部分脱出，预后良好，维持至分娩时，阴道扩张，也不妨碍胎儿排出，产后能自行复原。完全脱出，发生在产前者，距分娩时间越近，预后越好，如距分娩尚久，整复后不易固定，复发率高，容易发生阴道炎、子宫颈炎，炎症可能破坏黏液塞，侵入子宫，引起胎儿死亡及流产，产后可能久配不孕。发生在产后者，久拖不愈的，常导致不孕。继发直肠脱出时，预后须谨慎。发生过阴道脱出者，再妊娠时容易复发。

（四）治疗

对部分脱出且站立后能自行缩回的病例，重点是消除病因，防止脱出部分继续增大、受到损伤及感染。可将患畜拴于前低后高的厩舍内，并将尾巴拴于一侧，以免尾根刺激脱出的阴道黏膜引发努责。同时加强饲养管理，适当进行逍遥运动，减少卧地时间，给予易消化的饲料。对便秘、下痢及瘤胃臌胀等病，应及时治疗。

对脱出时间较长，站立后不能自行缩回或完全脱出的病例，必须立即整复，并加以固定，以防再脱。整复及固定方法如下：

整复前，先将患畜前低后高保定（中小动物可提起后肢）。如患畜努责强烈，妨碍整复，应进行荐尾间隙或第一、二尾椎间隙硬膜外腔轻度麻醉，或后海穴局部麻醉。然后用0.1%高锰酸钾或0.1%新洁尔灭等消毒药液清洗脱出的阴道部分，并除去坏死组织。如有大伤口，要缝合，并涂布碘甘油或抗生素软膏等。若水肿严重，可用纱布浸以2%明矾液进行清洗并压迫，促使水肿液排出，亦可针刺水肿的阴道壁，涂以1%过氧化氢，并用消毒的干纱布挤压排液，使水肿减轻，待阴道壁发皱、发软，体积缩小后，再表面涂布碘甘油。

整复时，先用消毒纱布将脱出的阴道壁托起，趁患畜不努责时，将脱出部分向阴门内推送。待脱出的部分全部推入阴门内以后，再用手（拳头）或消毒过的适当粗细的圆头光滑木棒将阴道壁推回原位，并向四周扩压。然后在阴道腔内涂布消炎药，或在阴门两旁注入抗生素，抑制炎症。为抑制努责，防止再脱出，可用花椒水热敷阴门，每天1次，每次30 min，连续3 d。也可内服中药，补气升提，如加味补中益气汤：黄芪30 g、党参30 g、甘草15 g、陈皮15 g、白术30 g、当归20 g、升麻15 g、柴胡30 g、生姜15 g、熟地10 g、大枣4个为引，水煎服，每日一剂，连服3 d；或八珍散：当归30 g、熟地30 g、白芍25 g、川芎20 g、党参30 g、茯苓30 g、白术30 g、甘草15 g，共为末，开水冲服，连服2～5 d。

整复后，为防止再脱出，需进行固定，其方法有如下几种：

1. 阴门缝合法

对牛等大家畜可用12号缝线在阴门上作2～3道的双内翻缝合，或圆枕缝合、纽扣缝合等。对羊、犬等较小的动物，可用10号缝线作袋口缝合。在牛，双内翻缝合较为实用，其方法是：在阴门右侧3 cm的皮厚处进针，从同侧距阴门边缘1 cm处穿出，再将针自阴门左侧1 cm处穿入，3 cm处穿出，然后此线下移2 cm再用同样方法从左将线穿到右侧，收紧并与原线头打结（图3-1）。两侧露在皮肤外的缝线上须套一段输液管或缠绕纱布，以免努责强烈时，缝线将皮肤勒破。缝合的松紧度和缝合道数及位置以不影响排尿为原则，一般缝合 2 道为宜，且阴门的下 1/3 不缝合。待母畜确实不再努责之后，可以拆线，但母畜如出现分娩预兆，要及时拆线。

2. 阴道侧壁固定法

对努责强烈的病牛，阴门缝合时缝线常崩断或将阴部皮肤撕裂，可采用阴道侧壁固定法。因此法是用缝线通过坐骨小孔穿过荐坐韧带，将阴道侧壁固定在臀部皮肤上，且因缝针穿过处的结缔组织发炎增生后而粘连，所以固定比较确实。方法是：先将臀部缝针处（与坐骨小孔对应的部位）剃毛、消毒，皮下注射 2%盐酸普鲁卡因 5 mL 作局部麻醉（亦可不用），再用手术刀尖将皮肤切一小口；术者一手伸入阴道内，用手掌向上侧方推搡阴道壁，使其尽量贴紧骨盆侧壁，同时触摸清楚骨盆动脉位置，以免穿针时误伤直肠和动脉；另一手拿着消毒过的穿有粗缝线的长直针（较细的缝麻袋针可代用），倒着将针孔端从皮肤切口刺入，钝性穿过肌肉，避开骨盆动脉（手在阴道内能够摸到动脉的搏动），直至穿透阴道侧壁；当放在阴道内的手摸到缝线时，立即将其引至阴门外，拴上消毒过的大纱布块或大衣纽扣后，在臀部向外把缝针拔出，同时将缝线收紧，使阴道侧壁紧贴骨盆侧壁，然后同样拴上纱布块大衣纽扣（图 3-2）。用同法把另一侧阴道壁与臀部固定。固定完毕后，用消毒药液冲洗阴道，并涂布 2%龙胆紫或抗生素软膏等，肌肉注射抗生素 3～4 d，以防感染。1 周后，患畜如不努责，即可拆线。产前缝合的可在产后拆线。如缝合处发生感染化脓，应进行外科处理。

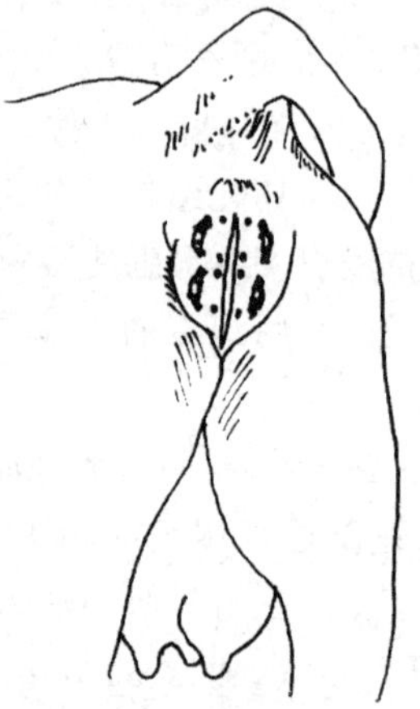

图 3-1　阴门双内翻缝合法示意图

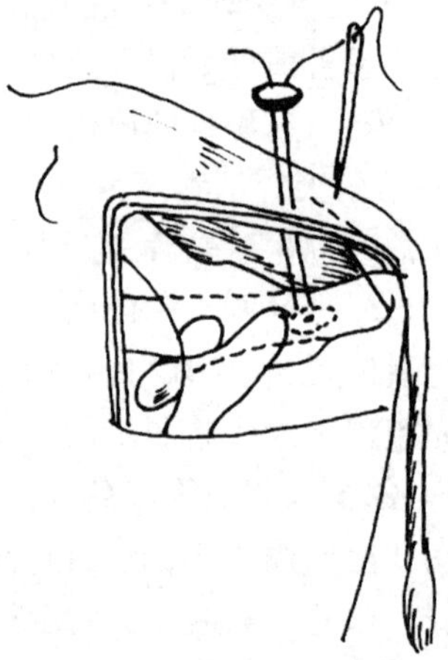

图 3-2　阴门侧壁和臀部缝合法示意图

3. 内固定法

对顽固性（反复复发的）阴道脱出的病例可选用此法。方法是：选择腹白线作切口，术部除毛、消毒，自近耻骨前缘处切开腹壁，暴露子宫并由此向前牵引阴道，用缝线将两侧阴道壁分别与对应的盆腔壁软组织缝合固定。如遇子宫积脓时，则顺便摘除子宫。然后闭合手术切口。

4. 其他方法

脱出的阴道整复后，向阴门两侧深部组织内注射 95%酒精，刺激组织发炎肿胀甚至粘连，有防止阴道再脱出的作用，剂量视具体病例而定。也可电针后海穴及治脱穴（外阴中部两侧 2 cm 处），第一次电针 2 h，以后每天电针 1 h，连用 1 周。

个别阴道脱出的孕畜，特别是卧地不能起立的骨软症及全身衰弱的病畜，或者整复及固定后，仍有持续强烈努责，无法克服，甚至继发直肠脱出的病畜，应尽早作直肠检查，确定胎儿的死活，以便采取适当的治疗措施。如胎儿仍活着(轻抓胎儿四肢有反应)，并且临近分娩时，应进行人工引产或剖腹产术，以便抢救胎儿及母畜生命，并同时可将阴道脱出治愈。如胎儿已经死亡，更应迅速施行手术。

八、妊娠毒血症

妊娠毒血症(pregnancy toxemia)是母畜妊娠末期的一种严重的代谢性疾病。多种动物均可发生。

(一)驴、马妊娠毒血症(pregnancy toxemia of ass and mare)

本病主要见于怀骡驹的驴和马，且驴较马多发。马怀马驹时也可发病，但驴怀驴驹时患病者极少。此病绝大多数发生在产前数天至 1 个月内，以产前 10 d 以内发病者居多，主要特征是产前顽固性不吃不喝，如发病距产期尚远，多数病畜支持不到分娩就母子双亡。在我国北方十一个省、市、自治区的繁殖驴骡地区都有此病发生，死亡率高达 70%左右。

1. 病因

发病原因及发病机理还不十分清楚。除了胎儿过大这一关键性原因以外，孕畜缺乏运动及饲养不当可谓重要因素。

胎驹为骡子时，具有杂种优势，发育迅速，体格较大，使母体的新陈代谢和内分泌系统的负担加重，特别是在妊娠末期，胎儿迅速生长，代谢过程愈加旺盛，需要从母体摄取大量的营养物质。这时如母畜饲养不良，没有青绿饲料，精料搭配不合理或不足，就容易造成维生素、矿物质及必需氨基酸的缺乏，如果再缺乏运动，消化吸收机能降低，母体所获得的营养物质不够，就不得不动用自身贮存的糖原、脂肪和蛋白质，优先满足胎驹生长发育的需要，而使本身受到亏损，引起代谢机能障碍而发病。妊娠期间不使役，不放牧，甚至也不牵遛，则容易导致发病。虽然不是没有运动的孕畜都发病，但发病者绝大多数都是没有运动的。

2. 症状及诊断

(1)临床症状　本病的临床特征主要是产前食欲渐减，忽有忽无，或者突然、持续的完全不吃不喝。驴患此病时，在临床上可分轻症和重症两种。

轻症：发病时间较短，食欲显著减退，但未完全废绝，有的仅吃少量饲草(特别是青草)，不吃精料，有的只吃少量精料而不吃饲草。口色较红而干，口稍臭，舌无苔，结膜潮红。排粪少，粪球干黑，常带有黏液，有的粪便稀软，有的干稀交替。肠音弱，但拉稀者有水响音。尿少，色黄。精神不振，呆立不愿活动。下唇轻度松弛下垂。心音稍亢进，心率通常每分钟在 70 次以上。体温正常。

重症：精神极度沉郁，头低耳耷，呆立于阴暗处不动，运步沉重无力。食欲废绝，对草料不看不闻。有的仅吃几口不常吃到的草料，如新鲜青草、胡萝卜、麸皮等，而且咀嚼不利，下颌左右摆动，有时不是用唇把草料送入口内，而是用门齿啃嚼。似有异食癖，喜舐墙土、棚圈栏柱及饲槽。结膜暗红或呈污黄红色，口干黏，少数流涎，舌质软、色红、有裂纹，舌苔光剥或薄而白，口内有恶臭。粪便量少，粪球干黑；病后期排粪可能干稀交替，或者在死亡前一两天排出极臭的暗灰色或黑色稀粪水。尿少，黏稠如油。后期有的卧地不起，下唇极度松弛下垂，甚至肿胀。心跳 80 次以上，心音极度亢进，节律常有不齐。颈静脉努张，波动明显。肠音极其微弱或者消失。体温一般正常。

马和驴的症状基本相似，通常都是由顽固性慢草而发展到食欲废绝，少数突然不吃。可视黏膜呈红黄色或橘红色，口干舌燥，舌苔黄腻或白腻，严重时口黏，舌色青黄或淡白。初期腹胀便燥，粪球硬小且量少，表面被有淡黄色黏液甚至黏液团，后期粪呈稀糊状或黑水。大小肠音极弱或者完全消失。尿浓色黄。呼吸浅表，心音快而弱，有时节律不齐。体温一般正常，有的后期升高到40℃以上。少数病马伴发蹄叶炎。

重症的驴、马分娩时阵缩无力，难产较多。有时发生早产或胎儿生下后死亡。一般在产后即逐渐好转，食欲开始恢复，但也有的两三天后才开始采食。有的产后排出白糊状或带红色的恶露。严重的病驴顺产后也可能死亡。

(2)实验室检查　将血液采集于小瓶中，静置 20～30 min，待血浆或血清析出后进行观察，病驴的血清呈现程度不同的乳白色、混浊(正常为透明的淡灰黄色)，表面带有灰蓝色荧光，采出的全血漏于地上或倒在桌面上，其表面也附有此种特异的荧光。病马血浆呈暗黄色奶油状(正常为黄色)。这些变化可与其他产前不吃进行鉴别诊断。

麝香草酚浊度试验(TTT)阳性，谷草转氨酶(GOT)、黄疸指数、胆红质总量均显著升高(提示肝功能受损)。血糖和白蛋白降低，但球蛋白增多，血酮亦增多。血清总脂、血清β-脂蛋白、胆固醇、三酸甘油酯的含量均显著升高。

3. 治疗

治疗原则为促进脂肪代谢、驱脂降脂、保肝解毒。临床实践中通常采用下面方法治疗：

(1)肌肉注射　12.5%肌醇注射液 20～30 mL、维生素 C 2～3 g 分别混于 10%葡萄糖注射液1 000 mL中静脉滴注，每日 1～2 次。用于马时，肌醇可增加 0.5～1 倍。必须坚持用药，直至食欲恢复为止。

(2)灌服　复方胆碱片 20～30 片(0.15 g/片)、酵母粉(或食母生)10～15 g、磷酸脂酶片15～20 片(0.1 g/片)，稀盐酸 15 mL，加水适量灌服，每日 1～2 次。用于马时，前两种药加倍。如不用稀盐酸，则可加胰酶片 10～20 片(0.3 g/片)。

应用上述方法的同时，还可每日肌肉注射复合维生素 B、辅酶 A、ATP、抗弥漫性血管内凝血(DIC)药物(如肝素)及其他降血脂药及保肝药等。

采用中药治疗，有助于改善病情。辩证论治及具体方剂请参考《中兽医学》。

在治疗期间，应尽可能设法引起病畜食欲。例如：更换饲料品种，饲喂新鲜青草、苜蓿、胡萝卜及麸皮，或者在草发芽时将病畜牵至青草地，任其自由活动，对于改善病情，促进病畜痊愈，有很大帮助。

由于病畜身体虚弱，分娩时往往因阵缩无力发生难产，而且胎儿的生活力不强，有的还可能发生窒息。因此，临产时必须及时助产。

病畜产驹后一般可迅速好转，当治疗无显著效果且又接近产期时，可应用 $PGF_{2\alpha}$ 或氯前列烯醇等进行人工引产。

4. 预防

适量加强运动，可以增强母畜的代谢机能，防止或减少该病的发生。妊娠初期应照常使役，中期轻使役，产前 1～2 个月停止使役，但应经常牵遛或自由活动，有条件时最好放牧。

饲料品种多样化，合理搭配饲料，供给足够的营养物质，避免长期饲喂单一饲料，对预防本病也很重要。

(二)奶牛妊娠毒血症(pregnancy toxemia of the dairy cow)

本病又称为肥胖母牛综合征(fat cow syndrome)。英国、美国、匈牙利、俄罗斯、法国和中国均有报道,因多发于过度肥胖的高产乳牛的围产期,故常称为围产期奶牛脂肪肝(fatty liver in periparturient cow),也有人称其为分娩综合征(parturion syndrome)。

本病的发病率和奶牛品种、年龄及饲养管理有关。因此,报道的发病率高低不一,范围在30%～70%,以5～9岁的奶牛发病率最高。患病奶牛不仅肝脏的正常功能受到影响,胆汁分泌障碍,影响消化功能,而且患牛常伴发其他围产期疾病,如胎衣不下,生产瘫痪和子宫内膜炎等。

1. 病因

发病确切原因还不十分清楚,一般认为和下列因素有关:

(1)饲养管理不当　停奶时间过早或精料过多而使产前过肥,产后由于大量泌乳,致使体内贮存的糖和脂肪等其他营养物质不断随乳排出。此时,奶牛损失的能量如果不能从食入的饲料中得到弥补,便造成能量负平衡,母牛只有动用体内储备的脂肪,分解产生大量的游离脂肪酸随血液进入肝脏后,一方面不断被脂化为甘油三酯,然后再与阿扑蛋白、胆固醇和磷酸等结合生成脂蛋白;另一方面被氧化生成酮体,然后被运输到各组织,经三羧酸循环产生ATP,为这些组织提供能量。肝中脂蛋白以极低密度脂蛋白的形式被清除出肝脏,但因进入肝脏的游离脂肪酸过多,或患牛因低血糖而使肝脏清除极低密度脂蛋白的能力降低,使这种蛋白运出肝脏过程受阻,最终使甘油三酯在肝中蓄积而形成脂肪肝。

(2)内分泌机能障碍　奶牛受妊娠、分娩以及泌乳等因素连续作用的结果,使垂体、肾上腺负担过重,陷于衰竭状态。由于肾上腺机能不全,引起糖的异生作用降低,且瘤胃对糖原的利用也发生障碍,结果使血糖降低而发病。还有人认为,奶牛分娩后血糖及蛋白结合碘含量均降低,特别是分娩后2周内蛋白结合碘显著减少,结果造成甲状腺机能不全而发生脂肪肝。

(3)遗传因素的影响　脂肪肝的发病率和牛的品种有关。娟姗牛发病率最高,可达60%～66%,中国荷斯坦牛次之,发病率为50%～60%,役用牛的发病率仅为6.6%。

(4)继发于其他疾病　一些消耗性疾病,如前胃弛缓、创伤性网胃炎、真胃变位、软骨病、生产瘫痪以及某些慢性传染病等,均可继发脂肪肝。

2. 症状及诊断

患牛无典型的临床症状,开始时表现为食欲减退和产奶量下降,通常是先拒食精料,随后拒食青贮料,但还能继续采食干草,并可能表现异食癖,体重迅速减轻,明显消瘦,皮肤弹性减弱。病牛精神较差,不愿走动和采食,有时表现轻度腹痛,粪便干而硬,瘤胃运动减弱,病程长时则听不到瘤胃蠕动音,但体温、脉搏和呼吸次数一般正常。重度脂肪肝病牛如得不到及时、正确的治疗和护理,可能死于过度衰弱、内中毒或伴发的其他疾病;轻度和中度脂肪肝的患牛,约经一个半月可能自愈,但产奶量不能完全恢复,免疫力和繁殖力均受到影响,容易因伴发其他疾病而遗留后遗症。

脂肪肝患牛某些血液生化指标也发生相应变化,其中血糖含量由正常的40 mmol/L下降到15～25 mmol/L;游离脂肪酸(FFA)浓度由正常的0.2 mmol/L上升到0.6～0.8 mmol/L;天门冬氨酸氨基转移酶(AST)由正常的50～60 IU/L上升到80～100 IU/L。血中胆红素的含量也有所升高,可能是由于血中游离脂肪酸含量升高后,和胆红素竞争肝脏中的结合点,使血中胆红素代谢减少，或由于肝功能紊乱，处理胆红素的能力减弱所致。血液中镁的含量也比正常牛低，通常是脂肪分解使血液中游离脂肪酸含量过高的结果。

患牛繁殖力降低，产后首次排卵时间、子宫复旧时间延长，首次发情周期缩短，血中 LH 浓度较低；免疫力也降低，对疫苗的应答反应差，酸性粒细胞和淋巴细胞减少，未成熟中性粒细胞增高。

本病死亡率约为 25%，死亡牛的肝脏明显增大，呈暗黄色，边缘钝圆，切口外翻，小叶形状明显，质地变脆，触之易碎。其他内脏附有脂肪，子宫壁上有脂肪沉积。有时可见真胃变位。

由于无典型临床症状，所以了解病史，特别是产前产后的营养水平、泌乳量及体况的变化，可为确切诊断提供有价值的参考。目前，比较准确的诊断方法有肝组织活检和血液生化成分分析。

肝组织活检：在患牛右侧第 10 和 11 肋间、腰椎横突下 20 cm 处用肝脏采集针采取肝样，经冰冻切片后用油红 O(oil red O)法染色，将肝脂肪滴染成黄色。随机取 3 张切片镜检，每张切片在 1 000 倍显微镜下检查 6 个视野，记录每个视野中脂肪滴数并计算其平均值，每个视野中脂肪滴平均数在 30 滴以下者为正常，30～70 为轻度脂肪肝，70～100 为中度脂肪肝，160 以上则为重度脂肪肝。

此方法的优点是诊断准确，而且可判断出肝脏脂肪浸润的程度，但操作技术复杂，需要时间长，而且在现场进行活体肝脏采样阻力较大，不易被畜主接受，故此法难于在现场广泛应用。有人将采集的肝样放在水中或硫酸铜溶液中，根据其浮力大小判断肝样中脂肪含量。此法比较简便并适宜现场操作。

血液生化成分分析：根据患牛血中成分的变化，测定血液中游离脂肪酸、血糖和天门冬氨酸氨基转移酶(AST)的含量，并将其测定值代入下列公式计算：$y=(0.51\ \mathrm{FFA}\sim0.003\ 2\ \mathrm{FFA})+2.84$ 葡萄糖(mmol/L)$-0.052\ 8$ AST(IU /L)，如果所得的 y 值大于 1 时，为正常(肝脂肪量小于 20%)；当 y 值小于 1 而大于 0 时，为重度脂肪肝(肝脂肪含量大于 40%)。但所得的结果和肝组织活检法的符合率仅为 75%。

另外，还可采用磺溴酞(BSP)排出试验测定肝功。其方法是静脉注射磺溴酞(2 mg/kg 体重)，注射后 8～20 min 内间隔采集血样，通过分光光度计测量其 T/2 值，再经图表查出其浓度。由于患牛对 BSP 的清除率降低，T/2 值明显增加。喜天初雄(1988)提出了奶牛脂肪肝的简易诊断法，其原理是通过测定肝组织样的密度反映其脂肪含量，从而诊断脂肪肝。

有人认为酮病和脂肪肝都发生于低血糖，而脂肪肝是酮病的继发现象，应和酮病加以区别。此外，牛的创伤性网胃心包炎、慢性肾盂肾炎和慢性消化不良等病均可与脂肪肝混淆。如果脂肪肝伴发子宫炎、乳房炎和皱胃变位，则诊断时更加困难，但上述病例一般都有轻度体温升高、心率加快以及原发疾病的某些局部症状，特别是这些疾病的发病时间与围产期并无严格相关。

3. 治疗与预防

治疗效果不佳，且费用较高，应以预防为主。

静脉注射 50%的葡萄糖 500 mL，每天 1 次，连用 4 d 为一个疗程。也可腹腔内注射 20%的葡萄糖 1 000 mL。同时，肌肉注射倍他米松(betamethasone)20 mg，随饲料口服丙二醇或甘油 250 mL，每日 2 次，连服 2 d，随后每日 110 mL，再服 3 d，效果较好。

烟酸具有降低血浆中游离脂肪酸、酮体含量和抗脂肪分解的作用，胆碱和脂肪代谢密切相关,缺乏胆碱,可使体内脂肪代谢紊乱,并易形成脂肪肝。因此,何剑斌等(1995)曾用烟酸、胆碱和纤维素酸防治围产期奶牛脂肪肝,取得了较满意的效果。如能配合高浓度葡萄糖静脉注射,则效果更好。

有人曾用肾上腺皮质激素配合应用高糖和5%的碳酸氢钠注射液,取得了较满意的效果。一次注射适当剂量的肾上腺激素后约48 h,糖的异生过程即被兴奋,但其缺点是消耗机体其他组织来促进糖异生,同时伴有产奶量下降。此外,水合氯醛能增加瘤胃中淀粉的水解,促进葡萄糖的生成和吸收。因此可考虑投给水合氯醛,开始口服30 g,随后减为7 g,每日2次,连服数日。

为了预防脂肪肝的发生或降低其发生率,可将干奶期的奶牛与泌乳牛分群饲养,减少精料饲喂量,增加户外运动,以免产前过肥;对产后牛要加强护理,改善日粮的适口性,增加优质干草投给量,特别是注意增加碳水化合物的摄入量,避免发生因产后泌乳等所造成的能量负平衡;在日粮中补给适量而平衡的蛋白质有助于乳产量的提高,也会降低脂肪肝的发病率。

(三)绵羊妊娠毒血症

绵羊妊娠毒血症是妊娠末期母羊由于碳水化合物和挥发性脂肪酸代谢障碍而发生的亚急性代谢病,以低血糖、酮血症、酮尿症、虚弱和失明为主要特征。主要临床表现为精神沉郁,食欲减退,运动失调,呆滞凝视,卧地不起,甚而昏睡等。山羊也发生此病,但很少。

1. 病因

绵羊妊娠毒血症的病因及发病机理还不十分清楚。本病主要见于母羊怀双羔、三羔或胎儿过大时,胎儿消耗大量营养物质,而母羊不能满足这种需要,可能是发病的诱因。母羊营养不良,天气寒冷,环境骤变、饥饿等应激,缺乏运动,可能是导致妊娠毒血症发生的主要原因。

绵羊妊娠毒血症多发生在分娩前10～20 d,有时则在分娩前2～3 d。在中国西北地区,此病常在冬春枯草季节发生于瘦弱的母羊。妊娠末期的母羊营养不足、饲料单纯、维生素及矿物质缺乏,特别是饲喂低蛋白、低脂肪的饲料,且碳水化合物供给不足时,易发生妊娠毒血症。膘情好的母羊如果运动不够或突然减少摄入的饲草数量,舍饲期间缺乏精料,或者冬季放牧时牧草不足,长期饥饿,均易发病。

妊娠末期如果母体获得的营养物质不能满足本身和胎儿生长发育的需要,则促使母羊动用组织中贮存的营养物质,使蛋白质、碳水化合物和脂肪的代谢发生严重紊乱,肝脏机能发生障碍,解毒功能降低甚至丧失,导致低血糖症和血液酮体及血浆皮质醇的水平升高。因此,病羊出现严重的代谢性酸中毒及尿毒症症状。但有些病羊到病的后期,由于肾上腺肿大(正常母羊的约为3.89 g,患病母羊可达6.79 g),血浆可的松水平可增高1～2倍,反而出现高血糖症。

2. 症状及诊断

病初精神沉郁,放牧或运动时常离群单独行动,对周围事物漠不关心,瞳孔散大,视力减退,角膜反射消失,出现意识紊乱。随着病情发展,精神极度沉郁,黏膜黄染,食欲减退或消失,磨牙,瘤胃弛缓,反刍停止;呼吸浅快,呼出的气体有丙酮味,心跳快而弱;行动拘谨或不愿走动,行走时步态不稳,无目的地走动,或将头部紧靠在某一物体上,或做转圈运动;粪粒小而硬,常包有黏液,甚至带血。病的后期,视觉出现障碍或失明,肌肉震颤或痉挛,常卧地不起,四肢麻木,头向后仰或弯向一侧,多在1～3 d内死亡,死前全身痉挛,四肢做不随意运动或昏迷而死。

血液检查呈低血糖和高血酮,血液总蛋白减少,血浆游离脂肪酸增多。尿丙酮呈强阳性反应。淋巴细胞及嗜酸性白细胞减少。病的后期,有时可检测到高血糖。

尸体剖检可见肝脏肿大变脆,色微黄,有颗粒变性及坏死。肾脏亦有类似病变。肾上腺肿大,皮质变脆,呈土黄色。

病程一般持续 3～7 d,少数病例可能拖延稍久,有些病羊发病后 1 d 即可死亡,死亡率可达 70%以上。

3. 治疗

为了保护肝脏机能和供给机体所必需的糖原,可用 10%葡萄糖 150～200 mL,加入维生素 C 1 g,静脉注射。同时还可肌肉注射复合维生素 B。出现酸中毒症状时,可静脉注射 5%碳酸氢钠溶液 30～50 mL。还可使用肌醇注射液促进脂肪代谢。卧地不起时可静脉滴注 10%葡萄糖酸钙 50～100 mL。

在患病早期,增加碳水化合物饲料的数量,如块根饲料,优质青干草,并给以葡萄糖、蔗糖或甘油等含糖物质,对治疗此病有良好的辅助作用。

近年来有人曾应用类固醇激素治疗绵羊妊娠毒血症。肌肉注射氢化泼尼松 75 mg 或地塞米松 25 mg,并口服丙二醇、葡萄糖和注射钙镁磷制剂,有一定效果,但可能招致早产或流产。

如果治疗效果不显著,建议施行剖腹产或人工引产。娩出胎儿后,症状多随之减轻。但已卧地不起的病羊,即使引产,也预后不佳。

4. 预防

合理搭配饲料,适量增加运动,减少应激是预防本病的重要措施。对妊娠后半期的母羊,须饲喂优质草料,保证供给必需的碳水化合物、蛋白质、矿物质和维生素。对于临产前的母羊,每当降雪之后、天气骤变时,补饲胡萝卜、甜菜、青贮等多汁饲料,对预防本病有重要作用。

完全舍饲不放牧的母羊,应每日驱赶运动 2 次,每次 0.5 h。在冬季牧草不足季节,对放牧的母羊应补饲适量的青干草及精料等。

一旦发现本地区羊群出现妊娠毒血症,应立即给妊娠母羊普遍补饲胡萝卜、豆料、麸皮等,有条件时还可饲喂小米汤、糖浆等,以制止发病或降低羊群的发病率。

(李铁栓)

第二节　分娩期疾病

母畜妊娠期后,正常情况下能自然发动分娩,将胎儿产出。但如在分娩过程中因产力、或产道、胎儿发生异常,母畜不能产出胎儿,就会发生难产(dystocia)。

难产的发生率与母体产道结构特点、胎儿形态特征和母畜体质及发育状况等有关。不同动物及品种间,难产的发病率有较大差别。家畜中牛最常发生难产,特别是在品种间杂交繁育时小体格品种母牛更易发生难产,其发病率可超过 6.5%。马、猪和羊的难产发病率相对较低,犬和猫则因品种不同而差别很大。

难产的疾病发展过程迅速,发病突然,如果不能及时进行正确的医疗救助,不仅会危及母畜及胎儿的生命，而且还极易造成母畜的子宫及产道的损伤和感染，影响以后的繁殖能力。因此在临床上，一旦母畜发生难产，必须及时采取正确的处理措施。

一、难产的检查

难产的检查是实施难产救助的重要环节。只有通过全面的难产检查，才能作出准确的诊断和制定正确的助产方案。

难产的检查主要包括询问病史、一般性临床检查（母畜全身状况检查）、产道检查、胎儿检查以及术后检查等五个方面。

（一）询问病史

1. 预产期

实际临产日期与预产期的差距与胎儿发育的个体大小有关，因此应根据有效配种日期准确了解难产母畜的预产期。如妊娠母畜未到预产期，则可能是早产或流产，这时胎儿一般较小，有利于从产道拉出；如已超过预产期，胎儿可能较大，实施矫正术及牵引术的难度将会增大。

2. 年龄及胎次

母畜的年龄及胎次与骨盆发育发育程度有关。年龄较小或初产的母畜，常因骨盆发育不全，分娩过程较缓慢，胎儿不易排出。

3. 产程

通过对母畜分娩过程的详细了解可以获得分析难产的基本信息。了解的内容包括母畜开始出现不安和努责的时间，努责的强弱，胎膜及胎儿是否已经外露、胎水是否已经排出，胎儿外露的情况等以及已产出胎儿的数量等。

当产程尚未超过正常的胎儿产出期，且胎膜未外露、胎水未排出、母畜努责不强时，分娩可能并未发生异常，仍处于开口期；或因努责无力，子宫颈开张不全，胎儿进入产道缓慢。如果母畜努责强烈，胎膜已破裂并流出胎水，而胎儿长时间未产出，则可能发生了难产。

在大动物，通过询问胎儿外露的情况，可以大致了解胎儿的胎向、胎位及胎势是否异常。仅露出一侧或两侧前肢蹄部而不见胎儿唇部，或唇部已经露出而不见两前肢蹄尖时，表明发生了正生的胎势异常；如外露一后蹄，则表示已发生倒生时的胎势异常。在牛和羊，如果阵缩及努责不太强烈，胎盘血液循环未发生障碍，短时间内胎儿尚有存活的可能。但马、驴、驼正常的产程很短，而且尿膜绒毛膜很容易与子宫内膜脱离，胎儿排出期一旦延长，胎儿一般在强烈努责 30 min 后发生死亡。

在多胎动物，如果部分胎儿排出后母畜仍有强烈努责，但超出正常产出间隔期仍未见下一个胎儿产出，则可能发生部分胎儿难产，并可能导致胎儿死亡。

4. 公畜情况

公畜的品种、体格大小对胎儿的体格大小具有遗传影响。当小型品种母畜与大型品种公畜或小型体格母畜与大型体格公畜配种繁殖时，其后代体格相对较大，易发生难产。因此，在实施家畜品种间杂交改良计划时，不合理的杂交组合常增加难产的发生率。

5. 饲养管理与既往病史

妊娠期间饲养管理不当或过去发生的某些疾病，也可能导致分娩时母畜的产力不足或产道狭窄，如较长时期的腹泻性疾病、营养原因导致的体弱或肥胖、运动不足、胎水过多、腹部的外伤等，可不同程度地降低子宫或腹肌的收缩能力；既往发生的阴道脓肿、阴门及子宫颈创伤可使软产道产生瘢痕组织，降低软产道的开张能力；有骨盆骨折病史的难产病例则可能出现硬产道狭窄，造成胎儿排出困难。

6. 医疗救助情况

对已接受过医疗救助的难产病例，应详细询问前期的诊断结论、救治中所使用的药物与剂量、采用的救助方法及胎儿的存活情况等，以便从中获取有价值信息。

在实际中，前期对难产病例处理不当的情形时有发生，主要见于在尚未作出难产类型正确诊断之前，盲目地强力实施牵引术或大剂量使用子宫收缩药物。助产方法不当，可能造成胎儿死亡，或加剧胎势异常程度，导致软产道严重水肿、损伤甚至子宫破裂，给后期的手术助产增加难度。如助产过程不注意消毒，则容易使子宫及软产道遭受感染，也会增大以后继发生殖器官疾病的可能性。

（二）一般性临床检查

一般性临床检查主要包括母体全身状况和骨盆韧带及阴户等的检查。

首先，应对母畜的全身状况，包括体温、呼吸、脉搏、可视黏膜、精神状态以及能否站立等进行全面检查。母畜发生难产后，因高度惊恐、疼痛和持续的强烈努责，机体处于高度应激状态，体力大量消耗，体质明显下降，严重时甚至可以危及生命。因此，救治难产病畜时应首先对母畜全身状况进行全面检查，并根据检查结果评价母畜的体质状况及病况危重程度，确定母体能够耐受复杂手术的能力以及对母畜应采取的相应医疗措施。当难产母畜处于高度虚弱或出现生命危征时，母体将出现体温偏低、呼吸短促、脉搏细弱、精神沉郁或知觉迟钝、站立不稳等症状；如果因难产造成子宫或产道损伤而发生大量出血时，母畜的可视黏膜将变得苍白。因此，全身状况的检查对及时抢救母畜体况恶化的危重难产病例尤为重要。

其次，还需检查母畜骨盆韧带、阴户、腹部以及阴道分泌物。触诊检查骨盆韧带和阴户的松软变化程度，或向上提举尾根观察其活动程度如何，以便评估骨盆腔及阴门能否充分扩张。如果骨盆韧带和阴户的松软程度不够，将给胎儿顺利通过产道带来一定困难。通过视诊检查犬、猫等小动物腹部充盈程度和腹部触诊，可以大致确认子宫中是否仍有胎儿。如果阴道有分泌物排出，需检查其颜色和气味。当阴道分泌物中混有血液时，表明软产道可能发生了损伤；如果分泌物有恶臭气味或含有腐败组织块，则说明难产发生的时间已久，子宫内已发生感染。此外，如果发现阴门处有部分胎膜外露，应观察胎膜的新鲜程度和变化。

（三）产道的检查

产道检查主要用于诊断子宫颈狭窄和骨盆腔异常，判断阴道的松软及润滑程度。检查时术者需将手臂或手指伸入产道，通过触摸检查阴道的松软及润滑程度、子宫颈的松软及开张程度、骨盆腔的大小和形状以及软产道有无异常等。如果触摸阴道壁表面感到干涩或有粗糙处，说明产道湿滑程度不够，粗糙处可能有损伤。当触摸到子宫颈时，如果子宫颈已经完全松软或开张，术者可以在胎囊挤入产道的情况下很容易地将手伸入到子宫颈内，或者在胎儿大小正常且宽大部位已进入产道的情况下仍能将手掌较容易地挤入胎儿与子宫颈之间，反之则可能发生子宫颈松软或开张不全，致使子宫颈狭窄而阻碍胎儿的通过。如果因子宫捻转导致软产道狭窄或捻闭，检查中可以在阴道或子宫颈的相应部位触摸到捻转形成的皱褶。若检查时子宫颈尚未开张，充满黏稠的黏液，则胎儿产出期可能尚未开始。如果在骨盆腔的检查中发现其形状异常、畸形或大的肿瘤时，则可能发生骨盆腔狭窄。

此外，如果难产的持续时间过久，软产道黏膜往往发生严重水肿而使得软产道变得狭窄，甚至给产道检查造成很大困难。如果产道液体混浊恶臭，含有脱落的胎毛，则可能胎儿发生气肿或腐败。

为防止污染和损伤产道，检查过程中应注意手臂的消毒和润滑处理，并注意对产道的保护。

（四）胎儿的检查

胎儿的检查主要用于诊断胎儿异常所造成的难产，为制定正确的助产方案提供依据。检查时可通过观察胎儿前置部分露出的情况和产道内触摸胎儿来确定胎儿的胎向、胎位、胎势以及胎儿的死活、体格大小和进入产道的深浅等。如果胎膜尚未破裂，触诊时应隔着胎膜进行，避免胎膜破裂和胎水过早流失，影响子宫颈的扩张及胎儿的排出；如果胎膜已经破裂，可将手伸入胎膜内直接触诊。

1. 胎向、胎位及胎势的检查

胎向、胎位及胎势的检查可以通过产道内触摸胎儿身体的头、颈、胸、腹、背、臀、尾及前肢和后肢的解剖特征部位，判断胎儿的方向、位置及姿势有无异常。

检查时，首先要观察露出到阴门外的胎儿前置部分。如果有前肢和唇部或后肢已露出，表明胎向正常，为纵向的正生或倒生；如果两前腿已经露出很长而不见唇部，或者唇部已经露出而看不到前腿，或者只见尾巴而不见一或两后腿，均为胎势异常，需将手伸入产道，进一步确定胎儿姿势异常的部位及程度。如果在产道内发现胎儿的腿，应仔细判断是前腿或后腿，若为两条腿，则应判断是同一个胎儿的前后腿、双胎或是畸形。判定前腿与后腿时，可以根据腕关节和跗关节的形状和可屈曲的方向以及蹄心的方向进行区别。

2. 胎儿大小的检查

胎儿大小的检查通常可以根据胎儿进入母体产道的深浅程度，通过触摸胎儿肢体的粗细和检查胎儿与母体产道的相适宜情况来综合判断。四肢粗壮的胎儿通常体格较大，其身体宽大部位进入产道相对困难，头部或臀部的宽大部分一般难于进入子宫颈。如果产道因胎儿楔入而出现处于极度扩张状态，则胎儿可能体格太大，与产道不相适应，不宜简单地采用牵引术助产。

3. 胎儿生死的检查

实施难产救助之前，需对胎儿的生死作出正确的判断。错误的判断可能导致救助方法选择不当而造成胎儿或母体的伤害。

在检查胎儿死活时，可通过产道内触摸或按压胎儿身体反射敏感部位以及心脏和大血管的搏动等，根据其是否有反应作出判断。胎向为正生时，可将手指塞入胎儿口内，检查有无吸吮反应；牵拉舌头，注意有无回缩反应；压迫眼球，注意眼球有无转动。此外，在可以触摸到颈部及胸部时，应注意感觉有无心脏及血管的搏动。胎儿为倒生时，则可将手指伸入肛门，感觉是否有收缩反应，也可触诊脐动脉是否有搏动。有反应的胎儿可以判断为存活，但对没有反应的胎儿不能简单地作出死亡的判定，需再次仔细检查和核实后作出判定。

一般来说，触诊时胎儿的反应强度与其活力有关。活力旺盛的胎儿可以对触诊的刺激快速作出明显的反应。活力不强或濒死的胎儿对触诊的反应微弱，甚至无反应，但受到锐利器械刺激引起剧痛时则可能出现程度不同的反射活动。胎儿对任何刺激作出某种微弱反应都表明胎儿是存活的，因此需仔细检查判定。

此外，在检查中发现胎毛大量脱落，皮下发生气肿，触诊皮肤有捻发音，胎衣和胎水的颜色污秽，有腐败气味，说明胎儿死亡已久，可作出胎儿死亡的诊断。

（五）术后检查

母畜在经历复杂的难产助产手术后体质可能变得十分虚弱，严重时甚至有生命危险。因此，术后应对母畜的身体健康状况进行全面检查，以便及时采取相应的医疗处理。如果母畜产后出现后肢站立困难，须仔细检查，诊断母畜的后躯神经是否受到损伤。

当难产胎儿经产道助产成功排出后，须仔细检查和确认术后子宫内是否还有胎儿滞留，子宫和软产道是否受到损伤，以及子宫有无内翻情况的发生等。若子宫内还有胎儿，可通过产道触诊确认，或者经腹壁外部触诊以及X光检查（犬、猫等）确认。检查术后子宫及产道损伤情况时，应注意黏膜水肿和损伤情况、子宫及产道的出血和穿孔等。子宫体和子宫颈因靠近耻骨前缘部位，在强力的挤压下易发生挫伤甚至穿孔；强行牵引体格大的胎儿时，阴道壁也可能因过度扩张而破裂。此外，如果发现有子宫内翻的情况，应马上进行整复，将子宫内翻的部分推回原位。

二、难产助产的方法

救治难产时，可供选用的助产方法可分为手术助产和药物催产两类。

（一）手术助产的术前准备

1. 手术场地的准备

助产手术最好在手术室内进行。若在野外条件下施术，要因地制宜，一般要求施术场所要宽敞、明亮、清洁、安静、温度适宜，且用水、用电方便。

2. 母畜的保定

对母畜的保定要以便于术者操作为原则，所以对于大家畜要尽可能将母畜站立保定，且使其后躯高于前躯。但在难产时，尤其是发生时间较长的，母畜往往难以站立，所以常不得不将其以卧地姿势保定。卧地保定时，以侧卧为宜，且要垫高母畜后躯，并使要矫正或截除的胎儿身体部分向上，以免因受到胎儿自身的压迫而难以操作。有条件的，可将母畜置于高处保定，以便于术者操作。

3. 镇静与麻醉

因为母畜发生难产后，常常表现躁动不安、强烈努责，干扰助产操作，甚至引起意外伤害，而且助产手术对母畜也是一种强烈的刺激，引起母畜的应激反应或发生休克。为使助产手术顺利进行，避免意外事故的发生，一般需要根据具体情况对母畜采取镇静或麻醉措施。如果母畜表现轻度不安，且助产手术并不复杂，可使用镇静药物；但若需要施行难度较大的矫正、截胎或剖腹产手术时，则要进行麻醉。

（1）镇静　常用镇静药物有：①静松灵，对牛、马等大家畜有明显的镇静作用，尤其是对反刍动物效果较好。肌肉注射，牛 0.2～0.5 mg/kg，马 0.5～1.2 mg/kg，羊 1～13 mg/kg；②隆朋(二甲苯胺噻嗪)，对反刍动物有较好的镇静作用，且用量小，作用迅速，安全。肌肉注射，牛0.2～0.5 mg/kg，马0.5～1.2 mg/kg；③氯丙嗪，肌肉注射，牛、马1～2 mg/kg，猪、羊1～3 mg/kg。

(2)麻醉　一般用2%盐酸普鲁卡因硬膜外麻醉或0.5%盐酸普鲁卡因后海穴麻醉。

4. 消毒

在施行助产手术前，对母畜的外阴部要进行清洗、消毒，所有助产器械及术者的手臂都要按外科手术常规进行消毒。

(二)手术助产的方法

手术助产的方法大致可分为两类，一类是用于胎儿的手术，有牵引术、矫正术和截胎术；另一类是用于母体的手术，主要是剖腹产术。

1. 牵引术

牵引术是指用外力将胎儿拉出母体产道的助产手术，也是救治难产最常用的助产方法。

(1)适应症　主要适用于子宫迟缓、轻度的胎儿与母体产道大小不适应、矫正术或截胎术后拉出胎儿等。

(2)基本方法　牵引术可以徒手操作，也可以使用产科器械。

徒手操作时，可以牵拉胎儿的四肢和头部。术者可把拇指从胎儿口角伸入口腔握住下颌或用手指掐住胎儿眼窝，牵拉头部。在马和羊，还可将中、食二指弯起来夹在下颌骨体后，用力牵拉胎儿头部。

在猪，正生时可用中指及拇指捏住胎儿两侧上犬齿，并用食指按拉住鼻梁牵拉胎儿，或者掐住两眼窝牵拉。倒生时，可将中指放在两胫部之间握住两后腿跖部牵拉。

可用于牵引术的产科器械主要有产科绳、产科链、产科套、产科钩和产科钳等。牵拉四肢可用产科绳、产科链，将绳或链拴在系关节之上，为防止绳子下滑到蹄部造成系部关节损伤，可在系关节之下将绳或链打半结(图3-3)。用产科绳、产科链、产科套牵拉头部时，可将绳、链套在耳后，绳结移至口中，避免绳子滑脱或绳套紧压胎儿的脊髓和血管，引起死亡。牵拉已死亡胎儿时，可将产科链套在脖子上，也可用产科钩钩住胎儿下颌骨体或眼窝、鼻后孔、硬腭等部位牵拉。使用产科钩时，应将产科钩牢固地挂钩在相应部位，或将钩子伸入胎儿口内并将钩尖向上转钩住硬腭，均衡使力缓慢牵拉，以防产科钩滑落伤及子宫及母体。

实施牵引术时，可采用两点牵引法或三点牵引法。两点牵引法即牵拉两前腿或两后腿，两条腿交替牵拉以缩小肩宽或臀宽，使胎儿宽大部位容易通过骨盆腔。在胎儿头部通过产道时应采用三点牵引法(图3-4)，即牵引两前肢和头部，伴随着两条腿的交替牵拉，同时牵引头部。

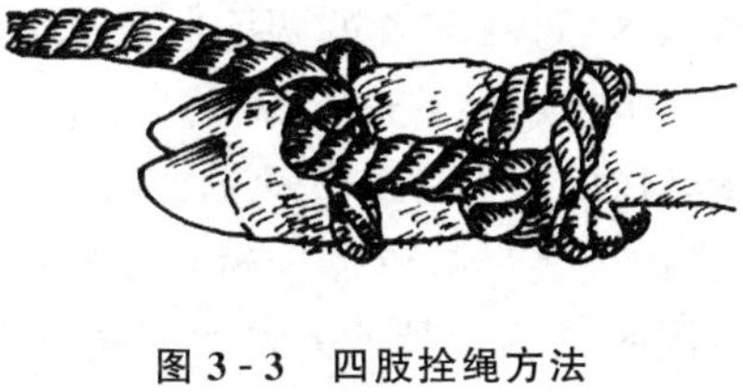

图3-3　四肢拴绳方法

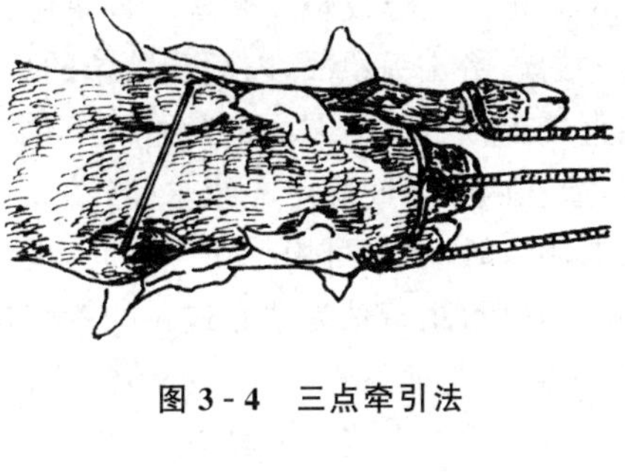

图3-4　三点牵引法

由于各种家畜骨盆特点不同,牵引胎儿时应沿骨盆轴的走向牵拉。当胎儿尚在子宫时,应向上(母体背侧)、向后牵拉,使胎儿的前置部分越过骨盆入口前缘进入产道,然后向后牵拉;当胎儿肢端和头部接近阴门时,应向后和稍向上方向牵引;胎儿胸部通过阴门后改为向下后方牵拉至胎儿产出。牵拉过程中,可左、右方向轻度旋转胎儿,使其肩部或臀部从骨盆宽大处通过。牵拉中应配合母体的子宫阵缩和努责均衡使力,尽可能与母畜的产力同步。努责时,助手可推压母畜腹部,以增加努责的力量。

(3)注意事项　为保证母体不受损伤并顺利牵拉出胎儿,牵引中应注意下列事项:

①胎儿的胎向、胎位及胎势无异常,无胎儿绝对过大情形,产道无严重异常;

②牵拉的力量应均匀,用力适当,不可强行猛力牵拉;

③产道必须充分润滑,如产道干燥,须灌入大量润滑剂;

④如果牵拉难以奏效,应马上停止,仔细检查产道及胎儿,以确定其原因。

2. 矫正术

矫正术是指通过推、拉、翻转的方法对异常胎向、胎位及胎势进行矫正的助产手术。

(1)适应症　适用于胎向、胎位及胎势异常的难产。

(2)基本方法　使用的主要产科器械有产科梃、推拉梃、扭正梃、产科绳(链)和产科钩等。矫正时母畜宜保持前低后高的站立姿势或侧卧并四肢伸展姿势,以免腹腔脏器挤压胎儿,影响操作。

在矫正术中,推、拉配合是矫正胎儿胎向、胎位及胎势异常最常用和最有效的方法。拉的操作可以通过徒手和/或借助牵拉器具(绳、链、钩、梃等)来完成,推则是用产科梃或术者徒手在产道或子宫内推移胎儿或其某一部分的矫正操作。使用产科梃时术者应用手护住梃的前端,防止滑落损伤子宫。

在实施矫正术时,通常需要将胎儿从产道推回子宫,以便有足够的空间将胎儿的异常姿势牵引为正常姿势,或将异常胎位、胎向矫正为正常的胎位和胎向。正生时,术者可将手或梃放在胎儿的肩与胸之间或前胸处推动胎儿;倒生时,则将手或梃置于胎儿坐骨弓上方的会阴区推移胎儿。

旋转是以胎儿纵轴为轴心将胎儿从下位或侧位旋转为上位的操作,主要用于异常胎位的矫正。操作时,可采用交叉牵拉或直接旋转的方式进行。

交叉牵拉的方法是:首先在两前肢球关节上端(正生)或后肢跖趾关节上端(倒生)分别拴上绳(链),将胎儿躯干推回子宫,然后由两名助手交叉牵引绳(链)。在牵引之前,先决定旋胎儿的方向,如果向母体骨盆右侧旋胎儿,则应将位于母体骨盆左侧的胎儿腿向右、上、后的方向牵拉,并同时将胎儿另一条腿沿左、下、后的方向牵引(图 3-5)。在交叉牵引过程中,胎儿可逐渐由下位矫正为上位或轻度侧位。如果胎儿为纵向正生的下位,应在交叉牵引的过程中同时以相应方向旋胎儿头颈部,以利于胎位的矫正。

用直接旋转胎儿的方法进行胎儿下位或侧位的矫正时,可在前置的两前肢或后肢上捆绑扭正梃,或在两腿之间固定一短木棒(图 3-6),然后向一个方向旋转进行矫正。在矫正羊、猪、犬和猫的胎位时,术者可用手扭转胎儿,也可用产科钳夹住胎儿进行旋转矫正。

翻转是以胎儿横轴为轴心进行的旋转操作,可将横向或竖向异常胎向矫正为纵向。胎儿横向时,可将胎儿远离骨盆入口的一端推向子宫深处,同时把邻近骨盆入口的一端拉向产道,使胎儿在牵拉过程中绕其横轴旋转约 90°,由横向转为纵向。如横向胎儿身体的两端与骨盆入口的距离大致相等，则应选择推移前躯和牵拉后躯的方式，将胎儿矫正为倒生纵向（图3-7），不再需要矫正胎儿头颈即可比较容易地拉出胎儿。

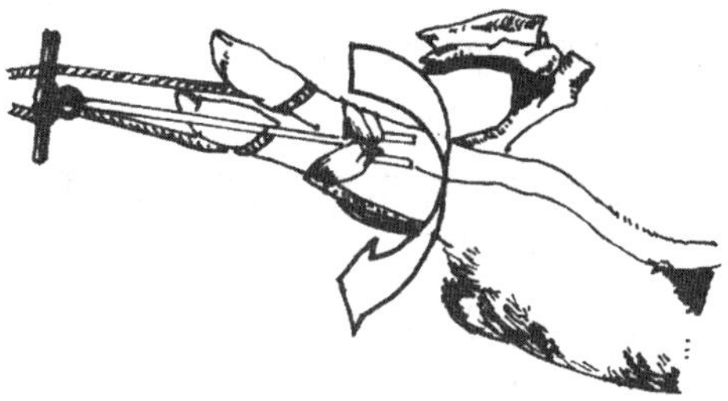

图3-5　应用扭正梃旋转胎儿

（引自 S. H. Mohamed）

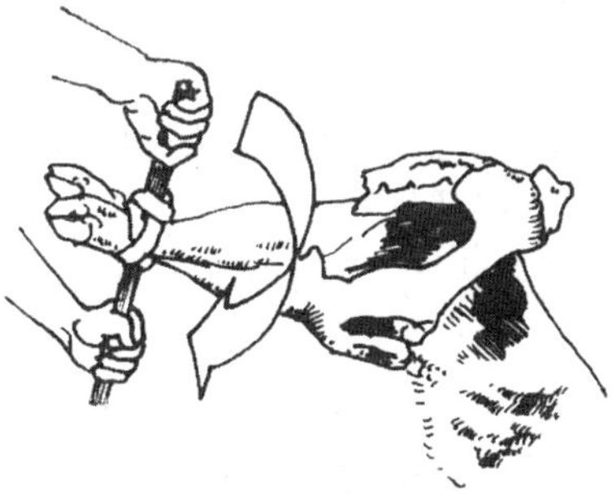

图3-6　应用木棒旋转胎儿

（引自 S. H. Mohamed）

胎儿的竖向一般为头部向上的腹竖向。矫正时尽可能先把后蹄推回子宫，然后牵拉胎儿头和前肢；或者在胎儿体格较小的情况下先牵拉后肢，同时将前躯推入子宫深处，然后以交叉牵引的方式将胎儿矫正为上位拉出。如果胎儿为背竖向时，可围绕着胎儿的横轴转动胎儿，将其臀部拉向骨盆入口，变为坐生，然后再矫正后腿拉出。

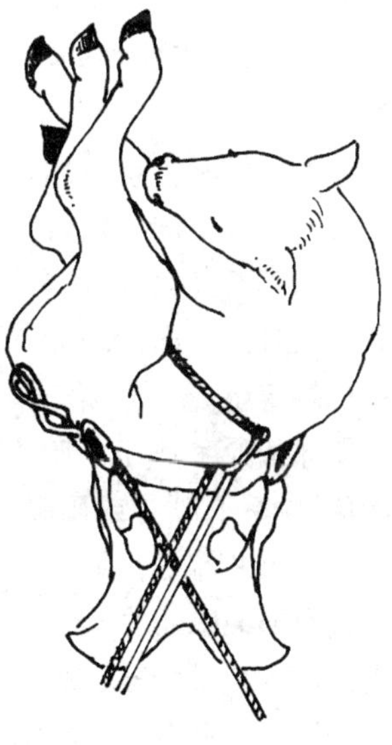

图3-7　背横向胎儿的矫正

（引自 S. H. Mohamed）

（3）注意事项　为了保证矫正术的顺利进行和避免对母体及胎儿的损伤，施术过程应注意下列事项：

在使用产科钩、梃等尖锐、硬质器具时，术者应注意防护器具前端，以免损伤母体或胎儿；为了避免母畜努责和产道及子宫干涩对操作的妨碍，可适度对母体进行硬膜外麻醉或肌肉注射二甲苯胺噻唑，并向子宫内灌入大量润滑剂；难产时间久的病例，因子宫壁变脆而容易破裂，进行推、拉操作时须特别小心；如果矫正难度很大，应果断采取其他措施，如剖腹产术，或对死亡胎儿采用截胎术。

3. 截胎术

截胎术是使用截胎的产科器械，如指刀、隐刃刀、产科钩刀、剥皮铲、产科凿、线锯和胎儿绞断器等，通过产道对子宫内胎儿进行切割或肢解的一种助产术。采用该助产术可将死亡胎儿肢解后分别取出，或者把胎儿的体积缩小后拉出。在处理胎向、胎位和胎势严重异常且胎儿已亡的难产病例中，该助产术常为首选的方法，一般可获得良好效果。

（1）适应症　主要适应于胎儿死亡且矫正术无效的难产病例，包括胎儿过大、胎向、胎位和胎势严重异常等。

（2）基本方法　截胎术有皮下法和开放法。皮下法亦称覆盖法，是在截断胎儿骨质部分之前首先剥开皮肤，截断后皮肤连在胎体上，覆盖骨质断端，避免损伤母体。开放法又称经皮法，它经由皮肤直接把胎儿某一部分截掉，断端为开放状态。在临床中，开放法因操作简便，应用较为普遍，尤其是有线锯、绞断器等截胎器械时，宜采用此法。

(3)常见的截胎方法

①皮下法的皮肤剥离方法。适应于皮下截胎术。施术前先用绳、钩等牵拉方法固定胎儿，然后用刀根据截断部位需要，纵向或横向切开皮肤及皮下软组织，剥离切口周围一部分软组织后，将剥皮铲置于皮下，在助手的协助下利用其扩大剥离范围，以利于皮下对胎儿进行肢解。在使用剥皮铲的过程中，术者须用一只手隔着胎儿的皮肤保护铲端，并实时检查和引导剥皮铲的操作，防止误伤母体。

②头部截除术。包括头部缩小术、头骨截除术、下颌骨截断术、头部截除术和头颈部截除术等。

头部缩小术适用于脑腔积水、头部过大及其他颅腔异常引起的难产。当胎儿因颅部增大，胎儿头部不能通过盆腔时，可用刀在头顶中线上切一纵向切口，剥开皮肤，然后用产科凿破坏头盖骨部，使它塌陷。如果头盖骨很薄，没有完全骨化，则可通过刀切的方法破坏颅腔，排出积水，使头盖部塌陷。如果线锯条能够套住头顶突出部分的基部，也可把它锯掉取出，然后用大块纱布保护好断面上的骨质部分，把胎儿取出。

头骨截除术适用于胎头过大。施术时首先尽可能在耳后皮肤作一横向切口，把线锯条放在切口内，然后将锯管的前端伸入胎儿口中，把胎头锯为上下两半，先将上半部取出，再护住断面把胎儿拉出。

下颌骨截断术也适用于胎头过大。施术时先用钩子将下颌骨体拉紧固定，将产科凿置于一侧上下臼齿之间，敲击凿柄，把下颅骨支的垂直部凿断，再用同样方法将另一侧的下颅骨支的垂直部凿断；然后将产科凿放在两中央门齿间，将颌骨体凿断，用刀沿上臼齿咀嚼面将皮肤、嚼肌及颊肌由后向前切断。此后，当牵拉胎头通过产道受到挤压时，两侧下颌骨支叠在一起，可使头部变小。

头部截除术适用于胎头已伸至阴门处、矫正困难的难产，如肩部前置或枕部前置。施术时，用绳拴系下颅骨或用眼钩钩住眼眶，拉紧固定胎头，用刀经枕寰关节把头截除，然后用产科钩钩住颈部断端拉出胎儿，或推回矫正前肢异常后拉出胎儿。

头颈部截除术主要是利用线锯或绞断器将胎儿头颈部截除，适用于矫正无效的胎儿头颈姿势严重异常（头颈侧弯、下弯、上仰等）。施术前先用绳导把锯条或钢绞绳绕过胎儿颈部，将锯管或绞管的前端抵在颈的基部，将颈部截断，然后把胎头向前推，先拉出胎儿躯干，再拉出胎儿头颈的部分，或用产科钩钩住颈部断端，先拉出头颈部，再拉出胎体（图 3-8）。

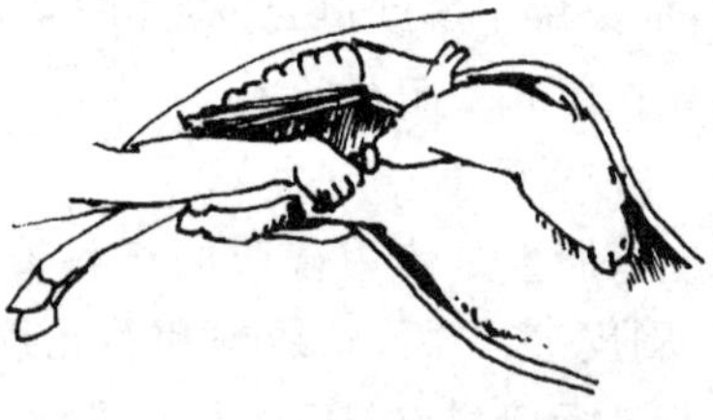

图 3-8　头颈部截除术

（引自赵兴绪，2002）

前肢截除术：包括肩部和腕部的截除，适用于胎儿前肢姿势严重异常（肩部前置、腕部前置等），或矫正头颈侧弯等异常胎势时需截除正常前置前腿等情形。施术时先用刀沿一侧肩胛骨背缘切透皮肤、肌肉及软骨，用绳导把锯条绕过前肢和躯干之间，将锯条放在此切口内，锯管前端抵在肩关节与躯干之间，从肩部锯下前肢，然后分别拉出躯干和截除的前肢；或采用截胎器截除前肢，即把钢绞绳绕过一侧肩部，将钢管前端抵在肩关节和躯干之间，直接从肩部绞断前肢。对矫正头颈侧弯需要截除正常前置前肢的情况，可把锯条或钢绞绳从蹄端套入，随锯管或绞管前端向前推至前腿基部，截除之后拉出前肢，然后矫正头颈的异常，拉出胎儿。进行腕关节截除术时，可将线锯条或钢绞绳从蹄尖套到腕部，锯管或绞管前端放在其屈曲面上，然后截断腕关节(图 3-9)。

后肢截除术：包括坐骨前置时的后腿截除、正常前置后腿的截除和跗关节的截除等，适用于倒生时胎儿后肢姿势异常或骨盆围过大等。

坐骨前置时的后腿截除术适用于倒生时胎儿坐骨前置。施术时，用绳导引导锯条或钢绞绳绕过后腿与躯干之间，将锯管或绞管前端抵于尾根和对侧坐骨粗隆之间，上部锯条或钢绞绳绕至尾根对侧，截除后腿(图 3-10)，然后先拉出后腿，再将躯体拉出。在拉出胎儿时术者应注意保护骨质断端，避免对母体的损伤。

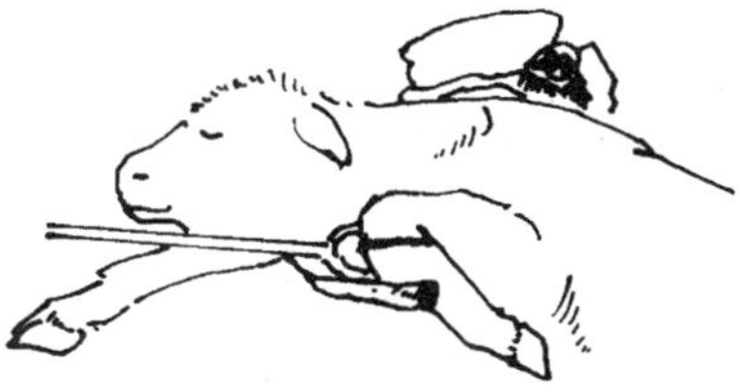

图 3-9 腕关节截除术

(引自赵兴绪，2002)

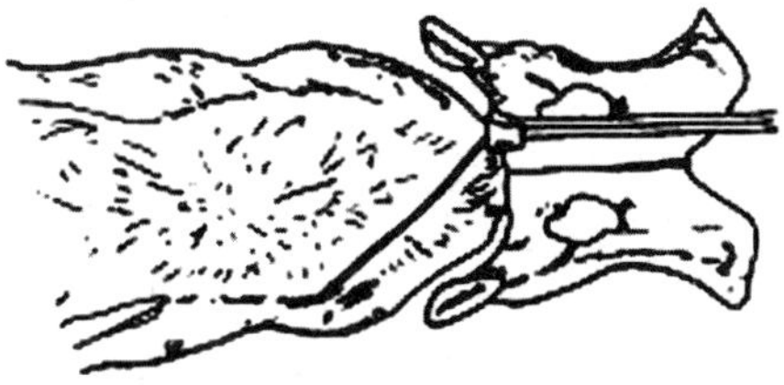

图 3-10 坐骨前置时的后腿截除术

(引自赵兴绪，2002)

后腿正常前置时的截除术适用于胎儿骨盆围过大导致的难产。方法与坐骨前置时的后腿截除术相同，但锯条或钢绞绳可从蹄尖套入一后肢，随锯管或钢绞绳管向前推移至后腿与躯干之间，锯管或钢绞绳管前端抵于尾根和对侧坐骨粗隆之间，截除后腿。

跗关节截除术适用于跗部前置(跗关节屈曲)的难产。方法与腕部前置基本相同。施术时，先用绳导把线锯或钢绞绳绕过跗部，锯管或绞管前端放在跗部下面进行截断。截断的部分应在跗骨之下，以便拉动胎儿时可将绳子拴在胫骨下端而不易滑脱。

胸部缩小术：适用于胎儿胸部体积过大而不能通过母体骨盆腔造成的难产，包括内脏摘除术和肋骨破坏术等。以下以肋骨破坏术为例作简要介绍。

正生时，可在肩胛下的胸壁上作一皮肤切口，将剥皮铲伸至皮下剥出一条管道，把产科钩刀从皮下管道伸至最后一个肋骨后方，旋转钩柄，使钩尖朝向胎儿胸腔，钩住最后一条肋骨，然后用产科梃牢牢顶住胎儿，用力拉钩刀将肋骨逐条拉断，胸壁即塌陷缩小。胎儿倒生时，先截除一侧或两侧后腿，从腹腔开口处先拉出腹腔脏器，再拉出胸腔脏器。如需要破坏肋骨弓，可用产科钩刀从第一根肋骨处开始，拉断肋骨弓。

截半术：是指把胎儿从腰部截为两半，然后用产科钩分别拉出截断的前躯和后躯部分。该手术适用于胎向异常(横向或竖向)且矫正困难的情况。施术时将线锯或钢绞绳套在胎儿腰部，然后截为两半。在实践中，除个体小的胎儿外，一般很难把锯条或钢绞绳穿绕在胎儿腰部。若实施截半术时遇到很大困难，应及时改用其他方法。

(4)注意事项　如果矫正困难很大，胎儿已经死亡，产道内有足够的空间使用截胎器械，须及时考虑截胎术，以免继续矫正刺激产道水肿和子宫进一步缩小，不宜再行截胎术；或因术者体力过度消耗，难以完成比较复杂的截胎手术。

操作时须随时防止截胎器械滑脱损伤子宫和阴道，并注意消毒。马、驴对截胎造成的损伤比较敏感，尤其要加以注意。

拉出胎儿时，骨骼断端须用其皮肤、大块纱布或手护住，以免损伤产道。

4. 剖腹产术(cesarean section,cesarotomy)

剖腹产术是一种通过切开母体腹壁及子宫取出胎儿的难产助产手术。在临床上它适用于那些难以通过实施胎儿助产术达到救治效果的难产病例,是难产助产的一种重要方法。剖腹产术如果实施得当,不但可以挽救母子生命,而且还可能使母畜以后仍保持正常的繁殖能力。

(1)适应症　剖腹产术适应下列情况:①经产道难以通过胎儿助产术达到助产目的的难产,包括产道严重狭窄(骨盆发育不全或骨盆变形、子宫颈狭窄且不能有效扩张、子宫捻转、阴道极度肿胀或狭窄等)、胎儿严重异常(胎向、胎位或胎势严重异常、胎儿过大或水肿、胎儿畸形、胎儿严重气肿)等;②猪、羊、犬、猫等中、小型动物的难产,且催产或助产无效;③子宫已发生破裂的难产;④ 妊娠期满,母畜因患其他疾病生命垂危,须剖腹抢救仔畜或以保全胎儿生命为首要选择的难产救助病例。

但如果难产时间已久,胎儿腐败以及母畜全身状况不佳时,施行剖腹产术须谨慎。

(2)手术方法　各种动物的剖腹产手术步骤基本相同,但牛、马、羊与多胎动物(猪、犬、猫等)在具体的手术方法稍有差异,现分别简介如下:

①手术部位的选择。一般可根据动物种类选择在腹下部或腹侧部(左侧或右侧)。

牛剖腹产术的切口部位可选择在腹下部或腹侧部,切口长度一般为 25～35 cm。腹下切口部位有:乳房基部前端的腹中线、腹中线与左乳静脉之间或右乳静脉之间、乳房和左乳静脉的左侧或乳房和右乳静脉的右侧 5～8 cm 处。一般来说,牛切口部位选择在腹中线或其左侧有利于手术过程。腹中线的腹壁组织较薄且血管分布少,手术中出血少。左侧的切口则可因瘤胃的占位,阻挡肠及其系膜在手术中脱出。腹下切口因体位低,腹腔脏器的压力大,因此具有子宫内液体不易流入腹腔的优点,但术后切口部位易受污染,如果缝合不当易发生疝气和豁口。腹侧切口可选择在左侧腹壁或右侧腹壁。每侧的切口又可分上位切口和下位切口。上位切口是在髋结节下角 5 cm 的下方起始,作垂直切口;下位切口是在腹壁中 1/3 与下 1/3 交界处起始,作斜行或垂直切口。由于手术过程中右侧切口易受肠道及其系膜的干扰,所以一般情况下,多采用左侧作切口。腹侧切口的体位较高,术后污染机会相对较小,但手术中如果注意不当,子宫内容液体易流入腹腔。

羊剖腹产术可选择腹下(腹中线)或腹侧作切口,但多选用左侧腹肋部,即腰椎横突下方 5～10 cm 处向下作切口,切口长度一般为 12～15 cm。

马剖腹产手术部位常采用左腹胁部,可在最后一个肋骨弓中点与膝关节的连线上作切口,长 25～40 cm。此外,切口部位也可选择在左上腹肋部、腹中线左侧及腹中线等处。右侧由于有较大的盲肠,因此很少在右侧作剖腹产。

猪剖腹产术切口部位可选择腹侧(左侧或右侧)髋结节下角与脐孔的连线上,即从髋结节下方约 10 cm 处(膝关节皮肤皱襞之前)向前向下作斜行切口 15～20 cm。

犬和猫的剖腹产手术部位可选择腹中线部位,亦可在腹侧壁距乳腺基部 2～3 cm 处作水平向切口,犬的切口长度 7～12 cm,猫为 5～7 cm。

②术前准备。包括保定、麻醉、术部准备及消毒等步骤。

保定:根据选择的手术部位,可相应采用左侧卧或右侧卧保定。如果产畜体况良好,腹侧切开法也可采用站立保定。

术部准备及消毒:按外科手术常规进行。如果胎儿已露出产道,要将母畜的外阴部及露出的胎儿部分清洗干净并用消毒药液消毒。

麻醉：可根据动物种类选用全身麻醉、硬膜外麻醉、腰旁神经干传导麻醉和切口局部麻醉。全身麻醉时要注意麻醉药物对胎儿以及子宫和胎盘血流改变等的影响，尤其镇静药物多能透过胎盘屏障而对胎儿的神经系统产生长时间抑制作用，因此应慎用。硬膜外麻醉时，用药剂量不宜过大，否则可引起呼吸抑制及麻痹。麻醉过程中可能由于交感神经阻滞而出现后肢血管舒张，血压过低，因此施行麻醉前可输液扩充血容，以防止麻醉及手术中出现休克。一般情况下，可选用硬膜外麻醉或腰旁神经干传导麻醉，配合切口局部麻醉，特别是在胎儿存活的情况下应尽量不用全身麻醉。

在牛，侧卧保定时，常采用硬膜外麻醉(2%盐酸普鲁卡因 5～10 mL)与切口局部浸润麻醉相结合，或肌肉注射盐酸二甲苯胺噻唑配合切口局部浸润麻醉；站立保定时，采用腰旁神经干传导麻醉配合切口局部浸润麻醉。

在羊，一般采用硬膜外麻醉(0.5%布比卡因 7～8 mL 或 2%盐酸普鲁卡因 3～5 mL)，或配合切口局部浸润麻醉；也可采用肌肉注射盐酸二甲苯胺噻唑并配合切口局部浸润麻醉。

在猪，可选择腰旁神经干传导麻醉，配合切口局部浸润麻醉；或采用氯胺酮联合速眠新2 号复合麻醉。

在马，如胎儿已死亡可用全身麻醉，并配合硬膜外麻醉及局部浸润麻醉。也可用氟氯乙烷进行吸入麻醉。

犬的剖腹产手术多用全身麻醉。可肌肉注射速眠新注射液，有中枢镇痛、镇静和肌肉松弛的作用。参考用量：杂种犬 0.08～0.10 mL/kg 体重，纯种犬 0.04～0.08 mL/kg 体重。手术结束后注射苏醒剂。此外也可采用麻醉机进行吸入麻醉。

猫的剖腹产手术可采用肌肉注射复方氯胺酮注射剂或隆朋联合氯胺酮进行全身麻醉；也可采用麻醉机进行吸入麻醉。

术部准备及消毒　按外科手术常规进行，包括术部剃毛或脱毛、清洁消毒和覆盖创巾等。如果胎儿已露出产道，还要清洗母畜的外阴部及露出的胎儿部分，并用消毒药液消毒。

③术式。手术过程依次包括切开腹壁、拉出并切开子宫、取出胎儿、处理胎衣、缝合子宫和腹壁等。

牛的剖腹产(以腹下切开法，腹中线与右乳静脉间的切口为例)：首先从乳房基部前缘向前切一个 25～35 cm 的纵行切口，切透皮肤、腹黄筋膜和腹斜肌腱膜、腹直肌；用镊子夹住并提起腹横肌腱膜和腹膜，切一小口，然后将食指和中指伸入腹腔，引导手术剪扩大腹膜切口。

切开腹膜后，术者一只手伸入腹腔，紧贴腹壁向下后方滑行，绕过大网膜后向腹腔深部触摸子宫及胎儿，隔着子宫壁握住胎儿后肢(正生时)或前肢(倒生时)向切口牵拉，挤开小肠和大网膜，然后在子宫和切口之间垫塞大块纱布，以防切开子宫后子宫内液体流入腹腔。如果子宫发生捻转，应先在腹腔中矫正子宫，然后再将子宫向切口牵拉。

切开子宫时，切口不能选择在血管较为粗大的子宫侧面或小弯上，应在血管少的子宫角大弯处，并避开子叶，先切开一个小口，缓慢放出胎水，然后再扩大切口与腹壁切口等长，取出胎儿，交给助手处理。在切开子宫和取出胎儿的过程中，助手应注意提拉子宫壁，防止子宫回入腹腔和子宫液体流入腹腔。

胎儿取出后，剥离子宫切口附近的胎膜，然后在子宫中放入 1～2 g 四环素族抗生素或其他广谱抗生素或磺胺药，缝合子宫。缝合时，用圆针、丝线或肠线以连续缝合法先将子宫壁浆膜和肌肉层的切口缝合在一起，然后采用胃肠缝合法再进行一次内翻缝合。子宫缝合后，用温生理盐水清洁暴露的子宫表面，蘸干液体，涂布抗生素软膏，然后将子宫送放回腹腔并轻拉大网膜覆盖在子宫上。

腹壁的缝合可用皮肤针和粗丝线以锁边缝合法将腹膜、腹横肌腱膜、腹直肌、腹斜肌腱和腹黄筋膜切口一起缝合，然后以相同缝合法缝合皮肤切口并涂抹消毒防腐软膏。因下腹部切口承受腹腔脏器压力较大，腹壁的缝合必须确实可靠。在缝合关闭腹腔前，可向腹腔内投入抗生素，以防止腹腔感染。

羊的剖腹产：与牛的方法基本相同。但是羊妊娠多个胎儿时，切开子宫时可将双侧子宫角分别切开或在一侧子宫角基部切开，经由同一切口分别将两侧子宫角内的胎儿取出。

马的剖腹产：方法与牛的相同，但应该将胎衣完整剥离后再缝合子宫切口。手术过程中应特别注意防止子宫内容物污染腹腔。

猪的剖腹产：按腹部外科手术方法从左侧或右侧髋结节下方约 10 cm 处，向前向下作一斜行 15～20 cm 的切口，打开腹腔后，术者手伸入腹腔检查两侧子宫角的胎儿数量，如果两侧子宫角都有胎儿，可先将一侧子宫角连同胎儿拉至腹腔外，选择子宫角基部大弯处切开子宫(10～15 cm)，分别取出胎儿。当一侧子宫角的胎儿全部取出后，将该子宫角送回腹腔，并将子宫切口部位保留在腹腔外，然后取出另一侧子宫角，从该切口处分别取出胎儿。在取猪胎儿时，对远离子宫切口的胎儿，术者或助手可隔着子宫壁用手挤压将其推移至切口处取出。待胎儿全部取出后，清除已脱落的及切口周围的胎衣，然后缝合子宫切口，送回腹腔，并分别用抗生素处理，最后缝合腹壁。

为了手术操作的方便，如果仅一侧子宫角内有少量胎儿，切口也可选择在胎儿附近的子宫角大弯处。如果两侧子宫角内的胎儿较多，取出胎儿时动作要快。因为猪子宫角内的胎儿一旦取出，如果后一个胎儿的取出时间间隔稍长，已取出胎儿的子宫角部分就会收缩，致使后面的胎儿不能通过，也就不能再从同一切口取出。所以，两侧子宫内的胎儿较多时，也可以分别在每侧子宫角各作一切口。

犬和猫的剖腹产：二者方法基本相同。首先分层切开腹壁及腹膜，然后术者用右手食指、中指伸入腹腔，将一侧子宫角引出切口之外，充分暴露子宫角基部，在子宫体的背部或一侧子宫角做一切口，通过同一切口中取出双侧胎儿，并通过挤压胎盘和牵拉脐带分离取出胎盘。缝合子宫、腹壁的方法与其他动物的相同。

④术后护理。术后可注射催产素以促进子宫收缩和止血；每天应检查伤口并连续注射抗生素 3～5 d 以防止术后感染。如果伤口愈合良好，可在术后 7～10 d 拆除皮肤缝线。若术后并发腹膜炎、子宫内膜炎、腹壁疝及皮肤切口感染等则应及时进行医疗处理。绵羊对子宫内梭状芽孢杆菌的感染比其他动物更为敏感，术后可因继发感染导致母羊死亡，因此应特别注意并采取相应医疗措施。

(三)药物催产的方法

药物催产的方法就是在母畜临产时或临产后，使用催产药物加速分娩进程。在临床上主要用于原发性或继发性子宫收缩无力所引起的难产，是减少剖腹产等手术助产的有效方法之一。但在应用催产药物之前，应仔细检查胎儿和产道情况，对产畜和胎儿情况全面准确地进行评价，如有胎儿的胎位、胎向和胎势异常或产畜的产道狭窄、子宫破裂等异常情况，应用催产药物也不能使胎儿产出，不能进行催产。

兽医临床上常用的催产药物有垂体后叶素或催产素，肌肉注射或静脉滴注，必要时可配合应用雌激素。

药物催产的缺点是在引起子宫收缩的同时，加快胎盘的分离，使尚存在于子宫内的胎儿生存受到威胁。所以在大家畜一般不用药物催产，而用牵引术。在猪、羊、犬、猫等中、小动物可以应用，但若使用药物后 20 min 仍不能产出胎儿，则应及时进行手术治疗。

三、难产助产的基本原则

难产一旦发生，病情危急，母仔生命均受到威胁，因此必须迅速采取正确的助产措施。为提高难产救治的成功率，在临床上要遵循如下原则：

1. 争取时间，尽早处理

难产一旦发生，助产手术越早越好，越迟则风险越大。如拖延过久，胎水流失、产道水肿，不但会增加手术难度，还会危及母子生命。

2. 仔细检查，正确施救

助产的目的是既要挽救母子双方生命，又要保护母畜的繁殖能力。所以在助产前要仔细检查，作出正确的诊断和选择合适的助产方案。首选方案是保证母子双全，不得已而选其一，同时还要尽可能保护母畜的繁殖能力。能够从产道将胎儿安全拉出的，要尽可能采取矫正术和牵引术，而不用截胎术或剖腹产术。在母子双方只能顾及一方时，一般是先要考虑保护母畜。若母畜生命垂危，难以救治时，要果断采取措施，拯救胎儿。

3. 严格消毒，防止感染

助产时，要坚持无菌观念，母畜的外阴部或术部、胎儿身体的露出部分、术者的手臂和进入产道所有器械都必须按常规消毒。防止带入细菌而使母畜发生感染。

4. 规范操作，减少损伤

助产时，操作要规范、谨慎，尽可能减少对母畜产道的刺激和损伤。如：牵引、矫正必须在产道润滑的条件下进行，若胎水已流失，要向产道内灌注润滑油；矫正必须在子宫内进行，若胎儿已进入产道，要将其推回子宫后再矫正；使用产科器械时，要用手保护器械的尖端（前端），防止损伤产道；牵拉胎儿时，要随着母畜的努责徐徐进行，不可强行猛拉或硬拉，在胎儿进入骨盆腔时，牵引方向要符合母畜的骨盆轴。

5. 注意监护，避免意外

母畜发生难产后，体液丧失量和体力消耗都很大，特别是难产时间较长时容易发生全身耗竭，所以在助产过程中，要注意观察母畜的全身状况，给予对症治疗，以免发生意外死亡。

四、难产的类型及其助产

在自然分娩过程中，母体能否顺利地将胎儿排出到体外，主要取决于产力、产道和胎儿三个因素。当任何一个因素出现异常，都会直接导致分娩过程受阻而造成难产。所以，在兽医临床上，一般依据产力、产道和胎儿异常的直接原因将难产分为产力性难产、产道性难产和胎儿性难产三种类型。对应于胎儿性难产而言，产力性难产和产道性难产可合称为母体性难产。此外，根据病因的原发性和继发性，难产又分为原发性难产和继发性难产，或根据难产的性质分为机械性难产和功能性难产。

(一)产力性难产

产力性难产是指子宫肌、或腹肌和膈肌收缩功能异常所引起的难产,在临床上主要表现为子宫迟缓和阵缩及努责过强两种类型。

1. 子宫迟缓

子宫迟缓(uterine inertia)亦称子宫阵缩微弱,是指分娩时子宫肌的收缩频率、持续时间和强度不足而表现出的子宫收缩无力,并可由此引起产力不足而发生难产。该类型难产是产力性难产中最常见的一种,可发生于各种家畜及犬、猫等,尤其多见于年老、体弱和肥胖的个体。

(1)病因　子宫迟缓可分为原发性和继发性两种。原发性子宫迟缓是指分娩中子宫肌因自身功能不足引起的子宫收缩无力,主要发生在分娩第一阶段(开口期);继发性子宫迟缓是因胎儿排出过程受阻或多个胎儿排出后,子宫肌发生疲劳而出现的收缩能力减弱,通常发生在分娩第二阶段(胎儿排出期)。

原发性子宫迟缓可由多种原因引起。孕畜在妊娠末期或分娩前发生激素分泌失调,如雌激素、前列腺素或催产素分泌不足,孕酮分泌维持相对高的水平(牛、猪和羊),可导致子宫肌收缩反应减弱;年老、体弱、营养不良、运动不足或肥胖等体况因素可引起孕畜的子宫肌收缩能力下降;全身性疾病及低血钙、低血镁或酮病等代谢性疾病等也可降低子宫肌的兴奋性和反应性,导致原发性子宫迟缓的发生;胎儿过大、胎儿或胎水过多亦会造成子宫肌纤维过多伸张,收缩力下降。此外,产畜精神过度紧张可对子宫收缩产生抑制作用。

(2)症状及诊断　发生原发性子宫迟缓时,产畜一般仅表现出微弱的腹痛和努责现象。阴道检查可发现子宫颈松软开放,胎膜囊及胎儿前置部分进入子宫颈或产道,但分娩进程缓慢,产程延长。如果产程延长过久而不给予助产,胎儿最终可因胎盘循环减弱而发生死亡。继发性子宫迟缓则主要表现为母畜经前期的强烈阵缩及努责之后,子宫收缩能力减弱,多胎动物的产仔间隔期明显延长。

(3)助产方法　对牛、马等大动物一般用牵引术。对猪、羊、犬、猫等中、小动物可用药物催产,但若术者的手可伸入产道或胎儿身体有一部分露出产道时,也可用牵引术。但无论采用哪种助产方法,都必须确认胎儿和产道无异常。如有异常,要先行处理。

牵引术或药物催产无效的情况下,可采用剖腹产术。

2. 阵缩及努责过强

阵缩及努责过强是指母畜分娩时因子宫肌和腹肌的收缩时间长、间隙时间短、力量强烈而表现出的痉挛性收缩。当这种异常收缩发生时,胎盘血液循环受阻,胎儿排出困难,胎儿易发生死亡。如果阵缩及努责过强发生在胎儿尚未完成正常分娩姿势转变之前,可引发胎儿性难产以及过早发生胎囊破裂及胎水流失。

(1)病因　当胎势异常、胎位和胎向不正、产道狭窄等造成胎儿排出困难时,产畜易发生子宫及腹肌收缩过强及破水过早。临产母畜受到惊吓、环境突然改变、气温下降、空腹饮用冷水等原因也可刺激子宫发生反射性痉挛性收缩,引发阵缩及努责过强。

(2)症状及诊断　发生阵缩及努责过强时,母畜主要表现出阵缩及努责频繁而强烈,两次努责的间隔时间较短,收缩期延长。如果伴有产道或胎儿异常,过度强烈的阵缩及努责可能导致子宫或产道破裂,产生严重后果。

(3)助产方法　发病初期,胎囊尚未破裂时,可使用镇静剂,降低母畜的应激反应,缓解子宫收缩和努责，如胎囊已破，胎水流失，或胎儿已经死亡，要根据难产的类型及早采取相应措施。矫正、牵引无效时，可选用截胎术或剖腹产术。

（二）产道性难产

产道性难产是因软产道或硬产道狭窄导致胎儿不能正常进入或通过产道的一类难产。引起产道狭窄的原因是多方面的，主要包括骨盆骨折或骨瘤，配种过早或营养不足而骨盆发育不全或骨盆过小，遗传性或先天性产道或阴门发育不全，既往分娩或其他原因引起产道损伤后使子宫颈、阴道或阴门狭窄，子宫颈畸形、子宫颈扩张不全（羊、牛），子宫捻转，阴道周围脂肪过度沉积等。此外，过早发生胎囊破裂及胎水流失可导致产道干涩及润滑性降低，增加胎儿通过产道的难度。常见的产道性难产有以下类型：

1. 子宫颈开张不全

子宫颈开张不全（incomplete dilation of the cervix）是指分娩过程中子宫颈管不能充分扩张，由此导致胎儿难以通过而发生难产。

（1）病因　子宫颈开张不全是牛、羊最常见的难产病因之一，其他动物较少发生。牛、羊子宫颈肌肉组织发达，产前在雌激素及松弛素等的作用下，发生浆液性浸润的软化过程需要经历较长时间。若雌激素及松弛素分泌不足或作用时间较短，子宫颈则不能完全软化和达到能够充分扩张的程度。在经产母畜中，因过去分娩时子宫颈受到损伤，形成瘢痕或纤维组织增生而发生硬化，使子宫颈组织失去弹性，不能充分开张。此外，分娩过程中，如果母畜受到惊吓或不良环境的干扰，也可使子宫颈发生痉挛性收缩而使子宫颈口不易扩张或扩张不充分。

（2）症状及诊断　分娩过程中因子宫颈开张不全而发生难产时，临床上主要表现为母畜已出现正常的阵缩及努责活动，且可能发生胎囊破裂并排出胎水，但长久不见胎儿排出。产道触诊检查可发现子宫颈的松软程度、开张及可扩张程度有限，子宫颈狭窄。根据子宫颈开张的程度不同，可将子宫颈狭窄分为四种不同程度：一度狭窄是胎儿的两前腿及头在拉出时尚能勉强通过；二度狭窄是两前腿及额前端较细部分能进入子宫颈，但头不能通过，硬拉时可导致子宫颈撕裂；三度狭窄是仅两前蹄能伸入子宫颈管中；四度狭窄是子宫颈仅开一小口。子宫颈开张不全最常见到的是一度及二度狭窄。

（3）助产方法　要根据病因、子宫开张程度和胎儿状况采取相应的治疗措施。在牛分娩时间不长，胎囊未破时，应等待一段时间，使子宫颈尽可能扩大。一度和二度狭窄，可试行缓慢拉出胎儿，三度及其以上狭窄要进行剖腹产术。

2. 双子宫颈

（1）病因　双子宫颈（double cervix）属于发育异常，较为少见。在结构上它是由一层组织隔膜将子宫颈分隔为 2 个单独的子宫颈管，或部分地分隔为 2 个子宫颈外口。

（2）症状及处理　胎儿的不同肢体可能各伸入一个外口或子宫颈管而发生难产。如果只是简单的子宫颈外口的组织间隔造成难产，可将外口之间的隔膜切开，即可将胎儿拉出。若为两个完整的双子宫颈，则可根据子宫颈管的开张程度相应地选择和实施产道助产术或剖腹产术。

3. 阴道、阴门及前庭狭窄

阴道、阴门及前庭狭窄（stenosis of vagina，vulva and vestibule）可以发生在各种家畜，但多见于青年母畜。

(1)病因　阴门及前庭狭窄时，胎儿排出困难，若长时间不能排出可引起胎儿死亡。其主要病因有：配种过早，生殖道尚未充分发育；软组织的松软变化不够，不能充分扩张；阴道、阴门及前庭部位因过去受到损伤和感染，形成瘢痕或纤维组织增生而引起狭窄；阴道及阴门肿瘤引起的阴道及阴门狭窄。此外，分娩过程中产道黏膜发生严重充血和水肿，也可引起继发性阴道狭窄等。

(2)症状及诊断　阴道狭窄时，可以通过阴道触诊检查发现阴道狭窄部位极度紧张地包裹着胎儿的前置部分，阻滞胎儿的排出。阴门及前庭狭窄时，随着母畜的阵缩及努责，胎儿的前置部分或部分胎膜可突入于阴门处，正生的胎头或两前蹄抵在会阴壁上形成明显的会阴部突起；如果努责过于强烈，可导致阴门撕裂。

(3)助产方法　轻度狭窄，可在充分润滑的条件下，缓慢拉出胎儿。如阴门狭窄较为严重，限制了胎儿的拉出，可行阴门切开术；如果阴道狭窄严重，胎儿根本不能通过，应选用剖腹产术或截胎术。

4. 骨盆狭窄

骨盆狭窄(stenosis of pelvis)是指骨盆腔大小和形态异常，阻碍胎儿排出。

(1)病因　骨盆先天性发育不良，或过早交配而骨盆尚未发育完全，或因营养不良、疾病等影响骨盆发育，可造成骨盆狭窄，如骨软症(多见于猪)所引起的骨盆腔变形、狭小等。骨盆骨折或裂缝引起骨膜增生和骨质突入骨盆腔内，也可使骨盆发生形态改变和狭窄。

(2)症状及诊断　骨盆狭窄对分娩的影响视其狭窄程度与胎儿的大小而异。如果狭窄程度不严重且胎儿较小，分娩过程可能正常，否则会导致难产。若遇到母畜阵缩及努责强烈，胎水已经排出，但胎儿宽大部位难于通过骨盆腔时，应对骨盆进行仔细检查，以确定骨盆是否狭窄，并与子宫颈狭窄相区别。

(3)助产方法　轻度狭窄，可在充分润滑的条件下，缓慢拉出胎儿；严重狭窄时，胎儿根本不能通过，应选用剖腹产术或截胎术。

5. 子宫捻转

子宫捻转(uterine torsion)是指整个子宫、一侧子宫角或子宫角的一部分围绕自己的纵轴发生扭转。它主要见于奶牛、羊、马和驴，猪则少见。子宫捻转的部位多为子宫颈前后。发生在子宫颈前的称为子宫颈前捻转，位于阴道前端的称为子宫颈后捻转。在牛，多为子宫颈后向右捻转；在马则多为子宫颈前向左捻转。

子宫捻转可使子宫颈或阴道发生拧闭或狭窄，因此造成产道性难产。轻度的捻转子宫可能自行转正；如果达到180°～270°的严重捻转且未能及时诊断矫正，子宫可发生充血、出血、水肿，胎盘血液循环发生障碍，胎儿不久即死亡。马的子宫捻转易继发急性败血症而死亡。

(1)病因　子宫捻转主要发生在妊娠后期和临产初期，是产道性难产的常见病因之一。造成子宫发生捻转的原因与母畜体位的突然改变有关。例如妊娠后期或临产时，母畜因急行中绊倒或因疼痛急剧起卧并转动身体，而子宫因胎儿重量大不能随母畜身体相应转动，即刻可向一侧发生捻转。牛发生子宫捻转与其妊娠的子宫形态特点有关。由于牛在妊娠后期，子宫的孕角很大，子宫角大弯显著地向前扩张，而子宫阔韧带只固定到孕角的后端，子宫角前端大部分处于游离状态。孕牛卧地时先以两前肢跪地，起立时则后躯先起，所以无论起卧子宫角都有一段时间在腹腔内处于“悬垂”状态，如此时急速转动身体，妊娠的子宫因重量大，不能随之转动而发生捻转。马、驴发生子宫捻转与打滚有关。在分娩前期，因腹痛打滚则可能引起子宫发生捻转。

(2)症状　妊娠后期或产前发生的子宫捻转，如捻转不超过90°，母畜一般不表现临床症状或症状轻微，有的能自行复位。如不能自行复位的，一般要到分娩时才被发现。若捻转达到180°及其以上时，母畜常表现强烈的不安和阵发性腹痛；随着病程的延长和血液循环受阻，腹痛加剧，母畜出现拱腰、努责等临产征象，但不见胎水排出；时间拖延长的，可因捻转的子宫高度水肿、麻痹，甚至发生坏死，也有的导致子宫阔韧带撕裂和血管破裂而发生内出血，病畜不再表现疼痛，但病情随之恶化。

发生在临产时的子宫捻转，母畜出现正常的分娩预兆，但经久不见胎囊和胎儿外露。

(3)诊断　发生子宫捻转，需要进行阴道和直肠检查，才能做出诊断和判断捻转的程度和方向。

子宫颈前捻转超过180°时，因子宫颈口微开张或封闭，子宫颈膣部呈紫红色，子宫颈塞红染；子宫两侧阔韧带从两旁经捻转处交叉，一侧韧带位于上方，另一侧韧带则经由下方交叉，两侧韧带紧张、静脉明显努张。子宫颈后捻转时，阴道壁紧张，阴道腔狭窄，阴道壁的前端有螺旋状皱襞；如果捻转严重，与子宫捻转方向相反一侧的阴唇可肿胀歪斜。

现将子宫捻转的程度与方向判别方法归纳于表3-2。

表3-2　子宫捻转程度与方向的判别

捻转部位和程度		阴道和直肠检查所见		捻转方向
		子宫阔韧带	阴道和子宫颈口	
子宫颈前捻转	≤180°	下方韧带紧张	不明显	向紧张侧捻转
	≥180°	双侧韧带紧张	不明显	向下侧方捻转
	360°	双侧韧带紧张	子宫颈口封闭	
子宫颈后捻转	≤90°	交叉，下方韧带紧张	阴道前方稍狭，有螺旋状皱襞	右手背平贴着阴道上壁向前伸，管腔向前向下向右走或随腔的弯曲使拇指转向上，是向右捻转，反之则是向左捻转
	180°	交叉，双侧韧带紧张	阴道螺旋状皱襞明显，手能勉强伸入	
	270°	交叉，双侧韧带紧张	阴道螺旋皱襞细小，手不能伸入	
	360°	交叉，下方韧带更紧张	阴道螺旋皱襞细小，阴道拧闭	

(4)处理方法　方法有产道和直肠矫正胎儿及子宫、翻转母体、剖腹产术等四种。

①产道矫正。是借助胎儿矫正捻转子宫的方法。捻转程度较轻，手能进入子宫颈握住胎儿时，可用此法。矫正时，将母畜以前低后高站立保定，如母畜努责可行硬膜外麻醉或后海穴麻醉，然后术者手伸入子宫，到达胎儿的捻转侧，握住胎儿身体的某一部分，向上向对侧翻转。

②直肠矫正。如果子宫是向右侧捻转，术者可通过直肠将手伸入到右侧子宫下侧方，向上向左侧翻转子宫，同时由一个助手用肩部或背部顶在右侧腹下向上抬，另一助手在左侧肷窝部由上向下施压，捻转程度较小的，可望得到矫正。如子宫向左侧捻转，操作相反。

③翻转母体法。方法是，将母畜横卧保定，子宫向哪一侧捻转，就使哪侧腹壁着地，然后迅速地翻转母畜的躯体，由于子宫的位置相对不变，可使捻转的子宫恢复原状，是一种间接矫正子宫捻转的方法。具体操作时有直接翻转法、腹壁加压翻转法和产道固定胎儿翻转法。

直接翻转法：将母畜横卧保定，用绳将两前后肢分别捆住，并使后躯高于前躯。然后由两人站在母畜的背侧同时猛拉前后肢，另一助手则同时转动母畜的头部，将母畜的躯体急速翻转过去（图3-11）。因母畜的躯体翻动迅速，子宫因胎儿重量的惯性，不随母体转动而恢复正常位置。翻转后进行检查，确认子宫是否恢复正常位置。如未成功，可再次进行翻转，直至成功。

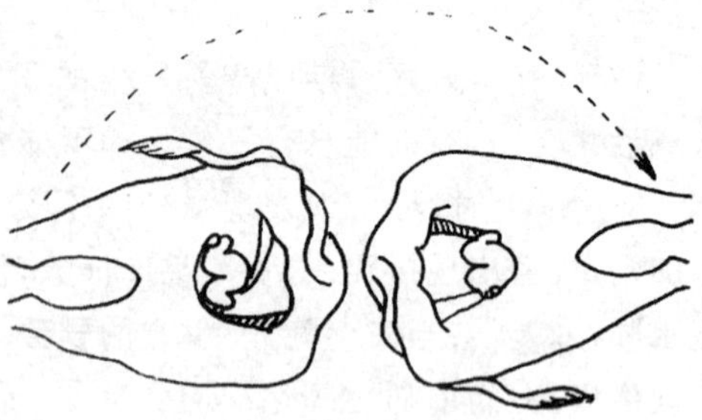

图3-11　直接翻转母体矫正子宫捻转的方法

腹壁加压翻转法的操作与直接翻转法基本相同，只是用一块长木板（长约3 m，宽20～25 cm），一端压在母畜腹壁最突出的位置上，另一端着地，一人站在木板着地端的合适位置上施压力，起到固定子宫位置的作用，然后缓慢地将母畜向对侧翻转。

产道固定胎儿翻转法的操作方法也与前两种方法基本相同，不同的是术者用手伸入产道握住胎儿以固定子宫。

④剖腹矫正或剖腹产术。剖腹矫正是按外科手术常规，切开腹壁，将捻转的子宫矫正。剖腹产术是通过剖腹直接取出胎儿。

（三）胎儿性难产

胎儿性难产主要是由胎儿异常所引起，它包括因胎向、胎位及胎势异常，胎儿过大、胎儿畸形或两个胎儿同时楔入产道等所引起的难产。

1. 胎儿过大（fetal oversize）

胎儿过大是指胎儿体格相对过大或绝对过大，与母体的骨盆大小不相适应。胎儿相对过大是指胎儿大小正常而母体骨盆相对较小；绝对过大则是母体骨盆大小正常而胎儿体格过大。胎儿绝对过大的情况可发生在发育正常的胎儿，但也出现在一些病理状态的胎儿，如巨型胎儿、胎儿水肿、胎儿气肿等。无论胎儿相对过大还是绝对过大，都与产道不相适应，均可导致难产的发生。

引起胎儿过大的原因是多方面的，主要与遗传、营养、胎儿数量、妊娠时间以及胎儿性别等因素有关。若品种杂交中选用大型的父系品种，或者妊娠后期营养水平过高，多胎动物怀孕胎儿数过少，怀孕期延长以及胎儿性别为雄性时，胎儿容易出现体格过大的情况。此外，某些病理状态的胎儿，如巨型胎儿及胎儿水肿等，也被认为与遗传因素有关。

单胎动物怀双胎时，若两个胎儿同时楔入产道，也可因胎儿总的体积过大引发难产。

在临床实践中，需通过产道触诊才能准确做出胎儿过大及胎儿病理状态的诊断。

助产时，首选牵引术，如不能奏效时，可用截胎术或剖腹产术。

2. 胎儿畸形（fetal monsterosities）

胎儿畸形的发生与遗传和发育因素的异常有关。在各种胎儿畸形中，可引起难产的畸形类型主要有：裂腹畸形、先天性假佝偻（胎儿的头、四肢及其躯干粗大而短，前额突出）、躯体不全（后躯和四肢发育不全；头及肩胛围大，关节粗大而不能活动）、重复畸形（如颅部联胎、胸部联胎、脐部联胎、臀部联胎、坐骨联胎等）、胎儿水肿、脑积水、腹腔积水等。

畸形胎儿引起的难产中，有时胎儿的前置部分正常，但位于产道中的远端部分严重畸形，因此分娩开始时进展基本正常，但畸形部分楔入骨盆入口时则引起难产。

助产时，如胎儿较小，能够直接从产道拉出的，可用牵引术；胎儿较大，不能直接拉出的，可用截胎术，将胎儿肢解后分块取出；截胎有困难的可用剖腹产术。

3. 双胎难产(dystocia due to twins)

双胎难产是指 2 个胎儿同时进入产道，导致二者都不能产出，而且常伴有各种胎位和胎势的异常。这种难产一般是产道内一个胎儿正生，另一个是倒生。检查时发现 1 个胎头 4 条腿，其蹄底有 2 个向下(前肢)，2 个向上(后肢)；或 1 个胎头和 1 个前肢及另一个胎儿的 2 个后肢等。诊断时，要与胎儿畸形相鉴别。

助产的方法是先将进入产道少的(位置较深的)一个胎儿推回，而将进入产道较多的一个胎儿先拉出，再拉出另一个。拉胎儿时，为防混淆，诊断清楚后在所系的绳上做好标记。

4. 胎势异常(abnormal posture)

胎势异常是指分娩时胎儿的姿势发生异常，包括头颈姿势异常、前腿姿势异常及后腿姿势异常。助产时，要依据异常程度和胎儿的死活状况选用助产方法。一般而言，胎儿尚存活的情况下，尽可能选用矫正术将异常胎势矫正，然后将胎儿从产道拉出；如果胎儿已死，且异常胎势难以矫正的，可选用截胎术或剖腹产术。

(1)头颈姿势异常　包括头颈侧弯、头向后仰、头向下弯(枕部前置)和头颈捻转。

①头颈侧弯。当正生发生头颈侧弯时，胎儿的两前腿伸入产道，但头颈侧弯于躯干的一侧，引起难产(图 3 - 12)。这种难产主要发生在马、牛、羊等颈部较长的动物，也是这些家畜最常见的难产病因之一。

图 3 - 12　头颈侧弯

(引自 Diseases of cattle, USDA Special Report, 1942)

在头颈侧弯的难产中，因受头颈侧弯姿势的影响，伸入产道的两前肢有长短差别，头颈侧弯一侧的前肢伸出得较短，另一侧前肢则较长。产道触诊检查时，可在骨盆入口处触摸到头颈弯曲部位，如沿弯曲方向前行可触摸到头部。

助产时，通常首先选用矫正术。矫正时可先将产科梃顶在头颈侧弯对侧的胸壁与前腿肩端之间，向前并向对侧推动胎儿，使骨盆入口之前腾出空间，然后把头颈拉入产道。如果术者能握住胎儿的唇部，可将肘部支在母体骨盆上，先用力向对侧推压胎头，然后把唇部拉入盆腔入口(图 3 - 13)。如果头颈弯曲程度大，用手扳拉胎儿头部有困难，可以用单滑结缚住胎头，再将颈上的两段绳子之一越过耳朵，滑至颜面部或口腔，由助手牵拉绳子，术者握住唇部向对侧推压，将头拉入盆腔。此外，也可用绳系住下颌牵拉。在矫正过程中，推动胎儿和扳正胎头的

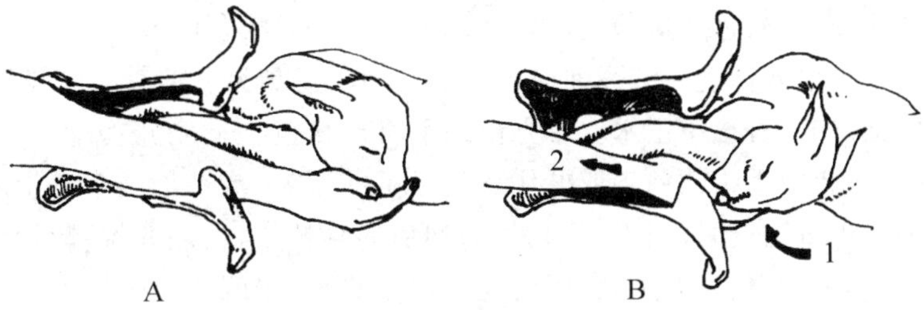

图 3 - 13　头颈侧弯的矫正

(引自 Diseases of cattle, USDA Special Report, 1942)

A. 握住胎儿的唇部　B. 向对侧推压胎头步把唇部拉入盆腔

操作应相互配合。

②头向后仰。此种难产是指头颈向上向后仰。但临床中很少见单纯的后仰,因为头颈总是偏在背部一侧,因此可以视为头颈侧弯的一种。

助产时,一般是向前推动胎儿,先将其变成头颈侧弯,然后再按头颈侧弯处理。

③头向下弯。是指难产中胎儿头向下弯曲的异常姿势。根据弯曲程度不同可分为额部前置、枕部前置和颈部前置三种类型。

额部前置是较轻度的头向下弯。发生额部前置时,胎儿额部向着产道,唇部向下,头下弯抵着母体骨盆前缘;枕部前置是由额部前置发展而来,枕寰关节极度屈曲,唇部向下向后,枕部朝向着产道(图 3-14);颈部前置是最严重的头向下弯,胎儿的头颈弯于两前腿之间,下颌抵着胸骨,颈部向着产道。

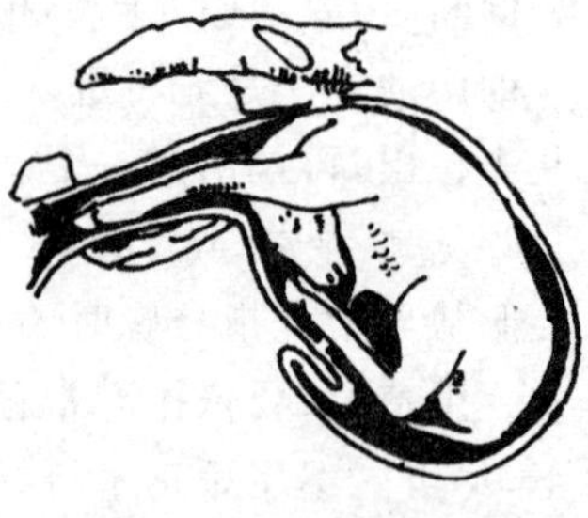

图 3-14 头颈下弯(枕部前置)

(引自 Diseases of cattle, USDA Special Report, 1942)

助产时,如果胎儿是活的,应首选矫正术。额部前置的,可用手钩住唇部向上抬,使下颌高过骨盆边缘,同时用拇指按压鼻梁,先将头向上抬并向前推,即可将胎儿唇部拉向骨盆入口;枕部前置的,进入骨盆不深时也可按上述方法矫正,或用产科梃顶在胎儿胸部和一侧前腿之间向前推,同时按上述方法将胎儿唇部钩入骨盆腔;颈部前置的,矫正较为困难,可先用产科梃顶在胎儿胸部和一侧前腿之间尽量向前推,再将一前腿的腕关节弯曲起来并向前推,变为肩部前置,使头部有活动的空间,然后再握住下颌向上并向一侧拉头,使其变为头颈侧弯,最后按头颈侧弯矫正。

如果胎儿已死,矫正困难时可用截胎术,将胎儿头部截断取出。

④头颈捻转。是指胎儿头颈绕其纵轴发生捻转,偶尔发生于马。当胎儿头颈成 90°捻转时,头部成为侧位;当捻转为 180°时,头成为下位,额部在下,下颌朝上,颈部也因捻转而显著变短。头颈捻转常与胎儿侧位有关,或在头颈侧弯时未将头部矫正即向骨盆腔内牵拉所致。

助产时,先将胎儿推入子宫内,用手掐住眼眶或握住一侧下颌骨支,把胎儿翻转拧正,然后拉入产道,或用扭正梃伸入胎儿口内,将头拧正。如胎儿已死,可选用截胎术。

(2)前肢姿势异常　在胎儿性难产中前肢姿势异常较为常见。这些姿势异常可能发生在一侧或者两侧,主要有以下四种。

①腕关节屈曲。又称腕部前置。因前肢腕关节没有伸直,一侧或双侧腕关节屈曲,楔入骨盆腔引起难产(图 3-15A)。

发生腕关节屈曲时,通过产道检查可发现腕关节呈屈曲状态楔入骨盆腔内或骨盆入口处,腕部前置朝向产道。单侧性腕关节屈曲时可以在阴门处见到另一伸直的前腿和胎儿唇部。

腕关节屈曲助产时,首选矫正术。首先由助手将产科梃顶在胎儿胸壁与异常前腿肩端之间向前推动胎儿,术者用手钩住蹄尖或握住系部尽量向上抬,或者握住掌部上端向前向上推,使骨盆入口之前腾出矫正空间(图 3-16);然后向后向外侧拉,使胎儿蹄部呈弓形越过骨盆前缘伸入骨盆腔。如果屈曲较为严重,也可用绳拴住异常前肢的系部,术者单手握住掌部上端向前向上推,即可在助手牵拉的配合下将前腿拉入产道。

②肩关节屈曲。也称肩部前置。胎儿一侧或者两侧肩关节屈曲朝向产道,前腿肩关节以下部分伸于自身躯干之旁或腹下(图 3-15B),使胎儿在胸部位置的体积增大,并由此引起难

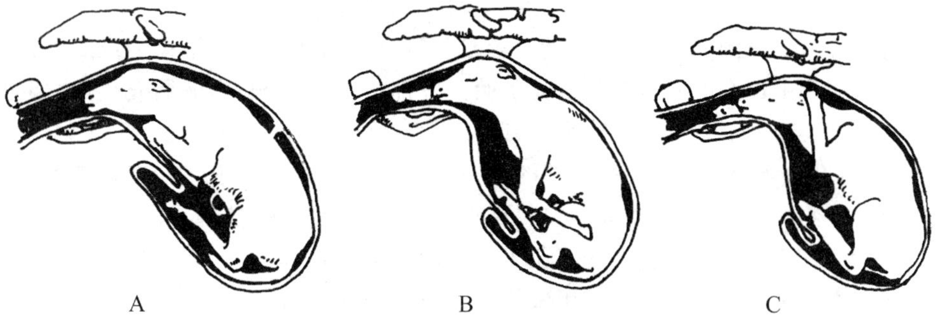

图 3-15 前腿姿势异常

(引自 Diseases of cattle, USDA Special Report, 1942)

A. 腕部前置 B. 一侧肩部前置 C. 前腿置于颈上

产。然而，对猪而言这种姿势是正常的，除胎儿过大的情况外，一般不影响胎儿的排出。

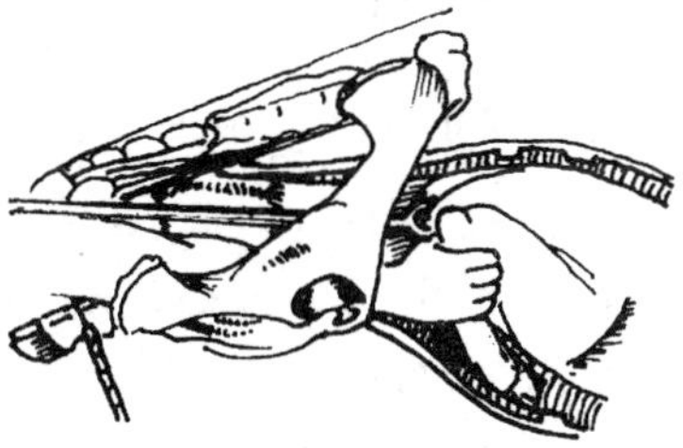

图 3-16 腕关节屈曲的矫正

(引自赵兴绪，2002)

发生肩关节屈曲时，因胎头已伸入盆腔，临床检查可发现阴门处仅有胎儿唇部露出(两侧肩关节屈曲)或唇部与一前蹄同时露出(一侧肩关节屈曲)。产道检查可以触摸到屈曲的肩关节。

肩关节屈曲的矫正可分两步进行。如果胎头进入骨盆不深，首先由助手将产科梃或推拉梃抵在对侧胸壁与肩端之间并向前推，同时术者用手握住异常前腿的前臂下端向后拉，使肩部前置变成腕部前置，然后再按腕部前置矫正(图 3-17)。

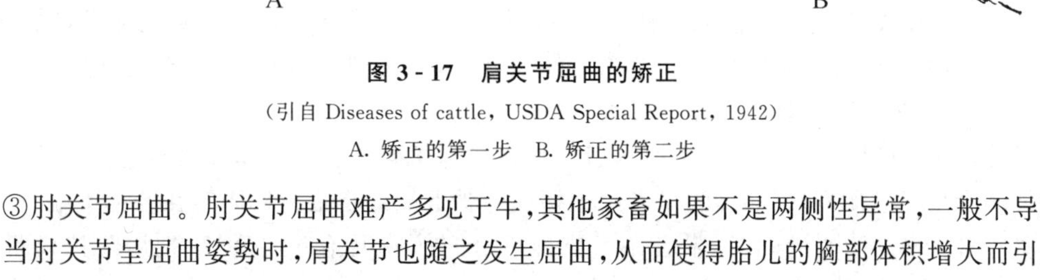

图 3-17 肩关节屈曲的矫正

(引自 Diseases of cattle, USDA Special Report, 1942)

A. 矫正的第一步 B. 矫正的第二步

③肘关节屈曲。肘关节屈曲难产多见于牛，其他家畜如果不是两侧性异常，一般不导致难产。当肘关节呈屈曲姿势时，肩关节也随之发生屈曲，从而使得胎儿的胸部体积增大而引起难产。临床检查可在阴门处可以观察到胎儿唇部，曲侧的前肢仅能伸至于颌下处。

矫正时，可先用绳拴住异常前腿系关节的上端，在术者用手向前推动异常前腿肩部的同时，助手向后牵拉前肢即可完成矫正；或者助手用产科梃推动异常前腿的肩部，术者用手或绳子牵拉异常前腿的蹄部，将肘关节拉直。

④前肢置于颈上。是指一条或两条前腿交叉置于头颈部之上的异常姿势(图 3-15C)，多

为双侧性的。这种情况主要发生于马,其他家畜很少发生。

发生前肢置于颈上的难产时,可通过触诊在阴门内摸到前肢交叉于颈上或一侧前肢置于颈上。由于前腿置于颈上的异常姿势增大了胎儿头部位置的体积,影响胎儿排出,导致难产。此类难产中如果伴有阵缩及努责过于强烈,胎儿的蹄部可穿裂阴道壁。

助产时,如果前肢置于颈上是一侧性的,术者手伸入产道后,先将胎儿向前推,然后抓住异常的前肢向正常侧并向下压,可将异常前肢矫正过来;如果是两侧性的,可分别在两腿系部拴上绳子,在向前向上推胎儿的同时,先将位于上面的一前腿抬起,向上向正常位拉,使其复位,然后再以同样方法矫正另一前肢。若用法仍矫正困难,可选用截胎术。

(3)后腿姿势异常　后腿姿势异常是倒生时可能发生的异常情况,主要发生在四肢较长的家畜,如牛、马、羊等,有以下两种类型:

①跗关节屈曲。又称为跗部前置,即后腿没有伸直进入产道,跗关节屈曲朝向产道(图3-18A),楔入骨盆入口或骨盆腔。跗关节屈曲的异常情况多为双侧性的,髋、膝关节也伴随而屈曲,使后腿折叠起来,胎儿的后躯无法通过骨盆。这种难产在牛、羊比马发生得多,在猪偶尔也可引起难产。

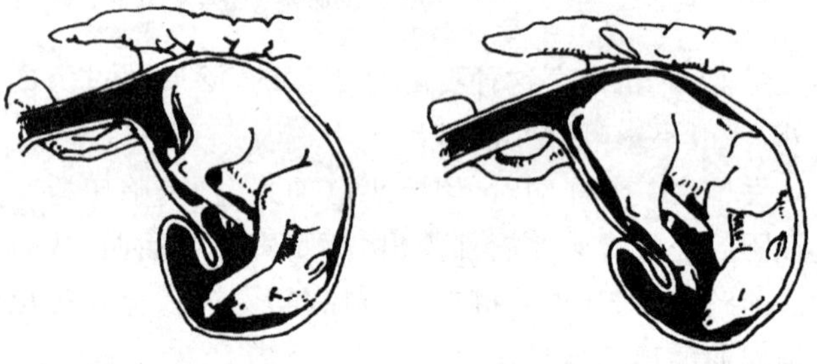

图3-18　后腿姿势异常

(引自 Diseases of cattle, USDA Special Report, 1942)

A. 跗部前置　B. 坐骨前置

当发生一侧跗部前置时,因另一侧后肢正常伸入产道,因此仅有一侧后肢蹄部露出在阴门处,蹄底朝上;双侧跗关节屈曲时,可通过产道检查,在骨盆入口处可以摸到胎儿的尾巴、肛门、臀部及屈曲的跗关节。

跗关节屈曲的助产方法与正生时的腕关节屈曲基本相同。操作时,助手可将产科梃抵在尾根和坐骨弓之间向前推,术者用手钩住蹄尖或握住系部尽量向上抬举,或者握住跖部上端向前、向上并向外侧推,然后把蹄子拉入骨盆腔,将后腿拉直;或者用绳拴住异常后腿的系部,术者用一只手握住跖部上端向前向上推,同时助手牵拉系绳,即可将后腿拉入骨盆腔。

②髋关节屈曲。又称坐骨前置。胎儿的髋关节屈曲,后腿伸于自身躯干之下,坐骨向着盆腔(图3-18B)。如果坐骨前置为双侧性的,也叫坐生,在产道检查中可以摸到胎儿的臀部、尾巴、肛门和向前伸于躯干下的后肢。若为一侧坐骨前置,阴门内可见一后肢,蹄底朝上。这种难产常见于马、牛、羊,但猪仅在胎儿过大时才会发生。

跗关节屈曲的助产方法与正生时的肩部前置基本相同。矫正操作分两步进行。首先助手将产科梃顶在尾根和坐骨弓之间,术者用手握住胫骨下端或将推拉梃固定在胫部下端,然后在助手向前用力推动胎儿的同时,术者用手或推拉梃向前向上抬并向后拉,把后腿拉成跗部前置,然后再按跗部前置矫正(图3-19)。

5. 胎位异常(abnormal position)

正常分娩时胎儿需由妊娠之前的下位转变为上位,如果这一过程发生障碍即可造成胎位异常并引发难产。胎位异常主要有正生时侧位及下位和倒生时侧位及下位两种。因为胎儿只有在上位时才能顺利产出,所以除非胎儿较小,无论哪种胎位异常,助产时都要先将其矫正成

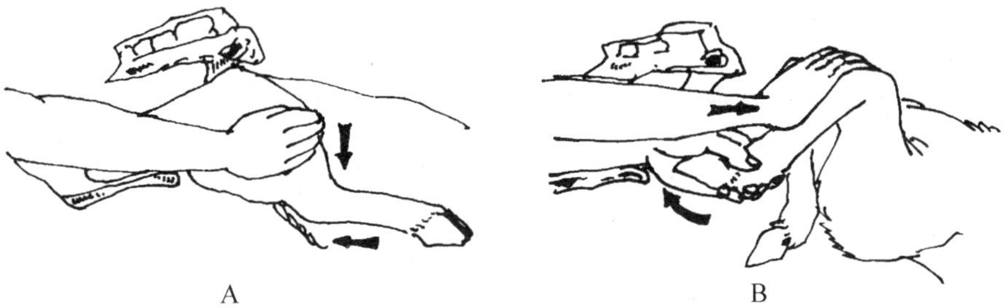

A　　　　B

图 3-19　髋关节屈曲的矫正

(引自 Diseases of cattle，USDA Special Report，1942)

A. 矫正的第一步　B. 矫正的第二步

上位或轻度的侧位，才能拉出胎儿。如果矫正困难或胎儿已死亡，可选用截胎术。

(1)正生时的侧位及下位　胎儿侧位时，其背部或腹部朝向母体侧腹部。产道检查时，两前肢及头部进伸入骨盆腔，下颌朝向一侧；或两前肢和头颈屈曲、侧卧在子宫内，背部或腹部朝向母体侧腹部。胎儿正生下位时，胎儿仰卧在子宫内，背部朝下，两前肢和头颈位于盆腔入口处(图 3-20A)，或前肢伸直进入盆腔，蹄底向上，头颈侧弯曲在子宫内。

助产时，先用手把胎儿的一前肢拉直进入产道，然后用手钩住胎儿鬐甲部向上抬，使其变为侧位，再钩住下面的肘部向上抬，使其基本上变为上位。而后用手抓住下颌骨把胎头转正，最后把另一前肢拉入骨盆腔，即可拉出胎儿。如果在正生时，先能在子宫内将胎儿两前肢及胎头的姿势拉正，或倒生时能将两后肢拉直，也可在两肢体系部拴上产科绳，一边向外牵引，一边转动胎儿躯体，逐渐将胎势矫正。

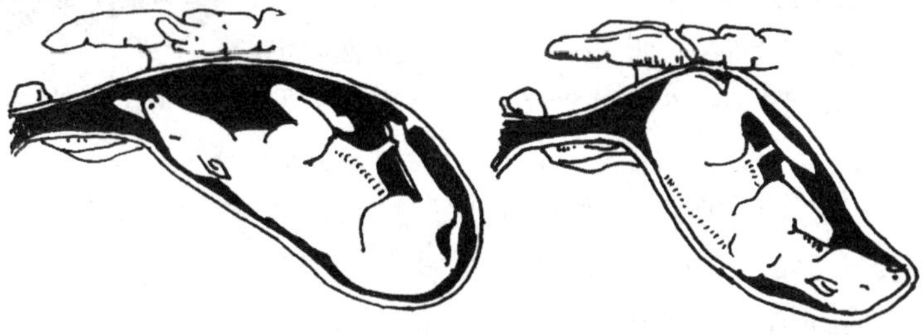

A　　　　B

图 3-20　胎位异常正生时的下位

(引自 Diseases of cattle，USDA Special Report，1942)

A. 正生时下位　B. 倒生下位

(2)倒生侧位及下位　这种姿势异常偶尔发生在马、牛、羊等，其胎位与正生时的侧位及下位相同，但臀部靠近盆腔入口。倒生侧位时两后肢屈曲或伸入产道，蹄底朝向一侧面(侧位)。倒生下位时两后肢屈曲在子宫内(图 3-20B)。

助产方法与正生侧位基本相同。先尽可能将胎儿两后肢拉入产道，然后一边向外牵引，一边转动胎儿躯体，在牵引过程中将胎位矫正，然后拉出胎儿。

6. 胎向异常

胎向的异常包括横向和竖向。但不论是哪种类型的胎向异常，均较难救治，特别要注意的是，在矫正成功之前，不可向外牵引胎儿，否则越发难以矫正或救治。在临床上遇到此类难产，一般先试用矫正术，通过推动和拉动相结合的方法，使胎儿改变方向，即将进入产道较少的部分向前推，而将进入产道较多的部位向后拉，逐渐使胎儿改变方向。

(1)横向的胎向异常　这种异常可分为腹横向和背横向两种类型。腹横向时，胎儿横卧于子宫内，腹部朝向产道，四肢伸向骨盆腔(图 3-21A)。背横向时，胎儿横卧于子宫内，背部朝向母体骨盆入口(图 3-21B)。这两种横向胎向都使胎得儿躯干部分阻塞于骨盆入口处，胎儿不能排出而发生难产。

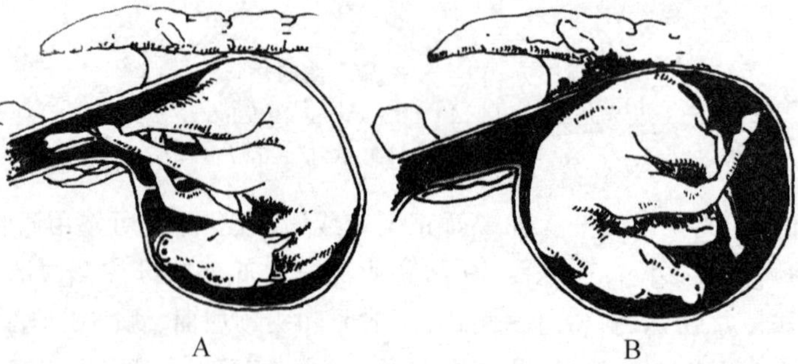

图 3-21　胎向异常

(引自 Diseases of cattle, USDA Special Report, 1942)

A. 腹横向　B. 背横向

(2)竖向的胎向异常　这种异常分为腹竖向和背竖向两种类型，每种类型又可为头部向上(头部及四肢伸入产道)和臀部向上两种。

腹竖向时，胎儿竖立于子宫内，腹部朝向产道，四肢伸向骨盆腔。腹竖向头部向上时，后肢多在髋关节处屈曲，跖趾关节可能楔入骨盆腔(图 3-22)，因此又称之为犬坐式，是胎向异常中比较常见的一种。腹竖向臀部向上时，后肢是以倒生的姿势楔入骨盆入口，两前蹄也伸至骨盆腔入口处，因此也被看做是坐生的一种，但较为少见。背竖向时，胎儿竖立于子宫内，背部向着母体骨盆入口，头和四肢呈屈曲状态，但这种异常极为少见。

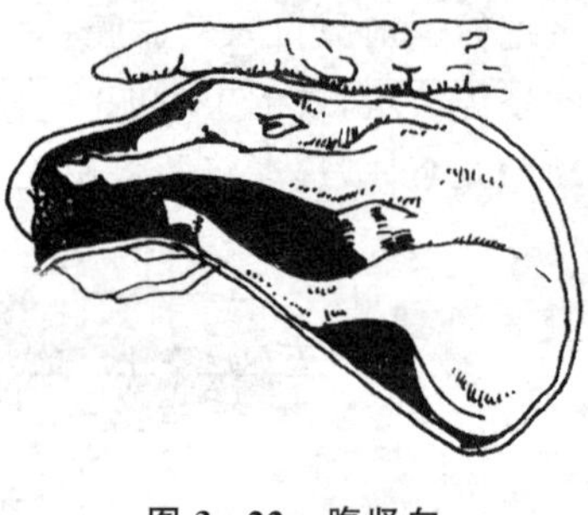

图 3-22　腹竖向

(引自 Diseases of cattle, USDA Special Report, 1942)

五、难产并发症的处理

母畜在难产中易受到各种损伤，如果救治或处理不当，可并发多种严重的疾病，甚至危及母畜生命。因此，在难产的救治过程中，必须十分重视难产并发症的处理和预防。临床上常见的难产并发症主要有休克、产道损伤、子宫破裂等。

(一)休克

休克(shock)是难产和手术助产过程中可能并发的一种危急重症，如果抢救不及时可引起产畜死亡。

1. 病因

难产中休克并发症的发生，与子宫及产道的严重创伤和感染、强烈的疼痛刺激、大量失血以及腹压突然下降等有关。持续而强烈的疼痛刺激可使大脑皮质从兴奋转入抑制期；大量失血可使循环中血量减少，动脉血压下降，发生出血性休克；胎儿过速排出，腹压急剧降低，也容易引起大脑缺血性休克。

2. 症状

母畜在休克初期出现不安，呼吸快而深，脉搏快而有力，黏膜发绀，皮温降低，无意识地排尿、排粪等。随后出现沉郁，痛觉、视觉、听觉等反射消失或反应微弱，呼吸浅表而不规则，心跳微弱，黏膜苍白，瞳孔散大，四肢厥冷，全身或局部颤抖，出汗，如不及时抢救，可引起死亡。

3. 治疗

在难产助产过程中，助产人员应随时注意观察病畜的心跳、呼吸活动和全身状态，如果出现休克的迹象，应及早采取措施。抢救时，可采用如下方法：

(1)补充血容量　对失血和感染引起的休克应及时、快速、足量地补充血容量。首先可用平衡盐溶液或等渗盐水快速补液，改善组织细胞的灌注量，然后再用低分子右旋糖酐或血浆。同时还可配合针刺分水、耳尖及尾尖等穴位。

(2)消除病因　主要根据发生休克的不同原因，给以相应的处理。如果休克是由于子宫破裂、产道撕裂等引起出血时，应在补充血容量的同时，尽快施行止血措施；如果休克是由强烈疼痛刺激所引起，应立即除去不良刺激，给予止痛或轻度镇静处理。对感染引起的休克应大剂量联合使用广谱抗生素，并可及早配合使用1～2次大剂量皮质激素治疗。

(3)纠正酸中毒　休克时由于微循环障碍组织缺氧，产生大量酸性产物，在休克早期积极扩容改善微循环障碍情况下，一般酸中毒较易纠正。但重度休克时可因酸性产物蓄积，机体可发生严重酸中毒，应立即输入5%碳酸氢钠，具体剂量应视酸中毒程度来确定。

(4)心血管药物的应用　在扩充血容量后，如果血压脉搏未得到改善，可应视病情发展选用血管收缩药(多巴胺、阿拉明、多巴酚丁胺、去甲肾上腺素)或血管扩张药(酚妥拉明、硝普钠)以及强心制剂洋地黄类药物等，以改善心脏功能和疏通微循环。

(二)产道损伤

产道损伤包括阴门、阴道及子宫颈损伤。

1. 病因

产道损伤多由助产不当或在产道、胎儿异常时强力努责所致。引起产道损伤的原因主要有：在胎儿过大或产道狭窄的难产中，强行实施牵拉术或母畜强力努责，造成子宫颈、阴道及阴门撕裂伤；实施矫正术或截胎术时，助产器械操作不当或失误导致产道组织损伤；实施截胎术后，暴露的胎儿骨质断端保护不当易造成产道或子宫损伤；在羊水已流失、产道润滑不够的情况下，反复多次地产道助产刺激或强力牵拉胎儿容易造成产道表层组织的损伤。

2. 症状

①产道的轻度损伤引起产道黏膜表层充血、水肿、挫伤，产后黏膜发生溃疡，表面有污黄色坏死组织。

②发生子宫颈、阴道及阴门的撕裂伤时，伤口处有出血，伤口组织不同程度外翻，黏膜表面粗糙。产后撕裂处易发生感染，创口组织坏死溃烂。

③阴道发生穿透创时，产道外周的脂肪组织甚至肠管可由穿透创口突入阴道内。阴道触诊可发现穿透创口黏膜表面粗糙、有脂肪组织或肠管及其系膜突入产道。如果阴道后端发生

严重穿透创，可能同时造成直肠穿孔，形成直肠-阴道瘘，粪便漏入阴道排出。

3. 治疗

(1)黏膜表面伤的处理　可采用防腐消毒溶液（如高锰酸钾、新洁尔灭）冲洗阴道，然后注入乳剂消炎药物，以控制感染。

(2)撕裂伤的处理　首先用防腐消毒溶液清洗创口，然后进行创口缝合，表面涂抹消炎药油膏。此外，为控制感染和出血可配合全身给药，注射抗生素和止血药物。

(3)穿透创的处理　阴道发生穿透创时应用生理盐水迅速清洗突入阴道内的肠管脂肪组织，然后送回腹腔并缝合创口。清洗中要防止液体流入腹腔。缝合后需大剂量注射抗生素，防止继发腹腔感染。如伴发直肠穿孔，也应作相应的创口缝合处理。

(三)子宫破裂

子宫破裂(rapature of the uterus)是分娩过程中发生的一种极其严重的并发症，如不及时诊断和处理，可引起大量失血，导致母畜的休克和死亡。

1. 病因

子宫破裂的发生，常与难产助产的操作不当、使用助产器械不慎、截肢后骨骼断端未作妥善保护以及子宫收缩药物使用过量或使用不当等有关。如助产中硬质助产器械不慎滑落刺穿子宫，或强力牵拉胎儿时胎儿骨端穿破水肿变脆子宫壁等。此外，有时在自然分娩过程中，因子宫壁的疤痕组织，或子宫壁过度扩张（胎水过多、胎儿体积过大）等原因，子宫可在强烈收缩的力量作用下引起破裂。

2. 症状与诊断

在助产过程中，除截胎和脐带断裂外，一般不会发生出血。如果发现助产器械或手臂红染，或者有血水流出，则可能发生子宫或产道的损伤或破裂。

子宫破裂时，可因破口大小的不同，母畜出现不同的症状。如果破口小且部位较高（如子宫体背部）、子宫内液体不易流入腹腔时，一般无明显异常表现，仅在子宫触摸中发现破口处黏膜表面粗糙，子宫液体中混杂有少量鲜血；若子宫破口较大，伴有大量出血和子宫内液体大量流入腹腔或胎儿坠入腹腔时，可见母畜突然变得安静，停止努责，全身状态迅速恶化，出现震颤、出汗、心跳呼吸加快以及贫血性休克等现象。此外，母体的内脏可突入子宫腔内甚至突出于阴门之外。

3. 治疗

(1)在可能的情况下，应首先通过产道将胎儿及胎衣迅速取出。如果出现休克初期征兆，应及时进行相应处理。

(2)如果子宫破口较小且位于子宫体及其附近的部位，可在胎儿取出后使用催产素，通过促进子宫壁的收缩来封闭破口；为防止子宫及腹腔的感染，可在子宫中放入广谱抗生素，也可在腹腔中注入抗生素；如果出血较多时，可注射止血剂。此外，还应根据病情配合进行全身性治疗。

(3)如果破口较大，出血较多甚至胎儿坠入腹腔时，应尽快进行抢救。首先应稳定全身状况，可采用补液、注射止血剂和抗生素等措施；然后进行剖腹产或腹腔手术，结扎大的出血血管、取出胎儿、清洗腹腔、缝合子宫。手术过程中可在子宫内投入广谱抗生素胶囊控制感染，术后还须结合病情给以全身治疗。

六、难产母畜的术后护理

手术助产时，不可避免地会对母畜，尤其是母畜的生殖道造成一定的损伤。助产手术的成功与否，除了术前周密细致的准备，术中细致认真的操作外，还与术后良好的护理有密切关系，如不及时进行处理，会影响其以后的繁殖力，甚至危及母畜的生命。

(一)术后检查

助产手术后，应对母畜的全身状况和生殖道进行系统检查，及时发现异常并采取相应的处理措施。

1. 母畜的全身状况的检查

术后应对母畜体温、呼吸、心跳和可视黏膜等情况进行仔细检查，诊断有无全身感染、出血和休克等并发症，如果出现疾病状况则应立即治疗。此外，须检查母畜能否站立，如果母畜站立困难，则应查找原因，检查是否有坐骨神经麻痹，关节错位或脊椎损伤，是否有低血钙等，并及时采取治疗措施。

2. 生殖道检查

检查生殖道前，先用清水及肥皂洗净母畜的阴门及会阴部，同时术者应注意手臂的清洁、润滑及消毒。检查时应注意子宫及腹腔中是否还有胎儿，产道中有无出血，阴道及子宫有无损伤、破裂或子宫角内翻，胎衣是否仍滞留或残留在子宫内等。如有出血及其他异常，应查清原因并及早处理。

此外，还可检查乳房有无病理变化、乳头有无损伤，对异常情况及时进行治疗处理。

(二)术后护理

1. 注射催产素

手术助产后应肌肉注射或静脉注射催产素，促进子宫的收缩和复旧，加快胎衣的排出，也可用来止血。牛、马等大动物可注射 30～50 IU，羊、猪 10～30 IU，犬、猫 5～10 IU。

2. 预防感染

手术助产后，产道和子宫污染难以避免。因此，须向子宫内放入广谱抗生素，控制子宫感染，如有必要也可以用广谱抗生素进行全身治疗，以防因胎衣不下等引发的子宫内膜炎、子宫炎或全身感染。在破伤风散发的地区，为防止术后感染，应于手术后注射破伤风抗毒素。

3. 加强饲养管理

将手术后的母畜与其他母畜分开饲养，以免发生外伤。同时改善饲养管理，注意卫生，加快术后母畜的恢复。

七、难产的综合防制措施

难产的发生可以通过积极的预防措施得到一定程度的控制。目前预防难产的综合措施主要包括科学饲养管理和临产检查两个方面。

(一)科学的饲养管理

1. 合理供给营养

首先应保证母畜在不同生理和发育时期对营养的需要,合理进行饲养,避免因营养配给不合理而出现以下情况:

①青年母畜因营养缺乏而生长发育不良,导致体格偏小和骨盆狭窄,容易发生难产。

②孕期营养供给失调导致母畜健康状况不良或过于肥胖,易引起母畜子宫肌和全身肌肉的紧张度下降,从而增加因产力不足所造成的难产发生几率。

③防止妊娠后期营养过剩,造成胎儿过大。

2. 合理进行配种

配种不合理通常是引发难产的一个重要原因。母畜未达到正常配种年龄而过早配种,或者小型体格母畜与大型品种公畜配种,难产的发生率将大大增加。前者由于母畜身体尚未发育成熟,容易出现产道和骨盆狭窄,造成产道与胎儿不相适应而发生难产;后者则相反,容易出现胎儿过大,不能与产道相适应,增加难产发生的概率。因此,合理进行配种,有利于预防难产的发生。在一般情况下,牛的配种不应早于 12～15 月龄,马不应早于 3 岁,猪不宜早于 6～8 月龄,羊不宜早于 1～1.5 岁。

3. 适当运动

妊娠母畜适当的运动有利于保持母体旺盛的新陈代谢,增强全身肌肉及子宫肌的紧张性,减少分娩时因产力不足而发生难产的可能性。但是,妊娠后期的剧烈或高强度的运动可能导致孕畜流产,应注意避免。

4. 适宜的分娩环境

在自然状态下,母畜临产前一般有离群、筑窝等寻找或营建适宜分娩环境的行为。陌生和易受干扰的环境可增加临产母畜恐惧感,不利于正常分娩。因此,提供适宜的分娩环境有利于母畜的正常分娩,可以减少难产的发生。一般情况下,母畜应在产前 1 周至半月送入产房或分娩区,以便适应新的环境。分娩过程中,要注意保持环境的安静,接产人员要避免过多干扰和高声喧哗等。

(二)临产检查

适时正确实施临产检查可以及早发现各种异常并进行有效处理,防止难产的发生。检查时可以通过产道内触诊对产道和胎儿进行检查。为了避免对分娩过程的干扰,检查必须在适当的时间采用正确的方法进行。

临产检查可选择在胎膜露出至排出胎水这一段时间进行。此时分娩进入胎儿排出期,产畜卧地平躺,加力努责,后肢伸展,胎儿的前置部分刚进入骨盆腔。选择这一时期进行临产检查一般不会影响正常分娩过程。如果检查中发现胎儿的胎位及胎势发生异常则可及时且容易地进行矫正,避免发生严重的难产。

检查时术者首先应将手臂及产畜的外阴进行消毒处理,然后才进行检查。如果羊膜尚未破裂,须隔着羊膜进行触诊,不要撕破羊膜,以免胎水过早流失,影响胎儿排出。若羊膜已破则可伸入羊膜囊直接触诊胎儿。检查中可以触诊胎儿大小和姿势,阴道及子宫颈的松软程度,以及骨盆的情况。根据胎儿的大小和软产道的紧张程度可以判断胎儿与产道的相互适应性，依据胎儿的前置部分可以确认胎儿的姿势是否正常等。正生时，检查中摸到前置的胎儿唇和两前蹄可判断为正常情况；倒生时，触摸到前置的两后蹄为正常。正常的产式可以在胎儿身体宽大部位通过产道狭窄部位时给予适当助产帮助，尤其是胎儿倒生时须安全快速地牵拉出胎儿。如果胎儿姿势有异常情况应立即进行矫正，这时胎儿的躯体尚未楔入盆腔，异常程度小，胎水尚未流尽，子宫内润滑，子宫尚未紧裹胎儿，矫正比较容易。

此外，临产检查还可诊断子宫颈或骨盆的过度狭窄，为抢救胎儿及时制定适宜的手术助产方法提供依据。

（薛立群）

第三节　产后期疾病

母畜在分娩之后，机体的机能代谢将发生一系列的变化，以适应哺育后代和修复生殖器官的需要。由于母畜在分娩过程中消耗了大量的能量，分娩之后机体比较虚弱，抵抗力下降，所以产后期也是母畜最易发生一些疾病的时期，特别是在发生过难产的母畜，生殖器官受到了不同程度的损伤，常因发生感染而影响以后的生殖机能。常见的母畜产后期疾病有：胎衣不下、子宫内翻与脱出、产后感染、生产瘫痪、产后截瘫、产后子宫复旧迟缓或不全等。

一、胎衣不下

在正常的分娩过程中，母畜在产出胎儿后的一定时间内（胎衣排出期）排出胎衣。各种家畜胎衣排出期的时间不尽相同，以时间的上限计算，牛为 12 h，羊为 4 h，猪为 1 h，马为 1.5 h。如果母畜在产出胎儿后，在正常的时限内未能排出胎衣，即可认为发生了胎衣不下（retention of the afterbirth）或胎膜滞留（retained fetal membranes）。

本病在各种家畜均可发生，但以牛，尤其是舍饲的奶牛多发。据报道，奶牛正常分娩时，胎衣不下的发生率为 3%～12%；若为异常分娩，如难产、感染布氏杆菌等，胎衣不下的发生率可达 30%～50%，甚至更高。

胎衣不下常继发产后子宫弛缓、恶露滞留和子宫内膜炎或子宫积脓。轻者使产后发情间隔时间延长，配种次数增加，产奶量下降；重者导致不孕，造成严重经济损失。

（一）病因

引起胎衣不下的原因很多，但主要与产后子宫收缩无力以及导致胎盘分离或排出障碍的因素等有关。

1. 产后子宫收缩无力

产后子宫收缩无力能导致产后胎衣排出缓慢，甚至不能分离、排出。这种因素有原发性的和继发性的。原发性子宫收缩无力主要是由于饲养管理不当，如营养不良或失衡、运动不足等，或因母畜年老体弱、内分泌失调、某些妊娠期疾病（如胎水过多、胎儿过大、流产）等引起的；继发性的主要是因难产或产程过长引起的子宫肌疲劳，而导致子宫收缩无力。

2. 胎盘分离障碍

虽然一般认为，胎衣不下与子宫收缩无力有关，但一些研究表明，由子宫弛缓引起的胎衣不下只占总病例的很小部分（1%～2%，Morrow et al.，1986），而在很多情况下是由于产后母子胎盘不能分离或分离不完全造成的。引起产后胎盘分离障碍的因素常有如下几种：

(1)胎盘炎症　妊娠期间，胎盘受到感染而发炎，使结缔组织增生，胎儿胎盘和母体胎盘发生粘连，或是饲喂发霉变质的饲料，使胎盘内绒毛和腺窝间组织坏死，从而在分娩后影响胎盘分离。

(2)胎盘未成熟　胎盘一般在妊娠期满前 2～5 d 发育成熟，发生上皮细胞减少和结缔组织胶原化等蜕变性变化，这些变化有利于母子胎盘在分娩后分离。若发生流产、早产或人工引产等异常分娩，胎盘往往未能发育成熟，分娩后不能完成分离过程，而发生胎衣不下。因此，母畜发生早产时间越早，胎衣不下发生机率就越高。

(3)胎盘老化　过期妊娠常伴发胎盘老化和功能不全。胎盘老化时，母体胎盘结缔组织增生，子叶表层组织增厚，使绒毛钳闭在腺窝中，不易分离，而且老化的胎盘其内分泌功能也减弱，使胎盘分离过程发生扰乱。因此，胎盘老化也会导致胎衣不下。

(4)胎盘充血水肿　在正常分娩时，胎儿排出后，脐带断裂，胎盘绒毛贫血，绒毛上皮的表面积也随血管收缩而缩小，子宫有节律地收缩，子宫阜就发生交替充血，其腺窝内张力不断变化，挤压绒毛内的血液。在子宫舒张时，子宫阜不再充血，腺窝内张力降低，绒毛与腺窝的间隙增大，胎衣借助自身的重力牵引便容易地从腺窝中脱落。但如果从分娩时到分娩后一段时间，子宫收缩异常强烈或脐带血管关闭过快，引起胎盘充血，使胎儿胎盘毛细血管表面积增加。充血还会使腺窝和绒毛发生水肿，不利于绒毛血管内的血液排出，结果腺窝内压力不能下降，导致胎儿胎盘和母体胎盘不易分离。

3. 胎盘排出障碍

这种情况比较少见。个别母畜（主要是头胎母畜）在分娩后子宫颈口收缩过早、过小，将胎衣关闭子宫内。发生子宫角套叠（内翻）时，有可能将部分胎衣钳闭使之不能排出。剖腹产时，误将胎膜缝在子宫壁上，都会妨碍胎衣排出。胎衣水肿而使体积增大，也难以排出。

4. 胎盘组织结构

牛、羊胎盘属于上皮绒毛膜与结缔组织绒毛膜混合型胎盘，胎儿胎盘与母体胎盘联系比较紧密；马、猪为上皮绒毛膜胎盘，联系比较疏松。这也是牛、羊比马、猪发生胎衣不下较多的原因。但一般认为，牛、羊的胎盘组织结构特点只是其易患胎衣不下的因素，而不是发病的必然原因。

（二）症状

胎衣不下分为全部不下和部分不下两种情况。

胎衣全部不下，即胎衣的大部分与子宫黏膜粘连，没有脱离，仅见一部分胎膜悬吊于阴门之外。牛、羊胎衣脱出的部分常为尿膜绒毛膜，呈土黄色，其上见有脐带血管的断端和大小不等的子叶。马脱出的部分主要是尿膜羊膜，呈灰白色，表面光滑。子宫严重弛缓时，全部胎衣可能滞留在子宫内。悬吊于阴门外的胎衣，也可能断离，需要通过阴道或子宫检查才能发现。

胎衣部分不下，即胎衣大部分已经排出，只有一部分残留在子宫内，从外部不易察觉，只有将脱出的部分摊开在平整的地面上，仔细检查胎衣破裂处的边缘及其血管断端是否吻合以及子叶(牛、羊)有无缺失，才能发现。

胎衣不下发生后，由于胎衣的刺激作用，病畜常出现拱背、举尾和努责现象。如果努责强烈，加上胎衣自身重量的牵引，可能导致子宫脱出。

牛、羊对胎衣不下不太敏感，发病初期一般不出现全身症状。经过1～2 d之后，胎衣开始变性分解，从阴道内排出污红色恶臭液体，并混有胎衣碎片。由于感染及腐败胎衣的刺激、分解产物的吸收，常继发败血型子宫炎和毒血症，并出现严重的全身症状，如体温升高，呼吸、脉搏加快，精神沉郁，食欲废绝，前胃弛缓和腹泻等。

其他家畜发生胎衣不下的临床症状与牛、羊基本相似，但马和犬对胎不下特别敏感，一般产后超过12 h就会出现全身症状，且病程发展很快，临床症状表现严重，常引起死亡。马发生胎衣不下有时还会继发蹄叶炎。猪的胎衣不下多为部分不下，并且多发生在子宫角尖端。一般在产后3 h子宫颈已经收缩得很小，不能伸手进入产道检查，但临床症状反应明显，患猪表现不安，可见从阴门内流出红褐色分泌物，内含胎衣碎片。为了及早发现胎衣不下，产后需检查排出的胎衣上的脐带断端数是否与胎儿数目相符，据此确定胎衣是否全部排出。犬很少发生胎衣不下，偶见于小品种犬。如果超过产后12 h仍然持续排出黑绿色液体，应怀疑是胎衣不下。并且很快继发急性子宫内膜炎和腹膜炎，出现中毒性全身症状。

(三)治疗

发生胎衣不下，必须尽早采取治疗措施。治疗的原则是：控制继发感染，防止胎衣腐败吸收；促进子宫收缩，加速腐败产物排出；局部和全身抗菌消炎；在条件适合时可以用手术剥离胎衣。对于露出阴门外的胎衣，既不能拴上重物扯拉，以避免损伤阴道底壁上的黏膜，或引起子宫内翻及脱出；又不能从阴门处剪断，以避免胎衣回缩到子宫内，使子宫颈口过早关闭。

胎衣不下的治疗方法很多，可以概括分为药物疗法和手术疗法两大类。

1. 药物疗法

(1)促进子宫收缩　超过正常时间胎衣仍未排出时，应尽早使用子宫收缩制剂，除了可以加速促进排出胎衣外，还能促进子宫内腐败产物的排出。可肌肉注射催产素，牛50～100 IU，猪、羊5～20 IU，马40～50 IU，1～2 h后重复一次。如果使用催产素的时间超过产后24 h，子宫肌对催产素的敏感性差，须先注射雌激素，如己烯雌酚，牛20 mg、羊3 mg、猪10 mg，1 h后再注射催产素。马在应用催产素后常出现腹痛症状，特别是在胎衣排出之前腹痛比较剧烈，可用镇静剂进行缓解。

除催产素外，也可使用麦角新碱，牛、马5～15 mg，猪、羊0.5～1 mg，皮下或肌肉注射。麦角新碱比催产素的作用时间长。在牛还可灌服羊水(分娩时收集，置阴凉处备用)300～500 mL，如一次不见效，可隔2～6 h再灌一次。

(2)抑制胎衣腐败和控制感染　大家畜可向子宫黏膜和胎膜之间投放抗菌药或消毒药，如金霉素或土霉素1～2 g、利凡奴尔0.3～0.5 g等，亦可用蒸馏水稀释后投放。对小家畜可向子宫内直接注入30～50 mL抗生素溶液，每天或隔天1次，连用2～3次，可起到控制感染和抑制胎衣腐败的作用，等待胎衣自行排出。

(3)促进胎盘分离　向子宫内注入5%～10%高渗盐水50～100 mL，既可造成高渗环境，减轻水肿和防止子宫内容物被机体吸收，又能刺激子宫收缩，促进胎衣排出；或注入双氧水50～60 mL，双氧水产生的泡沫可渗入母体胎盘的陷窝内，促进母子胎盘分离；使用天花粉蛋白胶囊 10 g 可以促进胎盘变性和脱落，从而加速胎衣分离。据报道，通过脐带断端注入胶原酶、胰蛋白酶可加速胎衣溶解过程，有利于胎衣脱落。如 Euler 等(2003)通过脐动脉给 27 头胎衣不下的奶牛注入胶原酶 20 万 IU(溶于 1 000 mL 生理盐水中)，有 23 头在 36 h 内排出胎衣。

(4)全身治疗　在胎衣不下的早期阶段常常采用肌肉注射或静脉注射抗生素疗法，并配合应用支持疗法，特别是对小家畜，全身用药更为必要。

(5)内服中药　中兽医认为，胎衣不下为里虚症，是因气虚血亏、气血运行不畅所致，治疗应以补气养血为主，佐以温经行滞和祛淤，可内服补加减中益气汤(体温高者加黄芩、双花，腹胀者加莱菔子)或加味生化汤(强化活血祛淤时加益母草)。

2. 手术疗法

手术疗法就是徒手剥离胎衣，是在使用药物治疗无效，或药物治疗已不适时而采取的一种治疗方法。手术剥离时间的选择，对牛应在产后 36～72 h 进行，马不超过 24 h 为宜。但如果病畜有体温升高，表明子宫有急性炎症，不可进行剥离。

剥离胎衣应做到快(5～20 min 内剥完)、净(无菌操作，彻底剥净)、轻(动作要轻，不可粗暴和强行剥离，以免造成损伤，引起感染)，其手术方法如下：

(1)术前准备　先用温水灌肠，排出直肠内积粪；清洗母畜外阴部及周围，并按常规消毒；术者手臂消毒，涂抹滑润剂(手上如有创口，应注意防止受到感染，如果操作方便，可戴长臂手套)。为了便于手术操作，可向子宫内灌注 10%盐水 500～1 000 mL，去除胎衣表面的黏性；如母牛努责剧烈，可在荐尾间隙或后海穴注射 2%普鲁卡因 15～20 mL。

(2)手术方法

①牛胎衣的剥离方法。首先将悬吊在阴门外面的胎衣理顺，并轻拧儿圈后用左手拉紧，右手沿着它伸进子宫，找到未分离的胎盘进行剥离。剥离要依序进行，由近及远，先剥完一个子宫角，再剥另一个。在剥胎衣过程中，左手要把胎衣扯紧以便顺着它找到尚未剥离的胎盘。

剥离方法是在母体胎盘与其蒂交界处，用食指和中指(中指和无名指亦可)夹住胎儿胎盘根部的绒毛膜(图 3-23，①)，用拇指轻轻将它从母体胎盘上刮开约半周(图3-23，②)，然后紧握胎儿胎盘的基部，边用力向上挤捏、边左右扭动(图 3-23，③和④)，胎衣即行脱离(图 3-23，⑤)。位于子宫角尖端的胎盘较难剥离，因为尖端的空间很小，胎盘彼此靠的较紧，妨碍操作，而且手臂难于达到，这时可以轻拉胎衣，使子宫角尖端向后移动，或使其略微内翻，便于剥离。辨别一个胎盘是否剥净的依据是：剥过的胎盘表面粗糙，不和胎盘相连；未剥过的胎盘则有胎膜盖着，表面光滑。

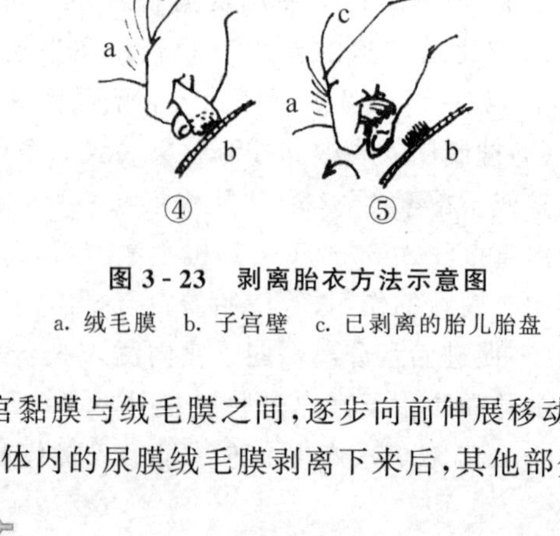

图 3-23　剥离胎衣方法示意图

a. 绒毛膜　b. 子宫壁　c. 已剥离的胎儿胎盘

②马胎衣的剥离方法。一种方法是，左手扯紧露在阴门外面的胎衣，右手手指并拢伸进子宫黏膜与绒毛膜之间，逐步向前伸展移动，即可将绒毛膜从子宫黏膜上分离下来。通常当子宫体内的尿膜绒毛膜剥离下来后，其他部分即

随之排出；另一方法是，拧紧阴门外面的胎衣，然后手沿着它伸入子宫，找到脐带根部轻轻扭转拉动，绒毛便会逐渐脱离子宫腺窝，使胎衣完全脱落下来。马部分胎衣不下时，应仔细检查已经脱落的胎衣，确定未下的是哪一部分，然后在子宫相应的部位上找到它并剥离下来。

猪发生胎衣不下，当子宫颈口尚未关闭时，可将手上戴一次性塑胶手套后伸入子宫，取出胎衣。同时向子宫内灌注药物，注射抗生素和输液处理。

当怀疑犬发生胎衣不下时，可伸一手指进入阴道探查，找到脐带断端后轻轻向外牵拉；也可以用包有纱布或药棉的镊子在阴道内旋转，将胎衣缠住取出。

(3)术后处理　牛、马胎衣剥离完毕后，可用0.1%高锰酸钾、0.1%新洁尔灭或其他刺激性小的消毒药液进行冲洗，以清除子宫内残留的胎衣碎片和腐败液体，防止子宫感染。但在冲洗后必须将子宫内残留液体排净，然后向子宫内投放抗菌消炎药物。如果子宫内残留物不多时，以不冲洗为好，特别是病畜已出现全身症状时应禁止冲洗，直接向子宫内投药即可。

(四)预防

为预防母畜发生胎衣不下，在妊娠期间要保证孕畜营养平衡，尤其要满足矿物质和维生素饲料的需要。对舍饲牛要适当增加运动量；分娩后让母畜自己舔干仔畜身上的黏液，尽早给仔畜吮初乳，在条件允许情况下收集羊水给牛饮用；分娩后立即注射催产素、注射葡萄糖酸钙溶液等措施，对预防胎衣不下，降低胎衣不下发生率，都有一定的效果。此外，产前1周每天注射维生素A、维生素D、维生素E、产前2～4周先后注射亚硒酸钠维生素E 10 mL各1次，对预防奶牛胎衣不下有较好的效果。

二、子宫内翻及脱出

子宫角前端翻入子宫腔或阴道内，称为子宫内翻(uterine inversion)；子宫全部翻出于阴门之外，称为子宫脱出(uterine prolapse)。二者为程度不同的同一病理过程(图3-24)，多在分娩之后和产后数小时之内发生，产后超过1 d发病者极为少见。各种家畜均可发病，其中以牛多发，尤其是乳牛。猪和羊也常发生，但马、犬和猫较少见。

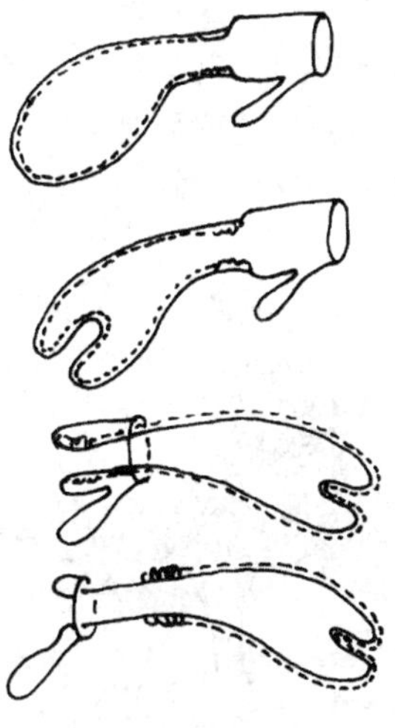

图3-24　子宫内翻及脱出模式图

1. 产后正常子宫　2. 子宫内翻　3. 子宫脱出

(一)病因

产后强烈努责、腹压过大和子宫弛缓是引起本病的主要原因。有时由于外力的牵引，也可引起发病。

1. 产后强烈努责

正常情况下，母畜在产出胎儿后，努责基本停止，而依靠子宫肌的阵缩排出胎衣，如果在此阶段产道内存在某些能引起母畜努责的刺激，如胎衣不下、产道损伤或便秘、腹泻等，即能引起母畜再次强烈努责，使腹压增高，压迫子宫，造成子宫内翻或脱出。

2. 外力牵引

在胎儿排出后，部分胎衣悬垂于阴门之外。由于胎衣重力的牵引，特别是胎衣内存有胎水或尿液时，更会增加对子宫的拉力，有可能使子宫发生内翻（马多发生）。分娩时，胎儿脐带过短或粗韧不易拉断，当胎儿排出时，子宫可因受到脐带的牵引而导致脱出。此外，难产时，产道干燥，子宫紧包胎儿，如果处理不当（如未注入润滑剂）即强拉胎儿，子宫常随胎儿拉出时翻出阴门之外。

3. 子宫弛缓

子宫弛缓可延迟子宫颈闭合的时间和子宫体积缩小的速度，使子宫更易受腹肌收缩、腹腔脏器的压迫或胎衣牵引的影响而发生内翻或脱出。临床上发现牛生产瘫痪常继发子宫脱出就是例证。

（二）症状

子宫内翻，常无外部症状。内翻的子宫角尖端通过子宫颈进入阴道时，病畜表现轻度不安，经常努责，尾根举起，食欲、反刍减少。如母畜产后仍有明显努责时，应及时进行检查。手伸入产道，可发现柔软圆形瘤样物，直肠检查时可发现膨大的子宫角状似肠套叠，子宫阔韧带紧张。病畜卧下后，可以看到突入阴道内的内翻子宫角。子宫内翻的时间稍长，可能发生组织坏死及败血性子宫炎，有污红色带臭味的液体从阴道排出，同时全身症状也明显。子宫内翻后，如未及时处理，母畜持续努责时即可发展为子宫脱出。

子宫脱出，症状明显。牛、羊脱出的部分多是孕角，空角脱出较为少见，可见膨大的子宫悬垂于阴门之外（图 3-25），有时还附有尚未脱落的胎衣。如胎衣已脱离，则可看到黏膜表面上有许多暗红色的子叶（母体胎盘），并极易出血。脱出的孕角上部一侧有空角的开口。有时脱出的子宫角分为大小不同的两个部分，大的为孕角，小的为空角，每一个角的末端都向内凹陷，子宫颈也暴露在阴门之外。当有肠管进入脱出的子宫腔时，患畜往往有疝痛症状。肠系膜、卵巢系膜及子宫阔韧带有时被扯破，血管也被扯断，即引起大出血，很快会出现急性贫血和休克症状，多数病例在 1～2 h 内死亡。子宫腔内是否包有肠管，通过触诊和直肠检查可以感知，穿刺子宫末端，可见有血液流出。

脱出时间稍久，子宫黏膜即淤血水肿，呈暗红色肉冻状，并发生干裂，有血水渗出；寒冷季节常因冻伤而发生坏死；子宫脱出继发腹膜炎、败血症等，此时患牛（羊）才表现出全身症状。

猪脱出的子宫角很像两条粗大的肠管，黏膜表面状似平绒，出血很多，颜色紫红，因其上有横皱襞容易和肠管的浆膜区别开来（图 3-26）。猪子宫脱出后症状特别严重，卧地不起，反应极为迟钝，很快出现虚脱症状。

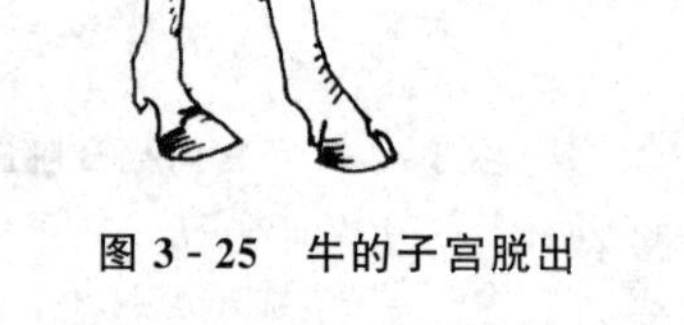

图 3-25 牛的子宫脱出

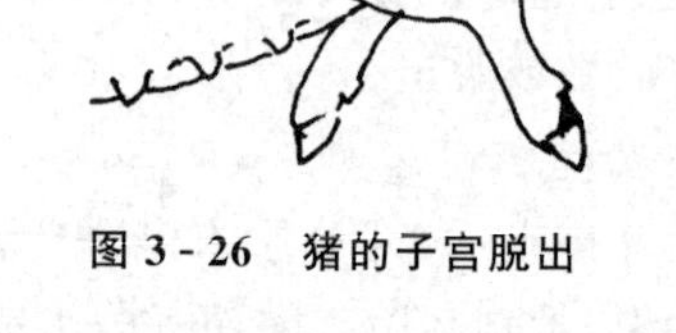

图 3-26 猪的子宫脱出

马脱出的子宫主要为子宫体，呈袋状垂于阴门下面。子宫角脱出时，也分为大小两部分，大的是孕角，小的为空角，但都露出很短，每一部分的末端也有一凹陷。子宫黏膜表面和猪的相似。马发生子宫脱出后不久，除不安、拱腰外，常呈现明显的全身症状。肠管进入脱出的子宫腔内时，还有疝痛症状。

（三）预后

本病的预后取决于患畜种类、脱出程度、治疗时间早晚以及脱出子宫的损伤程度。

子宫内翻，如能及时发现，加以整复，预后良好。如不能自行复原，发生套叠，则可导致不孕。牛、羊子宫脱出，如能及时整复，预后良好，但若同时发生严重的内出血，可导致死亡；猪子宫脱出预后应当慎重，及时整复的，尚有存活可能，但有的病猪即使整复十分顺利，也常因大出血及休克而很快死亡；马对子宫脱出最为敏感，如治疗延误或消毒处理不够严格，可能继发腹膜炎及败血症而死亡；犬和猫的子宫脱出预后较好。

子宫脱出时，无论哪种家畜，均可继发子宫内膜炎，使以后的繁殖性能受到影响。据报道，依据60头奶牛子宫脱出的病例统计，经治愈后，一年内屡配不孕的占60%。

（四）治疗

子宫内翻的治疗，在大家畜，可将手伸入阴道或子宫内抓住内翻部分的尖端轻轻摇晃，或用拳头顶住内翻的突出部分向前推动，使其复位。但在马，有时子宫收缩很紧，可先行硬膜外麻醉，使子宫弛缓，再可进行操作。

对子宫脱出的病例，必须及早施行手术治疗。子宫脱出的时间愈长，治疗难度愈大，所受外界刺激愈严重，康复后不孕率也愈高。治疗的方法有整复术和子宫切除术。但不论采用何种方法，治疗前都必须检查子宫腔中有无肠管和膀胱，如有，应将肠管先压回腹腔，并将膀胱中的尿液导出，再行治疗。对于子宫脱出且卧地不起的奶牛，还要注意是否同时发生了生产瘫痪，如出现了生产瘫痪的症状，应先治疗生产瘫痪，待症状缓解后再治疗子宫脱出。

1. 整复术

（1）保定　对牛等大家畜，以前低后高的位置站立保定或侧卧保定。后躯越高，腹腔器官越向前移，骨盆腔的压力越小，整复时的阻力就越小，操作起来越顺利。对猪，可采取侧卧的姿势保定在梯子或木板上，并将后躯抬高。对羊，可由1～2人将后躯倒提起来保定。

（2）清洗消毒　如胎衣尚未脱落，应先将胎衣剥离后再清洗。清洗时，首先将子宫放在经消毒液浸过的塑料布上；用消毒液将子宫及外阴和尾根区域充分洗净，除去其上黏附的污物及坏死组织；黏膜上的小出血可用少量0.1%盐酸肾上腺素喷洒止血，小创伤可涂以抑菌防腐药（如碘甘油等），大的创伤则要进行缝合。如果子宫黏膜水肿严重，可针刺水肿的黏膜后用手挤压，使水肿液流出，也可用浸有3%～5%明矾水或10%高渗水的大纱布或毛巾进行冷敷或包裹挤压，使子宫体积缩小。

（3）麻醉　为防止患畜努责，可行荐尾间硬膜外麻醉或后海穴深层麻醉。

（4）整复　先由两助手用已消毒布巾将子宫兜起，摆正，并使其稍高或等高于与阴门，然后进行整复。为了便于掌握子宫及避免损伤子宫黏膜，也可用长条消毒布巾把子宫从下至上缠绕起来，由一助手将它托起，整复时一面松解缠绕的布巾，一面把子宫向产道推进。

整复先从靠近阴门的部分开始。操作方法是：将手指并拢，用手掌或用拳头压迫靠近阴门的子宫壁(切忌用手抓子宫壁),将其向阴道内推送。推进去一部分以后,由助手在阴门外紧紧顶压固定,术者将手抽出,再以同法将其余部分逐步向阴门内推送,直至脱出的子宫全部送入阴道内。如果脱出的子宫体积不大或未发生水肿,整复也可以从下部开始,即术者握拳伸入子宫角尖端的凹陷中,将它顶住,慢慢向阴道内推送。无论采用哪种方法,推送子宫都必须趁母畜不努责时进行,而且在努责时,要紧紧顶压住已推进去的部分,防止再度脱出。如果脱出时间已久,子宫壁变硬,子宫颈也已缩小,整复极其困难,必须耐心操作,逐步推送,切忌用力过猛、过大,使子宫黏膜受到损伤。

脱出的子宫全部被推入阴道之后,术者将手伸入阴道,将子宫全部推入腹腔并检查子宫角的复位情况。然后向子宫内放入抗生素或其他防腐抑菌药物,并注射促进子宫收缩的药物,以免再次脱出。

在猪,脱出的子宫角很长,手术整复比较困难。如果脱出的时间短,可向脱出的一个子宫角尖端的凹陷内灌注低浓度的防腐消毒液,并将它提取,术者将手伸入其中,先将此角尖端塞回阴道内,剩余部分在灌注药液的重力作用下,会很快被送入腹腔;再以同法处理另一个子宫角。如果用上述方法均不能整复时,可以实施剖腹术,通过腹腔整复,或作子宫壁切口整复,即在靠近阴门处在子宫壁上横切一个 3 cm 长的切口,伸入三个手指,进行内拉外推,互相配合,逐步将子宫角送入阴道内,待子宫大部分纳入阴道后,将切口严密缝合,再将剩余部分整复。猪对子宫脱出敏感,死亡率较高,如果整复前将氢化泼尼松 10～15 mg 加入 5%～10%葡萄糖液 500 mL 中静脉注射,术后皮下或肌肉注射催产素 50 IU 及 0.1%盐酸肾上腺素 0.5～1 mL,可以降低死亡率。

犬和猫子宫脱出的整复比较容易,可由助手提起后肢,术者进行整复。如有困难,可行剖腹术经腹腔整复,同时在外部配合整复。

(5)术后护理　术后要有专人负责看护,发现有异常,立即检查处理,但首要的是防止复发,即抑制努责和促进子宫收缩。为抑制患畜努责,可再次进行硬膜外麻醉。促进子宫收缩,可注射催产素。

中兽医认为,子宫脱出是由于气血虚亏、脾胃衰弱、化源不足、中气下陷、升举无力所致,因此在子宫脱出整复后可内服"补中益气汤"。

2. 子宫切除术

如子宫脱出的时间已久,无法整复,或有严重的损伤及坏死,整复后有引起全身感染、导致死亡的危险,可施行子宫切除术,以挽救母畜生命。子宫切除术对牛预后良好,对猪则死亡率高。牛的脱出子宫切除术的两种方法,现简介如下:

将患牛站立保定或侧卧保定,局部浸润麻醉或后海穴麻醉,常规消毒,用纱布绷带裹尾并系于一侧。

在子宫角基部作一纵行切口,检查其中有无肠管及膀胱,有则先给予复位。并通过该切口找到两侧子宫阔韧带上的动脉,在其前部进行结扎(粗大的动脉须结扎两道,并注意不要把输尿管误认为动脉)。在结扎之下横断子宫及阔韧带,断端如有出血应结扎止血。然后进行缝合,先做全层连续缝合,再行内翻缝合,最后将缝合好的断端送回阴道内。

切除牛的脱出子宫的另一方法是:按上述方法确认脱出的子宫腔内无肠管及膀胱后,在子宫颈之下,用直径约 2 mm 的绳子,外套以细塑胶管,用双套结结扎子宫体。为了拉紧扎牢,可在绳的两端缠上木棒加以帮助。由于多数病例脱出的子宫都有水肿现象,难于充分扎紧,为了补救，可在第一道结扎绳之后，再用缝线穿过子宫壁，作一道贯穿结扎（分割结扎）。然后在距第二道结扎之后 2～3 cm 处，把子宫切除，然后将断端送回阴道内即可。若有断端出血，可进行一道连续缝合止血。

术后须注射强心剂并输液，并密切注意有无内出血现象，如患畜术后努责剧烈，可行硬膜外麻醉，或后海穴麻醉，以制止努责。术后患畜阴门内常流出炎性渗出液，可用收敛消毒液（如明矾等）冲洗。如无感染，断端及结扎线经过 10 d 以后会自行愈合并脱落。

三、产后感染

产后感染（puerperal infection）不是一个独立的疾病，而是指产后母畜的生殖器官因受到病原微生物的侵害而发生的一类炎症病理过程，常见的有产后阴门炎、阴道炎、急性子宫内膜炎、败血症和脓毒血症等。

（一）产后阴门炎及阴道炎

1. 病因

分娩时，阴门及阴道受到损伤，加之产后母畜的机体抵抗力降低，病原微生物侵入受损的阴门或阴道组织，而引起产后阴门炎及阴道炎（puerperal vulvitis and vaginitis）。本病多发生于反刍家畜，也见于马、犬，猪则少见。

2. 症状及诊断

由于损伤及炎症程度不同，症状也不完全一样。

黏膜表层受到损伤引起的炎症，一般无全身症状，仅见阴门内流出黏液性或黏液脓性分泌物，尾根及外阴周围常粘附有这种分泌物的干痂。阴道检查，可见黏膜微肿、充血或出血，黏膜上常有分泌物粘附。

黏膜深层受到损伤时，病畜有弓背、举尾、努责，并常作排尿动作，但每次排出的尿量不多。有时在努责之后，从阴门中流出污红、腥臭的稀薄液体。阴道检查插入阴道开张器时，病畜疼痛、不安，甚至引起出血。阴道黏膜，特别是尿道外口前后的黏膜充血、肿胀、上皮有缺损。病程长的黏膜坏死部分脱落，露出黏膜下层。有时见到创伤、糜烂、溃疡。阴道前庭发炎时，在黏膜上见有结节、疱疹及溃疡。有些病畜伴有全身症状，出现体温升高，食欲减少，泌乳量稍下降。

3. 治疗

首先要保持外阴、尾部清洁，避免继续接触污物。轻度炎症可用温热防腐消毒液，如 0.1%高锰酸钾或雷凡奴尔溶液、0.5%新洁尔灭等冲洗阴道。阴道黏膜水肿严重及渗出液多的，可用 1%～2%明矾溶液或 5%～10%高渗盐水冲洗，冲洗后可注入抗菌消炎软膏。如有创伤、溃疡和糜烂，在冲洗后可注入碘甘油（1∶10）或碘石蜡油 1∶（2～4）等。

（二）产后子宫内膜炎

产后子宫内膜炎（puerperal metritis）是子宫黏膜的急性炎症。常发生于分娩后的数天之内（产后第 5～6 天），而最危险的感染期是产后第 1 天，又称为产褥期子宫内膜炎，如未及时治疗，可发展为子宫肌炎、子宫浆膜炎，甚至盆腔炎，并常转为慢性炎症，最终导致长期不孕。

本病常见于牛、马，羊和猪也有发生。

1. 病因

子宫内膜炎的直接病因是病原微生物的感染。分娩时或产后，病原微生物可以通过各种途径感染侵入子宫，如助产时消毒不严将病菌带入产道，难产、胎衣不下，子宫脱出、流产等导致子宫弛缓、恶露滞留、复旧延迟，均易引起子宫发炎。据统计，奶牛子宫内膜炎继发于胎衣不下者占 42.7%、流产者占 17.1%、难产助产者占 16.6%、分娩感染者占 11.5%。另外，患布鲁氏杆菌病、沙门菌病、媾疫以及其他许多侵害生殖道的传染病或寄生虫病的母畜，子宫内膜原来就存在慢性炎症，分娩之后由于抵抗力降低及子宫损伤，可使病情加剧，转为急性炎症。

2. 症状及诊断

产后急性子宫内膜炎根据炎症的轻重和炎性分泌物的性状可分三种类型：

(1)急性黏液脓性子宫内膜炎　为子宫黏膜表层的炎症，分泌物多为黏液性或脓性。患畜恶露量增多并稍带有腥臭味，有时可见患畜弓背努责，但多数病例仅出现轻微的全身症状，如体温略有升高，食欲减弱，泌乳量下降等。阴道检查可见到炎性分泌物，子宫颈口开张，阴道黏膜发红。直肠检查，可见子宫收缩性弱，壁厚，触诊有波动感。

(2)纤维蛋白性子宫内膜炎　为子宫黏膜及其深层的炎症，导致组织坏死分解，严重时炎症可发展到子宫全层。病畜经常努责、拱背、举尾，常作排尿状，从阴门流出有恶臭味的污红色或褐红色的稀糊状液体，内含灰白色黏膜组织小块，且全身症状明显，体温升高，食欲废绝，泌乳停止。牛发病时可能继发乳腺炎、关节炎和蹄叶炎。猪发病时常继发乳腺炎和泌乳停止，因此又称为乳腺炎-子宫炎-无乳综合征(mastitis-metritis-agalactia，MAA)，可危及全窝仔猪的生命。

(3)坏死性或坏疽性子宫炎　为子宫黏膜广泛性腐败坏死性炎症。患畜全身症状严重，精神沉郁，喜欢躺卧，体温明显升高，呼吸脉搏加快，食欲废绝，(牛、羊)反刍和瘤胃蠕动紊乱，有时下痢，由阴门排出褐色或灰褐色的稀薄恶臭液体，内含腐败分解的组织碎块。阴道检查，可见阴道黏膜干燥呈暗红色，阴唇发紫。直肠检查，感到子宫垂降于腹腔底，因其内充满坏死腐败的稀薄液体，手触之如水袋；子宫壁增厚、触摸有痛感，轻压子宫常可从阴门向外流出或涌出大量极臭的炎性恶露。后期，患畜继发败血症或脓毒血症，常在肺、肝、肾、脑和关节、乳腺等部位出现转移性脓肿病灶。

3. 治疗

治疗的基本原则主要是：防止感染扩散，控制炎症发展，清除子宫腔内渗出物并促进子宫收缩。

对患畜应用广谱抗生素进行全身治疗及其他辅助治疗。当子宫内排出炎性产物不多且清淡时，只需作子宫内投药，可选用四环素类或喹诺酮类抗菌药物，作适当稀释后(150～250 mL)注入子宫。据报道，采用露它净、金乳康或宫得康混悬剂进行子宫灌注，也有较好效果。当子宫内排出炎性产物较多，且含有胎衣碎片或絮状物时，则应进行子宫冲洗。冲洗液可选用弱防腐消毒剂，如 2%碳酸氢钠和 2%氯化钠等量混合，500～1 000 mL 进行冲洗或灌注，或用 0.1%高锰酸钾、0.1%雷凡奴尔、0.02%新洁尔灭等，反复冲洗，并将冲洗残液排净后，再投放抗菌消炎药物。对伴有严重全身症状的病畜，特别是纤维蛋白性子宫内膜炎，为了避免引起感染扩散，使病情加重，应禁止冲洗。

对猪及其他中小型动物，只需灌注药物，一般不进行冲洗。

为了促进子宫收缩，排出子宫腔内容物，可注射催产素，也可注射麦角新碱、$PGF_{2\alpha}$或其类似物。

4. 预防

主要是做好母畜临产前后的保健工作，如：在临产母畜进入产房（床）前应进行躯体清洁和消毒工作；接产和助产时，必须做到严格消毒，规范操作，避免损伤产道；对流产、产死胎、胎衣不下、恶露滞留的母畜，为了预防继发子宫内膜炎，应注射催产素，并向子宫内灌注抗菌消炎药物。母猪产后 1～2 d 内肌肉注射氯前列烯醇 2～4 mg，可以促进子宫收缩，加速恶露排出，对预防子宫内膜炎有明显效果。对奶牛使用促孕灌注液也有同样的效果。此外，在母猪，为了有效预防因某些繁殖障碍性疾病导致的产后子宫内膜炎，应做好相应病毒性繁殖障碍性疾病的免疫接种工作。

（三）产后败血症和脓毒血症

产后败血症和脓毒血症（puerperal septicemia and pyemia）都是产后局部炎症感染扩散而继发的急性、严重的全身感染性疾病，各种家畜均可发生，且有时二症并发，但败血症多见于马和牛，脓毒血症主要见于牛、羊。

1. 病因

母畜在分娩时由于难产、胎儿腐败或助产不当，软产道受到损伤而感染发病；或继发于胎衣不下、子宫脱出、子宫复旧延迟以及严重的子宫炎、子宫颈炎、阴道阴门炎、脓性坏死性乳房炎等。脓毒血症还可由其他器官原有的化脓过程在产后加剧而发病。

病原菌通常是溶血性链球菌、葡萄球菌、化脓棒状杆菌和梭状芽孢杆菌，而且常为混合感染。

产后母畜抵抗力降低，病原菌通过受到感染的产道或其他部位感染的病灶进入血液循环，形成菌血症；如果这些病菌在血液中大量而持久的存在，产生毒素并散布到各个组织器官，使机体处于严重的中毒状态，就发展成为败血症；如果病原菌是化脓菌，且静脉中有血栓形成，血栓受到感染、化脓软化、并随血流进入其他组织器官中，发生迁移性脓性病灶或脓肿，则发展成脓毒血症。

2. 症状及病程

（1）产后败血症　产后败血症的病程及转归在各种家畜有很大的差异。马、驴的败血症大多数是急性的，通常在产后 1 d 左右发病，如不及时治疗，病畜往往经过 2～3 d 死亡。牛的急性病例较少，亚急性者居多。亚急性病例，如果延误治疗，病牛也可在发病后 2～4 d 死亡。羊的病例大多为急性，猪的多数为亚急性的。

发病初期，体温突然上升至 40～41℃，触诊四肢末端及两耳有冷感，并在整个病程中呈现稽留热（败血症的一种特征症状），但在临近死亡时，体温急剧下降，且常发生痉挛。在体温升高的同时，病畜精神极度沉郁，反射迟钝，食欲废绝。病牛常卧下、呻吟、头颈弯于一侧，呈半昏迷状态；反刍停止，但喜欢饮水；泌乳量骤减，2～3 d 后完全停止泌乳；眼结膜充血，且微带黄色，后期结膜发绀，有时可见小出血点；脉搏快而弱，每分钟可达 90～120 次，呼吸浅快。

随着病程的发展，病畜往往表现腹膜炎症状，腹壁收缩，触诊敏感，常出现腹泻、血便；由于高度脱水，出现眼球凹陷，高度衰竭。

有子宫感染的病畜，从发病开始，常从阴道内流出少量带有恶臭的污红色或褐色液体，内含组织碎片。阴道检查时，可见黏膜干燥、肿胀、呈污红色。如果见到创伤，其表面多覆盖一层灰黄色分泌物或薄膜。直肠检查可发现子宫弛缓、壁厚、没有收缩反应。

(2)产后脓毒血症　多为突然发生,临床表现不尽一致。在开始发病及病原微生物转移,引起急性化脓性炎症时,体温升高 1～1.5℃,待脓肿形成或化脓灶局限后,体温又下降,甚至恢复正常。随后,如再发生新的转移时,体温又上升,所以在整个患病过程中,体温呈现时高时低的弛张热型。病情时好时坏,起伏不定,病程往往拖延较长。

病畜常表现精神沉郁,食欲减少或废绝,泌乳减少或停止;脉搏快而弱(马、牛每分钟可达 90 次以上),且随着体温的变化而变化。

大多数病畜的四肢关节、腱鞘、肺脏、肝脏及乳房发生迁移性脓肿。四肢关节发生脓肿时,病畜出现跛行,起卧、运步均困难。受害的关节主要为跗关节,患部肿胀发热,有痛感。如肺脏发生转移性病灶,则呼吸加深,常有咳嗽,听诊有啰音,肺泡呼吸音增强,病畜常发出似有痛苦的吭声。病理过程波及到肾脏者,尿量减少,出现蛋白尿;病灶转移到乳房时,表现乳房炎症状。

3. 治疗

因为本病的病程发展急剧,所以治疗必须及时。治疗原则是处理病灶,杀灭侵入体内的病原微生物和增强机体的抵抗力。

对生殖道的病灶,可按子宫内膜炎、阴道炎等治疗,但应绝对禁止冲洗子宫,并需尽量减少对子宫和阴道的刺激,以免炎症扩散,使病情加剧。可以使用促进子宫收缩的药物,如催产素、前列腺素、麦角制剂等,促进子宫内炎性产物的排出,但禁用雌激素类药物,以免因血液循环加快而加速有毒产物的吸收,导致病情恶化。

为消灭侵入体内的病原菌,要大剂量全身使用广谱抗生素或磺胺类药物,并连续使用,直至体温降至正常后 2～3 d 为止。

为增强机体的抵抗力,促进血液中有毒物质排出和维持电解质平衡,防止组织脱水,可静脉注射葡萄糖和盐水;补液时添加 5%碳酸氢钠溶液及维生素 C,同时肌肉注射复合维生素 B。此外,根据病情还可以应用强心剂,子宫收缩剂和皮质激素等。

注射钙剂可作为败血症的辅助疗法,对改善血液渗透性、增强心脏活动有一定的作用。一般可静脉注射 10%葡萄糖酸钙(牛、马 500～800 mL)。钙剂对心脏作用强烈,注射必须尽量缓慢,否则可引起休克、心跳骤然停止而死亡。对病情严重、心脏极度衰弱的病畜避免使用。

四、生产瘫痪

生产瘫痪(parturient paresis)亦称乳热症(milk fever)或低血钙症(hypocalcemia),中兽医上称为胎风或产后风,是母畜分娩前后突然发生的一种严重的代谢性疾病。其特征是低血钙、全身肌肉无力、知觉丧失及四肢瘫痪。

本病多发于营养良好的高产壮年奶牛(5～9 岁或 3～6 胎),初产牛几乎不发生。奶牛中以娟姗牛多发。奶山羊、猪、水牛等家畜也有发生。在犬,此病则叫产后低血钙症或产后子痫、产后抽搐症,以倒地痉挛、抽搐、呼吸急迫为特征,且常见于分娩后的小型犬或兴奋型犬。

本病为散发,但在个别牧场其发病率可高达 25%～30%。发病时间大多数在产后的 3 d 之内,少数则在分娩过程中或分娩前数小时发病。分娩后数周或妊娠末期发病的虽有报道,但极少见。治愈的母牛下次分娩有可能再次发病。

(一)病因

生产瘫痪的发病机理尚不完全清楚。大多数人认为血钙浓度急剧降低是本病发生的主要原因,但也有人认为是大脑皮质缺氧所致,还有人认为本病的主要原因是血糖降低,导致脑神经供能不足。

1. 低血钙

虽然所有母牛产犊之后血钙水平都普遍降低,但患病母牛下降得更为显著。据测定,产后健康牛的血钙浓度为 0.08~0.12 mg/mL,平均为 0.1 mg/mL 左右,病牛则下降至 0.03~0.07 mg/mL,同时血磷及血镁浓度也降低。目前认为,促使血钙降低的因素有下列几种,生产瘫痪的发生可能是其中一种或者是几种因素共同作用的结果。

①分娩前后大量血钙进入初乳且动用骨钙的能力降低,是引起血钙浓度急剧下降的主要原因。实验证明,干奶期中母牛泌乳停止,血钙升高,使甲状旁腺的功能减退,分泌的甲状旁腺素减少,因而动用骨钙的能力降低;妊娠末期饲料配合不当,特别是饲喂高钙低磷饲料,血钙浓度增高,刺激甲状腺分泌大量降钙素,同时也使甲状旁腺的功能受到抑制,导致动用骨钙的能力进一步降低。因此,分娩后大量血钙进入初乳时,血液中流失的钙不能迅速得到补充,致使血钙急剧下降而发病。

②在分娩过程中,大脑皮层过度兴奋,其后即转为抑制;分娩后腹压突然下降,腹腔器官被动性充血,同时血液大量进入乳房,引起暂时性的脑部贫血,因此,使大脑皮质的抑制程度加深,从而影响甲状旁腺,使其分泌激素的功能减退,以致不能维持体内钙的平衡。

③妊娠后期由于胎儿发育的消耗和骨骼吸收能力的增强,母体骨骼中贮存的钙量大为减少。因此,在临产时,骨骼中能被动用的钙不能补偿产后血钙的大量丧失。

④分娩前后从肠道吸收的钙量减少,也是引起血钙降低的原因之一。妊娠末期胎儿迅速增大,胎水增多,妊娠子宫占据腹腔大部分空间,挤压胃肠器官,影响其活动,降低消化机能,致使从肠道吸收的钙量显著减少。分娩时雌激素水平升高,食欲降低,也影响消化道对钙的吸收量。

⑤牛患生产瘫痪时常并发血镁降低,而镁在钙代谢途径的许多环节中具有调节作用。血镁降低,机体从骨骼中动员钙的能力也降低,因此低血镁时,生产瘫痪的发病率高,特别是产前饲喂高钙饲料,以致分娩后血镁过低而妨碍机体从骨骼中动员钙,难以维持血中钙浓度,从而导致发生生产瘫痪。

2. 大脑皮质缺氧

有报道认为,本病为一时性脑贫血所致的脑皮质缺氧,脑神经兴奋性降低的一种神经性疾病,而低血钙则是脑缺氧的一种并发症。在发生上,分娩后为了生乳的需要,乳房迅速增大,机体血量 20%以上流经乳房;泌乳期肝的体积增大,新陈代谢加强,正常可以贮存机体 20%血量的肝脏贮血量更多,借以保证来自消化道的物质转化为生产乳汁的原料;排出胎儿后,腹压突然下降,腹腔内器官被动充血。上述血流量的重新分配造成了一时性脑贫血、缺氧。中枢神经系统对缺氧极度敏感,一旦脑皮质缺氧,即表现短暂的兴奋(不易观察到)和随之而来的功能丧失的症状。这些症状和生产瘫痪症状的发展过程极其吻合。

在治疗生产瘫痪时,以最低静脉注射钙的剂量 10 g 计算,则一次注入血液中的钙量足以补充患畜损失的钙量,并可使患畜血钙达到正常的生理值。因此,从理论上讲,补钙疗法应对生产瘫痪有明显的疗效,但有时临床上并非如此。相反,未改变血液中钙含量的乳房送风法却有奇效,原因是送风后将乳房内大部分血液暂时迫离乳房,这样就加大了其他器官的血液循环量;并且机体会因代偿机制反射性地引起血压升高。这都有助于改善脑循环状况,最终使脑缺氧得以缓解。在利用氢化考的松治疗生产瘫痪时,其原理也是使患畜血压升高,缓解脑缺氧状态,达到治疗目的。

3. 血糖降低

在分娩前后,母畜需要的能量物质(糖)越来越多,特别是在分娩时消耗了大量的能量,使机体的糖储备减少,分娩后血液中的糖、蛋白质、脂肪等又大量进入初乳,导致血糖降低,大脑供能不足而发病。

从临床上对生产瘫痪患牛的治疗效果看,单纯补钙的效果并不理想,而大剂量补充钙糖制剂等增加血流量和改善血液循环的治疗方法都能获得较好、较快的疗效。从患牛的临床症状看,多数症状(精神沉郁、肌肉震颤、运动失调、反应迟钝或意识丧失等)与脑部缺血、缺糖引起中枢神经机能障碍相似。因此认为,生产瘫痪可能是低血糖、低血钙所引起的神经机能障碍的综合症状,其中低血糖而导致的中枢神经供能不足可能是重要原因。

(二)症状

1. 牛生产瘫痪的症状

牛生产瘫痪时,根据临床症状可分为典型(重症)和非典型(轻症)两种。

(1)典型症状　病程发展很快,从发病到出现典型症状一般不超过 12 h。病初通常是食欲减退或废绝,反刍及瘤胃蠕动停止,泌乳量迅速降低;精神沉郁,表现轻度不安;不愿走动,四肢交替负重,后躯摇摆,好似站立不稳,四肢或其他部位肌肉震颤。有些病例在开始时即表现短暂不安,出现惊慌、哞叫、目光凝视等兴奋症状;头部及四肢肌肉痉挛,不能保持平衡。开始时鼻镜干燥,四肢及身体末端发凉,皮温降低,脉搏则无明显变化。

初期症状发生后数小时,病畜即出现瘫痪症状,后肢不能站立,虽然一再挣扎,仍站不起来。由于挣扎用力,病畜全身出汗,肌肉颤抖;不久,出现意识抑制和知觉丧失的特征症状。病牛昏睡,眼睑反射微弱或消失,瞳孔散大,对光线照射无反应,皮肤对疼痛刺激也无感觉,肛门松弛,反射消失;心音和脉搏减弱,速率增快,每分钟可达 80～120 次;呼吸深而慢,听诊有啰音;有时发生喉头和舌麻痹,舌伸出口外不能自行缩回,呼吸时出现明显的喉头呼吸音。吞咽发生障碍,因而易引起异物性肺炎。

病畜以一种特殊姿势卧地,即伏卧、四肢屈于腹下,头向后弯到胸部一侧(图 3-27)。如将病牛的头颈拉直,但一松手,又重新弯曲向胸部,但却可将病牛的头弯至另一侧胸部。因此可以证明,头颈弯曲,并非一侧肌痉挛所致。个别母牛卧地之后出现癫痫症状,四肢伸直并抽搐。由于患牛肌肉紧张性降低,同时长时间卧地,腹压增高,有时可并发阴道脱出和子宫脱出,也可能出现瘤胃鼓气症状。

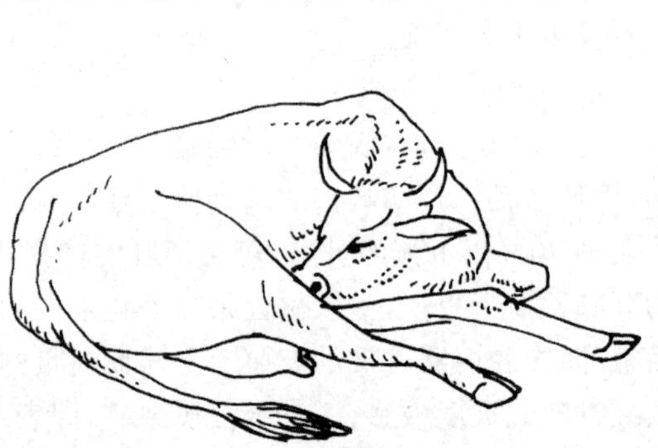

图 3-27　牛生产瘫痪的典型卧姿

体温降低也是生产瘫痪特征症状之一。病初体温没有明显变化,随着病程的发展,体温则逐渐下降，最低可降至35～36℃。

病畜死前处于昏迷状态，少数病例死前有痉挛性挣扎。如果本病发生在分娩过程中，则阵缩和努责停止，不能排出胎儿。

(2)非典型症状　呈现非典型症状的病例较多，产前及产后较长时间发生的生产瘫痪多表现为此种类型，其症状除瘫痪外，主要特征是头颈姿势不自然，由头部至鬐甲呈一轻度的"S"状弯曲(图3-28)。病牛精神极度沉郁，食欲废绝，但不昏睡；各种反射减弱，但不完全消失；病牛有时能勉强站立，但站立不稳，且行动困难，步态摇摆。体温一般正常或略降低。

图3-28　牛患非典型生产瘫痪时，头颈的"S"状弯曲姿势

2. 猪生产瘫痪的症状

母猪发病，多在产后数小时开始，但产后2～5 d也是本病的多发期。病初可出现轻度不安，不久即转为极度沉郁，躺卧昏睡，一切反射减弱；食欲废绝，出现便秘，体温正常或稍高。轻型者站立困难，行走时后躯摇摆，奶量减少甚至完全无奶，有时病猪伏卧，拒绝哺乳。此外，母猪在断奶后当天发生低血钙性瘫痪病例，也有过报道。

3. 羊生产瘫痪的症状

奶山羊的生产瘫痪多发生在产羔后1～3 d内，但也有发生在产后2个月左右的病例。一般说来，泌乳早期对本病最敏感。其症状基本上和牛类似，但多数呈现非典型症状，有时昏迷不起，心跳快而弱，呼吸增速，鼻腔内有黏液性分泌物积聚，常发生便秘。

(三)诊断

对牛生产瘫痪诊断的主要依据是病牛为壮年高产母牛，刚刚分娩不久(绝大多数在产后3 d之内)，并出现特征性的瘫痪姿势及低血钙(多在0.08 mg/mL以下)。如果乳房送风或补钙疗法有良好效果，便可作出确诊。

本病须与产后其他能出现瘫痪的疾病，如酮血病、产后截瘫、产后败血症、创伤性网胃炎后期及妊娠毒血症等相鉴别。

非典型的病例须与酮血病进行鉴别诊断。酮血病常发生在产后数天或几周内，其他时间也可发病，患畜奶、尿及血液中的丙酮量增多，呼出的气体有丙酮气味。另外，酮血病对补钙疗法、尤其是乳房送风疗法没有反应。但如果同时发生酮血病和生产瘫痪时，诊断就比较困难。如果用上述方法治疗有效，但患畜仍不能恢复食欲，此时应检查有无酮病。伴有早期生产瘫痪的神经型酮病病牛，表现为肌肉痉挛、步态不稳，四肢不全麻痹，随后倒地，并可能出现感觉过敏和精神狂乱。

产后败血症和由于分娩而恶化的创伤性网胃炎的后期病畜，有些症状也和生产瘫痪相似，但是这些病例除非临近死亡，一般体温都升高，眼睑、肛门，尤其是疼痛反射不完全消失，而且使用钙剂后立即出现心脏搏动异常，有的甚至在注射期间死亡。

产后截瘫与本病的区别是除后肢不能站立以外，病牛的其他情况，如精神、食欲、体温、各种反射、粪尿等均无异常。

羊的生产瘫痪与妊娠毒血症区别，后者是发生于产前，病程较长，尿及血液中的酮体量多，对钙疗法没有反应。

(四)病程及预后

牛发病后病程进展很快,如不及时治疗,有50%～60%的病畜在12～48 d内死亡。在分娩过程中或产后不久发病的母牛,病程进展更快,病情也较严重,甚至在发病后数小时内死亡。如果治疗及时、正确,90%以上的病牛可以治愈,但治愈后复发者预后较差。

并发酮血病的非典型生产瘫痪病例,对钙疗法的反应较差,应用钙剂治疗后,多数牛可以站立起来,但仍继续表现酮血病的神经症状,病程可拖延很久;并发阴道脱出和子宫脱出的病例疗效较差;继发异物性肺炎(特别是经口投服药物的病例)和臌气的,可因此而死亡。

猪患本病的病程可持续1～2 d,有时可达4 d,但预后较好。羊的病程及预后基本同牛一样,但对钙剂疗法反应迅速。

(五)治疗

静脉注射钙剂或乳房送风是治疗生产瘫痪最有效的常用方法。治疗越早,疗效越高。

1. 静脉注射钙剂

治疗牛的生产瘫痪,常用的是10%葡萄糖酸钙800～1 500 mL静脉注射,如在其中加入4%的硼酸即硼葡萄糖酸钙,可以提高葡萄糖酸钙的溶解度和稳定性。注射后6～12 h病牛如无反应,可重复注射,但最多不得超过3次,且注射钙剂的速度不能过快,在注射过程要监听心脏反应情况。

据报道,对典型症状的奶牛,用超极量的钙制剂效果较好,方法是用5%葡萄糖氯化钙或5%氯化钙1 000～1 200 mL,加入到3 000～4 000 mL 5%葡萄糖生理盐水中缓慢静脉滴注。在注射过程中监听心跳情况,如出现心率紊乱,立即停止注射钙制剂,改用注射葡萄糖生理盐水,待心率恢复正常后再接着注射钙制剂。患牛一般在注射结束后30 min左右症状即能消除。间隔6～8 h再以减半剂量注射一次,可防止病情复发。

静脉补钙的同时,肌肉注射5～10 mL维丁胶性钙有助于钙的吸收,减少复发率。

羊患生产瘫痪,也可静脉注射10%葡萄糖酸钙50～100 mL(或腹腔注射)。另外,可给以轻泻剂,促进积粪排出,并改进消化功能。

猪患本病,静脉注射葡萄糖酸钙用量与羊一样。

2. 乳房送风疗法

本法至今仍然是治疗牛生产瘫痪最有效和最简便的疗法,特别适用于对钙疗法效果不佳或复发的病例。其缺点是,技术不熟练或消毒不严时,可引起乳腺损伤和感染。

乳房送风疗法的机理是,在打入空气后,乳房内的压力随即上升,乳房的血管受到压迫,因此流入乳房的血液减少,随血流进入初乳而丧失的钙也减少,血钙水平(也包括血磷)回升。与此同时,全身的血压也升高,可以消除脑的缺血和缺氧状态,使其调节血钙平衡的功能得以恢复。另外,向乳房打入空气后,乳腺的神经末梢受到刺激并传至大脑,可提高大脑皮层的兴奋性,解除其抑制状态。

乳房送风须用专用器械——乳房送风器(图3-29)。使用前将送风器表面消毒,并在筒内放置干燥消毒棉,以便滤过空气,防止感染。没有乳房送风器时,也可利用大号连续注射器或普通打气筒,但过滤空气和防止感染比较困难。

打入空气之前，使牛侧卧，挤净乳房中的积奶并给乳头消毒，然后将消过毒而且在尖端涂有滑润剂的乳导管插入乳头管内，注入青霉素 40 万 IU 及链霉素 0.5 g(溶于 20～40 mL 生理盐水内)。

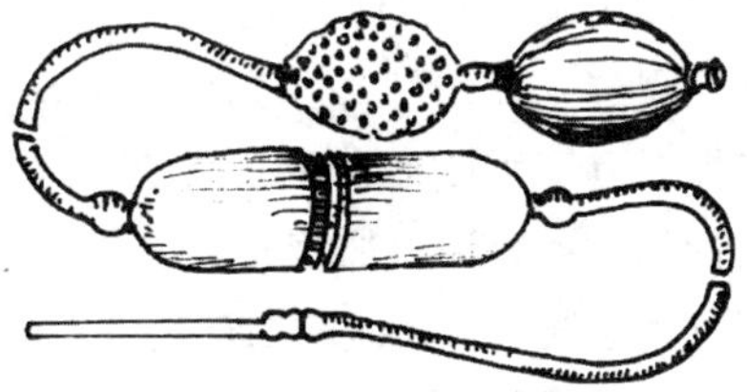

图 3-29　乳房送风器

打入空气时，由下侧乳区开始，四个乳区均应打满空气，打入的空气量以乳房皮肤紧张、乳腺的边缘清楚并且变厚，同时轻敲乳房呈鼓响音时为宜。必须注意，打入空气不够，不会产生效果，打入空气过量，可使腺泡破裂，发生皮下气肿。空气逸出以后，会逐渐转移至尾根一带的皮下组织中，但 2 周左右可以消失。

打气之后，用宽纱布条将乳头轻轻扎住，防止空气逸出，扎勒乳头不可过紧及过久，也不可用细线结扎，以免损伤乳头。待病畜起立后，经过 1 h，将纱布条解除。

绝大多数病牛打入空气后 10 min，鼻镜开始变湿润，15～30 min 眼睛睁开，开始清醒，头颈姿势恢复自然状态，反射及感觉逐渐恢复，体表温度也升高，驱之起立后，会立刻采食。除全身肌肉尚有颤抖及精神稍差外，其他均恢复正常，肌肉震颤在数小时后消失。

3. 中药疗法

中兽医称产后瘫痪为胎风或产后风，认为是寒湿之邪侵入腰肾，血淤气滞所致，治疗应暖肾祛寒，逐淤止痛，宜选用麒麟散(《元亨疗马集》)等方剂。也可针刺抢风、百会、风门等穴位。临床报道，用补钙配合八珍散、补阳疗瘫汤等方剂治疗牛生产瘫痪有较好疗效。

4. 其他疗法

用钙剂治疗效果不明显或无效时，也可考虑应用胰岛素和肾上腺皮质激素，同时配合应用高糖和 2%～5%碳酸氢钠注射液。据报道，使用地塞米松磷酸钠(20 mg/次)对钙剂治疗效果不佳的患牛治愈率达 64.7%；如果用地塞米松配合钙剂治疗，治愈率可达 92.8%，也可用 25 mg 氢化可的松加入 2 000 mL 糖盐水中静脉注射，2 次/d，用药 1～2 d。对怀疑血磷及血镁也降低的病例，在补钙的同时静脉注射 40%葡萄糖溶液和 15%磷酸钠溶液各 200 mL 及 25%硫酸镁溶液 50～100 mL。

另外，在治疗过程中，对病畜要有专人护理，多加垫草，天冷时要注意保温，病牛侧卧的时间过长，要设法使其转为伏卧或将牛翻转，防止发生褥疮及反刍时引起异物性肺炎；在病情发展过程中，决不能经口灌服药物或饮水，以免引起异物性肺炎。病畜初次起立时，如仍有困难，或站立不稳，必须注意加以扶持，避免跌倒引起骨骼及乳房损伤。痊愈后 1～2 d 内，挤出的奶量仅以够喂犊牛为度，以后才可逐渐将奶挤净。

(六)预防

调整干奶期间日粮中钙磷比例，使摄入钙、磷比例保持在(1～1.5)∶1，直到分娩前后才增加日粮中的钙量。研究表明，从产前 2～4 周开始，给母牛饲喂低钙高磷饲料，减少从日粮中摄取的钙量，可以激活甲状旁腺的功能，促进甲状旁腺素的分泌，提高吸收钙及动用骨钙的能力，是预防生产瘫痪的一种有效方法。

调整日粮的阴阳离子平衡，也可有效防止生产瘫痪。从奶牛分娩前 3 周开始给予阴离子盐，即在日粮中增加含氯离子(Cl^-)和硫离子(S^{2-})相对较高而钠离子(Na^+)和钾离子(K^+)相对较低的盐类(如氯化镁、氯化铵、硫酸钙和硫酸镁等)，有助于预防低血钙症。

应用维生素D制剂也可有效预防生产瘫痪。可在分娩后立即一次肌肉注射10 mg双氢速变固醇(DT10)。分娩前8～2 d,一次肌肉注射维生素D_2(骨化醇)1 000万IU,或按每千克体重2万IU的剂量应用,如果用药后母牛仍未产犊,则每隔8 d重复注射一次,直至产犊为止;产前24 h还可肌肉注射1α-羟基维生素D_3(胆骨化醇)1 mg,如未按预产期分娩,则间隔48 h重复应用一次,或在产前3 d静脉注射2,5-羟基胆骨化醇(2,5-OH-D_3)200 mg,都可降低母牛生产瘫痪的发病率。但采用这些方法时,如果不能精确预计分娩的时间,距分娩以前很久就开始用药,反而会增加发病率。而且使用时间过长或剂量过大,除了出现维生素D制剂常有的副作用以外,还可引起心血管系统及内脏器官钙化。

知识链接

爬卧母牛综合征

在临床上还有一类被称为"爬卧母牛综合征"(downer cow syndrome)的疾病,也有人称之为"趴窝母牛综合征"、"母牛睡倒站不起来综合征"、"母牛卧地不起综合征"等,以高产奶牛多发,其确切病因仍然不明,对其是否为一种独立疾病还也有争议。目前一般认为,该综合征包括母牛在产前或产后发生的以卧地不能起立或不敢起立为主的一组疾病,如生产瘫痪并发症、肌肉或神经损伤性瘫痪、因肥胖所引起的不能站立、营养缺乏以及低血钙、低血镁等引起不能站立等。

生产瘫痪患牛由于延迟(超过4～6 h)治疗而长时间躺卧,会因血液供应障碍而引起局部(四肢)肌肉缺血性坏死,坐骨神经及腓神经损伤发炎;母牛在发病初期或恢复期中,由于站立不稳或挣扎起立,也常引起腿部肌肉、韧带和神经的损伤。这些情况最终都会表现出"爬卧母牛综合征"的临床特征。因此,生产瘫痪可能是"爬卧母牛综合征"的病因之一。

(章孝荣)

五、产后截瘫

产后截瘫(puerperal paraplegia)主要包括两种情况:一种是母畜产后立即发生后躯不能起立,这是由于后躯肌肉和神经受到损伤引起的,常见于牛,有时也见于马;另一种是母畜由于体内矿物质代谢性障碍引起的,和产前发生的孕畜截瘫基本相同。此外,母牛患本病也可能是"爬卧母牛综合征"症候群的一种表现。

(一)病因

产后截瘫常见原因是难产时间过长,或强力拉胎儿,使坐骨神经、闭孔神经(多见于牛)、臀神经(多见于马)受到胎儿躯体粗大部分(如头部和前肢、肩胛围、骨盆围)长时间压迫和挫伤,引起麻痹;或者荐髂关节韧带剧伸、骨盆骨折及肌肉(臀中肌和股关节周围组织)损伤,因而母畜产后不能起立。这些损伤发生在分娩过程中,但产后才发现瘫痪症状。

与产前截瘫相同,饥饿及营养不良,缺乏钙、磷等矿物质及维生素D,阳光照射不足,也可在产后出现瘫痪。

（二）症状

母畜分娩后全身状况无明显异常，皮肤痛觉反射也正常，但后肢不能站立或站立困难，行走有跛行症状，症状的轻重依损伤部位及程度而异。如一则闭孔神经受损，同侧内收肌群就麻痹，病畜虽仍可站立，但患肢外展，不能负重；行走时患肢亦外展，膝部伸向外前方，膝关节不能屈曲，跨步较正常大，容易跌倒。两侧闭孔神经麻痹，则两后肢强直、外展，不能站立；若将病畜抬起，把两后肢扶正，虽能勉强站立，但向前移动时，由于两后肢强直外展而立即倒地。（马）臀神经麻痹，卧下后起立困难，但抬起后能站立，运动时有明显跛行。坐骨神经及腓神经分布于后肢肌肉，故一侧坐骨神经麻痹时，则完全不能站立。荐髂关节韧带剧伸，也能引起后肢跛行或不能站立。骨盆骨折，卧下后也不能站立。

猪因钙、磷及维生素D缺乏引起的截瘫，最初的症状是运动障碍，四肢僵硬，行走时弓腰，有时出现独特的踏步动作，个别母猪甚至出现兴奋症状，跳墙爬圈，盲目乱跑。稍久，即长时间卧地，起立和行走都极度困难，而且病猪不能翻身。病猪常表现异食癖，消化紊乱，食欲减退，粪便干燥等。

（三）治疗及护理

治疗产后截瘫要经过较长的时间才能看出效果，所以加强护理特别重要。治疗和护理方法基本上和孕畜截瘫相同。牛、马如能勉强站立，或一侧神经麻痹，每天可将患畜扶（抬）起数次，或用吊床（马）帮助站立；对不能站立的也要人工帮助其翻转，改变其卧姿，防止发生褥疮。

对神经麻痹引起瘫痪的患畜，可以采用针灸疗法，根据患病部位，针刺或电针刺激相应的穴位；与此同时可在腰荐区域试用醋灸，或进行后肢及后躯按摩。

症状轻、能站立的患畜，经过一段时间治疗后一般能够康复。症状严重，不能站立的患畜，由于病程长而且长期爬卧，容易发生褥疮或其他并发病，甚至导致全身感染而死亡。因此，病程较长，治疗又不见明显好转的病例，预后不佳。

六、产后子宫复旧延迟或不全

母畜分娩后，其子宫恢复至孕前状态的过程称为子宫复旧（uterine involutlon），如果这一过程的时间延长，则称为子宫复旧延迟（delayed uterine involutlon）或子宫复旧不全（incomplete involutlon of the uterus），也称子宫弛缓。

（一）病因

难产、分娩时子宫损伤以及产后发生胎衣不下、子宫脱出、产后感染、恶露停滞等是本病的重要原因。另外老龄、体弱、肥胖、运动不足、妊娠时胎水过多或胎儿过大以及产后发生低血钙、酮病等导致产后子宫肌收缩无力的各种因素，均可引起本病的发生。

（二）症状

初期一般无明显的外表症状，主要是产后恶露排出时间延长。因产后子宫收缩力弱，恶露常积留在子宫内，母畜卧下时排出量较多。由于继发感染，腐败分解产物的刺激或毒素被吸收，病畜出现全身症状，如体温升高、精神不振、食欲及奶量减少等。如未及时治疗，常继发慢性子宫内膜炎。

阴道检查，可见阴道黏膜充血肿胀，子宫颈口松弛开张，有污红色带臭味的恶露排出。直肠检查，子宫下垂，壁厚而软，体积较产后同期的要大，收缩反应微弱。若子宫内积留大量分解产物，触诊有波动感，有时还可摸到未完全萎缩的母体子叶。

(三)治疗

1. 促进子宫收缩

注射催产素、雌激素、麦角制剂或前列腺素及其类似物等，促进子宫收缩，使恶露排出。

2. 子宫冲洗疗法

用 40～42℃ 10% 盐水(或其他防腐液)冲洗子宫，但必须控制冲洗液的用量，冲洗时不可施加压力，以免冲洗液通过输卵管进入腹腔。反复冲洗 2～3 次，待冲洗液完全排出后，向子宫内注入或放置抗菌药物。对出现全身症状的必须进行对症治疗。

3. 中药疗法

中兽医将子宫复旧不全及恶露不尽分气虚型和血淤型两种，前者因产后元气亏损、致使气虚不能摄血、血溢脉外所致；后者是因产后护理不当，风寒乘虚侵袭，寒凝血滞所致。治疗时，气虚者宜补气摄血，可用“加味补中益气汤”；血淤者应活血行淤，逐淤生新，可用生化汤治之。

(四)预防

正常分娩过程延滞和难产经历时间久的母畜，排出胎儿后使用促进子宫收缩的药物，既可以促进胎衣和恶露的排出，又有利用子宫复旧。牛正常产后子宫复旧的时间为 1 个月左右，故至产后 1 个月应进行常规直肠检查，查明子宫复旧情况，如复旧不全，应及时治疗。子宫复旧不全的病牛，要推迟 1～2 个情期配种。

七、犬、猫产后低血钙症

产后低血钙症，是母犬围产期发生的以低血钙为主的一种代谢性疾病，又称产后瘫痪、产后子痫(癫痫)、抽搐症、泌乳期惊厥等。虽然命名不同，但在临床上均以突发性全身抽搐，阵发性肌肉强直性痉挛，意识异常和运动障碍为共同特征。本病多发生于中、小型品种或兴奋型犬，大型品种犬发生较少，猫也有发生。发病时间一般为产后 6～30 d，哺乳的中、后期发生的居多，妊娠最后 2 周或断奶后 1 周左右也有发生。

(一)病因

发病的主要原因是母犬分娩后或在哺乳期血钙浓度急剧降低所致。引起低血钙的机制尚不完全清楚，但从本病的临床症状特征和诊断依据来看，与奶牛生产瘫痪则有相似之处。

妊娠和哺乳是母犬流失血钙最多的阶段。母犬在妊娠期中，特别是妊娠后期，由于胎儿迅速发育，骨骼的形成需要利用大量钙质；在哺乳期间特别是窝产仔数多的母犬，大量泌乳要消耗大量的血钙。当犬的饲料单一，钙磷不足或配合比例不平衡时，不仅骨骼中钙盐沉着不足，而且甲状腺动用骨钙的能力降低，这是导致血钙浓度急剧下降的主要原因。

(二)症状

临床上根据病情和病程不同，可分为急性和慢性两种类型。

1. 急性型

常没有先兆而突然发生。病初表现四肢僵硬，站立不稳，行动困难。随后精神高度兴奋，对外界刺激敏感，全身抽搐，颈、胸、腹及四肢肌肉呈阵发性强直性痉挛，咬肌和四肢肌肉痉挛更加强烈，移动其体位时，痉挛加剧，嘴不断开张和闭合，口吐泡沫、流涎；意识不清、知觉反应迟钝，有时出现角弓反张；体温升高至40℃以上，心音亢进，心率达150次/min以上，呼吸急迫，频率100次/min；可视黏膜发绀，瞳孔散大，如不及时救助，可因窒息发生死亡。

2. 慢性型

常发生在距产后较长时间。肌肉强直性痉挛较轻，意识稍有异常，四肢轻度瘫痪，呈间歇性发作，常伴有呕吐；体温正常或稍升高。

（三）诊断

根据本病发生于产后特定时间和症状特征即可作出初步诊断。结合血液分析出现低血钙，即可确诊。健康犬血钙正常值为9～11 mg/dL，发病时可降至5～7 mg/dL以下。

（四）病程及预后

如果能及时作出诊断，进行治疗，则症状会很快缓解或消失。病程一般为1～3 d，重症有时仅数小时来不及救治即死亡。如果是产前发生的，死亡率更高。出现反复发作的病例，第2次发作时症状更加明显而严重。在猫首次哺乳期发生过本病，以后产仔哺乳还会复发。

（五）治疗

补充钙剂是本病的特效疗法。治疗可用10%葡萄糖酸钙5～20 mL，混于100～200 mL，5%葡萄糖注射液，另加地塞米松磷酸钠（按每千克体重0.25 mg计量）缓慢静脉注射，间隔12～18 h可酌情减量使用。

对轻症病例，使用维丁胶性钙0.5～1 mL肌肉注射，2次/d。连续2～3 d，同时内服维生素A、D胶丸和钙片，可以取得良好效果。

对持续痉挛，高度兴奋不安的病例，可肌肉注射安定1～1.5 mL，或盐酸氯丙嗪（按每千克体重2 mg计量），使其镇静。

（六）预防

对妊娠期和哺乳期母犬，应加强日常的饲养管理，要有足够的运动和日光浴。在日粮中适当补充钙质，如磷酸钙、乳酸钙（每天1～2 g），还要有充足的维生素，特别是维生素D。最好使用全价狗粮，使能获得均衡的营养。据报道，在哺乳期按每千克体重口服强的松龙0.5 mg，每12 h一次，有一定的预防效果。

（邓近平）

第四章　母畜科疾病

第一节　母畜不育

不育(sterility)是指母畜或公畜的生殖机能受损或丧失而发生的暂时性或永久性的不能繁殖,在动物繁殖学中称之为繁殖障碍(breeding difficulty,reproductive failture)。习惯上,将母畜的不育称为不孕(infertility)。不孕症(infertilitas)则是引起母畜不育的各种疾病的通俗统称。

母畜的不育严重地降低畜群的繁殖力,从而影响生产效益。据测算,如果母牛产后超过80 d而未孕,除医疗费用外,每不育一天,至少损失0.003头犊牛和3 kg奶。据报道,美国每年因奶牛不育造成的经济损失达2.5亿美元;德国由于不育屠宰的母牛占淘汰牛的40%~50%。

一、母畜不育的判定标准

永久性的不育比较容易判定,但对暂时性不育,以多长时间不能繁殖才算不育,由于动物种类繁多,难以作统一规定。而且,不育标准的制定应考虑生产水平。生产水平越高,标准就越严格。以牛为例,理论上,育龄母牛应是一年繁殖一胎。据此推算,母牛凡达到始配年龄或在产后经过65 d(3个发情周期)以上仍不发情,或虽然发情但经过3个情期的配种仍不能受孕,均可视为发生了不育。然而,在生产中很难达到这一标准。在畜牧业生产水平高的国家,母牛一般能达到一年一胎,而在我国的多数奶牛场,母牛的产犊间隔期一般在400 d以上,有的甚至更长。因此,在生产上制定不育的标准既要根据不同的畜种作不同的规定,同时还要考虑实际生产水平。

知识链接

“不育”与“空怀”的区别

生产中常用“空怀”表示母畜的未孕状态,其含义与不育或不孕有所不同。空怀是生产统计中所用的概念,指已列入繁殖计划而未孕的母畜,因无繁殖能力而未列入繁殖计划者不属于空怀之列。因此,在某一生产单位,可能没有空怀的母畜,但不一定没有不育的;相反,如果有空怀的,就一定有不育的。

平均空怀期:指从产仔之日到配种受胎之日的时间间隔,以“天”表示。

空怀率=(当年纳入繁殖计划的母牛数-当年受胎母牛数)/当年纳入繁殖计划的母牛数×100%

不孕率=当年未孕育龄母牛累计不孕月数÷12/育龄母牛数×100%

二、不育的原因及其分类

引起母畜不育的原因很多，归纳起来可分为如下两类（表 4 - 1）。

表 4 - 1　母畜不育的原因及分类

引起不育的因素		举　例
先天性因素		生殖器官发育不全、雌雄间性、生殖器官畸形等
后天获得性因素	营养因素	营养不足或营养不平衡，饲料品质不良，日粮中缺乏蛋白质、矿物质、维生素等
	管理因素	运动不足、过度使用、过度挤乳或哺乳期过长等
	年龄因素	年老体衰
	环境（气候、水土等）因素	气候异常变化、寒冷或高温应激，从外地新引进的动物不适应当地气候等
	传染病和寄生虫病	结核病、布氏杆菌病、猪繁殖与呼吸综合征、沙门菌病、支原体病、衣原体病、媾疫、阴道滴虫病等
	非传染性疾病	配种、助产时消毒不严，产后护理不当，流产、难产、胎衣不下及子宫脱出等引起生殖器官感染；其他器官或全身性疾病引起内分泌失调
	繁殖技术性因素	发情鉴定不准确造成漏配或配种不适时；人工授精时精液处理不当、使精子受到损害，或输精操作不当
	免疫性因素	抗精子抗体、抗透明带抗体和抗卵巢抗体等引起的不育

（一）先天性因素

主要与父、母的遗传缺陷或近亲繁殖有关，或是在胚胎发育过程中，受到有毒物质、辐射等有害理化因子的影响，引起染色体异常所致。

先天性因素可引起生殖器官发育异常，造成的不育一般是永久性的，如卵巢发育不全、雌雄间性、子宫发育不全、生殖器官畸形等。

（二）后天（获得）性因素

1. 营养因素

营养与生殖具有密切的关系。营养水平过低引起母畜性成熟延迟或性欲减退，如能量摄取不足，可导致幼龄母畜的生殖器官发育迟缓或不全、初情期延迟；对性成熟以后的母畜可造成不发情、发情周期不规则、排卵率或受胎率降低、乳腺发育延迟、胚胎死亡、新生仔畜孱弱或死亡率增加等。

饲料品质不良，日粮中缺乏蛋白质、矿物质、维生素等都可能造成不育。缺乏蛋白质会引起青年母牛不发情、卵巢和子宫幼稚型；缺乏矿物质会引起排卵机能紊乱、发情不规律、安静发情等。维生素（V）不足会引起多胎动物排卵数减少。例如，缺乏维生素 A 和维生素 E 会引起猪的发情不规律或不发情、胚胎发育迟缓和初生仔猪生命力降低。母牛缺乏维生素 A 可造成阴道上皮角质化。

日粮中蛋白质水平过高也会降低母畜的繁殖机能，甚至引起不育。研究表明，过高的日粮蛋白水平，特别是过高的瘤胃可消化蛋白对牛的繁殖性能有不利影响。这种影响一方面与体内氨、尿素等含氮代谢产物浓度升高，对配子、早期胚胎产生毒害作用有关，或影响体内其他代谢物的平衡，降低生殖机能；另一方面，蛋白质在消化道可分解成一些有生物活性的小肽，如酪蛋白的降解产物酪啡肽等。这些小肽可在肠道被直接吸收，通过影响生殖激素的分泌而影响生殖机能。例如，有研究证实，来源于饲料的β-酪啡肽可抑制LH和睾酮的分泌。

2. 管理因素

对于种畜，除需要合适的营养以外，还需良好的饲养条件和管理。寒冷、潮湿、光线不足、通风不良或高温环境均可引起母畜精神紧张或应激，造成生殖内分泌紊乱而发生不育；运动不足或导致母畜抵抗力及生育力下降；不合理的利用，如过度挤乳或哺乳期过长、使役过重等都可降低繁殖机能。

3. 年龄因素

母畜在生育力高峰期过后，随着年龄的增长，繁殖能力逐渐降低，如老龄母畜常表现为发情异常、发情不明显、排卵迟缓、屡配不孕等以及难产、胎衣不下和子宫疾病等的发病率增高。

4. 环境因素

环境因素主要是指随季节变化所发生的气候、光照和温度的变化，这些因素是诱导母畜不育的重要因素。如在我国南方地区的夏季高温期间，母畜很少发情或发情征象不明显、排卵不正常，受胎率普遍降低。另外，持续的高温对胚胎发育亦产生显著影响，在高温季节早期胚胎死亡率亦高于其他季节。此外，由外地新引进的母畜，可能不适应环境，亦易造成暂时性不育。

5. 疾病因素

引起不育的疾病按其性质可分为传染性疾病(包括寄生虫性疾病)和非传染性疾病。常见的引起不育的传染病和寄生虫病有：结核病、布氏杆菌病、猪繁殖与呼吸综合征、沙门菌病、支原体病、衣原体病、媾疫、阴道滴虫病等；常见的非传染性疾病主要是生殖器官疾病，如配种、接生、手术时消毒不严，产后护理不当以及流产、难产、胎衣不下、子宫脱出等原因引起生殖器官感染，造成不能繁殖。此外，其他器官疾病或全身性疾病均可引起内分泌失调或侵害生殖器官而导致不育。

6. 繁殖管理或技术性因素

繁殖管理上的疏忽或繁殖技术不正确也是造成母畜不育的重要原因之一，如未能及时观察发情而造成漏配，或发情鉴定技术不良、配种不适时、人工授精时精液处理不当使精子受到损害，或输精操作不当，都可使母畜发生暂时性的不育。

7. 免疫性因素

雄性动物的精子、精液和生殖道分泌物中的某些成分具有抗原性。在一定条件下，机体可对这些抗原产生免疫反应，其中以抗精子抗体(antisperm antibody，AsAb)与母畜不育的关系最为密切。母畜生殖道以及卵巢均可对精子抗原产生免疫应答，其中最重要的部位可能是子宫颈。子宫颈起着过滤性的保护作用，老化和活力差的精子可被子宫颈管内的巨噬细胞吞噬或被补体溶解，产生免疫应答。此外，母畜生殖道黏膜上皮损伤时，精液或精子作为外源性物质，通过损伤处进入雌性动物体内，可刺激机体产生相应的抗体。AsAb能降低精子活力，使精子不能穿透宫颈黏液，或不能完成获能、顶体反应及受精等，引起免疫性不孕。

根据对不育妇女的研究报道，卵巢组织(颗粒细胞、卵母细胞、黄体细胞和间质细胞)自身免疫应答产生的抗卵巢抗体(antiovarian antibodies，AoAb)也是自身免疫性卵巢炎的重要原因之一，并导致卵巢功能早衰。

三、不育的检查

为了准确地查出引起母畜不育的原因并使其得到及时的纠正，对不育母畜应进行全面检查。检查应从病史调查开始，重点是临床检查，必要时可借助先进的仪器或诊断技术针对性进行一些特殊项目检查，如激素分析、超声波检查等。

（一）病史调查

病史调查就是向有关人员（畜主或饲养员、配种员等）询问病史，了解饲养管理、利用等情况，并查阅繁殖或医疗记录等。询问的内容主要包括以下几个方面：

1.畜群中不育母畜的数量

根据患畜数量的多少，可以估计不育的原因是带有共性的，还是仅为个别现象；是群发性的，还是散发性的。如果是带有群发性，要重点考虑是营养因素或是传染性因素。

2.病畜的年龄

根据病畜年龄，结合发情、配种等情况，可推测是否有先天性或衰老性不育的可能。

3.饲养管理、利用情况

根据饲料及饲养，以及利用（使役、泌乳、哺乳等）情况，可以判断是否是饲养管理或利用等因素引起的不育。

4.病畜既往繁殖情况

主要询问病畜已产胎次，最近一次妊娠过程及分娩与产后的情况，是否发生过产科疾病，最近一段时间的发情、配种等情况。根据这些资料，可初步判断不育是疾病性的，还是繁殖技术性的。

5.病畜的行为

了解母畜患病前后的饮食、哺乳或泌乳情况、行为表现以及生殖器官是否有异常等，为进一步的诊断提供参考。

6.既往病史

以前，特别是最近一段时间是否患过其他疾病（内科、外科、传染病、寄生虫病等）以及医疗情况。通过了解这些情况，判断是否因患病而继发不育。

7.配种情况

了解配种情况要包括种公畜情况（公畜来源、数量、健康状况、饲养管理、配种能力或精液质量等）、配种方式。如果是人工授精，要了解精液来源和精液品质。此外，还要了解配种的技术力量以及配种管理制度。

（二）临床检查

在通过询问收集病史资料后，对病畜要进行临床检查。检查内容包括：

1.个体全身状况检查

检查病畜的个体发育情况、营养状况、精神状态及行为表现，特别是外生殖器官的发育及阴道分泌物有无异常等，观察是否出现某些疾病的临床症状。

2.阴道检查

主要检查阴道和子宫颈黏膜、分泌物等，可用视诊和触诊两种方法进行。用拇指和食指张开阴门即可观察阴道前庭，但要观察阴道及子宫颈膣部，则须利用开膣器。若发现前庭黏膜上有小泡、结节或疹块时，应同时进行触诊，以确定其软硬程度。对子宫颈膣部，应注意观察其位置、大小、形态、颜色、开张程度、有无分泌物及瘢痕等。子宫颈膣部偏向一侧常见于妊娠期间；非发情期间，如果子宫颈开张、肿胀，同时阴道内存有炎性渗出物时，必须注意检查炎性分泌物是否来自子宫。为了确诊，助手可以同时将手伸入直肠按摩子宫，注意子宫颈内有无液体流出。必要时，可以采集少量阴道内黏液仔细观察，或进行显微镜检查及微生物学检查。

3. 直肠检查

直肠检查就是检查者将手伸入直肠，触诊子宫的形态结构、体积、质地、收缩反应，以及卵巢的大小、形态结构、卵泡或黄体的发育情况和输卵管等，以此判断子宫或卵巢是否正常。

（三）实验室检查和特殊检查

实验室检查和特殊检查的方法较多，但有的操作繁琐，有的则需要特殊的仪器，其检查结果一般也只能作为参考，所以在母畜不育的诊断上一般不做这类检查，而主要依靠询问病史和临床检查，只在特别需要和条件许可的情况下才进行。以下简介一些常用的实验室检查和特殊检查的项目或方法。

1. 牛子宫内膜炎快速诊断法

用长镊或特制长匙从牛子宫颈口采集米粒大的分泌物，加入试管内，再加蒸馏水 4～5 mL，混合煮沸 0.5～1 min，然后观察试管内混合液体的变化。煮沸过的液体清洁、透明、同质，为发情牛；分泌物浓而黏、显微白色，保持一定的形状，云雾样漂浮在无色、清洁、同质的液体中，为妊娠牛；若液体混浊、并有小泡沫状或呈大小不等的絮状物浮游于液体表面或黏附于管壁，则为患化脓性子宫内膜炎的牛。

2. 生殖激素检测

动物体内孕酮水平是卵巢机能、状态的指示剂，因此用 RIA 或 EIA 法测定孕酮水平，可以诊断暗发情、卵巢静止、卵巢囊肿和持久黄体等疾病。应用此法进行诊断，一般是间隔 3 d 采样一次，连续采一个发情周期，然后根据孕酮水平变化，结合临床检查，可作出诊断。

3. 抗体检测

(1)抗精子抗体检测　母畜交配或输精后，如生殖器官损伤，精子或精液中某些抗原物质进入体内可引起免疫反应，激发机体产生 AsAb。连续反复配种也是产生 AsAb 的主要原因。精液或精子特异性抗原物质反复刺激体液免疫系统引起免疫应答，会使母畜血清 AsAb 滴度升高。当血清 AsAb 滴度达到一定高度(高于 1∶64)时，则使繁殖力下降。

可以采用凝集反应、补体依赖试验、免疫荧光、EIA、RIA 等法检测体液内 AsAb，有助于进行不孕症诊断。

(2)抗卵巢抗体检测　AoAb 是一种靶抗原在卵巢颗粒细胞、卵母细胞、黄体细胞和间质细胞内的自身抗体。机体一旦产生这种抗体，由它引起的免疫反应能引起卵巢应答损伤，影响卵泡成熟，导致不孕。因此，检测 AoAb 有助于发现动物不孕的免疫性病因及发病机理，为不孕症的治疗和预后判定提供理论依据。

4. 阴道和子宫颈黏液的细菌学检查

在母畜发生阴道炎、子宫炎时，为确定病原菌，可用开膣器扩张阴道，用特殊设计的拭子采集阴道或子宫颈黏液，送实验室进行细菌培养、鉴定及药物敏感试验，为正确选择治疗的药物提供依据。

5. 超声波检查

在诊断卵巢或子宫疾病时，可用B型超声波诊断仪检查，观察卵巢或子宫的组织结构和形态变化。

6. 腹腔镜检查

利用腹腔镜/内窥镜技术可直接观察卵巢和子宫的形态变化，进行疾病诊断。

7. 子宫内膜活组织检查

采取子宫内膜组织样品进行组织学检查，可以判定子宫内膜炎的性质和病程变化。

四、常见的母畜先天性不育

先天性不育是指在胎儿阶段，由于遗传或其他因素造成的生殖器官发育异常，导致成年后没有生育能力。这类不育一般都是永久性的，无治疗价值。因此对先天性不育的母畜应予淘汰，或作为肉用、役用。

（一）种间杂种不育

种间杂种所生的后代大多数都没有生育能力，故有种间杂种不育（hybrid infertility）。种间杂种不育的母畜，其生殖器官发育和性机能可能是正常的，但常由于生物学上的某种缺陷，以致卵子不能受精或者合子不能发育，因此不能受孕。例如，马、驴杂交所产生的后代通常不育（公骡、母骡、公驶骒均不育，母驶骒妊娠者也极少见），主要原因是在第一次减数分裂时，染色体对不能发生联会。此外，在染色体的数目方面，马（$2n=64$）也与驴（$2n=62$）不同，因而骡或驶骒的染色体为63条，而且马和驴的染色体组在形态上也有很大的差异，这也可能是不能发生联会，造成合子死亡的原因。但也有些家畜种间杂交所生的后代具有生殖能力，黄牛和牦牛的雌性杂种（母犏牛）即为一例。

（二）幼稚病

幼稚病（infantilism）是指动物虽达到成年，但生殖器官的发育与年龄不符，仍处于幼年状态或发育不全。主要特征是生殖器官的某些部分发育缓慢或发育不全，如子宫角特别细小，卵巢小如豌豆，有时阴道和阴门也特别细小，因而缺乏繁殖能力。

本病的主要原因可能是下丘脑或脑垂体的内分泌功能不足，或者甲状腺及其他内分泌腺机能扰乱。治疗原则主要是刺激生殖器官发育，如可将患幼稚病的母畜和公畜一同放牧，也可使用hCG、PMSG及雌激素等制剂，促进生殖器官发育。但多数病例即使采用各种方法治疗，也不能使其生殖器官发育完全。

（三）两性畸形

两性畸形（intersexualitism，intersexuality，hermaphorditism，hermaphordite）根据性腺不同可分为真半雌雄体（真半阴阳）和假半雌雄体（假半阴阳）。真半雌雄体是性腺同时具有卵巢和睾丸组织，生殖道的特征介于雌雄两性之间；假半雌雄体是只具有一种性别的性腺，但其他生殖器官具有另一种性别的特征。

两性畸形可能与遗传、近亲繁殖等因素有关。真半雌雄体是由于性染色体组的结构异常所造成。假半雌雄体的病因是在胎儿期,雄激素分泌过多,影响了雌性生殖器官的发育,而呈现某些雄性特征(雌性假半雌雄体)。

两性畸形动物的外生殖器官畸形多种多样,但多数与雌性的外生殖器官接近,有的表现为阴门狭窄,阴唇很不发达,但下角较长,阴毛长而且粗,阴蒂特别发达,很像小的阴茎;有的具有阴囊,但其中没有睾丸;有的表型几乎完全似雌性。性腺可能是一侧为卵巢,另一侧为睾丸(对侧真半雌雄);或者一侧同时具有卵巢和睾丸组织,而另一侧只有睾丸或卵巢组织(单侧真半雌雄);或者两侧均为卵巢或睾丸组织(假半雌雄体)。子宫的各部分可能完全,但发育不良。

(四)异性孪生母犊不育症

异性孪生母犊不育症(freemartinism)是指牛怀双胎时,胎儿为一公一母,其中母犊因生殖器官发育异常而丧失生育能力。异性孪生公犊多能正常发育,不能生育者为数很少(约占5%),而母犊则有91%~94%不能生育。这种现象在其他家畜极为少见。

从遗传学上看,异性孪生母犊在胎儿发育早期是雌性(XX),但到妊娠的后期却成为XX/XY嵌合体。因此,这种母犊的生殖器官发育异常,性腺有不同程度向雄性转化,形成卵睾体;生殖道由沃尔夫氏管及缪勒氏管共同发育而成,但均发育不良;外生殖器官通常与雌性相似,但阴道很短,阴蒂增大,阴门下端有一簇很突出的长毛。

异性孪生母犊不育的机理尚不完全清楚。因为牛双胎妊娠时,两个胎儿的绒毛膜血管之间有吻合支,所以目前对异性孪生母犊不育有两种解释。一种观点认为,雄性胎儿的性腺分泌的雄激素(雄性胎儿的生殖腺发育较雌性的早)、缪勒氏管抑制因子(mullerian inhibiting factor, MIF)通过血管吻合支进入雌性胎儿体内,抑制卵巢皮质及生殖道的发育,使母犊的生殖器官发育不全或使其雄性化,所以异性孪生不育母犊的体态至成年时也介于雌雄之间,而且有时卵巢似睾丸。曾经有人采用注射雄激素的方法对这一解释进行验证,结果虽然能产生雌雄间性畸形,但并不具有异性孪生不育母犊的所有特征。另一种观点是根据细胞遗传学和免疫学提出来的,认为在妊娠期间,两个异性胎儿通过吻合的血管进行了血细胞和生殖细胞的交换,其孪生母犊不育是由于性染色体嵌合体的作用,而不是由于激素的影响。依据是观察到异性孪生的公畜和母畜同时具有雄性和雌性细胞,且所有不育母犊都有红血细胞嵌合体;所有嵌合体的孪生动物,包括异性孪生,至成年后,都可以作为其双亲的植皮受体,这就说明在子宫内已互相交换了组织相容性抗原。但是对嵌合体现象引起异性孪生雌性不育的机理,还不太清楚。

异性孪生母犊成年后多不表现发情,有些还出现雄性的第二性征。外部检查发现阴门狭小,且位置较低;阴门周围有粗长的毛,与公牛包皮周围的毛很像;阴蒂较长,有的甚至出现阴囊;乳房极不发达,乳头与公牛的相似;阴道短小(不超过12 cm),只能使用羊开膣器开张,看不到子宫颈膣部;直肠检查摸不到子宫颈,而且子宫角细小,卵巢大小如西瓜子,因此也不易摸到。剖检发现输卵管、子宫及子宫颈均很细小,常无管腔;乳房内无腺体,仅有脂肪,乳头亦无管腔。

(五)生殖道畸形

生殖道畸形(anomalies of the genital tract)包括缪勒氏管发育不全、子宫角畸形、子宫颈畸形和阴道及阴门畸形等。

1. 缪勒氏管发育不全

在牛，缪勒氏管发育不全与其白色被毛有关联，因此亦称白犊病（white heifer disease），是由一隐性连锁基因与白毛基因联合而引起的。这种异常在白色短角牛发病率约为 10%，此外也见于红色短角牛、安格斯牛、黑白花牛、娟姗牛等品种。

发生此病的主要表现是，阴道前端、子宫颈或子宫体缺如，剩余的子宫角呈囊肿状扩大，其中含有黄色或暗红色液体，容量多少不等。阴道通常短而狭窄，或阴道后端膨大，含有黏液或脓液。有的母牛有单子宫角，此种情况尚有一定的生育能力，但发情的间隔时间长；如果排卵发生在无子宫角的一侧卵巢，则由于缺乏前列腺素而黄体不能正常退化。据文献报道，在 26 例单子宫角牛中，有 17 例不能生育。

2. 子宫角畸形

在猪和牛，有时可以发现只有一个子宫角，另一个子宫角缺失，或者仅为一条稍厚的组织，没有管腔，有时还缺少同侧的卵巢。这种畸形并不一定导致不孕，但在猪能够引起少胎。

3. 子宫颈畸形

在子宫颈畸形的母畜，可以见到缺乏子宫颈或者子宫颈闭锁不通，因而不能生育。有的动物（主要是牛）有双子宫颈或两个子宫颈外口，这是因为两侧缪勒氏管分化为子宫颈的部分未完全融合所致。这种母畜通常都有生殖能力，但分娩时，如果前置的两个肢体分别进入两个子宫颈管，则会发生难产，需行手术助产。

4. 阴道及阴门畸形

牛有时阴瓣发育过度，阴茎不能伸入阴道。在这种情况下，可行手术将阴瓣的上缘划开，然后用开膣器机械地扩张阴道，破坏发育过度的阴瓣。以后每日送入开膣器 1～2 次，防止在愈合后发生狭窄。如果阴道及阴门过于狭窄或者闭锁不通，则不宜用作繁殖。在猪和羊，有时还见到直肠开口在前庭或阴道内，即形成所谓的膣肛（vaginal anus）。膣肛患畜的阴道往往受到感染，因此不宜用作繁殖。

（六）卵巢发育不全

卵巢发育不全（ovarian hypoplasia）是指一侧或两侧卵巢的部分或全部组织中无原始卵泡所导致的一种遗传性疾病，为常染色体单隐性基因不完全透入所引起。根据病情的严重程度及是单侧还是双侧性的，患畜可能生育力低下或不能生育。

本病的主要原因是染色体异常，可能与配子发生时染色体分离发生异常有关，如正常卵子与无性染色体的精子受精，而形成非整倍体的合子。

患病母畜多表现生殖道发育幼稚，缺乏第二性征。有的虽然可能发情，外生殖器也正常，但不易受胎。直肠检查，卵巢很小，子宫也细小。卵巢组织学检查，可发现部分或全部卵巢组织无原始卵泡。

五、常见的母畜饲养管理及利用性不育

母畜生殖机能的发育与维持与良好的饲养管理是分不开的，饲养管理不当或利用过度都能使母畜的繁殖机能降低，甚至造成不育。因为繁殖技术不良、环境气候变化以及年龄等因素对繁殖机能的影响也与饲养管理有关，所以在此一并介绍。

(一)营养性不育

营养物质对母畜生殖机能的发育和维持都是非常重要的。一般认为,营养不足、营养失衡或营养过剩均可导致母畜的生育力降低。在饲料缺乏的地区或牧场,这种不育在获得性不育中占很大比例。

1.病因及症状

(1)瘦弱　在饲料不足、营养不良,而又使役、哺乳或挤乳的情况下,母畜生殖机能常受到抑制,发情周期紊乱或长期不发情。如果母畜极度消瘦,则不发情。在饲养不良情况下,配种季节开始时,因瘦弱发生不育者远比膘情好的母畜多。饲养不良也可使育成母畜的初情期推迟。直肠检查可以发现母畜的卵巢体积小,无发育卵泡;如果卵巢上有黄体,也大多是持久黄体。

(2)过肥　饲料过多而且单纯、缺少运动,可使母畜过肥。高产母牛长期不孕,在产奶量下降后仍不减料时多发生肥胖。过肥的母牛易于发生"脂肪肝综合征",难于受孕。在母猪,过肥常可导致少胎。长期单纯饲喂过多的蛋白质、脂肪或碳水化合物饲料时,可引起卵巢体积缩小,而且没有卵泡或黄体,有时还发现子宫缩小、松软。

(3)饲料品质不良　饲喂腐败变质的饲草、饲料或过多的糟类饲料的家畜,可以引起慢性中毒,对生殖机能常有不良影响。饲料中所含维生素A不足或缺乏,可引起子宫内膜上皮细胞变性(角质化),使囊胚附植受到影响,同时亦可引起卵细胞及卵泡上皮变性、卵泡闭锁或形成囊肿,不出现发情和排卵。维生素B缺乏时,发情周期失调,卵巢组织变性。维生素D对家畜生殖能力虽无直接影响,但对矿物质,特别是钙、磷的代谢有密切关系。因此,缺乏维生素D亦可间接引起不育。维生素E缺乏的情况很少,如果发生时,可能引起隐性流产。

矿物质(主要是钙、磷)不足,也可以引起不育。严重缺磷时,卵泡生长和成熟受阻。因此,不但母牛的性成熟延迟,而且会出现安静发情,甚至不排卵。猪缺钙、磷时不发情,严重者完全丧失生育力。

饲料中所含雌激素过多,也可扰乱生殖机能,发生卵巢囊肿、慢性子宫内膜炎等疾病。

2.诊断及防制

为了确认饲养性不育,必须调查饲养管理制度,分析饲料的成分及其来源等。

对营养不足引起的不育,首要的是供给足够的优质饲料,同时饲料的种类应多样化,其中应含有足够数量的可消化蛋白质、维生素及矿物质。因此,应补饲苜蓿、胡萝卜以及新鲜的优质青贮料;如能补饲大麦芽,效果更好,对于卵泡在发育中途停顿,或已发育成熟,但久不排卵的母畜,均有效果。对过肥的不育母畜,应给予多汁饲料,减少精料,增加运动。为了预防饲养性不育,特别是对营养状况不佳的母畜,在配种以前应改善饲养管理,增加精料、高质量的青鲜饲料和补充必需的矿物性饲料。

3.预后

饲养因素引起的不育,只要时间不太长,在消除病因后,一般可恢复繁殖能力。但如长期饲养不当,特别是在幼年期机体发育期间生殖器官受到影响的母畜,改善饲养往往也难以使生殖机能恢复正常。

（二）利用性不育

利用性不育是指由于使役过度、哺乳或泌乳过多而引起的母畜生殖机能减退或暂时停止。这种不育常发生在马、驴、牛和猪等家畜，而且往往与饲养和管理不当等因素共同作用的结果。

1.病因

（1）使役过度　役用母畜使役过重，例如长途拉车、驮运、耕种、碾磨等，由于工作单纯，易于引起过度疲劳，而导致生殖激素的分泌及卵巢机能降低，引起不育。

（2）哺乳或泌乳过多　仔畜吮乳过久、过频或断奶过迟，促乳素持续发挥作用，引起促乳素抑制因子（PRIF）的作用减弱。任何限制 PRIF 分泌的因素，都能抑制 GnRH 的分泌、而使 LH 的分泌减少，导致卵泡不能最后发育成熟，也不能发情排卵或排卵延迟。这种现象叫做泌乳性乏情，主要发生在带仔的母猪和肉牛。有人认为，高产奶牛比较容易发生不育，因为奶产量高的牛消耗营养多，会影响到生殖机能。应当注意的是，这种繁殖力的下降可能是由于牛群中饲养管理跟不上需要而造成的。从自然繁殖能力来看，高产牛与低产的姊妹牛并无明显差别。

2.症状

临床上，因管理及利用性因素引起的不育母畜常表现不发情或发情征候微弱，或发情而不排卵。直肠检查时，可发现持久黄体；在马和驴常发现卵巢缩小、质地坚实或卵巢表面高低不平；有的马、驴发情时可出现一个或两、三个卵泡，但这些卵泡长久停留在 2～3 期而不排卵。

3.防制

首先应减轻使役强度，或者改换工种，同时进行放牧，并供给营养丰富的饲料。对于奶牛，应分析和变更饲料，使饲料所含的营养成分符合产奶量的要求。非乳用母畜，如因仔畜吮乳而不发情，可及时断奶。高产母牛于产后 2 个月左右要加强饲养管理，既要供给一定数量和质量优质的干草以满足瘤胃功能对粗纤维的需要，又要保证日粮比例中含有丰富的能量，以满足泌乳机能的需要，另外还要补饲足够的优质蛋白质缓解机体代谢的负平衡，以增加产奶量，维持母牛的体重和膘情，使产后生殖机能尽早恢复。

（三）繁殖技术性不育

繁殖技术性不育包括发情鉴定、配种和妊娠诊断等技术原因而导致的母畜不育。在技术力量薄弱的奶牛场及农村，这种不育极为常见。

1.病因

①识别母畜是否发情的经验不足或工作疏忽大意，不能及时发现母畜发情，造成漏配或配种不及时。

②精液处理不当或人工输精技术差，常常造成大批母畜不育。

③不进行妊娠检查或检查技术不准确，对未孕母畜未能及时补配。

2.预防

为了防止技术性不育，首先要提高繁殖技术水平，制订并严格遵守发情鉴定、妊娠检查、配种（人工授精或自然交配）制度和操作规程。此外，尚需大力宣传普及有关家畜繁殖的科学知识，推广应用先进的繁殖技术和方法。

(四)环境气候性不育

从原居住地的生活环境迁移,由于不能适应当地恶劣的气候变化,或者承受不了突然发生的自然灾害的严厉打击时,母畜的生殖机能受到伤害而出现的不育现象就叫做环境气候性不育。

1. 病因

母畜的生殖机能与日照、气温、湿度、饲料成分以及其他外界因素都有密切关系,季节性发情的母畜尤其明显。例如,马和羊的卵泡发育过程受季节和天气影响很大;牛和猪在天气严寒、尤其是饲养不良的情况下,停止发情,或者即使排卵,也无发情征象或征象轻微。奶牛在夏季酷热时,配种率降低,可能是由于高温应激使促肾上腺皮质激素(ACTH)分泌增多,发生排卵障碍所致。将母畜转移到与原地气候大不相同的地方,可以影响生殖机能而暂时发生不育;在同一地区,各年之间气候的不同变化也可影响母畜的生育力。

2. 症状及诊断

环境气候性不育的母畜,生殖器官正常,只是不发情,或者发情征候轻微;有些虽有发情征象,但不排卵。一旦环境改变或者母畜适应了当地的气候,生殖机能即恢复正常。

3. 防制

注意母畜的习性,对于外地运来的母畜要创造条件,使其尽快适应当地环境。如长期不发情可用生殖激素诱导发情。天气转冷时,对牛、猪注意采取相应的饲养管理措施和加强发情检查。

(五)衰老性不育

衰老性不育有两种情况:一种已达到绝情期年龄,全身及繁殖机能均衰退而不能生育;另一种是未达到绝情期年龄,其生殖机能过早衰退而产生的不育。前者是自然现象,不可避免,对这种母畜应予淘汰;而后者可能是某些不利于健康的因素造成的,实际上是未老先衰,要加强预防。

这种不育常见于马、驴和牛。经产母马和母牛,由于阔韧带和子宫松弛,子宫由骨盆腔下垂至腹腔,所以阴道的前端也向前向下垂。因此排尿后一部分尿液可能流至子宫颈周围(称为尿膣),长久刺激这一部分组织,引起持续发炎,精子到达此处即迅速死亡,因而造成不育。

衰老母畜的卵巢缩小,其中没有充分发育的卵泡和黄体。在马和驴,有时卵巢内有囊肿。经产母畜的子宫角松弛下垂,子宫内往往滞留分泌物。妊娠次数少的母畜子宫角缩小变细,外表体态也有衰老现象。如果屡配不孕,不宜留作繁殖用。

六、常见的母畜非传染疾病性不育

在母畜的不育中,卵巢、子宫等生殖器官疾病是最直接和最重要的致病因素;其他器官或某些全身性非传染性疾病,如心脏疾病、肾脏疾病、消化道疾病、呼吸道疾病、神经系统疾病以及一些代谢性疾病等,都有可能引起内分泌和生殖机能的紊乱而导致不育。不育也是这些疾病的症状之一。本部分主要介绍常见的卵巢疾病和子宫疾病。

(一)卵巢机能不全

卵巢机能不全(inactive ovaries)包括卵巢机能减退、卵泡交替发育和卵巢萎缩等多种由卵巢机能紊乱所引起的疾病。

卵巢机能减退是指卵巢机能暂时受到扰乱，而处于静止状态(不出现周期性活动)，或虽有发情表现，但不排卵或排卵时间延迟；卵泡交替发育则是两侧卵巢上的卵泡发育到一定的阶段就开始萎缩，接着又有新的卵泡开始发育，卵泡的发育与萎缩交替出现，但始终没有卵泡能发育到成熟；卵巢萎缩是卵巢组织萎缩、硬化所引起的一种永久性的机能障碍。此病可发生于各种家畜，但以牛和羊最为常发。

1. 病因

卵巢机能不全的病因很多。概言之，凡是能引起母畜生殖内分泌紊乱或生殖机能衰退的因素均能导致卵巢机能不全，如子宫疾病、卵巢炎症或损伤、全身性严重疾病、年老体衰、饲养管理不当(营养不足或营养不全、使役过重、哺乳过度等)、长途迁徙、气候异常(寒冷、酷热、天气突变等)以及对饲养环境不适应等。一般而言，卵巢机能减退和卵泡交替发育与饲养管理、气候或某些子宫疾病等因素导致内分泌紊乱有关，卵巢萎缩常与年老体衰等长时间卵巢机能衰退或卵巢炎等疾患有关。前者的致病因素若能及时解除，卵巢机能一般能恢复正常，而后者则是一种永久性的机能障碍。

2. 症状

卵巢机能减退时，母畜的表现一般有以下三种情况：

①发情周期延长或长期不发情。此种情况多见于年老、体弱母畜或卵巢萎缩者。

②发情的外表征象不明显或不出现发情表现，但卵巢上有发育成熟的卵泡并排卵，即所谓的安静发情。此种情形多见于初情期、繁殖季节之初和产后首次发情，可能是因为缺少必要的孕酮刺激。

③有正常的发情表现，但排卵延迟或不排卵，而使发情期延长，如在牛可长达 3～5 d 或更长，在马可拖延到 30～40 d。

排卵延迟或不排卵通常合称为“排卵障碍(ovulation disturbance)”。前者是指母畜在发情时虽然能排卵，但排卵时间向后拖延，如牛的正常排卵时间大约发生在发情结束后 12 h，而排卵延迟的牛可能拖到发情结束后 24～48 h，甚至更长时间；后者是指母畜在发情周期中卵泡能发育成熟，并有外在的发情表现，但卵子不能排出，其结果是成熟的卵泡退化或闭锁，有的则发生黄体化。排卵障碍常造成母畜屡配不孕，而且还可能继发卵巢囊肿。

卵泡交替发育时，母畜常出现连续或断续的发情现象，随着卵泡发育的变化，发情表现有时旺盛，有时微弱，发情期大为延长。

卵巢萎缩时，母畜长期不发情，有时子宫体积也缩小。

另外，季节性繁殖的动物在乏情季节中卵巢暂时性静止，从而不出现发情；产后母畜以及初情期的母畜也常发生安静发情。这些都是正常的生理现象。

安静发情是卵巢机能不全的一种表现。卵泡发育时，需有前次发情形成的黄体分泌少量孕酮作用于中枢神经，使它能够接受雌激素的刺激，而表现发情。所以缺乏适量的孕酮可能是引起安静发情的原因之一。故动物在初情期和乏情季节或产后首次发情时，多为安静发情。

3. 诊断

通过观察临床症状，可以对卵巢机能不全作出初步的诊断，但确诊则需要通过间隔一定时间、多次的直肠检查(大家畜)或应用 B 型超声波诊断仪了解卵巢情况。

不发情者，卵巢的形状和质地在多次检查时均见不到明显的变化，没有卵泡或黄体或在一侧卵巢上有一个很小的黄体遗迹。

发情而不排卵或排卵延迟者，卵巢上有发育成熟的卵泡，但经多次的直肠检查或B型超声波检查，发现成熟卵泡存在的时间比预料的要长，由此可作出回顾性的诊断。

安静发情者，卵巢上有发育成熟的卵泡或排卵后形成的黄体。在牛、羊，还可利用公畜发现安静发情的母畜。

卵泡交替发育者，可见在发情开始时卵巢上有发育接近成熟的卵泡，但随后却停止发育，其波动和紧张性减弱，开始萎缩，同时在对侧(也可能在同侧)卵巢上又有数目不等的新卵泡出现并发育，发育到一定阶段又开始萎缩，如此此起彼落，而始终没有卵泡能发育成熟。卵巢萎缩者，其体积显著缩小，质地变硬，既无黄体又无卵泡，如母牛卵巢萎缩时，直肠检查感到卵巢犹如黄豆。

另外，测定孕酮水平可以作为辅助诊断方法。卵巢机能不全者内分泌紊乱。如发生卵巢静止时，孕酮长期处于低水平；排卵障碍或卵泡交替发育都会使孕酮周期变得不规律。

4. 治疗

对卵巢机能不全的母畜，首先要查明病因，然后采取适当的治疗措施。如果患畜年龄不大，卵巢机能不全是暂时性的，经过适当的治疗后，预后良好；若患畜年老体衰或卵巢发生萎缩，则预后不佳。

尽管卵巢机能不全的病因复杂，但一般都与饲养管理有关，所以治疗时应从改善饲养管理入手，如改善饲料质量，增加日粮中的蛋白质、维生素和矿物质，延长放牧和日照时间，规定足够的运动量，减少使役和泌乳量等，以增强卵巢机能，同时针对病因采取相应的治疗措施。

对疑似病例，特别是对发情征象不明显或可能发生排卵障碍者，要勤做检查，监测卵泡发育情况和预测排卵时间，确定合适的配种时机，有助于提高受胎率。

治疗措施一般有以下几种，可根据具体情况选用：

(1)利用公畜催情　对于母畜的生殖机能而言，公畜是一种天然的刺激物。因此，对公、母分开饲养或不经常接触公畜的母畜，利用公畜催情可以促进母畜发情，加速排卵，即所谓的“公畜效应”。催情可以利用正常公畜进行，也可以将没有种用价值的公畜施行输精管结扎术或阴茎移位术(羊)后，混放于母畜群中。

(2)激素疗法　常用的是促性腺激素，如肌肉注射FSH，牛100～200 IU，马、驴200～300 IU，犬25 IU，每周1次，连用5周。也可注射hCG，马、牛2 000～5 000 IU，猪、羊500～1 000 IU，必要时间隔1～2 d重复一次；或注射PMSG，马、牛1 000～2 000 IU，羊200 IU，猪10 IU/kg体重。但在少数病例，注射hCG或PMSG，特别是在重复注射时，可能出现过敏反应，应当慎用。

另外，雌激素类药物，如苯甲酸雌二醇和丙酸雌二醇等，有直接的刺激母畜发情，引起性兴奋的作用，在临床上也常用于治疗卵巢机能不全。虽然雌激素只能引起母畜出现外表的发情征象，而不能诱导卵泡发育及排卵，但仍不失其实用价值。因为使用雌激素后，能使母畜的生殖器官血管增生，血液供应旺盛，促进机能恢复，所以使用后的第一次发情尽管不排卵，但可以重启发情周期，在以后的发情时就有可能正常排卵。

用雌激素制剂治疗卵巢机能不全的方法和剂量为：苯甲酸雌二醇或丙酸雌二醇，肌肉注射，牛5～20 mg，马10～20 mg，猪3～10 mg，羊1～3 mg，犬0.2～0.5 mg。应当注意，大剂量或长期使用雌激素可引起卵巢囊肿，也可引起骨盆韧带及其周围组织松弛，从而导致阴道或直肠脱出。

(3)冲洗子宫　对产后不发情的母马，用37℃的温生理盐水或1∶1 000碘甘油水溶液500～1 000 mL冲洗子宫，隔日1次，共用2～3次，可促进发情。

(4)隔离仔猪　如果需要母猪提早发情配种，可将仔猪提前断奶。隔离后3～5 d，母猪即可发情。

(5)刺激生殖器官　触诊或按摩子宫颈、子宫和卵巢等，有时能引起母畜表现发情，但与雌激素一样，不能促进卵泡发育及排卵。

(6)激光疗法　应用激光治疗奶牛的卵巢机能不全(催情)和某些疾病性不育(持久黄体、卵巢囊肿等)，效果良好。可用低功率(6～8 mW或10 mW)的氦氖激光原光束照射阴蒂或阴唇的黏膜部分，亦可照射交巢穴。距离40～50 cm，每日照射1次，每次15～20 min，14 d为一疗程。

(7)中药疗法　中兽医认为，牛的卵巢机能减退的原因是肾虚宫寒或气滞血淤所致，治疗时前者应温肾暖宫，后者要疏肝化淤。据文献报道，对这两类原因引起的卵巢机能减退可用下列中药方剂治疗：

肾虚宫寒型可选用：①当归32 g，川芎23 g，白芍27 g，熟地32 g，巴戟天27 g，淫羊藿32 g，菟丝子32 g，益母草50 g，茯苓28 g，小茴香27 g，荔枝核27 g，醋艾叶23 g；②当归25 g，川芎25 g，熟地30 g，党参30 g，白术30 g，山药30 g，淫羊藿70 g，韭子25 g，肉桂25 g，补骨脂40 g，杜仲30 g，阿胶25 g。共为末，开水冲服，每日1剂，连用4剂。

气滞血淤型可选用：柴胡32 g，生白芍32 g，赤芍27 g，枳壳32 g，当归23 g，川芎23 g，熟地32 g，红花23 g，桃仁27 g，益母草100 g，五灵脂27 g，醋香附23 g，甘草23 g。共为末，开水冲服，每日1剂，连用4剂。

知识链接

公畜效应

公畜效应属动物行为学范畴，是指公畜能通过母畜的视觉、听觉、嗅觉和触觉以及交配刺激等对母畜的生殖机能产生有利的影响，如在公畜与母畜分别饲养的畜群里，于发情季节到来之前，将公畜放入母畜群中，能刺激母畜提前发情。生产上，根据这一效应，可以利用公畜诱导母畜发情，防止母畜不发情或发情延迟，提高繁殖效率或进行鉴别母畜是否发情。

(二)持久黄体

一个或数个妊娠黄体或周期黄体超过正常时限而仍继续保持功能者，称为持久黄体(persistent corpus luteum，PCL)。持久黄体同样可以分泌孕酮，抑制卵泡发育，使发情周期停止，因而引起不育。此病多见于母牛，而且多数是继发于某些子宫疾病。原发性的持久黄体比较少见。

1.病因

在生理条件下，黄体的退化主要依赖于子宫黏膜产生$PGF_{2\alpha}$作用于黄体组织，任何干扰$PGF_{2\alpha}$产生及释放的因素都可能引起持久黄体的发生。所以，持久黄体一般是继发于子宫疾病，如子宫炎、子宫积液、流产后胎儿滞留于子宫内、产后子宫复旧不全、胎衣不下及子宫肿瘤等。另外，舍饲时运动不足、饲料单纯、缺乏矿物质及维生素，或产奶量过高等，这些因素可能引起内分泌紊乱，导致子宫内膜分泌 $PGF_{2\alpha}$ 的不足，使黄体不能溶解。如高产奶牛在冬季寒冷且饲料不足时，常常发生持久黄体。

2. 症状及诊断

持久黄体的主要症状是病畜的发情周期停止，不发情。临床上，可通过直肠检查或 B 型超声波检查进行确诊。在大家畜，一般用直肠检查法。如果母畜超过了应当发情的时间而不发情，间隔一定时间（10～14 d），经过两次以上的直肠检查，发现一侧（有时为两侧）卵巢体积增大，在卵巢的同一部位触到同样的黄体，即可诊断为持久黄体。在牛，黄体突出于卵巢表面，质地比卵巢实质硬。继发于子宫疾病的持久黄体，直肠检查一般可发现子宫异常，如子宫壁肥厚、体积增大或子宫腔内积有液体等。但为了和妊娠黄体区别，必须仔细触诊子宫，确认母畜未妊娠。

3. 治疗

治疗持久黄体的首选方法是使用溶解黄体的药物，但同时要改善饲养管理，继发于子宫疾病的要同时治疗子宫疾病，才能收到良好效果。目前疗效确实的溶解黄体的药物主要有 $PGF_{2\alpha}$ 及其合成的类似物，给患畜应用后大多数在 3～5 d 内发情，可配种。现将此类药物介绍如下：

（1）$PGF_{2\alpha}$　肌肉注射，牛 5～10 mg，马 2.5～5 mg。

（2）氯前列烯醇（cloprostenol）和氟前列烯醇（fluprostenol）　前者主要用于牛和羊，肌肉注射，牛 0.2～0.4 mg，羊 0.1～0.2 mg；后者主要用于马，肌肉注射 0.125～0.25 mg。一般注射 1 次即可奏效，如有必要可隔 7～10 d 再注射 1 次。

（3）催产素　用于治疗牛的持久黄体有较好的效果。肌肉注射剂量为 80～100 IU，每 2 h 1 次，连用 4 次，一般在注射后 8～12 d 发情。

此外，FSH、PMSG、雌激素以及激光疗法等也可用于治疗持久黄体，但效果不确实。以往还曾采用通过阴道或者直肠摘除黄体的方法（黄体摘除术）治疗持久黄体，因为效果不确实，而且可引起严重的出血损伤，所以现已不再采用。

（三）卵巢囊肿

卵巢囊肿（ovarian cyst）一般是指一侧或两侧卵巢上存在一个或多个体积大于成熟卵泡（在牛，直径超过 2.5 cm）、时间达 10 d 以上的卵泡状结构，同时无正常黄体，并伴随异常发情的一种病理状态。根据囊肿的形成机制和组织学结构，卵巢囊肿可分为卵泡囊肿（follicular cyst）和黄体囊肿（luteal cyst）两种。此病主要见于牛，特别是高产奶牛在产后多发（发病率为 6%～19%），其他动物也有发生。

卵泡囊肿是由于卵泡上皮变性、卵泡壁结缔组织增生变厚、卵细胞死亡、卵泡液未被吸收或者增多而形成的。黄体囊肿则是由于未排卵的卵泡壁上皮细胞黄体化而形成，故又称为黄体化囊肿（lutilized cyst）。

卵泡囊肿和黄体囊肿都是由未排卵的卵泡发展而来，这些卵泡部分起源于发情周期的卵泡期，多数起源于产后发情周期恢复前第一次排卵前的卵泡。黄体囊肿可以直接发生于正常卵泡，但大多数是继发于卵泡囊肿。在牛，卵泡囊肿约占卵巢囊肿发病数的 75%，黄体囊肿约占25%。在卵泡囊肿向黄体囊肿转化的过程中，卵巢组织学、形态学、临床和内分泌学变化还存在着过渡类型。

卵巢囊肿还有一个特点，就是自愈率较高。据报道，牛卵巢囊肿自愈率高达25%～60%。

知识链接

囊肿黄体与黄体囊肿的区别

在正常排卵之后，由于某些原因导致黄体化不足，使黄体的中心形成内腔，腔内聚积液体。这种结构称为囊肿黄体（cystic corpora lutea）。一般认为，囊肿黄体不是病理性的。因为其周围的组织结构仍然是黄体组织，具有正常的内分泌功能，只是其中央没有被黄体细胞完全填充。

1.病因及发病机理

引起卵巢囊肿的原因，目前尚未完全清楚，但一般认为与以下因素有关。

（1）饲养管理不当　饲料中缺乏维生素A或含有多量的植物雌激素，或饲喂精料过多而又缺乏运动。如长期舍饲的牛在冬季发病较多，苜蓿草、红三叶草、青贮豌豆、发霉的干草中的雌激素是牛卵巢囊肿的重要诱因。

（2）内分泌紊乱　泌乳过多或哺乳过度、应激等因素引起内分泌机能失调，特别是促性腺激素分泌不足或释放时间不当，导致排卵障碍而发病；或者是使用激素制剂不当（如长期或大量使用雌激素）引发内分泌紊乱而致病。

（3）生殖系统疾病　发生卵巢炎、卵巢损伤、子宫内膜炎时，易使排卵受到扰乱而发生卵巢囊肿。

（4）遗传因素　在黑白花奶牛，卵巢囊肿可能具有遗传性，且遗传性可来自公母牛双方。因为一些研究已发现，在某一品种内的某些家族，发病率远远高于其他家族。

关于卵巢囊肿发生的确切机理至今尚不完全清楚。就母牛在产后期发生卵巢囊肿而言，母牛在产后早期（一般在产后12～14 d以内），为垂体促性腺区组织的结构和功能自然恢复期；产后中期是下丘脑和垂体轴功能恢复的环境依赖期。正常情况下，由于LH和FSH的作用使卵泡发育，母牛于产后40 d左右可以发情排卵，恢复正常的发情周期。但是，该阶段母牛产奶较多，机体代谢处于负平衡且抗病力下降，因此，下丘脑-垂体轴的功能很容易受到环境因素（如营养水平、应激环境）以及母牛体质与子宫组织的健康状态等的影响，使LH或/和FSH的分泌异常而出现生殖内分泌紊乱，已经发育并接近成熟的卵泡往往发生排卵障碍。产后晚期卵巢机能恢复后，正常发情周期的维持，除了需要正常的下丘脑-垂体轴功能外，还需要子宫分泌的前列腺素的作用，所以可将这一阶段视为维持卵巢机能的子宫依赖期。此时如果已恢复正常功能的下丘脑-垂体轴发生内分泌紊乱，或者子宫机能受损，使前列腺素的合成和分泌发生异常时，均可使发情期的卵泡出现排卵障碍而发生卵巢囊肿。病畜的子宫内膜受到雌激素、孕激素单方面长期持续性的作用后可出现增生变性，分泌前列腺素的机能进一步下降，从而可以加剧卵巢囊肿的病理过程。据报道，异常的应激因素可引起ACTH合成和分泌水平升高，促使肾上腺皮质分泌孕酮作用于下丘脑，抑制GnRH的分泌，进而抑制垂体LH的释放，干扰正常的排卵而发生囊肿。

2.症状

各种动物患卵巢囊肿时临床症状不完全一样。牛患卵巢囊肿（图4-1）时，主要表现有两种：一种是发情周期变短，发情期延长，甚至表现持续而强烈的发情行为，被称为“慕雄狂”。这种情况主要见于卵泡囊肿。另一种是不发情，主要见于黄体囊肿，但如果产后第一次排卵的母牛发生卵泡囊肿，因为体内缺乏孕激素刺激，也可能表现为不发情。

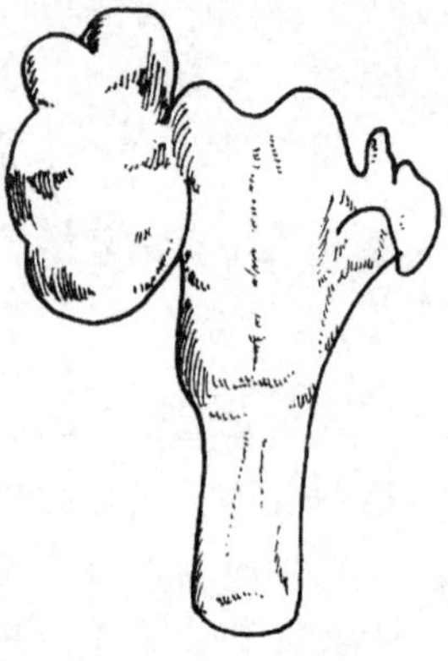

图 4-1 牛的卵巢囊肿

马、驴患卵巢囊肿时，一般不表现慕雄狂症状，仅发情周期延长，有的则不发情。囊肿直径与正常卵泡相差也不大，一般为 6 cm 左右，但也有些达到 7～15 cm。

猪患卵巢囊肿时，囊肿常为许多大黄体化卵泡，也有的是许多大小不等的囊泡，所以临床上，患猪常表现发情周期延长或不发情，有的则发情症状很明显，但不发生慕雄狂。

犬的卵巢囊肿多发生于初情期，囊肿直径可达 1～5 cm。患犬接受爬跨的时间可长达28 d。病犬中约有 10%可以出现子宫积脓。

现以牛的卵巢囊肿为例，介绍主要临床症状：

(1)卵泡囊肿　因为这种囊肿能分泌大量的雌激素，所以患牛常表现为慕雄狂症状。可见患牛极度不安，大声哞叫、拒食，频繁排泄粪尿；经常追逐和爬跨其他母牛；泌乳量降低，有的乳汁带苦咸味，煮沸时发生凝固。由于病牛经常处于兴奋状态，过度消耗体力，而且食欲减退，所以往往身体瘦削，被毛失去光泽。有的病牛性情变得凶恶，不听使唤，甚至攻击人、畜。

患病时间较长的病牛，特别是发展成为慕雄狂时，颈部肌肉逐渐发达增厚，状似公牛，且荐坐韧带松弛，臀部肌肉塌陷，出现特征性的尾根抬高，尾根与坐骨结节之间出现一个深的凹陷；阴唇肿胀、增大，阴门中常排出黏液。长期表现慕雄狂的病牛，骨骼严重脱钙，爬跨时可能发生骨盆或四肢骨折。

直肠检查时可发现患牛卵巢上有一个或几个壁紧张而有波动的囊泡，直径一般超过 2.5 cm，有时达到 5～7 cm。有些牛不仅出现一个大囊肿，而且出现许多小囊肿。

(2)黄体囊肿　因为这类囊肿仍可以分泌孕激素，故患牛的外表症状是不发情。直肠检查时可发现囊肿多为一个，大小与卵泡囊肿差不多，但壁较厚而软，紧张性较低。

3. 诊断

对卵巢囊肿的诊断，一般可以通过观察患畜的临床症状，结合直肠检查或 B 型超声波检查进行。但要准确地区分囊肿类型，还需要测定激素水平。据报道，患卵泡囊肿的母牛，血浆雌二醇水平高达 20～110 pg/mL，而血浆孕酮水平则往往低于 1 ng/mL；黄体囊肿的母牛，血浆孕酮水平一般保持在 1.2 ng/mL 以上。

鉴别诊断：牛的卵巢囊肿在直肠检查时，应注意与正常排卵前的卵泡或发育的黄体相区别。有些排卵前卵泡的直径也可能达到 2.5 cm，但触诊时感到壁薄、表面光滑，突出于卵巢表面，其紧张感不如囊肿。而且触诊子宫时感觉也不一样，处于发情期的子宫收缩感强，张力增加，而卵巢囊肿患畜的子宫常有炎症，较松软。

直肠检查时，还要注意将卵巢囊肿与发育的黄体及囊肿黄体相区别。在发情早期的黄体表面光滑、松软，但随着继续发育，其质地逐渐变得与肝脏类似，不像囊肿有波动感，而且排卵后形成的黄体或囊肿黄体的表面都有排卵点。

为了准确地鉴别，需要间隔一定时间(2～3 d)做多次重复检查。囊肿存在的时间要比卵泡或周期黄体存在的时间长，如果超过一个发情周期，检查的结果相同，就可作出诊断。

临床上，卵巢囊肿还需要与卵巢脓肿、卵巢肿瘤、卵巢炎、输卵管积液、输卵管伞囊肿等疾病相鉴别。

4. 治疗

治疗卵巢囊肿时，首先应当改善饲养管理，减少各种对疾病恢复不利的因素，舍饲的高产母牛要增加运动，增强卵巢机能。如有生殖器官炎症，应同时治疗，否则治愈后易复发。

(1)激素疗法　一般是应用促黄体化激素诱导囊肿黄体化，或将促黄体化激素与溶解黄体的激素配合应用。常用激素及其使用方法如下：

①GnRH 类似物。无论哪种卵巢囊肿都可单独使用 GnRH 类似物或与其他激素配合使用，且重复应用发生过敏反应者极少，也不会降低疗效。国产兽用 GnRH 类似物制剂有 LRH-A_3，牛、马肌肉注射 20 μg/(头・次)。多数母牛在治疗后 18～23 d 发情，治愈率在 80% 左右。而且，在母牛产后第 12～14 天预防性地应用 LRH-A_3，可减少卵巢囊肿的发生。

②LH 或 hCG。LH 或 hCG 静脉注射、肌肉注射或皮下注射均可，但较经济有效的方法是静脉注射，牛、马 2 500～5 000 IU/(头・次)。注射后每 7～10 d 直肠检查一次，确定是否需要重复用药，直到确认囊肿形成黄体组织为止，治愈率为 65%～80%。母牛一般在用药后 10 d 囊肿发生黄体化，20～30 d 内出现发情。应当注意的是，促性腺激素类制剂是大分子蛋白质类药物，反复注射会刺激机体产生抗体，降低疗效，甚至引起过敏反应。因此，如需要重复用药，应选用高效制剂或改用皮质醇。

③$PGF_{2\alpha}$或其类似物。主要用于治疗黄体囊肿。如果确诊是黄体囊肿，可直接应用 $PGF_{2\alpha}$或其类似物，常用的制剂是氯前列烯醇，牛肌肉注射 0.2～0.4 mg/(头・次)。目前治疗卵巢囊肿的推荐方案是，先应用 GnRH 类似物(如 LRH - A_3)或 hCG、LH，促进囊肿黄体化，9～11 d 后再应用 $PGF_{2\alpha}$或其类似物。患畜一般在注射 $PGF_{2\alpha}$ 2～5 d 内发情，并可配种，治愈率一般在 90%左右。

④孕酮。实践证明，应用外源性孕酮治疗卵泡囊肿是有效的，可使 60%～70%的病牛恢复发情周期。因为孕酮除了能直接抑制发情以外，还通过负反馈作用抑制下丘脑 GnRH 和垂体促性腺激素的分泌，抑制患畜的发情，有利于内分泌恢复到生理状态。牛一次肌肉注射孕酮 750～1 000 mg；或每次注射 100 mg，每日或隔日 1 次，连用 5～10 次，总量 500～1 000 mg；也可放置含孕酮的阴道栓 10～12 d。一般在注射孕酮 2～3 次以后，见效的母牛性兴奋及慕雄狂的症状消失，再经过 10～20 d 可恢复正常发情，而且可以受孕。据报道，用孕酮治疗牛的卵巢囊肿，治愈率为 61%～72%，妊娠率约 50%，效果比用 GnRH 或 hCG 稍差。而且使用孕酮还可能延迟卵巢周期的恢复，降低受精率。

⑤皮质醇。皮质醇激素能抑制 LH 释放及发情和排卵，有助于垂体储备 LH，因而也可用于治疗卵巢囊肿，特别是对一些垂体功能亢奋，多次应用促性腺激素治疗无效的病例有效。据报道，给患牛肌肉注射地塞米松 10～20 mg 或倍他米松 10～40 mg，平均注射 1.9 次，妊娠率达到 74%。

⑥催产素。催产素对治疗牛的卵巢囊肿有较好的疗效。使用剂量为 100～200 IU/(头・次)。

(2)手术疗法　手术疗法包括通过直肠挤破囊肿、经腹壁刺破囊肿和手术摘除囊肿等，但这些都容易造成卵巢组织损伤、出血，甚至发生粘连，影响以后的排卵受孕，而且也不能消除病因,现基本上已不用。

(四)卵巢炎

卵巢炎(ovaritis)是指卵巢组织的炎症,常因卵巢组织损伤,如胚胎移植时操作不慎、活体采卵、粗鲁的直肠检查、手术摘除黄体等致使卵巢受到损伤,并继发感染而发炎,或是子宫、输卵管和盆腔等器官的炎症扩散所致。

患卵巢炎的病畜,发情周期紊乱,屡配不孕。直肠检查触诊卵巢时,病畜敏感、疼痛。

治疗时可应用广谱抗生素,同时要查明病因,根治原发病。必要时可摘除患病卵巢。

(五)输卵管炎和输卵管积液或积脓

输卵管炎(salpingitis)是指输卵管黏膜的炎症,严重者炎症可发展到黏膜下层、浆膜及输卵管周围组织,甚至继发盆腔炎。本病常继发于子宫内膜炎,而输卵管积液(hydrosalpinx)或输卵管积脓(pyosalpinx)一般是由输卵管炎症的发展所致。如果是双侧输卵管发病,因影响精子和卵子的运行与结合,所以会引起不育。这种疾病虽然各种动物都可发生,但以牛多发。

虽然输卵管炎、输卵管积液或积脓一般是由子宫炎症继发而来,但子宫炎较易诊断,所以往往在子宫炎治愈以后,而输卵管的炎症仍然存在,患畜虽然表现正常的发情周期,但屡配不孕,难以诊断。只有在病变严重,输卵管变得异常粗大或变硬时,通过仔细的直肠检查或B型超声波检查才能作出诊断。

本病的治疗一般是全身使用大剂量的广谱抗生素或通过子宫角给药,但效果常不令人满意,有时即使炎症得到治愈,患畜也难受孕。所以,如果经过2～3个疗程治疗仍不见效,患畜应作淘汰处理。

(六)阴道炎

阴道炎(vaginitis)是指阴道黏膜的炎症,严重者炎症可发展到阴道黏膜深层组织。阴道炎影响配种、精子运行,甚至引起子宫颈炎和子宫炎,从而造成母畜不育。

1. 病因

正常情况下,母畜阴门、前庭及阴道黏膜紧贴在一起,将阴道腔封闭,阻止外界微生物侵入。雌激素发挥作用时,阴道黏膜上皮细胞贮存大量糖原,在阴道杆菌作用及酵解下,糖原分解为乳酸,使阴道保持酸性,能抑制阴道细菌的繁殖,因此阴道自身有一定防卫能力。当这种防卫机能受到破坏,例如发生损伤及机体抵抗力降低时,细菌即侵入阴道组织引起炎症。

阴道炎有原发性和继发性两种。原发性阴道炎是由于分娩、难产助产或配种时,阴道受到损伤感染而发生的,如母牛阴门裂伤后未能原位愈合而留有裂缝,使阴唇和前庭的黏膜不能正常地紧贴在一起。空气易于进入阴道,形成所谓的“气膣”(pneumovagina),尿也易于滞留在阴道中,而发生阴道炎。继发性阴道炎是由胎衣不下、子宫内膜炎、子宫颈炎和阴道及子宫脱出所引起的。病初常为急性,多在产后1～4 d发病。病久即转成慢性,可持续月余。

2. 症状及诊断

因损伤及炎症的程度不同,症状也不完全一样。阴道黏膜表层受到损伤而引起的炎症,患畜一般无全身症状,仅见阴门内流出黏液或黏液脓性分泌物,尾根及外阴周围常黏附有这种分泌物的干痂。阴道检查,可见黏膜微肿、充血或出血,黏膜上常有分泌物黏附。若转化为慢性过程，阴道内有时可积蓄稀薄的卡他性炎性分泌物。

阴道黏膜深层受到损伤时，由于阴门、前庭及阴道富含感觉神经的传入纤维，患畜疼痛表现明显，常出现弓背、尾根举起、努责、作排尿动作，有时努责之后从阴门中流出污红、腥臭的稀薄液体。用开膣器检查阴道时，病畜疼痛不安，甚至引起出血，检查可见阴道黏膜，特别是阴瓣前后的黏膜充血，肿胀、上皮缺损，有时可见到创伤，糜烂和溃疡。阴道前庭发炎者，往往在黏膜上可以见到结节及溃疡，有时出现全身症状，体温升高，食欲和泌乳量减少。早期急性炎症若未做及时治疗，可转化为慢性炎症。若病变在阴道前部，常表现为慢性脓性阴道炎，时常可见有脓性分泌物从阴门向外排出。有时由于组织增生使阴道腔狭窄，狭窄部之前的阴道腔积有脓性分泌物。若病变在阴道后部至阴门部，常表现为蜂窝织炎，黏膜下结缔组织内有弥散性的脓性浸润。母畜往往有全身症状，排粪、排尿时有疼痛表现。

3. 治疗

对轻症可用温热防腐消毒溶液冲洗阴道，如 0.1％高锰酸钾，0.05％新洁尔灭或 3％盐水等。阴道黏膜剧烈水肿及渗出液多时，可用 1％～2％明矾或 5％～10％鞣酸、1％～2％硫酸铜或硫酸锌溶液冲洗。对阴道深层组织的损伤，冲洗时必须防止感染扩散。冲洗后可注入防腐抑菌的乳剂或糊剂，如等量鱼石脂甘油，碘甘油、复方碘溶液等，连续数日，直到症状消失为止。在局部治疗的同时，于阴门两侧注射抗菌素，效果很好。

如果慢性阴道炎是由气膣引起，应对阴门实行整形手术暂时闭合阴门。如果是继发于子宫内膜炎或子宫颈炎，应同时治疗原发病。

（七）子宫颈炎

子宫颈炎（cervicitis）是指子宫颈外口的炎症。患畜子宫颈常由于结缔组织增生而变狭窄或闭锁，或积蓄炎性渗出物危害或妨碍精子通过，从而引起不育。本病可见于各种家畜，但以牛最易发生。

1. 病因

原发性子宫颈炎是因分娩、助产、交配或在输精、阴道检查、治疗子宫疾病时使用器械不慎等造成子宫损伤、感染所致，炎症常为急性过程，如未及时治愈，也可转为慢性。继发性子宫颈炎常为阴道炎和子宫炎的并发症，其炎症病程多为慢性经过。

2. 症状及诊断

急性炎症发生于产后，子宫颈有创伤病史。慢性炎症通过阴道检查可发现子宫颈膣部黏膜松软、水肿、充血或溢血，有时尚附有脓性分泌物，子宫颈口略为开张。牛患慢性子宫颈炎久病不愈，由于结缔组织增生、子宫颈膣部黏膜皱襞变肥大，有的呈菜花状。直肠检查可感受到子宫颈变硬、粗细不均，直肠把握输精时输精管插入困难。

3. 治疗

可先用温消毒液，如 0.1％高锰酸钾、0.05％新洁尔灭或 3％盐水等冲洗，再涂擦复方碘溶液、碘甘油溶液或其他防腐抑菌药物。如果子宫颈炎继发于子宫炎或阴道炎，应当同时治疗原发病。

（八）慢性子宫内膜炎

慢性子宫内膜炎（chroic endometritis）是指子宫黏膜的慢性炎症，常由急性转化而来，且往往久拖不愈，并常伴发卵巢机能异常，是母畜不育的重要原因之一。在严重病例，炎症可发展到子宫全层及其周围组织，甚至继发盆腔炎。本病在各种动物均可发生，但以牛最为常见，尤其在产后多发。

1. 病因及发病机理

引起子宫内膜炎的主要原因有如下几个方面：

①难产、助产、人工授精、胚胎移植时造成子宫损伤、感染。

②流产、产后胎衣不下、恶露停滞等导致子宫复旧延迟，使子宫内膜受损或防卫机能降低而感染。

③精液中有病菌或自然交配将病菌带入子宫，引起感染。

④继发于阴道炎、子宫颈炎，或由于体内其他器官的炎症，病菌通过血液或淋巴循环进入子宫，引起感染。

子宫内膜在损伤和感染后是否发病或病情的轻重主要取决于病原微生物的种类及其致病性、感染途径及机体本身的防御能力。

病原微生物：感染子宫的病原微生物最多见的是化脓性链球菌、葡萄球菌和大肠杆菌，其次是化脓棒状杆菌、梭状芽孢杆菌、布氏杆菌，以及衣原体、霉形体和某些病毒，其中化脓棒状杆菌、梭状芽孢杆菌和溶血性大肠杆菌是广泛存在于周围环境中致病性很强的病原菌，如这些病菌引起感染，常可造成产后早期的急性恶性病变。

感染途径：子宫内膜的感染有外源性途径和内源性途径两种。

①外源性感染途径。分娩或难产助产、输精、胚胎移植等操作时消毒不严，将病菌带入子宫是最主要的原因；产后外阴松弛，外翻的黏膜与泥土、垫草及尾根接触，病菌可上行侵入子宫；子宫脱出、胎衣不下，子宫复旧不全，胎儿浸溶或胎儿腐败时继发感染；公畜生殖器官的炎症和感染也可通过本交或人工输精传给母畜。

②内源性感染途径。当子宫内膜受到损伤时，存在于生殖道中的微生物，在创伤处迅速繁殖；存在于机体其他部分的微生物，由于产后机体衰弱，组织的抵抗力降低也可通过淋巴和血液循环进入生殖器官而出现致病作用。

机体的防御机能：正常情况下，机体对病原微生物的入侵有一定的防御能力，但当产后体质虚弱或患有其他疾病，以及饲养管理不当、营养不良和高产奶牛处于能量负平衡时期，使机体抗病能力降低，是感染发病的诱因。

2. 症状

慢性子宫内膜炎的患畜临床表现一般不太明显，但屡配不孕。根据临床症状，可将慢性子宫内膜炎分为如下四种类型：

(1)隐性子宫内膜炎　特征是子宫不发生可见的形态学变化，患畜亦不出现临床症状，直肠检查和阴道检查也查不出有任何异常，只是在发情时从子宫内排出的黏液量较多，透明度稍差或略显混浊。患畜虽然发情和排卵正常，但屡配不孕。

(2)慢性卡他性(黏液性)子宫内膜炎　是子宫黏膜表层的轻度慢性炎症，排出的分泌物中炎性细胞和浆液性分泌物增多。患畜多数发情周期不正常，或尽管正常发情也屡配不孕，在发情或卧地时常从阴门流出混浊的黏液，带有絮状物，但一般不出现全身症状，只是在病情较重时才出现体温稍升高，食欲减退，泌乳量减少。阴道检查，可见子宫颈外口稍开张，有少量混浊的炎性分泌物流出，且在阴道底部蓄积有这种炎性分泌物。直肠检查，感到子宫角增粗，壁较肥厚，收缩反应微弱。冲洗子宫的回流液略混浊，很像清鼻液或淘米水。

（3）慢性卡他性脓性子宫内膜炎　子宫黏膜表层的炎症程度较重，患畜发情周期不正常或紊乱，并常有全身症状，如精神不振、食欲下降、被毛粗乱、逐渐消瘦、体温稍升高等，阴门内时常有灰白色或黄褐色的脓性黏液流出，特别在发情时排出较多，粘在阴门、尾根和后肢关节处的分泌物常结成干痂。阴道和子宫颈黏膜充血，子宫颈外口微开，内有卡他性或脓性分泌物流出。直检子宫角肥大、松软，子宫壁肥厚，收缩反应微弱或消失。

（4）慢性脓性子宫内膜炎　为子宫黏膜表层的重度炎症，大量白细胞和其他炎性细胞积聚，炎性细胞死亡、崩解，与炎性坏死组织和细菌共同形成脓汁，混杂于较多的炎性黏液内向外排放。患畜临床表现与慢性卡他性脓性子宫内膜炎相似，但从阴门排出的分泌物带有较多的脓汁，且量较多，因此在阴门、尾根和关节处常粘有脓痂。直肠检查，子宫壁厚薄不均，子宫角粗大肥厚，有硬实感，收缩反应微弱或消失。冲洗回流液浑浊，像稀面糊，或含有较多的黄色脓液。

3. 诊断

对慢性子宫内膜炎，根据病畜的临床症状和子宫分泌物的性状，结合阴道检查和直肠检查（大家畜）的结果一般可以作出诊断，有条件的也可以进行B型超声波检查。现将慢性子宫内膜炎的临床诊断要点列于表4-2。以供参考。

表4-2　慢性子宫内膜炎的临床诊断要点

检查项目	临床症状		
	慢性卡他性子宫内膜炎	慢性卡他性脓性子宫内膜炎	慢性脓性子宫内膜炎
全身变化	不明显	有全身症状，但一般较轻	全身症状较明显
阴道检查	子宫颈口稍开张，有少量混浊的炎性分泌物流出	阴道和子宫颈黏膜充血；子宫颈口微开，有卡他性或脓性分泌物流出	阴道和子宫颈黏膜充血，子宫颈外口微开，有脓性分泌物流出
直肠检查	子宫角增粗，壁较肥厚，收缩反应微弱	子宫角肥大、松软，子宫壁肥厚，收缩反应微弱或消失	子宫壁厚薄不均，子宫角粗大肥厚，有硬实感，收缩反应微弱或消失
子宫黏液性状	黏液混浊，带有絮状物	黏液脓性分泌物，呈灰白色或黄褐色	黄褐色脓性分泌物

但在临床上，有些子宫内膜炎病变较轻微，特别是隐性子宫内膜炎，难以确诊。必要时，可进行实验室诊断。现将常用的诊断方法介绍如下：

（1）发情分泌物检查　正常发情时，从子宫内流出的分泌物量较少，均质、清亮，可拉成丝状。发生子宫内膜炎时，分泌物量多，有不同程度的浑浊或含有絮状物、脓汁等，且黏性较差，不能拉成丝状。隐性子宫内膜炎的黏液，对着光亮也能观察到稍有混浊，含有点状灰白色物质，且拉成的丝较短。

（2）阴道检查　用开膣器撑开阴道，观察阴道和子宫颈外口黏膜、子宫颈口开张程度及有无分泌物。如有分泌物，可取出适量分泌物观察其性状。

（3）直肠检查　适用于大家畜。将手伸入直肠，触诊子宫形状、大小、质地及感觉收缩反应，观察是否异常。

(4)实验室诊断　当临床诊断难以确诊时,可采样进行实验室检查,以作参考。

①子宫回流液检查。冲洗子宫,镜检回流液,可见脱落的子宫内膜上皮细胞、白细胞或脓球。检查子宫回流液对隐性子宫内膜炎的诊断有决定意义,为此可将首次观察未发现异常的回流液静置后检查,如发现有沉淀或见到有蛋白样或絮状浮游物,即可作出诊断。

②分泌物化学检查。4%氢氧化钠 2 mL,加等量发情时的分泌物,煮沸冷却后观察,无色者为正常,呈微黄色或柠檬色者为子宫内膜炎样品。

③分泌物生物学检查。在加温的载玻片上分别加两滴精液,在一滴中加被检分泌物,另一滴作对照,镜检精子活动情况。精子很快死亡或被凝集者为子宫内膜炎样品。

④细菌学检查。无菌采集子宫分泌物,进行培养,鉴定病原菌。

4.治疗

慢性子宫内膜炎治疗后能否痊愈,要视病变程度而定。隐性子宫内膜炎因病变轻微,预后良好;慢性卡他性子宫内膜炎经适当治疗,一般也能痊愈;但慢性卡他脓性或脓性子宫内膜炎往往病程拖得很长,难以治愈,有的即使临床治愈,因子宫黏膜受损较为严重,也难再受孕。临床上,治疗子宫内膜炎时要采取综合措施:一是抗菌消炎;二是促进炎性分泌物的排出;三是要促进正常发情周期的恢复。

抗菌消炎就是使用抗菌或抑菌药物。因子宫内膜炎的病原菌种类复杂,又多为混合感染,且全身用药疗效不确实,所以治疗时一般是通过子宫腔内投放广谱抗生素等抗菌或抑菌药物,对病程较长的顽固病例可使用复方碘溶液等杀菌制剂。促进炎性分泌物的排出一般是使用促进子宫颈开张和子宫收缩的药物,如雌激素、催产素和麦角制剂等,必要时可进行子宫冲洗,以净化子宫。促进正常发情周期的恢复就是要加强饲养管理,激发卵巢功能,促进生殖机能的恢复。

因在临床上子宫内膜炎的病情较为复杂,且不同种动物的子宫解剖构造也有差别,所以治疗方法亦有不同。现将几种常用的治疗方法介绍如下,以供选用。

(1)子宫冲洗疗法　此法是用导管向子宫腔内注入抗菌或抑菌等药物的水溶液,通过液体回流直接冲洗子宫腔,既能达到抗菌消炎的作用,又能促进炎性产物的排出和净化子宫的目的。对慢性卡他性子宫内膜炎,冲洗液一般用1%～5%的盐水、1%～2%的苏打水或0.5%的呋喃唑酮溶液等;对病程较长的慢性脓性子宫炎可以使用复方碘溶液(每 100 mL 溶液含 5%复方碘溶液 5 mL)、0.1%高锰酸钾溶液、0.1%雷凡奴尔溶液等。

冲洗之后,可根据情况向子宫内投入抗菌防腐药剂(参考子宫内给药)。如不必要,也可不用再投药。

此法常用于治疗马、驴子宫内膜炎。因为马属动物的子宫颈宽短、环形肌不发达,容易扩张,且子宫角尖端向上,输卵管与子宫角的结合部(宫管结合部)有明显的括约肌,冲洗液体容易从子宫颈排出,而不会流入输卵管。可每日或隔日冲洗 1 次,直到炎症消退为止。每次冲洗应将子宫内的炎性产物冲洗干净,以回流出的液体内无炎性产物为原则,一般每次总用液量为3 000～5 000 mL。但若怀疑有子宫破裂者则不可冲洗,以免引起炎症扩散。

在牛患子宫内膜炎时,因其子宫颈管细长,环形肌发达,子宫角下垂,注入的液体难以排出,且宫管结合部呈漏斗状,无明显界限括约肌,冲洗时液体容易经输卵管流入腹腔,引起腹膜炎,所以一般不提倡用冲洗疗法。但在临床上仍有不少人用子宫冲洗疗法治疗牛子宫内膜炎。方法是:用带回流支管的导管经子宫颈插入子宫内(母牛发情时,子宫颈口开张,插入导管没有困难。但如果子宫颈口封闭，插入有困难，可先注射雌激素，使子宫颈管松弛)，在导管外端连接漏斗，将冲洗液倒入其中，举起漏斗使其高于子宫位置，液体便流入子宫。当子宫内的液体达到一定的量后便可经回流支管流出。如果加液体回流不畅，可将手伸入直肠，抬高并按摩子宫角，使液体流出。冲洗液总用量一般需 500～1 000 mL，分次冲洗。冲洗时，要特别注意每次注入的液体量不宜过大，一般不超过 100 mL。待前一次注入的液体全部回流出来后，再进行下一次冲洗，反复进行，直到回流的液体中没有炎性分泌物为止。

(2)子宫内给药　此法是直接向子宫内投入抗菌消炎药物，并使药物保留在子宫内，可用于治疗各种动物的子宫内膜炎。常用的药物有广谱抗生素(如红霉素、金霉素等)、呋喃类药物等。使用方法是可用原药 1～2 g 直接投入子宫，或用灭菌石蜡油、植物油、蒸馏水配制成油剂或混悬液进行子宫灌注。用石蜡油复方碘溶液(0.1%复方碘溶液＋等量石蜡油)、石蜡油碘酊溶液(2%碘酊与石蜡油按 1∶(2～4)混合)进行子宫灌注也有较好的疗效。因为碘溶液具有很强的杀菌力，并且稀碘溶液对子宫有轻微的刺激作用，可促进子宫黏膜充血，分泌增多，加强子宫的自净作用，促使子宫机能的恢复。此外子宫灌注药物还有宫复康、露它净、宫得康、宫炎灵、宫炎净和清宫合剂等可供选用。

因油剂在子宫内的作用时间比水混悬液或水溶液要长，所以用油剂灌注时，一般隔日 1 次，连用 3～4 次；用水混悬液或水溶液灌注时，一般每日 1 次，连用 5～6 次。但无论用哪种剂型，每次灌注用量都不宜过多，以免子宫腔内压力加大使药剂流入输卵管。对牛一般用量为 20～40 mL，羊、猪、犬 10～20 mL，猫 2～5 mL。

(3)激素疗法　有些激素能促进子宫活动和机能恢复，并调节内分泌平衡，因此可作为治疗子宫内膜炎的辅助疗法，或在小型动物，难以进行子宫内给药时应用。常用的激素有如下几种：

①雌激素和催产素。这两种激素都有促进子宫活动和增强子宫血液循环的作用，可单独使用或配合使用，如肌肉注射雌二醇 2～4 mg，4～6 h 后再注射催产素 50～100 IU。

②前列腺素。对于仍有发情周期的子宫内膜炎患畜，可在发情周期的第 9～11 天注射 $PGF_{2\alpha}$ 或其类似物(如在牛，可用氯前列烯醇 0.2～0.4 mg)，使周期黄体提早退化，缩短发情周期，增强子宫的活动和防御机能。此法与子宫灌注抗菌药物结合使用效果更佳。据报道，对发生子宫内膜炎的产后母牛，先注射 GnRH($LRHA_3$ 20 μg)，诱导 LH 释放和促进黄体形成，10～14 d 后再注射氯前列烯醇 0.4 mg，能收到良好效果。

(4)中药疗法　根据病情辨证施治，对牛可选用下列中药方剂：

①健脾除湿，可用完带汤(适用于急性和慢性子宫内膜炎)。白术(土炒)50 g，山药 50 g，陈皮 40 g，酒车前 20 g，荆芥炭 20 g，酒白芍 30 g，党参 50 g，柴胡 20 g。共为细末，黄酒 250 mL为引，开水冲调，候温灌服。

加减：对湿而热者，除健脾外，可清热利湿。去党参，加忍冬草 75 g，蒲公英 50 g，椿树皮 50 g；湿而兼寒的，燥湿祛寒，可加白芷 30 g，艾叶 25 g，附子 50 g，肉桂 20 g；恶露日久兼肾虚者，去柴胡、车前子，加韭菜子 30 g，乌贼骨 50 g，覆盆子 50 g，菟丝子 50 g。

②以活血为主，可用行气活血汤(适用于慢性卡他脓性和脓性子宫内膜炎)。当归 60 g，赤芍 25 g，香附 25 g，益母草 60 g，丹参 30 g，桃仁 30 g，青皮 20 g。共为细末，开水冲调，候温灌服。每日 1 剂，连服 3 剂。

加减：肾虚加桑寄生 30 g，续断 30 g；恶露多者加茯苓 30 g，海螵蛸 30 g，车前子 20 g，白芷

20 g;有寒症的加小茴香 30 g,乌药 30 g;体弱者可加党参 30 g,黄芪 30 g。

③易黄汤(适用于慢性脓性子宫内膜炎,尤其是口干燥、口色鲜红,烦渴喜饮的病例)。山药 60～90 g,山芋 60～90 g,芡实 60～90 g,黄柏(盐水炒)15～30 g,酒车前 15 g,白果(碎)20～30 g。煎服,每日 1 剂,连服 4 剂。

(5)全身疗法　当患畜出现全身症状时,需要进行对症治疗,如感染严重、体温升高者,可全身应用大剂量抗生素;对久病体弱者,可静脉注射 5%葡萄糖和钙制剂,以增强体质和促进子宫活动。

知识链接

隐性子宫内膜炎的治疗

因隐性子宫内膜炎病变轻微,为不耽搁配种时间,对疑似隐性子宫内膜炎的母畜,可在配种前用抗生素(青霉素 40 万 IU,链霉素 0.5 g)生理水溶液 5～10 mL 进行子宫灌注,能提高受胎率。

(九)子宫积液和子宫积脓

子宫积液(mucometra)和子宫积脓(pyometra)都是慢性子宫内膜炎的一种病理过程。前者是子宫内蓄积大量的棕黄色、红褐色或灰白色的稀薄或黏稠液体,其液体稀薄如水者也称子宫积水(hydrometra);后者是子宫内蓄积有多量的脓性或黏脓性渗出物。此病主要见于牛、山羊、猫、犬等,其他动物也可发生。

1.病因及发病机理

子宫积液的主要病因是慢性卡他性子宫内膜炎。由于有炎症的子宫内膜分泌机能增强,渗出增加,而子宫颈管却因黏膜肿胀而阻塞不通,以致炎性产物不能排出而蓄积于子宫内。子宫颈管创伤后粘连阻塞,每次发情时的分泌物不能排出也能发展成为子宫积液。其他疾病,如卵巢囊肿、卵巢肿瘤、假孕、内分泌失调等也引起发病。

子宫积脓的主要病因是脓性子宫内膜炎。患慢性脓性子宫内膜炎的病畜,由于子宫内膜病变,分泌前列腺素的功能减弱,因而产后排卵形成的黄体不能退化而成为持久黄体,加之子宫颈管黏膜肿胀,脓汁不能排出,而停留于子宫内形成积脓。

2.症状及诊断

长期不发情是本病的共同特征(也有的偶尔出现发情),但患畜一般无全身症状,所以有时误以为是妊娠。

子宫积液时,从阴道中不定期地排出分泌物,但如果子宫颈完全封闭,则没有分泌物排出。阴道检查,子宫颈口黏膜充血、轻微肿胀,有时可见到有少量分泌物。直肠检查,子宫角变粗,犹如妊娠 1.5～2 个月,两子宫角分叉清楚;如果子宫颈管完全封闭,且患病时间较长,子宫体积变得更大,触诊子宫壁很薄,有明显的波动感,摸不到子叶(牛);触诊卵巢,有黄体。有的子宫中动脉还出现类似的妊娠脉搏。

子宫积脓时,阴道检查,可见子宫颈口黏膜充血、肿胀,有时有少量脓液。直肠检查,子宫体积增大,其体积大小视积聚的脓液量变化较大,较小的如妊娠 2 个月的子宫,大的可达妊娠 5 个月的子宫体积;子宫壁增厚,且厚薄不匀,触之有波动;卵巢上一般有黄体或囊肿。当子宫体积显著增大时，两侧子宫中动脉都出现类似妊娠脉搏，仔细触诊子宫时，摸不到子叶（牛）和胎儿。

本病通过临床症状和重复的（间隔 10～20 d）直肠检查，一般不难作出诊断，有条件的也可进行 B 型超声波检查。在临床上，本病须与正常妊娠、胎儿干尸化相鉴别（表 4 - 3）。

表 4 - 3　子宫积液和子宫积脓与正常妊娠、胎儿干尸化鉴别诊断

特征	直肠检查	阴道检查	阴道分泌物	发情周期	全身症状
正常妊娠	子宫壁薄而软；妊娠 3～4 个月可摸到子叶及胎儿；孕侧子宫中动脉妊娠脉搏较明显；卵巢上有黄体	子宫颈关闭，有黏液栓；黏膜苍白	无	停止	良好
子宫积液	子宫大小与妊娠 1.5～2 个月相似，壁薄，有波动感；卵巢上有黄体；有时子宫中动脉有类妊娠脉搏	子宫颈黏膜充血、轻微肿胀	不定期地排出	多数停止	无
子宫积脓	子宫大小与妊娠 2～5 个月相似，壁厚薄不匀，有波动感；卵巢上有黄体；两侧子宫中动脉类妊娠脉搏强度相等	子宫颈黏膜充血、肿胀	偶尔有脓性分泌物排出	多数停止	不明显
胎儿干尸化	子宫增大、坚硬，且形状不规则，各部分软硬程度不一，无波动感，卵巢上有黄体	子宫颈口关闭	无	停止	无
胎儿浸溶	子宫增大，表面不高低不平，挤压有骨片摩擦音	子宫颈微开张，有污秽液体	污秽，恶臭，有小骨片	停止	有

3. 治疗

本病因子宫内膜严重受损，预后慎重，多数病例即使治愈后，也难受孕。

治疗时应首先使用溶解黄体的药物（$PGF_{2\alpha}$ 及其类似物）使黄体溶解，配合使用雌激素开张子宫颈以及使用子宫收缩药（催产素等），促进子宫内的炎性产物排出，也可以用子宫冲洗疗法净化子宫。待排净子宫内容物或冲洗子宫后，投入抗菌消炎药，其治疗方法与治疗子宫内膜炎的方法基本相同，可根据病情选用，但各种激素的使用剂量要适当加大。

（十）犬、猫子宫内膜腺囊性增生蓄脓症

犬、猫子宫内膜腺囊性增生蓄脓症（uterine cystic glandular hyperplasia with pyometra in the dog and cat）在临床症状上与一般所指的子宫积脓相似，但病因和病理过程不完全相同。本病是在间情期激素调节紊乱的情况下，子宫内膜腺体发生囊性增生后分泌加强，同时受到细菌感染而导致子宫腔内蓄积脓液的一种常见病。此病自然发病率大约为 6%，多见于年龄大、未经产的母犬。因为猫是诱导排卵型动物，需经交配后，孕酮的分泌才开始，所以发病率比犬低。然而，在对犬、猫使用孕激素抑制发情行为，或者使用雌激素中断因错误配种所致的妊娠时，往往可以明显提高本病的发病率。

1. 病因和机理

病因还不完全清楚，可能与子宫内膜腺体受到孕激素或雌激素的过度刺激有关。

犬于发情排卵后，血浆孕激素浓度的升高一般可以持续 9～12 周，而猫在排卵后大约 21 d 黄体才开始缓慢溶解，至 45 d 左右完全溶解。黄体滞留延长了孕酮的分泌时间，所以在此期

间，动物常常表现假孕。高孕酮在降低子宫肌的活动的同时，又刺激子宫内膜腺体的分泌细胞增生，形成囊肿样腺体。由于这种腺体分泌加强而发生子宫积液。发情期的高水平雌激素能增强间情期孕酮对子宫的刺激作用。在临床上，大量注射孕激素，特别是在孕激素与雌激素合并应用时，常诱发本病。

另外，孕酮对白细胞在子宫内的抗感染机制具有抑制作用。因此，发情前期通过开张的子宫颈口侵入的阴道和尿道常驻菌以及环境中的病原菌，如大肠杆菌、链球菌、化脓棒状杆菌等，可在子宫内大量繁殖而发病。

2. 症状

本病以子宫内膜腺体囊性增生为特征，并伴有子宫积脓。发病后，视子宫颈是否开张，可分为宫颈开放性子宫积脓和宫颈闭合性子宫积脓两种类型。

(1)宫颈开放性子宫积脓　在发情后 4～8 周，通常可见从阴道排出一种血液性、黏液脓性分泌物，同时，患病动物表现嗜睡、精神沉郁、多尿、烦渴、食欲不振和呕吐等症状，但体温不一定升高。

(2)宫颈闭合性子宫积脓　经常伴发持久黄体或黄体囊肿，因子宫颈关闭，炎性产物不能排出，临诊的患病动物常已出现菌血症、毒血症等严重病症，如体温升高、精神沉郁、厌食、腹部膨大、子宫增大、多尿、烦渴、呕吐和腹泻等，有的还表现四肢关节疼痛。呕吐的发生常是毒血症和肾功能异常造成的，这些症状可发展为严重的脱水、休克、昏迷甚至死亡。白细胞总数常增加到$>30\times10^{9}$/L，并发生核左移。如果白细胞数明显减少，表明发生了严重的毒血症。

3. 诊断

通过病史、临床检查、X 光检查和 B 型超声波检查，一般可以作出诊断。但要与正常妊娠相鉴别。

4. 治疗

因为菌血症的原发病灶是子宫，因此卵巢子宫切除术是首选的治疗方案，严重的病例术前需要输液并注射广谱抗生素，术后 7～10 d 内需口服广谱抗生素。对有繁殖价值，且体质状况良好者，或昂贵而年轻的宠物，畜主要求保留繁殖性能时，或因病情严重、难于承受外科手术，可以考虑药物治疗，促进子宫内的脓液排出和子宫恢复，必要时进行子宫引流。

临诊的动物如已发生菌血症、毒血症，或体质虚弱者，预后应当慎重。

(1)手术疗法　术前要根据病情，静脉补充电解质溶液、葡萄糖生理盐水、右旋糖酐等，恢复体液平衡和改善血液循环。施术时按照腹腔外科手术规程操作，在腹正中线切口，取出病变子宫，结扎卵巢韧带和子宫韧带血管，并在切除部位用两肠钳夹住，从肠钳之间将患病子宫切除，要防止脓液流入腹腔。残端切口内翻缝合，并涂抹碘甘油后还纳入腹腔。最后缝合腹壁。术后注意护理，防止感染。

(2)药物疗法　可使用前列腺素($PGF_{2\alpha}$或其类似物)、雌激素和催产素等，结合抗生素治疗。

$PGF_{2\alpha}$按 0.25 mg/kg 体重皮下注射，或雌二醇按 1 mg/ kg 体重肌肉注射，每日 1 次，连用 4～5 d；同时注射广谱抗生素 7～10 d。通常在注射前列腺素 2～4 d 后，子宫体积缩小，活动增强，分泌物大量排出。有些动物在使用 $PGF_{2\alpha}$后 1 h 内，往往出现多种反应，如腹痛、发烧、呕吐等，严重时需对症治疗。

在药物治疗期间，子宫颈开张时，还可用低浓度、无刺激性的药液冲洗子宫。

激素治疗后两周应进行复查，如果仍然出现排出分泌物，可以进行第二疗程的治疗。

（十一）假妊娠

假妊娠（pseudopregnancy，phantom pregnancy），又称“假孕”。是指母畜在配种后一段时间出现类似妊娠的反应和妊娠征象，但实际并未妊娠的一种病理状态。此种情况常见于犬、猫、家兔和熊猫，在其他动物少见。

假妊娠常发生于胚胎早期死亡后被吸收，而妊娠黄体不消失，继续分泌孕酮，因而使妊娠的现象仍能维持，或因内分泌紊乱，孕酮、催乳素等激素异常分泌，使发情周期延缓或停止。在兔、猫等诱导排卵型动物，无效交配也常引起假妊娠。

1.症状与诊断

在发情配种之后，经过一段时间，患畜腹部逐渐增大，后来乳房也开始膨大，能挤出清乳，外阴出现浮肿，有的患畜还表现衔草做窝等临产行为。但超过妊娠期却不见产仔，最后腹部和乳房又逐渐回缩，有的可见从阴门内排出棕红色或灰白色的黏稠液体，之后才逐步恢复正常的发情周期。

根据病史、临床观察和腹部触诊一般可以作出诊断。借助 X 光检查或超声波检查可以提高诊断的准确性。X 光检查时，在正常妊娠的中后期，可见到胎儿的骨骼，而假孕者却见不到。超声波检查时，正常妊娠胎囊周边清晰，厚度基本一致，能见到胎儿回声区和原始心脏搏动；假妊娠囊多呈不规则圆形无回声区，子宫腔中央无胎儿回声区。

2.治疗

病症轻的无需治疗，一般可自愈。治疗时可应用前列腺素溶解黄体，终止假妊娠，或应用雌激素促进发情。对激素治疗无效的，可施行子宫切除术。

知识链接

屡配不孕

屡配不孕（repeat breeder）是指发情正常、生殖器官无明显异常，但多次（一般在 3 次以上）配种仍不能受孕的一种病理状态。它并不是一种独立的疾病，而是多种疾病或多种因素引起的一种结果，如隐性子宫内膜炎、排卵障碍、输卵管疾病、早期胚胎死亡（隐性流产）、免疫学因素、公畜精液品质问题、繁殖技术问题等。屡配不孕是降低动物生育力的重要原因之一，特别是在奶牛业中造成严重的经济损失。

七、常见的母畜传染性不育

许多传染性疾病能引起母畜的不育，其病原微生物有的是直接侵害生殖系统，有的是间接地引起生殖系统机能障碍，不育则是这类疾病的症状之一。因传染性不育一旦发生，有可能是大批母畜发病，造成严重损失，因此要特别重视防控。现将能直接侵害生殖系统的传染性不育疾病作以介绍。

（一）布氏杆菌病

布氏杆菌病（brucellosis）是由布氏杆菌感染引起的，各种动物，包括人都可发生，但主要见于牛、羊，是一种重要的人畜共患病。而且母畜和公畜都可感染而导致不育，其发病的主要特征是：母畜发生流产，公畜发生睾丸炎。

1.病原及感染途径

本病的病原主要有流产布氏杆菌、马耳他布氏杆菌、猪布氏杆菌、羊布氏杆菌、犬布氏杆菌、木鼠布氏杆菌等。病原体在外界环境中可长期生存，但在阳光照射下数小时即死亡。

不同种动物的布氏杆菌病主要由不同类型的布氏杆菌引起，如牛的布氏杆菌病的病原主要是流产布氏杆菌，羊的主要是马耳他布氏杆菌，猪的主要是猪布氏杆菌，但也可相互传染。

主要感染途径是食入布氏杆菌污染物，接触被感染的组织和体液（阴道分泌物、流产的胎儿组织、乳汁、血液、精液等）也能引起感染。

2.症状及诊断

母畜的主要症状是流产和不育。流产的病例多发生胎衣不下、子宫复旧延迟或子宫内膜炎。公畜的主要症状是睾丸炎和附性腺炎。

根据流行病学和流产的胎儿、胎膜的典型变化可以作出初步诊断。确诊需要采样进行细菌学检验或用布氏杆菌抗原进行凝集试验。具体方法可参考传染病学的相关内容。

3.防治

本病重在预防，因此对畜群要做好免疫和检疫工作，如检出阳性动物要及时淘汰。对种用价值高的或暂不宜淘汰的种畜，可用抗生素治疗，直至血清凝集试验的效价降到正常。

（二）滴虫病

滴虫病（trichomoniasis）为一种侵袭性生殖道传染病，其主要特征是引起早期胚胎死亡、不育、滴虫性阴道炎，有时还引起子宫积脓。

1.病原及感染途径

滴虫病的病原为胎毛滴虫，仅存在于母畜的生殖道和公畜的阴茎、包皮中，特别是在阴道穹窿部、龟头及包皮附近虫体最多。本病一般经交配传播。如果虫体污染精液或产科器械，人工授精或产科检查时也可能引起感染。

2.症状及诊断

在大多数母畜，最初症状是阴道炎、子宫炎，发情周期延长或紊乱，屡配不孕，妊娠者一般发生早期胚胎死亡和流产。也有些动物在胚胎死亡后发生子宫积脓。患畜一般无全身症状。

根据临床病史和临床症状可以作出初步诊断，确诊则需要进行病原的分离、鉴定。具体方法可参考寄生虫病学的相关内容。

3.防治

本病多为散发，经过治疗，一般预后良好。治愈的标准是在治疗后的 45 d 内 3 次采样，培养检查，结果为阴性。对发病动物，母畜要采取全身疗法，公畜可采取局部疗法或全身疗法。

（1）局部疗法　常用的药物有：吖啶黄、博伏黄油膏、乙酰甘氨酸重氮氨苯脒合剂、灭滴灵（甲硝哒唑）等。

（2）全身疗法　常用的药物有：二甲硝咪唑，50 mg/(kg 体重 · d)，口服，连用 5 d；异丙异烟肼 30 mg，溶解后肌肉注射，但在应用前须应用广谱抗生素；灭滴灵，75 mg/kg 体重，静脉注射，每 12 h 1 次，连用 3 次。

预防措施：一是对畜群要加强饲养管理，注意环境清洁卫生；二是对可疑病畜要及时检查，尤其是对新引起动物进行严格的检查，发现病畜要及时隔离或淘汰；三是要普及人工授精技术，尽可能禁止自然交配。

（三）生殖道弯杆菌病

生殖道弯杆菌病（genital campylobacteriosis）是由胎儿弯曲杆菌感染引起的一种传染性生殖道疾病。主要感染途径是与感染的公畜交配或输入病原污染的精液。

1. 症状与诊断

公畜感染后一般不表现任何临床症状；母畜感染后，病菌主要侵害子宫，引起子宫内膜炎、早期胚胎死亡和流产。

本病的确诊需要做阴道分泌物、流产的胎儿或胎盘组织等实验室检查，检查方法包括细菌学检查、免疫荧光试验和凝集试验等。

2. 防治

对母畜目前尚无有效的治疗方法。对公畜，可用含1%过氧化氢的温水将龟头和包皮充分洗涤后，涂搽红霉素软膏。预防时，除加强畜群的饲养管理和环境卫生外，一旦发现感染病畜要立即淘汰。

（四）猪繁殖与呼吸综合征

猪繁殖与呼吸综合征（porcine reproductive and respiratory syndrome，PRRS）是猪群发生以繁殖障碍和呼吸系统症状为特征的一种急性、高度传染的病毒性传染病。本病自20世纪80年代末在美国首次发现以来，迅速传遍世界各个养猪国家，在猪群密集、流动频繁的地区更易流行，常造成严重经济损失。1992年，国际兽医组织将其命名为猪繁殖与呼吸综合征。

本病主要感染猪，尤其是母猪，严重影响其生殖功能，主要临床特征为流产，产死胎、弱胎，呼吸困难，在发病过程中还出现短暂性的两耳皮肤紫绀，故又称为蓝耳病。

1. 病原及流行特点

PRRS的病原体为动脉炎病毒属的成员，是一种有囊膜的单股正链RNA病毒，病毒粒子呈球型，直径为55～60 nm，有2个血清型，即美洲型和欧洲型。在我国分离到的毒株为美洲型。该病毒对酸、碱都较敏感，尤其很不耐碱，一般的消毒剂对其都有杀灭作用，但在空气中可以保持3周左右的感染力。

各种年龄的猪都可感染，空气传播、接触传播、精液传播和垂直传播为主要传染途径。病猪、带毒猪和患病母猪所产的仔猪以及被污染的环境、用具都是重要的传染源。当健康猪与病猪接触，如同圈饲养，频繁调运或集中，都容易导致本病发生和流行。猪场卫生条件差，气候恶劣、饲养密度大，可促进流行。鼠也可能是本病病原的携带者和传播者。

2. 临床症状

猪感染PRRS后，常因继发感染其他病原而表现不同的症状，但大多表现繁殖障碍和呼吸困难症状。繁殖障碍症状，母猪主要表现为流产、早产、弱胎、畸形胎、死胎、胎儿干尸化和产后无乳症；公猪主要表现为性欲降低、精液质量下降、射精量减少。在临床上，本病可分为急性、慢性和亚临床三种类型。

急性型的主要特征是，病猪出现厌食，体温升高，呼吸急促，耳尖、阴户、鼻端和四肢末端发绀，即表现“蓝耳病”的特征，接着母猪的流产、早产及死产增多，仔猪哺乳前死亡率增高。慢性型常由于继发感染及病毒侵害呼吸系统而表现呼吸道症状。亚临床型所占比例很大，血清学调查表明，猪群中PRRS阳性率高达40%～50%，但出现临床症状的不过10%，可能与毒株的毒力有关。

PRRS主要病理变化是弥漫性间质性肺炎，并伴有肺水肿。

3. 诊断

根据病原、传播特点、临床症状及剖检特点可做出初步诊断，但要注意与症状相似的一些病毒性传染病相鉴别，如流感、细小病毒病、流行性腹泻等。确诊必须进行血清学鉴定或病毒分离鉴定。根据有关经验，如果猪群在两周内母猪流产或早产超过8%，死产率达20%，或仔猪出生后1周内死亡率超过25%，应怀疑发生了PRRS。

4. 防治

本病目前尚无特效治疗的方法，因此首先要采取综合防制措施，预防感染和流行。防制措施主要是防疫规程接种疫苗和采取严格的防疫措施；最好能坚持自繁自养，如不得不从外地引种时，要严格检疫，并杜绝从疫区引种，避免引入带毒猪；对发病猪场要严密封锁，及时采取扑杀病猪、消毒猪舍及周边环境、无害化处理病死猪、流产胎儿及污染物等净化措施。对尚未确诊的疑似病猪，要及时隔离观察，做进一步的诊断。并可采取对症治疗，防止并发或继发其他疾病，同时改善饲养管理，提高猪的抗病力，将损失降低到最低限度。

（五）其他能引起母畜不育的传染性疾病

能引起母畜生殖系统损害和不育的传染性疾病还有：霉形体病（mycoplasmosis）、弓形体病（toxoplasmosis）、钩端螺旋体病（leptospirosis）、牛传染性鼻气管炎（infectious bovine rhinotracheitis）、牛病毒性腹泻（bivine viral diarrhea）、马传染性子宫炎（contagious equine metritis）、猪细小病毒病（porcine parvovirus）等。对这些疾病的防治可参考家畜传染病的有关内容，此处只作简单介绍。

1. 霉形体病

霉形体病又称支原体病，是一种人畜共患病，其病原体是霉形体（支原体），为一种大小介于细菌和病毒之间并独立生活的微生物。本病主要是接触感染，可引起母畜发生子宫炎、卵巢炎、乳房炎和关节炎等。

2. 弓形体病

弓形体病又称弓形虫病，其病原体是弓形虫，是一种人畜共患的寄生虫病。母畜感染后，主要引起流产、早产。感染的仔畜死亡率也很高。在猪还可导致急性死亡。

3. 钩端螺旋体病

钩端螺旋体病是一种人畜共患的传染病，其病原是钩端螺旋体属的细菌，可经皮肤、黏膜、交配感染，且人、畜和鼠可相互构成复杂的传染链，在夏、秋温暖潮湿的季节和低洼沼泽地区常呈地方性流行。母畜感染后，常发生流产等症状，幼畜感染可出现血红蛋白尿。

4. 牛传染性鼻气管炎

牛传染性鼻气管炎是由疱疹病毒引起的一种接触性传染病，发病后主要表现是上呼吸道黏膜感染的症状或生殖器官病变，在母畜能引起传染性疱脓性外阴-阴道炎和流产，在公畜引起龟头和包皮炎。

5. 牛病毒性腹泻

牛病毒性腹泻又称黏膜病，病原是瘟病病毒属的牛腹泻－黏膜病病毒。虽然本病是一种胃肠道疾病，但可使母畜的繁殖机能受损，从而影响胎儿发育，所以妊娠母畜发病后可引起流产。

6. 马传染性子宫炎

马传染性子宫炎是由革兰阴性球杆菌引起的一种传染性疾病。该病菌主要存在于马的生殖道，在子宫腔和子宫颈内最多。母马感染后主要表现子宫内膜炎。

7. 猪细小病毒病

猪细小病毒病的病原是猪细小病毒，能通过交配和接触传播，感染的母猪也能通过胎盘垂直传染给胎儿。猪细小病毒是猪繁殖障碍和胎儿畸形的病原之一，母猪感染后能引起流产、死产、胎儿发育畸形等，是母猪不育的重要原因之一。

八、免疫性不育

在繁殖过程中，动物机体可对繁殖的某一环节产生自发性免疫反应，从而出现繁殖障碍，由这种原因导致的不育称为免疫性不育(infertility due to immuunological factors)。

免疫性不育的定义有狭义和广义之分。就雌性而言，广义的免疫性不育包括卵巢及其生殖细胞、受精卵和生殖内分泌系统及其所分泌的激素等异体抗原或自体抗原所发生的免疫应答，其主要特征表现为排卵功能障碍，或者是对下丘脑和垂体及其所产生的激素等产生自身免疫，使正常的下丘脑－垂体－卵巢轴的周期性变化遭受破坏，生殖功能因而发生障碍；狭义的免疫性不育一般是指在临床上生殖道功能正常，无致病因素发现，但屡配不孕，且有抗生殖免疫的指征(抗精子抗体、抗透明带抗体等)存在。

免疫性不育并不是一个绝对的概念，也并不代表终身不育，它是指免疫使繁殖力降低，导致的不育只是暂时性的。

根据致病因素，免疫性不育分为如下两种类型：

一是自身免疫性不育，是指雄性的精子、精浆或雌性的卵子、生殖道分泌物、激素等溢出生殖道进入自身的周围组织，造成自己机体的免疫反应，在体内产生相应的抗体物质，影响精子的活力或卵泡成熟和排卵。

二是同种免疫性不育，是指雄性的精子、精浆作为抗原，在雌性体内产生抗体，使精子凝集或使精子失去活动力。

根据抗生殖免疫的作用环节，母畜的免疫性不育又有抗精子抗体性不育和抗透明带抗体性不育两种，但目前对后者的研究尚少，故临床所指的免疫性不育多指抗精子抗体性不育。

(一)抗精子抗体性不育

1. 抗精子抗体的产生

雄性的精子和精浆对雌性而言，是一类抗原物质，在特定的条件下可诱发产生相应的抗体，阻碍精子与卵子的结合导致不育。目前已知，精子抗原有100多种，每一种都能诱发抗体。在正常情况下，一方面雌性生殖道存在完整的局部免疫防御机制；另一方面，精液中含有免疫抑制作用的因子，对淋巴细胞具有免疫抑制作用，可以抑制雌性机体对精子的免疫反应。所以一般情况下，进入雌性生殖道的精子或精浆虽然为同种异体抗原，但雌性并不产生抗精子抗体。

如果当雌性生殖道有炎症及黏膜破损、出血时，生殖道黏膜渗透性改变，一方面使局部的非特异性免疫反应加强，另一方面又使精子抗原的吸收增多，同时精子表面抗原与抗微生物抗体也有交叉反应的可能，这些因素均可使雌性产生抗精子抗体。另外，如果雄性精浆中免疫抑制因子存在质或量上的缺时，也能使雌性生殖道对精子抗原致敏而产生抗精子抗体。

2. 抗精子抗体的危害

当雌性体内产生抗精子抗体后，抗体随着腺体的分泌而进入生殖道。在雌性的阴道、子宫颈、子宫腔和输卵管内都含有抗精子抗体并能发生局部免疫反应，其危害可能有如下几个方面：

(1)使精子凝集成团块，阻碍精子活动并致使精子死亡；对精子代谢和精子收缩蛋白功能也有一定的影响，可阻止精子穿过宫颈黏液。

(2)封闭精子顶体膜上的透明带识别点，抑制精子对透明带的附着与穿透作用。

(3)抑制精子的顶体蛋白酶、透明质酸酶等的活性，抑制精子对透明带和放射冠的分散作用。

3. 抗精子抗体性不育的诊断与预治

本病常难确诊。通过病史调查，对不明原因的屡配不孕，可以怀疑发生免疫性不育。有条件的，可采样测定母畜体内抗精子抗体的含量，有助于作出正确的诊断。

本病重在预防。因为抗精子抗体引起的免疫性不育是可逆性的，如果了解母畜体内抗精子抗体水平，可用免疫学方法来恢复其繁殖能力。临床上可试用如下方法治疗：

(1)免疫抑制疗法　主要是应用肾上腺皮质激素类药物，如强的松、地塞米松和甲基强的松龙等，可采用低剂量持续疗法、高剂量间歇疗法或阴道局部用药。一些学者报道强的松龙可降低血清抗精子抗体的水平，增加妊娠机会，但也有人认为皮质激素并不能改善生育力，而且大剂量用药，副作用较大。

(2)子宫角深部人工授精　当母畜子宫颈和子宫腔黏液中存在抗精子抗体时，可将精液输送到子宫角，尽量避开抗精子抗体对精子的作用。

(二)抗透明带抗体性不育

哺乳动物的透明带是围绕卵母细胞、排卵后的卵子及着床前的受精卵的一层非细胞性胶状蛋白，具有良好的抗原性。当机体受到与透明带有交叉抗原性的抗原刺激，或由于受病毒感染等因素使透明带抗原变性时，免疫系统即将透明带抗原视为异物而产生免疫反应，诱导产生抗透明带抗体。每次排卵后，透明带抗原被部分地吸收，可使透明带免疫的易感性增高。

目前对透明带抗体性不育的发病机理的认识尚不太清楚。有人通过试验证明，抗透明带单克隆抗体可与卵母细胞、排卵后的卵子及受精卵结合，呈弥散状包裹于透明带上；在小鼠也发现，注射透明带单克隆抗体，可有效地阻止精子穿过透明带。

透明带抗体的危害可能有如下两个方面：一是封闭精子受体，干扰同种精子与透明带结合及穿透；二是使透明带变硬，即使受精也因透明带不能从受精卵表面自行脱落，而影响受精卵发育和着床。

九、母畜不育的综合防制措施

母畜不育的病情复杂，治疗困难，因此重在预防。在生产中，要根据实际情况，采取以下防制措施，尽可能减少疾病的发生。

(一)建立科学的饲养管理制度

饲养管理因素对母畜生殖机能的影响较大，科学、良好的饲养管理能有效地降低不育的发病率。因此，畜牧场要建立一套科学饲养管理制度，重点做好以下工作：

1. 科学饲养

(1)保证合适的营养水平　饲料充足，营养全面是基本保证，并且要依据种畜的年龄、生理状态和生产性能等进行合理调配，使其保持合适的营养水平，特别要重视产前、产后母畜的饲养。

(2)给予舒适的生活环境　环境条件对母畜的繁殖活动有较大影响，如在我国南方的夏季，气候炎热，母畜多不发情；畜舍拥挤、缺少运动场等均降低母畜的繁殖力。因此，对母畜要给予良好的环境条件，包括畜舍空间足够、有通风、防暑降温和保暖设施，以及有合适的运动场所等。

2. 严格管理

畜牧场要建立严格的管理制度，包括畜群的生产、繁殖、防疫规程、卫生管理和工作人员岗位责任制等。

(二)建立科学的繁殖管理制度

种畜场除了建立一般的饲养管理制度或规程外，还特别要加强畜群的繁殖管理。繁殖管理应着重如下几个方面的工作。

1. 建立繁殖档案

种公畜的采精时间、精液质量，母畜的发情、配种、分娩等繁殖情况都要有完整的详细记录，并及时进行整理分析后存档。

2. 加强对种公畜和精液质量管理

在母畜具备正常繁殖机能的前提下，不论采取何种配种方式，优良品质的精液是保证受精和胚胎正常发育的前提。因此，对种公畜的选择、饲养管理和使用以及对精液品质的检查都要有严格的制度。

在选择种公畜时，除重视其遗传性能、体形外貌和一般生理状态之外，还应认真了解其繁殖史，定期进行健康检查，尤其要重视生殖器官、精液量、精液品质和所配母畜的受胎情况检查。有繁殖障碍的种公畜要立即停止使用或淘汰。

在精液品质检查时，无论是用鲜精液配种还是用冷冻精液配种，都要注意检查精子活率、密度，必要时进行精子形态学方面的检查，以了解种公畜生殖机能状况或精液质量。

3. 建立严格的发情鉴定和配种制度

准确的发情鉴定和适时配种是提高母畜繁殖力的重要环节，因此畜牧场要建立严格的发情鉴定和配种制度，并要根据各种母畜的发情特点，采取合理的发情鉴定和配种方法。

4. 加强对妊娠和产前、产后母畜的监护

对妊娠母畜要加强饲养管理，定期进行妊娠检查和健康状况检查，预防发生意外及发生妊娠期疾病；对产前母畜，要加强监护，预防发生意外伤害和早产、难产；对产后母畜要加强护理，防止发生产后感染等产后期疾病，并进行定期的健康检查。对母牛，一般在产后早期(7～14 d)、产后中期(20～40 d)和产后晚期(45～60 d)各做一次全面的检查。

5.建立定期的畜群繁殖状况和健康检查制度

为掌握畜群的繁殖情况，定期对畜群进行繁殖学的检查是必要的，检查项目包括：畜群繁殖管理情况、繁殖记录和繁殖力指标分析、发病情况调查和不育母畜的个体检查等。在大、中型牛场，对母牛定期进行繁殖健康检查是防治繁殖疾病行之有效的措施。

6.制定合理的畜群繁殖目标和技术指标

制定合理的畜群繁殖目标和技术指标，有利于加强繁殖管理和工作人员的责任心。制定这些目标或指标时，要依据家畜的繁殖特点和要求以及生产实际。例如，在奶牛场，繁殖管理目标应包括：平均产犊间隔期、情期受胎率、繁殖疾病的发病率、因繁殖疾病而淘汰的母牛占淘汰牛的比率、繁殖计划、繁殖记录、繁殖管理规范、繁殖技术操作规程等。

具体的综合技术指标一般有：经产母牛平均产犊间隔的最佳值是 365 d，优良值少于 385 d；平均产后空怀时间少于 100 d；产后至第一次发情配种的间隔时间为 65 d 以内，且 85%以上的母牛于产后 60 d 时出现过发情；第一情期受胎率应为 70%以上，平均情期受胎率应为 60%以上；平均妊娠的配种次数应少于 1.5 次；每年因繁殖问题淘汰的母牛比率小于 10%，流产率小于 3%；平均妊娠率大于 90%，空怀率小于 10%；后备母牛平均初产年龄为 24～25 月龄，始配时间为 13～14 月龄，配孕时间为 14～15 月龄；后备母牛平均妊娠的配种次数少于 1.4 次，第一情期受胎率为 80%以上，平均情期胎率为 70%以上。

（三）推广应用繁殖新技术

应用繁殖新技术，不仅能充分发挥母畜的繁殖潜能，提高繁殖力，而且能降低不育的发病率或减少损失。这些繁殖新技术有：人工授精技术、胚胎移植技术、诱导发情和排卵技术、诱导分娩技术、母畜生殖机能监测技术等，具体内容可参考有关章节。

（章孝荣）

第二节　泌乳生理与乳腺疾病

一、泌乳生理

（一）乳房的解剖结构

1.牛的乳房

牛的乳房位于耻骨部的腹下壁，两股基部之间，分前后左右四个乳区，左右乳区有浅的间沟为界，前后乳区则无可见明显界限(图 4-2)。每个乳区之下各有一个乳头，乳头管的开口称为乳头孔。有的牛，在正常乳头后方或前后乳头之间还多出一个小乳头，称为副乳头。乳房后部皮肤沿会阴部向上到阴门裂之间有一片稀毛区形成的皮肤褶，称为乳镜。乳房内部结构由实质和间质两部分组成。

(1)实质　与乳区对应，乳房实质也分四个区，乳房悬韧带将左右区隔开(图 4-2)。每个区的实质都是由腺泡系和腺管系组成(图 4-3)。皮下筋膜的结缔组织向内伸入，将实质分隔成许多乳腺小叶，乳腺小叶集合成乳腺叶。乳腺叶是由大量的腺泡和末梢导管连接而成

(图 4-4)。

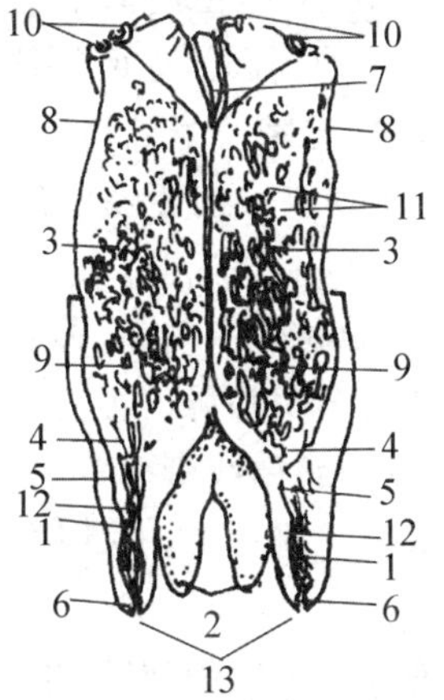

图 4-2 牛乳房的垂直切面(通过二后乳区)

1.乳头乳池 2.乳头 3.乳腺 4.大乳管 5.乳腺乳池 6.乳头管 7.中间悬韧带 8.深悬韧带 9.皮肤 10.乳房基底部的血管 11.乳腺中的血管 12.乳槽的静脉 13.乳头管口

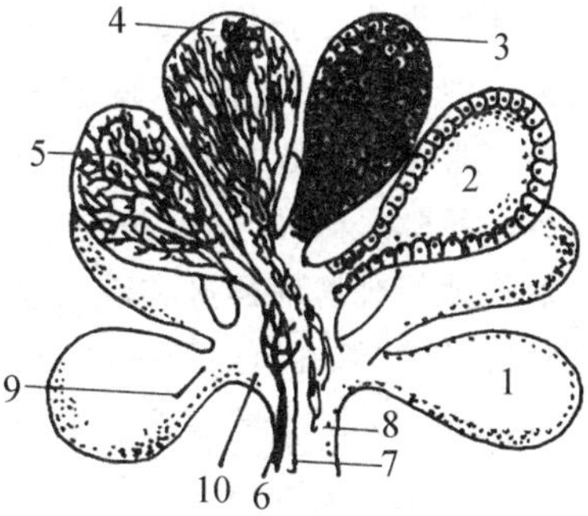

图 4-3 乳腺泡及腺管模式图

(绘自甘肃农业大学主编《兽医产科学》,第2版,1990)

1.腺泡 2.腺泡剖面(腺泡腔) 3.腺泡上皮细胞 4.肌上皮细胞 5.毛细血管 6.动脉 7.静脉 8.集乳管 9.终末管 10.小叶内的腺管

腺泡系:是腺泡的总称。腺泡是泌乳的基本单位。在腺泡的上皮细胞与基膜之间有肌上皮细胞,该细胞收缩时能使乳汁从腺泡中排出来。

腺管系:是乳腺中乳汁排出的管道系统,起始于末梢导管。小叶内腺管向小叶间的集乳管开口,集乳管汇合成中等大的乳管(乳道),再汇合成20～25个大的输乳管汇入乳池。腺胞分泌的乳汁最后注入乳池中潴留。腺管外壁都有平滑肌纤维包围。

乳池:分上下相通的两部分,上部称乳腺乳池,下部称乳头乳池(图 4-5)。乳池内面为光滑有皱褶的黏膜,在乳腺乳池和乳头乳池交界处形成大的环状皱褶,将二者分开,称乳池棚。乳头乳池下端通向乳头管。乳头管周围被括约肌环绕,控制乳头管的开口。

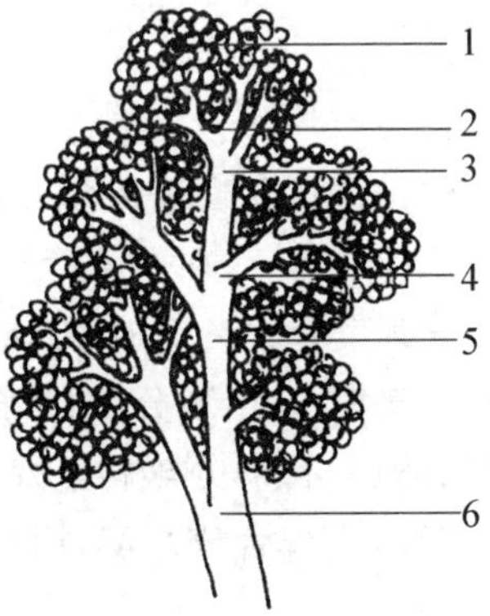

图 4-4 腺叶模式图

1.腺泡 2～6.各种大小的乳管(腺管)

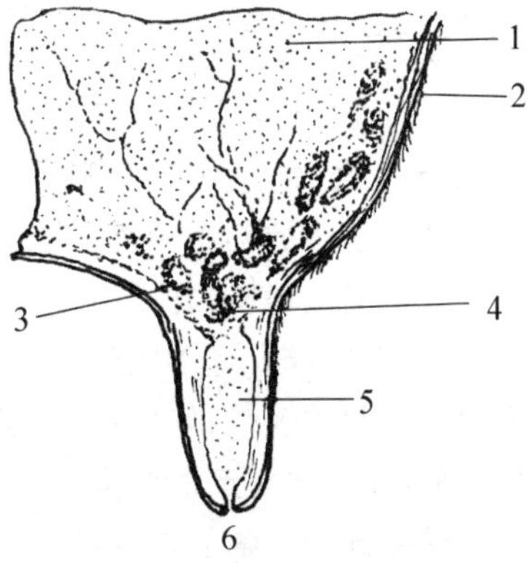

图 4-5 牛乳房剖面图(示乳池)

1.腺体组织 2.皮肤 3.乳管 4.乳腺乳池 5.乳头乳池 6.乳头管

(2)间质　由腺泡和腺管间的结缔组织、血管、淋巴管、神经和韧带共同构成。

韧带有乳房悬韧带和乳房侧韧带。悬韧带由腹黄膜延伸而成，从腹白线向下形成一片纵行的乳房中隔；侧韧带由骨盆腹侧盆下腱延伸而来，包在整个乳腺的周围。这两组韧带均分出很多板状支伸入乳腺结缔组织中，构成乳腺网状支架，并互相连接起来。当乳房充满乳汁时，悬韧带和侧韧带由于弹性纤维方向的不同，使乳房在水平方向比垂直方向更易膨胀。一旦悬韧带失去弹性，就导致乳房下垂，严重者甚至离开腹壁，变成垂乳。

乳房血管丰富、粗大，左右侧基本对称，相互间有吻合枝。动脉每侧有两条，即乳房动脉和会阴动脉。静脉每侧 3 条，即腹皮下静脉(乳静脉)、阴部外静脉和会阴静脉。腹皮下静脉由乳房基底前静脉与乳房前静脉在乳房基底的前缘汇合而成，在皮下沿腹白线旁侧弯曲向前，通过肋弓软骨后缘的“乳井”(milk well)向前进入腹腔。“乳井”一般是一侧一个，有的两个以上，它的大小常意味着泌乳量的高低。

淋巴系统左右侧乳房各一组。乳腺毛细淋巴管起始于腺泡周围的组织间隙，包围腺泡，在腺小叶间集合成淋巴管，然后向上汇入乳上淋巴结。乳上淋巴结位于乳房基底部的后上方，呈上下压扁的椭圆形，约鸡蛋大小，一般 1～2 个。

分布于乳房的神经有第一(髂腹下)及第二(髂腹股沟)腰神经、精索外神经、会阴神经及交感神经。

2. 其他家畜的乳房

(1)猪的乳房　一般有 5～9 对乳包和乳头，从耻骨前下沿腹白线两侧向前直至胸骨部，平行排列。每个乳包内有 2～3 个腺叶团，腺叶团有各自腺泡系、腺管系及乳头管，每个乳头都有两条乳头管通过，乳头池并不发达，因此一般不能贮留乳汁。

(2)羊的乳房　羊的乳房有两个乳区，左右侧各一个，乳区间沟明显。每区各自有一个腺泡系、腺管系、乳池及乳头管，组织结构与牛的相似。山羊和绵羊乳房的结构没有差别，但乳用品种的乳房较发达。

(3)马的乳房　左右两房之间无明显界限，每侧乳房分前后两个乳区(腺叶)，每个乳区都有独立的腺泡系和腺管系，其输出管在乳头基部附近通入两个或三个小的圆锥形乳池。每一个乳池有独立的管道通向乳头，因此，每个乳头都有两个乳头池、乳头管及其开口。

(二)乳腺生理

1. 乳腺的发育和乳汁生成

在胚胎时期至出生前，乳腺组织几乎不发育。出生后至初情期，乳腺腺管组织和脂肪组织开始增长，形成分支复杂的细小导管系统，但腺泡还不发育。性成熟后，在有关激素的作用下，乳房的腺管进一步发育。妊娠开始后，乳腺组织迅速发育，腺管发育数量增加，腺泡开始形成，每个导管末端开始形成没有分泌腔的腺泡；妊娠中期，腺泡迅速发育，出现分泌腔，腺管和腺泡不断增大，逐渐取代间质组织；妊娠后期，腺泡上皮细胞开始分泌，初期分泌物呈蜂蜜样；到产前 3 周，乳房显著增大；约在产前两天，乳汁合成能力趋于完善，出现合成高潮，腺泡开始分泌初乳。分娩后，乳腺开始正常的泌乳活动。

2. 泌乳和排乳

乳汁生成是一个连续性过程。腺泡分泌的乳汁以不同的比例分布于腺泡腔和乳导管(泡乳)，少量从乳导管进入乳腺池(窦乳，sinus milk)。腺泡肌上皮细胞收缩，使腺泡内的乳汁进入乳导管。肌上皮细胞收缩引起小导管、大导管、乳池外周平滑肌松弛、扩张，使乳汁进入其中，同时借助于环绕乳头端的括约肌控制乳头管口，使乳汁保留在乳池内。

泌乳时需要大量血液流经乳房，如以产乳量为 1，则血流量需 450。因此，24 h 内如产奶 15 kg，则通过乳房的血液就需在 6 000 kg 以上，即每产 1 kg 奶，需 400 kg 血液通过乳房。大型猪 24 h 可产奶 4～5 kg，整个泌乳期可达 100～200 kg。山羊在分娩后 6 d 内，流向乳房的血液增加 1～2.5 倍。

乳汁从腺泡排出的过程叫做排乳(milk removal)，俗称“放乳”(milk ejection)。排乳必须乳房内压增高和乳头管口开放，伴随乳房内压下降，腺泡和腺管内可重新蓄积乳汁。母牛生成乳汁的速度，即实际产奶量取决于腺体的扩张和贮存能力。乳腺内压增高时，导致血流量减少，合成乳汁的能力下降。因此，频繁的挤奶和犊牛自然哺乳通常可使乳量增加。

牛和山羊挤奶时挤出的奶 80％是窦乳，其他动物则 70％～80％为泡乳。由于母猪的乳房没有乳池不能随时排乳，因此，仔猪也就不能随时吮到母乳。

排乳是在催产素控制下进行的。吮乳动作或挤奶过程各种活动的刺激均可反射性地引起垂体释放催产素，从而完成排乳过程。母牛排乳反射是一个迅速开始并很快消退的过程，平均持续时间为 14 s，下一次排乳反射，则需要另一个催产素释放波。

知识链接

初乳和常乳

初乳是指母畜或妇女在产后最初几天(一般为 3 d)分泌的乳汁；常乳一般是指产后 2 周以后分泌的乳汁。初乳色黄、味苦、黏度大、热稳定性差。初乳虽然不宜作为食品给常人饮用，但对初生动物或婴儿却有重要的生理作用，因为初乳与常乳比较，营养价值高(蛋白质是常乳的 5～6 倍，维生素 A 是常乳的 10～100 倍，铁是常乳的 12～15 倍，乳脂是常乳的 1～2 倍)；含有较多的溶菌酶和免疫球蛋白，具有杀菌和抑菌作用；具有一定的酸度，可刺激皱胃黏膜分泌消化液，促进营养物质的消化吸收；含有较多的镁盐，有轻泻作用，可促进新生仔畜(婴儿)胎粪排出。

(章孝荣)

3. 乳腺的退行

经过一定阶段的泌乳活动，乳腺组织已进入“疲劳”状态。在奶牛通常要有 40～60 d 的干奶期，否则乳腺将得不到充分的休息和恢复，从而影响下一个泌乳期的产奶量。当奶牛进入干奶期或哺乳仔畜断奶后，乳腺发生退化或萎缩，乳汁合成停止。

乳腺发生退化的特征是：乳腺代谢活动急剧降低，丧失分泌能力；小叶腺泡组织变性，分泌腔逐渐消失，细小导管萎缩，腺体组织被结缔组织和脂肪组织所取代。

4. 乳腺的神经体液调控

(1)乳腺发育的调控　雌激素和孕酮共同协调参与调节乳腺的发育。雌激素主要刺激乳腺腺管的发育，妊娠时也刺激腺泡的发育。母畜在初情期至妊娠以前，由于雌激素和孕酮水平的周期性升降，刺激乳腺腺管和腺泡的发育，但主要是腺管系的发育。妊娠后，在雌激素和孕酮作用下，主要是腺管系的发育。妊娠中期以后，胎盘促乳素配合孕酮继续刺激腺泡的发育并分化。临产前，雌激素水平急剧升高，更有利于产后乳腺上皮细胞的增殖；孕酮的突然降低，则有利于乳腺上皮对促乳素的反应，而能在产后开始泌乳。

乳腺的发育还受到神经系统的调控。刺激乳腺的感受器，其神经冲动传到中枢神经系统，可通过下丘脑-垂体系统或直接支配乳腺的传出神经，显著影响乳腺的发育。

(2)乳汁生成的调控　雌激素和孕酮平衡的变化是泌乳活动的开始。母畜分娩以后，垂体前叶由于解脱了孕酮和雌激素的控制，同时下丘脑促乳素抑制因子分泌减少，使得 PRL 和其他生乳激素(如肾上腺皮质激素等)迅速释放，不仅促进乳腺管和腺泡进一步发育，同时也发动了泌乳。生长激素对奶牛的乳腺发育、乳汁生成和泌乳的维持也有重要作用。

(3)排乳的调控　排乳是由垂体催产素调控的。在幼畜吮乳和挤奶动作的刺激下，反射性地引起催产素的释放，发生了排乳，同时也刺激 PRL 不断释放。PRL 及促生长素是维持泌乳所必需的。此外，甲状腺素、肾上腺皮质激素对乳腺泌乳维持也是非常重要的。

5. 乳房的防卫机制

(1)乳头管　环绕乳头管的括约肌，平时保持紧闭状态，可阻止细菌的通过；乳头管黏膜角化上皮细胞能分泌角质素，在某种程度上阻碍乳头管开张，阻止细菌进入。

(2)白细胞　发生乳房炎时，血中大量的嗜中性白细胞、巨噬细胞和淋巴细胞进入乳汁，增加乳汁的抗菌能力。

(3)酶　乳汁中有乳清过氧化物酶、溶菌酶等，能抑制或杀灭进入乳房的细菌。乳房炎时，溶菌酶增加 2～6 倍。

(4)乳铁蛋白　是一种乳制菌蛋白，具有调理素性质，对大肠杆菌有更强的抑制能力。在干奶早期，乳铁蛋白增加，成为该阶段乳腺中一种主要蛋白，可以防止大肠杆菌感染。乳房炎时，乳铁蛋白可增加 20～30 倍。初乳中乳铁蛋白也较常乳高。

(5)抗体　病原体侵入乳房后，会激活机体的免疫系统，产生抗体，能有效地抵御病菌的感染。

知识链接

诱导泌乳

诱导泌乳(induction of lactation)是指利用外源激素处理未孕母畜，使其不经过妊娠与分娩过程而能泌乳的一种技术。通过诱导泌乳处理，不仅能使因不育而长时间不泌乳的母畜开始泌乳，而且能调整母畜的生殖内分泌平衡，对不孕症有辅助治疗作用。因此，这项技术对提高乳用家畜的养殖效益有特别的应用价值。奶牛的诱导泌乳方案有如下两种：

(1)按每千克体重每日皮下注射雌二醇 0.1 mg，孕酮 0.25 mg，连续处理 7 d；接着每日 1 次肌肉注射利血平 5 mg(体重 500 kg 以下的牛酌减)，连用 4 d，或用 15-甲基 $PGF_{2\alpha}$ 1.2 mg 代替利血平，连用 2～4 d。此法也称 7-5-4 方案。

(2)从发情后第 4 天开始，每日早晚各 1 次皮下注射苯甲酸雌二醇(0.05 mg/kg 体重)和孕酮(0.125 mg/kg 体重)，连续 5.5 d(11 次)；间歇 1.5 d，再每日 1 次肌肉注射利血平，连用 7 d(前 4 d 每次 3 mg，后 3 d 每次 4 mg；体重 500 kg 以下的牛酌减)。此法也称 4-5.5-1.5-7 方案。

两种方案均在处理结束后，试行挤奶。但无论用哪种方案，均须在激素处理的同时，用温水热敷并按摩乳房，每日 2～3 次，每次按摩 15～20 min，才能收到较好的效果。

如处理得当，泌乳量能达到前一次正常泌乳量的 60%～70%。

青年母牛、奶山羊也可用上述方法诱导泌乳，但在奶山羊要将雌激素和孕酮的使用天数增加至 10 d，利血平的剂量减至 1 mg。

（章孝荣）

二、乳房炎

乳房炎(mastitis)是指乳房组织受到病原微生物感染或物理、化学等因素的刺激所发生的炎症反应，其主要特征是乳腺组织发生不同类型的病理学过程，并伴有乳汁理化性质改变及细菌学变化。本病可发生于各种家畜，但多见于奶用家畜，特别是奶牛。

（一）奶牛乳房炎

奶牛乳房炎是危害世界乳业的主要因素之一。它不仅影响产奶量造成经济损失，而且降低奶品质，危害人类健康。据报道，目前全世界有 2.2 亿多头奶牛，其中约有 1/3 的奶牛患有各种类型的乳房炎，每年的经济损失高达 350 多亿美元，约为奶牛不孕症及其他繁殖疾病造成的经济损失的 2 倍。

据对我国一些大型奶牛场调查，乳房炎是奶牛场最严重疾病之一。临床型乳房炎发病率高达 25%～40%，亚临床型乳房炎更高达 50%～70%，造成的经济损失巨大。

据一般估计，在乳房炎造成的经济损失中，降低产奶量的损失约占 70%，患病死亡和过早淘汰的占 14%，废弃奶和治疗费各占 8%。在生产总损失中 70% 是由亚临床型乳房炎引起的(图 4-6)。

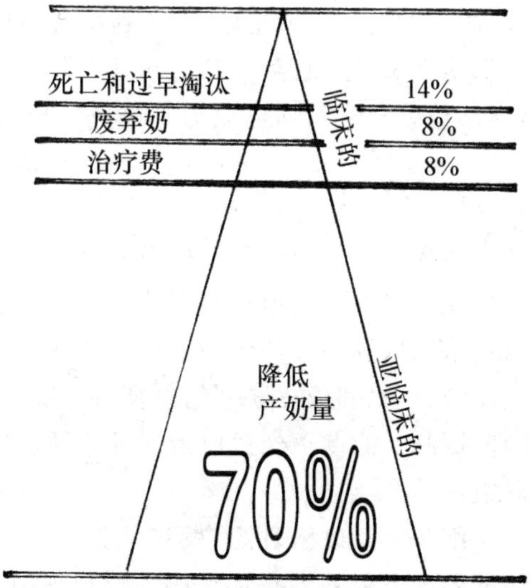

图 4-6 临床型和亚临床乳房炎所造成的损失百分比

(引自徐志锐等译著《奶牛乳房炎管理》，1988)

1.病因

(1)病原体感染　乳房炎的病因大多数是由多种非特定病原微生物引起的,包括细菌、霉形体(支原体)、真菌、病毒和钩端螺旋体等,已报道的有80多种,较常见的是23种,其中细菌14种、霉形体2种、真菌及病毒7种。在细菌感染的病例,链球菌和金黄色葡萄球菌占90%～95%,其次是大肠杆菌。在链球菌属中又以无乳链球菌感染居多,停乳链球菌和乳房链球菌也较常见。被链球菌感染的大多取慢性经过,有时取急性或亚急性经过。

大肠埃希杆菌、克雷伯菌、产气肠杆菌和假单孢菌也是引起乳房炎的另一类重要的环境病原菌。这些细菌引起的乳房炎多数是急性或最急性的,但也有的感染呈慢性经过。

绿脓杆菌、蜡状芽孢杆菌、梭状芽孢杆菌、化脓棒状杆菌、诺卡氏菌、分支杆菌、多杀性巴氏杆菌、牛棒状杆菌等,偶然会引起乳房炎暴发。

霉形体感染较常见的是牛霉形体。多数霉形体不仅引起乳房炎,还能引起其他组织器官疾病。

真菌性乳房炎主要由念珠菌属、隐球菌属、毛孢子菌属和曲霉菌属等引起,多发生于长期或大量使用抗菌素后,破坏了乳区微生物的生态平衡,导致真菌大量繁殖,或所用的药械被真菌污染所致。

病毒性乳房炎大多数为继发感染。主要有牛乳头疱疹病毒和牛痘病毒、口蹄疫病毒等,经乳头皮肤感染后继发其他细菌感染,而导致乳房炎。

钩端螺旋体是近年才见报道的乳房炎病原体,七日热钩端螺旋体亚群是其中最重要的病原,它与"乳下降综合征"及感染牛群的流产有关,引起的乳房炎首先出现特征性泌乳减少,乳汁黏稠或发生凝集,在24 h内停止泌乳。

(2)其他因素　乳房炎的发生受季节、环境卫生、饲养管理、挤奶方式、泌乳阶段、胎次以及乳房(头)形态等多种因素的影响。气候炎热,牛舍潮湿、环境差,牛体脏污、长期拴系和未使用垫草等都有利于微生物的繁殖,使发病率升高;牛床狭窄或过长过短,运动场坑凹或留有障碍物,以及挤奶方法不当和挤奶不规范等容易使乳房受到损伤和感染;经产牛和胎次多的牛、干奶期和产后泌乳初期以及高产奶牛发病率一般也较高;饲料中蛋白质过高,青贮饲料饲喂不足以及饲料中维生素A、维生素E和硒缺乏,也会使发病率升高;乳房过大或严重下垂的乳房,患有胎衣不下和子宫炎或体内其他脏器疾病均可成为乳房炎发病的诱因。此外,乳房炎还可能与遗传有关。

2.发病机理

乳房炎的发生,从病原微生物入侵乳腺组织到发生炎症反应,一般经历三个阶段:

(1)病原微生物的入侵　病原入侵的主要途径是乳头管口,如畜舍卫生环境差、不正确的挤奶,乳头管黏膜上皮损伤以及挤奶后乳头括约肌处于松弛状态等,黏附在乳头管口的病原微生物都可能入侵乳腺;其次是血液、淋巴和或皮肤创伤途径。当发生胎衣不下、子宫炎、产后败血症或脓毒血症以及其他器官脓肿时,病菌可经过血液或淋巴循环进入乳腺,或在乳房皮肤创伤时,病菌通过创口进入乳腺组织。

(2)在乳腺内建立感染区　细菌一旦进入乳腺,就在乳腺组织中生长、繁殖。如从乳头管口入侵的病菌,先在接近乳头的乳区下部的乳头管壁或腺管组织中生长和繁殖,建立感染区,然后向上扩散到乳区其他部位。

(3)乳腺组织炎症反应　当乳管的管壁细胞受到损伤或受到细菌释放的物质的刺激,即使刺激很微弱，也能迅速引起乳腺组织的防御反应，乳房炎的发展即进入炎症阶段。炎症的最终发展及其严重程度取决于机体及乳腺组织局部的防御机能。

受感染的乳腺组织释放出化学物质，吸引白细胞进入乳腺，因而乳中体细胞（主要是嗜中性多型核白细胞）数迅速增加。细菌与白细胞之间的相互作用，是影响感染建立的重要因素。这些细胞的主要作用是吞噬和杀死病菌，若感染乳区内的病菌被杀死，感染即被消除；但只要有任何细菌得以存活，随之就出现炎症反应。细菌通过产生内毒素破坏乳腺组织，引起泌乳细胞的水肿和死亡。白细胞进入到感染乳区，导致炎性反应物质的释放，分泌液和凝血因子也泄漏到感染区域，以稀释细菌毒素，修复受损组织，从而导致水肿和发红。

3. 乳房炎的分类及临床症状

乳房炎分类方法很多，下面介绍在临床上较为适用的两种分类方法。

（1）美国国家乳房炎委员会（NMC）根据乳房和乳汁有无肉眼可见变化的分类法

①非临床型或亚临床型乳房炎（nonclinical or subclinical mastitis）。乳房和乳汁均无肉眼可见变化，必须用特殊的理化方法才能检出，但引起奶产量减少，乳品质下降，是乳房炎中发生最多、造成经济损失最严重的一种，通常也称为隐性乳房炎（hidden mastitis）。

②临床型乳房炎（clinical mastitis）。乳房和乳汁均有肉眼可见的异常。轻度临床型乳房炎临床症状较轻微，乳房不觉异常，或有轻度发热和疼痛，可能肿胀；乳汁中有絮状物或凝块，有时呈水样，pH 偏碱性，体细胞数和氯化物含量均增加；重度临床型乳房炎乳腺组织有较严重的病理变化，患病乳区急性肿胀、热、硬、疼痛；奶产量减少，乳汁异常呈黄白色或血清样，内有乳凝块；全身症状不明显，如出现体温升高，脉搏增速，食欲丧失等全身症状，称为急性全身性乳房炎（acute systemic mastitis）。

③慢性乳房炎（chronic mastitis）。通常由于急性乳房炎没有及时处理或由于持续感染所致。一般没有明显的临床症状，但病程长，反复发作，奶产量明显下降，偶尔可发展成临床型乳房炎，也可导致乳腺瘢痕组织不断扩大或乳房萎缩。

（2）国际乳业联盟（IDF）根据乳汁可否检出病原菌和乳汁有无肉眼可见变化的分类法（表 4 - 4）。

表 4 - 4 国际乳业联盟对乳房炎的分类

特征	分类	乳房临床症状	乳汁肉眼观察	乳中病原菌	乳中体细胞
感染性	临床型乳房炎	+	+	+	+
	亚临床型乳房炎	−	−	+	+
非特异性	临床型乳房炎	+	+	−	+
	亚临床型乳房炎	−	−	−	−
	健康乳房	−	−	−	−

①感染性临床型乳房炎（infectious clinical mastitis）。乳汁可检出病原菌，乳房和乳汁有肉眼可见变化。

②感染性亚临床型乳房炎（infectious subclinical mastitis）。乳汁可检出病原菌，但乳房和乳汁无肉眼可见变化。

③非特异性临床型乳房炎（non-specific clinical mastitis）。乳房或乳汁有肉眼可见的变

化，但乳汁检不出病原菌。

④非特异性亚临床型乳房炎(non-specific subcincal mastitis)。乳房和乳汁无肉眼可见变化，乳汁无病原菌检出，仅乳汁化验呈阳性。

⑤健康乳房(healthy udder)。

4. 乳房炎的诊断

(1)临床型乳房炎的诊断　此类乳房炎临床症状明显，根据乳房和乳汁变化，如视诊和触诊乳房，挤出乳汁观察乳汁性状等，即可作出直观诊断。确诊特定的病原体须做细菌分离培养、生化试验和必要的药敏试验。一般根据病情将其诊断为最急性、急性、亚急性和慢性；也可根据炎症性质将其分为浆液性、卡他性、纤维蛋白性、化脓性、出血性等。

(2)隐性乳房炎的诊断　隐性乳房炎需要通过乳汁化验，才能作出诊断。必要时可进行乳汁细菌学检查，以便为药物治疗提供依据。以下是几种常用诊断方法：

①乳汁体细胞计数法(somatic cell count, SCC)。此法是计算每毫升乳汁中的体细胞数，也是诊断隐性乳房炎的基准。病原体感染对乳腺组织造成了损伤，诱导血液中的白细胞向受伤的乳腺组织渗出，同时损伤脱落的乳腺上皮细胞也出现在乳汁中，这两类细胞通称为体细胞。随着炎症的发展，体细胞数急剧增加；当炎症消失后，体细胞数就会逐渐减少。因此，体细胞数是反映乳腺健康的重要指标，通过体细胞计数就成为判定乳房炎轻重程度的重要依据。

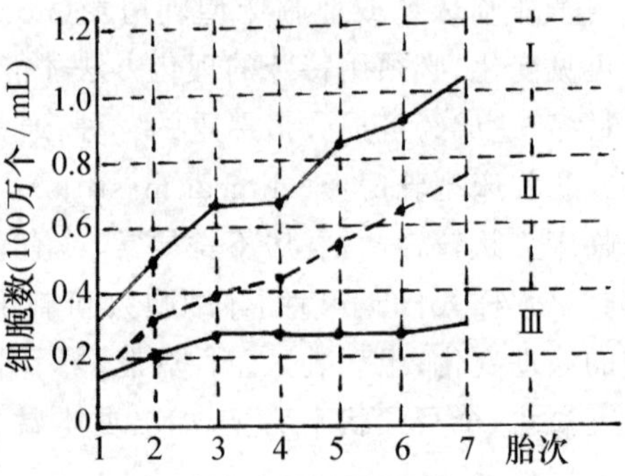

图 4-7　各胎次与乳中细胞数的关系

Ⅰ. 细胞总数　Ⅱ. 分叶核白细胞数

Ⅲ. 分叶核白细胞以外的细胞数

此外，除乳房感染有差异外，体细胞数还与挤奶方法、泌乳牛胎次(图 4-7)、泌乳月数(表 4-5)和泌乳阶段等有关。

表 4-5　不同的挤奶法、不同泌乳月数的乳中细胞数　个

泌乳月数	手挤奶时平均每毫升中细胞数	机挤奶时平均每毫升中细胞数
1～3	78 000	365 000
3～6	83 000	258 000
6～9	115 000	352 000
9～12	150 000	643 000
12 个月以下	382 000	832 000

乳汁体细胞计数方法很多，有显微镜直接计数法(DMSCC)、细胞电子计数法(ESCC)、罐奶细胞计数法(BMSCC)、细胞分类计数法等。其中 ESCC 法效率高而准确，适用于牛场乳房炎的普查。

国际通行规定，以 50 万/mL 以上细胞数定为乳房炎的基准，将细胞数低于 20 万～25 万/mL定为无炎乳区。在生产实践中，必须明确乳区奶、个体牛乳区混合奶、牛群罐奶混合奶细胞计数指标有所区别，因为混合奶会被细胞数少的乳区或个体牛乳样稀释而出现误差。

②化学检验法。普遍采用的是美国加州乳房炎试验(California mastitis test)，即 CMT 法。其基本原理是用一种阴离子表面活性剂(烷基或烃基硫酸盐)，破坏乳中的体细胞，释放其中的蛋白质，蛋白质与试剂结合产生沉淀或形成凝胶。细胞中聚合的 DNA 是 CMT 产生阳性反应的主要成分。乳中体细胞数越多，产生的沉淀或凝胶也就越多。根据这一原理，我国兰州、北京、杭州、上海、吉林及青海等不少地方利用国产的烷基或烃基硫酸盐原料，先后研制出了 LMT、BMT、HMT、SMT、JMT 和 QMT 等以各地地名符号命名的诊断隐性乳房炎试剂，达到了 CMT 试剂国产化。本法适用于奶牛现场检测，是一种简便实用的隐性乳房炎诊断法和间接体细胞计数法。

其他化学检验法还有溴麝香草酚蓝试验(B. T. B 法)、过氧化氢法、4%苛性钠凝乳试验(whiteside test)及氯化钠硝酸银试验等。

③乳汁电导率测定。乳腺感染后，血 - 乳屏障的渗透性改变，Na^+、Cl^- 进入乳汁，使乳汁电导率升高，根据这一变化用以诊断隐性乳房炎。此法迅速、准确，使用方便。我国曾引进过新西兰生产的 AHI 乳房炎检测仪和日本生产的便携式袖珍电子诊断仪。国内也研制出同类产品，如山西农业大学郝庆铭教授研制的 ZRD 型乳腺炎电子检测仪，除了能准确检出隐性乳房炎外，还具有区分乳汁质量等级多种功能；西北农林科技大学研制的 XND - A 型奶检仪，能快速、综合的检出掺假奶，酸败奶和乳房炎奶。此外，西南民族学院等研制的 86 - 型隐性乳房炎诊断仪很早就在临床上使用。

牛乳汁的电导率值有个体差异，约 14%牛的乳汁的电导率高于一般正常值，约 26%的牛低于一般正常值，故用相对值来判定较为合适。

④乳汁的细菌培养。此法是诊断乳房炎的可靠方法，尤其是利用罐奶(桶奶)微生物鉴定有助于在特定的牛场识别病原菌，确定这些病原菌是否为该牛群的问题所在。例如，当在罐奶中发现无乳链球菌、金黄色葡萄球菌或霉形体时，就要注意这些病原菌可能引起该牛群乳房炎的暴发。

乳房炎病原菌通常分为接触传染性和环境性的两种。前者为母牛乳房的专性寄生菌，乳房为它们提供了贮存条件。挤奶时，通过各种途径，这些病原菌可以得到感染和传播。后者是乳房随机侵入的，这些病原菌存在于环境中，它不可能完全被消灭，而且容易被疏忽。通过罐奶微生物鉴定，可以了解哪些病原菌是牛群存在的问题，以及问题发生于哪些薄弱环节，从而加强乳房保健工作。

⑤其他诊断方法。

NAGase 试验：即 N - 乙酰 - B - D 氨基葡萄糖苷酶含量测定法。乳腺感染后，乳中 NAGase 含量显著增加，是由于乳腺分泌细胞受到破坏，其细胞物质外流的缘故。可用于诊断乳房炎感染的严重程度和治疗后乳腺的恢复情况。

乳清总蛋白量测定：乳腺感染后，乳清总蛋白量增加，炎症越重，增加越多，可用于鉴别乳房炎的类型。

血清蛋白测定：乳腺感染后，血清白蛋白稍降低，γ - 球蛋白显著增高。可通过检查乳腺上皮的完整性，并作为各种乳房炎检验法的一种辅助和验证手段。

乳汁抗胰蛋白酶活性测定：乳腺感染后，血浆中抗胰蛋白酶随损伤的上皮进入乳中，使乳中的抗胰蛋白酶活性升高。测定乳中酶活性的变化，可反映乳腺上皮的完整程度，是否有炎症及炎症的严重程度和治疗效果，以及治疗后乳中病原菌的转阴率。但应注意，初乳中抗胰蛋白酶活性很高，不适宜作此项测定。

上述方法在诊断隐性乳房炎时与CMT配合，诊断效果更好。

5.乳房炎的治疗

乳房炎的治疗主要是针对临床型乳房炎，对隐性乳房炎则主要是控制和预防。

临床型乳房炎疗效的判定标准：临床症状减轻和消失；乳汁体细胞数降至正常范围(50万/mL以下)；乳汁病原菌转阴率。后两条也是判定隐性乳房炎防治效果的标准。

治疗原则：临床型乳房炎应采取局部用药和全身治疗相结合的方法，并结合对症治疗。给药途径可采取乳房内给药和肌肉或静脉注射。一般对亚急性病例，采取乳房内给药即可。治疗必须按疗程用药，至少坚持3～4 d，如无明显好转，再改用其他药物；在临床症状消退之后，仍需继续用药1～2 d，然后停药；乳房内给药应选择无刺激性或刺激较小的药物，以免影响泌乳和损伤乳腺组织。

目前抗生素仍然是治疗乳房炎广泛使用的药物。但是随着抗生素长期大量使用，使得致病菌耐药菌株增加，以致一些乳房炎病例变得难以治疗。选择抗生素治疗乳房炎时必须遵循的基本原则是：根据药敏试验选择药物；在不可能查清病原菌的情况下，先采用广谱抗菌药物，或选两种抗菌素合用(联合用药)；选择杀灭专性病原菌最有效的抗菌药物；选择各种细菌不易产生抗药性的抗生素。

治疗乳房炎常用的抗生素有：青霉素、链霉素、红霉素、新生霉素、四环素类、头孢菌素、强力霉素以及喹诺酮类等。此外，磺胺类药也是常用抗菌药物。为了避免病原菌对抗生素产生抗药性和抗生素在乳中残留，提倡使用中草药制剂或其他替代品治疗乳房炎，已成为今后开拓研究的发展方向。

(1)乳房内给药方法　通过向乳房内灌注药物，使药液在局部保持较高浓度，达到治疗目的。在治疗时对乳头和给药工具一定要注意严格消毒，防止二次感染。操作方法是：先挤净患病乳区乳汁或分泌物，也可以在灌注之前肌肉注射催产素200 IU，使乳区完全排空，然后再挤奶；然后将药液稀释成一定容量，吸入注射器，将乳导管涂上消毒滑润剂，从乳头管慢慢插入乳池内(不能插入太深，以免损伤乳池上皮)。注完药液后，用手指捻动乳头片刻，使乳头管口关闭，再用双手掌轻轻向上按摩挤压，使药液扩散到乳腺组织内，每日注药2～3次。

(2)乳房封闭疗法　一般在最急性或急性炎症初期使用。操作过程必须按常规消毒。

①乳房基底封闭疗法。若封闭前一乳区，先将该乳区向前下方推压，使乳区基部与腹壁之间形成一道沟折，然后在乳区沟折的前侧方将封闭针头向对侧膝关节方向刺入皮下结缔组织8～10 cm，注入青霉素盐酸普鲁卡因溶液150～200 mL(青霉素40万～80万IU溶于150～200 mL 0.25%或0.5%盐酸普鲁卡因溶液中)；若封闭后一乳区，可在两乳区中线与乳房基部后缘相交点侧方2 cm处，将封闭针头沿腹壁对着同侧腕关节方向刺入8～10 cm，注入同量药液。

②会阴神经封闭疗法。在阴唇下联合附近，触摸到坐骨切迹，以左手向上推压下联合，右手持针沿坐骨切迹中央刺入1.5～2 cm，注射3%普鲁卡因15～20 mL。

(3)物理疗法

①冷敷。最急性或急性炎症初期，采用冷水(冰)敷或冷淋浴，每次持续10～20 min，每日3～4次，可以减少毒素吸收，缓解局部肿胀和疼痛。

②热敷。急性炎症中后期或慢性乳房炎时，采用热敷(水温42～45℃)，或用10%硫酸镁、

1%～3%醋酸铅热溶液外敷，每次持续10～20 min，每日3～4次，可以改善局部血液循环，达到活血化淤、消炎止痛的效果。但乳房蜂窝织炎和脓肿应慎用热敷。

③乳房按摩。浆液性和卡他性乳房炎可以应用，同时配合药物治疗，能取得较好效果，但脓性和出血性乳房炎、蜂窝织炎时不能使用，以免引起炎症扩散。按摩方法是：浆液性乳房炎由下向上按摩，以促进炎性渗出物的吸收；卡他性乳房炎则由上而下按摩，促进炎性产物的排出。按摩要柔和，一天一次，每次10～15 min。

(4)涂擦消炎药膏 可用鱼石脂软膏、樟脑软膏、中药乳炎消油剂等。复方鱼石脂软膏（鱼石脂40 g、雄黄20 g、樟脑10 g、冰片1 g，加凡士林至100 g）对亚急性和慢性乳房炎消炎止痛具有良好效果。

(5)中药疗法 中医称乳房炎为"乳痈"，认为是邪毒入侵乳房，蕴结化热，乳络受阻所致，治疗时应清热解毒、活血化淤。常用的中药制剂有复方蒲公英煎剂（含蒲公英、金银花、板蓝根、黄岑、当归等）和金蒲汤等。例如，用金蒲汤治疗牛的乳房炎：含金银花80 g、蒲公英90 g、紫花地丁80 g、陈皮60 g、青皮40 g、生甘草30 g，白酒适量为引，水煎去渣取法内服，每日1～2剂。

据文献报道，用中药芸苔籽以250～300 g为1剂，拌在精料中让牛自由采食，隔天1剂，3剂为一个疗程，对防治乳房炎有效。

(6)其他药物疗法

①六茜素。系中草药六茜草的有效成分，抗菌谱广、无毒、无残留，对细菌不产生耐性，对由无乳链球菌、金黄色葡萄球菌、停乳链球菌引起的乳房炎有特效。将六茜素400 mg溶于25～50 mL蒸馏水中注入乳池，2次/d，重者用量加倍，3 d为1疗程，一般用药1～2个疗程。

②金乳康。系一种溶菌酶制剂，具有消炎、溶菌、杀菌，促进损伤组织的修复和增强机体免疫力的功效。金乳康1支(8万IU)用生理盐水稀释至20～25 mL，乳头内灌注2次/d，连用3～4 d。

③蜂胶合剂。蜂胶有抗菌（包括真菌）、镇痛和刺激非特异免疫等功效，对抗生素治疗无效的临床型乳房炎有一定疗效，用药1～2次明显好转，一般需连续治疗5～11 d。

④CD-01液。主要由醋酸洗必泰等药物组成，不含抗菌素，无残留，病原菌不易产生抗药性。CD-01液与复方蒲公英煎剂合用，可提高病原菌转阴率。

6.乳房炎的综合防制

乳房炎是在环境、牛体、病原微生物三者构成的链锁环节中发生的，要彻底根除乳房炎是不可能的。但是控制传染源、降低发病率还是可以做到的。乳房炎的防制除加强饲养管理以外，必须坚持预防为主、防治结合的原则，其中最重要的是控制隐性乳房炎的发生和蔓延。

(1)泌乳期的防制

①乳头药浴(teat dipping)。挤奶后1～2 h，乳头管松弛，细菌最易感染。坚持每次挤奶后浸浴乳头，可以杀灭附在乳头管口及其周围和已侵入乳头管口的微生物，尤其是对葡萄球菌、链球菌以及环境病原菌更有效。研究证明：乳头药浴液如果使用恰当，可使乳头新感染率降低50%～90%，临床型乳房炎降低约50%；挤奶前后各浸浴乳头1次比只在挤奶后浸浴效果更好。要求所用的乳头浸浴或喷雾药液对乳头无刺激性，现配现用。常用的有：0.3%～0.5%洗必泰、3%～4%次氯酸钠、0.2%过氧乙酸、0.75%碘伏（按1∶4加水稀释）、0.5%～1.0%威力碘溶液或碘消灵浸浴等。

②乳头保护膜。乳头保护膜是一种聚丙烯溶液，浸浴乳头后，溶液干燥，在乳头皮肤上形成一层薄膜，封闭乳头管口，防止细菌侵入，对乳头表皮附着的病原菌还有固定和杀灭作用。使用保护膜后，大肠杆菌性乳房炎可下降76%，金黄色葡萄球菌的感染率可下降28%。

③盐酸左旋咪唑和芸苔籽。左旋咪唑是一种细胞免疫调节剂，有修复细胞免疫功能，增强机体抗病能力的作用。芸苔籽(油菜籽)有破坏细菌壁某些酶的活性和促进白细胞吞噬作用的功能。在泌乳期，按每千克体重7.5 mg盐酸左旋咪唑拌料饲喂，1次/d，间隔1周重复1次，或用芸苔籽250～300 g拌料饲喂，隔日1剂，3剂为1疗程，防制疗隐性乳房炎效果良好。

(2)干奶期的防制　在干奶期，由于乳腺的自行退化和再一次生乳，防御机能降低，是易受微生物感染的时期。在干奶期防治乳房炎，其疗效不但高于泌乳期，而且能促进受损乳腺组织更新复原，从而大大减少下一个泌乳期开始时发生临床型乳房炎。

①干奶期乳房炎检查和防治。在干奶期前10 d和最后一次挤奶时，分别进行SCC检查，当发现SMT试验“++”以上阳性乳区时，必须进行治疗。对临床型乳房炎也必须治愈后干奶。

在干奶后15 d以内，特别是3～4 d内，注意乳房的充盈和收缩情况，发现异常，立即检查处理。

②干奶期药封预防。在干奶前最后一次挤奶后，向所有乳区注入封乳药剂，是控制感染的有效措施。用于药封的药物要具备抗菌谱广、维持有效时间长(3周以上)，所以都应用广谱抗生素和缓释赋形剂；剂型已由水剂、油剂发展到一次软管状注入；有效浓度维持时间也由1～2 d、1～2周，发展到4～8周。常用的药封药物有：

复方(长效)青霉素油剂：以菜油为基质，内含氯苯唑钠、青霉素和苄星青霉素，有10 mL和20 mL两种针剂，仅适合于干奶期使用。注入后如发现乳区有红、肿、热痛炎性症状，可再注射1次。产后1周要测奶样，确认无青霉素残留。

干奶安：是由多种抗生素配成的复方油混悬剂，为40 mL瓶装(一头牛用量)，每乳区注入10 mL，对无乳链球菌效果最好。

中草药复方注射液：由金银花、野菊花、紫花地丁和青皮制成的针剂。每乳区注入15 mL，治疗葡萄球菌感染效果较好。

复方氟哌酸制剂：内含氟哌酸250 mg，甲氧苄氨嘧啶(抗菌增效剂，TMP)100 mg，每支10 mL装，每乳区注入1支，治疗大肠杆菌感染效果良好，尤其在大量使用青霉素后大肠杆菌乳房炎增加的牛场效果更明显。

③补充亚西酸钠和维生素E。奶牛产前21 d肌肉注射1 000 IU维生素E和50 mg亚硒酸钠，对增强机体的免疫力，降低乳腺感染有一定效果。

(3)疫苗免疫预防　疫苗免疫是预防乳腺细菌感染，降低隐性乳房炎发病率、控制临床型乳房炎的最佳途径，但也有人认为，由于乳房炎的病原菌复杂、多变，很难有一种都适用的疫苗，且目前细菌疫苗研制进展缓慢，疫苗预防不是发展方向。目前已研制和试用的乳房炎疫苗有：奶牛乳腺炎多联疫苗(A)，对控制由金黄色葡萄球菌、无乳联球菌和乳房炎链球菌致病的乳房炎有较好效果；大肠杆菌疫苗可降低临床型大肠杆菌乳房炎的发病率和治疗费用；金黄色葡萄球菌疫苗可明显降低亚临床型乳房炎的发病率；以及无乳链球菌疫苗等。

因为大肠杆菌性乳房炎在临床上是最常见的，由几种不同的革兰阴性菌(大肠埃希杆菌、克雷伯菌、肠杆菌、沙雷菌等)所引起。这些细菌虽然有不同的血清型，但都有一种共有的核心抗原，故有可能制成疫苗给动物免疫。目前美国已有 4 种核心疫苗，即 ENKOVAC-bovi(Immvac)™、J-VAC™(Rhone Merieux)、J-VAC™L 5(Rhone Merieux) 和 J-5E. COLIBACTERIN™(Upjohn)，被批准使用，其作用原理是相同的，即刺激机体对存在于肠道的细菌和大多数革兰氏阴性菌的核心抗原产生免疫抗体。这些抗体与很多不同的革兰氏阴性菌发生交叉反应，可提高被免疫动物的抵抗力，降低乳腺炎的发病率。核心疫苗免疫正在逐渐成为奶牛场的常规免疫程序。

(4)DHI(dairy herd improvemenl)测定　即奶牛群改良，其内容是进行奶产量记录、乳成分分析以及奶体细胞计数(SCC)。通过 DHI 的数据分析，可以了解牛群的饲养管理水平和牛奶质量情况，作为改进饲养管理的依据。其中 SCC 是反映奶牛乳房健康程度、牛奶的质量和乳产量的损失的重要指标。通过 DHI 测定和改进管理措施，对降低乳汁体细胞数、减少乳房炎发病率、提高奶牛场的经济效益，一定会起到积极的推动作用。

(二)其他家畜的乳房炎

1. 母猪乳房炎

母猪乳房炎一般发生在产后哺乳期内，以泌乳期和断奶直后数天内多发。通常限于一个奶胞发病，有时更多，严重者可见一侧全部奶胞发病。

致病的病原微生物最常见的是葡萄球菌、链球菌和大肠杆菌，还有化脓棒状杆菌、产气荚膜杆菌以及霉形体等，可单一感染或混合感染。发病后病理过程分急性和慢性两种。

(1)急性乳房炎　临床上可见患病奶胞肿胀，或有数个肿块，触诊有热痛感；病初乳汁稀薄，含絮状物，有时出现血乳；后期挤不出乳汁，拒绝给仔猪哺乳。病情继续发展则出现全身症状。如不及时治疗，可发展为乳房脓肿。

(2)慢性乳房炎　多由急性转变而来，患区肿胀减轻，触诊有高低不平硬结。如有脓肿，往往自行破溃。如脓肿被治愈，病灶结缔组织增生，乳腺萎缩，失去泌乳机能。

可参考奶牛乳房炎的治疗方法进行治疗。另据报道，用红花注射液 5～10 mL 在乳房硬肿周围注射，轻症 1 次，重症 2～3 次即愈。

2. 山羊乳房炎

据报道，奶山羊隐性乳房炎阳性检出率高达 44.8%，与奶牛近似。临床型乳房炎发病率达 22%～24%，是奶山羊的主要疾病之一。

山羊乳房炎的病原体、症状、诊断和治疗，与奶牛乳房炎基本相似。

三、其他乳房疾病

(一)乳房浮肿

乳房浮肿(edema of the marmmary gland)是因乳腺间质组织内液体过量蓄积，使乳房发生浆液性水肿。各种家畜均可发生，但以奶牛多发，尤其以第一胎及高产奶牛发病较多。轻者可导致产奶量降低，重者对乳房悬韧带和组织造成损伤，使乳房下垂，并可诱发乳房皮肤病和乳房炎。

乳房浮肿有急性 - 生理性、慢性 - 病理性两种，前者发生于临产前，后者发生于泌乳期间。临产前发生的，一般在产后 10 d 左右可以自行消散，不影响泌乳量和乳品质。

1.病因

确切原因尚不明了。已证实临产前乳房浮肿与腹壁表层静脉(乳静脉)血压显著升高,乳房血流量减少或后躯静脉血流淤滞等有关。此外,摄入过量的含钾饲料和食盐、低镁血症以及雌激素和孕酮分泌不平衡等也与本病有关。

2.症状

病畜无全身症状,一般只是整个乳房的皮下组织发生水肿,尤以乳房下半部较为明显,但也有水肿局限于两个或一个乳区的;严重的可波及到乳房基底前缘、下腹、胸下、四肢,甚至蔓延到乳镜。水肿乳房皮肤发红光亮,无热无痛,触诊硬实,指压留痕、消退缓慢。乳房基部发生水肿时,影响机器挤奶。

本病在诊断时要与浆液性乳房炎相鉴别。

3.治疗

大部分病例产后可逐渐消肿,不需治疗,但要适当增加运动,减少精料和多汁饲料,控制饮水,增加挤奶次数,加快水肿消退,以防发生乳房炎。按摩和热敷乳房,都有助于水肿的消退。

病程长和严重的病例需用药治疗。口服氢氯噻嗪,2.5 g/次,2 次/d,连用 1～2 d,效果良好。也可口服或注射其他利尿剂,并与皮质类固醇合用可提高疗效。此外,口服缓泻剂或静脉注射高渗葡萄糖注射液,也有利于促进水肿的消退。

(二)乳房创伤

乳房创伤(trauma of the mammary gland)多发生在泌乳期的乳房较大的前乳区或乳头,一般有下列几种情况:

1.乳头外伤

主要见于乳房大而下垂的乳牛,往往是在乳牛起立时被自己的后蹄踏伤,也可能因挤奶动作粗暴引起。损伤多在乳头下半部或乳头尖端,重者可踩掉部分乳头,如发生在乳头尖端并伤及乳头管时则愈合困难。治疗时,应视外伤情况采取不同方法。

(1)乳头裂伤　可用芦荟提取液,即将鲜芦荟叶捣烂取汁液(4～6 h 内使用),擦洗裂伤乳头,2 次/d,连用 5 d。

(2)乳头断裂　乳头断裂必须及时缝合,否则由于漏奶以及创缘水肿及肉芽增生、组织变性而难于缝合紧密。缝合方法按外科手术进行,即在乳头基底部皮下施行浸润麻醉后,作三层缝合,断端各层紧密相对,才不致发生漏奶。

2. 皮肤创伤

皮肤创伤包括皮肤擦伤、皮肤浅部组织的创伤。治疗时,应先清洁创口,如已感染化脓(化脓创),要彻底清除脓液和坏死组织,然后在创面涂布龙胆紫或撒布冰片散(呋喃坦啶 20.0 g、冰片 90.0 g、大黄末 10.0 g、氧化锌 10.0 g、碘仿 20.0 g),效果良好。创口大时应进行缝合。

3.深部创伤

深部创伤多为刺创。乳汁通过创口外流,并混有血液,创口愈合缓慢。可用 3%过氧化氢、0.1%高锰酸钾、0.05%～0.1%的新洁尔灭或呋喃类溶液冲洗后,深部填充碘甘油或魏氏流膏(蓖麻油 100.0 份、碘仿 3.0 份、松馏油 3.0 份)绷带条。然后修整皮肤创口,结节缝合,下端留引流口,必要时可向下扩创引流。同时注射抗生素控制感染。如果大血管受到损伤,要迅速采取止血措施。

4. 乳房血肿

多由外伤所致。轻度挫伤能较快自然止血，血肿不大。较大的血肿，可见乳房表面突起，最初有波动，穿刺可放出血液；血凝后，触诊有弹性，穿刺多不流血；深部血肿可并发血乳。大血肿不能完全被吸收时，形成结缔组织包膜，触诊时如硬实瘤体。血肿的部位和大小，可用B型超声波扫描确定。

发生在乳房基底的严重出血所形成血肿，可能出现乳房下沉，全身有内出血症状，如贫血、心律亢进、呼吸增数。大出血最终可能导致死亡。

乳房小血肿不需要治疗，3～10 d 后能自然被吸收痊愈。对严重的血肿，需要对症治疗，但不宜手术切开，以免感染而发生乳房炎。早期可采取冷敷或冷淋浴、使用止血剂等方法止血，经过一段时间后，可改用温敷或涂擦软膏，促进血肿吸收。

(三)乳池和乳头管狭窄及闭锁

乳池和乳头管狭窄及闭锁(stenosis of the cistern and teat canal)在奶牛较常见，多出现在一个乳头乳池基部。

1. 病因

有先天性和后天性两种。先天性的很少见，可能与遗传因素有关，如牛、猪的瞎乳头即有遗传性。后天性的可由慢性乳房炎或乳池炎引起；挤奶方法不正确，长期刺激乳头管，引起黏膜的损伤发炎、组织增生或形成肉芽肿导致乳头管狭窄或闭锁；乳头末端受到损伤或发生炎症，也可引起乳头管黏膜下及括约肌间结缔组织增生，形成疤痕，导致管腔狭窄；黏膜面的乳头状瘤、纤维瘤或赘生物，也可造成狭窄。

2. 症状及诊断

主要症状是挤奶不畅，甚至挤不出奶。根据病变部位和性质不同分为如下几种情况：

(1)肉芽肿　主要发生在乳池棚及其附近，因乳池棚裂口而使结缔组织增生，形成各种不规则的肉芽组织，阻塞乳槽。指捏乳头基底部感到有硬结节，缺乏游动性。轻症不影响挤奶；大肉芽肿，在每挤头几把奶后，乳头乳池尚可充涨；完全阻塞时，乳汁不能进入乳头乳池，便挤不出奶。乳头乳池黏膜面的肉芽肿，大的使乳池变窄，小的不妨碍挤奶。

(2)乳池闭锁　是组织异常增生的结果，乳汁不能进入乳头乳池，挤不出奶。

(3)乳头乳池泛发性增厚　乳池壁变厚，池腔狭窄，乳头缩小，贮乳减少，挤奶时射乳量不多。

(4)乳头管狭窄　挤奶困难，乳汁呈点滴状或细线状排出。乳头管口狭窄时，乳汁射向一方，或射向四方；机器挤奶挤不出乳汁；乳头管闭锁时，则乳池充满乳汁，但挤不出奶。捏捻乳头末端可感觉在乳头管的不同部位(管口、中部、或近乳池部)有大小、硬度、形状(豆形、圆柱形、索状或团块状)不同的增生物。有的乳头管口发生外翻。

确定狭窄和闭锁的程度，可用探针进行诊断，完全闭锁阻塞严重的，探针不能通过；仅为膜状闭锁的稍一用力即可通过。

3. 治疗

(1)乳池闭锁　可于每次挤奶前用导乳管或磨平尖端的粗针头穿通闭锁部向外导奶。按常规方法用冠状刀(图4-8)穿通闭锁部，切割肉芽组织，使乳汁流出，并在挤净乳汁后向乳池内注入抗生素软膏预防感染。也可用液氮疗法，即先将粗导乳管插入乳头管内，然后将较细的铅丝置液氮罐中冷却数分钟,取出后立即通过导乳管将闭锁部穿通,冻坏肉芽组织。但无论采用哪种方法治疗,术后由于组织增生都可能继续发生闭锁。

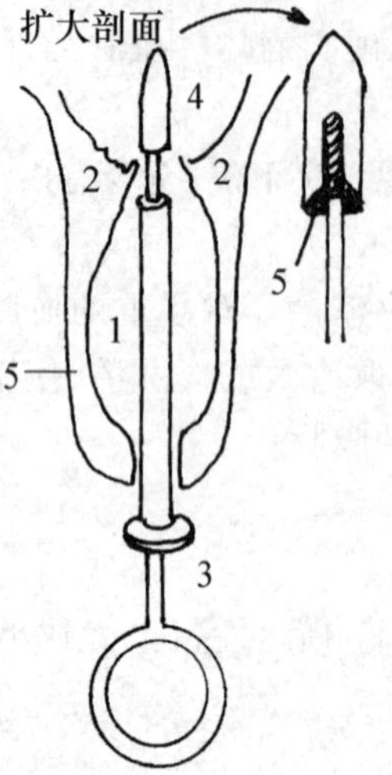

图 4-8 冠状刀及其使用

1.乳头池 2.异常增生组织 3.冠状刀芯
4.刀头 5.乳头壁 6.冠状刀头刃

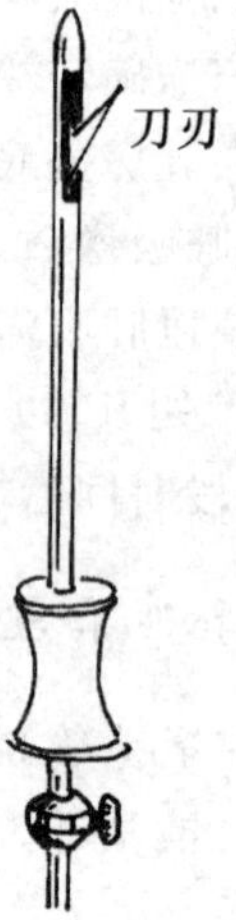

图 4-9 乳头管刀

(2)乳头管狭窄 可用手术扩张或开通乳头管,即在乳头管基部做环状浸润麻醉,将乳头管刀(图 4-9)插入乳头管,纵行切大或切开管腔,随后放入蘸有蛋白溶解酶的灭菌棉棒,或插入螺帽乳导管(图 4-10)。挤奶时拧下螺帽,挤完奶后再拧上;也可插入乳头管扩张塞(图 4-11),至痊愈为止,即在挤奶前半小时,插入乳头管扩张塞,挤奶时取下,使用时,要由细到粗逐渐扩张。扩张塞在乳头管中停留时间不宜过长,以免因压迫造成括约肌麻痹而漏奶。

乳头管闭锁,也可以试用液氮疗法。

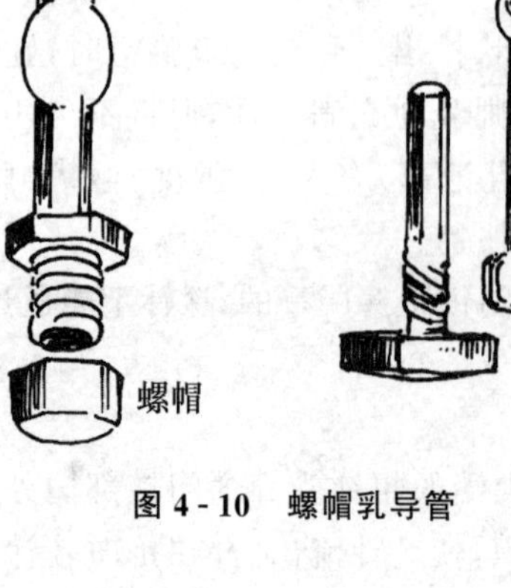

图 4-10 螺帽乳导管

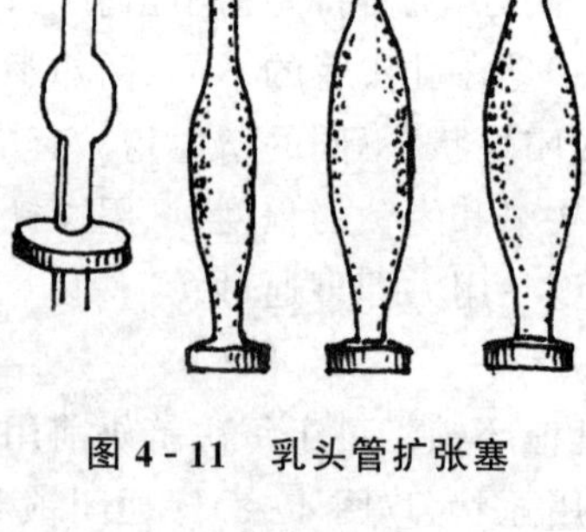

图 4-11 乳头管扩张塞

（四）泌乳不足及无乳

泌乳不足及无乳(hypogalactia and agalactia)是指乳汁的生成很少或完全停止，为乳腺局部无临床症状的一种机能障碍，一般在产后立即出现，但也有的在泌乳中期发生。本病多见于初产母畜和老龄母畜，以母猪较多发，驴次之。

1. 病因

本病原因复杂，目前仍不太清楚。初产母畜乳腺发育不充分或年老母畜乳腺机能减退；妊娠期间或产后饲养管理不当，如营养不足或不全、使役过重、干奶或停奶过迟；气候或环境因素引起的应激，使内分泌机能紊乱，泌乳机能受到抑制；医疗或饲喂错误，误用抑制泌乳、排乳的药物或饲料添加剂等都可能是本病的原因。某些疾病，如胎衣不下、产道感染、母猪无乳综合征、奶山羊传染性无乳症等也可引起本病的发生。本病还可能与遗传有关。

2. 症状及诊断

乳腺充乳不足，乳房小而松软，皮肤松弛；能挤出的乳汁很少或挤不出乳汁，但乳质无异常。母猪发病时，多数表现母性异常，烦躁不安，拒绝哺乳，仔猪则频频拱撞乳房，号叫不安；母牛发病时，犊牛吮乳次数增多，常用头顶撞乳房，而母牛常拒绝哺乳。

本病根据临床症状容易作出诊断，但应与一些有类似症状的疾病相鉴别，如母猪无乳综合征，有相应的体温升高、乳房炎或子宫炎症状；奶山羊感染无乳霉形体时，会同时出现乳房炎等特定症状，并且有传染性。

3. 治疗

首先要改善饲养管理，增加青绿多汁、富含蛋白质和易消化的饲料，促进乳汁分泌；劳役过重的，要减轻使役强度，同时采取对因和对症治疗措施。

(1)热敷和按摩乳房　改善或促进乳房的泌乳机能。

(2)注射催产素、皮质醇　猪可每日肌肉注射催产素 4～6 次，注射前 6 h 隔离仔猪，注射后 10～15 min 令仔猪吮乳。据报道，产后发现无乳立即应用此法治疗，60%的母猪能恢复泌乳。

(3)中药疗法　中兽医认为，此病多因气血不足，血虚使乳汁无以化生，气虚则使乳汁难以运行；或因产后气血壅滞所致。气虚型的治则以补血益气，佐以通乳，可用通乳散(《中兽医治疗学》)；血淤气滞的要行气通络，可用下乳通泉汤(《新编中兽医学》)治之。也可选用中药验方：(用于奶牛)王不留行 100 g、通草 50 g，猪蹄 1 对，煎汤加红糖，候温灌服；或用猪下垂(奶旁肉)250～500 g，茼麻籽 250～500 g(研碎)，通草 15～25 g，煎汤灌服。

（五）漏乳

漏乳(lactorrhea，galactorrhea，incontinence of milk)是指乳房充盈时，乳汁自行呈滴状或线状流出。本病多见于分娩前后的牛、马和猪，特别是膘情好的母马多见。漏乳有的是遗传因素引起的，为先天性乳头括约肌发育不良；有的可能是由于括约肌麻痹或损伤所致；也可能与应激有关。

本病目前尚无特效疗法，发病时可试用下列措施：

(1)按摩　即以手指捏住乳头尖端轻轻揉捏，每次 10～15 min。轻症大多可以痊愈。

(2)注射液体石蜡　在乳头管周围注射适量的灭菌液体石蜡，机械性地压迫乳头管腔。

(3)在乳头管周围注射青霉素、高渗盐水或酒精　促使结缔组织增生，以压缩乳头管腔；或用经碘酒消毒的细缝线在乳头管口做荷包缝合，然后在乳头管中插进灭菌导乳管，拉紧缝线打结，抽出导乳管。

(4)火棉胶帽法　即每次挤奶后，拭干乳头尖端，在火棉胶中浸一下。火棉胶即在乳头尖端部形成帽状薄膜，既能封闭乳头管口，又能紧缩乳头尖端。以后挤奶前把此帽撕掉。这样虽达不到根治的目的，但有助于防止漏乳。

(5)橡胶圈法　在上列各法效果不佳时，可用橡胶圈箍住乳头。挤奶前摘下，挤奶后箍上。

(6)中药疗法　中兽医认为，漏乳多因体质虚弱、乳头肌松弛所致，治则应补中益气、升阳举陷，因此宜用"补中益气汤"等。

(六)血乳

血乳(blood tinged milk)是指挤出的乳汁染血或呈血样，主要发生于产后，常见于奶牛和奶山羊。

血乳可看作是一种症状，而不是一个独立的疾病。可能是母畜发生中毒、某些代谢性疾病或应激反应，引起乳房血管充血或发生变性，红细胞或血红蛋白渗进腺泡腔及腺管腔中，使乳汁变成红色；也可能是乳房受到机械性损伤使血管破裂，血液进入乳汁所致。

发生血乳时，病畜的乳房无炎性症状，全身也无明显变化，但所有乳区或某个乳区的乳汁呈血色，一般无血凝块，或有少量小的凝血。将血乳盛于试管中静置，血细胞下沉，上层呈现正常乳汁。

根据乳汁呈红色，即可诊断，但应与出血性乳房炎、乳房创伤性出血相鉴别，并注意全身反应。

产后血乳一般不需要治疗，只需对病畜加强护理，减少精饲料和多汁饲料喂量，限制饮水，保持乳房安静，一般经 3～5 d 即可自愈。为促进恢复，可用止血药，如止血敏、维生素 K、仙鹤草素注射液、安络血等。如果是由机械性损伤引起的，应按损伤治疗，但严禁按摩和热敷乳房。

(七)乳房坏疽

乳房坏疽(udder gangrene)又称坏疽性乳房炎(gangrenous mastitis)，是由腐败、坏死性微生物引起的乳房炎，或是乳房炎的并发症，多发生于产后数日至十数日内，常感染一个乳区，有时波及其他乳区。本病主要发生于奶牛和奶山羊，其他家畜极少发生。

1. 病因及发病机理

腐败菌、梭菌、坏死杆菌或放线菌自乳头管或乳房皮肤损伤处感染是主要途径，或经淋巴管侵入乳房。被感染的乳房组织形成败血性梗塞，广泛性引起各组织包括该处皮肤发生急性或最急性腐败分解、坏死。

2. 症状

病畜全身症状明显，体温升高至 41℃以上，呈稽留热；食欲废绝，反刍停止，剧烈腹泻，起立困难，有时出现肌肉震颤；泌乳量剧减，最后挤不出乳汁；乳汁从水样、血样至脓样，有腐败气味；乳上淋巴结肿大。

患病乳区高度肿胀，与周围组织界限分明；最初出现紫红斑，触之硬痛，继而全乳区发生坏疽，肿胀、剧痛，最后乳区完全失去感觉，皮肤湿冷，呈紫褐色乃至暗褐色。皮肤破溃后，排出红褐色或紫褐色油膏样组织分解产物，或脱落的坏死组织。

由于厌氧菌感染，乳房皮下出现气肿，触诊有捻发音，叩诊呈鼓音。

预后：及早治疗，可使病变局限在患区，但泌乳机能丧失。有的病例患区组织会自然脱落，局部逐渐愈合而痊愈。多数病例在发病的第7～9天死于败血症。

3. 治疗

必须及早治疗，否则难以见效。

①病初可试用冷敷或冷水淋浴，但严禁热敷按摩。

②全身使用大剂量广谱抗生素或磺胺类药，结合抗生素乳房内灌注，并通过输液补充电解质和维生素，可望控制败血症的发展。

③对组织已开始分解的患区，可用1%～2%高锰酸钾溶液、3%过氧化氢注入患区进行冲洗治疗。

治疗无效时，可待患区组织自然脱落或施行坏疽乳区切除术，彻底清除坏死组织。据介绍，在创腔内撒布云南白药，有利于创口愈合。

四、酒精阳性乳

酒精阳性乳(alcohol positive milk, APM)是指新挤出的牛乳在20℃条件下，与等量68%～72%的酒精混合后发生凝结现象的乳的总称。APM是国家制定的原料奶质量检测的一项标准。奶品加工企业常用该项试验作为评定牛奶酸度变化的依据和检验牛奶品质优劣的一项指标。

酒精阳性乳根据其酸度，可分为高酸度(18°～21°)酒精阳性乳和低酸度(11°～18°)酒精阳性乳。前者是牛奶在收集、运输过程中，由于微生物的污染和迅速繁殖，乳糖分解为乳酸，致使牛奶的酸度升高，蛋白变性，热稳定性差，加热后凝固，实质为受细菌污染后的发酵变质的奶，也称为不合格奶；后者只是稳定性差，质量低于正常奶，虽然加热煮沸不凝固，但加酒精后呈阳性，称为二等奶或生化异常奶。

因为酒精阳性乳在温度超过120℃时容易发生凝固而阻塞管道，使乳无法通过板式换热器，并且由于乳凝在管壁上，使设备难于清洗，给乳品加工带来困难，且这种乳难于储存，风味也差。因此，乳品加工企业在收购鲜乳时，均进行酒精阳性乳检验，一旦呈阳性就拒收，给养殖户带来巨大损失，同时造成严重资源浪费。

1. 发生特点

APM一般是突然发生，患牛精神食欲正常，乳房和乳汁无肉眼可见变化，仅乳汁酒精试验呈阳性反应。持续时间长短不定，一般为3～5 d后自行转为阴性；有的持续时间或更长，可达1～3个月，或反复出现。山羊由于乳汁蛋白质和钙离子浓度较牛奶高，故对酒精反应更敏感。

2. 发生的原因

APM发生的原因比较复杂，其确切机理尚不清楚。据研究者们对出现APM的牛奶进行理化特性、稳定性、细胞学检查以及饲养管理和气候因素等的相关分析，对APM的发生有如下认识：

(1)APM不是隐性乳房炎奶　同一乳区挤出的奶，酒精试验是阳性反应的，与CMT试验结果无任何关系。同时APM乳中Na^+和pH值都比隐性乳房炎低。虽然酒精阳性奶的患牛有46.1%～50.7%患隐性乳房炎，但酒精阳性奶不是隐性乳房炎奶。

(2)乳中盐类成分与蛋白质之间结合、平衡和稳定性异常　APM乳中的盐类呈不平衡状态，其中钙、镁、氯离子含量均高于正常奶，而磷、钠、钾和柠檬酸的含量又低于正常奶。特别是可溶性Ca^{2+}含量不正常，导致以结合方式存在于奶蛋白质中酪蛋白酸钙—磷酸钙复合胶体间的平衡受破坏，使酪蛋白稳定性下降，因此在遇酒精作用时发生脱水，使蛋白颗粒与Ca^{2+}结合而发生凝集，出现絮片。由于牛奶中盐类的不平衡也影响乳的稳定性，使在超高温加热时，不仅产生"乳石"(milk stone)，且比正常牛奶易发生凝固。

(3)应激反应　APM患牛血液中嗜酸性粒细胞显著升高，同时血液中K^+、Cl^-、尿素氮、总蛋白、游离脂肪酸都高，Na^+减少。血液中嗜酸性粒细胞显著升高是过敏反应的标志；高血K^+、Cl^-和低血Na^+则是应激反应的生理标志。因此认为APM是一种无典型临床症状的慢性过敏性反应或"慢性应激综合征"的一种表现。

(4)饲养与管理　蛋白质饲料比例过大，能量饲料不足，钙与磷或钠与镁不足或比例不平衡，微量元素和维生素不足，特别是维生素D不足或缺乏；饲料发霉变质，都可能导致代谢紊乱，诱发APM的发生；厩舍环境恶劣，通风不良也与APM有关。

(5)潜在的疾病　奶牛患一些疾病后，如隐性乳房炎、肝脏机能障碍、酮病、钙磷代谢紊乱、胃肠机能障碍、软骨症等，使乳汁的合成机能紊乱，加上环境条件、饲料条件的改变，极易产生阳性乳。

(6)内分泌失调　奶牛在发情期、妊娠后期或注射雌激素时使内分泌失调，使乳腺毛细血管的通透性异常，乳汁中钙的含量增高，易产生酒精阳性乳。

(7)气候因素　APM的出现和温度、湿度、降水量等气候因素密切相关。如出现气温急降、忽冷忽热、高温、高湿和低气压等气候因素都与APM有关。

3. 防治措施

根据发生APM可能存在的影响因素，采取对应的防治措施，主要有以下几方面：

(1)调整饲养管理　做好日粮营养平衡，合理搭配精粗饲料，并严格控制精饲料的喂量；注意钙、磷的平衡和钠、镁成分的补给，切忌投入过多的高钙饲料，尽量保证微量元素和维生素的配比；饲料要相对稳定，不能突然改变，严格杜绝发霉变质的饲料；创造稳定安静的环境，减少各种应激；注意厩舍通风换气，做好保温和防暑工作；加强挤奶卫生，保持奶牛乳房健康，降低乳房炎发生率。

(2)检查健康和诊断疾病　对出现APM的牛，进行全面的检查，找出发病原因，治疗原发病。

(3)药物防治　无特效药物。可试用以下药物，平衡代谢功能与改善乳房内环境：

①通过饲料添加碳酸氢钠、磷酸氢钙(比例一般为2%)。

②静脉注射5%碳酸氢钠、5%柠檬酸钠或10%氯化钠(一般为400 mL)；或内服柠檬酸钠50 g，2次/d，连用5～7 d。

③静脉注射25%葡萄糖、20%葡萄糖酸钙250～500 mL，每日1次/d，连用3～5 d。

④内服碘化钾8～10 g，1次/d，连服3～5 d；或肌肉注射2%甲硫酸脲嘧啶20 mL，与维生素B_1合用，以改善乳腺内环境和增进乳腺机能。

⑤口服柠檬酸钠50 g，2次/d，连用5～7 d；或口服磷酸氢二钠40～60 g，1次/d，连用7～10 d；或口服丙酸钠140～160 g，1次/d，连用7～10 d。

(4)改善乳房内环境　可在乳房内注入以下药物：

①2%碳酸氢钠，每乳头注入50～100 mL，连用2～3 d。

②0.1%柠檬酸50～100 mL注入乳头，1～2次/d，连用3～5 d。

知识链接

高酸度酒精阳性奶、低酸度酒精阳性奶、乳房炎奶在质量上的差别

高酸度酒精阳性乳是细菌污染后的发酵变质奶，乳房炎奶是含有病菌的变质奶，二者都为不合格奶，加热后会凝固或出现絮状物，不能食用。

低酸度酒精阳性奶与正常奶的酸度(16°～18°)差别不大，其主要营养成分也没有发生明显变化。它的营养价值虽然不及正常奶，但并没有失去利用价值，可以食用。

(章孝荣)

(邓近平)

第五章 公畜生殖生理与生殖疾病

第一节 公畜生殖生理

一、公畜生殖机能的发育

公畜的生殖机能的发育可分为胎儿期、出生至初情期前、初情期、性成熟、最适繁殖期和衰退期等阶段。初情期后，公畜具有生育能力，随着年龄的增长，生育能力逐渐增强，进入最适繁殖期，到老年时生育机能衰退，直至丧失。

（一）胎儿期至初情期前生殖机能的发育

在胎儿期，性腺分化之前，原始生殖细胞迁移到生殖嵴中（图 5-1A）。随着胚胎的发育，生殖嵴由小变大，生殖上皮增生，内陷到间充质中，形成实心的上皮细胞索，称初级性索（primary sex cords）（图 5-1B）。原始性索的出现标志着原始性腺的形成。

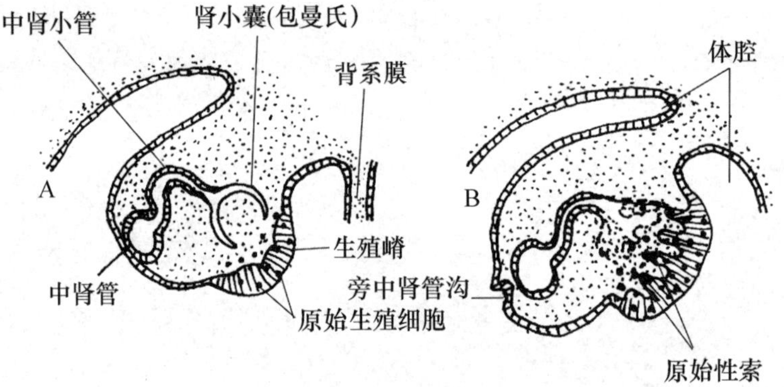

图 5-1 未分化生殖腺的发生

（引自钱菊汾，2003）

进入性分化期以后，雄性胚胎的原始性腺分化为睾丸，部分中肾小管以及中肾管发育为附睾和输精管（图 5-2）。同时，缪勒氏管退化；副性腺出现及雄性外生殖器形成。

在胚胎出生前或出生后不久，睾丸经腹股沟管从腹腔下降到阴囊内。牛、羊和猪的睾丸在出生前降入阴囊；马在出生前后 2 周内降入阴囊；犬的睾丸一般在出生前降入阴囊，但也有的延迟至 6～8 月龄时才降入阴囊；猫的睾丸一般在出生时下降到阴囊，但也可能在数月内睾丸在腹股沟管内移动，位置不定，到 3～6 月龄时才降到阴囊内。

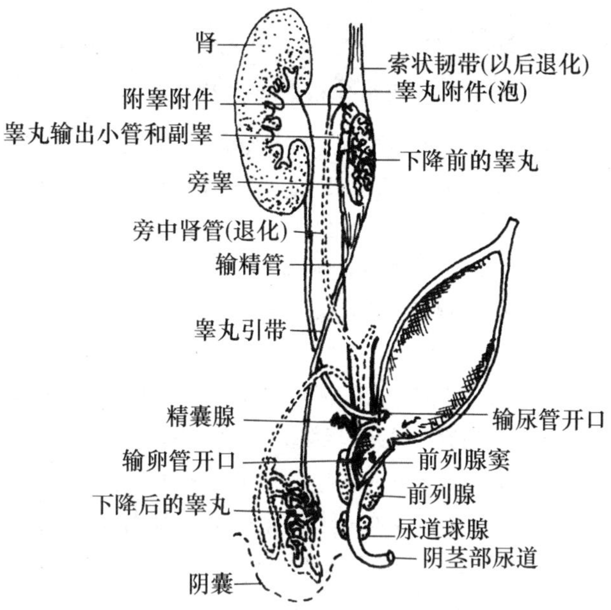

图 5-2　性别分化期雄性胚胎的生殖系统

(引自钱菊汾,2003)

尽管胚胎的性别在受精时就已被确定,但在性别分化过程中,雄激素亦起重要作用。起源于胚胎睾丸生殖嵴的间质细胞分泌睾酮和二氢睾酮,诱导生殖导管和外生殖器官向雄性演变。如果此期缺乏雄激素,则生殖导管和外生殖器官将向雌性方向发展。胎儿期雄激素的另一个重要作用是抑制了下丘脑周期中枢的发育,仅保留了紧张中枢,这是雄性成年后生殖活动缺乏周期性变化的原因。

公畜初情期的年龄一般比母畜晚,且受遗传、环境和营养水平等因素的影响。一般而言,培育品种早于原始品种,小型品种早于大型品种,杂交后代早于纯种,乳用品种早于肉用品种。气候、饲养管理条件、个体差异(特别是体重)等因素可影响初情期出现的时间,季节性繁殖动物达到初情期的月龄还与其出生时间有关。

公畜初情期年龄的确定,通常是根据个体和性腺发育程度以及精液品质的检查结果,但在生产实践中有一定的难度。初情期与体重的关系密切,一般而言,奶牛初情期体重为成年体重的 30%～40%,肉牛为 45%～55%,羊为 40%～60%。

达到初情期的公畜虽然已具有生殖能力,但此时的精液品质较差,精子稀少,活力差,死精和畸形精子比例高,而且机体尚未发育成熟,还不能用于配种。

各种公畜初情期前生精细胞的发育和达到初情期、性成熟和体成熟的时间见表 5-1。

表 5-1　公畜初情期、性成熟和体成熟的月龄

发育阶段	牛	水牛	羊	猪	马	骆驼	犬	猫
曲细精管中出现精子	8	—	4	5	12	—	5～6	5
初情期	10	—	4.5	5.5	13	36	8～10	6～7
性成熟	12～18	18～30	5～8	3～6	24～36	36～48	12～13	9
体成熟	24～36	36～48	12～15	9～12	36～48	60～72	—	—

知识链接

各种雄性动物生殖器官的构成与特点

雄性动物的生殖器官由睾丸(性腺)、副睾、精索、阴囊、副性腺(精囊腺、前列腺、尿道球腺)和交配器官(尿生殖道、阴茎和包皮)等构成,但随动物种类不同,其形态、构造也有不同的特点。

猪的精囊腺较大,犬、猫和骆驼没有精囊腺,兔在精囊腺前还有一个呈扁平囊状的精囊,马的前列腺和尿道球腺较发达,犬无尿道球腺。

猫的阴茎朝向后下方,开口于阴囊下面的包皮外,而其他家畜的阴茎均向前延伸,开口于包皮。马属动物的阴茎属血管肌肉型,海绵体发达,未勃起时软缩于包皮内,龟头大、钝而圆;牛、羊、猪的阴茎属纤维伸缩型,海绵体被致密的结缔组织白膜包裹,不勃起时在阴囊后形成"S"状弯曲,龟头较尖;猪的阴茎龟头呈螺旋状;犬的阴茎前部有一条长圆形的软骨称为阴茎骨,软骨外围有一圈特殊的海绵体结节称为茎球腺,在交配时充血膨大使阴茎难以从阴道中抽出;猫的阴茎龟头上有许多角质突起。

(章孝荣)

(二)性成熟及适配年龄

初情期后,公畜经过进一步发育,具备正常繁殖能力,称为性成熟。但是,生殖机能的成熟一般要早于身体的成熟,达到性成熟的公畜还不一定合适正式投入配种。因此,为保证公畜自身的充分发育和保持高效的繁殖效率,一般要达到体成熟才能正式投入配种。各种公畜的适配年龄(体成熟月龄)见表 5-1。

(三)最适繁殖期与繁殖年限

公畜体成熟后进入最适繁殖期,但睾丸产生精子的能力和精液品质随着年龄的增长而下降。因为在大多数情况下,家畜在完全丧失繁殖能力之前就被淘汰,难以确定其实际能够繁殖的年限。作为种用公畜,可供繁殖年限一般为:牛 10 年,绵羊 8 年,山羊 6 年,猪 5 年,马 15 年,骆驼 12 年,兔 4~5 年,鸡 2~3 年。

二、精子生成及调节

在早期胚胎发育过程中,来自外胚层的胚胎细胞进入生殖细胞系,成为原始生殖细胞(primordial germ cells,PGC),即配子发生的干细胞。在胚胎发育的较晚阶段,原始生殖细胞迁移到尚未分化的性腺原基,PGC 经过几次有丝分裂形成性原细胞(gonocyte)。当胚胎性别分化后,在雄性胎儿,性原细胞分化为精原细胞。在雄性动物接近初情期时,精原细胞开始增殖和分化,进入精子发生过程。在精细管内由精原细胞经过初级精母细胞及次级精母细胞到精细胞的分化过程称精子发生。精细胞在睾丸精细管内变态形成精子的过程称为精子形成(spermiogenesis)。精子在附睾内发生一系列变化,由不具有受精能力到具有受精能力的变化过程称为精子成熟。精子发生过程的示意图见图 5-3。

(一)精子的发生过程

1. 精原干细胞的增殖和分化

精原干细胞(spermatogonial stem cell)不仅能自发更新,还能向子代提供遗传信息,是成年动物体内唯一可复制的多潜能双倍体细胞群。家畜的精原细胞分为A型、中间型和B型。精子发生的干细胞是单个的A型精原细胞(A-single spermatogonia,A_s型)。A_s型精原细胞可自我更新,每个A_s细胞,通过有丝分裂产生2个干细胞。进入精子发生过程时,一部分A_s细胞分化为配对的A型精原细胞(A-paired spennatogonia,A_{pr}型)。A_{pr}型分裂产生的子细胞通过细胞间桥(intercellular bridge)保持连接,成对存在。A_{pr}进一步发育,分裂成链状排列的A型精原细胞(A-aligned spermatogonia,A_{al}型)。A_{al}型精原细胞分化成A_1型精原细胞,A_1型再分裂成A_2型,然后再进行5次分裂,分别成为A_3型、A_4型、中间型和B型精原细胞及初级精母细胞(primary spermatocyte)。此时,生精细胞的染色体数目仍和体细胞相等。在理论上,1个A型精原细胞可分化为16个初级精母细胞,在猪可能分裂成24个。这一阶段持续15~17 d。

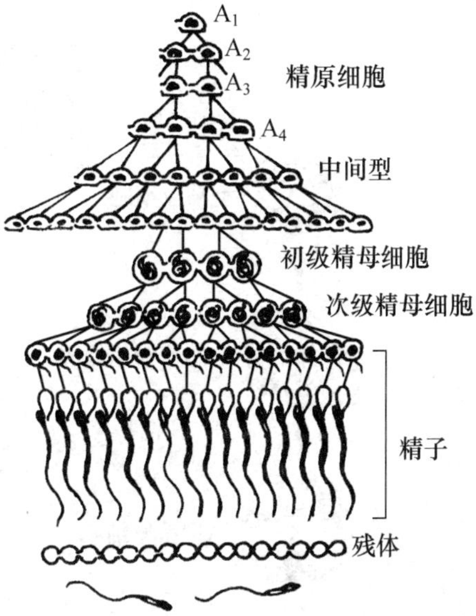

图5-3 精子发生过程示意图
(引自杨增明等,2005)

2. 精母细胞的减数分裂

B型精原细胞的最后一次有丝分裂,形成前细线期的初级精母细胞,为进入减数分裂(成熟分裂)做好准备。刚形成的初级精母细胞经过一段休止期后进入生长期,直径逐渐增大。初级精母细胞进入第一次减数分裂(减数分裂Ⅰ)的前期,DNA立刻加倍,这是精子发生中DNA最后一次复制。减数分裂Ⅰ包括前期(prophase)、中期(metaphase)、后期(anaphase)和末期(telophase)4个时期。其中前期所需时间很长,变化复杂,经历细线期(leptotene)、偶线期(zygotene)、粗线期(pachytene)、双线期(diplotene)和终变期(diakinesis)5个时期。在这期间,染色体的形态发生一系列的变化,来自父母配对的同源染色体相互分离,所以染色体数目减半,每个二倍体的初级精母细胞分裂成2个单倍体次级精母细胞(secondary spermatocytes)。这个阶段经过时间一般可达15~16 d。

次级精母细胞核呈圆形,内有染色很深的染色质颗粒或若干个大的染色质团,有的甚至保留染色体的简略形态。它们与核内网状细丝相连。细胞和细胞核均较初级精母细胞小。次级精母细胞的持续期很短,它们很快进入第二次减数分裂(减数分裂Ⅱ)。减数分裂Ⅱ是一次染色体数目不减少的均等分裂,结果每个次级精母细胞形成2个精子细胞(spermitid)。这个阶段一般在1 d以内。

3. 精子形成

精子细胞生成后,还需经过一系列变态分化才最终成为精子,称为精子形成。此分化过程不仅包括形态、体积、细胞核和细胞质的变化,还包括中心粒的发育,顶体、线粒体鞘及尾部的形成等。在精子发生进程中,发育更高级别的生精细胞逐渐移向管腔。精子形成后,精子从支持细胞-支持细胞之间被释放到管腔中。各个时期生精细胞的示意图见5-4。

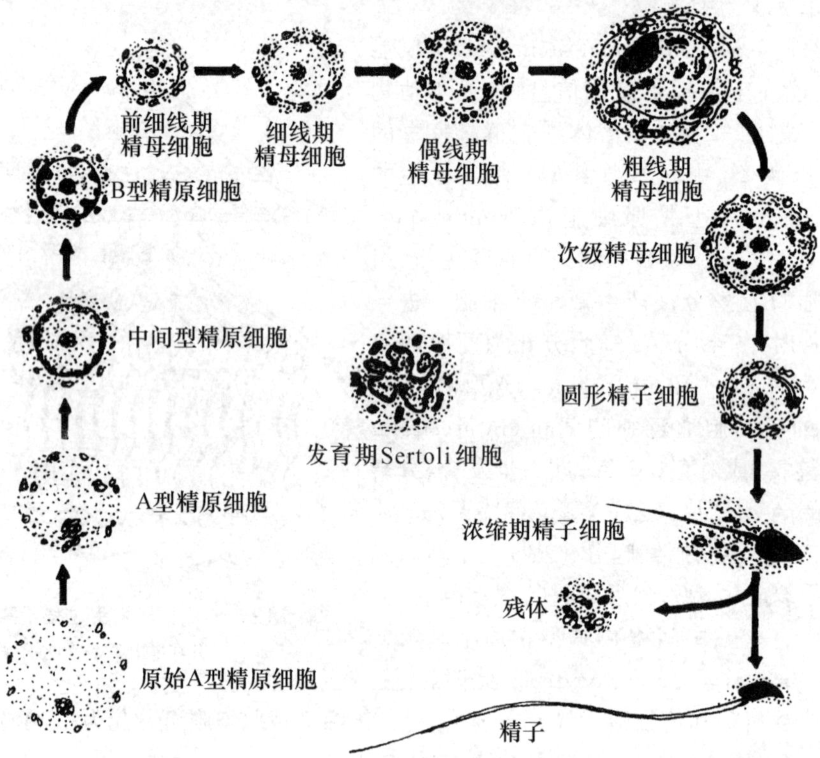

图5-4 精子发生过程示意图(图示各阶段生精细胞的形态特征)

(引自杨增明等,2005)

4.精细管上皮周期和精细管上皮波

在精子发生过程中,精细管上皮的一定部位连续有序地重复出现相同类型细胞组合的时间间隔,称为精细管上皮周期。精子发生周期指从精原细胞到精子形成的整个时间。每个精子发生周期往往包含4~5个精细管上皮周期。常见动物的精细管上皮周期一般为:牛13.5 d,马12.2 d,猪8.6 d,绵羊10.3 d,兔10.3 d,大鼠12 d,小鼠8.6 d。

与精细管上皮周期相对应,在同一时间,精细管的不同部位会出现相同的细胞组合,称为精细管上皮波,也称为精子发生波。细胞组合在精细管内有一定的排列顺序,但各细胞组合之间长度并不一致。

(二)精子在附睾内的成熟与贮存

睾丸内的精子尚未成熟,必须在附睾内停留一个时期才能最后完全成熟。附睾是精子成熟与贮存的器官,具有吸收、浓缩及分泌功能,同时具有稳定的特殊内环境。大多数哺乳动物精子在附睾内需运行7~15 d,如牛为7 d,绵羊为16 d,猪12 d,人为12 d。附睾液内的甘油磷酸胆碱及肉毒碱有利于精子的成熟及贮备,因此附睾可贮存大量精子,特别是其尾部容量大,可贮存总精子数的70%。精子在附睾的贮存时间一般为30~60 d,如兔可贮存45 d,大鼠

25 d。

精子成熟过程主要包括前进运动能力和固着于透明带能力的获得以及其他一些变化。

1. 前进运动能力的获得

由于附睾液内肉毒碱的诱导，精子内 cAMP 含量升高，前进运动蛋白与受体结合，使精子具有了前进运动能力。附睾尾部的精子尽管具有这种能力，但因附睾液内制动蛋白的作用，精子处于附睾内是不动的，只有用适当的介质稀释后才显出正常的前进运动状态。

2. 精子固着于透明带能力的获得

精子为了成功地使卵细胞受精，必须能够识别透明带，并与之结合。在雄激素的存在下，经过附睾内一些因子的刺激，精子膜具有了黏附性并能与透明带表面的糖基或糖蛋白结合。

3. 其他变化

精子除了获得上述两种能力外，还发生一些其他变化，最终使精子具备了受精的能力。同时，附睾内的去能因子也覆盖到精子的头部表面。

(三)精子生成的内分泌调节

众多激素，包括生长激素、胰岛素、促乳素、抑制素、甲状腺素等均直接或间接地参与精子发生过程的调节，但影响精子发生的主要激素是 FSH、LH、睾酮和雌激素。

1. 下丘脑 GnRH 的作用

下丘脑分泌的 GnRH 通过刺激垂体前叶合成并释放两种促性腺激素(LH 和 FSH)而间接调节精子发生。对雄性大鼠进行 GnRH 主动免疫，结果其睾丸重量下降，精细管直径减小，伸长的精细胞明显缺乏；用 GnRH 颉颃剂处理的雄性动物，其睾丸精细管中几乎见不到粗线期精母细胞和精细胞，只有精原细胞。GnRH 拮抗剂抑制精子发生的机理可能是阻断垂体 GnRH 受体，抑制促性腺激素的分泌。

2. 垂体促性腺激素的作用

FSH 对生精细胞分化、增殖与成熟至关重要。FSH 对精子发生的调节有直接和间接两种可能途径，一是 FSH 可能通过其受体直接作用于生殖细胞，刺激精子发生；二是 FSH 调节支持细胞功能，间接刺激精子发生。FSH 与支持细胞上 FSH 受体结合，通过增加腺苷酸环化酶活性和 cAMP 浓度，激活蛋白激酶，促进 ABP 的合成。ABP 可以作为载体与雄激素结合进入血液循环，也可保持睾丸内有高浓度的雄激素。除了 FSH、LH 也参与了精子发生。LH 可以与间质细胞上 LH 受体结合，促进睾酮的分泌。一部分睾酮经主动运输或扩散进入曲精细管，大部分经血流或淋巴循环达到全身靶细胞。LH 刺激的睾丸间质细胞还分泌一些生长因子，对精子发生发挥旁分泌调节作用。

3. 性腺激素的作用

(1)睾酮　睾酮是哺乳动物精子发生最主要的调节激素。切除垂体后，大鼠睾丸体积明显缩小，精子发生停滞在初级精母细胞阶段，血浆睾酮水平极低，伴有间质细胞(leydig cell，LC)大量减少；给予大剂量睾酮后可重新诱发精子发生。睾酮内分泌作用主要是反馈调节下丘脑 GnRH 和垂体 LH、FSH 的分泌。此外，睾酮还可以调节支持细胞、管周肌细胞的功能而影响精子发生。在支持细胞，睾酮可转变为二氢睾酮(dihydrotestosterone, DHT)，并与 ABP 结合生成 ABP-睾酮和 ABP-DHT 复合物。ABP 将雄激素带至生殖细胞并与雄激素解离，高浓度的雄激素促进精子发生；部分雄激素与 ABP 的复合物进入曲精细管腔并进入附睾，促进精子细胞完成变态反应。解离的ABP可以重新与雄激素结合。ABP与雄激素的复合物还可以促进ABP的生成。因此，在精子的发生中，FSH具有一种始动作用，生精功能发动后可以单独由雄激素维持。

(2)雌激素　睾丸在其发生、分化和成熟的所有阶段均能合成雌激素，并通过其两种亚型受体(雌激素α-受体(ER-α)和雌激素β-受体(ER-β))发生基因组应答反应，以及与膜受体结合，激发第二信使急骤升高的非基因组效应的快速反应。这两种反应能促使多种睾丸细胞，特别是生精细胞生产雌激素并通过自分泌方式作用于各级生精细胞，促进其分化，也可以以旁分泌方式分泌到睾丸网、输出小管和附睾头，保证其功能的完整性，对促进精子生成并具有穿卵能力具有特殊意义。因此，雌激素是调节精子发生不可或缺的重要激素之一。

(3)其他激素　支持细胞分泌的抑制素选择性地抑制垂体前叶FSH的分泌，参与精子发生的内分泌调节。对公牛和公羊进行抑制素免疫可以促进精子发生。促乳素(PRL)通过改变促性腺激素的分泌来刺激精子发生。此外，PRL作用于间质细胞，增加其LH受体数量，增强间质细胞对LH的敏感性。PRL还可以增强LH诱导的间质细胞雄激素的分泌。PRL过高症患者表现精子发生异常，LH分泌减少，T水平降低。

(四)影响精子生成的因素

1. 精子发生的季节性变化

马、绵羊和山羊生殖活动的季节性变化较明显，牛、猪和兔的变化不明显，终年可以配种繁殖。对有些动物，如马、绵羊和山羊，其雄性个体性机能的季节性变化不如雌性个体明显。公驼性机能季节性变化最明显，体格强壮的公驼“发情”表现较早，称为“冬疯驼”；而年龄小、膘情差者，到“冬疯驼”发情减弱后才出现明显“发情”，被称为“春疯驼”。在发情季节之外公驼的表现与骟驼相似。

在各种随季节变化的客观因素中，对家畜性活动影响最大的是光照的改变。光照的周期性变化对下丘脑-垂体-性腺轴有直接作用。日照时间逐渐增长对马类动物和少数其他哺乳动物可以刺激促性腺激素的分泌，诱导繁殖季节的出现，因此这类动物又称为“长日照繁殖动物”；而对羊和鹿等大多数哺乳动物则需要减少日照时间才能达到上述效果，它们则被称为“短日照繁殖动物”。光照的周期性变化还可以改变中枢神经系统对类固醇负反馈作用的敏感性。对于公绵羊来说，随着光照的逐日缩短，这种敏感性减弱，促性腺激素和性腺激素的分泌增加，精子生成机能增强，睾丸重量增加。使用人工控制光照逐渐缩短光照时间，可以使绵羊和山羊的配种季节提前。光周期变化还可以通过调节松果腺激素、甲状腺素和PRL的分泌影响公畜的性活动。

2. 环境温度对精子发生的影响

环境温度过高可以降低许多动物睾丸的生精能力。比如，在炎热的夏季，公兔睾丸缩小，精液品质下降，性欲减退；长毛兔停止与母兔交配或交配后受胎率下降，胚胎死亡率增高，被称之为“夏季不育”(summer sterility)。在夏季，对公猪和公牛也应采取遮阳、通风、洒泼凉水等措施，以防止高温对生殖功能的不利影响。所以睾丸和阴囊创伤性损伤的公畜一般不采用包裹的办法，尤其是在炎热的夏天，必要时可采用通风的网状材料。

3. 药物对精子发生的影响

临床上许多常用的化学药物能影响精子发生或抑制精子成熟，从而降低精子质量，如：利血平、哌乙啶等中枢性降压药和类固醇类药物能影响下丘脑和垂体的功能，从而抑制精子的发生；奎宁、马利兰、氨甲喋呤、秋水仙碱、环磷酰胺、长春新碱等抗肿瘤药可抑制精原细胞的分裂，使精子生成减少；呋喃妥因、阿斯匹林等可抑制前列腺分泌，影响精子活动等。庚酸睾酮能抑制脑垂体促进性腺素释放，从而使睾丸间质细胞分泌的内源睾酮下降，最终达到阻断精子发生的目的。

三、精子的形态结构及特点

（一）精子的形态结构

哺乳动物射出的精子在形态结构上有共同的特征，即由头、颈与尾三部分构成，表面有一层脂蛋白膜。精子长度因物种不同而各异，且与动物体大小不呈比例，如鼠的精子全长可达190 μm，一般家畜 50～70 μm，而大象精子只有 50 μm。精子的形态示意图见图 5-5。

1. 头部

精子头部主要由细胞核、顶体、核后帽、赤道节（核环）及核膜等组成。细胞核主要是由 DNA 与碱性核蛋白相结合而成的染色质组成。核的前面硬盖有顶体，后面有核后帽，两者相交叠处为赤道节。顶体为双层膜囊，内含中性蛋白酶、透明质酸酶、穿透酶等都与受精有关。顶体是头部不稳定的部分，易变性脱落。精子头部一般呈扁圆形，鼠的呈钩形、鸡的呈略弯曲的圆锥形。

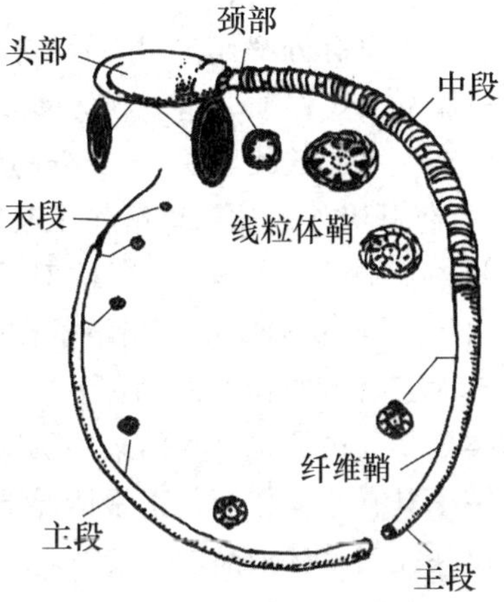

图 5-5 精子的结构示意图

（引自杨增明等，2005）

2. 颈部

颈部位于头与尾之间，起连接作用。颈部前端有一凸起称基板，与头部后端的植入窝相嵌合连接。基板后为中心小体发生而来的近端中心粒，由环状排列的 9 根微管所构成，长轴垂直于尾部。纵列的远端中心粒大部分退化，近端中心粒在鞭毛发生时使轴丝微管集合，是鞭毛运动的启动处，须部的中轴可见一对微管，是轴丝中央微管的直接延续，头端与近端中心粒相连，尾端延伸至精子尾的最末端。精子颈部长约 0.5 μm，脆弱易断。

3. 尾部

精子尾部位于精子颈部之后，是精子的运动器官，长 40～50 μm，分为中段、主段及末端三部分，是由精细胞中心小体发生的轴丝及纤丝组成。中段前接颈部后达终环，长 8～15 μm，其中心为两条中心轴丝，被 9 条二联体丝包围；外围有 9 条粗大的纵行纤维束包围。在纤维束的外围有由大量线粒体呈螺旋状排列而成的线粒体鞘，各个线粒体端端相连。螺旋的圈数因物种不同而有差异，牛为 70 圈、猪 65 圈、兔 47 圈、人 10～12 圈。线粒体鞘内含有与精子代谢有关的各种酶与能源，是精子能量代谢的中心。紧接线粒体鞘最后一圈的尾侧，有一致密环形板状结构，称为终环，是由局部细胞膜反转而成，主要是纤维物质，类似于纤维鞘，细胞膜牢固地附在此环上，防止精子运动时线粒体鞘向尾部移动，也是中段与主段的分界标志。主段是精子尾部的主要组成部分，上起终环，下接末段，长 30～40 μm。其中心为 2 条中心轴丝，9 条外围纤丝与内圈相应的纤丝合并而消失。中段的线粒体鞘在主段上消失，最外层为高度特化的纤维鞘。末端是纤维鞘及致密纤维终止以后的部分，长 3～5 μm，只有两条中央的中心轴丝及外周的细胞膜构成，其余的轴丝呈退行性变化，逐渐消失。

(二)精子的特点

1.精子运动的特点

精子在液体中或在雌性生殖道中运动时有其独特的方式，主要表现为以下三个特点：

(1)逆流性　在流动的液体中，精子表现向逆流方向游动，并随液体流动加快而加快；在雌性生殖道内的精子，能沿管壁逆流而上。

(2)趋物性　精液或稀释液中若有异物存在时，如上皮细胞、空气泡、卵黄球等，精子有向异物边缘运动的趋向，表现为头部钉住异物作摆动运动。

(3)趋化性　精子具有趋向某些化学物质的特性，在雌性生殖道内的卵细胞可能分泌某些化学物质，能吸引精子向卵子运动。

2.精子代谢的特点

精子只有分解代谢，几乎没有合成代谢，其代谢主要是精子的糖酵解及呼吸作用，但也可分解脂质及蛋白质。精子在无氧及有氧条件下可利用精清中的果糖、葡萄糖及甘露醇进行糖酵解产生丙酮酸或乳酸，最终分解为 CO_2 及 H_2O，并释放出能量。精子的呼吸与糖酵解密切相关，但呼吸作用比糖酵解作用获得的能量大得多，同时也会消耗大量的代谢基质，因此在短时间内精子可能衰竭死亡。除对糖的利用，精子为了维持较长时间的生命力，也可分解脂类及蛋白质，从中获得能量。当精子在附睾内，无氧且无外源能量时，脂类就作为很重要的能量来源。而当射出的精液中含有果糖等糖类时，脂质的利用就很微弱。在有氧状态下，精子利用的脂类更少。精子也可利用某些氨基酸而获得能量，氨基酸脱氨并产生氨及过氧化氢，这些产物对精子具有毒害作用。正常情况下，精子并不从蛋白质的分解中获取必须的能量，精子分解蛋白质往往表示精液品质已变坏，精子已变性。

3.精子凝集的特点

引起精子凝集的原因一是理化凝集，二是免疫性凝集。理化凝集在繁殖实践中比较常见，如精液稀释、冲洗精子、冷休克、pH 值及渗透压的改变及金属盐处理等。通常是头对头或尾对尾凝集在一起，造成精子的异常，精液品质下降。精液中的柠檬酸钠具有抗凝集作用。精子具有抗原性，可诱导机体产生抗精子抗体，在有补体存在的情况下，这种抗精子抗体可抑制精子运动而发生凝集。另外精清也具有抗原性，精液稀释液中的卵黄也是一种抗原，男性不育中有 2.9%是免疫性不育，9%的男性不育患者可检出抗精子抗体。

(三)精子的存活时间

1.在公畜附睾内的存活时间

在附睾中，精子处于弱酸性、高渗透性和温度偏低的环境中，其运动和代谢受到抑制，能量消耗较少，因此能存活较长时间。如牛和兔的精子在附睾中存活时间最长可达 60 d。但精子在附睾中贮存过久，会降低活力，造成畸形和死亡的精子增加。所以，长期不配种的公畜，在第一次采得的精液中有较多的衰弱、畸形和死亡的精子。

2.在母畜生殖道内的存活时间

精子在母畜生殖道内的存活时间因畜种以及在母畜生殖道内所处的部位不同而有较大差

异。一般而言，睾丸贴腹壁较近、睾丸内与腹腔的温度差较小的畜种，其精子在母畜生殖道内的存活时间较长。在母畜生殖道内，精子在阴道中只能存活较短时间，而在子宫颈和子宫内的存活时间较长。另外，精子在母畜生殖道内的存活时间一般要长于其保持受精能力的时间。各种公畜的精子在母畜生殖道内存活及保持受精能力的时间见表 5-2。

表 5-2　精子在母畜生殖道内的存活时间及保持受精能力的时间　　h

畜种	存活时间	保持受精能力时间	畜种	存活时间	保持受精能力时间
牛	30～48	28～50	兔	43～50	30～32
马	144	72～120	犬	—	48
猪	—	24～72	大鼠	17	14
绵羊	48	22.5	豚鼠	41	21～22

（王鲜忠）

第二节　公畜不育概述

一、公畜不育的概念及分类

（一）公畜不育的概念

公畜不育临床上包括两个概念：一是指完全不育，即公畜达到配种年龄后缺乏交配能力，不能进行正常配种，或无精子、精液品质不良，不能使正常卵子受精；二是指公畜的生育力低下，即由于各种疾病或缺陷使公畜生育力低于正常水平。

（二）公畜不育的分类

公畜不育的原因很多，病症复杂，为了便于临床诊断及处理，可将其按方法分类：

(1)按不育的原因分类，分成先天性不育和获得性不育(后天性不育，疾病性不育)。

(2)按疾病的发生部位分类，分为睾丸及附睾疾病性不育、精索及副性腺疾病性不育、外生殖器官疾病性不育、功能性不育等四类。

二、公畜不育的原因

1. 先天性不育

染色体变异、异位、精子形态异常；睾丸发育不全、隐睾、两性畸形、无精子生成；沃尔夫氏管道系统分节不全、克兰费尔特综合征等均可导致公畜不育。

2. 获得性不育

主要是饲养管理或繁殖技术不当；体质衰弱，配种困难；激素分泌失衡，生殖器官肿瘤，精子生成障碍；全身性疾病及性器官疾病等引起勃起或射精困难、阳痿等。

在不育的公畜中，除了某些遗传性缺陷难于治疗或不能治疗外，大多数获得性疾患在消除病因后，生育力在一定程度上可以得到改善。

三、公畜不育的检查

（一）临床检查

1.询问病史及查阅配种记录

一是要调查公畜的生殖系统疾病史，了解是否曾患过某些疾病以及治疗与转归情况；二是要注意了解配种情况，如已配母畜数量、已产后代数量及其发育情况，所配母畜的受孕史、年龄、胎次、发情、受孕等情况和母畜有无生殖道疾病等；三是要查阅采精记录，了解发病前后精液品质的变化，借以判断精液品质和流行性疾病。

2.一般体况检查

检查公畜的体型、运动功能、营养状况、有无遗传缺陷和其他全身性疾病。腰腿疾病、腹疝可能引起交配障碍和阳痿，长期营养不良可能影响性欲和精液品质，引起体温升高的慢性疾病可以使精液品质下降并可导致睾丸变性。在山羊还要检查乳房是否增大，因有的不育或生育力低下的公羊还出现乳房过度发育并泌乳。

3.生殖器官检查

（1）外部生殖器官检查　首先注意观察阴茎、包皮、阴囊和睾丸的外形，有无先天性异常和损伤，然后重点对可疑器官进行认真检查。

①包皮和阴茎。观察包皮口的大小，是否有分泌物排出，包皮腔内有无异物或积液，包皮是否损伤、肿胀、脱垂或外翻。检查阴茎应注意有无破损、肿胀、流血或血肿、肿瘤，阴茎与包皮间有无粘连，阴茎是否脱垂或形成嵌顿包茎等。

②阴囊及其内容物。检查的项目应包括：阴囊充盈度、两侧对称性、悬垂度，其皮肤有无皮炎、破溃、肿胀、热度、痛感，其囊内有无积液和异物；睾丸和附睾的大小和坚实度，有无囊肿和硬结；精索的粗细，是否有血管扩张或精索静脉曲张；腹股沟管外口大小和深浅，淋巴结是否肿大。对阴囊内既无睾丸，又无去势瘢痕的公畜，应注意检查睾丸是否位于腹股沟或腹腔。另外，测量公畜阴囊的周长对估计睾丸生精能力也有实际意义。

（2）内部生殖器官检查　主要检查副性腺和腹股沟管内环。公牛精囊腺炎发病率高，检查时应注意比较两侧精囊腺的大小、对称性和硬度，注意分叶是否明显、有无痛感、有无粘连。如果单侧或双侧触摸不到精囊腺和壶腹，应怀疑其为沃尔夫氏管道系统节段性发育不全。直肠检查腹股沟管内环时应注意是否有粘连或已形成腹股沟疝，对怀疑为隐睾的公畜应在腹腔内寻找睾丸。

4.性欲及交配能力观察

（1）反应时间测定　测定从公畜感觉到发情母畜的存在或接触到发情母畜开始，到阴茎充分勃起并完成交配为止所需的时间。

（2）性欲指数测定　根据单位时间内完成一系列性行为的次数和时间评分，计算时对不同指标给予不同的系数加权。计算出的性欲指数能比较客观地反映公畜性欲的强弱。

（3）配种能力测定　测定公畜在单位时间内能够完成交配的次数。比如将海福特和安格斯牛按公母比例 5∶4 放置在同一运动场中，性欲强的公牛在 40 min 内一般可完成交配 6 次以上。弱者不到 3 次，且阴茎和运动器官异常的牛所占比例大。

在进行上述检查时，要用发情母畜逗引公畜，并同时观察公畜阴茎是否勃起及勃起的程度、伸出的长短和方向，是否出现螺旋形扭转或向下偏转，阴茎上是否有损伤或肿瘤。

（二）实验室检查

1. 精液检查

精液检查能快速准确地直接反映精子生成的情况，是衡量公畜生育力的一个重要而简便的方法。对性欲和交配能力正常而生育力低下的公畜，进行精液检查具有特别重要的意义。

被检查公畜在进行检查之前应休息 1 周，被检精液应连续采集 3 份，间隔 1 个月还应再检查 2 次。这样能比较全面地分析陈旧精液和新鲜精液的情况以及公畜的生精能力。精液检查的具体项目和方法请查阅实验九。

2. 包皮鞘内容物检查

怀疑为传染性性病的病例，应对包皮鞘内容物进行检查。方法是用消毒棉签擦拭、插入吸管采集或用生理盐水和磷酸盐缓冲液进行冲洗，将回收的冲洗液低速离心，作细菌和病毒检查时使用上清液，检查胎毛滴虫时，应除去上清液，轻轻振动离心管，用上层悬浮液镜检或培养。

3. 生殖内分泌功能测定

通过测定睾酮、FSH、LH 等激素的水平，了解下丘脑 - 垂体 - 睾丸轴系的内分泌功能。

性腺功能低下的公畜如 FSH 和 LH 水平增高，说明公畜属于原发性性腺功能不足；如果 FSH 和 LH 水平也很低，则说明公畜可能属于继发性性腺功能不足。

给公畜注射 GnRH 前后采样测定 FSH 和 LH 的分泌情况，如果注射后 FSH 和 LH 浓度显著升高，说明垂体功能正常；但若注射后 FSH 和 LH 无明显变化，则表示可能是垂体功能低下。

给公畜口服抗雌激素类药物枸橼酸克罗米芬后，如果促性腺激素和睾酮都不升高，则应考虑性腺功能低下是由于下丘脑病变所致。

直接测定睾酮的含量或是注射 LH 或 hCG 后检测睾酮水平的变化可以了解睾丸间质细胞的功能。睾酮过高可见于睾丸间质细胞瘤，睾酮过低（原发性）可见于克莱因费尔特氏综合征、重度睾丸炎、隐睾、辐射后遗症等。

有的临床表现性腺功能低下的公畜，其体内睾酮、FSH 和 LH 可能均高于正常，原因可能是：靶细胞缺乏 5α - 还原酶；睾酮不能被转变为二氢睾酮（dihydrotestosterone，DHT）；雄激素受体异常；受体后雄激素作用阶段出现异常。

4. 睾丸活组织检查

进行睾丸活组织检查可以直接了解睾丸损伤程度，并据此推测生精障碍和内分泌紊乱的程度，适用于对各种生精功能低下、睾丸发育不全和睾丸变性等的诊断。

5. 染色体检查

为了避免遗传性疾病的扩散，种用公畜都应进行染色体检查。通过培养的淋巴细胞、睾丸活组织细胞和口腔颊部细胞涂片进行染色体检查，可以揭示某些因染色体数量和组型变化导致的不育。

第三节　引起公畜不育的常见生殖疾病

一、睾丸炎

睾丸炎(orchitis)是由损伤和感染引起的睾丸的各种急性和慢性炎症，各种动物均可发生，多见于牛、猪、羊和马、驴。

(一)病因

1.损伤引起感染

常见损伤为打击、啃咬、蹄踢、尖锐硬物刺伤和撕裂伤等，继之由葡萄球菌、链球菌和化脓棒状杆菌等引起感染，多见于一侧。外伤引起的睾丸炎常并发睾丸周围炎。

2.血行感染

某些全身性感染，如布氏杆菌病、结核病、放线菌病、鼻疽、腺疫、沙门氏菌病、乙型脑炎等可通过血行感染，引起睾丸炎症。另外，衣原体、霉形体和某些疱疹病毒也可以经血流引起睾丸感染。

3.炎症蔓延

睾丸附近组织或鞘膜炎症蔓延，副性腺细菌感染沿输精管道蔓延均可引起睾丸炎症。附睾和睾丸紧密相连，常同时感染和互相继发感染。

(二)症状及诊断

1.急性睾丸炎

睾丸肿大、发热、疼痛，阴囊发亮，站立时拱背、后肢广踏、步态拘强、拒绝爬跨，触诊可发现睾丸紧张，鞘膜腔内有积液，精索变粗，有压痛。严重者体温升高，呼吸浅表，精神沉郁，食欲减少。并发化脓感染者，症状加剧，个别病例出现弥漫性化脓性腹膜炎。

2.慢性睾丸炎

睾丸无热、无痛，弹性消失、变硬、变小，产生精子的能力逐渐降低或消失。结核性睾丸炎呈无热无痛冷性脓肿。布氏杆菌和沙门氏菌常引起睾丸和附睾高度肿大，最终坏死、化脓。鼻疽性睾丸炎常呈慢性经过，阴囊皮肤肥厚肿大，固着粘连。

(三)治疗

睾丸炎病畜应停止使用，安静休息。对急性炎症，在早期 24 h 内可冷敷，后期可热敷或局部涂擦鱼石脂软膏或复方醋酸铅散。全身使用抗生素时，局部可在精索区注射盐酸普鲁卡因青霉素溶液(2%盐酸普鲁卡因 20 mL，青霉素 80 万 IU)，隔日注射 1 次。

对无种用价值者可去势，单侧睾丸感染可考虑尽早将患侧睾丸摘除，已形成脓肿摘除有困难者，可从阴囊底部切开排脓。

由传染病引起的睾丸炎，应首先考虑治疗原发病。

急性睾丸炎病例由于高温和压力的影响可使生精上皮变性，长期炎症可使生精上皮的变性不可逆转，睾丸实质可能坏死、化脓。转为慢性经过者，睾丸常呈纤维变性、萎缩、硬化，生育力降低或丧失。

二、睾丸变性

原正常的睾丸在致病因素的作用下，其生精上皮和其他睾丸实质组织出现不同程度变性、萎缩而使精液品质下降造成的不育或生育力低下，称为睾丸变性（testicular degeneration）。本病是公牛和公猪不育的重要原因，特别在老龄公畜常见。

（一）病因

外伤、炎症、昆虫叮咬、农药刺激、气温过高等导致睾丸局部血液循环和温热调节系统功能紊乱等是引起睾丸变性的重要原因。长期营养不良、中毒、辐射损伤、饲喂富含雌激素的牧草以及自体免疫性因素也可导致睾丸变性。

（二）症状及诊断

因炎症引起变性者曾具有睾丸炎病史；非炎性损伤时，睾丸组织先变软，继之纤维化或钙化，变性部位变硬。睾丸可能部分变性或完全变性，但变性主要损伤生精上皮，因此公畜仍可能具有性欲和交配能力。

患病公畜一般都曾有过一段正常生育史，之后睾丸变小、变硬，但性功能一般正常。精液量一般正常，但精子浓度逐渐降低，精液呈乳清样或水样，精子活力差，畸形精子增加，特别是断头、头部及顶体畸形精子以及中段卷曲畸形精子增加。

通过调查公畜的既往病史、饲养管理情况和临床检查、特别是精液检查和睾丸活动组织检查，可以作出诊断。

（三）治疗

本病尚无有效的治疗方法。重要的是要加强饲养管理和采取预防措施，及时消除导致睾丸局部温度增高和血液循环障碍的不利因素，如炎夏注意圈舍通风，采用淋浴等降温措施；不饲喂有毒、霉变草料，慎重使用雌激素类制剂，补充能量、蛋白质和维生素 A、维生素 E 等。对无法治疗的患侧睾丸及早切除。

在发现精子数减少、活力降低时，可试用如下药物：口服克罗米芬，每天 50 mg，连用 25 d，停服 5 d 后再继续服用，或 10 mg/d，连服 12 周；精氨酸水溶后口服，10 g/d；口服醋酸可的松 2.5 mg，4 次/d；肌肉注射 hCG 1 万～2 万 IU，2 次/周，连续 3 个月；口服氟羟甲基睾丸素，5 mg/d，连服 3～6 个月或甲基二氢睾酮，75～100 mg/d，持续 1 年。

本病在早期发现、及时消除病因，生殖功能可望有一定程度恢复，但确诊和预后都应有 2 个月以上的观察时间。

三、附睾炎

附睾炎（epididymitis）是公羊常见的一种生殖疾病，在公牛也有发生。

(一)病因

主要病因是流产布氏杆菌和马耳他布氏杆菌感染。放线杆菌,羊棒状杆菌、羊嗜组织菌和巴斯德杆菌也可引起感染。感染途径主要直接接触或交配传播。

阴囊损伤感染、睾丸炎等,炎症扩散也可能引起附睾炎。

(二)症状与诊断

附睾炎一般都伴有不同程度的睾丸炎,呈现特殊的化脓性附睾炎及睾丸炎症状。公畜不愿交配、叉腿行走,阴囊内容物紧张、肿大、疼痛,睾丸与附睾界限不明,精液品质下降并可能出现肉芽肿。由布氏杆菌引起的感染炎症常局限于附睾,特别是附睾尾;初发时表现为水肿,间质组织内血管周围浆细胞和淋巴细胞聚积,小管的上皮细胞增生和囊肿变性;急性感染期睾丸和阴囊均呈水肿性肿胀,附睾尾明显增大,感觉柔软;慢性期增大的附睾尾可能纤维化,感觉坚实,睾丸可能萎缩、变性。

附睾炎通过观察和触摸均不难发现,应采集精液或其他病料进行细菌培养检查和补体结合测定,并同时进行病原菌的药物敏感试验。对死亡病畜应进行剖检及病理学检查。

(三)治疗

使用金霉素、配合硫酸双氢链霉素治疗 3 周后可能消除感染并改善精液质量。优良种畜如单侧感染可考虑将患侧附睾连同睾丸摘除,以保持其生育力。治疗无效者,最终可能导致睾丸变性和精子肉芽肿。

四、睾丸发育不全

睾丸发育不全 (testicular hypoplasia)指公畜一侧或双侧睾丸的全部或部分曲精细管生精上皮不完全发育或缺乏生精上皮。本病多见于公牛和公猪。

(一)病因

大多数是由隐性基因引起的遗传疾病或是由于非遗传性的染色体组型异常所致,一般是多了一条或多条 X 染色体,额外的 X 染色体抑制双侧睾丸发育和精子生成。由于公畜到初情期睾丸才得到充分发育,在此之前因营养不良、阴囊脂肪过多和阴囊系带过短也可引起睾丸发育不良。

(二)症状与诊断

发生本病的公畜在出生后生长发育正常,第二性征、性欲和交配能力也基本正常,但睾丸较小,质地软、缺乏弹性,精液水样,精子活力差,无精或少精,畸形精子百分率高,且多次检查结果比较恒定。有的病例精液品质接近正常,但受精率低,精子不耐冷冻和贮存。

根据睾丸大小、质地,精液品质检查结果和参考公畜配种记录,在初情期即可作出初步诊断。睾丸活组织和染色体检查有助于本病的确诊。

(三)处理措施

本病具有很强的遗传性,病畜不应留作种用,可将其去势后用作肥育或使役。

五、隐睾

睾丸不在阴囊内的现象被称为异位睾丸。隐睾(cryptorchidism)是异位睾丸的一种类型,指睾丸因下降过程受阻,单侧或双侧睾丸不能降入阴囊而滞留于腹腔或腹股沟管。双侧隐睾者不育,单侧隐睾者可能具有生育力。隐睾多见于猪、羊、马和犬。

(一)病因

隐睾具有遗传性和家族性倾向,如无角公羊和短头品种的犬发生较多。睾丸下降受阻的原因还不十分清楚,可能与睾丸大小、睾丸系膜引带、血管、输精管和腹股沟管的解剖异常以及睾丸下降时内分泌功能紊乱有关。促性腺激素和雄激素水平偏低可造成睾丸附属性器官发育受阻、睾丸系膜萎缩而致隐睾。

(二)症状与诊断

患畜阴囊小或缺如。单侧隐睾者阴囊内只能触及一个睾丸,位于阴囊内的睾丸大小、质地和功能均可能正常,公畜可能有生育力。在腹腔或腹股沟管内的睾丸小而软,由于较高的环境温度使其生精上皮变性,精子不能生成。但睾丸间质细胞仍具有一定的分泌功能,动物的性欲及性行为基本正常。隐睾动物常发生睾丸支持细胞瘤和精原细胞瘤。

触诊阴囊和腹股沟外环,结合直肠检查腹股沟内环和直接探查腹腔内睾丸即可确诊。

(三)处理措施

从种用角度出发,任何形式的隐睾均无治疗的必要,隐睾公畜可用于肥育或使役,必要时摘除隐睾。避免近亲交配,及时淘汰隐睾后代较多的公畜和多次生产隐睾后代的母畜可在一定程度上防止隐睾的发生。

六、睾丸肿瘤

睾丸肿瘤(testicular neoplasms)主要有间质细胞瘤、支持细胞瘤和精原细胞瘤,除此之外,还可见睾丸畸胎瘤、睾丸脂瘤、睾丸胚胎癌瘤及腺瘤。睾丸肿瘤较常见于犬和牛,马和羊也有发生。

(1)间质细胞瘤　瘤体呈灰、黄或棕褐色,结节状、质地软。由于瘤体小,大体检查时不易发现。由于瘤体细胞能产生过多的睾酮,刺激副性腺分泌,因此精液量增加,但总精子数减少。病畜性欲基本正常或亢进。随着瘤体的增大,精子总数和配种受胎率下降。

(2)支持细胞瘤　瘤体常呈苍白或灰色,较大较硬,睾丸增大变硬,精子生成停止。患病的公犬由于大量雌激素的产生,表现雌性化,可见腹部两侧无瘙痒性脱毛,乳腺发育,包皮水肿下垂,甚至引诱其他公犬。

(3)精原细胞瘤　睾丸弥漫性肿大,鞘膜积液,发生纤维化或增厚,肿瘤灰白色呈分叶状。可能伴有出血和坏死。精液中畸形精子增加或生精停止。

(4)处理措施　将睾丸摘除。

七、睾丸扭转

睾丸扭转 (testicular torsion)又称精索扭转,扭转发生的部位多在腹腔内。本病偶见于犬、猫、猪和马,常表现为急性疼痛性经过。睾丸因扭转而发生肿胀,阴囊增大,有压痛。临床表现为剧烈疼痛。睾丸扭转在数小时内即可致睾丸、附睾和部分精索发生缺血性坏死,或因阴囊内容物逐步肿胀而导致睾丸变性。确诊后摘除睾丸。

八、精囊腺炎综合征

精囊腺炎常见于公牛。精囊腺炎的病理变化往往波及壶腹、附睾、前列腺、尿道球腺、尿道、膀胱、输尿管和肾脏,而这些器官的炎症也可能引起精囊腺炎。因此,可以将精囊腺炎及其并发症合称为精囊腺炎综合征 (seminal vesiculitis syndrome)。

(一)病因

一般由精囊腺感染所致,病原包括细菌、病毒、衣原体和霉形体。感染途径主要是泌尿生殖道上行性感染,也可经血源感染。

(二)症状与诊断

病畜体温升高,食欲缺乏,瘤胃活动减弱,腹肌紧张,弓腰,不愿移动,排粪时有痛感;配种时精神委靡或缺乏性欲,精液中带血并可见其他炎性分泌物。慢性病例无明显临床症状。

(1)直肠检查　急性炎症期双侧或单侧精囊腺肿胀、增大,分叶不明显,触摸有痛感,壶腹也可能增大、变硬。慢性病例触摸腺体痛感不明显,腺体坚硬、粗大,分叶消失。化脓性炎症其腺体和周围组织可能形成脓肿区,并可能出现直肠瘘管,由直肠排出脓汁。同时应注意检查前列腺和尿道球腺有无痛感和增大。

(2)精液检查　精液中出现脓汁凝块或碎片,呈灰白黄色、桃白赤色或绿色。精子活力低,畸形精子增加,特别是尾部畸形精子增加。

(3)细菌培养　有条件时可对精液中病原微生物进行分离培养和药敏试验。为了避免包皮鞘微生物对精液的污染,可采用阴茎尿道插管,结合精囊腺和壶腹的直肠按摩,直接收集副性腺的分泌物。

(三)治疗和预后

患畜应立即隔离,停止交配和采精。病势稍缓的病畜可能自行康复,生育力可望保持。

治疗时,须采用病原微生物敏感的磺胺类和抗生素药物,并使用大剂量,至少连续使用2周,有效者在1个月后可临床康复。但必须经严格的精液检查后方可用于配种。

慢性感染时如治疗无效,可考虑手术摘除。

九、精液滞留和精子肉芽肿

精子不能正常排出,滞留于附睾和输精管内,称为精液滞留(spermiostasis)。精液滞留使精液品质下降,并可能引起精液囊肿或精子肉芽肿(sperm granuloma)。常见于牛、羊和猪,多为单侧发病。

（一）病因

沃尔夫氏管道系统部分发育不全引起的附睾发育不良或缺失、附睾炎、精索炎等疾病引起的精子输出管道闭合，以及性机能障碍等均可引起精液不能排出而滞留。另外，结扎输精管后的公牛有的在附睾尾部发生精液滞留。

滞留的精子常结成团块、活力降低，头尾断离或死亡。积聚和变性的精液不断增加，进而使管道扩张形成精液囊肿。如果囊肿管腔破裂或其他原因使精子或崩解的精子碎片渗入间质组织，引起免疫学反应，则可刺激周围组织形成精子肉芽肿。

（二）症状与诊断

精子输出管未完全封闭者，部分精液尚可通过，但精液中精子浓度低、活性差，畸形精子比例高。精液滞留的公马，开始采出的精液黏稠，精子密度高，甚至结成团块，多次采精后精液则趋于正常，但患侧睾丸较硬。精液囊肿时附睾头增大、变硬，呈无痛性肿胀。精液中无炎症时常见的病原微生物和白细胞。

精子肉芽肿可发生于附睾头、体、尾和睾丸间质组织，在附睾部位仔细触诊可发现坚硬的肉芽肿，直径从针尖大到几厘米不等。

根据临床症状和精液品质检查结果，即可作出诊断，必要时作睾丸活组织检查。

（三）处理和预后

由遗传因素所致的患畜不宜作种用。非遗传性精液滞留公畜可通过改善饲养管理、增加运动和增加采精频率使精子维持正常活力，但应经常进行精液品质检查。

精液囊肿和精子肉芽肿尚无有效的治疗方法。如为单侧发病可及早摘除。

十、外生殖器官先天性异常

（一）病因

造成家畜外生殖器官先天性异常的原因主要是双亲的遗传缺陷，如染色体的遗传缺陷或不正常的染色体组型等，但母畜在妊娠期间如采食某些致畸植物（某些羽扇豆属、千里光属、槐兰属、苏铁属、阿开木属、棘豆属、栗属、秋水仙属、长春蔓属植物和烟草等）或被误用致畸药物、长期处于应激状态、发生病毒感染或高热性疾病、受到辐射以及营养不良等使胎儿发育受到不良影响而出现生殖器官先天性异常。受精时卵子老化也可导致生殖器官先天性异常。

（二）症状与诊断

生殖器官的先天性异常包括内生殖器官的异常和外生殖器官的异常。前者主要有睾丸发育不全、隐睾、沃尔夫氏管节段性发育不全、旁睾、雄性子宫等；后者又包括阴囊的先天性异常（阴囊发育不全或缺失、两侧阴囊分离和阴囊疝等）和阴茎、包皮的先天性异常（尿道裂口、短阴茎、阴茎系带过短、包皮口狭窄和假两性畸形等）。现将几种重要的公畜外生殖器官先天性异常讨论如下：

1. 阴囊疝

阴囊疝指腹腔内部分器官或组织由腹股沟管突出进入阴囊,如果腹腔内容物仅突入腹股沟管而未进入阴囊则为腹股沟疝。本症常见于猪和马。

病畜一般表现为阴囊增大,皮肤皱褶展平,触诊柔软有弹性,听诊可闻肠蠕动音。进入阴囊的腹腔内容物将影响阴囊的热调节而引起睾丸变性。如果进入阴囊或腹股沟管的肠管因扩张而发生嵌闭、粘连,患畜则出现全身症状,剧烈疼痛,运步困难,阴囊皮肤紧张、红肿,并可能出现包皮水肿。

2. 尿道裂口

尿道裂口又分尿道上裂和尿道下裂。前者指阴茎头或阴茎体部的尿道上壁先天性缺如,后者常伴有阴囊分离或假两性畸形。

3. 短阴茎

短阴茎是指阴茎不能伸出或伸出长度不够,难以进行交配。休息时,牛、羊阴茎不呈“S”状弯曲。

4. 阴茎系带过短

阴茎系带是包皮鞘和阴茎头腹面之间的包皮褶起。随着动物的性发育成熟,该系带松弛,使阴茎头的游离度增大。阴茎系带过短可妨碍阴茎的正常伸出或使伸出的阴茎向下弯曲。由于两侧阴茎海绵体发育不平衡,还可能增加系带的紧张度使阴茎发生螺旋形扭转或偏斜。

5. 雄性假两性畸形

雄性假两性畸形即指动物体内虽然有睾丸,但外生殖器在不同程度上却具有雌性动物的特征,表现为阴囊不发育,睾丸位于皮下、腹股沟或腹腔,阴茎短小,尿道下裂,染色体检查一般都能发现异常的染色体组型。

(三)治疗或处理

上述先天性异常病畜的性欲、交配能力和精液品质在一定程度上受到影响,不能留作种用。嵌闭性阴囊疝可进行手术治疗。

十一、阴囊损伤

阴囊损伤 (scrotal trauma)是指各种原因对阴囊造成的伤害。阴囊损伤常直接危及睾丸,并可能引起炎症和肿胀,甚至严重影响睾丸的生精功能。

(一)病因

机械性损伤包括穿透性的刺伤、割裂伤、撕裂伤和非穿透性的踢伤、挤压伤,前者常引起炎性感染,后者常引起阴囊血肿;物理性损伤包括冻伤、烫伤和放射性损伤;其他损伤如昆虫叮咬、疥螨寄生和农药的毒性刺激等。

(二)症状和诊断

各种损伤,一般均可发现伤口。撕裂伤创缘多不整齐,公畜有不同程度的疼痛表现。感染后阴囊肿胀、发热,有炎性渗出物或脓汁从创口流出。

钝性挫伤常使阴囊内部血管破裂,导致阴囊血肿。有的病例阴囊皮肤无明显伤痕,但阴囊肿胀，特别是在伤后 24 h 左右肿胀最明显，有痛感，触摸有波动感，公畜一般拒绝交配。如不出现感染，血肿会慢慢被吸收，组织出现机化、粘连，阴囊变硬。有的病例血肿继发感染而化脓，感染早期阴囊发热，触摸硬度增加，并可能出现全身症状。

牛、羊外阴部皮肤常寄生疥螨，因剧痒而啃咬、摩擦，波及阴囊，使阴囊皮肤肿胀增厚，出现皱褶并发红，弹性消失，形成阴囊皮炎。严重者阴囊皮肤龟裂或形成脓疮。

（三）治疗

严重阴囊损伤的公畜应停止交配，各种创伤可按一般外伤处理。为预防创伤感染，可行全身抗生素治疗。单侧严重损伤或已直接危及睾丸者可考虑去势。对于尚未出现破口的阴囊皮炎，应及时清除各种病因，保持阴囊皮肤清洁干燥，初期可涂布 3%龙胆紫，以后可以使用抗生素软膏。

对血肿可行冷敷并迅速排液，血肿液体排出后，在阴囊腔内可注入抗生素药物，防止血肿化脓感染。已经化脓者可在阴囊底部切开排脓。

疥螨造成的阴囊损伤者，可行药浴或局部涂擦和喷药，可肌肉注射伊(阿)维菌素或使用其浇注剂。

阴囊冻伤时可采用樟脑酒精或 75%的酒精涂擦或行温敷。温敷时温度要逐渐增加。

其他原因造成的阴囊损伤可对症治疗。

十二、阴茎和包皮损伤

阴茎和包皮损伤 (penis and preputial trauma)常见的有撕裂伤、挫伤、尿道破裂和阴茎血肿，也包括尿道的损伤及其合并症。

（一）病因

交配时母畜骚动、公畜自淫时阴茎冲击异物、采精时操作不慎等使勃起的阴茎突然弯折；阴茎受到蹴踢、鞭打、啃咬；公畜骑跨围栏等均可造成阴茎海绵体、白膜、血管及包皮的擦伤、撕裂伤和挫伤，甚至还可能引起阴茎血肿和尿道破裂。

（二）症状与诊断

阴茎和包皮损伤一般有外部可见的创口和肿胀，或从包皮外口流出血液或炎性分泌物。肿胀明显者阴茎和包皮脱垂并可能形成嵌顿包茎。阴茎白膜破裂可造成阴茎血肿，发生血肿时肿胀可能局限，也可能扩散到阴茎周围，如不发生感染，几天后水肿消退，血肿慢慢缩小变硬，并可能出现纤维化，使阴茎和包皮发生不同程度的粘连。如伴有尿道破裂，则出现排尿障碍，尿液渗入皮下及包皮，可形成尿性肿胀，并可能导致脓肿及蜂窝织炎。

（三）治疗

新鲜的撕裂伤要清理好创缘，0.1%新洁尔灭彻底清洗后撒布消炎粉，必要时进行缝合，伤口涂布红霉素软膏或紫药水。损伤严重时肌肉注射抗生素，连用 1 周。

如果是挫伤，初期冷敷，24 h 后可温敷，涂布紫药水或红霉素软膏。肿胀严重者应加强运动，涂布鱼石脂软膏，肌肉注射抗生素和利尿药物，同时限制饮水。

有血肿时，消毒后穿刺放血，再注入青霉素 40 万 IU，仍有出血倾向时，肌肉注射止血敏、维生素 K 等止血药；如已经化脓视情况进行穿刺排脓或切开排脓，用双氧水、0.1%新洁尔灭彻底清洗后撒布消炎粉或进行引流处理并肌肉注射抗生素。为防止粘连，在包皮与阴茎之间涂布碘甘油，3 次/d。

如果损伤严重或已感染、粘连，虽可临床治愈，但往往造成包皮狭窄或性功能障碍而失去种用价值。

十三、阴茎肿瘤

阴茎肿瘤（penis neoplasmss）主要是牛的纤维乳头状瘤，马的鳞状上皮细胞癌和犬的转移性性交瘤。肉样瘤、鳞状乳头瘤、黑色素瘤和血管瘤等很少见。阴茎肿瘤常引起出血、疼痛、伸出困难、嵌顿包茎并妨碍交配。

（一）病因

牛阴茎纤维乳头状瘤与皮肤乳头状瘤有关，由病毒感染引起，可因性交传播，9～18 月龄牛易感。母牛也可感染，严重者阴户上可见呈花椰菜状生长的纤维乳头状瘤。犬转移性性交瘤通过性交传播。马鳞状上皮细胞癌可能与包皮垢中化学致癌物质和包皮、阴茎的长期炎症刺激有关。皮肤大口柔线虫侵害可引起马阴茎发生肉芽肿，在外观和分布上类似鳞状上皮细胞癌。

（二）症状及诊断

牛纤维乳头状瘤可单个或多个同时发生，瘤体多以狭窄如花梗状的基部与阴茎相连；马鳞状上皮细胞癌局部可形成溃疡并影响深层组织，溃疡面常出血，包皮垢分泌量多，癌肿可转移至附近淋巴结并形成脓肿；犬转移性性交瘤瘤体呈灰红色，如同花椰菜状长在阴茎和包皮下，易发生溃疡，交配时易出血并排出恶臭分泌物。阴茎肿瘤一般质地脆而易碎，交配时或以手捏瘤体均易引起出血。

马鳞状上皮细胞癌应与大口柔线虫引起的肉芽肿区别，后者呈红色增殖，表面可能出现溃疡，切面上可见干酪样葡萄状团块，偶尔在切片上可见虫体。

（三）治疗

牛纤维乳头状瘤数目不多时可将瘤体切除，辅以电烧烙并对术部涂以无刺激性的抗生素软膏。多发性肿瘤治疗较困难，使用疫苗对小公牛有较好的保护性并可减少本病复发。马鳞状上皮细胞癌一般均需从癌肿上方行阴茎切断术，由于转移可能性大，预后宜谨慎。犬转移性性交瘤可以手术切除瘤体，早期施行外科手术效果通常较好，康复犬具有免疫力。

十四、阴茎头包皮炎

阴茎头炎指阴茎游离端感染发炎，包皮炎指包皮感染。二者往往同时发生，因此一般称为阴茎头包皮炎（balanoposthitis）。本病常见于牛、羊及各种去势公畜。

(一)病因

交配或采精时发生蹴踢、撕裂伤，包皮口进入草渣、沙粒或被昆虫咬伤，均可引起感染，一般呈急性经过；尿液和包皮垢的分解产物长期刺激黏膜，可引起阴茎头包皮慢性炎症；厩舍内湿度太大，垫草及粪尿长期刺激包皮也可以引起感染，这种感染常由绿脓杆菌引起；周围组织炎症蔓延、传染性鼻气管炎病毒和传染性化脓性阴门阴道炎病毒经生殖道感染，也可引起传染性化脓性阴茎头包皮炎；结核杆菌、胎儿弧菌、马交媾疱疹病毒以及马大口柔线虫、牛毛滴虫、丝虫等也可引起阴茎头包皮炎。

(二)症状与诊断

急性发炎时，包皮前端轻度热痛性肿胀，包皮下垂，流出浆液性或脓性分泌物，常黏附于包皮口长毛，公畜拒绝交配。炎症蔓延到腹下壁和阴囊，肿胀加剧，包皮口缩小，尿细或呈滴状流出，包皮口长毛脱落，触诊敏感。后期，包皮严重肿胀脱垂，流出脓性分泌物，阴茎伸出和排尿困难，严重者出现蜂窝织炎，体温升高、食欲减退。

慢性经过者包皮纤维性增厚，包皮粘连，包皮口狭窄，形成包茎。有的病例，公畜肿胀的阴茎脱出还可形成嵌顿包茎。

公牛感染传染性脓性阴茎头包皮炎后，包皮表面可见渗出性囊泡，破溃后融合成溃疡斑。继发其他细菌感染后，包皮口流出腐臭脓液。深部组织感染可引起蜂窝织炎，包皮腔及阴茎头周围组织化脓坏死，排尿极度困难，性欲消失。

(三)治疗

剪除包皮口长毛，用温碱性溶液或肥皂水清洗包皮和阴茎头，清除包皮腔内异物、积尿和包皮垢，涂 3%过氧化氢溶液后，再用 0.1%新洁尔灭或收敛性药物次醋酸铝溶液充分灌洗包皮腔，然后撒布抗菌药粉，2 次/d。

包皮内出现脓肿时，应在包皮内黏膜上作切口排脓。肿胀严重者可采用温敷和封闭疗法，以改善局部血液循环，并可结合使用强心利尿药物。如肿胀引起包皮口狭窄而影响排尿时，可在包皮后壁作“V”形切口，保证排尿通畅。

十五、包皮脱垂

包皮口过度下垂并常伴有包皮腔黏膜外翻者，称为包皮脱垂（preputial prolapse）。主要原因是前包皮肌缺乏或功能不足。脱垂和外翻的包皮易因外伤和昆虫叮咬而引起炎性肿胀，造成静脉和淋巴回流受阻，使包皮脱垂加剧，并可能导致坏疽或坏死。即使炎性肿胀消失，也可能因组织纤维化而使包皮口狭窄。另外，阴茎和包皮的各种损伤和包皮炎症可引起包皮神经损伤或包皮肿胀而致包皮脱垂。

临床上可见包皮口过度下垂，脱垂部黏膜和皮肤上可能有龟裂口，如已感染则肿胀发亮，并有炎性分泌物从包皮口流出，感染严重者可能有全身症状。

脱垂部黏膜和皮肤用 0.1%新洁尔灭消毒液充分清洗，涂擦 0.1%洗必泰乳剂或利凡诺软膏，然后送回包皮腔固定，必要时可在包皮口作袋口缝合。对尚未感染的病例，可先局部麻醉，用肠线在脱垂包皮鞘四周做一人工褶，以减少悬垂和外翻的程度。

如果因纤维组织增生引起包皮口狭窄,则应进行手术处理。

十六、血精

血精 (hemospermia) 即精液中带血,各种公畜均有发生,它可以使精子受精能力下降或完全丧失。

病因可能有多种,如副性腺和输精管开口处感染出血、尿道炎、尿道上皮溃疡和上皮下血管出血、勃起出血、阴茎头有裂伤或刺伤未完全愈合而出血等,都可能在公畜配种时流出血液与精液混合形成血精。

由尿道炎引起的血精,公畜尿频,不愿爬跨,射精时和排尿时有痛感,精液暗红或淡红,并可能混有血凝块和其他炎性产物,有时尿液中也带血。勃起出血一般仅在阴茎勃起时有几滴或细线状鲜血从阴茎头或尿道口滴出,混入精液的血液鲜红。这种公畜即使在不射精而勃起时也可能有血液滴出,病畜多有阴茎损伤史。

镜检血精,其精液品质基本正常,由尿道炎引起的血精其精液中可发现白细胞和脱落的上皮组织等炎性产物。另外须注意检查公畜阴茎头是否有损伤,还可使用尿道镜观察尿道的损伤情况。

发现血精,应立即停止配种。细菌性尿道炎全身使用抗生素或口服磺胺类药物治疗。还可口服乌洛托品,注射止血敏、维生素 K 等。

勃起出血无有效治疗办法,停配数周后仍不能康复者应淘汰。

十七、射精不能和射精衰竭症

公畜具有正常性欲,阴茎也能勃起,性交可以维持一定时间,但交配时达不到兴奋高潮,无射精动作,亦无精液流出,称为射精不能(absence of ejaculation)。使用过度的公畜勃起不坚,无力射精,称为射精衰竭症。此病常见于马、驴。

(一)病因

配种时外界环境的突然刺激 (如围观、吵闹、母畜蹦踢、鞭打等),人工采精时假阴道压力不足、温度过低,采精技术不当,生殖器官和尿道炎症及损伤引起疼痛或输精管道阻塞,脊髓和腰部交感神经节损伤,使用某些对神经具有毒性的药物如胍乙啶、吩噻嗪等,均可引起公畜射精不能。公畜交配过度使性中枢疲劳衰竭或者种公畜神经过度兴奋之后则可引起射精衰竭。

(二)症状及诊断

公畜有性欲,一再爬跨母畜均不能完成射精。在交配中,如生殖道出现疼痛反应,公畜可能嘶叫,并迅速跳离母畜,同时阴茎软垂回缩,不愿再进行交配。由于假阴道装配不当,采精时假阴道不能相对固定或固定位置不当引起公马不能射精时,公马异常兴奋,一再爬跨母马但采不出精液。

(三)治疗

合理使用种公畜,采取相应措施消除配种现场及采精技术上存在的引起公畜不能射精的因素。由各种生殖道损伤及其他疾病引起的不能射精应停止配种,进行对症治疗。在症状消除后,可适当使用睾酮和促性腺激素。

十八、精子异常

一般情况下将精子异常(sperm abnormalities)视为公畜不育的症状,但在临床上往往由于病因和病变部位暂时无法确定或同时涉及几种生殖器官,因此也把精子异常视为一类引起公畜不育的功能性疾病,如精子形态异常、无精症、精子稀少症和死精等。

本病在各种家畜均可发生。各种先天性和后天获得性生殖器官发育不全、损伤和炎症都可成为精子异常的原因。

(一)症状与诊断

病畜通常无临床症状,只是所配母畜的受胎率极低或不能使母畜受孕,只有在做精液检查时才会发现。在正常情况下,精液中的异常形态精子数不超过20%,当异常精子数达到30%以上时才明显影响生育力。

精子形态异常包括精子头部异常(主要为大头、小头、双头、短头、梨形头、锥体头、宽头、顶体畸形、顶体帽脱落、顶体缺失、断头等)、中段异常(近端原生质小滴、偏轴精子、中段卷曲、缠绕、残断等)和尾段异常(尾端原生质小滴、卷尾、折尾、断尾、双尾等)。精液中出现大量头部异常和近端原生质小滴附着的精子多表明生精功能障碍,如睾丸发育不全、睾丸变性、睾丸炎和某些遗传性精子畸形病例,又称为原发性精子畸形。近端原生质小滴附着的精子增多还可能与射精过频、精子通过附睾过快有关。继发性精子畸形通常表现为尾部异常和尾端原生质小滴附着,常见于附睾、副性腺和输出管道功能障碍。精液采出后冷刺激也可引起卷尾,精液中畸形精子数增多说明生殖道功能障碍严重。

其他精子异常包括无精症、精子稀少症、死精和精子凝集。无精和精子稀少症常见于睾丸发育不全、睾丸变性和输精管阻塞。死精多见于长期营养不良的公畜和精液中混入尿液或其他有害物质时,长期闲置不用的公畜前几次采出的精液中死精和其他异常精子较多。精子凝集见于精囊腺炎综合征和采精时精液中混入异物(如凡士林等)。

对各种精子异常进行确诊时,需要连续检查几份精液,原发性精子畸形检查结果相似。继发性精子畸形检查结果相差较大。

(二)治疗

遗传性精子畸形无治疗价值,生殖器官损伤和炎症应对症治疗。临床上出现原因不明的精子异常时公畜应停止配种,同时加强饲养管理,考虑使用雄激素和促性腺激素类药物。在治疗期间定期采精,进一步分析病因和检查治疗效果。

十九、阳痿

阴茎不能勃起,或虽能勃起但不能维持足够的硬度以完成交配,称为阳痿(impotency)。公畜中种马发生阳痿较为常见。

(一)病因

阳痿是一种复杂的性机能障碍。根据病因不同可将阳痿分为功能性阳痿和器质性阳痿。

功能性阳痿往往是因年老、过肥、使用过度、长期营养不良或消耗性疾病、疼痛以及不适宜的交配环境等原因所造成。初开始配种的公畜有时也有阴茎不能勃起的现象，经调教后可逐渐改进。

器质性阳痿常是由于先天性的或因损伤所造成的阴茎海绵体与其他海绵体或阴茎背侧静脉之间出现吻合的交通支，造成阴茎海绵体内血液外流，从而达不到很高的血压而使阴茎不能勃起。阴茎及骨盆内炎性损伤、精索静脉曲张、包茎等，也可导致阳痿。

内分泌异常，如睾丸肿瘤、原发性睾丸发育不全、睾丸间质细胞瘤以及甲状腺机能亢进、肾上腺肿瘤等均可引起阳痿。

颞叶、脊髓、阴部神经损伤、过量使用雌激素、阿托品、巴比妥、吩噻嗪、安体舒通、利血平等类药物也可能导致阳痿。

动脉瘤、动脉炎、动脉硬化、动脉血栓等可引起流入阴茎海绵体的血量不足而致阳痿。

（二）症状及诊断

用发情母畜逗引时，公畜可以出现性兴奋，甚至出现爬跨动作，但阴茎不能勃起或勃起不坚，完成不了性交过程。

检查时要注意公畜的年龄、饲养管理条件、体况、阴茎及阴茎周围组织是否有损伤或炎症。包茎、阴茎粘连的公畜在试情时阴茎可能勃起，但不能伸出包皮口，应注意观察并触摸包皮鞘内是否有勃起的阴茎。

（三）治疗及预防

各种原发性或器质性阳痿可能与遗传有关，无治疗价值。由疾病所致阳痿，应从消除病因、改善饲养管理、改换试情母畜或变更交配和采精的环境着手，并可试用皮下或肌肉注射丙酸睾酮，马、牛 100～300 mg，羊、猪 100 mg，隔日 1 次，连续 2～3 次，也可肌肉注射或静脉注射 hCG 5 000～10 000 IU，间隔 3～5 d 可重复使用；或口服甲基睾酮，马、牛 0.3～0.9 g，猪0.1～0.3 g；公牛、公马和公驴皮下或肌肉注射 PMSG 2 000～3 000 IU，猪、羊 1 000 IU，每日 1 次，一般 1～3 次。电针百会和交巢穴，对公马阳痿也有一定的治疗作用。

二十、性欲缺乏

正常发育的公畜到初情期年龄仍无性欲表现时，称为原发性性欲缺乏（lack of libido)。公畜原有正常性欲，以后性欲减退或消失，称为继发性性欲缺乏。本病各种公畜均可发生。

（一）病因

原发性性欲缺乏见于睾丸发育不良、垂体和丘脑下部功能不全等。

继发性性欲缺乏的原因主要有：粗暴的管理，公畜在配种时遭蹴踢、鞭打或滑倒，突然改变采精环境，假阴道内胎粗糙、过热，采精过度，各种全身性慢性疾病，生殖器官炎症或损伤，过量使用雌激素、巴比妥、利血平、安体舒通、吩噻嗪等类药物。

（二）症状及诊断

反复用发情母畜逗引，公畜缺乏性兴奋的一系列表现。但应注意，有的小公畜在初次接触母畜时可能表现性冷淡，但多次与发情母畜接触后，就可能表现出正常的性行为。有的公畜反应时间较长，调换发情母畜或改变配种地点后可能出现明显的性欲。

（三）治疗

原发性性欲缺乏，尚无有效的治疗方法，对缺乏性欲的小公牛可肌肉注射盐酸育亨宾0.1～0.2 g，或注射 hCG 5 000 IU 有一定效果。

许多继发性性欲缺乏是可以防治的，只要经过一段时间休息，加强饲养管理，改换配种环境，进行必要的调教和对各种疾病进行对症治疗，一般都可以使性欲在一定程度上得到恢复。对一些原因不明的性欲缺乏，也可试用激素类药物治疗（参见阳痿的治疗）。

（李铁栓）

第六章　新生仔畜生理特点与疾病

第一节　新生仔畜的生理特点和护理

一、新生仔畜的生理特点

新生仔畜通常是指脐带脱落以前的仔畜。因为胎儿出生后成为仔畜，其生活环境及条件发生了骤然改变，如气体交换由依赖胎盘血液循环变为自主呼吸，营养物质的获取由母体供给变为自行采食和消化，体温的维持由依靠母体内的恒温环境变为依靠自我调节等。因此，仔畜在胎儿时期的一些解剖生理状况必须发生相应的变化，以适应外界条件，才能独立生活。

（一）呼吸和循环系统

胎儿出生后，由于不能通过脐血管摄入氧气，致使血液内二氧化碳聚集增多，刺激延脑呼吸中枢，引起仔畜的呼吸反射。肺脏因为呼吸动作而扩张，由右心室而来的血液即沿肺动脉进入肺脏，动脉导管由于血液内氧压增高和前列腺素的作用而封闭，变为实心的动脉导管索。由于脐静脉血流停止，仔畜右心房血压降低，而左心房的血压增高，使两心房间的卵圆孔封闭。脐动脉不再发生输出静脉血的作用，逐渐发生收缩，并且一部分闭锁，成为膀胱圆韧带。脐静脉也因失去输入动脉血的作用，逐渐封闭起来，变为肝脏圆韧带。肝脏内的静脉导管（猪无明显的静脉导管）也相应地发生封闭。脐尿管由于其环状肌的收缩而封闭，并愈合不通，最后则和两侧的脐动脉一起脱离脐孔。

呼吸动作通常必须要在出生后至多 30 s 至 1 min 之内开始，否则会导致窒息。动物在刚出生时呼吸频率快而不稳，常呈胸腹式或腹式呼吸，生后 1～2 d 听诊肺泡音清晰，常可听到啰音，几天后啰音消失。

与呼吸浅快伴行的是心跳快。初生畜心跳常比成年的快 1 倍以上，而出生后很快能站立的动物，当其试图站立时心跳更为加速。初生畜生后不久常能听到心区杂音，这与卵圆孔尚未完全闭合有关。

（二）消化系统

新生仔畜胃肠分泌与消化功能尚不完善，唾液腺分泌也不发达，容易发生消化不良。由于肠壁的通透性较高，仔畜可在出生后从母体初乳中获得许多有益的球蛋白；也因为通透性太高，当患某些肠道疾病时，内毒素易透过肠壁进入血液而引起内中毒，或者由于初乳中某些不利的球蛋白进入血液，而引发某些疾病，如新生骡驹溶血病。

初乳是新生仔畜早期获得抗体的唯一途径，依靠仔畜自身产生抗体至少要在出生后第

10 d(牛、猪),而且大约在 8 周后其 γ-球蛋白水平才达到正常。初乳中维生素 A、维生素 D 和铁均十分丰富,维生素 A 是防止初生仔畜下痢不可缺少的物质。初乳中也富含镁盐,有轻泻作用,可促使胎粪排出。因此,仔畜出生后,要尽早吃上初乳。

反刍动物的仔畜出生后,胃最初的消化作用与单室动物的差别很小。新生犊牛的瘤胃、网胃和瓣胃的体积加在一起还不到真胃的一半。因瘤胃尚未发育完全,所以仔畜在喝奶、饮水或吸吮时食道沟唇的肌肉收缩,两侧闭合形成类似食管的结构,液体食物由此直接流向真胃。食道沟的容量很小,每次只能容许流经小股液体。用桶喂奶时,犊牛大口吞咽,大股牛奶可将食道沟唇分开,结果使部分奶汁进入瘤胃。由于瘤胃尚无机能活动,进入的奶汁易腐败变质而发生胃肠道疾病,因此必须用专门的饮奶器给犊牛喂奶。

虽然犊牛、羔羊在幼年阶段前胃在解剖上还没有发育完善,但前胃已表现出淀粉酶、蔗糖酶和磷酸酶的活性。新生犊牛大约在生后 3 周出现反刍,这与开始采食粗饲料有关。

新生仔畜出生后,随着吮食初乳而促使胃肠蠕动,排出胎粪。胎粪是胎儿吞食唾液、部分羊水及肠道分必物长期积累的结果,较黏腻,灰而带黑。有些动物如鹿、麝、犬和猫等,在仔兽吮乳时,母兽常舔舐仔兽的肛门以刺激仔兽排便。

(三)体温

新生仔畜体温调节机能较差,在出生后,随着体表水分的丧失,在 1～2 h 体温会降低 0.5～1℃,此时依靠强有力的哆嗦和肌肉活动来供给热量。有些动物皮下有褐色脂肪组织,如婴儿及家兔,它们生后不哆嗦。以后随着体温调节功能的完善,3 d 之内体温呈上升趋势,此后则趋于正常。因此保温是护理初生仔畜的重要环节。

(四)排尿

仔畜在出生后的一段时间内,由于尿内低分子蛋白质的存在,尿蛋白检测会呈阳性。

(五)脐带脱落

仔畜一般在出生后 7 d 左右(猪 3 d)脐带干枯脱落,但其脱落时间受外界条件和健康状况等因素的影响,气候湿冷、通风不良、厩舍污潮、仔畜体弱时,脱落的时间会推迟。

二、新生仔畜的护理

新生仔畜出生后,其身体机能尚处于初期发展阶段,抗病力较差。因此,良好的护理对新生仔畜的成活和生长发育十分重要。

(一)新生仔畜的护理

通常,仔畜出生后,母畜能自行照料,特别是在野生动物或某些小动物,母性很强,无需人为干涉,但对大多数人工饲养的家畜,需要进行必要的护理,以免发生意外。新生仔畜的护理一般包括以下几项工作:

1. 预防吸入羊水或窒息

仔畜出生后应立即擦干口、鼻腔周围的黏液,并观察其呼吸是否正常,若无呼吸或呼吸不正常,可将两后肢提起呈倒立姿势,并轻拍其胸部,刺激其自主呼吸;若已窒息,可进行人工呼吸,并采取其他相应的抢救措施。仔犬在出生时身上包有一层囊膜，如母犬未撕破应立即将其撕破。

2.处理脐带

仔畜出生后，脐带一般能随母畜的站立或仔畜的移动被扯断，有的母畜(如犬、猫等)能将脐带咬断。但人工饲养的家畜分娩时，往往需要人工扯断或剪断脐带。断脐带前，将脐带内的血液挤压到仔畜体内，有利于仔畜的健康。不论是扯断还是剪断脐带，断端均应用碘酊消毒。如脐带断端持续出血，可结扎止血。要注意保持脐带断端清洁、干燥，并防止仔畜相互舔吸脐带，以免引起感染发炎。

3.辅助站立和哺乳

大家畜的新生仔畜出生后不久即试图站立，但是最初一般是站不起来或站不稳，须加以扶助并刮掉其蹄底的保护层，一则防止摔倒而发生骨折，二则尽早让其吃上初乳。对母性不强的、拒绝哺乳的母畜，要强迫其哺乳。对于猪等多胎动物，在分娩结束前，就应让已出生的仔畜吮乳，以免仔畜的呼叫声干扰母畜继续分娩。在辅助仔猪哺乳时，可按强弱相对固定乳头。

4.保温

新生仔畜的体温调节机能差，对寒冷季节出生的仔畜，要采取保温措施，以防受冻。

5.预防注射

对新生仔畜和母畜都要注射破伤风抗毒素，预防发生破伤风。

6.保持脐带残端清洁

要注意观察脐带残端，保持清洁以及防止仔畜相互舐吮，如发现异常，要及时处理。

(二)代养和人工喂养

当母畜无乳或死亡，或产仔过多，可以将得不到哺乳的新生仔畜寄托给其他同期或相近时间分娩的母畜代哺乳，找不到合适的代母畜时可进行人工喂养。

1.代养

因为母畜通过气味识别亲子的能力很强，外来仔畜一旦被识别出来，就会遭到母畜的强烈攻击。为使代养成功，可先将待代养的仔畜身上涂以代母的乳汁或尿液，使其带有代母的气味，然后再将仔畜让代母哺乳。尽管如此，有些母畜仍然产生怀疑，会仔细辨别新加入的仔畜，因此在代养最初几天要注意监护，以免仔畜遭受意外。

2.人工喂养

人工喂养就是用配制的人工初乳喂养仔畜，并且每天饲喂养的时间和次数要衡定，一般每日不少于 6 次；喂量按仔畜体格大小而定，最初几天要少量勤喂，以后逐渐增加喂量；饲喂前要将奶加热到 38～40℃。

知识链接

人工初乳的参考配方

牛、羊人工初乳：鲜牛奶或羊奶 500 mL，鸡蛋 2 只，鱼肝油 8 mL 或鱼肝油丸 2 粒，食盐 5 g，混匀。

犬人工初奶：鲜牛奶 810 mL，蛋黄 1 个，奶油(含脂肪 12%)210 mL，骨粉 6 g，维生素 A 2 000 IU，维生素 D 500 IU。混合加热到 40℃，再加入柠檬酸 4 g，使酪蛋白凝固。

(章孝荣)

（三）患病新生仔畜监护

对患病仔畜，应及时检查，加强护理并抓紧治疗。

1. 患病仔畜的表现

（1）站立和姿势　新生仔畜一般在出生后一定时间内即可自行站立起来，若很久不能站起，则是早产、未成熟或某些疾病的表现。若仔畜常不断滚转、仰卧、转头，或做不自然的躺卧姿势，提示有腹痛现象，如发生尿闭、肠套叠、肠炎及便秘等，均表现出腹痛症状；患破伤风时则表现牙关紧闭，步态僵硬等特征姿势。

（2）精神和食欲　健康仔畜精神活泼，耳尾灵活，喜欢跑跳。患病时，则精神不振，头低耳耷，不愿起立走动。新生仔畜站起后，就有吮乳反射，即寻找乳头，并开始吮乳，表现出良好的食欲。早产或患病时，吮乳反射微弱，食欲不振。

（3）体温　新生仔畜可借助肌肉抖动或其他活动，使体温保持在恒定范围内。受到感染时，体温升高；病危时体温则下降。

（4）呼吸和心跳　初生仔畜最初会出现一段时间的腹式呼吸、断续呼吸，但不久即转为正常。若肺膨胀不全、代谢性酸中毒及体温过高则呼吸频率加快。仔畜出生第一次站立后心跳频率明显变快。若出生后先出现心动过缓，随后又过速，这是窒息的特征。心动过速还见于痉挛、高热、溶血病，心动过缓常见于昏迷。

（5）眼部及可视黏膜　仔畜患脑出血时，两侧瞳孔大小不等及视网膜有淤血点。患血斑病时，口鼻黏膜以及眼结膜发现出血点或血斑。患溶血病时，可视黏膜黄染。

（6）尿色　健康新生仔畜的尿清亮透明。如果尿呈橘黄色、浓黄色、淡或浓茶色，多为溶血病或白肌病的症状。

（7）血液指征　红细胞减少多见于溶血病或血斑病；白细胞增多见于败血病，白细胞减少见于早产弱仔。患拉稀或痉挛的仔畜，红细胞压积增高；而在败血症、早产时，红细胞压积减少；患血斑病的仔畜血小板减少；低血糖则见于早产弱仔及仔猪低血糖症。

2. 患病仔畜的治疗原则

由于新生仔畜抗病力弱，对疾病的耐受力差，患病后病情发展迅速。因此治疗必须及时、适当，应极力控制和扭转病情的发展。

新生仔畜心跳频率高，血液循环迅速，所以对药物吸收较快，在体内循环急速，并迅速从体内排出。因此，治疗新生仔畜用药量必须充足，一般为同种成年家畜的1/12～1/8，但也要考虑患畜种类及个体对各种药物的敏感性和耐受程度。

第二节　常见新生仔畜疾病

一、窒息

新生仔畜窒息（asphyxiation，suffocation）又称为假死，其主要特征是刚出生的仔畜呈现呼吸障碍，或无呼吸而仅有心跳，若抢救不及时，会导致死亡。此病常见于马和猪。

(一)病因

因产道狭窄、胎儿过大、胎位及胎势不正等原因致使分娩时产出期延长或胎儿排出受阻;胎盘水肿、胎盘分离过早(常见于马)或尿膜、羊膜未及时破裂,造成胎儿严重缺氧;倒生时胎儿产出缓慢和脐带受到挤压;脐带前置时受到压迫或脐带缠绕,以及子宫痉挛性收缩等,均可因胎盘血液循环减弱或停止而引起胎儿过早开始呼吸,吸入羊水而发生窒息。

此外,母畜在分娩前过度疲劳、发生贫血及大出血、患有某种严重的热性疾病或全身性疾病等,造成胎儿缺氧和二氧化碳量增高,也可引起过早呼吸而发生窒息。

(二)症状

因窒息的程度不同,分为轻度窒息(又称青紫窒息或青色窒息)和重度窒息(又称苍白窒息或白色窒息)两种情况。

轻度窒息时,表现为呼吸微弱而短促,吸气时张口并强烈扩张胸壁,呼吸不匀,两次呼吸间隔延长,仔畜软弱无力,结膜发绀,舌脱出口外,口腔和鼻孔充满黏液。心跳及脉搏快而无力。肺部有湿啰音,在喉及气管尤为明显。但角膜反射仍然存在。

严重窒息时,仔畜呈假死状态,全身瘫软,卧地不动,反射消失,黏膜苍白,呼吸停止,仅有微弱的心跳,但脉不感手。

(三)治疗

迅速将仔畜倒提或抬高后躯,用纱布或毛巾擦净鼻内黏液,再用吸管将口鼻喉中黏液吸出,使呼吸道畅通。

对轻度窒息者,倒提后躯抖动,或交替扩张和压迫胸壁,也可刺激鼻腔黏膜,或用浸有氨水的棉球放在鼻孔上,以诱发呼吸。若仍无呼吸反射或严重窒息,应立即进行人工呼吸。针刺人中、蹄头、耳尖及尾根等穴位,都有刺激呼吸反射而诱发呼吸的作用。

人工呼吸的方法有:①有节律按压仔畜腹部;②从两侧捏住季肋部,交替扩张和压迫胸壁,同时助手在扩张胸壁时将舌拉出口外,压迫胸壁时将舌送回口内;③握住两前肢前后拉动,交替扩展和压迫胸壁。仔畜恢复呼吸后常在短时间内又停止呼吸,注意坚持一段时间,直到其出现正常呼吸为止。

在人工呼吸的同时,还可注射刺激呼吸中枢的药物,如山梗菜碱、尼可刹米、肾上腺素、咖啡因等药物,从脐血管注射效果较好。

对出现呼吸后一段时间仍有呼吸困难,黏膜发绀者,可以输氧。为纠正酸中毒,可静脉注射5%碳酸氢钠溶液50～100 mL。为防继发感染,应注射抗生素。

轻度窒息如抢救及时,方法得当,预后良好,但容易继发支气管肺炎,应使用抗生素,并加强监护。重度窒息预后不良。

(四)预防

加强孕畜的饲养管理,保证产前良好健康状况,严防由于围产期疾病等因素影响分娩过程。应建立产房值班制度,保证母畜分娩时能够及时进行接产并正确护理仔畜。接产时应特别注意对难产、分娩过程延滞、胎儿倒生及胎囊破裂过晚者进行及时助产。

二、孱弱

新生仔畜孱弱(weakness)是指仔畜先天性发育不良或生理功能不全，出生后衰弱无力、生活能力低下。孱弱仔畜，如不及时处理可能在数小时或几天之内死亡。

(一)病因

妊娠期间，对母畜饲养管理不当，特别是妊娠后期严重的营养缺乏或营养不全，如饲料不足，饲料中缺乏蛋白质、矿物质、微量元素、维生素等；母畜在妊娠期间发生严重的或慢性消耗性疾病，如妊娠毒血症、产前截瘫、胎水过多、慢性胃肠疾病等，使胎儿得不到足够的营养而发育不良。母畜感染布氏杆菌、沙门氏杆菌等，也可引起胎儿感染，产出病弱仔畜。近亲繁殖等遗传因素引起胎儿先天性发育不良或遗传缺陷。单胎动物怀双胎或多胎，或多胎动物怀胎儿过多时，常产出弱小胎儿。

(二)症状

仔畜出生后卧地不起，软弱无力，肌肉松弛，心跳快而弱，呼吸浅表而不规则，有的闭眼，对外界刺激反应迟钝。耳、鼻、唇及四肢末梢发凉，吮乳反射很弱。

(三)治疗

治疗原则是保温、人工辅助哺乳和对症治疗。要将仔畜放在保育室，室内温度以 30℃左右为宜，也可用电热器、电热毯等保暖，并尽早辅助其吃上初乳，不能自主吮乳的，要挤出初乳人工饲喂。呼吸困难的要用氧气袋补给氧气。同时，采取强心、补液、补养分等措施，如静脉补充糖盐水、葡萄糖酸钙、维生素等。如发生酸中毒，要静脉注射碳酸氢钠溶液。

衰弱程度不严重，有吮乳反射者，如处理得当，预后良好，严重者多预后不良。

三、胎粪停滞

新生仔畜通常在生后数小时内排出胎粪，如果因肠道秘结而在生后 1 d 以上排不出胎粪，并伴有腹痛现象，就称为胎粪停滞(retention of meconium)，也称胎便秘结。

(一)病因

母畜泌乳不足或无乳，或其他原因使新生仔畜吃不到初乳，致使胎粪排出延迟而发生秘结。或因仔畜先天性发育不良或早产、体质衰弱或孱弱而发病。

(二)症状及诊断

仔畜出生 1 d 以上仍不排便，表现不安，拱背、摇尾、努责，频做排便姿势而无便排出。有的表现踢腹、卧地，并回顾腹部等腹痛症状。腹痛剧烈者，前肢抱头打滚。有的羔羊排粪时大声咩叫。患病仔畜吃奶次数减少，听诊肠音减弱或消失。严重者精神沉郁，食欲废绝，结膜潮红带黄，呼吸、心跳加快，全身无力，直至卧地不起，逐渐全身衰竭，呈现自体中毒症状。由于粪块堵塞肛门，继发肠臌气。

用手指进行直肠检查，可触到硬固或黏稠的粪块。

本病根据临床症状和手指直肠检查，可以作出诊断。

（三）治疗及预防

治疗原则是软化粪块、润肠通便、促进肠道蠕动和对症治疗。可用温肥皂水或石蜡油深部灌肠。也可给予轻泻剂，如口服石蜡油 100～250 mL（羔羊 5～15 mL），或硫酸钠 20 g，并同时灌服酚酞 0.1～0.2 g，配合腹部按摩促使粪便排出。但不宜给予峻泻剂，以免引起顽固性腹泻。对在骨盆入口处有较大粪块阻塞而无法灌肠时，可试行将粪块取出后再行灌肠。若上述方法无效，可施行剖腹术。挤压肠壁促使粪便排出，或切开肠壁取出粪块。如有自体中毒症状，必须及时采取补液、强心、解毒及抗感染等对症治疗措施。

本病如治疗及时，一般预后良好，但如发生自体中毒，预后慎重。

为了预防仔畜便秘，妊娠后期应改善母畜饲养，给予全价饲料，以保证胎儿的正常生长发育。仔畜出生后，应使其尽快吃到足够的初乳，以增强其抵抗力，促进肠蠕动机能。

四、脐尿管瘘

脐尿管瘘(persistent urachus)又叫持久脐尿管或脐部流尿，特征是新生仔畜排尿时，从脐带断端或脐孔流尿或滴尿。

（一）病因

在胚胎发育过程中，膀胱自脐部沿腹壁下降，在下降过程中，膀胱借脐尿管通过脐带与尿囊相通，出生后脐尿管退化成一纤维索带。如出生后脐尿管两端未闭合，则形成先天性脐尿管瘘，其特征是从脐带断端或脐孔经常流尿或滴尿，主要发生于驹，有时见于犊牛。脐尿管封闭不全是造成此病的主要原因，但有时脐带断端发生感染，或因摩擦、舔舐等原因使封闭处受到破坏，都可能发生脐尿管瘘。

（二）症状

仔畜排尿时，从脐带断端或脐孔中流尿或滴尿。检查可见脐部中央有一小孔，尿液即从此孔漏出。脐部由于经常受尿液浸渍而感染发炎、组织增生，肿胀，有的发生糜烂。临床上有时见到患畜脐部肿胀，有较大面积的组织化脓糜烂，并伴有体温升高等全身症状。

（三）治疗

未继发感染的，如果脐带残段尚存，可用碘酊充分浸泡，然后紧靠脐孔结扎；若脐带残段已脱落，可每天用碘酊或福尔马林涂抹数次，进行封闭，但比较确实的方法是对脐孔瘘管进行集束或袋口缝合结扎，结扎后脐部涂抹碘酊或龙胆紫。

对脐部已发炎的要抗菌消炎，有全身症状的，要全身使用抗生素。

本病及时治疗，预后良好。

五、脐炎

脐炎(omphalitis)是新生仔畜脐血管及周围组织的炎症。此病见于各种仔畜，但主要发生于犊和驹。

（一）病因

接产时对脐带消毒不严、脐带受到污染，或发生脐尿管瘘使脐部受到尿液浸渍，仔畜彼此吮吸、舔舐脐带、自行摩擦等，均可使脐部遭受细菌感染而发炎。

（二）症状

脐血管发炎时，病初脐孔周围发热、充血、肿胀、疼痛，仔畜经常弓腰，不愿行走；炎症严重的，出现体温升高等全身症状。

脐部检查可见脐带断端湿润，并形成瘘孔，有时溃烂化脓，触压疼痛，质地坚硬，挤压时从小瘘管排出少量黄色奶油状脓汁，恶臭。有时因封闭排不出脓，感染的脐带和周围组织界限清楚，肿胀。

发生脐带坏疽时，脐带残段呈污红色，有恶臭味，炎症常波及脐孔周围组织而引起蜂窝织炎、脓肿。除掉脐带残段后，脐孔处肉芽赘生，形成溃疡，常附有脓性渗出物。炎症蔓延，又可引起脐血管发炎。

如化脓菌及其毒素沿血管侵入肝、肺、肾及其他脏器，则可引起败血症或脓毒血症，仔畜表现精神沉郁、食欲不振、体温升高、呼吸脉搏加快等全身症状。有时可继发破伤风。

（三）治疗和预防

对炎症不严重的，可在脐乳周围分点注射青霉素普鲁卡因溶液，并局部涂擦松馏油、鱼石脂软膏或碘酒等。

已化脓或形成脓肿的，按脓肿治疗，即首先要排脓。可切开脓肿，用消毒药液彻底清洗，再用5%碘酊擦涂内创面。形成瘘管时，用消毒液尽可能洗净其脓汁，并涂注消毒药液。如果脐带发生坏疽，必须切除坏死组织，用消毒药清洗后，再涂5%碘酊。为了防止炎症扩散，可全身应用抗生素。

为预防本病，接产时要对脐带残端彻底消毒，尽可能不结扎脐带，有利于脐带干燥脱落。要保持仔畜的圈舍清洁、干燥，并在其出生后的头几天要经常检查脐部并涂擦碘酒，防止仔畜混养时互舔脐带。发现有脐尿管瘘应及时治疗。

六、膀胱破裂

新生仔畜膀胱破裂(rupture of bladder)可分为先天性和后天性两种，以后天的较为多见。本病主要见于新生幼驹和犊牛。

（一）病因

膀胱破裂常由下列原因引起：一是继发于尿闭，因膀胱过度充盈，压力过大或卧地打滚时造成破裂；二是分娩时胎儿膀胱内积尿过多，在通过产道时由于腹部受到挤压而造成膀胱破裂，尤其是产道狭窄时风险更大；三是用金属导尿管导尿时操作不慎，造成膀胱穿孔；四是犊牛患脐炎后，炎症沿脐尿管蔓延至膀胱，导致膀胱较长时间的炎症，炎症部位的膀胱壁发生病变逐渐变薄，韧性降低而发生尿渗漏或破裂。据报道，临床上还见到在犊牛出生时结扎脐带，因结扎线过度靠近腹壁，脐带收缩，结扎线上移至膀胱内堵塞输尿管而引起膀胱破裂。

(二)症状与诊断

初期症状不明显,持续无尿液排出,但与尿闭不同,仔畜并无频繁排尿姿势。经过1～2 d后,腹围明显增大,腹部下沉,叩诊呈水平浊音,拍打腹壁有水袋样波动感。腹腔穿刺,可抽出淡黄色液体。患畜精神沉郁,食欲减退,经常卧地,心跳和呼吸加快。随病程延长,可出现腹膜炎和尿中毒症状。

根据病史、临床症状,结合腹腔穿刺一般可以确诊。如有怀疑,可通过尿道向膀胱内注入有色液体(如红汞液、龙胆紫等),然后进行腹腔穿刺,根据穿刺液的颜色即可确诊。也可以采集腹腔穿刺液进行尿素测定来确诊。

(三)治疗

确诊后立即进行手术,排出腹腔内的尿液,缝合膀胱破口,并用含抗菌素的生理盐水冲洗腹腔,最后缝合腹壁创口。如发生腹膜炎及尿毒症,要对症治疗。

本病如能及早发现并及时治疗,预后良好;但如病程较久,已经并发腹膜炎及尿毒症,则预后不良。

七、新生仔畜溶血病

新生仔畜溶血病(haemolytic disease of the neonates)是新生仔畜红细胞抗原与母体血清抗体不相合而引起的一种同种免疫溶血反应,又称新生仔畜溶血性黄疸(haemolytic icterus of the neonate)、同种免疫溶血性贫血(isoinmune haemolytic anaemia)或新生仔畜同种红细胞溶血病(neonatal isoerythrolysis)。各种新生仔畜都有发病,但以驹和仔猪多发,偶见于犊牛、家兔和犬。其主要临床特征为贫血、黄疸,肝、脾脏增大。血液学检查主要表现为血红蛋白过多的巨红细胞性贫血。

(一)病因及发病机理

新生仔畜溶血病是由于母畜对胎儿的抗原产生特异性抗体,以后抗体通过初乳途径被吸收到仔畜血液中而发生抗原抗体反应所造成的。诱发溶血病的抗原依畜种不同而有差异。

1. 新生骡驹溶血病(haemolytic disease of the newborn mule)

骡驹是马和驴的杂交后代,其红细胞膜上带有来自父系的种属性抗原。妊娠期间,如果胎盘有轻微的损伤,胎儿红细胞就能进入母体血液循环,刺激母体产生抗体。如果骡驹的父亲是公马,母亲为母驴,母驴产生的这种抗体称为抗马抗体;反之则称为抗驴抗体。分娩后,这种抗体进入初乳,新生骡驹吮食初乳后即发病(图6-1)。

2. 新生马驹溶血病(haemolytic disease of the newborn foal)

马驹溶血病的原因与人的新生儿溶血病(同族免疫性溶血)相似,是由于胎儿与母马的血型不合引起的。已知马的血型分为7个系统,每个系统包括一种至数种不同的血型因子。这些血型因子存在于红细胞表面,都能以直接方式遗传给后代,其中Aa、Qa、R、S、Dc和Ua等因子与马驹溶血病有直接关系,又以Aa因子的抗原性最强,能诱发母马产生很强的抗Aa抗体,其余因子的抗原性依次减弱。红细胞溶解大多是由Aa和Qa因子引起的。

虽然引起马驹溶血病的抗原与骡驹溶血病的不同,但发病机理相同(图6-2)。妊娠期间,

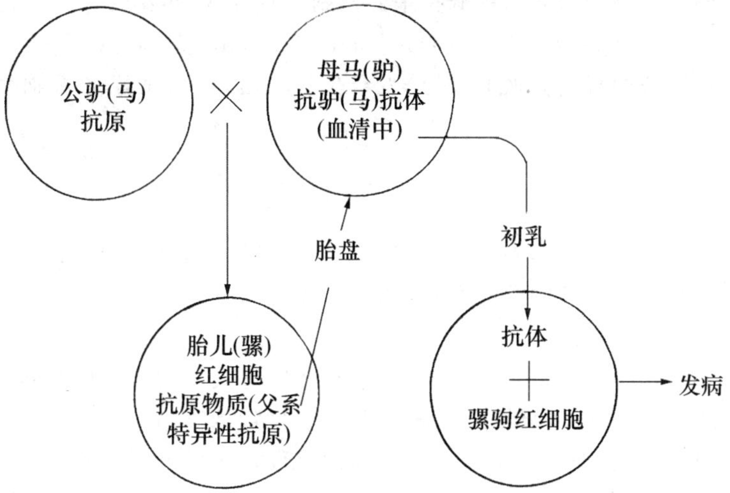

图 6-1　新生马驹溶血病的发病机理

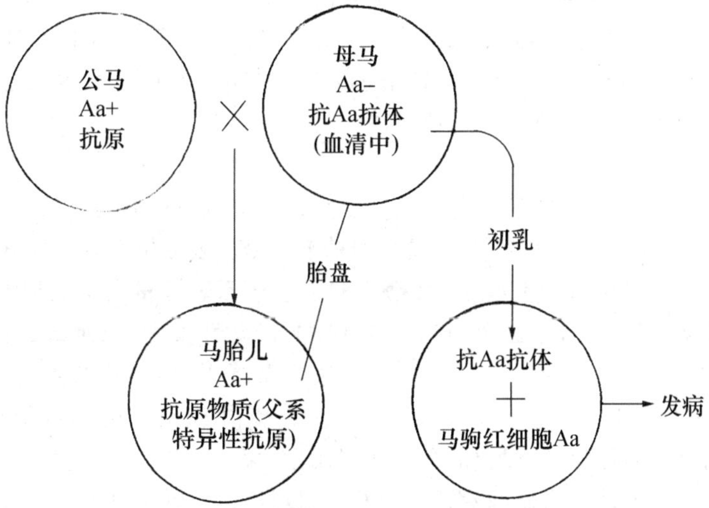

图 6-2　新生骡驹溶血病的发病机理

当马胎儿具有从公马遗传来的血型因子，而母马该种血型因子为阴性时，就有可能激发母马发生同种免疫反应。

3. 新生仔猪溶血病(haemolytic disease in neonatal piglet)

与马驹溶血病大致相同，也是血型不合所造成的。猪有 15 个血型，其中 A 血型仔猪红细胞内并无抗原，因此除 A 血型系统外，其他血型系统的血型因子都可能成为本病的病因。偶尔见于仔猪在应用含猪血液的猪霍乱疫苗之后发病，因为这类疫苗若是由结晶紫灭活的病毒血症的血液制成，则在使用后除了产生抗病毒的抗体外，也产生抗红细胞抗体。

4. 新生犊牛溶血病(haemolytic disease in newborn calf)

国外应用 100 多种抗血清已将牛的红细胞型分成 A、B、C、F、V、J、I、M、N、S、R′、S′、T′和 Z，但由胎儿红细胞致敏而产生的“自身免疫性”抗体极为少见，而注射含有红细胞抗原的疫苗，如巴贝斯虫病疫苗（该疫苗多由患病犊牛血液制成）可以引起发病。

5. 新生仔犬溶血病（haemolytic disease in newborn puppy）

不加选择的配种或给母犬输血时，易诱发新生仔犬溶血病，尤其是A血型因子的犬更易发病。

（二）症状

依畜种不同，症状有所差异，但其共同之处是吃食母体初乳后即发病，表现为贫血、黄疸、血红蛋白尿等危重症状为特征的溶血性疾病的临床症状。

1. 新生骡驹或马驹溶血病

新生骡驹或马驹出生后一切正常，但在吸食初乳后不久发病。发病时间一般在吃过初乳后1～5 d（较多的在3～4 d），也有的几小时即发病。发病越早，病情越重。

病驹表现为食欲不振、精神沉郁，常呆立或以头顶墙站立；可视黏膜苍白、黄染；尿量少而黏稠，病轻者为黄色或淡黄色，继而出现血红蛋白尿，排尿有痛苦表现；心跳快而脉弱，心音亢进，呼吸粗粝。病情严重者，卧地不起或嗜睡，呻吟，呼吸困难，有的出现神经症状（惊厥及角弓反张），最终因高度贫血、极度衰竭而死亡。濒死前体温下降。

病驹血液呈现高度溶血，稀薄如水，缺乏黏稠性，呈淡红黄色（严重时呈酱油色），红细胞数减少，轻者（3×10^{12}）～（4×10^{12}）个/L，重者可降至1×10^{12}个/L以下，红细胞形状不整，大小不等。血红蛋白显著降低，白细胞相对值增高。

2. 新生仔猪溶血病

新生仔猪往往采食母猪初乳后不久，出现全窝仔猪溶血性黄疸病。病初停止吮乳，精神委靡，震颤，畏寒，钻于母猪身下或草窝中，或互相挤于一处。被毛粗乱、竖立，衰弱，后躯摇摆，不久陷入虚脱状态。最明显的症状是可视黏膜及皮肤呈轻重不一的黄染，其中以结膜及齿龈最为明显。粪便稀薄，尿透明或带红色，有时呈咖啡样，呈酸性发应，隐血试验呈强阳性，体温变化不大，心跳150～200次，呼吸70～90次。血液不易凝固，白细胞总数为6×10^{9}～7×10^{8}个/L，红细胞数减少为15×10^{11}～45×10^{11}个/L，血红蛋白36～65 g/L，红细胞多呈溶解状态。如果缺乏及时而合理的治疗，往往造成全窝仔猪死亡。

尸体剖检可见皮下黄染明显，肠系膜、大网膜、腹膜、大小肠均呈黄染。胃底有轻度卡他性炎症，肠黏膜充血、出血，肝脏、脾脏微肿大，膀胱内积存暗红色尿液。

若将患病一窝中的部分患猪放置于其他母猪窝内代养，无传染性，而且放入的仔猪也会有相当程度的症状减轻，甚至好转。

3. 新生仔犬溶血病

常发生于出生2～3 d。患病仔犬精神沉郁，反应迟钝，喜卧，吸乳力减弱或不吃乳，皮肤及可视黏膜苍白黄染，尿量少而黏稠，病轻的为黄色或淡黄色，严重的为血红色或浓茶色。心音亢进，呼吸粗粝，有的出现神经症状。

病犬血液呈高度溶血，稀薄如水，缺乏黏稠性，红细胞数显著减少。尿液化验为血红蛋白尿。

（三）诊断

根据病史及临床症状一般能作出诊断。有条件的，可以测定母乳或血清抗体进行诊断。

马生骡驹时，其初乳抗体效价高于 1∶32，驴生骡驹高于 1∶128 时，均判为阳性。

（四）治疗

治疗原则是除去病因，对症治疗。通常采取如下方法：

1. 停食初乳

对病畜要立即停食初乳，改为代养或人工哺乳，直至母乳抗体水平降至安全范围（阴性）或待仔畜已超过肠壁闭锁期（抗体不能通过肠壁被直接吸收，一般要到出生 1 周以后）。

2. 输血疗法

（1）输全血　最有效的治疗方法是输血。输血前一般应做配血试验，选择血型相合的同种动物作为供血者。若无条件作配血试验时，亦可试行直接输血，但应密切注意有无输血反应，一旦发生反应立即停止输血。驹的每次输血量为 500～1 000 mL，必要时间隔 12～24 h 重复输血 1～2 次。但不宜反复输血，以免抑制机体本身的造血机能。

（2）输母体红细胞　原则上不能输入母血，因为母血中含有大量抗体，输入后会加剧病情。但在临床上，母血最易获取，所以无其他血源的情况下，可采母血静置，待红细胞沉淀后，弃去血浆（尽量去尽），再加入等量生理盐水稀释后输给患病仔畜。

3. 辅助疗法

（1）抑制抗原 - 抗体反应　可注射氢化可的松 100～200 mg 或强的松 50～100 mg。

（2）保肝解毒，补充营养　可静脉注射 10%～25%的葡萄糖液 250～500 mL，注射维生素 B_{12} 及铁剂，增强造血机能。

（五）预后

发病后若及时确诊，并采取适当的治疗及隔离母仔、实行代养等措施，一般预后良好。但危重病例，特别是已出现神经症状（胆红素脑中毒），很难挽救。

（六）预防

1. 产前检测母体抗体

根据母畜预产期，在产前采集母畜血清或初乳检测抗体效价，对效价超出安全范围者，产后严禁仔畜吃其初乳，并每天多次彻底挤净初乳，待母乳抗体效价降至安全范围时，再让仔畜吃母乳。这期间仔畜可找保姆代乳或人工哺乳。

由血型不合引起的新生仔畜溶血病，如马、猪等溶血病，其抗体属不完全抗体，用凝集反应法检测不易出现肉眼可见的反应，必须用抗球蛋白试验才能检出其效价。

2. 改换种公畜

已经产生抗体的母畜，下次如再用同一种公畜或其精液配种，可能产生的抗体效价更高，所产仔畜发病的风险更大，因此要更换种公畜配种。

3. 隔离仔畜

对上胎仔畜已发病的母畜，产仔后应立即实施母仔隔离。仔畜可代养、或与其他母畜交换哺乳，或人工哺乳。

4. 其他措施

在仔畜吃乳前，灌服适量的食醋（加等量水），有一定的预防作用。

知识链接

胎儿/新生仔畜获取母体免疫球蛋白的方式与溶血病

因动物种类及其胎盘组织构造不同，胎儿/新生仔畜获取母体免疫球蛋白的方式也不相同。

第一种，如人、灵长类动物等，其胎盘属血液绒毛膜型。妊娠期间，母体的免疫球蛋白可通过胎盘屏障，因此胎儿可通过胎盘血液循环从母体获取免疫球蛋白。但新生儿的肠道几乎不能从母乳中吸收免疫球蛋白。所以在人类，如果胎儿与母亲的血型不合（常见的是ABO血型不合、Rh因子不合等），在妊娠期间少量胎儿红细胞进入母体循环，而胎儿红细胞具有的抗原恰为母体所缺乏，则可刺激母体产生相应的血型抗体（IgG）。此抗体又经胎盘进入胎儿循环，引起胎儿红细胞破坏，发生溶血病。但若胎儿红细胞进入母体是在发生分娩时，即使母体产生了抗体，也不能使新生儿发病。因此，在临床上见到的人的新生儿溶血病，实质上是在胎儿期间就已发生了。

第二种，如反刍动物、马、猪等，其胎盘属上皮结缔绒毛膜型/上皮绒毛膜型。妊娠期间，母体免疫球蛋白不能通过胎盘屏障，所以胎儿不能通过胎盘循环从母体获取免疫球蛋白。但新生仔畜的肠道在出生的头几天能从母乳中吸收免疫球蛋白。因此新生仔畜溶血病只在食入初乳后才会发生。

第三种，如犬、猫等，其胎盘属内皮绒毛膜型，母体免疫球蛋白进入仔畜体内兼有以上两种方式，即在妊娠期间，胎儿能从母体获取部分免疫球蛋白，新生仔畜的肠道也能从母乳中吸收免疫球蛋白。但在临床上所见到的这类动物的新生仔畜溶血病是发生在食入初乳之后。

（章孝荣）

八、出血性紫斑

新生仔畜出血性紫斑（purpura haemorrhagica）又称血斑病，主要特征是仔畜出生时或出生后数日，可视黏膜、皮下及内脏出现出血点或出血斑。该病以骡驹多发，犊牛、仔猪也偶有发生。

（一）病因

该病病因尚不十分明确，但与各种原因引起的血小板减少和凝血酶原减少有关，如妊娠期间受到物理、化学或生物学的致病因素作用，或由遗传缺陷所致。

（二）症状

开始时，病畜口、鼻黏膜、舌和舌下、眼结膜等有出血点，随后发展为出血斑。体表可能出现血肿，血肿可发展为溃疡。如有出血，则凝血困难，难以止血。如有腹泻，排泄物带血。病畜衰弱消沉，关节肿胀，跛行。剖检可见皮下、胃肠黏膜有大量出血斑点，心、肝、脾、肾脏被膜下均有出血点。血液检查，血小板明显减少，同时红细胞数量也减少。

（三）治疗

可使用氢化可的松或醋酸强的松类药物，配合使用维生素 C、维生素 K 和钙制剂等，降低毛细血管的通透性。严重的，可通过输血增加红细胞和血小板数量。

用归脾汤加减或清热败毒汤加减以及一些治疗血小板减少症的中药验方也可获得较好效果。

九、先天性肌阵挛

先天性肌阵挛(congenital myoclonia)是仔猪出生不久全身或局部肌肉阵发性挛缩的一种疾病。本病早在 1854 年就发现于德国，在相当长的时期内只发生在新生仔猪，所以俗称“小猪跳跳病”、“小猪抖抖病”，也称之为“仔猪先天性阵挛(或震颤)综合征”。该病虽然有时可自然痊愈，但发病仔猪多由于震颤无法吃奶，严重影响生长发育，甚至死亡，损失相当严重。后来，在仔犬、犊牛等新生仔畜也陆续发现了先天性肌阵挛。

（一）病因

虽然该病发现已有 150 余年，对致病因子的研究也从未停歇，但到目前为止病因还不完全清楚。可能与遗传因素、母畜妊娠期营养与免疫因素甚至与病毒感染有关。所以有人将其归于遗传性疾病，而又有人把它划归病毒性疾病。从各种现象分析，仔畜发生此病，至少与其父亲密切相关，有父系家族性遗传迹象。

（二）症状

新生仔猪在出生后，或于出生后数小时内发生肌痉挛而震颤。有的全窝发生，有的部分仔猪发生。临床症状轻重不一，患病仔猪的全身骨骼肌痉挛程度也不一致，有的则有节奏地震颤，以致不能站立；有的呈侧卧姿势、有的呈横卧姿势。卧地后，震颤立即减轻，乃至停止，但其后若再站立，痉挛程度更为加重。有的仔猪头和颈部呈现强烈的有节奏痉挛性震颤，使其无法吸吮母乳。有的后躯颤抖显著，头颈部和前躯无异常，以致两后肢骨骼肌有节奏地强烈收缩，呈现弹肢急跳的姿势。若四肢同时发生阵发性痉挛时，即呈现跳跃状，并因平衡失调而倒地。病情轻的，虽然全身震颤，但仍可运动。死亡多由于全身或头颈部强烈震颤，无法吃奶而饿死。病仔猪体温、呼吸及脉搏均无明显变化。死后剖检，肠胃空虚，除脑神经有炎症变化外，无其他明显病变。

仔犬在出生后数小时至 1～2 d 出现肌震颤，全身抖动，四肢或后躯呈向上跳跃姿势。严重者每分钟有节律地抽动 50～70 次。在触摸或受惊吓时跳动频率和幅度加大。有的甚至出现强直收缩或角弓反张。仔犬因震颤无法固定母犬乳头或找不到乳头吃不上奶。但病仔犬体温正常，意识清醒，消化、呼吸及循环系统无异常变化。

犊牛患该病时，其症状与仔猪、仔犬相似，颤动时呈跳跃姿势，行走困难，站立不稳，容易跌到，不能正常吮乳。

（三）治疗

由于该病致病原因尚不清楚，目前没有确实有效的治疗方法。对患病仔畜应加强护理，采取饮食疗法，注意防寒保温，避免外界各种不良因素的刺激，以及进行人工哺乳，可使大多数仔畜自然痊愈。

一般病例，加强护理，人工喂养或人工哺乳，预后良好。

若发现公畜的后代中有先天性肌阵挛，应淘汰该公畜。

十、新生仔猪低血糖症

新生仔猪低血糖症（hypoglycemia of newborn piglets）是仔猪生后血糖急剧下降而导致中枢神经系统机能活动障碍的一种营养代谢性疾病，又称乳猪病或憔悴猪病。该病主要发生于冬春季节，通常是一窝或几窝的部分或全部仔猪发病，且多发生于出生后 7 d 内的仔猪，尤其是 2～3 日龄仔猪发病率最高（可达 30%～70%，甚至 100%）。如不及时治疗，死亡率高达 50%～100%，给养猪业带来很大的经济损失。

本病的特征是仔猪的血糖水平明显低下，血液非蛋白氮含量明显升高，临床上出现衰弱乏力、运动障碍、痉挛、衰竭等症状。

（一）病因和发病机理

仔猪出生后 7 d 内，体内缺少糖原异生作用的酶类，糖异生能力差，其代谢调节机能不全。在此期间，血糖主要来源于母乳和胚胎期贮存肝糖原的分解，如胎儿时期缺糖或出生后因各种原因引起仔猪吮乳不足或缺乏，加上出生仔猪活动量增加，体内耗糖量增多，则有限的能量贮备迅速耗尽，血糖急剧下降。当血糖低于 50 mg/100 mL 时，便会影响脑组织的机能活动，出现一系列神经症状；严重时机体陷入昏迷状态，最终死亡。

常见原因是母猪产后无乳或少乳，或仔猪出生后吮乳反射弱甚至消失；个别初产母猪不让仔猪吮乳或仔多乳头少，而使有的仔猪吃不到母乳。

仔猪患有大肠杆菌病、链球菌病、传染性胃肠炎、先天性震颤等疾病时，吮乳减少，同时因消化吸收机能障碍，以及初乳过浓，乳蛋白、乳脂肪含量过高，妨碍了新生仔猪的消化吸收。

胎儿在母体内生长发育不良，导致仔猪先天性糖原不足而出现低血糖症。

环境寒冷或空气湿度过高而使新生仔猪受寒，也能加速低血糖症的发生；应激或有害因素致使仔猪食欲不佳，消化不良，也可引发该病。

（二）症状和诊断

仔猪一般在出生后 1～2 d 突然发病，迟的在 3～5 d 出现临床症状，且同窝仔猪中大多数都发病。病猪突然停止吮乳或吃乳减少，全身出现水肿，尤以后肢、颈下及胸腹下较为明显；精神沉郁，四肢无力，卧地不起，被毛蓬乱无光泽，尿液呈黄色；体表感觉迟钝或消失，用针刺除耳部和蹄部稍有反射外，其他部位无痛感；皮肤苍白，湿冷，体温下降到 36～37℃，耳尖、尾根及四肢末端出现轻微的紫色；多数呈阵发性痉挛症状，头后仰或扭向一侧，四肢做游泳状划动，口微张，发出特殊的尖声号叫或口角流出少量的白沫；心跳加快，每分钟约 150 次，心律不齐，呼吸微弱，眼球不动，对光反应消失。严重的则昏迷不醒，意识丧失，瞳孔散大，于 3～4 h 内死亡。

用葡萄糖氧化酶法测定仔猪血糖，可发现病仔猪血糖低于 50 mg/100 mL，而正常仔猪的血糖值为 76～149 mg/mL。

根据妊娠母猪饲养管理不良，产后无乳、少乳或乳汁浓度过低，发病后的临床症状，血糖含量可对本病作出诊断。

(三)治疗

早期尽快补糖，大多数病例可恢复健康。用10%～25%葡萄糖液10～20 mL加维生素C 0.1 g腹腔注射，每隔3～4 h 1次，连续2～3 d，有良好效果。也可同时口服25%葡萄糖5～10 mL，或喂饮白糖水。同时，为促进糖原异生，可每天一次肌肉注射醋酸氢化可的松25～50 mg或促肾上腺皮质激素10～20 IU，连用3 d。

在对症治疗仔猪低血糖症的同时，要及时解除母猪无乳、少乳或乳汁浓度过低的原因。如因营养不良引起的要及时改善饲料，加强护理；如因母猪感染其他疾病所致，要积极加强治疗。母猪无乳时，可对仔猪进行人工哺乳或代养。仔猪患有影响哺乳和消化吸收的疾病，应在补糖的同时积极治疗这些原发病。

此病病程短，死亡率极高。如能早期治疗，预后多良好。延误治疗则预后不良。

(四)预防

妊娠后期对母猪应供给充分营养，以保证产后有充足的乳汁。注意对仔猪的护理和防寒保暖工作，保证仔猪早吃、吃足初乳。对少数弱小仔猪吮乳不足，可额外进行补喂。

十一、新生犊牛搐搦症

新生犊牛搐搦症(tetany of the newborn calf)，多发生于2～7日龄的犊牛，其特征为发病突然，表现强直性痉挛，继而出现惊厥和知觉消失；病程短，死亡率高。在新生羔羊也有类似病例发现。

(一)病因

病因不详。有人认为是胚胎期间母体矿物质不足，由急性钙、镁缺乏所致；也有人认为是由于镁代谢紊乱所引起。

(二)症状

犊牛突然发病，多站立，颈伸直，呈强直性痉挛；口不断空嚼，唇边有白色泡沫，并由口角流出大量带泡沫的涎水；继而眼球震颤，牙关紧闭，呈全身性痉挛，角弓反张，随即死亡。

(三)防治

可选用下列处方之一试治：

10%氯化钙20 mL、25%硫酸镁10 mL、20%葡萄糖20 mL，混合，一次静脉注射；25%硫酸镁20 mL，分3～4点肌肉注射，同时用10%氯化钙20～30 mL一次静脉注射；氯化钙2～4 g、氯化镁1～2 g、葡萄糖2～4 g、蒸馏水20～40 mL，溶解、过滤、煮沸灭菌，待温后一次静脉注射。

对妊娠后期母牛应供给全价饲料，注意磷、钙平衡，多晒太阳，保证充足的运动。

十二、新生驹面神经麻痹

新生驹面神经麻痹(facial paralysis of foal)是因仔驹面神经所支配的肌肉发生机能障碍，并影响呼吸和吮乳的一类疾病。此病多发于骡驹，马驹和驴驹少见。

(一)病因

病因目前尚不清楚，可能因母畜妊娠期间缺乏某些维生素、矿物质或代谢紊乱造成驹面神经运动核或面神经肌肉装置先天性发育缺陷，也可能由于胎儿姿势异常，在分娩过程中胎儿面神经因骨盆压迫造成机械性损伤。

(二)症状及诊断

如发生一侧面神经麻痹，病驹上唇歪向健康侧，下唇松弛，口闭合不全；舌尖稍微脱出，吃奶时嘴角流奶；患侧眼和鼻孔小、耳下垂或平伸，而健侧眼和鼻孔大、耳竖起。

如两侧面神经麻痹，病驹下唇下垂拉长，无法吃奶；鼻翼塌陷，鼻孔狭窄，呼吸困难；两耳下垂，不能活动；两眼睑也下垂，不能睁开，往往继发结膜炎。病驹精神沉郁，四肢无力。

根据唇斜耳垂等临床症状，容易作出诊断。

(三)治疗

药物治疗无明显效果，对一侧性面神经麻痹，采用电针疗法或针刺疗法效果较好，对鼻翼塌陷严重，呼吸困难的患畜可进行鼻翼开张术或鼻翼皱缩术。

(李键)

第七章　动物繁殖控制新技术

第一节　人工授精技术

人工授精(artificial insemination,AI)是以人工的方法采集种公畜精液,经过品质检查和适当处理后,再将一定量的精液输入母畜生殖道内而使母畜受孕的一种辅助生殖技术。

开展人工授精具有多方面的重要意义。通过人工授精技术,可充分挖掘优良公畜的繁殖潜力,提高种公畜利用率。通过选择公畜,可以使优良基因的影响迅速扩大,加速家畜品种改良。通过发情鉴定,可以掌握适宜的配种时机进行深部输精,从而提高母畜受胎率,并及时发现某些生殖疾病。人工授精还可以克服因公母畜体格差异和因母畜生殖道异常引起的交配困难所造成的不孕。使用公畜精液还可以克服时间和地域上的限制,使人们可在任何时间(即使在公畜死后)、地点选用某头公畜的精液进行输精。此外,建立精子库有助于保护珍稀动物品种资源,促进动物繁殖技术的发展,并有利于某些疾病的控制。

一、精液采集

为保持种公畜的健康体况和正常的生殖机能,同时最大限度地利用公畜,应合理安排采精频率。生产实践中,公牛一般每隔 2～3 d 采精 1 d,每天采精 2 次;公猪、公马可隔天采精,连续几天采精后应休息 2～3 d;公羊在繁殖季节可连续数周内每天多次采精,但公山羊采精频率应减少一些。一般来说,增加采精频率会减少每次采集的精子数,但可增加单位时间内所采得的精子数。各种家畜的采精频率及精液品质见表 7 - 1。若发现公畜性欲减弱或精液品质下降,尤其是精液中未成熟精子数增加,往往意味着采集过频,应减少采精次数或暂时停止采精。

表 7 - 1　各种公畜的采精频率与精液品质

项　目	奶牛	肉牛	水牛	绵羊	山羊	猪	马	犬
每周采精次数	2～6	2～6	2～6	7～25	7～20	2～5	2～6	2～3
射精量/mL	5～10	4～8	3～6	0.8～1.2	0.5～1.5	150～300	50～100	20～30
每次射精精子数/$\times 10^9$	4～14	4～14	3.6～8.9	2～4	1.5～6.0	30～60	3～15	5
精子活力/%	50～70	40～75	60～80	60～80	60～80	50～80	40～75	
精子正常率/%	80～95	75～90	80～95	80～95	80～95	70～90	60～90	72～98
pH 值	6.9	6.7	6.7	6.5	6.5	7.5	7.4	

(一)采精前的准备

包括采精场地、器械、台畜和公畜的性准备。采精场地应当宽敞、平坦、安静,采精前做环境消毒。台畜可用发情母畜并做适当保定,也可用假台畜;台畜使用前应清洗后躯并擦干。采精器械及可能接触精液的相关用品应作严格消毒,操作室可用紫外线照射杀菌。公畜的阴茎和包皮部位要认真清洗,以减少对精液的污染。对公畜进行适当的性刺激,如更换台畜、改变台畜位置、假爬跨、观察另一头公畜爬跨等,可增加采得的精子数量,增强公畜的性反应。

(二)采精方法

目前常用的采精方法主要有假阴道法、手握法、按摩法和电刺激法,以假阴道法使用最为普遍、效果最为理想。

1. 假阴道法

主要用于牛、羊、马等动物及部分小动物(如兔、犬等)。各种假阴道均需模拟相应母畜阴道环境条件,其中最主要的是使假阴道具有适当的温度、压力和润滑度。假阴道法采精时,采精员可手握假阴道立于台畜右后侧,当公畜爬跨台畜时,将假阴道沿水平方向套入勃起的阴茎。在公畜抽动射精时,尽量固定假阴道的位置。当公畜跳下时,假阴道随阴茎后移并保持假阴道下倾,以防精液从集精杯流出。排放假阴道内空气,待阴茎软缩后,取下假阴道。对可能危及采精员安全的大型公畜采精,可将假阴道固定于假台畜上,但应注意其角度,防止精液倒流。

2. 手握法

适用于采集公猪和公犬的精液。采集公猪精液时,采精员蹲在假台畜左侧,用戴有灭菌手套的右手紧握伸出的螺旋状龟头,模仿母猪子宫颈对公猪螺旋状龟头的挤压力,节奏性地施加压力,刺激公猪射精。另一只手持带有过滤纱布的集精瓶收集精液,公猪常有 2～3 次射精,待射精全部结束时再松开阴茎。

3. 按摩法

适用于牛和家禽。对牛可经直肠按摩精囊腺和输精管壶腹部,使精液流出,同时由助手按摩阴茎"S"状弯曲部使阴茎伸出,便于收集精液。

4. 电刺激法

适用于种用价值高、但失去爬跨能力的公畜、家禽、小动物和野生动物。使用电刺激采精器,通过电流刺激生殖器官引起射精。操作时动物站立或侧卧保定,必要时可使用镇静类药物。电极棒经直肠(泄殖腔)插入输精管壶腹部位,选择一定频率,从低到高逐渐增加电流强度和电压,即可使阴茎伸出、勃起并射精。此法所得精液量大,但精子密度低,并可能混入尿液。

二、精液品质评定

精液是由精子和精清组成的细胞悬液。精液外观一般呈不透明的灰白色或乳白色液体状,无味或略带腥味,但因畜种、个体及饲料性质等不同而有差异。羊精液的精子密度大,浓稠而粘厚呈奶油样;牛精液呈乳白色或灰白色;马精液含有较多的黏稠胶状物,精子密度小,呈半透明乳白色;猪精液中含有白色或灰白色半透明能凝固的胶状物,自然配种时形成子宫颈栓,防止精液倒流。牛、羊、鸡的精液量小,精子密度大,刚采出时呈云雾状运动,这是精子集团强烈运动的结果,是质量良好的表现。

精液品质主要从 4 个方面进行评定:外观检查、显微镜检查、生物化学检查和精子对环境变化的抵抗力检查。单项检查往往难以预测精液的受精能力,采用多项综合检查,能够更准确地评价精液质量。在进行人工授精时，较为重要的检查项目是精子密度和活力，对生育力低下的不育公畜还应注意检查死活精子和畸形精子的比率以及一些特殊的理化指标。

如果要判定公畜的种用性能，除对多项精液质量指标进行综合评定外，还应统计一定数量母畜授精后的受胎率、繁殖率及其所产后代的性能。

三、精液的稀释和保存

对精液进行稀释一是为扩大精液容量，充分利用精液；二是为更久地维持精子的受精能力；三是为方便精液的保存和运输。

（一）精液稀释液的成分和作用

精液稀释液中一般含有营养物质、保护性物质、稀释剂和一些添加剂。营养物质主要补充精子生存和运动所需的能量，如葡萄糖、果糖、乳糖、卵黄和奶等。保护性物质包括缓冲剂、抗冻剂和抗生素等。常用的缓冲剂有柠檬酸钠、酒石酸钾钠和磷酸二氢钾等，它们可以防止因精子代谢产物（乳酸和 CO_2 等）积累造成的 pH 值下降。常用的抗冻剂为甘油和二甲亚砜（DMSO），奶类和卵黄也具有防止冷休克的作用。加入精液中的抗生素既要有抑菌作用，又应当对精子无害，常用青霉素（500～1 000 IU/mL 稀释液）和链霉素（500～1 000 μg/mL 稀释液）。稀释剂主要用于扩大精液量，常用生理盐水、葡萄糖、果糖、蔗糖溶液或卵黄液、奶类等。使用添加剂的目的是保持精液品质、提高精子活力和母畜受胎率。使用各种添加剂的研究报道很多，添加的物质包括酶类、激素类、维生素类以及 ATP、精氨酸、咖啡因等。

（二）精液的稀释

首先按要求配制稀释液。采集的精液先保存于 30℃水浴中，迅速检查精子的活力和密度，并根据稀释液的种类和保存方法，确定稀释倍数，尽快进行稀释。稀释精液时应将稀释液加温至 30～35℃，轻轻混匀，防止剧烈搅动。奶牛精液一般稀释 5～40 倍，绵羊、山羊、猪精液可稀释 2～4 倍，马精液稀释 2～3 倍，犬精液稀释 3～8 倍。目前，生产中倾向于低输精量和高倍稀释，如马可稀释到 7～8 倍，羊可稀释达 50 倍。

（三）精液的保存和运输

除牛以外，其他动物冷冻精液的受胎率都不够理想。当畜群达到一定的规模，精液的保存仍有很大的实用价值。在使用冷冻精液而冷冻设备又不充分的地区，对解冻后的牛精液也需进行必要的保存。精液可在 3 个温度区间内保存：常温保存（15～25℃）、低温保存（0～5℃）和超低温冷冻保存（－196℃）。各种家畜精液在低温下保存的时间一般要长于常温下的保存时间；而在液氮中超低温冷冻状态下，可进行长期保存。但猪的全精适于 15～20℃保存，而分段采集的浓厚精液适于在 3～10℃保存。

1. 常温与低温保存

保存精液的目的是延长精子寿命。在保存精液时采取的主要措施是通过降低温度、适当增加酸度以减少精子在保存期间的活动和降低精子的代谢能力。另外，需要适当补充能量物质，添加抗冻剂和抗菌物质。在低温下保存精液必须注意缓慢降温，从 30℃到 5℃，一般以 0.2℃/min 的降温速率为宜，整个降温过程需 1～2 h，分装好的精液瓶可用纱布或毛巾包好并套上塑料套防水,里面还应附上包括该份精液的来源、采精日期、精液品质及稀释方法的说明。在运输过程中必须注意维持存放的温度并避免剧烈震荡和碰撞。

2. 超低温冷冻

(1)超低温冷冻的原理　水在逐渐降温过程中会形成冰晶,但若快速降温至－130℃以下,则可以跨越结晶过程而呈现玻璃态。精液成分十分复杂,冷冻时大冰晶形成不仅会对生物细胞造成物理性伤害,还可能导致盐溶液浓缩、脱水、蛋白质变性等损伤。因此冷冻精液成败的关键是控制降温速度,避免大冰晶体的形成。可能发生强烈结晶过程的温度区域称为危险温区,冷冻精液的危险温区大约在－60～0℃,最显著的有害温区是－25～－15℃。加入冷冻保护剂就是要减缓水的结晶过程,缩小危险温区的范围。各种家畜精子对温度变化的反应是不同的,因此采用的冷冻稀释液和降温程序也有区别,只要能有效地避免冰晶出现和精子脱水,迅速将精液冷冻至－130℃以下,即可投入液氮中长期保存。

(2)超低温冷冻方法　冷冻前需要对精液进行稀释,稀释倍数主要根据原精品质和每头份冷冻精液的剂量确定,以保证解冻后每头份精液中有一定数量能直线前进的运动精子。

由于甘油对精子有一定的毒性作用,为了减轻甘油的不利影响,可先以不含甘油的稀释液作第 1 次稀释,待温度降至 0～5℃时再加入含有甘油的稀释液作第 2 次稀释。在进行第 2 次稀释时,加入稀释液的温度必须与已稀释降温的精液相当,若引起温度回升,将严重影响冷冻效果。由于基础稀释液的成分不同或加入的甘油含量不高,只进行一步稀释也可得到好的冷冻效果。精液逐渐冷却到 0～5℃的降温速率不宜过快,一般约需 1 h。稀释的精液在低温区(0～5℃)放置一定的时间可以改善冷冻效果,这一过程称为平衡。平衡一般是在第 2 次加入含甘油稀释液后进行,持续数小时。在这段时间内甘油充分渗透进入精子内部,精子内部在低温下重新建立离子平衡,有利于增强精子的抗冻性。

目前采用较广泛的冷冻精液剂型主要有细管型、颗粒型和安瓿型 3 种。细管由聚氯乙烯复合塑料制成,长度多在 125～133 mm,容量为 0.25 mL 或 0.5 mL。采用细管冷冻精液时,注入精液后以聚乙烯醇粉末或钢珠、玻璃珠、超声波静电压封口。精液分装多在平衡温度中进行,冷冻时可使用大口液氮罐、广口保温瓶、铝锅或铝饭盒(外面用泡沫塑料隔温)等,在容器内灌入液氮,将细管平放于距液氮 1～2 cm 处平衡 7～9 min,即可浸入液氮长期保存。细管精液解冻后可以直接输入母畜体内,减少了污染环节;由于细管内径小,降温快且温度变化均匀,因此冷冻效果好,能保证母畜有较高的受胎率;加之精液分装、封口、标记实现自动化,可充分利用精液,进行大量生产。

安瓿由硅酸盐硬质玻璃制成,为 0.5 mL 或 1.0 mL。采用安瓿冷冻时,可参考细管法进行。安瓿也具有易标记、剂量准、不易污染和不用解冻液解冻等优点,但与细管相比封口麻烦,操作中易升温而影响冷冻效果。另外,安瓿易破裂,体积大,保存和运输均不够方便。

颗粒型冻精的制作是直接将稀释平衡后的精液滴在冷冻网或氟板上,经过 3～5 min 待颗粒充分冻结后铲下,即可浸入液氮保存。使用铜纱网、尼龙网或饭盒盖时可将其悬在距液氮面 1～2 cm 处。使用氟板时,可先在板上钻出直径约 4 mm,深 2 mm 排列整齐的小坑,将平衡后的精液约 0.1 mL 滴入小坑后,连同氟板悬人液氮槽;也可将板在液氮槽中预冷后滴冻,滴冻时要求快速,防止升温并始终保持冷冻网或氟板恒温。颗粒型冻精制作简便、成本低、体积小、便于贮存,缺点是剂量不标准,不易标记,易污染和混淆,需用解冻剂解冻。

每批冷冻的精液均应抽样检查质量,合乎要求者进行分装,包装袋上须标明品种、畜号、生产日期、精子活力及数量等，然后浸入液氮中贮存。精液保管要有专人负责，随时检查和补充液氮罐中的液氮量。长期贮存的冻精，应定期抽样检查精液品质。每次用精液时，冻精脱离液氮的时间不得超过 10 s。运输时应防止震动，严禁撞击，避免液氮罐翻倒。

3. 冷冻精液的解冻

冷冻精液在解冻时仍然要使其快速通过危险温区，解冻温度一般为 40℃，也可用较高的温度，但必须严格控制解冻的时间，使解冻后精液温度维持在 5～8℃，避免精液输入母体前温度反复波动。细管和安瓿精液可直接投入处于解冻温度的水浴中，待其融化 1/2 时取出，完全融解后即可用于输精。颗粒精液需在解冻液中解冻，这实际上也是精液的一次再稀释过程，解冻液可事先配制并分装于安瓿中备用。

四、输精

输精就是在母畜发情阶段中最适宜的时间，准确地把适量精液输送到母畜生殖道中最适当的部位，是采用人工授精技术获得较高受胎率的最后一个关键技术环节。

(一)输精时间的确定

通过发情鉴定了解排卵时间是确定输精时间的依据。在生产中，不同的家畜主要通过试情、观察母畜行为、检查阴道及其分泌物，大家畜还可以通过直肠检查触摸卵巢来判断排卵时间。在一个情期一般输精 1～2 次。

由于精子到达输卵管壶腹获能并最终具有受精能力一般需要数小时，而精子在母畜生殖道内存活时间较卵子保持受精能力的时间长，因此，可在估计排卵前数小时进行第 1 次输精，使具有受精能力的精子在壶腹部等待卵子；补配应在卵子受精能力丧失之前进行。但在生产中上述时间就个体而言有差异，不易准确掌握，因此两次输精的间隔时间在牛、羊为 8～10 h，猪 12～18 h，马隔日输精。

(二)输精前的准备

直接与精液接触的输精用具必须彻底洗涤、严格消毒，并在临用前用稀释液冲洗 2～3 次。玻璃或金属制品可用蒸汽或高温干燥消毒；胶管可用蒸汽消毒；开膣器等可用消毒液浸泡或用酒精、火焰消毒。接受输精的母畜除猪以外均需保定，阴门及其附近应清洗、消毒、擦干。鲜精在稀释后经质量检查合格者方可用于输精；低温保存的精液需升温至 35℃，再进行质量检查，合乎标准者用于输精。与鲜精相比，冻精输入母畜生殖道后存活时间较短，因此更应准确掌握输精时间并缩短两次输精的间隔时间。另外，由于冻精中有效精子数少，应当将精液尽可能输入子宫颈深部或子宫体内。

(三)各种家畜的输精方法

牛普遍采用直肠把握法输精，尽可能将输精管插入子宫颈管，精液输入子宫颈内口或子宫体中。

猪的输精管容易通过子宫颈皱襞进入子宫体，缓慢注入精液，防止精液外流。目前国外在猪人工授精上出现了一种被称为子宫深部或子宫内人工输精(intrauterine insemination，IUI)的新技术。据报道称，应用这种技术给母猪输精，具有受胎率高和大幅度减少每次输精所需精子等优点。

绵羊输精时可将一后肢提起，这样在用开腔器扩开阴道时比较容易暴露子宫颈口，输精管可插入外口内 1～2 cm 输精。

马、驴输精采用输精胶管，用手可将胶管前端导入子宫颈口内 10 cm 左右输精，注入精液后缓慢拔出胶管并同时用手刺激子宫颈口，使其收缩，防止精液外流。

（芮荣）

第二节　发情和排卵控制技术

一、诱导发情

诱导发情(induction of estrus)是指利用外源激素或采取其他技术措施使不发情的母畜出现发情、排卵的技术。利用这项技术，可以缩短母畜的空怀期或治疗某些繁殖疾病，提高其繁殖力。

(一)基本原理

母畜的发情活动是受体内生殖激素，主要是促性腺激素调控，同时也受外界因素影响，如果母畜的促性腺激素分泌不足以刺激卵泡发育，就不出现发情，如季节性繁殖的动物在非繁殖季节，母畜在产后早期或哺乳期，或发生卵巢机能减退、持久黄体等疾病时，垂体促性腺激素分泌低下而不发情。诸如此类情况，可以应用外源激素处理、改变饲养管理等措施，刺激卵巢活动，使之发情。

(二)适用范围

1. 用于生理性乏情

一是用于季节性乏情，如对马、绵羊及某些山羊品种，在繁殖季节到来之前，诱导其提前发情；二是用于产后乏情，如母牛在产后，子宫复旧已基本完成时但仍未发情，可利用外源激素诱导其发情；三是用于哺乳乏情，如母猪、母牛等因哺乳而在一段时间内不发情，可通过隔离仔畜或限制哺乳，诱导发情。

2. 用于病理性乏情

主要用于对患有垂体促性腺激素分泌功能不足、卵巢机能减退、持久黄体等疾病的母畜，以及因气候因素(炎热、严寒等)而造成在一定时间内不发情的母畜。

3. 用于诱导提前发情

对初情期前的小母畜或有正常发情周期的母畜，因特殊需要，如育种时缩为短时代间隔期、胚胎移植时为生产更多胚胎、或为调整产仔时间、产仔季节等，均可诱导其提前发情。

(三)主要方法

1. 使用外源激素

对季节性繁殖母畜，在繁殖季节到来之前，可用生殖激素诱导其提前发情，且距离繁殖季节越近诱导发情的效果越好。对母羊，可采用孕激素预处理，配合使用促性腺激素。具体处理程序为：孕激素（炔诺酮或氟孕酮）缓释阴道阴道栓预处理 12～14 d（绵羊）或 14～18 d（山羊），在撤除孕激素处理前 24 h 和 12 h，各注射 FSH 30 单位或 LRH-A_3 15～20 μg，或在撤栓前注射 PMSG 15 IU/kg 体重。母羊一般会在撤除阴道栓后 36～60 h 发情。对母马，可每日注射雌激素 5～10 mg，连用 10～15 d，总剂量为 75～100 mg。对母犬，可每日肌肉注射 PMSG 500 IU，持续 10 d，第 10 天再注射 500 IU hCG，或口服溴隐亭 250 mg，2 次/d，直至出现发情期排血。

产后哺乳乏情母畜，同样可用激素处理，促进发情。如母牛，从产后 15～30 d 开始，用炔诺酮或氟孕酮缓释阴道栓预处理 14～16 d，在撤栓前 24 h 和 12 h，各注射 FSH 50 单位或 PMSG 500～1 000 IU；或肌肉注射 LRH-A_3 20～40 μg，1 次/d，连用 2～3 次。在应用激素处理的同时，采取隔离犊牛、降低哺乳频次，效果更好。对哺乳乏情的母羊，在产后 45 d 左右，用含有溴隐亭的炔诺酮缓释阴道阴道栓预处理 12～14 d，在撤除孕激素处理前 24 h 和 12 h，各注射 FSH 30 单位，或在撤栓前注射 PMSG 15 IU/kg 体重，同时对羔羊早期断奶，母羊一般会在撤除孕激素处理后 36～60 h 发情。

对因卵巢机能减退、持久黄体等引起的病理性乏情，可根据病因选用激素处理，具体方法可参考第六章有关内容。

2. 断奶或限制哺乳

此法主要用于猪。母猪在哺乳期间通常不发情，在仔猪断奶后才出现正常发情。因此，对哺乳母猪实行早期断奶已成为现代养猪业中提高母猪繁殖力的重要措施。在母猪产后 1 个月断奶，将仔猪进行人工哺乳，母猪一般在断奶后 1 周左右即可发情。在断奶的同时，给母猪注射 PMSG，则可得到更好的发情效果。如果从产后 21 d 开始，实行限制哺乳，即每天哺乳 12 h，3 d 后再注射 PMSG，则可促使母猪在哺乳期内发情排卵。但断奶时间越早，断奶至发情出现的间隔时间就越长。

对泌乳期母牛、母羊，也可采用早期断奶或限制哺乳的方法，使其提早发情。一般是采取母仔隔离或用鼻兜（犊牛）限制哺乳次数或频率。若同时使用激素处理，则效果更好。

3. 其他方法

对季节性乏情的动物，可用改变光照等方法诱导发情。如在母羊，用每日缩短光照的方法模拟秋季光照期，在母马则用每日延长光照的办法，模拟春季光照期，诱导发情。但在实际应用中效果并不理想，且操作较麻烦，在生产中已较少使用。

对某些病理性乏情，如卵巢机能减退等，可利用公畜刺激促进发情。对母猪还可用人工合成的公猪外激素或公猪尿液喷洒于母猪鼻端，促使其发情。

二、同期发情

同期发情（synchronizition of estrus）就是采用外源生殖激素等药物处理，使一群母畜的卵巢生理机能处于相同阶段，从而在特定时间内集中发情和排卵。同期发情技术的应用，能够促进冷冻精液更迅速更广泛地应用，便于合理地组织大规模畜牧业生产和科学饲养管理，提高家畜繁殖率，并在胚胎移植工作中使供、受体发情同步化而提高胚胎移植效率。

（一）同期发情的方法及原理

用于同期发情的药物一般有三类：一是抑制卵泡发育的制剂，如孕激素等；二是溶解黄体的制剂，如前列腺素及其类似物等；三是促性腺激素类制剂，是配合前两类药物使用的，以提高同期发情的效果，一般不单独使用。

1. 孕激素处理法

孕激素处理法是以孕酮及其类似物为主的同期发情方法，常用孕激素有孕酮、甲基炔诺酮、氟孕酮等。方法是：给一群母畜连续给予孕激素，抑制其卵巢上的卵泡生长发育及发情，经过一定时期后同时停药。此时，母畜卵巢上的周期黄体也已退化，由于卵巢摆脱了外源和内源性的孕激素控制，便出现卵泡发育。所以，被同期处理的一群母畜就会同时出现发情。这种方法实际上是人为地延长母畜的黄体期，推迟发情，为下一次发情创造一个共同的起点。

孕激素的给药方式有口服法、注射法、皮下埋植法和阴道栓法等。前两种方法难以在生产实际中大群使用。皮下埋植法虽效果较为稳定，但在大群使用时也存在一定的局限性。阴道栓法操作方便、效果好，便于在生产中大规模应用，是目前主要的给药方式，常用产品有：国产的炔诺酮阴道缓释放装置、氟孕酮阴道海绵栓及进口的 EAZI-BREEDTM CIDR 阴道缓慢释放装置等。使用时，将其置入母畜阴道深部(子宫颈附近)，孕激素便逐渐释放出来被阴道黏膜吸收。

2. 前列腺素处理法

前列腺素及其类似物具有溶解黄体的作用。给一群母畜同时应用前列腺素，可使其功能黄体同时消退，卵巢摆脱内源孕激素的控制，出现卵泡发育，所以母畜同期出现发情。这种方法实际上是缩短了母畜的黄体期，使其提早发情。但此种方法对非繁殖季节及卵巢上不存在功能黄体的母畜无效。而且，猪的发情周期前 10 d 的黄体和牛、羊、马的发情周期前 5 d 的黄体对前列腺素均不敏感，应用前列腺素无效。

前列腺素的给药方式有子宫内灌注法和肌肉注射法，前一种给药方式的效果优于后者。

使用的前列腺素制剂主要有：氯前列烯醇，用于牛、羊、猪等，常用剂量：牛 0.2～0.4 mg，羊 0.1～0.2 mg，猪 0.2 mg；氟前列烯醇，用于马，常用剂量：0.125～0.25 mg。使用时，对已知发情周期的母畜，于周期的第 9 天注射，常可在注射后 48～96 h 发情。如不能确定母畜的发情周期，可采用两次注射法，即在第 1 次注射后，间隔 9～11 d 第 2 次注射。

3. 配合使用其他激素

在使用前两类激素的基础上，为了提高同期发情的效果，可配合使用其他激素以促进卵泡发育成熟、排卵。这类药物常用的有 PMSG、FSH、hCG、LH、LRH-A_3 等。

(二)不同动物的同期发情程序

1. 牛

(1)孕激素阴道栓法　用孕激素缓释阴道栓预处理 14～16 d，在撤栓前 24 h 和 12 h，各注射 FSH 50 单位，或 LRH-A_3 15～20 μg。一般在撤栓后 2～4 d 内发情。

(2)氯前列烯醇二次注射法　间隔 11 d 二次注射氯前列烯醇，0.4 mg/头。

(3)孕激素阴道栓＋氯前列烯醇注射法　放置孕激素缓释阴道栓，7～9 d 后注射氯前列烯醇 0.4 mg/头，注射后 48 h 或注射的同时取出阴道栓。

2. 猪

(1)氯前列烯醇注射法　在发情周期的 13～15 d 注射氯前列烯醇 0.2 mg。

(2)PMSG/FSH＋氯前列烯醇处理法　在发情周期的 13～15 d 注射 PMSG 400 IU，或递减法注射 FSH 200 单位(连续注射 4 d),每日上午、下午各 1 次,第 5 次或第 6 次注射 FSH 时同时注射氯前列烯醇 0.2 mg。

3. 羊

(1)孕激素阴道栓+FSH 注射法 用孕激素缓释阴道栓预处理 12~14 d(绵羊)或 16~18 d(山羊),在撤栓前 24 h 和 12 h,各注射 FSH 20~30 单位,一般在取栓后 2~4 d 内发情。

(2)氯前列烯醇注射法 可用一次注射法,即一次注射后,对发情的羊直接利用,对不发情的羊间隔 9~11 d 进行第 2 次注射。或用二次注射法,即在第 1 次注射后,无论发情与否,间隔 9~11 d 均进行第 2 次注射,还可在第 2 次注射的同时注射 FSH 20~30 单位或 LRH-A_3 15 μg。

(3)氯前列烯醇+FSH+氯前列烯醇法 注射氯前列烯醇(0 d),注射后观察发情;无论是否发情均于 6 d(绵羊)或 8 d(山羊)放置孕激素缓释阴道栓;15 d(绵羊)或 17 d(山羊)上午、下午各注射一次 FSH;16 d(绵羊)或 18 d(山羊)上午撤除阴道栓,同时注射射氯前列烯醇。该处理程序诱导母羊同期发情的效率好,而且母羊发情时间更为集中。

三、超数排卵

超数排卵(superovulution),简称"超排",是指在母畜发情周期的适当时期,应用外源促性腺激素对其进行处理,诱导其发情并排出超过正常数量的卵子。对被超排的母畜进行配种就能获得超过正常数量的胚胎。通过超排获得卵子或胚胎,可用于繁殖后代或作为相关科学研究的材料。因此,超排技术可以充分利用母畜卵巢上的卵母细胞资源,对提高母畜,特别是优秀母畜的繁殖力具有重要的作用。

(一)超排的基本原理

母畜在每次发情周期中,有一组卵泡(500~1 000 个)同时生长发育,但只有极少数的优势卵泡能发育成熟至排卵,绝大多数(99.9%)都在发育过程中闭锁退化,而每次发情时排卵的数量是由遗传决定的,在单胎动物一般只有一个。所以尽管母畜在初生时,卵巢上有 20 万~40 万个卵母细胞,但在其一生中,只有很少数被利用。目前认为,卵泡的生长发育受多种激素和因子调节,但其中最重要的是促性腺激素。从卵泡发育的"选择"和"优势化"过程看,发情周期中促性腺激素水平可能是决定众多卵泡发育命运的主要因素。在这个过程中,卵泡如果得不到合适的促性腺激素刺激,就会发育停滞,直到退化。因此,给予外源促性腺激素,提高血液中促性腺激素水平,就有可能使较多的卵泡获得足够的促性腺激素刺激而发育成优势卵泡,从而增加排卵数。这就是应用外源促性腺激素进行超排的生理学基础。

在卵泡生长发育过程中,从卵泡生长至卵泡腔形成占大部分时间,而且这一阶段并不完全依赖于促性腺激素调节,而主要受细胞因子的调节。在卵泡腔形成以后的最后生长成熟期主要依赖于促性腺激素,时间大约为 4 d,所以超数排卵时使用促性腺激素的时间也应安排在这段时间内。

(二)超排的一般程序

1. 已知发情周期母畜的超排

对已知自然发情周期的母畜,有两种超排方案,一种是在下一次发情前 4~5 d 开始注射促性腺激素，如山羊的发情周期为 19～21 d，超排的开始时间以周期的第 15～16 天为宜，因此时周期黄体已接近自然溶解退化而不需要使用前列腺素；另一种是在发情周期的功能黄体期开始注射促性腺激素，因此时处于周期黄体的功能期，在超排程序中需要使用前列腺素溶解黄体而使发情时间整齐一致，前列腺素使用次数对超排效果的影响不明显。

2. 未知发情周期母畜的超排

在不了解母畜发情周期或为使超排母畜发情趋于一致的情况下，超排方案与同期发情相类似，即有如下两种方案可供选用：

①用孕激素阴道栓处理 9～12 d 或 14～15 d，然后开始注射促性腺激素，在孕激素撤除的同时配合使用前列腺素促进黄体溶解，以引起发情和超数排卵。

②注射前列腺素或其类似物(一次注射法或两次注射法)，诱导母畜同期发情，然后按照已知发情周期母畜的超排方法超排。

(三)超排所用的激素

1. FSH

FSH 是目前超排中应用最广，也是效果最好的一种促性腺激素，可用于各种动物的超排。由于 FSH 的生物学半衰期短，在超排时需多次注射，而且以减量法多次注射效果较好。不同生产商、不同批号的 FSH，其生物活性常有很大差异，使用时应先进行小型试验，以确定其效果和剂量。各个生产商的 FSH 活性单位标示方法也有所不同，有的是以小鼠单位标示(国产 FSH 常用)，有的是以 mg 标示(加拿大 BIONICHE Animal Health Inc)，使用时应区别清楚。

2. PMSG

PMSG 的生物学作用主要类似于 FSH，但其半衰期较长(40～125 h)，在超排时只需注射一次。也正是其半衰期长，超排时其后效应会影响卵泡的最后成熟和排卵，并引起排卵后二次卵泡发育波，延长发情期和容易出现不能排卵的大卵泡，造成血中高 E_2 水平，降低胚胎质量，并能使黄体早期退化而使胚胎回收率下降甚至完全失败，所以在牛、羊等产仔数较少的动物使用 PMSG 超排效果不如 FSH。

3. 促排卵激素

超排时，常需要使用促排卵激素促进卵子的排出。常用的促排卵激素有 LH、hCG 和 LRH-A_3，一般在超排动物发情后第 1 次配种结束时使用。在牛、羊，使用 FSH 超排时，促排激素主要用 LH 和 LRH-A_3，但对是否使用 LH，看法不一。试验证明，牛、羊使用 FSH 超排后如能表现发情，内源性的 LH 足以诱导大多数卵泡排卵，增加外源性 LH 似乎不能提高超排效果。不适当地注射 LH 还可能促使非成熟排卵，而使卵子失去受精能力，或者导致排卵后仍有大量卵泡继续发育，造成受精和胚胎回收失败。而在配种后注射 LRH-A_3，可同时刺激 LH 和 FSH 的释放，且诱导内源性 LH 峰提前出现，诱导峰和自然峰合二为一，可使卵巢上未排卵的卵泡数明显减少，可用胚胎数也有增加的趋势。

4. 孕激素和前列腺素

在超排中应用孕激素或前列腺素的作用与同期发情类似，主要目的是控制超数排卵动物的发情时间，使其发情、排卵同步化。

（四）常用超排程序

1. 牛的超排程序

(1)FSH＋前列腺素处理法 在超排前，间隔 9～11 d 两次注射氯前列烯醇各 0.4 mg，在第二次注射并发情后（或自然发情后）9～11 d 或 15～16 d 开始注射 FSH，总剂量 400 mg (BIONICHE)或 350～400 小鼠单位，2 次/d，共注射 8 次。注射程序采用减量法，首日剂量尤其是首次剂量较大，以后剂量逐日递减。如以总剂量为 100%，一般第 1 天的剂量为 40%，第 2 天的为 30%，第 3 天的为 20%，第 4 天的 10%。如从周期 9～11 d 开始超排，在第 6 次和第 7 次注射 FSH 的同时，各注射氯前列烯醇 0.4 mg。FSH 注射程序完成后，每日 2 次观察发情。在观察到发情后的 12 h 进行第 1 次配种，同时注射 LH 100 IU 或 LRH-A_3 20～30 μg，随后可每隔 12 h 配种一次，一般配种 2～3 次。

(2)孕激素阴道栓＋FSH＋PG 处理法 在母牛发情周期的任意一天放置孕激素阴道栓 (0 d)，从第 9 天开始按递减注射法注射 FSH，在第 6 次注射 FSH 的同时注射氯前列烯醇 0.4 mg，同时撤除孕激素阴道栓，在第 7 次注射 FSH 的同时再注射氯前列烯醇 0.4 mg。此后同程序(1)。

2. 猪的超排程序

猪是多胎动物，可选用 PMSG 或 FSH 进行猪的超数排卵。在发情周期的 14～16 d，注射 PMSG 1 000～1 500 IU，72 h 后静脉注射 hCG 800 IU；或用递减法注射 FSH 360～440 小鼠单位，连续 4 d，每日上午、下午各 1 次，第 6 次注射 FSH 时同时注射氯前列烯醇 0.2 mg；发情后第 1 次配种时注射 hCG 1 000 IU，间隔 8～12 h 自然交配 2～3 次。用公猪对超排母猪试情（公猪效应）能显著增加排卵数。

3. 羊的超排程序

绵羊发情周期平均为 15～17 d，可在周期第 9～12 天开始超排处理；山羊发情周期平均为 19～21 d，如在自然发情周期内超排，超排开始的周期天数以 15～16 d 为宜。超排羊的周期天数决定促性腺激素注射时间，当发情日至促性腺激素注射开始的天数，加上 FSH 注射天数，再加上注射完成至发情的天数（限制在 48 h 内）约等于超排羊自然发情周期天数时，超排发情率较高，超排效果亦稳定。

(1)孕激素阴道栓＋FSH＋PG 法 超排前已连续观察到 2～3 个发情周期的自然发情母羊，在发情周期的第 3～4 天（绵羊）或第 6～7 天（山羊），用孕激素阴道栓进行预处理，在发情周期的 11～12 d（预处理的第 8 天，绵羊）或 15～16 d（预处理的第 9 天，山羊）上午开始采用 FSH＋PG 法进行超排。其程序是：

FSH 总剂量为 200～250 mg(BIONICHE FOLLTROPIN-Ⅴ)或 300～350 小鼠单位。用 FSH 包装盒内所附稀释剂或用生理盐水溶解 FSH，每天上午 7:00～8:00 和晚上 19:00～20:00 各注射一次，连续 4 d 共注射 7 次，首次剂量为总剂量的 25%～30%，以后每次剂量递减。在第 6 次注射 FSH 的同时，注射氯前列烯醇 0.1 mg，并撤除阴道栓。在第 7 次注射 FSH 之前，先试情，已经发情者完成超排处理程序，进入配种程序；未发情者注射第 7 次 FSH，并同时注射氯前列烯醇 0.1 mg。在完成超排程序后，每隔 8～12 h 试情一次，以母羊站立接受试情公羊爬跨作为发情鉴定的标准，发情后进入配种程序。配种程序为：发情后 8 h 首次自然配种或用大剂量精液人工授精，在首次配种后立即注射 LRH-A_3 10～15 μg。以后每隔 8～12 h

配种一次,共计 3～4 次,至发情结束。

(2)PG＋孕激素阴道栓＋FSH＋PG 法　绵羊注射氯前列烯醇 0.2 mg(0 d),注射后即进行发情观察,无论是否发情均于第 6 天放置阴道栓,第 13～14 天上午开始采用 FSH＋PG 法进行超数排卵处理;山羊注射氯前列烯醇 0.1 mg(0 d),在第 8 天放置阴道栓,第 17 天上午开始采用 FSH＋PG 法进行超排。此后同程序(1)。

(五)重复超数排卵

选择首次超排效果好的母畜进行重复超排。若需进行重复超排时,应间隔 2 个以上情期,其超排效果不受明显影响。牛在连续超排 4～5 次后需进行配种,以使之妊娠,待产犊后再使用。羊一般采用手术方法回收胚胎,在一个繁殖周期内回收一、两次胚胎后,除非特殊需要,应让其配种妊娠,以维持其生殖器官正常的机能状态。个别因手术失误造成生殖器官多量出血者,术后粘连率增高,不宜再进行超排处理。

凡 2 次超排反应差的母畜不宜再进行超排。

(马保华)

第三节　受精控制技术

哺乳动物的受精控制技术包括体外受精(in vitro fertilization,IVF)和显微受精(micro-fertilization)。

体外受精是指将哺乳动物的精子和卵子在体外培养的条件下完成受精过程的技术。体外受精的研究已经有 100 多年的历史,但直到 1951 年,张明觉和 Austin 分别在兔子和大鼠上同时发现了哺乳动物精子的获能现象以后,哺乳动物的体外受精才获得了成功。20 世纪 60 年代以后,体外受精研究迅速发展,特别是对精子获能技术和细胞培养方法的许多重要改进,使体外受精由实验动物研究跨入了家畜的研究领域,已先后在 20 多种哺乳动物上获得了体外受精的细胞学证据,将体外受精卵移植给受体动物后,在 10 多种动物获得了体外受精的后代。

显微受精系指借助显微操作工具将精子或精子细胞直接注入到卵母细胞内来实现受精的过程,是 20 世纪 80 年代后期发展起来的一种新型的体外受精技术。从广义上看,显微受精也是一种体外受精技术。

体外受精和显微受精对实现人为控制动物的繁殖具有重要的理论意义和实践价值。对科学研究,不但可直接观察受精过程,揭示受精的本质和研究胚胎的发育,还可以作为生物模型为发育生物学、遗传学、分子生物学及基础医学等研究提供手段以及为各种生物技术的特殊需要提供胚胎;对畜牧生产,可充分利用母畜的卵母细胞资源,使胚胎的工厂化生产成为可能,从而提高良种母畜的繁殖潜力、加快品种改良和优良家畜遗传资源的开发利用,以及为治疗不育、珍稀濒危动物的遗传资源保护提供新的途径。

一、体外受精

体外受精技术包括卵母细胞采集和体外成熟培养、精子体外获能、体外受精操作以及受精卵体外培养等步骤。

(一)卵母细胞采集

1. 卵母细胞的采集方法

(1)离体采集　是指从屠宰的动物卵巢上采集卵母细胞。一般要求在动物屠宰后 30 min 内采集卵巢,立即用温生理盐水冲洗后,放入盛有灭菌卵巢保存液的保温容器内(24～30℃)运回实验室采集卵母细胞。卵巢采集的时间越短越好,从屠宰到采集卵母细胞一般不要超过 6 h。卵母细胞的采集方法有抽吸法、切割法及剥离法等。

(2)活体采集　活体采集就是从活动物直接采集卵母细胞,又叫活体采卵,包括从活体卵巢上采集和从活体输卵管内采集。前一种方法采集的是未成熟的卵母细胞,需要进行体外成熟后才能用于体外受精;后一种采集的是成熟的卵母细胞,可直接用于体外受精。

从活体卵巢采集卵母细胞的方法有手术法、超声波导引法和腹腔镜导引法。在中、小动物用手术法;在大动物主要用超声波导引法或腹腔镜导引法。

从活体输卵管采集成熟的卵母细胞,是在动物排卵后进行,方法与手术回收胚胎的方法相同,主要用于兔、羊、猪等中小动物。

活体采卵可反复进行,只要技术熟练,对动物的生产和生殖均无不良影响,而且通过超排还可大大增加卵母细胞的数量。

2. 卵母细胞的质量鉴定

采集到卵母细胞还要进行质量鉴定,以便选出正常、可用的卵母细胞。

从卵巢上采集的未成熟卵母细胞,可依据卵丘细胞-卵母细胞复合体(cumulus-oocyte complex,COC)的结构,分成 A、B、C、D 四级。A 级:有 3 层以上完整而致密的卵丘细胞包绕的卵母细胞;B 级:卵丘细胞 3 层以下、部分脱落的卵母细胞;C 级:卵丘细胞扩展而松散,卵母细胞胞质无斑块;D 级:卵丘细胞全部脱落的裸卵。A 级和 B 级卵母细胞可用于成熟培养。

对从输卵管采集的成熟卵母细胞,也要观察形态结构,依据是否排出第一极体,判定是否成熟。

(二)卵母细胞体外成熟培养

在体外受精中,从卵泡中采集的未成熟的卵母细胞,需经体外成熟(in vitro maturation,IVM)培养使之成熟后才具备受精能力。卵母细胞成熟的含义包括核成熟和胞质成熟。

1. 成熟培养液

家畜卵母细胞体外成熟的基础培养液常用 TCM-199,并以碳酸氢钠作为基础培养液的缓冲体系。在基础培养液中需添加血清,如胎牛血清(fetal bovine serum,FBS)和新生牛血清(new-born bovine serum, NBS),或牛血清白蛋白(bovine serum albumin,BSA),以及激素,如 hCG、PMSG(或 LH、FSH)和雌二醇。也可以加入生长因子,如表皮生长因子(epidermal growth factor,EGF)、类胰岛素生长因子(insulin-like growth factor,IGF)等。

2. 成熟培养系统

(1)微滴培养系统　在培养皿底部制作 0.05～0.2 mL 培养液微滴(每培养皿作 1～6 滴),上覆盖用 5% CO_2、95%空气充分饱和的灭菌石蜡油,然后选取 A 级或 B 级卵母细胞,用成熟培养液洗涤 2～3 次后,移入于微滴中(每微滴中 10～15 枚),在 5% CO_2、饱和湿度下培养。培养温度和时间因畜种而异,黄牛和奶牛为 39℃,水牛为 37℃,绵羊和山羊为 37～

39℃，培养 24～26 h；猪为 39℃，培养 42～48 h。

(2)开放培养系统　将 1～2 mL 培养液加入培养皿或 5 孔培养板内，放入 50～100 枚卵母细胞，上面不盖石蜡油，直接培养。培养方法同微滴培养系统。

(3)密闭培养系统　将卵细胞置于含 1～2 mL 培养液的试管或培养瓶中，盖紧。然后在培养箱或恒温水浴中培养。若采用培养皿或微滴培养，则可将其装入密封的塑料袋内。该系统的优点是培养条件简单，且方便运输；缺点是 pH 值不如前两种方法稳定。

3. 体外成熟卵母细胞的质量评定

通过形态观察，对卵母细胞的成熟情况就可以进行初步评定。卵丘细胞扩展常用作判断卵母细胞体外成熟的特征。如牛的卵母细胞体外成熟的判断标准为：一级成熟卵为“卵丘细胞完全扩展”，卵丘细胞团至少向外扩展 3 倍于裸卵直径(300 μm)；二级成熟卵为“卵丘细胞中等扩展”，卵丘细胞向外扩展 2 倍于裸卵直径(200 μm)；三级成熟卵为“卵丘细胞轻度扩展”，卵丘细胞仍紧紧地粘贴在透明带上。一般地，绝大多数的一级成熟卵和多数的二级成熟卵均已达到成熟状态，排出第一极体。

但若要详细观察细胞的内部结构，如生发泡、核膜、染色质等，则需要对其进行固定染色。

(三)精子体外获能

精子体外获能的实质是模拟精子体内获能过程，但体外获能的机制并非与体内的完全一致。能使精子在体外获能的物质有多种，如钙离子载体、氨基多糖、脂类、咖啡因、肾上腺素、cAMP、鞘磷脂酶等。目前常用的精子获能方法主要有：高离子强度液(high ionic strength medium，HIS)处理法、钙离子载体(ionophore A23187，IA)法和氨基多糖(glycosaminoglycans，GAGs)处理法。

HIS 可以置换精子表面抗原物质或去能因子，从而诱发顶体反应。IA 与钙离子形成复合物，携带钙离子进入精子内，可诱发顶体反应并激活顶体酶。如果在处理中添加咖啡因，则获能效果更好。GAGs 可促进精子对钙离子的吸取，从而诱发顶体反应。不同类型的 GAG 对精子获能的作用程度不同，而且这种获能作用有赖于氨基多糖的硫酸化程度。肝素是硫酸化程度最高的 GAG，其诱导精子获能的作用最强。

(四)体外受精操作

体外受精操作就是将获能的精子与成熟的卵子置于受精液中共同培养，使之完成受精过程。常用的基础液有 TCM-199、TALP(Tyrode's albumin lactate pyruvate)、BO 等。在基础培养液中还需加入蛋白质、能量物质等添加物。

体外受精操作时，先将获能的精子悬浮液 5 μL 置于塑料培养皿或多孔培养板内，再将灭菌石蜡油缓慢注入培养皿，然后将 95 μL 精子悬浮液注入小滴，制成 0.1 mL 的球状液滴。选取成熟的卵母细胞，以 10～15 枚为一组缓缓移入精子悬浮液滴中，置 CO_2 培养箱培养，使精、卵完成受精。

体外受精完成后，需要对受精情况进行评估，即在实体显微镜下检查分裂的 2-细胞胚胎数目，记录卵裂率与分裂指数，并进行受精卵体外培养，观察其能否在体外发育到囊胚阶段。

二、显微受精

显微受精技术包括精子显微注射、显微受精卵的激活及体外培养等步骤。

(一)精子显微注射

根据将精子注入卵母细胞的位置不同,精子显微注射的方法分为如下两种:

1. 精子卵胞质内显微注射(intracytoplasmic sperm injection,ICSI)

精子卵胞质内显微注射是指将完整的精子或精子头部注入卵母细胞的胞质内。

采用ICSI时,精子是否新鲜、精子死活以及精子是否发生顶体反应,并不显著影响受精。球形精子细胞核注入卵母细胞质中,同样可获得较高的受精率、卵裂率和较好的后续发育能力。

2. 精子透明带下显微注射(subzonal sperm insertion,SUZI)

精子透明带下显微注射是指将精子注入卵母细胞的卵周隙内,然后使精子与卵母细胞膜自然融合,以完成受精过程。

采用SUZI时,一般要求精子形态完整、活力较好、已经发生获能和顶体反应,从而能与卵质膜融合、完成受精过程。

(二)显微受精卵的激活

由于显微受精部分或全部越过了正常受精时精子所必须经过的环节,所以进入卵母细胞的精子往往不能使卵母细胞完全激活。因此在显微受精结束后,应对显微受精卵采取化学激活处理,如将ICSI卵用胚胎培养液洗3次,接着置于胚胎培养液中平衡45 min,再用5 μmol·L^{-1}离子霉素处理5 min,并移入含1.9 mmol·L^{-1} 6-DMAP的培养液中处理3 h,进行联合激活。或将ICSI卵用含有IA23187的胚胎培养液进行短时间培养以激活显微受精卵。

显微受精操作结束后,如同体外受精一样,需要对显微受精卵进行体外培养和质量评估。

三、受精卵的体外培养

体外受精或显微受精卵的体外培养(in vitro culture,IVC)是成功地获得“试管动物”的关键技术。哺乳动物胚胎虽然在体内发育相当简单,但在体外培养早期胚胎时,往往表现出“体外发育阻断”(in vitro developmental blocks)现象,说明体外培养液中可能缺少像体内那样对胚胎发育有利的物质。另外,胚胎体外发育的还受许多因素的影响,如温度、气相、光线、pH、培养液的渗透压、离子及营养物质浓度等。

目前,常用的哺乳动物早期胚胎的体外培养方法主要有以下两种:

(一)简单化学限定培养系统

简单化学限定培养系统是由传统的细胞培养方法衍变而来的,为一种常规的培养方法。简单化学限定培养液(simple defined-chemically media)由无机物和有机物,按一定要求配制而成,并在使用时添加一定比例的蛋白类物质、氨基酸和抗生素而组成的动物早期胚胎体外培养液。

利用该培养系统培养胚胎时,先将50 μL或100 μL培养液微滴置入培养皿或四孔培养板做成培养液微滴,或加入500 μL培养液,并在培养液上覆盖一薄层石蜡油,置入CO_2培养箱中平衡2 h。然后将受精卵移入培养液中,在体积分数5% CO_2、37~39℃(根据动物种类而不同)、饱和湿度条件下进行培养。半量换液2 d一次或3 d一次。

起初,用简单化学限定培养系统培养受精卵,早期胚胎的发育率低,因此一般只用作桑葚胚的短暂培养。后来,随着培养液和培养条件的不断改进,胚胎的培养效率已大为提高,目前已成为培养早期胚胎的一种常用方法。

(二)共培养系统

共培养系统(co-cuture system)是指将胚胎与其他组织细胞(体细胞)共同培养。在该共同培养系统中,体细胞被称为援助细胞(helper cell)或饲养细胞(feeder cell)。在胚胎培养过程中,援助细胞产生的物质对胚胎发育有利,如促有丝分裂因子、促胚胎分化因子等能促进胚胎细胞的有丝分裂和分化。此外,援助细胞可清除培养液中的胚胎毒性物质。因此,共培养系统有利于胚胎克服体外发育阻断,提高胚胎的发育率。

胚胎体外培养中常用的共培养体细胞类型有:输卵管上皮细胞、子宫内膜上皮细胞、卵泡颗粒细胞、卵丘细胞、胚泡滋养层囊泡、水牛大鼠肝细胞、成纤维细胞、羊膜囊细胞、禽卵黄膜腔和肾细胞等。在体细胞共培养系统应用中,还可以先用培养液培养体细胞,隔一定时间收集培养液,离心后的上清液即为条件培养液(condition medium,CM),然后用条件培养液培养胚胎。

知识链接

试管婴儿

在医学上,体外受精(IVF)俗称"试管婴儿",是目前世界上最广为采用的人类辅助生殖技术。1978 年 7 月 25 日,世界第一例试管婴儿路易丝·布朗(Louis Brown)在英国剑桥诞生,开创了 IVF 治疗人不孕症的新里程碑。经过 30 多年的发展,这项技术已从简单的体外受精已发展到第三代试管婴儿技术。

第一代试管婴儿技术是指常规的试管婴儿培育技术,即体外受精-胚胎移植技术,主要用于因体内受精失败造成的不孕,如女性输卵管阻塞、子宫颈病变、不排卵等。

第二代试管婴儿技术是显微授精-胚胎移植技术,主要用于男性极度少精,弱精等引起的女性不能受孕。显微受精又有透明带钻孔、透明带部分切除、透明带下授精(subzonal insemination, SUSI)、胞(卵)浆内单精子注射(intra cytoplasmic sperm injection, ICSI)等方法,目前最常用的是最后一种方法。

第三代试管婴儿技术称为胚胎着床前遗传病诊断技术(preimplantation genetic diagnosis, PGD),实质上是对植入前的胚胎进行基因诊断,筛选、排除遗传疾病的一项新技术,主要用于优生的目的。

(章孝荣)

(马保华)

第四节 胚胎移植技术

胚胎移植(embryo transfer,ET)又称受精卵移植,是指将从一头母畜体内取出早期胚胎,或通过其他方法获得的胚胎(如体外受精胚胎、克隆胚胎等)移植到另一头或一些母畜体内,通过妊娠孕育出后代的技术。提供胚胎的母畜称为供体(donor),一般为优良品种或优秀个体,或特定目的的畜种或个体;接受胚胎的则称为受体(recipient),一般为生产性能较差的品种或个体,以达到“借一般动物之腹怀优良品种或优秀个体之胎”的目的,即俗称的“借腹怀胎”,从而增加良种后代的数量。

胚胎移植于1890年在家兔首次获得成功,经过120年的发展,技术已日趋成熟,几乎在所有研究过的家畜,如牛、猪、羊、马、兔等都取得了成功。牛、羊胚胎移植技术自20世纪70年代开始应用于生产,在良种繁殖和品种改良中发挥了巨大的作用,成为继人工授精技术之后的第二代家畜繁殖新技术。

因为在自然繁殖条件下,母畜,尤其是单胎动物,虽然其卵巢上有大量的卵母细胞,但在一生中能排出的卵子却很少,而且由于妊娠占去一生中很大一部分时间,所以能繁殖的后代数量非常有限。这就限制了优秀母畜在品种改良中的作用。通过超排和胚胎移植(multiple ovulation and embyo transfer,MOET),可有效地利用优秀母畜卵巢中的卵母细胞,获得较多的优秀后代。超排反应良好的供体,一次超排处理所获得的胚胎,移植后有可能获得其终生繁殖后代的总和。所以,应用胚胎移植技术能充分挖掘母畜的繁殖潜力,大幅度地提高其繁殖力,在良种扩繁、品种改良及育种、珍稀及濒危动物的保护等方面有广泛的应用价值。胚胎移植与胚胎冷冻技术相结合,使胚胎移植不受时间和地域的限制,可用胚胎代替活畜进行国内外家畜品种交流。胚胎移植也是胚胎工程等相关生物技术研究的基本技术手段。

胚胎移植的基本步骤主要包括:供体和受体的选择、供体超排与配种、受体同期发情、胚胎回收与鉴定、胚胎移植等(图7-1)。

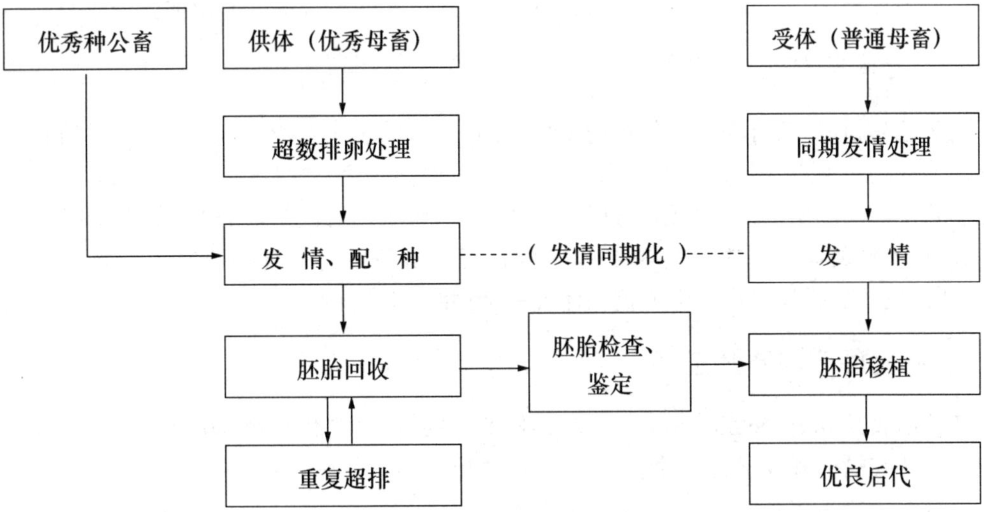

图7-1 胚胎移植的基本步骤

一、供体和受体的选择及饲养管理

(一)供体的选择与饲养管理

在胚胎移植工作中,供体生产的胚胎数量和质量很大程度上决定着胚胎移植的成功率,所以供体的选择及饲养管理极为重要。选择供体,首要的是其遗传学价值,即要求生产性能优良或具有特殊的遗传学价值;其次就是其繁殖机能,即要求供体体质健壮,繁殖机能正常,所以通常选择生殖器官正常的经产青壮年母畜,除非特殊需要一般不用后备母畜作供体。

供体母畜选择后,要加强饲养管理,在超排前实行短期优饲,适量运动,使其保持良好的营养状况和健壮的体质。在超排开始的 1 个月以前完成免疫注射程序,15 d 以前完成驱虫、药浴程序,并要将其与公畜隔离,观察、记录发情周期。

(二)受体的选择与饲养管理

对于受体,其生产性能并不重要,而要重视其繁殖机能。因此,要选择身体健康,无生殖系统疾病的母畜。如选后备母畜,要求其体格发育基本成熟,达到初配年龄,以免体型过小在分娩时发生难产。另外,还要求受体与供体有合适的数量比。受体数量过少,如获得的可移植胚胎较多,就出现受体不够而浪费胚胎;若数量过大,也有可能出现剩余受体太多,增加胚胎移植的成本。根据多数研究者的经验,在牛,供、受体一般按 1∶10,山羊按 1∶12,绵羊按 1∶8 准备较为合适。

如同供体一样,受体选择后要加强饲养管理,使其保持良好的体况,做好免疫接种和驱虫等工作,并观察、记录发情周期。

二、供体和受体的处理

(一)供体超排与配种

供体超排与配种方法参照本章发情和排卵控制技术的超排部分介绍的方法进行。

(二)受体同期发情

在胚胎移植时,只有受体和供体的发情时间一致,其生殖系统的生理状态才能相同,胚胎移植才能成功。所以在供体超排的同时,要对受体进行同期发情处理,方法按照本章发情和排卵控制技术的同期发情部分介绍的进行。在实际工作中,允许受体与供体的发情时间有一定的差异,但发情的同步差应控制在±1 d 以内,否则对胚胎的发育将造成不利影响。根据经验,受体的发情和供体在同一天或比供体晚一天(相当于 0～24 h),胚胎移植的成功率较高。

三、胚胎回收与质量鉴定

胚胎回收(embryo collection)也简称冲胚或采胚,就是在供体超排后的适当时间,用冲卵液把胚胎从其输卵管或子宫角冲洗出来,以供移植或用于其他研究。

冲卵液一般采用含 2%～5%灭活新生犊牛血清或胎犊血清的改良杜氏磷酸盐缓冲液(mDPBS),或使用商品化的冲卵液,用前加温到 25～30℃。

(一)胚胎回收时间

胚胎回收时间,可依据所需胚胎的发育阶段和回收方法来确定。而且动物种类不同,其胚胎的发育速度亦有差异,所以在不同种的动物,回收同一发育阶段的胚胎其时间可能也不相同。如在母牛,以配种当日为 0 d,在第 1～4 天可从输卵管回收 16 细胞以前的胚胎,在第 6～8 天就应从子宫角回收桑葚胚或囊胚;一般情况下,在胚胎发育早期阶段(囊胚及其以前阶段的胚胎)，发育阶段较高者，移植后受体妊娠率也较高。所以在生产性胚胎移植时，一般选择密集桑葚胚或囊胚移植。

(二)胚胎回收的方法

胚胎回收方法有手术法和非手术法。前者主要用于羊、猪和实验动物，后者一般用于牛等大动物。

1. 手术法

手术法是指通过腹部手术暴露子宫角和输卵管，将胚胎从输卵管或子宫角内冲洗出来。又分为输卵管回收法和子宫角回收法。

输卵管回收法有两种：一种是在宫-管结合部插入冲胚针，向输卵管方向冲洗，在输卵管喇叭口插入胚胎回收管收集冲卵液(图 7-2)。此法胚胎回收率高，除猪因宫-管结合部具有阀门样结构不能采用外，其他中、小动物均可采用。另一种方法适用于猪，是在宫-管结合部插入回收针，再用血管夹从子宫角端紧贴回收针夹住子宫角尖端，由输卵管喇叭口插入冲胚管，向子宫角方向冲洗，由插在宫-管结合部的回收针收集冲卵液。

子宫角回收法也有两种：一种是子宫角回收针法，即在子宫角大弯上，避开血管将子宫角回收针插入子宫腔，并用套有乳胶管的肠钳从进针部位夹住子宫角，再用血管夹住宫-管接合部之前的输卵管，然后从宫-管接合部后 1～2 cm 处向宫-管接合部方向插入冲胚针，用冲卵液向输卵管方向注入冲胚液，冲胚液倒流回子宫角后，经回收针流入集卵杯中(图 7-3)。另一种是子宫角回收管法，即在靠近子宫角的前 1/3 处，避开血管，用金属针或止血钳扎一个小孔，然后通过该孔向子宫角尖端方向插入专用的子宫角回收管，使回收管的气球位置位于入孔附近，用注射器经回收管的进气管注入气体 8～10 mL，抽出硬针芯。然后用注射器依上述子宫角胚胎回收针采胚法的进液方法进行灌流，每次灌注 10～20 mL。如采胚管导入孔过大时，拆出回收管后应缝合一针。

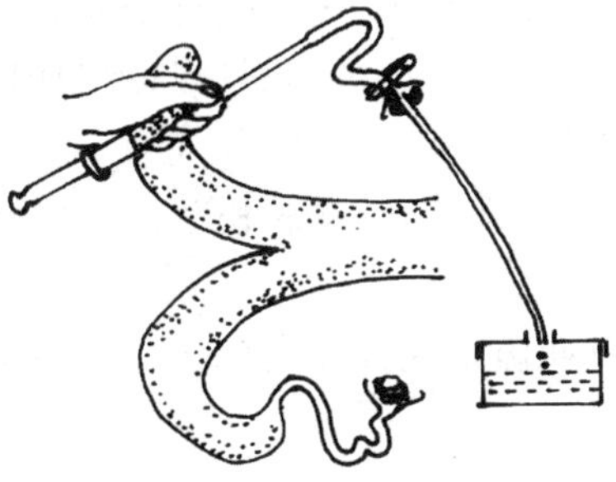

图 7-2　输卵管手术回收胚胎

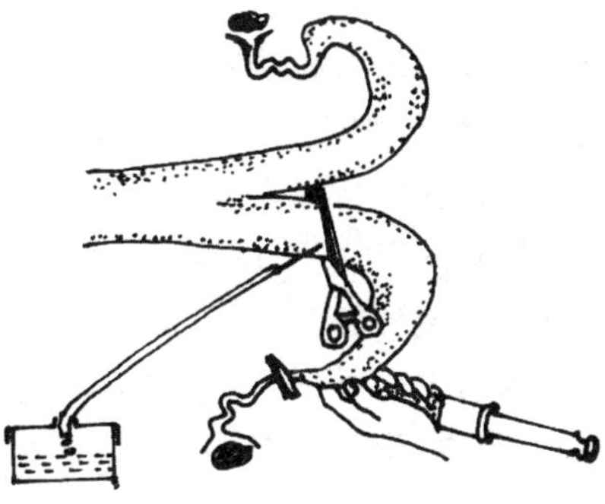

图 7-3　子宫角手术回收胚胎

2. 非手术回收法

此法主要用于牛等大动物，是借助专用胚胎非手术回收器械，经阴道和子宫颈到达子宫角采集胚胎的方法。所用器械虽有不同，但原理和操作方法基本一致。在牛，早期使用较多的是一种三通路式(进气、进液、回液)冲胚管时。冲胚时，通过直肠把冲胚管经子宫颈插到子宫角前端，由助手通过冲胚管后端的进气管向导管的小气囊慢慢送入空气，以固定冲胚管和防止冲卵液倒流。充气量应根据子宫角大小确定，一般青年牛 14～16 mL，经产牛为 18～25 mL。冲胚管固定后抽出钢芯，通过进液管向子宫内注入冲卵液，分次灌注（每次 30～50 mL）或连续灌注。注入的冲卵液可通过回流通路流到集卵杯内。操作时术者可用一只手控制三通管的进流和出流开关以控制流速，另一只手通过直肠辅助按摩子宫角，促使液体流出。每侧子宫角灌注总量为 500～1 000 mL。一侧子宫角冲洗完毕后，放出气球内的气体，抽出冲胚管，以同样方法进行另一侧子宫角的冲胚。

用三路式冲胚管冲胚，需用的冲卵液量较大。目前多可采用二路式冲卵管，其中一路为气囊充气用，另一路为注入和回收冲卵液用，使用方法与三路式的基本相同。不同的只是进液与出液是一条通路。冲胚时，先注射器抽取 30～50 mL 冲卵液注入子宫角，接着借助子宫内压并辅助回抽注射器，将注入的冲卵液再抽回放到集卵杯内，一般要冲洗 5～6 次，用液量 200～300 mL。但这种冲胚管在冲胚时，管头孔常被血块或黏液堵塞，不能顺利回收到胚胎。因此，日本的铃木等(1986)又研制了一种头部开有 12 个直径为 2 mm 的孔的冲胚管，使胚胎回收率得到提高。

（三）胚胎检查及鉴定

将胚胎从生殖道回收出来之后，在实体显微镜下用胚胎吸管从冲卵液中将其检出，用胚胎保存液进行清洗，并进行质量鉴定。一般在实际应用时，主要进行形态学质量鉴定，把符合移植条件的胚胎暂时保存于新鲜的胚胎保存液中，准备移植。

胚胎鉴定可根据以下特征进行：①胚胎的发育阶段和胚胎细胞的形态；②胚胎的形态与匀称性，胚内细胞大小的变化；③胞质的结构及颜色，胚内是否出现空泡、细胞碎片，有无脱出的细胞；④胚胎的大小是否正常；⑤透明带的形态和完整性。根据这些指标，可将胚胎分为 A、B、C、D 四个等级，其中前三级为可移植胚胎，D 级胚为不可移植胚胎。

A 级（优质胚胎）：发育阶段与胚龄一致，轮廓清晰，结构紧凑，形成均匀的球形体；卵裂球大小、颜色、结构一致，细胞界限明显，色调和透光度适中，无附着细胞和液泡；透明带圆而平滑。

B 级：发育阶段与胚龄基本一致，形态基本无异常，透明带圆而平滑，大部分卵裂球大小、颜色、结构一致，细胞密度良好，形成均匀球形体，细胞界限明显，少数卵裂球与细胞团联系不紧密，色调及透光度适中，可见到一些附着的细胞碎屑和液泡，但变性细胞不超过 30%。

C 级：胚胎发育阶段与胚龄不太一致，轮廓不清晰，色调发暗，结构较松散，游离的细胞碎屑或液泡较多，变性细胞达 30%～50%。

D 级：透明带变形，内细胞团变暗，卵裂球界限不清、间隙增大或卵裂球变性为沙砾样，正常的卵细胞很少，形态异常或变性，发育明显迟缓。

四、胚胎移植

胚胎移植的基本原则：一是要求受体的生殖器官的生理状态与胚胎的发育阶段一致，二是胚胎的移植部位必须与其回收的部位相一致，即从输卵管回收的胚胎，须移植到输卵管，同理，从经子宫角回收的胚胎，须移入子宫角前 1/3 处。

胚胎移植的方法也分为手术移植法和非手术移植法。但无论采用哪种方法，移植前均需要检查受体卵巢上的黄体发育情况，无黄体或黄体过小的受体不能移植。

1. 手术移植法

手术移植方法与手术回收的方法基本相同。

输卵管移植时，将胚胎吸入胚胎移植管。移植管用直径 4 mm×6 mm 硬质玻璃管拉制而成，细端长 6～8 cm，外径 1～1.5 mm；粗端长约 4 cm 长的。粗端接一段内装玻璃珠的乳胶管或硅胶管。胚胎装入移植管时，先吸入一段保存液，接着吸入一个气泡；之后连同胚胎吸入第二段保存液，再吸入第二个气泡；最后再吸入一段保存液(图 7-4)。把黄体侧输卵管引出，找到喇叭口，将吸有胚胎的移植管由喇叭口插入 2～3 cm，手捏乳胶管缓缓将胚胎连同三段液体注入输卵管。

子宫内移植时，将胚胎吸入与输卵管胚胎移植管类似的移植管内，在细端以硅胶管接上用注射针头改制的移植针头，组成子宫移植针(图 7-5)。

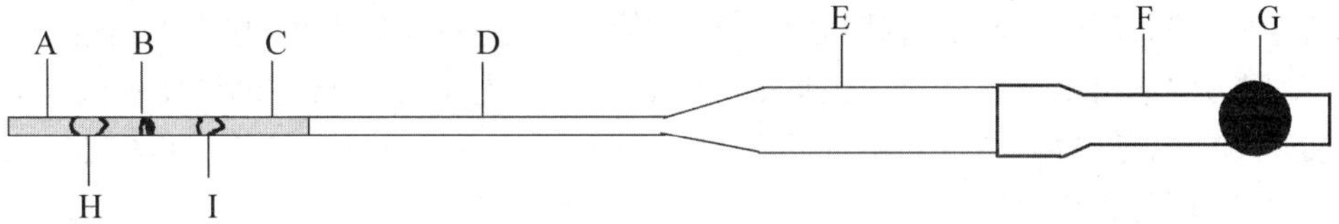

图 7-4 输卵管移植管示意图

A. 液段 3 B. 含胚胎的液段 2 C. 液段 1 D. 移植管细端
E. 移植管粗端 F. 乳胶管 G. 玻璃珠 H. 气泡 2 I. 气泡 1

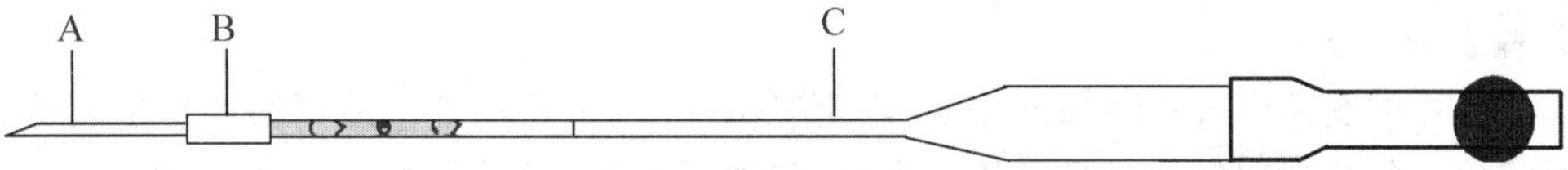

图 7-5 子宫移植针示意图

A. 移植针头 B. 硅胶连接管 C. 移植管

在黄体侧子宫角前端 1/3 处避开血管把移植针插入，轻轻晃动针头，确认针头在子宫腔时，手捏乳胶管缓慢将胚胎连同三段液体注入子宫角。

移植完毕后将输卵管及子宫角送回腹腔，闭合腹壁创口，术后做好移植记录。

2. 非手术法胚胎移植

(1)羊的非手术移植　羊的非手术移植实际上是腹腔镜辅助下的胚胎子宫角移植。腹腔镜体内法移植胚胎时，将受体羊麻醉后以前低后高、仰卧保定在专用手术台上。在腹腔镜镜头、子宫角固定钳和安装在注射器上含有胚胎的毛细管配合下，进行胚胎的子宫角移植。

(2)牛的非手术移植　牛的胚胎移植一般均采用通过子宫颈非手术移植法。移植前，将胚胎装入 0.25 mL 的胚胎细管内，为防止胚胎在移植过程中丢失，可将胚胎按培养液—气泡—含胚胎培养液—气泡—培养液的方式装管，三段保存液中间由两个气泡隔开，中段含有胚胎。也可用小气泡分成多段装管，胚胎在中段。胚胎装入细管后在实体显微镜下验证，确认胚胎在中段培养液中后，用 70%酒精棉球消毒装有胚胎的塑料细管，可用于移植。

将剪好封口的含胚胎细管装入移植枪塑料硬外套，外套的前端有两侧带孔的钝圆金属头。移植枪为套管状，后端开口，可装入胚胎细管。移植枪套管外径相当于胚胎细管外径，移植枪枪芯外径略小于胚胎细管内径，并比套管长一个胚胎细管的长度，使用前将套芯后退至其前端与套管前端对齐的位置。用移植枪将胚胎细管送至塑料硬外套的前端与钝金属头相贴的位置，并使移植枪套管部确实套入塑料外套，组成移植装置(图7-6)。将移植装置套入专用塑料软保护膜内，准备移植。

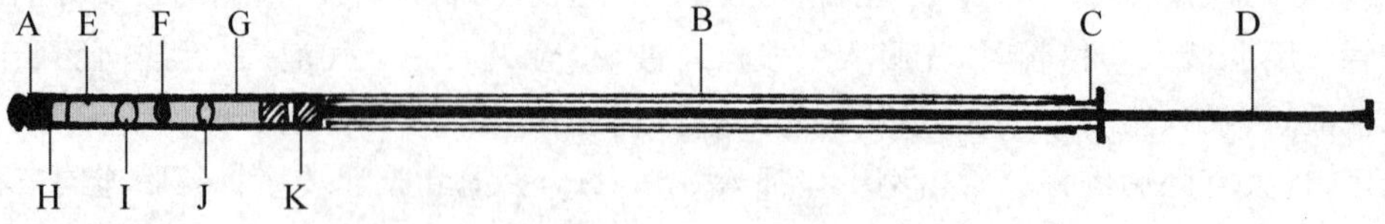

图7-6 牛非手术胚胎移植装置示意图

A. 移植枪塑料外套钝金属头(两侧带孔) B. 移植枪塑料外套 C. 移植枪套管1 D. 移植枪套芯 E. 液段3 F. 含胚胎的液段2 G. 液段1 H. 胚胎细管 I. 气泡2 J. 气泡1 K. 胚胎细管棉塞

术者用左手扒开外阴，右手持移植枪插入阴道。然后左手伸进直肠，移植枪到达子宫颈口时，右手稍用力将移植枪塑料软保护膜捅破，插入子宫颈，左手在直肠内诱导使枪头轻轻稳妥地插入黄体侧子宫角尖端，用持移植枪的右手推出胚胎，然后缓慢旋转地抽出移植枪。整个操作过程应轻巧，不可损伤生殖道。

3. 受体妊娠诊断及妊娠受体饲养管理和分娩护理

受体羊手术后，观察数小时无异常情况，即可进行正常饲养，并注意术后护理，按期拆线。移植后20～40 d，可采用B型超声波诊断仪进行妊娠诊断。

受体牛胚胎移植后按正常的配种母牛一样进行饲养管理。对妊娠25 d以上的受体牛可用B超检查进行妊娠诊断。

确认妊娠的受体应进一步加强管理，避免应激反应，防止流产。适当增加日粮营养，以满足妊娠需要。妊娠后期要补充足量的维生素、矿物元素，适当限制摄食量，既要保证胎儿的正常发育，又要避免难产。根据当地疾病发生情况，有目的地注射疫苗，防止胎儿及新生后代传染病的发生。做好分娩时的难产预防和新生后代护理工作。

知识链接

胚胎冷冻保存及冻胚移植

胚胎冷冻保存就是采取特殊的保护措施和降温程序，使胚胎在液氮(—196℃)中能长期保存，而解冻复苏后又不失去恢复代谢的能力。经冷冻保存的胚胎简称冻胚。与之相对应，即刚从供体回收的胚胎则称为鲜胚。冻胚与鲜胚一样可以选择合适的受体进行移植，发育成动物个体。

胚胎冷冻保存是使胚胎移植真正走向商业化的关键技术。正是有了胚胎冷冻保存技术，才使胚胎移植不受时间和地点的限制，实现远距离的胚胎运输和代替活体进行引种，为世界范围内的动物遗传资源转移、交流提供了简便的方法。利用胚胎冷冻技术，还可以建立良种家畜和濒危动物的胚胎库或基因库，实现动物遗传资源的长期保存。

(马保华)

第五节 动物克隆技术

克隆(clone)是指通过无性繁殖的手段,从一个动物细胞获得遗传背景相同的细胞群或个体群的过程。获得的这些细胞叫克隆细胞,个体群称为克隆动物(cloned animal)。广义上的动物克隆就是指动物的无性繁殖(asexual reproduction),即用无性繁殖的手段,由单一个体产生外形、性能和基因型完全一致的多个动物。

动物克隆技术在生命科学的基础研究和应用中都有巨大的应用价值。在基础研究方面,可为个体发育中的细胞分化、核质关系及其互作机理等重大理论研究提供先进的手段;在畜牧生产中,可以使遗传性状优良的个体在群体中大量增殖,从而加快动物育种和品种改良进度;在医学上,可为干细胞生产、人体器官复制开辟了一条有意义的途径;在动物转基因育种中,可用于扩增转基因动物的后代数量,提高转基因技术的效能;在动物物种保护上,可用于濒危野生动物的扩繁和保种,对拯救珍稀或濒危动物有特别重要的意义。

知识链接

细胞克隆和分子克隆

"克隆"一词来源于英文单词"clone"的音译。在整个生物学意义上,克隆是指生物的单一族群,其所有个体在遗传上都是相同的,其本质就是无性繁殖。所以"克隆"一词,在生命科学上常用来指由无性繁殖得到的一群个体。

细胞克隆:是指由一个单细胞经多次分裂繁殖而得到一群细胞。

分子克隆:是指基因克隆技术,即通过一定的方法得到某个特定基因的单一细胞或细菌,再进行大量繁殖,得到包含该基因的单一细胞克隆。

(章孝荣)

一、胚胎分割

胚胎分割(embryo splitting)是指用显微手术将一枚早期胚胎分成两半或几半,然后分别移植,从而获得两个或多个遗传上同质的后代。这是一种最简单的人工动物克隆方式。

(一)卵裂球分离培养法

对早期卵裂阶段的胚胎,一般采用卵裂球分离培养法进行同卵双生或同卵多生动物的培育。卵裂球分离培养法的程序包括:①用固定管固定胚胎,用显微玻璃针自上而下切开透明带使其形成一个切口;②用微吸管自切口处伸入透明带吸住半数卵裂球,慢慢吸出,即可将胚胎等分为两部分;③将分离的半胚装入预先制备好的空透明带中,然后置入血清中,使血清充满透明带;④分别用 1.0%和 1.2%的琼脂液进行双层琼脂包埋;⑤将琼脂包埋的分割胚移入同期发情的中间受体(小鼠、兔、绵羊)输卵管;⑥在中间受体输卵管培养 3~5 d 后待分割胚发育到桑葚胚或囊胚时,回收琼脂筒,去掉琼脂层,选择发育良好的胚胎移入同期发情的受体子宫角,妊娠足月即可获得人工同卵双生动物。

用类似的程序分离胚胎的单个卵裂球，用微吸管把全部卵裂球从透明带中移出，用一支直径仅能勉强通过细胞团的分离管反复吸取细胞团，使细胞间的联系变松，然后用一支只允许一个卵裂球通过的分离管将其分离为单个卵裂球。依此就可以完成4细胞期及8细胞期胚胎的四分割或八分割，培育同卵多生动物。

（二）桑葚胚及其以后阶段胚胎的直接分割法

桑葚胚及其以后阶段的胚胎分割时，可固定而直接分割。但桑葚胚透明带韧性较强，在分割时一部分卵裂球会受到机械损伤，所以在分割之前可先进行软化处理。一般使用链霉蛋白酶处理，处理标准是：桑葚胚用0.2%～0.3%酶液处理30 s，囊胚用0.2%～0.3%酶液处理30 s以下。随着胚胎的发育，囊胚及其以后胚胎的透明带本身已经变薄，韧性降低，可不进行处理而直接分割。胚胎分割时，可将处理或不处理的胚胎连同少量分割操作液置于分割皿上，用显微玻璃针、显微刀片分割，或进行徒手分割。

1. 显微玻璃针分割法

分割时，把显微玻璃针的分割部调节到胚胎的正上方，然后将针沿胚胎正中的二等分线向下移动，把胚胎轻轻压住，针稍微陷入透明带，由此把胚胎固定在分割针与分割皿表面之间，继续下切，胚胎被压扁，调整分割针使其稍向前用力，胚胎即被切开。如果胚胎细胞或透明带仍部分连接，可使分割针继续沿长轴方向稍微运动，使其分离（图7-7）。但不可来回拉动分割针，以免胚细胞松散。

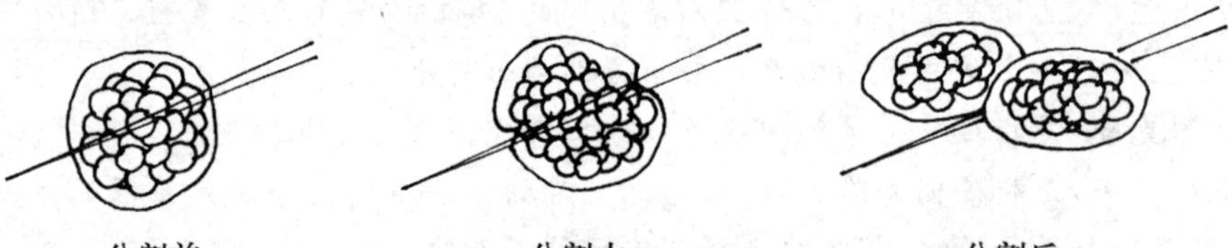

图7-7 分割针垂直分割胚胎示意图

对于致密化之前的桑葚胚，分割胚应装入透明带。用玻璃针在空透明带上方，沿与透明带切口垂直的方向轻轻压住透明带，使切口张开，并将其固定；再用一枚钝端的玻璃针，把分割胚移入切口内；撤去固定玻璃针，借透明带的弹性使开口自然闭合，分割胚即装入透明带（图7-8）。

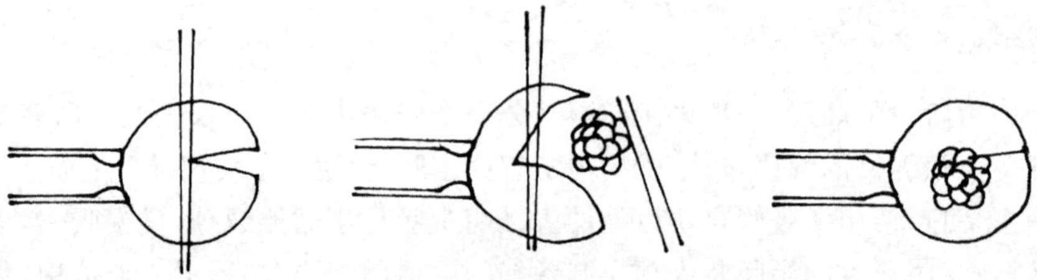

图7-8 半胚装入透明带示意图

用同样的方法可将胚胎直接四分割，培育同卵多生动物。囊胚及其以后阶段胚胎分割时，必须将内细胞团一分为二，使内细胞团细胞及滋养层细胞均匀分配到两半胚中。

2. 显微刀片分割法

显微刀片分割法较为简便，用固定管固定胚胎即可进行分割，也可以不经固定而直接分割，简化了胚胎分割过程，主要用于较晚阶段的胚胎分割。分割时，根据显微刀片切割部的类型，分为垂直分割和水平分割两类。垂直分割时，使分割刀的分割部与分割皿表面平行，自上而下进行分割，先在透明带上作一切口，并直接在透明带内将胚细胞团分为两部分；水平分割时，用显微手术刀片以水平方向将胚内细胞一分为二，分割囊胚时应将胚内细胞团对向刀片分割部(图 7-9)。分割后，用 40～50 μm 的吸管从透明带中吸出一枚半胚并将其装入另一枚空透明带中。半胚经培养后或不经培养而直接移植。

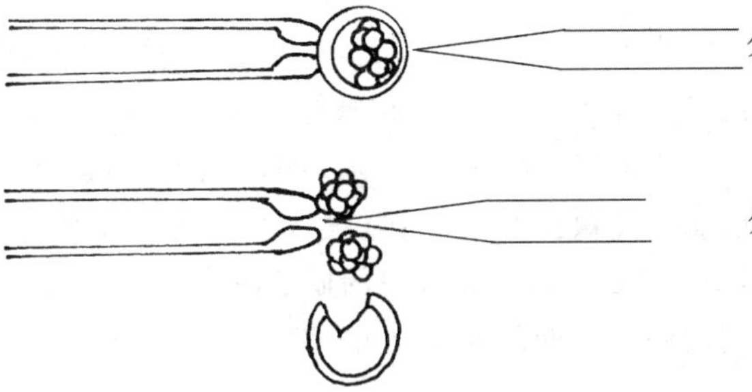

图 7-9　分割刀水平分割胚胎示意图

3. 胚胎徒手分割法

徒手分割法就是在实体显微镜下手持显微刀片或显微玻璃针对胚胎进行分割，而不需要显微操作仪。用玻璃针直接分割时，于灭菌细磨砂底玻璃培养皿内滴 0.15～0.2 mL 的 20% 血清 PBS 做成小液滴，用玻璃吸管将一枚胚胎移于液滴中，在实体显微镜下(80 倍)，用左手调整培养皿使胚胎处于适当的操作位置，用右手的拇指、食指和中指配合夹住玻璃针柄部，以小指和无名指做固定点以增加稳定性。用玻璃针拨动胚胎使其对称轴与玻璃针方向平行，然后将玻璃针置于胚胎上的正中部，垂直施加压力，当针接触到皿底时，右手稍向左侧用力，将胚胎一分为二。

二、细胞核移植

细胞核移植(nuclear transfer，nuclear transplantation)是指把一个细胞的细胞核移植到一个去核的成熟卵子的胞质中，由此发育成的动物个体为核移植克隆动物或核质杂交动物。现在一般将细胞核移植技术得到的动物称之为克隆动物，也是真正意义上的克隆动物，是目前动物克隆的主要方法。

根据供核细胞的不同，可以把细胞核移植分为胚胎细胞(embryonic cell)核移植、胚胎干细胞(embryonic stem cell，ES 细胞)核移植和体细胞(somatic cell)核移植。这些类型的细胞核移植基本程序类似，其不同之处主要在于供核细胞的来源和分化程度的不同。

通过细胞核移植获得克隆动物主要涉及以下五种基本技术：

(一)核供体细胞的准备

对于早期胚胎细胞，可用 1%链霉蛋白酶或 pH 2.5 的台氏液处理，并辅以机械方法脱去胚胎透明带，再将胚胎细胞团放入无 Ca^{2+} 、无 Mg^{2+} 的 PBS 液中处理几分钟，用微吸管慢慢反复吹打细胞团，使之解离为单个胚细胞即可作为细胞核移植供体细胞。利用发育的核移植克隆胚的卵裂球作为核移植供体细胞再进行核移植，得到的克隆胚胎称为第二代克隆胚，以此类推。这种技术称为胚胎继代克隆(mutiple generational embryo cloning)。

胚胎干细胞，是早期胚胎或原始生殖细胞(primordial germ cell，PGCs)经体外分化抑制培养后，筛选出的具有发育全能性的细胞。它在发育阶段上类似于早期胚胎的胚内细胞团(inner cell mass，ICM)细胞，具有与早期胚胎相似的分化潜能和正常整倍体核型，兼有胚胎细胞和体细胞的特性，既可进行体外培养、扩增、转化和筛选，又可分化成包括生殖系在内的各种组织。ES 细胞经抑制分化培养，细胞数成倍增加但不分化，每个细胞仍然具有发育为完整个体的能力。

作为核移植的供核细胞的体细胞种类较多，包括胎儿体细胞和成年动物体细胞。胎儿体细胞主要是由妊娠早期胎儿组织分离、克隆以及传代培养的胎儿成纤维细胞。成年动物体细胞指源自成年动物的不同类型体细胞及由成年动物组织分离、克隆以及传代培养的皮肤成纤维细胞、乳腺上皮细胞、卵丘细胞及颗粒细胞等细胞类型。在进行体细胞克隆时，将分离、纯化的体细胞进行体外培养，在 5～10 d 内将培养液中的血清浓度从 10% 逐渐减少到 0.5%，并继续培养 5 d，使细胞在培养期内脱离周期而停止在 G0 期。然后以 G0 期细胞作为核供体细胞进行体细胞核移植。

(二)核受体胞质的准备

现代细胞核移植所用受体卵胞质一般采用 MⅡ期卵母细胞胞质。MⅡ期卵母细胞可由供卵动物直接采集输卵管成熟卵母细胞，或体外成熟卵母细胞。

卵母细胞去核方法有多种，如盲吸去核法、半卵去核法、切割去核法、功能性去核、离心去核法及化学诱导去核法，各种方法也存在各自的优缺点。

根据卵母细胞的核是否被完全、彻底地被去除，卵母细胞去核后其细胞膜和细胞质结构是否依然完整，以及去核卵母细胞与供体核重构后，支持重构胚发育的能力等标准来综合判定，盲吸去核法为比较有效的卵母细胞去核方法。采用这种方法去核时，首先用细胞松弛素 B (5～7.5 μg/mL)处理卵母细胞，使细胞骨架松弛而质膜不易破碎。用固定管吸引固定卵母细胞，第一极体位于相当于时钟 4～5 点的位置，将吸有液体的外径 25～30 μm 的尖头去核针管从相当于时钟 3 点钟的位置进入，注射针下压接近极体时，吸取极体及周围的部分胞质，吸取的胞质量不要超过 1/3。去核时可见质膜呈弧形开始逐渐凹入去核管，随之可见极体、中期染色体及其及其周围部分胞质进入去核管，这时轻轻将去核管连同其中的内容物拉出透明带，可见拉出透明带部位的质膜呈长管状，随着拉出动作的持续，拉出部分变长变细，之后断开，形成胞质和核两部分，即可在一步操作中完成卵母细胞去核(图 7-10)。随后将去核管内的核驱出去核管。去核后的卵母细胞用培养液洗涤后继续培养 1～2 h，用作细胞核移植受体。

(三)核移植胚的重构

按照供体核移入受体卵的部位不同，将细胞核移植分为胞质内直接注射法和带下注射法两种。

直接注射法是利用较细的注核针(10 μm 内)抽吸核供体细胞使核膜破裂，吸入供体核后，直接刺破卵质膜，将核直接注射入细胞质中(图 7-11)。完成注核后，立即用培养液洗涤重组

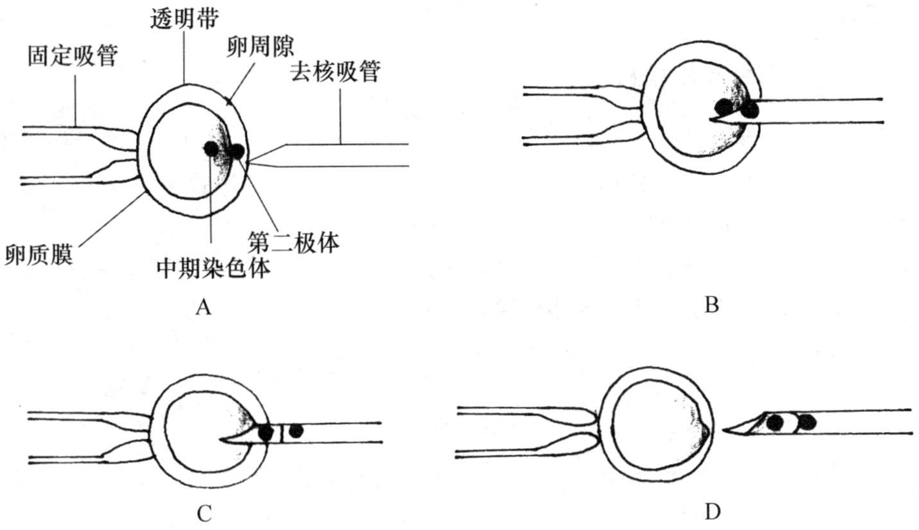

图 7-10　卵母细胞盲吸核法去核过程示意图

A. 去核吸管接近透明带　B. 去核吸管插入透明带并深推卵质膜
C. 将极体、中期染色体及其周围胞质吸入去核吸管　D. 退出去核吸管

胚,并放回培养箱培养。带下注射法是用注核针将核供体卵裂球或细胞,直接移至去核卵母细胞的卵周隙,使供核细胞与卵质膜接触,然后进行融合处理,使供体核进入受体卵胞质内,形成重组胚。注核结束后,采用电融合法促进供核细胞与受体卵母细胞的的融合。

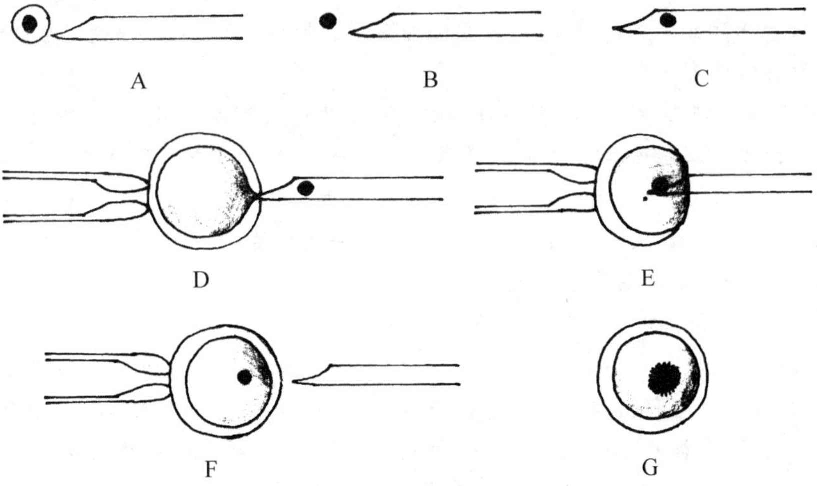

图 7-11　直接注射法制作核移植重组胚过程示意图

A. 供体细胞核的制备　B. 去掉胞质的供体细胞核胞体　C. 吸入注核管的供体细胞核胞体
D. 准备注入供体细胞核胞体　E. 向去核受体卵注入供体细胞核胞体　F. 重组的核移植胚
G. 重组核移植胚激活后的核重塑

(四)核移植重组胚的激活处理

将构建的核移植胚胎移入含 5 μmol/L 离子霉素(ionomycin)的胚胎培养液中激活 4 min,再用培养液洗 3 次后,移入含 2 mmol/L 6-(diemthylamino)purine (6-DMAP)的培养液中培

养 3～4 h 进行激活处理。

（五）重组胚的培养与移植

将激活胚置入胚胎培养液中或共培养系统中进行体外培养，或用中间受体异体内培养，以观察重组胚的发育情况。培养 48 h 时检查重组胚的卵裂率，并在随后的观察中检查、记录桑葚胚及囊胚发育率。培养期间每 48 h 半量换液一次。

重组胚胎激活后经短期培养或体外发育到桑葚胚或囊胚，移植于与胚胎发育阶段相适应的同期发情受体母畜生殖道内，生产克隆动物。

知识链接

胚胎干细胞

胚胎干细胞(embryonic stemcell，ESC)是一种高度未分化细胞，来自早期胚胎的内细胞团或原始生殖细胞。

ES 细胞具有以下特性：①全能性。在适宜条件下，胚胎干细胞可被诱导分化为各种细胞组织，这一特性使其在基础研究、移植治疗和基因治疗中具有诱人的应用前景。②无限增殖性。理论上，ES 细胞在体外适宜条件下，能在未分化状态下无限增殖，这为 ES 细胞进行的研究和应用提供了用之不竭的细胞来源。③遗传上可操作性。即可导入异源基因、报告基因或标志基因、诱导基因突变、基因打靶或导入额外的原有基因使之过度表达等，利用该特性可制作各种实验模型并进行各种基因功能分析。因此，ES 细胞已成为研究胚胎发生发育、细胞分化和组织形成、基因表达调控及遗传病和癌症发生和治疗等工作的理想模型，同时必将对人类一系列疾病的治疗提供更为有效的方法。

虽然 ES 细胞具有如此之多的优越性，但因只能从胚胎中获得，所以在应用上还存在免疫排斥以及伦理和法律等诸多障碍。2007 年 11 月，美国和日本科学家分别宣布独立发现将普通皮肤细胞转化为干细胞的方法，得到的干细胞称为诱导多功能干细胞(induced pluripotent stem cell，iPSC)。这一发现分别被《自然》和《科学》杂志评为 2007 年第一和第二大科学进展。

iPSCs 具有和胚胎干细胞类似的功能，具有巨大的潜在应用价值，迅速成为干细胞研究的热点领域之一。如利用 iPSC 技术能够获得病人或者疾病特异的多能性干细胞，这样可以避免移植过程中的免疫排斥问题，也绕开了人类胚胎干细胞研究所带来的伦理问题；掌握疾病特异性 iPSC 向相应疾病中的功能细胞定向诱导的技术方法，以此作为模型研究这些疾病的发病机制，并利用这些疾病模型，对现有药物做出个体化的评估，并发现新的治疗靶点和筛选新的药物，将为这些重大性疾病的基础和临床研究开辟新的研究方法和技术平台。

（章孝荣）

（马保华）

第六节　性别控制技术

性别控制(sex control)是指通过人为地干预或操作,使雌性动物按照人们的设计繁殖出所需性别后代的技术。

动物性别控制在畜牧业中具有重要的经济意义。通过性别控制,可以从受性别限制或影响的经济性状获益;可以消灭不理想的隐性性状,防止性连锁疾病;可以加快珍稀动物的繁殖和保种,加快奶畜群的更新以及加快育种的遗传进展。

哺乳动物性别控制的途径包括受精前控制、附植前控制和附植后控制。

受精前控制是根据X精子和Y精子在物理特性(体积、密度、电荷和运动性)、生化特性(DNA含量、表面雄性特异性抗原)上的不同,采用一定的方法,将X精子和Y精子分离开来,再用分离的精子进行人工授精,以获得理想的后代性别。这是目前控制动物性别最有效的方法,但需要昂贵的精子分离设备。

附植前控制是通过对附植前胚胎(包括体内生产或体外生产的胚胎)进行性别鉴定,然后选择所需性别的胚胎进行移植,从而可达到控制后代性别的目的,是目前动物性别控制中较为实用的一类方法。

附植后控制是指在妊娠期间,鉴定胎儿的性别,对不合性别要求的胎儿,通过采用人工流产的方法中止妊娠。这种方法不仅不经济,而且对母畜的伤害较大,一般不用。

目前,常有的性别控制方法如下几种:

一、X精子与Y精子分离技术

X、Y精子分离技术主要有依据H-Y抗原和抗体免疫反应的精子分离法和X、Y精子直接分离技术。前者包括免疫亲和柱层析法、直接分离法、免疫磁力法,这些方法都是基于Y精子能够表达H-Y抗原,而利用H-Y抗体检测精子质膜上存在的H-Y抗原,再通过一定的分离程序,将精子分离成为$H\text{-}Y^+$(Y精子)和$H\text{-}Y^-$(X精子)两类。将所需性别的精子进行人工授精,即可获得预期性别的后代。但这些方法由于H-Y抗体的制备与保存、对精子的活力影响等原因,目前还不能达到生产应用的需要。

利用X精子头部的DNA含量稍高于Y精子的差异,可依据X精子与Y精子的DNA含量差别,使用DNA荧光染料Hoechst 33342处理精子,并利用流式细胞仪(flow cytometer)分离X、Y精子而分别得到X、Y性别分离控制精液(性控精液)。这种方法从2000年开始从实验室成功进入商业化生产应用,分离的奶牛精子于当年出现在精液市场。性控精液可直接用于人工授精,控制后代的性别,也可用于超排母畜的受精或体外授精而生产性控胚胎,通过胚胎移植控制后代的性别。

二、胚胎性别鉴定技术

已经研发的胚胎性别鉴定方法有:胚胎细胞染色体核型分析、早期胚胎X染色体相关的酶活性分析、$H\text{-}Y^+$与$H\text{-}Y^-$胚胎的免疫学鉴定(胚胎的细胞毒性分析、间接免疫荧光法和囊胚形成抑制法)等,这些方法由于存在对胚胎结构损害或活力的损害、或准确性不高等方面的不足，而未能达到大规模实际应用。

用分子生物学方法鉴定早期哺乳动物胚胎性别的研究于20世纪80年代后期开始，由于用分子生物学方法进行植入前胚胎性别鉴定具有准确、高效、快速、可重复性好等优点，使性别鉴定和性别控制真正进入现实可操作阶段，已被国内、外研究人员广泛应用于家畜，尤其是牛胚胎的性别鉴定。这些分子生物学方法包括：雄性特异性DNA探针检测法、PCR扩增DNA片段检测法、PCR扩增SRY基因法、环介导温DNA扩增法（loop-mediated isothermal amplification，LAMP）等。

（一）雄性特异性DNA探针法

从Y染色体上分离筛选雄性特异性DNA片段作为探针，再用放射性同位素或生物素标记，与被测胚胎细胞中DNA的同源序列进行Southern杂交或斑点杂交，结果如为阳性则为雄性胚胎，阴性为雌性胚胎，以此来鉴定胚胎性别。此法有特异性强和准确率高的优点，但是这些特定序列通常具有种间特异性，所以对每种动物都必须研制不同的探针，过程繁杂，而且如果用同位素标记则需要大量的胚胎细胞和较长的时间（一般同位素低温曝光需7～8 d）；用生物素标记虽然需要设备简单，所需时间较短（一般为24 h），但是技术难度较大，可鉴定的胚胎较少。所以在广泛应用上也受到一定限制。

（二）荧光原位杂交法

荧光原位杂交（fluorescence in situ hybridization，FISH）技术的出现使动物性别鉴定取得了新的进展。FISH技术包括荧光素探针制备、探针和靶DNA的变性与杂交、观察鉴定三部分。由于FISH技术制备了特异序列片段探针、杂交在细胞内进行、能使用荧光试剂而发光、显色，既能在细胞分裂间期杂交，也能在分裂中期杂交，因此具有广泛的适用性。并允许使用体细胞杂交探针与X和Y探针结合检测性别中的非整倍体变异，因而具有高效快速和错误率低的优势。但原位杂交技术有时需使用放射性物质而并未被推广应用。如能选择出雄性特异性强的DNA探针和高分辨率且对胚胎毒性小的荧光素，FISH法可能会广泛应用于动物胚胎性别鉴定。

（三）PCR扩增Y染色体SRY基因法

哺乳动物Y染色体上存在有性别决定SRY基因。因此，以SRY基因的存在与否可将雄性和雌性胚胎分开。动物种类的不同，SRY序列有所差异，但存在同源性。首先确定不同动物SRY稳定不变的部分序列，再经过对被检畜种Y染色体上的DNA特异片段进行克隆，反复筛选、并测序，确定其SRY序列。在此基础上设计并合成特异于SRY序列的聚合酶链式反应（polymerase chain reaction，PCR）扩增引物。PCR扩增SRY基因操作时，采集晚期桑葚胚或囊胚，用保存培养液洗涤2次，通过显微操作获得部分胚细胞，胚胎的其余部分进行培养。以被检胚细胞中DNA为模板，加入特异于SRY基因的两个扩增引物、四种去氧单核苷酸和*Taq*酶，进行PCR扩增。经过50个循环的PCR扩增后，将扩增产物进行琼脂糖电泳和染色，在紫外灯下观察，根据显示的特异扩增电泳带判断被检胚胎性别。有特异电泳带者为雄性胚胎，无特异电泳带者为雌性胚胎。移植所需性别胚胎，可获得所需性别后代。

应用PCR技术扩增SRY序列进行牛胚胎性别鉴定的准确率达到95%～100%，可在3 h

内获得签订结果，具有快速、灵敏度高（可以检测到单个细胞）、可重复性好等特点。但这种方法在使用时需要通过显微操作的方法从胚胎采集细胞，这种胚胎整体结构的破坏，在很大程度影响了胚胎耐受冷冻保存的能力，并因此而影响到移植后的妊娠率。此外，这种方法还受一些条件的制约，如仪器比较昂贵，操作条件要求严格。污染也是影响其结果的重要因素之一，在采取胚细胞时如果到粘在胚胎上的精子、或切割刀粘上另一个胚胎的细胞、空气中的污染、PCR 试剂的污染以及培养液中的 BSA、FCS 都可能成为污染源，引致假阳性结果。如能将试剂和操作程序规范化，并生产出统一的 PCR 试剂盒投入市场，就能大大地促进这一技术在生产中的应用。

（四）环介导恒温 DNA 扩增法（LAMP 法）

LAMP 法是一种新式恒温核酸扩增方法（Notomi T 等，2000），采用能特异识别靶序列上 6 个位点的 4 条引物及一种具有链置换活性的 DNA 聚合酶，在 65℃左右，不到 1 h 的时间里进行核酸的指数级扩增，其扩增效率可达到 10^9～10^{10} 个拷贝数量级。在扩增反应中产生茎环结构，保证引物与其杂交启动新一轮核酸合成，反应副产物焦磷酸镁沉淀可用肉眼观测到，以判断是否发生扩增。

LAMP 法具有许多迄今为止的其他扩增方法无法比拟的优点：①只需一恒定温度就能进行扩增反应，不需要特殊试剂，不需要预先进行双链 DNA 的变性；②高特异性，应用 6 个区段，4 条引物，并且这 6 个区段的顺序也有规定；③快速、高效扩增，整个扩增在不到 1 h 即可完成；④灵敏度高，扩增模板可达 10 拷贝亦或更少；⑤鉴定简便，观察白色浑浊沉淀就能够判断扩增与否。当然，也可以用浊度仪检测浑浊度，进行实时监控。其所需配套器材和操作简便，尤其是准确率和灵敏度都达到或优于 PCR。但其比 PCR 还要灵敏、快捷、简便、实用、廉价。应用 LAMP 技术进行家畜胚胎性别鉴定，具有 PCR 技术同样的缺点，就是极高的灵敏度容易受到污染的干扰。因此，在操作过程中，一定要严格遵守操作规则，以防止外源污染。

知识链接

哺乳动物的性别决定

哺乳动物的正常性别是由一对性染色体决定的。动物个体的性别取决于受精时雌、雄配子所携带的性染色体类别。家畜的所有正常配子中均含有一组常染色体和一个性染色体。雌性配子的性染色体为 X 染色体，雄性配子则为 X 染色体或 Y 染色体。携带 Y 染色体的精子（Y 精子）与卵子受精，其受精卵将发育成雄性个体；携带 X 染色体的精子（X 精子）与卵子受精，其受精卵则发育成雌性个体。根据这一基本理论，人为地选用某一类精子与卵子受精，或通过对胚胎的性别鉴定，结合胚胎移植技术，即可达到控制家畜性别的目的。

哺乳动物 Y 染色体上存在有一个或多个为睾丸发育和形成所必需的基因，此假设基因在人被命名为 TDF（testis determining factor）。该基因就是后来研究并克隆的 SRY（sex determination region Y gene，Y 染色体的性别决定区）。SRY 位于 Y 染色体上，雌性不存在，SRY 就是性别决定基因。

（马保华）

第七节 激素免疫中和技术及其应用

从20世纪60年代末开始，在内分泌学、免疫学等技术基础上，逐渐发展了一项新的技术——激素免疫中和技术(hormone immunonentralzationm，HIN)。该项技术以某种激素作为抗原，通过主动或被动免疫，使动物的相应内源性激素全部或部分地丧失生物活性，从而达到调控动物生产、繁殖或治疗疾病的目的。因为这种技术结合了内分泌学和免疫学技术双重优点，灵敏度高、特异性强，所以在畜牧生产和兽医临床上都有重要的应用价值。

目前，在动物繁殖和兽医产科临床上，HIN技术已用于提高动物排卵数或增加产仔数、免疫去势和治疗内分泌疾病等。

一、免疫多胎技术

应用激素免疫中和技术提高动物繁殖力主要有两条途径：一是主动或被动中和体内性腺类固醇，降低类固醇激素对下丘脑GnRH的负反馈作用，从而促进促性腺激素的分泌；二是主动或被动免疫垂体抑制素(inhibin)，促进促卵泡素的分泌。研究表明，这两种免疫途径都能增加动物的排卵率或产仔数。用于提高绵羊双羔率的类固醇激素疫苗已经在生产中推广应用，获得显著效果。抑制素免疫也在多种动物进行了试验，证明能提高动物的排卵率。但也应当看到，动物的内分泌调节是非常复杂的，而且不同种属或个体之间差异较大，即使是同一个体在不同的生理状态下，其内分泌状态也不相同。例如，在绵羊，应用类固醇激素免疫技术显著地增加了产羔率，而将该方法应用于牛却几乎不起作用。因此，应用HIN技术提高动物繁殖力的效果仍然有限，仍有待于深入研究和完善。

(一)类固醇激素免疫提高绵羊双羔率

这项研究最早在澳大利亚获得成功。1983年，澳大利亚联邦科工组织(CSLRO)的科技人员研制成功世界上第一个商品性绵羊双羔疫苗——多胎素(Fecudin)，其成分是雄烯二酮-7α-羧乙基硫醚-人血清白蛋白(androstenedione-7α-carboxyethylthioether-human serumalbumin)复合物和二乙氨乙基葡聚糖(DEAE dextran)的混合制剂。双羔素在澳大利亚、新西兰等国经过多年大规模试验，证明能显著提高绵羊的产羔率。后来，其他国家也进行了类似的研究和试验，其原理和方法与双羔素基本相同。现以双羔素为例，介绍这一技术的基本原理、方法及其效果。

1. 基本原理

因为卵泡的生长发育主要受垂体促性腺激素调节。在绵羊等排单卵动物，卵泡在生长发育过程中，优势卵泡分泌的雌激素能反馈作用于下丘脑和垂体，将FSH和LH的分泌调节在合适的水平上，使其余卵泡得不到足够量的促性腺激素的刺激，以致不能发育至成熟和排卵。雄烯二酮是合成雌激素的前体。因此，以雄烯二酮为主体制备抗原免疫母羊，使母羊机体产生大量的雄烯二酮抗体，这种抗体与内源性雄烯二酮发生免疫反应，使合成雌激素的前体物质浓度大大降低，雌激素合成减少，外周血液中雌激素水平降低，解除对下丘脑和垂体的抑制作用，使垂体促性腺激素分泌增加，刺激卵泡发育，最终导致排卵数增加。

2. 方法及效果

(1)主动免疫 先制备雄烯二酮-7α-羧乙基硫醚-人血清白蛋白复合物,然后将这种复合1.2 mg 溶于 2.0 mL 含 5%DEAE 葡聚糖的生理盐水中。初次免疫的母羊在配种前 5～7 周,于其颈部 1/3 处做皮下注射,3～5 周后加强免疫一次(以后每年加强免疫一次),再过 2～3 周,母羊发情时即可配种。

根据在澳大利亚、新西兰的试验,用双羔素免疫不同品种的母羊虽然都能显著提高双羔率(产羔率提高 15%～40%),但反应有差异,其中以杂交羊效果最好。我国也进行了类似的研究和试验,兰州畜牧研究所、上海生物化学研究所和中国科学院新疆化学研究所的科技人员先后研制出的绵羊双羔素,其主体成分分别为睾酮-3-羧甲基肟、睾酮-3-羧乙基硫醚和 11α-羟雄烯二酮。这些双羔素在我国新疆细毛羊或其杂种羊中进行了大规模的免疫试验和推广应用,已取得了显著效果(产羔率提高 18%～25%)。

(2)被动免疫 应用被动免疫技术提高母羊产羔率的基本原理与主动免疫一样,所不同的是,被动免疫是应用由免疫学方法获得的抗激素抗体(抗血清)直接给母羊注射,产生被动免疫作用。因此,被动免疫比主动免疫简便。1992 年,中国科学院新疆化学研究所的科技人员,根据激素免疫促进母羊卵泡发育和提高排卵率的原理,制备了雄烯二酮单克隆抗体,并对新疆细毛羊及其杂种羊进行了被动免疫提高母羊双羔率的试验,获得了良好效果(双羔率达到 27%)。

(二)抑制素免疫提高动物繁殖力

1. 基本原理

因为抑制素对 FSH 合成和分泌有特异的抑制作用。以抑制素为抗原给动物免疫,使其产生特异性的抑制素抗体,中和体内的抑制素,就能提高体内的 FSH 水平,促进卵泡发育和增加排卵数。

2. 方法与效果

(1)抑制素抗原的来源和类型 目前用于制备抑制素抗原的抑制素主要有三种来源,即从动物卵泡液或精液中提取的天然抑制素,人工合成的抑制素肽链片段和通过分子生物技术重组的抑制素。

天然抑制素是从卵泡液中提取的。目前一般以牛、羊卵泡液为原料,应用单克隆抗体通过免疫亲和层析法提取,并要用活性炭去除提取液中的类固醇。这种来源的抑制素免疫原性较好,但纯化比较困难,制备的抗体交叉反应较大。

人工合成的抑制素肽链片断是模拟猪、牛及人抑制素 α-亚基某一段氨基酸序列而通过化学方法合成的。这种抑制素主要有两种类型,一种是抑制素 α-亚基碳端肽段,另一种是抑制素 α-亚基氨基端(N 端)肽段。人工合成的肽链片段分子量较小,免疫原性差,必须与载体蛋白(如血清白蛋白、卵清白蛋白等)耦联后才具有免疫原性。

重组型抑制素是利用 DNA 重组技术制备的,目前主要有牛、羊及人的 α-亚基融合蛋白三种,均具有完全的抗原性,可直接用于动物免疫。

(2)抑制素免疫的效果 据有关研究报道,将经过亲和层析提纯的牛卵泡液抑制素对新西兰罗姆尼(Romney)绵羊进行三次免疫,体内抑制素抗体滴度、促性腺激素水平和排卵率均相应增加,免疫组比对照组排卵率提高 57%;使用合成的、与绵羊抑制素 α-亚基 N-端 25 个氨基酸序列相同的抑制素片段免疫绵羊，可使排卵率提高107%；而使用重组DNA技术合成完整的抑制素α-亚基作抗原免疫绵羊，可以获得很高的抑制素α-亚基抗体滴度，FSH水平增加，排卵率提高209%～335%。Cummins(1986)报道，用羊卵泡液提取物作抗原免疫母牛，结果有50%的牛出现超排反应，排卵数达2～6枚。近几年来，一些研究者用合成的牛或猪抑制素α-亚基片段经与血清蛋白耦联后给青年母牛免疫，使免疫牛发育卵泡数和排卵数增加30%～100%以上，并诱发了双胎。

用抑制素抗血清给动物被动免疫，也可使动物排卵数显著增加。Kaneko(1993)用牛抑制素抗血清给奶牛被动免疫，结果表明，免疫牛的发育卵泡数显著增加。Wheaton(1992)用高度纯化的α-IF-hα-G抑制素抗血清被动免疫绵羊，使排卵率提高了3.3倍。

一般说来，用于制备抑制素抗原的抑制素纯度越高，免疫后抗体滴度越高，抗体中和体内抑制素能力就越强，FSH水平和排卵率的增加也越显著。

二、免疫去势技术

未去势的动物较难管理。在公猪还因性腺产生的雄激素，其代谢产物雄烯酮沉积于脂肪中，使猪肉带有难闻的公猪味(boar-taint)，降低肉质。

传统去势方法有手术去势和药物去势两种，但均有许多不足。手术去势引起被去势动物高度疼痛应激、外科伤口易感染，影响动物生长，增加动物的发病率和死亡率。药物去势是将刺激性药物注射到动物性腺实质内，破坏性腺组织，使性腺萎缩，从而丧失机能。因所用药物多为强刺激性药物，注入性腺后，立即引起强烈的炎症反应，使动物处于高度应激状态，常出现体温升高、食欲下降、疼痛、免疫力下降等反应，影响动物的生产性能，而且还可能存在药物残留问题。此外，以上两种去势方法，都因完全摘除动物的性腺或使其完全丧失机能，破坏动物机体的完整性，使动物的日增重、饲料报酬和瘦肉率降低。

HIN技术的发展为动物去势提供一种新方法。通过有选择性免疫某种促进性腺发育的激素，如GnRH、促性腺激素等，可以引起动物的性腺退化、萎缩，使其生育力下降甚至丧失，达到去势的目的。而且激素免疫作用温和、安全，与手术方法相比，可减少感染的机会，免疫后动物还可以部分地保留性腺功能，使其分泌少量的性激素对动物的生长发育产生的刺激作用。目前，用于动物去势的激素免疫技术有如下几种。

(一)垂体促性腺激素免疫

FSH主动或被动免疫，在雄性动物，可使被免疫动物的精子生成和成熟受到抑制，生育力下降，而且FSH抗体与LH无交叉反应，动物的睾酮水平保持正常，性欲基本不受影响；在雌性动物，卵泡的生长发育受到明显的抑制，除有避孕作用外，尚未见其他明显的副作用。据此认为，FSH免疫有望成为人类的避孕的方法，但因不能抑制性功能，而且睾丸的生精能力易恢复，达不到畜牧生产的要求。

LH免疫可使雌性动物的排卵受到抑制，而且干扰受精卵的着床过程，但常伴发内分泌紊乱以及可能引起自身免疫性疾病而无实用价值。

(二)胎盘促性腺激素免疫

hCG免疫主要是作为人的避孕疫苗开展研究的。经过对hCG与hLH的交叉反应以及

hCG抗原性的研究，目前多选用其β-亚基作为抗原。也有人把βhCG与异种动物LH的α-亚基(如αoLH)耦合。这是因为hCG在α和β两个亚基联合状态下最适宜于与靶组织的受体结合。目前，世界上已有4种用于人的hCG疫苗，即βhCG-C′-37aa-白喉类毒素疫苗、βhCG-TT(破伤风类毒素)疫苗、αoLH-βhCG-TT疫苗和αoLH-βhC-CHB(霍乱毒素B链)通过了临床试验。这四种疫苗均产生了有效的hCG抗体，与LH的交叉反应率小(13%)，与FSH无交叉反应，无明显副作用。

(三)GnRH免疫

GnRH与适当的大分子载体物质耦联后免疫动物，可诱导体内产生特异性抗GnRH的抗体，使体内GnRH水平降低，引起垂体促性腺激素，特别是LH水平的下降，导致性腺退化、萎缩，最终导致生育力降低甚至丧失。所以，许多学者认为GnRH免疫可望成为一种有效的阉割、去势方法。目前，GnRH免疫去势疫苗有如下几种：

1. GnRH疫苗制备技术的发展

(1)GnRH化学合成肽疫苗　最先研制的GnRH疫苗是化学合成肽疫苗。因为GnRH仅有10个氨基酸，抗原性很弱，所以必须与外源载体蛋白耦联后才能刺激机体产生抗体。方法是通过人工合成GnRH，再与载体蛋白，如人血清白蛋白(human serum albumin，HSA)、钥孔戚血蓝蛋白(keyhole limper hemocyain，KLH)等耦联，制成疫苗。GnRH与载体蛋白耦联的常用方法是碳二亚胺法或戊二醛法。早期的GnRH合成肽疫苗是用GnRH单体与载体蛋白的耦联物，免疫原性较弱，免疫效果不甚理想。后来改用合成的GnRH二聚体、GnRH并列二聚体与载体蛋白的耦联，提高了疫苗的免疫原性。

然而，化学合成肽疫苗目前仍未能实现商业应用，一是因为GnRH与载体蛋白的连接效率低，生产成本高，疫苗价格昂贵；二是通过化学法合成的GnRH疫苗，每一批次激素抗原的分子结构很难保证为完全相同，这就导致商业化生产时，批次间差异较大。所以化学合成肽疫苗技术仍需改进，如应用自身肽多拷贝序列、更改GnRH肽链上的部分氨基酸残基，以提高疫苗的免疫原性等。

(2)GnRH基因工程疫苗　随着疫苗制备技术的发展，出现了GnRH基因工程疫苗。最初制备的也是GnRH单体疫苗。虽然采用基因工程技术，疫苗制备的成本大为降低，但免疫原性仍然不强，很难引起动物机体的免疫反应。后来技术不断改进，包括基因重组、载体蛋白和表达系统的改进等，发展到多拷贝的GnRH基因工程疫苗，使免疫效果大为提高，且生产成本降低。如Jung等(2005)分别以犬瘟热病毒(canine distemper virus，CDV)的p35蛋白和轮状病毒的VP6蛋白(rotavirus VP6)作为载体蛋白，将GnRH六聚体基因插入谷胱甘肽-S-转移酶融合表达载体(pGEX-4T1)中，然后整合到大肠杆菌的基因组中，表达出GnRH免疫原并免疫犬，表明两种免疫原都产生了较好的免疫效果，受试犬睾丸萎缩，重量减轻；方富贵等(2009)将重组的GnRH-I六聚体基因插入麦芽糖结合蛋白(MBP)融合表达载体中，再转化到大肠杆菌中表达，获得了高纯度的MBP-GnRH-I_6融合蛋白，通过主动免疫公猪，诱导公猪产生了高效的抗GnRH-I抗体，其血清睾酮浓度显著下降，睾丸明显萎缩(图7-12)，且MBP-GnRH-I_6主动免疫还能提高猪的生长性能，降低脂肪雄烯酮含量，改善肉质。

目前，GnRH基因工程疫苗已基本能够达到商业化开发的要求，但在蛋白大规模表达、纯化工艺等方面还需要进一步的完善。

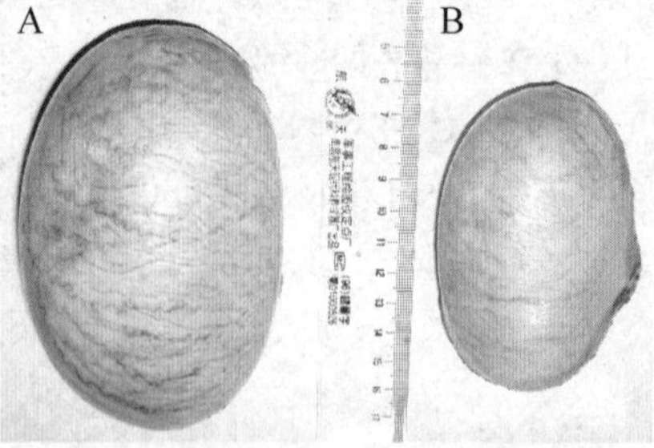

图 7-12 GnRH 基因工程疫苗免疫公猪后的睾丸大小变化

A. 未免疫猪的睾丸 B. 免疫猪的睾丸

(3)GnRH 核酸疫苗　核酸疫苗，又称 DNA 疫苗、基因疫苗，就是把外源基因克隆到真核质粒表达载体上，然后将重组的质粒 DNA 直接注射到动物体内，使外源基因在活体内表达，产生的抗原激活机体的免疫系统，引发免疫反应。目前这项技术已用于 GnRH 疫苗的制备。

2. GnRH 疫苗应用

(1)用于动物去势　因为 GnRH 免疫可抑制垂体促性腺激素的分泌，尤其是 LH 的分泌，引起性腺萎缩、生殖机能衰退，所以 GnRH 免疫去势可望代替传统的去势方法。

(2)用于避孕或终止妊娠　GnRH 免疫可使雄性动物精子生成减少、精子活力降低；使雌性动物排卵受阻、黄体发育障碍，故可用于动物的避孕或终止妊娠。应用 GnRH 被动免疫，对于在短期内抑制动物的发情和排卵、中止妊娠有直接的作用，对不希望妊娠的伴侣动物有应用价值。

(3)有利于动物生长，改善肉质　传统的去势方法使动物完全失去了性腺，影响动物生长发育，而 GnRH 免疫去势是一种不完全去势，在抑制动物性机能的同时，仍可保留部分内源性 GnRH 对动物生殖机能的刺激作用，同时也部分保留了性腺部分内分泌功能和对动物生长的刺激作用，内源性抗体减少或消退后仍可以逐渐恢复生殖机能，这不但对动物的生长发育有利，而能改善肉质。

3. 存在的问题

虽然对 GnRH 免疫去势方法和效果进行了大量研究，猪的 GnRH 免疫去势疫苗也已进入临床试验，但与其他激素免疫一样，这种去势方法仍然面临一些问题，主要有：

(1)抗体中和效应有限而短暂　激素免疫最大的特点是免疫产生的抗体是用以中和内源性激素，而并不能阻止这种激素的继续产生和分泌。因此，激素免疫产生的抗体中和效应，不仅是有限的，也是暂时的。被动免疫产生的中和效应维持的时间短，随抗体代谢清除而消失；主动免疫的抗体维持时间较长，适当进行加强免疫可使抗体的维持时间更长。所以应根据研究目的选择适当的免疫方式。

(2)个体差异　尽管已证实应用 GnRH 主动免疫，可达到去势目的，但影响因素较多，个体差异较大。而且，在动物生长发育的早期免疫效果较好，对成年动物，因性腺已发育成熟，免疫效果较差。

(3)可能产生的副作用　动物机体的内分泌调节系统是一个完整的体系，各种激素是相互联系、相互影响，共同维持着机体的内分泌平衡。通过激素免疫中和技术，中和某种激素的生物活性，必然导致其他激素的分泌变化而引起内分泌平衡的改变，虽然已证实这种改变可以产生一些有意义的生物学效应,但正常内分泌平衡的改变是否也会产生一些不良的后果,甚至导致内分泌调节紊乱,是个值得注意的问题。例如,对雄性动物进行雌激素主动免疫,可使血浆睾酮水平和睾丸对睾酮的分泌量增加 10 倍。已知过高的雌激素水平会导致许多疾病;对牛进行多胎免疫的试验,在产仔数增多的同时,也会出现诸如异性孪生不育之类的问题。如果 GnRH 免疫引起下丘脑 GnRH 细胞的损害,是否会导致其他内分泌紊乱,仍不清楚。另外,由于 GnRH 主动免疫对生殖机能的抑制比较全面而持久的,不但影响精子和卵子的生成,而且影响甾体激素的生成,从而影响性行为的表现,所以不适用于人类的计划生育。

(章孝荣)

附录一　兽医产科学实习指导

实习一　家畜的生殖器官、胎膜和胎盘的形态结构观察

一、实习目的

(1)了解各种公、母畜生殖器官的解剖结构及其特点。

(2)观察卵巢和睾丸的组织切片，了解卵巢、睾丸的内部构造和卵子、精子的发育过程。

(3)认识各种家畜胎膜和胎盘的形态构造特点及其与子宫和胎儿的关系。

二、实习材料

(1)各种家畜未孕的生殖器官标本、模型、挂图、幻灯片。

(2)各种家畜的胎膜标本，包括牛、马、猪、羊等妊娠中、后期子宫和完整的胎膜标本；猪、羊胎膜囊(妊娠2个月左右)灌注标本；牛、猪和羊各月龄的胎儿标本。

(3)牛、猪、羊等动物的妊娠子宫、胎囊和胎儿发育过程挂图、模型或幻灯片。

(4)各种类型胎盘组织构造挂图或幻灯片。

(5)家畜卵巢、睾丸的组织切片以及各种类型胎盘的组织切片。

(6)器械：解剖刀、剪、镊子、探针、卷尺、天平和显微镜。

三、实习内容与要求

(一)家畜生殖器官的形态特点及自然位置观察

利用生殖器官的标本、模型、挂图和幻灯片等，观察各种公、母畜生殖器官的构成、形态特点及自然位置。

母畜生殖器官包括卵巢、输卵管、子宫、阴道、尿生殖前庭、阴唇及阴蒂。公畜生殖器官包括睾丸、附睾、输精管及精索、尿生殖道、阴茎、副性腺、阴囊和包皮。观察时要注意各种家畜生殖器官的形态和结构特点。

1. 母畜生殖器官的观察要点

(1)卵巢　观察各种家畜的卵巢，注意其形态结构特点，如马属动物的卵巢形态，在幼年时与牛、羊的相同，呈椭圆形，但到成年后变为肾形，有排卵凹；牛、羊的卵巢无排卵凹，中央为髓质，周围为皮质；猪的卵巢有发达的卵巢囊，幼年时为肾形，成年后变为桑葚状。了解卵巢在体内的位置，识别卵巢上的黄体(或红体)和卵泡，触摸感觉其质地。

(2)输卵管　观察输卵管伞、漏斗、腹腔孔、壶腹、宫管结合部等部分的结构特点以及与卵

巢和子宫角的关系。马、猪的宫管结合部明显，而牛、羊的不明显。

(3)子宫及阴道 观察各种家畜子宫角的外形及其在体内的位置。马属动物的子宫属双角子宫，两子宫角形似弹弓，子宫体宽大，子宫颈外口突出于阴道腔内形成明显的膣部，其周围即为阴道穹窿。牛、羊的子宫属双分子宫，其两子宫角弯曲似绵羊角，子宫体较短，子宫颈发达，且子宫颈管内因有彼此楔合的小的纵行皱襞和大的横行皱襞而呈螺旋状；两子宫角在靠近子宫体的部分有一段彼此相连，并且中间有一纵隔将它们的腔体分开，因此在子宫外面形成一道明显的纵沟(角间沟)；在子宫黏膜上有特殊的突起结构，称为子宫阜，数目为80～120个，羊的子宫阜中央还有一个小的凹陷。猪的子宫角长而弯曲，子宫体短，子宫颈长且与阴道没有明显的界限，因而没有子宫颈膣部。

(4)外生殖器官 观察尿道外口的位置、前庭大腺和(或)前庭小腺管的开口，观察阴蒂及阴瓣的形态。

2. 公畜生殖器官的观察要点

(1)睾丸及附睾 比较各种家畜睾丸的结构、大小、悬垂程度以及与附睾相互关系。

(2)副性腺 观察各种家畜副性腺(包括壶腹)的有无及大小、形态。猪的精囊腺较大；狗、猫和骆驼没有精囊腺；兔在精囊腺前还有一个呈扁平囊状的精囊；马的前列腺和尿道球腺较发达；犬无尿道球腺。

(3)精索 识别精索内动脉、输精管、提睾肌及精索蔓状静脉丛。

(4)阴茎 比较各种家畜阴茎的形状。马属动物的阴茎海绵体发达，龟头大而钝圆；牛、羊、猪的阴茎不勃起时呈"S"状弯曲，龟头较尖；猪的阴茎龟头呈螺旋状；狗的阴茎前部有阴茎骨和龟头球，猫阴茎龟头上有角质化突起。

(5)阴囊和包皮 识别阴囊皮肤、肉膜、睾外提肌、筋膜、腹壁鞘膜及阴囊中隔，了解包皮腔和包皮囊(猪)的结构。

(二)家畜生殖器官的组织结构观察

利用卵巢、子宫、睾丸和附睾切片，观察其组织学构造。

(1)卵巢 在低倍镜下观察卵巢的白膜、生殖上皮、皮质和髓质；然后在高倍镜下观察各级卵泡、卵泡膜、卵泡腔、卵母细胞、卵泡细胞、透明带结构，以及黄体内大、小黄体细胞的形态特点。

(2)子宫 观察子宫的外膜、肌肉层和内膜以及内膜基质中的子宫腺。

(3)睾丸 在低倍镜下观察睾丸的白膜、纵隔、小叶、曲精细管的横断面及精细管之间的其他组织结构，计算间质细胞在整个视野中所占面积的比例。在高倍镜下观察曲精细管之间间质细胞的形态、数量；选择一清晰的曲精细管断面观察管壁上的基膜、支持细胞和各类生精细胞，计算一个横断面上支持细胞与生精细胞的比例、生精细胞排列的层数。

(4)附睾 比较附睾头、体、尾三段上皮结构特点及管腔中精子的形态变化。

(三)家畜胎膜和胎盘的形态构造特点及其与子宫和胎儿的关系观察

利用家畜的胎膜标本、模型以及挂图或幻灯片观察胎膜和胎盘的形态构造特点及其与子宫和胎儿的关系。

(1)沿两子宫角的大弯将子宫壁完全切开，观察绒毛膜及其与子宫黏膜的联系、胎盘的形态特点、胎儿及胎囊分布情况。

(2)利用胎膜囊灌注标本，观察各层胎膜之间的关系，并结合观察脐带结构。

(3)观察胎盘组织切片标本，了解各种类型胎盘在组织结构上的差别。

四、实习报告

(1)根据观测，描述各种母畜(牛、羊、猪、马)的卵巢、输卵管、子宫角的形态结构。

(2)根据观测，描述各种公畜(牛、羊、猪、马、犬、猫)的睾丸、附睾、副性腺的形态结构及特点。

(3)分别画出牛、猪和羊的胎囊(包括胎膜)模式图，并标明各部名称。

(王鲜忠)

实习二　母畜阴道检查和直肠检查

一、实习目的

(1)掌握母畜阴道检查和直肠检查的基本操作方法。

(2)熟悉母畜在发情期、乏情期和妊娠期阴道黏膜、黏液的变化情况。

二、实习材料和用具

(1)处于不同生理时期(发情期、乏情期和妊娠期)的母牛和母马(驴)若干头。

(2)未孕牛、马生殖器官模型、挂图或幻灯片，牛、马阴道检查和直肠检查录像带。

(3)大家畜保定栏，马、牛阴道开张器，反光镜(或手电筒)，搪瓷盆，毛巾，工作服，长臂手套，肥皂，石蜡油，煤酚皂溶液，新洁尔灭。

三、实习方法及步骤

教师先介绍阴道检查和直肠检查操作的要点，避免受检动物发生肠破裂或穿孔，特别要强调人畜共患病和动物行为可能造成的伤害，做好自身安全保护措施，然后边示范边讲解操作方法。

该实习可另增加两周时间，安排学生自行练习操作方法或到牧场实习。

(一)阴道检查

1. 检查前的准备

(1)保定　将受检母畜保定于六柱栏内，助手将保定后的母畜尾由一侧拉向前方，对于马尾根的长毛应注意收拢，搂向一侧。

(2)外阴部的洗涤和消毒　先用温水(或肥皂水、2%～3%的苏打水等)洗净外阴部，然后用1%煤酚皂溶液进行消毒，最后用消毒纱布或酒精棉球擦干。在洗净或消毒时，应先由阴门裂开始，逐渐向外扩大。如果准备用手臂检查，洗涤及消毒范围应该上至尾根，两侧达到臀端外侧。

(3)开张器的准备　先用75%的酒精棉球消毒开张器的内外面，然后用开水冲去药液，并在其湿润时使用，或在开张器前端涂上润滑剂(如石蜡油等)。

2. 检查方法步骤

(1)用左手拇指和食指(或中指)开张阴门，以右手持开张器把柄，使其向右或向左，将开张器合拢，斜向前上方缓缓插入阴门。

(2)当开张器的前1/3进入阴门后，轻轻转动开张器，使手柄向下即改成水平方向插入阴道。

(3)轻轻撑开阴道，用手电筒或反光镜照明阴道，迅速进行观察。

(4)应特别注意观察阴道黏膜的色泽及湿润程度，子宫颈口是否充血肿胀、开张及其开张程度。

(5)母畜未发情时或妊娠时，阴门紧缩，并有皱纹，开张器插入时有干涩的感觉，阴道黏膜苍白，黏液呈糨糊状或很少，子宫颈口紧缩；妊娠时，颈口外的浓稠黏液加厚形成子宫栓塞。发情时，阴道黏膜充血，阴道内有大量的黏液，子宫颈充血肿胀，颈口稍开口。

(6)观察结束后，将开张器不完全合拢，转为进入状，缓慢取出。注意是否有黏液流出，观察黏液量、牵缕性和颜色等，并记录观察结果，判断妊娠或发情时期。

(二)直肠检查

1. 检查前的准备

(1)受检母畜的保定同阴道检查法。但奶牛的直肠检查无需特别保定，一般可在牛栏内即可进行检查。

(2)术者剪短指甲并挫圆，在手臂上涂以肥皂沫或石蜡油以行润滑，便于通过肛门。

2. 检查的一般方法

直肠检查的操作要点如下。

(1)将衣袖挽至肩关节处，带上长臂手套并在手套上涂以润滑剂。

(2)站立于被检母马（驴）的后腿外侧(母牛为正后方)，给母畜的肛门周围涂以较多润滑剂，并抚摸肛门。

(3)将手指并拢成楔状，以缓缓的旋转动作插入肛门并逐渐地进入直肠。对于体型较小的母畜，掌心应朝向一侧，以便进入肛门，因为尾椎上下活动的范围较大，而左右横径由于坐骨穹窿的限制，不便扩张。

(4)手臂伸入肛门后，直肠内如有宿粪，可用手指扩张肛门，使空气由手指缝进入直肠内，促使宿粪排出，否则以手指掏出。掏出粪便时，手掌须展平，少量而多次的取出，切勿抓粪一把，向外硬拉。最好设法促使母畜自动排粪，其方法是将手掌在直肠内向前轻推，以阻止粪便排出，待粪便蓄积较多时，逐渐撤出手臂，即可促使排尽宿粪。在掏取马(驴)结肠环（俗称玉女关)内的粪球时，往往结肠收缩很紧，挟持粪球很难掏出。遇此情况切勿硬掏，以免戳破肠壁。肠壁穿孔事故多发生在此处。

(5)掏取粪便后，应当再次向手臂涂以润滑剂。当手伸入直肠后，除拇指外，将四指并拢探入结肠内，即可探查欲检查器官。

3. 操作注意事项

(1)保证术者安全应注意的事项。

①严冬及早春季节施行操作时，注意防寒保暖，防止术者受冻感冒。

②保定架的后两柱之间，不宜架设横木或拴系绳索，以免母畜滑倒或下卧时致使术者手臂骨折或关节脱臼。

③检查过程中，术者将另一只手按压在母畜的臀部上作支点，时刻提防母畜蹴踢。

④有明显疾患的母畜，要避免赤臂进行直肠检查；经常从事于此项工作的技术人员，要定期进行相关人畜共患病的疫苗免疫。

(2)对被检母畜的安全，应注意的事项。

①当母畜出现强烈努责时，手臂切忌用力硬推，否则易造成肠壁穿孔。因努责影响操作时，可采用手指掐捏、压迫母畜的腰部，或抚摸其阴蒂，或抓提其膝部皮肤皱襞，或喂给饲料，以转移母畜的注意力，减弱或停止努责。

②当结肠及直肠持续性收缩，肠壁紧套于术者手臂上，致使手臂无法自如地探摸时，也可采用上述制止努责的方法促使肠壁停止收缩。

③当直肠壁扩张时(牛、驴多见)，可将手指聚拢成锥状，缓缓地向前推进，刺激结肠的蠕动后移，以促使直肠壁舒展变软。如果上述措施无效，只有耐心等待其自行舒展后，再行探摸触诊。在直肠内探摸过程中，只允许使用指肚，切不可用指甲乱抠、乱抓、乱划。

④直肠壁上如有马红尾胃蝇幼虫吸附，不可揪掉，以免肠壁出血，或使幼虫吸附于手臂上造成剧痛或感染。

⑤检查母马(驴)的左卵巢一般需用右手臂进行，检查右卵巢则需用左手臂进行，否则易损伤肠壁及撕裂韧带。

⑥在直肠内经久寻找不到目的物时，应间隔一定时间将手臂取出查看有无血迹，以便及时发现肠壁破损并进行处理。如肠壁有轻度破损，可灌注3%明矾水500～1 000 mL，或涂以碘甘油和磺胺粉于创面。

⑦检查动作应轻缓，尤其注意怀孕母畜，以免造成流产。

⑧务必做好术者手臂及母畜外阴部的消毒工作。绝对禁止将粪便及其他脏物带入阴道，以免造成感染。

(三)母牛生殖器官直肠检查法

1. 检查子宫的方法

当手腕伸入直肠后，在手心下面即可摸到一个坚实的、纵向似棒状物即为子宫颈，可用拇指、中指及无名指来握住子宫颈。

在妊娠、子宫患有疾病或经产的乳牛，子宫颈可能向前移至骨盆腔入口附近或进入腹腔。临床上子宫颈形态异常主要发生于子宫颈炎及子宫颈周围发生脓肿的病例。

顺着子宫颈继续向前摸，在子宫体的前方，用食指和无名指可摸到两个圆柱形并向前弯曲的子宫角，中指则可以感到两子宫角之间的凹沟即角间沟。仔细体会子宫颈和呈绵羊角弯曲的两子宫角形状，触摸其大小、硬度、兴奋性及位置(附图2-1)。

2. 检查卵巢的方法

沿子宫角的弯曲部(大弯)向外侧下行，在子宫角尖端的外侧下方即可感触到呈椭圆形柔软有弹性的卵巢，然后轻缓地将其移入手中，感觉其形状和质地及其表面突起。

在触摸过程中如失去子宫角不易摸到卵巢时，最好再从子宫颈开始沿着子宫角触摸卵巢。

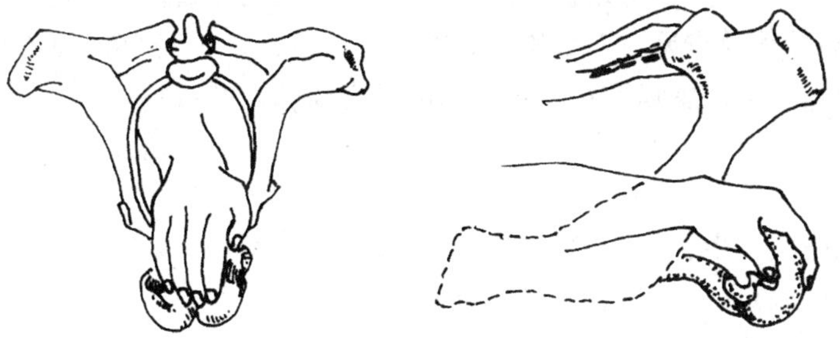

附图 2-1　母牛直肠检查法

3. 检查髂内动脉的方法

手臂伸入母牛直肠内，手心向上，中指紧贴荐椎体向前移行，当到达最后一个腰椎时，感到有一个向下的凸起即岬部，越过岬起，沿腰椎体前移约 2 cm 处，有一对腹主动脉的最后分支，贴着骨盆腔壁向后侧方走向，即为髂内动脉。

母牛的子宫动脉和脐动脉（出生前）共同起于髂内动脉。在母牛未孕时或妊娠 3 个月以前的子宫动脉还很细，未出现妊娠脉搏，因此直肠检查是摸不到的。妊娠 4 个月以后，就可从髂内动脉上摸到一条沿着子宫阔韧带向下走向，呈游离状分布到子宫角的子宫动脉，同时出现有特殊的妊娠脉搏现象。

（四）母马（驴）生殖器官检查法

1. 检查卵巢的方法

术者将手伸入到直肠狭窄部前后，尽可能地向前推进，以期在肠道内比较自如地活动。

方法一：手掌展平，手心靠向腹股沟向上下左右搓摸住圆球形的卵巢。

方法二：手掌微弯曲，用手指尖紧贴于髋结节前的腹壁向后移动，即可沿着卵巢韧带向下移动握住卵巢。

方法三：手臂伸入直肠后，将骨盆腔内的肠道向前推动，然后手掌展平，手指向下弯曲向后移动，即可抓住如同韧带感觉的子宫角分叉处。手指沿着两侧子宫角向上移动，在子宫角尖端的外侧上方即可摸到卵巢(附图 2-2)。

如确定抓住卵巢（注意卵巢和粪球的区别）后，即可触摸其形状、质地。

2. 检查子宫的方法

手臂伸入直肠，将手掌展平，手指向下弯曲向后移动，即可感觉子宫角分叉，以此可以触摸到子宫和两侧的子宫角。注意感受子宫和子宫角的自然位置、形状和质地等。

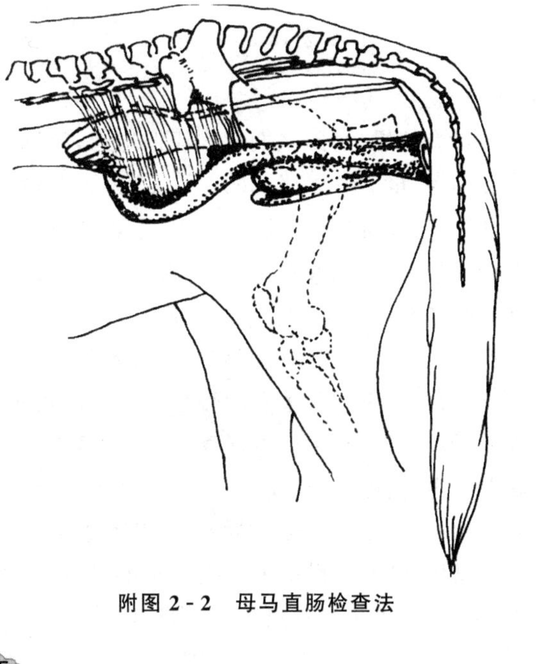

附图 2-2　母马直肠检查法

3. 检查髂外动脉的方法

手臂伸入母马直肠内，按照触摸牛髂内动脉的方法，先摸清楚母马的髂内动脉，然后沿着腹主动脉向前 2～4 cm 处就可以摸到起于腹主动脉，向两侧走向的髂外动脉。母马（驴）的子宫动脉即起于髂外动脉附近。未孕的和妊娠 4 个月以前的母马(驴)摸不到子宫动脉，只有妊娠 5～6 个月以后才可以感觉到在孕角同侧的子宫动脉及妊娠脉搏。

四、实习报告

(1)绘图说明受检母牛、母马(驴)卵巢的形状。

(2)叙述牛、马(驴)直肠检查触摸卵巢和子宫的要领。

(3)试述母牛髂内动脉及母马(驴)髂外动脉的触摸方法及体会。

（庞训胜）

实习三　妊娠诊断技术(一)——外部观察法和直肠检查法

一、实习目的

学习家畜妊娠诊断的外部观察法和直肠检查法，掌握操作要领。通过直肠检查，了解母牛和母马(驴)妊娠后各月份的生殖器官变化情况。

二、实习材料和用具

(1)妊娠和未妊娠的母牛、母猪、母羊和母马(驴)。

(2)保定栏、保定绳、桶、听诊器。

(3)肥皂、毛巾、温水、润滑剂、5%碘酊及长臂手套等。

三、实习方法及步骤

(一)外部检查法

1. 视诊

母畜妊娠后，因孕期合成代谢增强，特别在妊娠前期，母畜营养状况明显改善，体态变得丰满，毛色光润，腹围增大。到后期，腹部显著膨大并下垂，肷部凹陷，乳房增大，腹侧壁外部可见到胎动，但不到妊娠后期，常难以确诊。同时孕畜性情变得温顺，行动时小心谨慎。有的孕畜在妊娠后期下腹部或两后肢出现水肿。

(1)牛　由于母牛左后腹腔为瘤胃所占据，因此，站于妊娠母牛后侧观察，可以明显看到右腹壁突出(附图 3-1 右)。

(2)马　站在妊娠母马的后侧视诊时，可见其左侧腹壁较右侧腹壁膨大，左腰窝亦较充满，在妊娠末期，左下腹壁较右侧下垂(附图 3-1 左)。

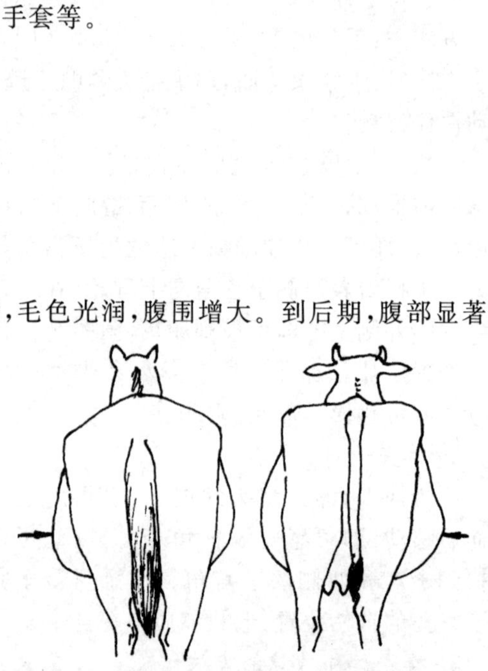

附图 3-1　牛(右)和马(左)妊娠时的体形变化
(孕马左腹部突出，孕牛右腹部突出)

(3)猪 在妊娠后半期腹部显著增大下垂,乳房增大,乳头变粗,在侧卧休息时,可看到胎动。

(4)羊 母羊在妊娠后期右腹下垂并明显突出。

2. 触诊

此法只能用于妊娠中后期者(附图 3-2)。

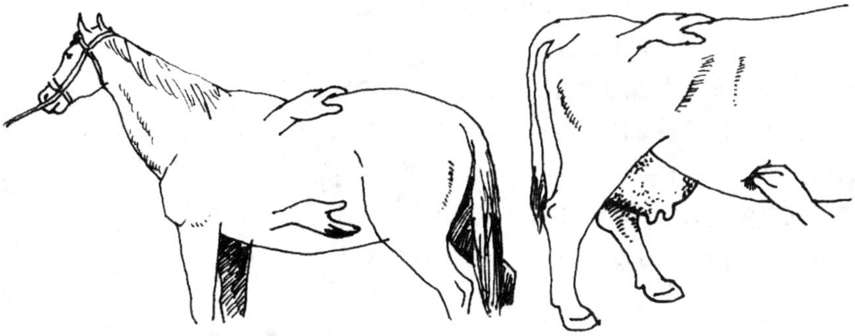

附图 3-2 触诊孕马和孕牛胎儿的部位

(1)牛 母牛在早晨饲喂前,用手掌在后膝前方腹壁,肷部下方压触以诱发胎儿运动,亦可用拳头在肷部往返抵动以触觉胎儿,但不能用力过猛,以免引起流产,能触知的时间一般要在6个月后。

(2)马(驴) 在乳房前方的腹壁上,用手掌多次抵压进行触摸,一般要7~8个月后才能触及到胎儿。

(3)猪 在检查时须将母猪左侧卧下,而后细心地触摸腹壁。在妊娠的第3个月时,在乳腺上方与最后两乳头平行处触摸,可摸知有无胎儿存在。

(4)羊 一般在配种后2.5个月进行,检查人在羊右侧与母羊并列而立,以左手从母羊的左侧围住腹部,而右手从右侧抱之,用两手在腰椎下轻压腹壁,然后用力压迫左侧腹壁进行触摸,可摸到漂浮在腹腔子宫内的胎儿。亦可两腿夹住母羊的颈部,面向母羊后躯,弯腰用两手兜住母羊的腹部,左手在母羊的右侧腹部,仔细触摸,也可用两手从母羊的左右两侧腹肋部触摸(附图 3-3)。

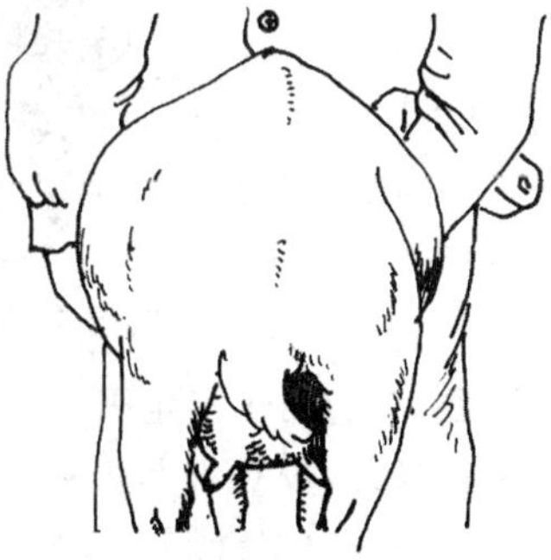

附图 3-3 触诊羊胎儿的方法

3. 听诊

在牛、马(驴)在妊娠6个月后,可在安静场地,用听诊器听胎儿心音。牛的听诊部位在右肷部下方或膝内侧,马(驴)的听诊部位在乳房与脐之间或后腹下方。无论牛或马,胎儿的心率均要比母畜快2倍以上。

(二)直肠检查法

1. 母牛的妊娠诊断

检查前的准备和操作方法见实习二。

(1)未妊娠母牛生殖器官特点 子宫及卵巢均在骨盆腔内。两子宫角大小、硬度、形状相同，子宫角收缩如绵羊角状弯曲，具有弹性和坚实感，并且有明显的角间沟。卵巢无黄体或有较大的卵泡。但经产牛的子宫角可能垂入腹腔或不呈绵羊角状。

(2)妊娠母牛在妊娠不同日龄时的判断

妊娠 20～25 d：孕角侧卵巢比另一侧卵巢大，质地较硬，黄体也较大，黄体突出于卵巢表面，这是早期妊娠判断的主要根据。此时，子宫大小无明显差异，子宫角柔软，但无病态表现，触摸时无收缩反应，角间沟明显，子宫壁较厚并有弹性。

妊娠 30 d：子宫角位于耻骨联合前端，子宫角间沟仍清楚。孕角稍粗，略大于空角，质地稍软，壁薄，绵羊角状弯曲不明显，触诊时孕角一般不收缩，有时收缩感觉有弹性，内有液体波动；空角弯曲明显，有弹性。卵巢上有明显的黄体存在(附图 3-4)。

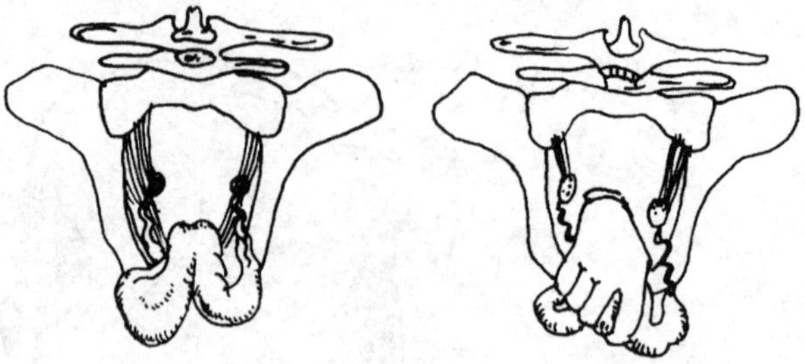

附图 3-4 直检妊娠 30 d 牛子宫的方法

妊娠 60 d：两子宫角大小不对称，角间沟已不明显，但角间沟的分岔仍然明显。孕角明显大于空角，比空角粗 1～2 倍，而且较长，可摸在手掌之中。孕角壁软而薄，有液体波动感(附图 3-5)。

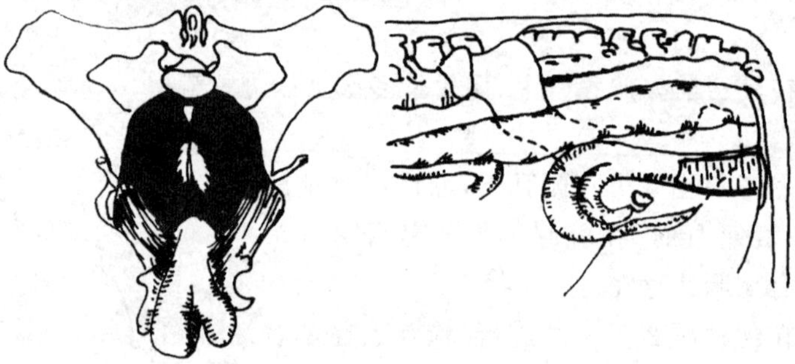

附图 3-5 牛妊娠 60 d 时子宫位置的正面观和侧面观

妊娠 90 d：两子宫角极不对称，角间沟消失。子宫颈移至耻骨前缘，子宫部分向腹腔下垂。孕角显著粗大，较空角大 3～4 倍，如婴儿头到排球大小，内有明显波动，子宫壁变薄，孕角子宫动脉基部开始出现微弱的孕脉。有时子宫壁上可摸到比蚕豆小的胎盘(附图 3-6)。

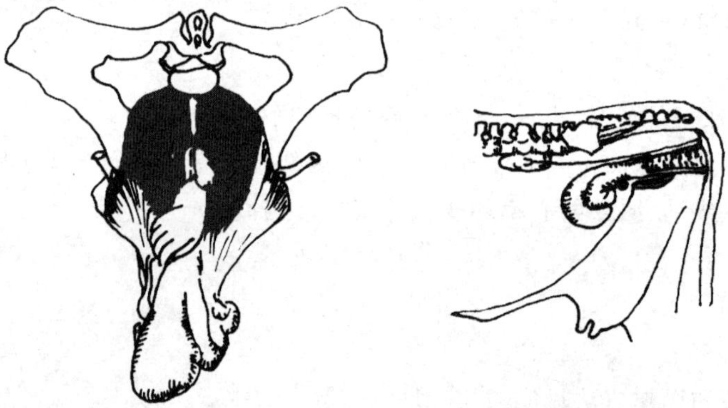

附图 3-6 牛妊娠 90 d 时子宫位置的正面观和侧面观

妊娠 120 d:子宫已沉入腹腔。子宫颈移至耻骨前缘,手提子宫颈可明显感觉到有重量。抚摸子宫壁可摸到许多胎盘突,有蚕豆大小。子宫动脉的孕脉明显(附图 3-7)。

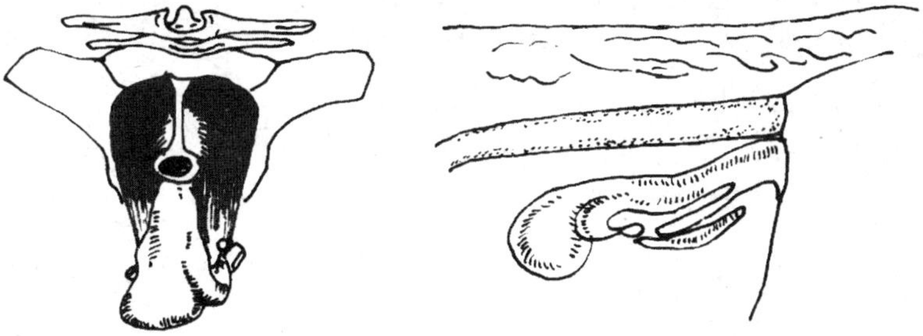

附图 3-7　牛妊娠 120 d 时子宫位置正面观及侧面观

妊娠 150 d:子宫全部沉入腹腔,子宫动脉的孕脉十分明显。胎儿发育增大,检查时能清楚地触摸到胎儿。

妊娠 180～210 d:子宫下沉到腹腔深部,子宫、子宫颈垂至腹腔。胎儿很大,能触及到胎儿的各部分并能摸到胎动。两侧子宫动脉均有明显的妊娠脉搏(附图 3-8,附图 3-9)。

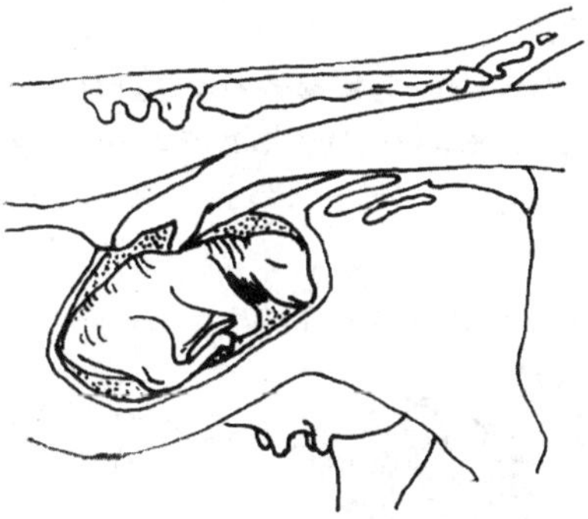

附图 3-8　牛妊娠 180 d 触诊方法及子宫

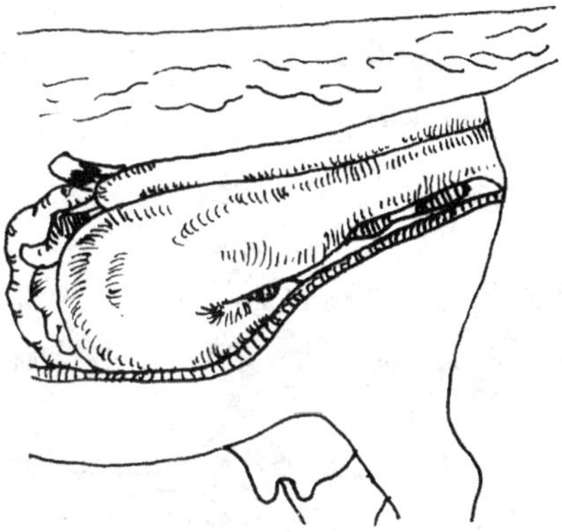

附图 3-9　牛妊娠 210 d 的子宫

妊娠 240～270 d:子宫颈退至骨盆内或入口处,能摸到胎儿,子叶如鸡蛋大小,两侧子宫中动脉颤动明显。

在生产上,直肠检查法诊断牛妊娠,一般在输精后 40～60 d 做一次检查,可以初步判定是否妊娠。而后,在 90 d 左右再检查一次,基本上确定是否妊娠。

(3)注意事项　妊娠早期子宫变化不明显,胚泡附着不牢固,触摸时不能用力,以免引起流产。另外还应注意的问题有:

①母牛妊娠 2 个月之内,子宫体和孕侧子宫角都膨大,对胚泡的位置不易掌握,触摸感觉往往不明显,对初学者在判断上较困难,必须反复实践增强手感。

②妊娠 3 个月以上,由于胎儿的生长,子宫体积和重量增大,使子宫垂入腹腔,触摸时,难以触及子宫的全部,并且容易与腹腔内的其他器官混淆,给判断造成困难。最好的方法是找到子宫颈,根据子宫颈的位置以及提拉时的重量判断是否妊娠,并估计妊娠的时间。

③牛怀双胎时,往往双侧子宫角同时增大,在早期妊娠诊断时要注意这一现象。

④注意部分母牛妊娠后的假发情现象。配种后 20 d 左右,部分母牛有发情的外部表现,

而子宫角又有孕向变化，对这种母牛应做进一步观察，不应过早做出发情配种的决定，以防流产。

⑤注意妊娠子宫和子宫疾病的区别。子宫积脓、积水有时和妊娠子宫形态相似，也会造成子宫的下沉，但积脓、积水的子宫提拉时有液体流动的感觉，脓液脱水后是一种面团样的感觉，而且也找不到子叶的存在，更没有妊娠子宫动脉的特异脉搏。

2. 母马的妊娠诊断

检查前的准备和操作方法见实习二。妊娠母马在妊娠不同日龄时的判断(附图 3-10)：

妊娠 16～17 d：两侧子宫角有收缩感，呈圆柱状，质地稍变硬。

妊娠 18～20 d：两侧子宫角收缩，硬度增大，子宫底部出现凹沟，在孕侧子宫角基部出现柔软如乒乓球大的突起胚泡。一侧卵巢上有较大的妊娠黄体。

妊娠 1 个月：两侧子宫角收缩明显，呈圆柱状，子宫角基部的胚泡增至如鸡蛋大，子宫底凹沟明显。两侧子宫角形状不对称，孕角变短而空角出现弯曲(附图 3-11 左)。

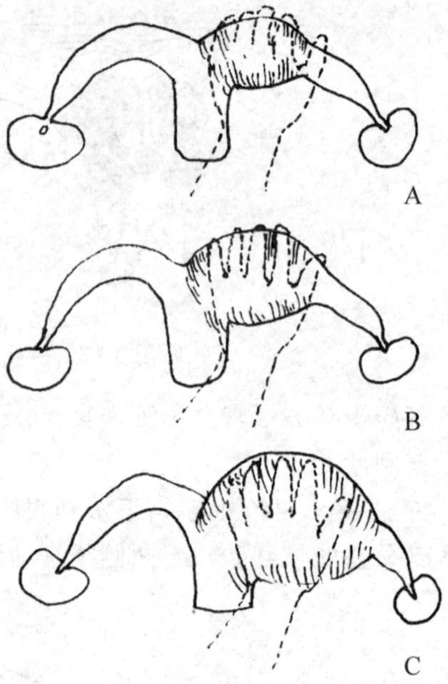

附图 3-10　直肠检查触诊马早期妊娠胎囊时术者手和胎囊大小及位置的相互关系

A. 妊娠 33 d　B. 妊娠 42 d　C. 妊娠 60 d

妊娠 2 个月：胚泡生长速度很快，如双拳大，此时仍可摸到孕角的尖端和全部空角。两侧卵巢均下沉且彼此靠近位于腹部中央。子宫壁薄而软，里面的胎水明显(附图 3-11 右)。

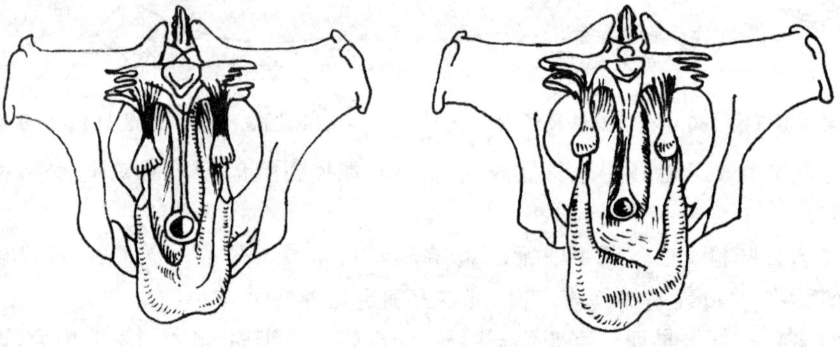

附图 3-11　马妊娠 20～25 d(左)和妊娠 50～60 d(右)的子宫

妊娠 3 个月：胚泡增长如篮球大，两侧子宫角几乎全部被胚泡所占据，只不过是孕角较大、空角较小，触摸不到全部子宫的形态，卵巢韧带紧张，两个卵巢更向腹腔前移，之间的距离愈加靠近。有时可触及如硬块状的胎儿(附图 3-12 左)。

妊娠 4～5 个月：妊娠子宫下沉入腹腔底部，已触及不到整个子宫的轮廓，可以清楚地摸到胎儿。孕侧的子宫动脉增粗，开始出现妊娠脉搏(附图 3-12 右)。

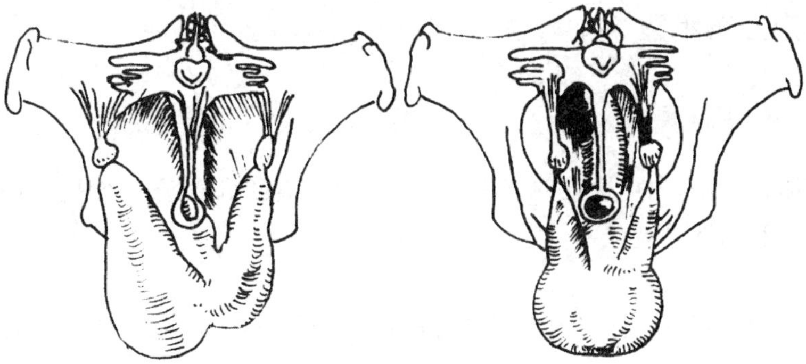

附图 3-12　马妊娠 90 d(左)和妊娠 120 d(右)的子宫

四、实习报告

(1)详述妊娠和非妊娠母牛和母马的外部表现的不同变化。

(2)牛在配种后 2、3 个月时，直肠检查判断妊娠的根据是什么？

(庞训胜)

实习四　妊娠诊断技术(二)——超声波检查

一、实习目的

通过训练使学生熟悉 B 型超声妊娠诊断技术，掌握超声探测的基本操作方法，能够根据特征性的二维断层声像图准确地进行妊娠诊断。

二、实习原理

B 型超声诊断法，又称超声断层显像诊断法，简称 B 超，属辉度调制型。此种方法可以将回声信号以光点明暗(灰阶)形式显示出来。光点反映组织各界面反射和衰减超声能量的强弱，由点、线到面构成探查部位的二维断层声像图。在显像中，回声信号强时光点就亮，回声信号弱时光点就暗，没有回声信号则为暗区。在临床应用中，显示屏以黑暗衬底，与超声反射的回声光点组成声像图，显示组织器官的二维断层声像图。

妊娠过程中发育的孕囊和胎体不断增大。在对子宫进行 B 型超声探测时，孕囊的液体在声像图中显示黑色的孕囊暗区，胎体致密组织呈现明亮影像。妊娠诊断时可根据是否探测到孕囊暗区或者胎儿骨骼影像作出判定。

三、实习材料和用具

(1)妊娠 28～40 d 的猪、羊、牛或犬。

(2)B 型超声诊断仪，包括 3.5 MHz 扇扫探头(腹部探扫)、5.0 MHz 矩型探头(腹部或直肠探扫)、耦合剂、毛剪、卫生纸。

四、实习方法或步骤

(一)超声检查的基本方法

在兽医临床诊断中,超声检查的方法主要有体外探查法和直肠探查法。检查之前,应按仪器的说明书安装和调试机器。

1. 体外探查法

这是通过动物体表对内部组织器官进行探查的一种方法,可用于猪、羊、犬等中小动物的妊娠检查。

(1)动物保定　一般采用自然站立保定;小动物可选择侧卧或仰卧保定。

(2)局部处理　在体表探查部位,一般需进行剪毛或剃毛,然后仔细涂擦耦合剂,以保证探头与皮肤能够紧密接触。

(3)检查方法　通常采用滑动探查法(直线检查)和扇形探查法。滑动探查法是将探头首先紧贴于被检部位的皮肤,然后在体壁上直线滑动探头。扇形探查法是把探头首先置于被查部位皮肤的某一点上,再作各种方向的扇形摆动。探查时应避免探头与皮肤之间出现空隙,以免影响探查效果。

2. 直肠探查法

该方法适用于牛、马、猪和羊等大动物腹腔脏器的探查。检查时,需选用矩形直肠超声探头。检查时首先掏出直肠宿粪或通过触按肛门以刺激直肠宿粪排出;然后将超声直肠探头涂抹耦合剂,缓慢插入直肠内,或将探头握于手心并涂抹润滑剂,把探头带入直肠;在直肠内将探头移至待检器官(如子宫)上方进行探测。

(二)B型超声妊娠诊断方法

1. 牛的超声早期妊娠检查

检查采用直肠探查,可选用5.0 MHz直肠探头。配种28 d后B型超声的声像图中可清楚辨别出宫角中出现的孕囊超声图像。聚有液体的孕囊在子宫腔中形成圆形无回声的孕囊暗区,其中间或可探查到明亮的胚体图像以及胚体心脏搏动亮点(胎心搏动);以后随着孕期的增加,孕囊逐日增大,孕囊声像图的暗区增大,胚体呈强回声的明亮区清晰可见,并且可以容易探查到胎心搏动;孕体发育到35 d后,胚体周围开始出现羊膜声像图,胚体附近的子宫壁上可以探查到光滑、半圆形隆起的子叶,呈强回声的图像。牛早期妊娠诊断的适宜时间为配种后28～30 d,诊断怀孕的准确率可高达94%以上。

2. 羊的早期妊娠检查

检查可采用B型超声体外腹壁探查法和直肠探查法,选用3.5 MHz和5.0 MHz探头。体外探查部位可选在两侧乳房上方两侧和乳房直前方,探头朝骨盆入口处进行定点扫查。直肠探查时,未孕子宫一般位于膀胱前方或前方偏下,为近圆形的弱反射。妊娠19 d做超声探查时,开始能够在怀孕子宫中观察到孕囊声像图;妊娠28 d后,可在子宫内较清楚地观察到孕囊暗区和胎体反射光斑。因此,根据孕囊和胎体的观察结果可以准确作出判断,用5.0 MHz探头从直肠探查诊断早孕的准确率可达97%。

3. 猪的超声妊娠检查

检查以腹壁探查为主，可采用 3.5 MHz 和 5.0 MHz 探头。体外探查一般在下腹部及乳房上方部位，向骨盆入口呈 45°角斜向对侧上方。未孕子宫的断面为弱反射，呈不规则圆形，位于膀胱前方或前下方，但一般探查不到，常被强反射的含气肠腔所干扰，这也是区别未孕与早孕的初步依据。妊娠子宫位于膀胱前下方，配种后 18 d 探查子宫可观察到不规则圆形孕囊暗区；22 d 后暗区数增加，直径扩展，28 d 后可在孕囊暗区内检测到胎体的反射和胎心搏动。用 B 超诊断母猪早期怀孕的准确率可达 97%。

4. 犬的超声探查妊娠

检查可选用 3.5 MHz 和 5.0 MHz 探头作腹壁探查，探查部位为腹底壁或两侧腹壁。自配种后 20 d 用 5.0 MHz 探头可在子宫内探查到圆形或椭圆形的孕囊暗区，直径约 10～20 mm。至配种 25 d 后，可以在孕囊暗区内观察到强回声的胎体明亮结构。因此，在配种后 25～28 d 以后即可根据检测到特征性孕囊和胎体声像图作出准确的妊娠诊断，诊断妊娠与未妊娠的准确率可分别达到 100%和 98.1%。

五、实习报告

请按下列表格完成实习报告，用文字描述 B 型超声检查时所观察的结果，并根据此结果作出正确的诊断。

B 型超声妊娠诊断报告

B 型超声断层扫描结果：			
诊断结果：			

（袁安文，薛立群）

实习五　助产器械的使用与难产助产术

一、实习目的和要求

认识难产手术助产的各种常用器械，了解其用途和使用方法；掌握常见的胎儿异常姿势和牵引、矫正及截胎等助产手术方法。

二、实习材料

(1)手术助产的各种器械。

(2)牛或羊刚娩出的胎儿或怀孕后期的胎儿标本，牛或羊的骨盆标本。

(3)有关牵引术、矫正术、截胎术的挂图、幻灯片及录像片。

三、实习内容和步骤

(一)各种助产器械及其使用方法

1. 辅助器械

辅助器械主要是绳导，是用来引导产科绳、钢绞绳或线锯条绕过胎儿四肢、颈部和躯干的一种辅助器械。在使用产科绳、线锯条及钢绞绳时，常因胎膜或胎儿本身的阻碍，难于绕过胎儿的目标部位，须用绳导作为穿引器械。使用绳导须在母畜阵缩间歇操作较为方便，先将绳或线锯缚在绳导一端，在阵缩的间隙用绳导引导绳子、线锯条或钢绞绳从胎儿肢体一侧缓慢穿绕过去，再从另侧拉出来，这样就可将所要穿绕的肢体套住。常用的绳导有环状绳导和长柄绳导两种。环状绳导是用直径约 1 cm 的粗金属条做成的环，环长 14～16 cm(羊用长 10 cm)，宽 4 cm，中间部分稍有弯曲；产科绳或线锯条穿在环的一端孔上；这种绳导可用来穿绕胎儿四肢等较细的部位。长柄绳导作用和环状绳导相同，但较长(18 cm)，弧度较大，两端各有一椭圆形的环，一端环较大，一端环较小。使用时将产科绳或线锯条缚在小环一端，并用手握住，将大环一端穿绕过去，由另一侧拉出来，常用于大家畜(附图 5-1)。

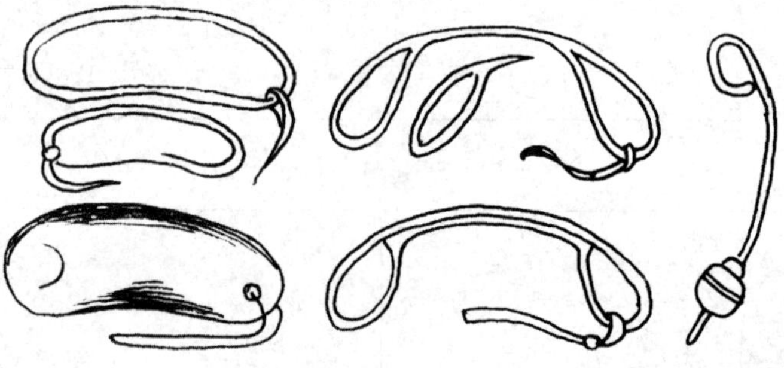

附图 5-1　各种绳导

2. 拉的器械与牵引术

结合介绍拉的器械，详细介绍牵引术的操作要点和适应征并进行演示。

(1)产科绳　是矫正和拉出胎儿最为常用的器械之一。常用棉绳或尼龙绳。棉绳柔软耐用,但不易彻底消毒;尼龙绳性能较好,消毒方便,但容易打滑。应避免使用粗麻绳,以免擦伤产道。大家畜用的产科绳直径 5～8 mm,长度视需要而定,一般 1.5～2 m 即可;小家畜可用直径为 3～5 mm 的产科绳,绳的一端应有一个圈套。一般需备有 3 条产科绳。

用时把绳套戴在中间三个手指上带入子宫,手伸到哪里即可把绳子带到哪里。拉出胎儿时,将绳分别缚在两前肢的球节上方及胎头(正生)上。不可隔着胎膜栓胎儿,以免拉的时候滑脱(附图 5－2)。

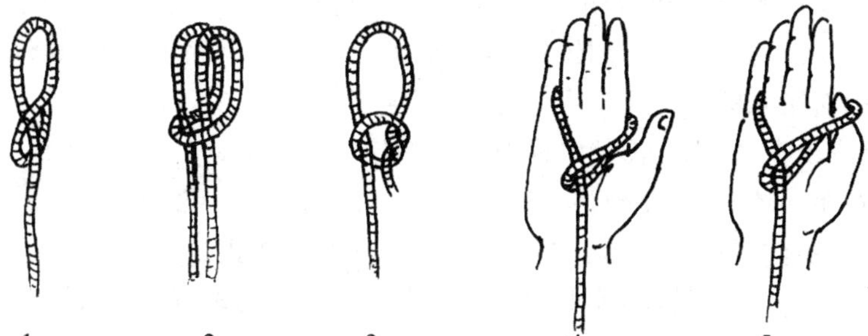

附图 5－2　产科绳结及其使用方法

1.产科绳　2.单滑结　3.活结　4.将绳套在中间三指上,带入子宫　5.撑开绳套,套住胎儿某一部分

(2)产科链　是用小铁环做成的链子,用途和使用方法与产科绳基本相同。用起来不如绳子方便,但容易消毒。

(3)产科钩　胎儿的某些部分用手和绳子都无法牵拉时,可使用产科钩,而且往往有很好的效果。因此,它是手术助产的重要器械之一。产科钩有长柄及短柄两种,每种钩尖又有钝、锐之分,有的钩尖可以活动,有的则是固定的(附图 5－3)。

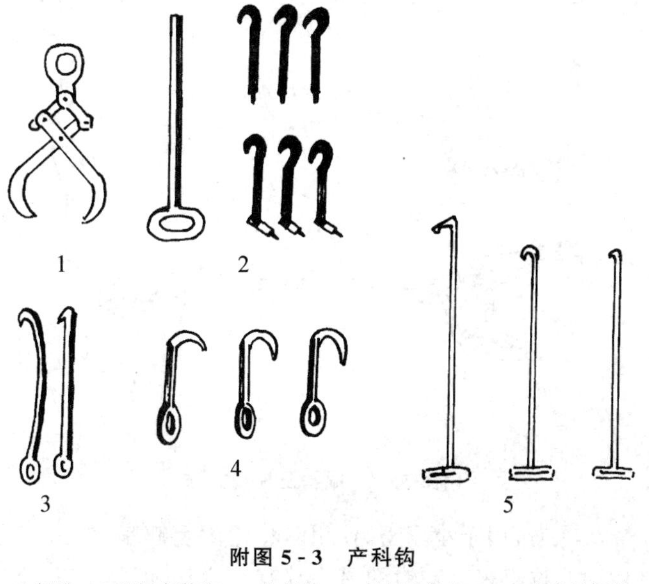

附图 5－3　产科钩

1.复钩　2.长柄产科钩　3.肛门钩　4.短柄产科钩　5.小家畜长柄钩

长柄钩柄长约 80 cm,用于能够沿直线到达的部位,使用简便。术者用一只手握住钩尖带

入产道，由助手或另一只手推动，把它带到需要钩住的地方，并指导助手转动钩柄使钩尖转向要钩住的部位。术者用力按压钩尖，同时助手拉动钩柄，钩尖就能钩住此处组织。钩尖有固定式的，也有活动式的。活动式钩尖钩起来容易，如胎儿头颈侧弯需要钩住眼眶时，由于颜面突出部分的影响，固定式钩尖有时不易钩住，如用活动式钩尖，则挂钩非常方便。小家畜的长柄钩则是用直径 4 mm 粗的铁条制成，长 40～50 cm。

长柄钩适用于钩直线可以到达的胎儿部位，是矫正胎儿非常得力的器械。在正生时，可以钩住下颌骨体、眼眶、耳道、后鼻孔（从口腔伸进去，钩尖抵达咽喉时，转动钩柄，使钩尖向上转）。倒生时可以钩住耻骨前缘或闭孔，也可以钩住其他牢固坚硬的部位。在死胎儿宜用锐钩，活胎儿在迫不得已的情况下可用锐钩，钩住眼眶处或对生命危害较小的部位。钝钩的优点是不易损伤子宫，对胎儿的组织损伤小，缺点是固定不够牢靠，容易滑脱。

将产科钩带进子宫时，术者需始终注意用手保护钩尖。下钩时，在任何部位均需从外向内钩，钩尖不可露在胎儿体外，以免损伤母体。拉动时，子宫内的手必须握住钩柄前端，同时食指触及胎儿，注意钩尖有无拉脱的可能，以便在滑脱以前及时停止。

短柄钩在子宫内可随意转动，能够用于不能沿直线到达的地方，钩柄的圆孔可用来拴系产科绳。遇到努责及胎衣的阻挠时，此钩用起来不如长柄钩方便。

肛门钩是一种柄呈弧形的小钩，长 30 cm。胎儿如为坐生、且已死亡，可将肛门钩深入直肠，钩住骨盆入口的骨质部分向外拉。

复钩可用来夹住大家畜胎儿的头、颈、腰、臀及其他粗大部分。在头部正常前置时，可以用来夹住眼眶，代替眼钩。使用方法是先把钩尖闭合起来带入子宫，抵在胎儿的某一部位，把钩尖压开，然后将它夹住。复钩的优点是：在拉的时候可以牢固地夹住组织，不致拉脱；即使拉脱，因为钩尖是闭合的，也不至于损伤母体。需要注意的是，有些复钩闭合后钩尖是向两侧突出的。

眼钩可用于钩住眼眶。使用时在钩环上系一产科绳用于牵拉（附图 5 - 4）。

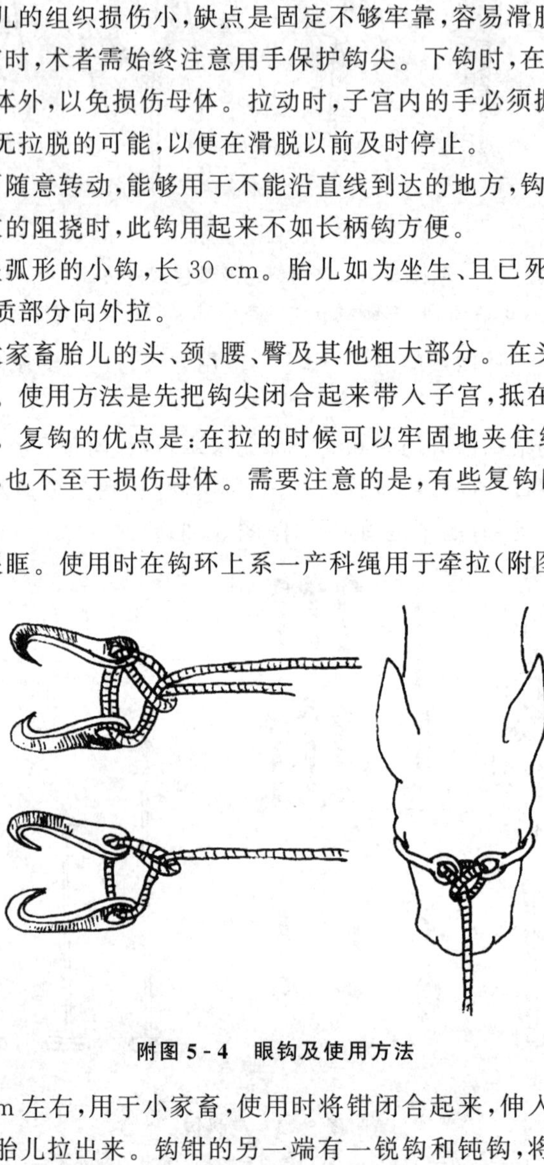

附图 5 - 4　眼钩及使用方法

（4）钩钳　长 45 cm 左右，用于小家畜，使用时将钳闭合起来，伸入产道至胎儿头部，然后张开产钳的两唇，夹住胎儿拉出来。钩钳的另一端有一锐钩和钝钩，将钩钳拆开，可用它钩住胎儿（附图 5 - 5）。

（5）产科套　用于猪的助产，套住胎头，作为拉出的器械。这是由两根前后端都有孔的金

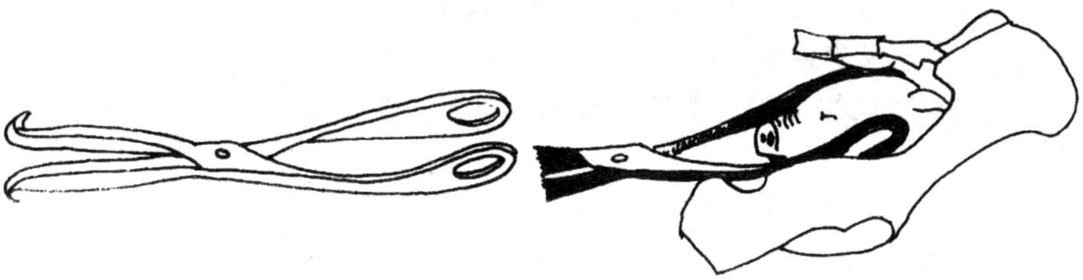

附图 5-5 钩钳及其用法

属杆和绳子组成，杆长 40～45 cm，直径 4～5 mm。使用时，绳的一端固定在第一根杆的前端孔上，并穿过另一杆的前端孔和两杆的后端孔，把两杆的前端带入子宫，伸至胎头耳后，然后移动两杆前端，使它们都位于颌下。用手将二杆拉紧紧，并把绳的自由端拉紧，缠在杆上，就可拉动胎儿(附图 5-6)。

3. 矫正术与推及矫正的器械

结合介绍推的器械，详细介绍矫正术的操作要点并演示。

(1)推的器械　产科梃在救治大家畜难产时，常需将胎儿从骨盆腔推回到子宫中，以便有较大的空间进行操作。一般情况下，术者可用手臂推送胎儿，但有时由于母畜努责强烈，手臂长度不够，推送胎儿会有困难，而且用手臂推送时，往往难于同时进行矫正。因此，必须借助一些器械进行操作。常用的器械有产科梃及推拉梃(推拉梃将在矫正器械中介绍)。

产科梃：柄长 80 cm，前端呈叉状，叉宽约 10～12 cm。有的在叉中间还有一锐尖，可以插入胎儿组织内，推动时不易滑脱。即使该梃用于活胎儿，只要其末端不破坏重要器官，所造成的损伤也是容易痊愈的。这种梃可用于个体较大的牛、马，在个体较小的家畜，可用叉宽约 6～8 cm 的产科梃(附图 5-7)。

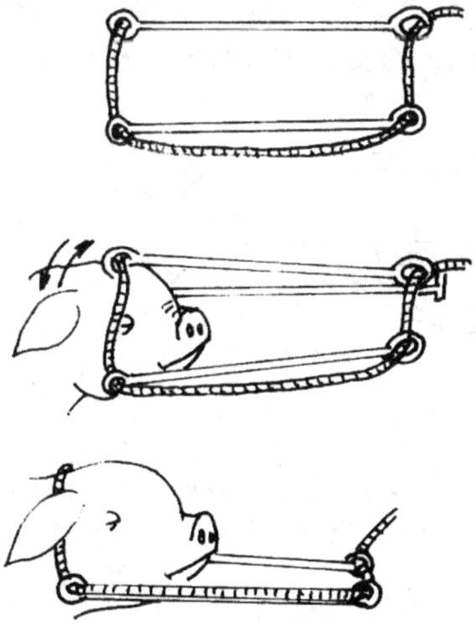

附图 5-6 产科套及其用法

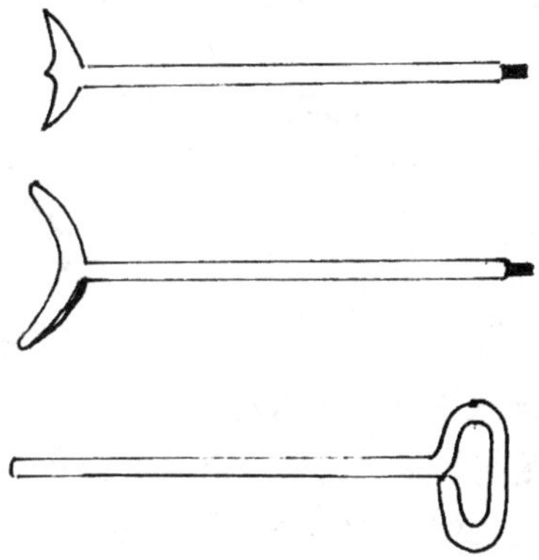

附图 5-7 产科梃

使用产科梃时，术者用拇指及小指握住叉的两端把梃带入子宫，对准要推的部位(正生时是梃叉横顶在胎儿胸前或竖顶在颈基和一侧肩端之间，倒生时是在坐骨弓上)，然后指导助手向一定方向慢慢推动。这时术者的手要把梃叉固定在胎儿身上，防止滑脱后伤及子宫。应趁母畜不努责时推动，努责时不推，但须顶住，以免被退回。推动一定距离之后，助手顶住胎儿，术者即可放手去矫正异常部分。在死胎儿，如果梃叉无法固定在要推的部位上，可用刀子切破该处皮肤和肌肉，把梃叉直接顶在骨头上。

使用产科梃以前，先用绳子把胎儿露在阴门处的前置部分拴住，以便矫正后向外牵引胎儿。

(2)矫正的器械　常用于矫正大家畜胎儿的主要器械有推拉梃和扭正梃。

推拉梃：柄长约 80 cm，梃叉的宽度及深度大致与大家畜的腕部相同，宽约 7 cm，深约 3 cm，梃叉两端各有一环。使用时，先把产科绳的一端拴在推拉梃叉的一个环上，然后在绳子的自由端拴上绳导，带入子宫，绕过胎儿需要推或拉的部分(多为头颈或四肢)，拉出阴门外，解除绳导，把绳的自由端穿过另一环，然后把梃叉带入子宫，由助手推动，伸至绳子绕过的部分。把绳的自由端抽紧，并在梃柄上拴牢，即可对这一部分进行推拉或矫正。亦可将绳子在推拉梃上拴好后，按照线锯使用的套上法，把梃推送到一定位置后，将绳子抽紧或缚牢，然后进行矫正。

推拉梃因为有绳子固定在要推的部分，可以放心用力推，不致滑脱，术者可以腾出手去矫正反常部分，所以是推动胎儿很有用的器械。但由于梃头有丝扣，所以只能向右侧旋转，向左可能将梃头扭脱(附图 5-8)。

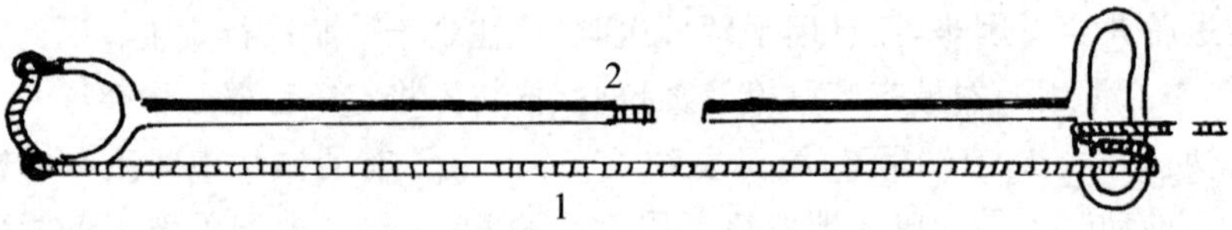

附图 5-8　推拉梃

1. 绳　2. 拆卸处

扭正梃：柄长约 85 cm，主叉长 8～10 cm，分叉长 10～14 cm。头颈发生捻转时，将梃叉的直端插入胎儿口内，分叉置于扭转侧的下方，然后转动梃柄，把头扭正(附图 5-9)。

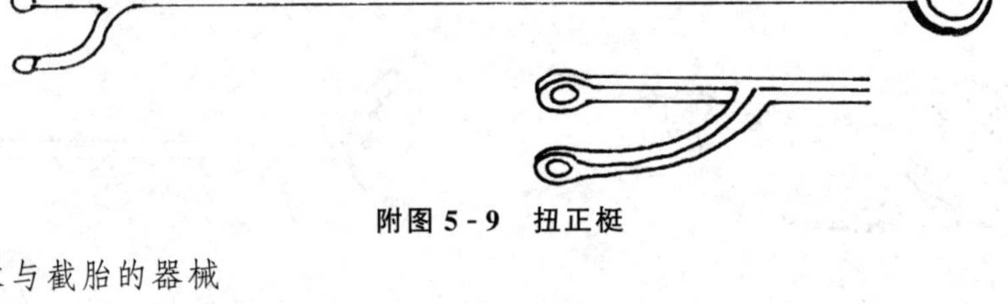

附图 5-9　扭正梃

4. 截胎术与截胎的器械

死亡胎儿如无法完整拉出时可行截胎术，然后分部分拉出。截胎器械种类很多，用途也各不相同，但主要有切、锯、凿、分离、撕裂或绞断等。这些器械一般都是锐利的，使用时必须注意，不要使产道受到损伤。应详细介绍截胎术的操作要点、适应征、禁忌症，并进行演示。

(1)刀　主要有隐刃刀、指刀、钩刀、产科刀等。

隐刃刀是刀刃能退入刀柄之内的小刀，带入子宫或由子宫拿出时，不会伤及产道。刀柄长 10 cm，其后端有一圆孔，可以穿上绳子，以免滑掉后不易寻找。刀身有直、弯、钩等形状，带入子宫后，根据需要切割的组织深度，适当推出刀刃(附图 5-10)。

指刀种类很多，刀身都很短，有柄或无柄。刀背上有一环或两环，可以套在食指或中指上；有的还有一指垫，以便用力切割。带入子宫或拿出时，须用临近的手指护住刀刃(附图 5-11)。

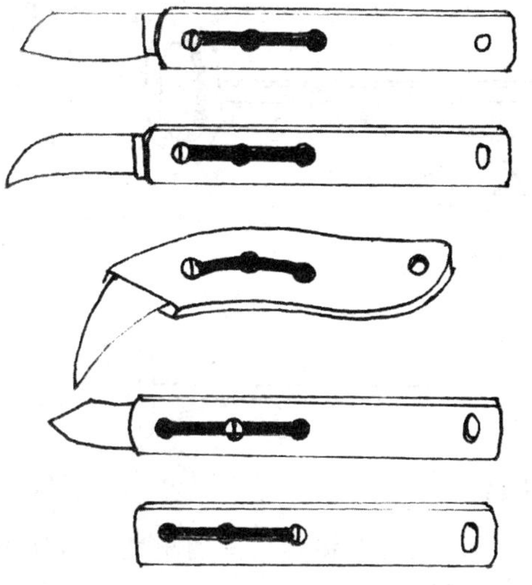

附图 5-10　隐刃刀

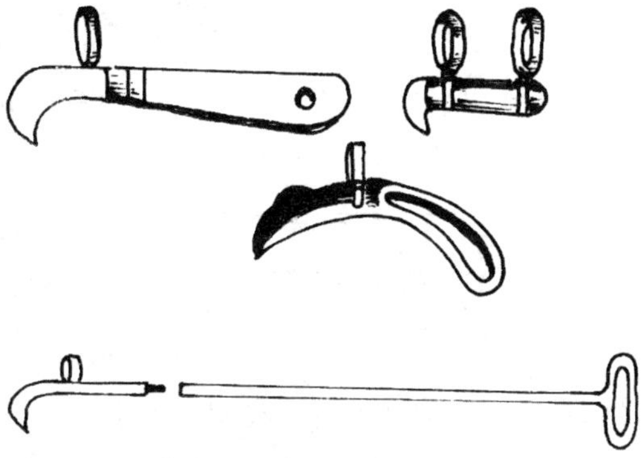

附图 5-11　指刀

长柄指刀柄长 60 cm，可用左手推拉刀柄帮助操作，用起来比指刀方便省力。

产科刀是一种长约 12 cm 的刀子，刀身很短，有弯的，也有钩状的，后端也有小孔，使用时可在孔中穿上绳子，以免滑脱。因为刀身小，用食指加以保护，可自由带入或拿出（附图 5-12）。

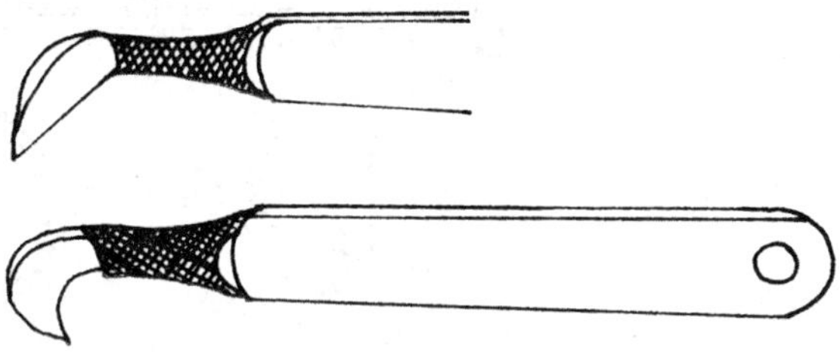

附图 5-12　产科刀

钩刀是一种长柄钩状刀，主要用于缩小死亡胎儿的胸腔体积。在胎儿气肿或体格过大、矫正拉出较为困难时，可将钩刀从肩部皮下伸至最后一个肋骨之后，把钩尖转向胎儿体内，用力猛拉，可把肋骨逐条拉断（附图 5-13）。

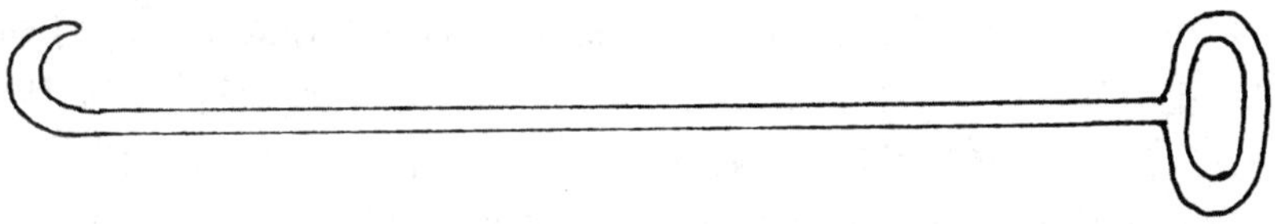

附图 5-13　钩刀

(2)产科凿　是用于大家畜的一种长柄凿，凿刃有直的、弧形的和“V”字形的，而且有的凿刀两端各有一钝的突出，起着保护作用。产科凿用于凿断骨骼、关节和韧带。术者将凿刃固定在某一位置上，由助手敲击柄端。如将被凿的部位拉紧，更容易凿断（附图 5-14）。

(3)剥皮铲　有一长柄，铲身呈槽形，其前缘为不甚锐利的刃，用于剥离胎儿四肢的皮肤。剥离以后，容易破坏四肢和躯干的联系，将四肢取出。操作时须用一只手隔着皮肤感触铲刃，避免铲破皮肤，损伤产道（附图 5-15）。

(4)产科线锯　线锯的种类很多，目前常用的是由一个卡子固定在一起的两条锯管和一条

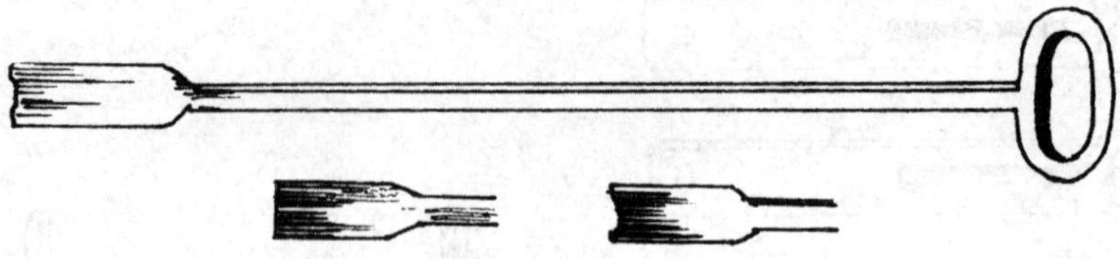

附图 5-14　产科凿

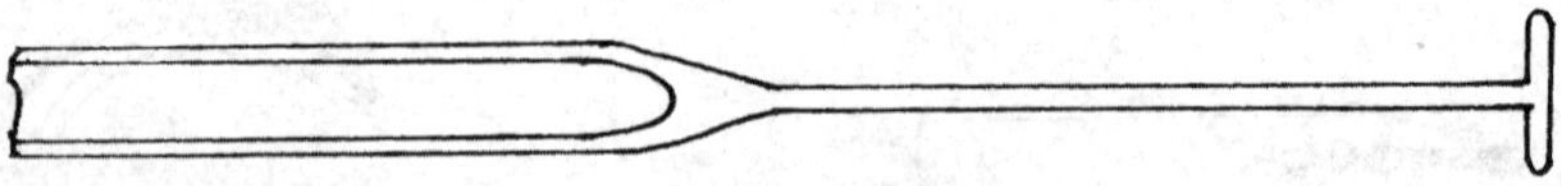

附图 5-15　剥皮铲

钢丝锯条及两个锯把构成的线锯。卡子有一个关节，可以调节两锯管之间的角度。另外尚有一条前端带一小孔或钩的通条，以便引导锯条穿过锯管（附图 5-16）。

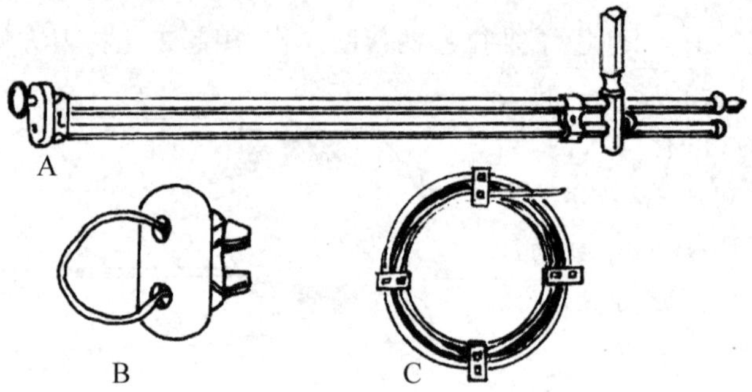

附图 5-16　产科线锯

A. 锯管　B. 穿线锯处　C. 线锯

线锯的使用方法有两种：

①绕上法。即将锯条绕过需要锯断的部位加以固定。以胎儿头颈侧弯为例，使用线锯时，先将锯条由后向前穿过一个锯管，拴上绳导后拉紧，右手带绳导伸入子宫，左手将此锯管紧跟绳导向前推进。把绳导带到颈部和躯干之间后，由上向下插入，然后再从下面找到绳导，并拉出于阴门之外，这样锯条就绕住了颈部。拉绳导时如遇到了阻力，活动一下锯管前端，锯条即能顺利拉出。然后去掉绳导，用通条把锯条由前向后穿过锯管，并将此锯管顺着锯条伸入子宫，抵达颈部，然后把卡子由后向前套在两锯管上，推至一定距离后交叉锯管。最后在锯条两端加上手柄。这时术者把两锯管的前端用力固定住，助手即可拉动锯条。

②套上法。将锯条提前在锯管内装好。然后套在需要锯断的部位固定。例如在截除姿势正常的前腿时，先把锯条在加上卡子的锯管内穿好，将锯条的圈套和锯管一起从蹄尖推入子宫，套到要锯断的部位上，然后锯断。

除了套胎儿这一步比较麻烦外，线锯使用起来比较方便。骨骼是容易锯断的，但皮肤因活动性大，而且柔韧，不容易锯断，必要时须先在皮肤上做一深而长的切口，或者套上锯条以后用钩子或其他方法把皮肤拉紧再锯。

开始锯以前，必须确定锯管前的锯条没有发生交叉，以免彼此摩擦。拉锯动作要平稳，幅度要大，一般中途不要停下来，以免锯条被组织卡住拉不动。有时胎毛塞在锯钩内，使锯条受阻，这时活动一下锯管前端，就可以帮助解决阻塞，不要猛拉硬拽。胎体披锯断以后，可感觉到锯条和锯管前端发生了金属摩擦，拉动锯条毫不费力，同时能将整个线锯从子宫中拉出来。

(5)胎儿绞断器(fetotome)　绞断器是由绞盘、钢管、抬杠、大摇把、小摇把和钢绞绳所组成。胎儿绞断器比线锯力量要大，可迅速绞断胎儿的任何部分。但骨质断端不整齐，取出胎儿时容易损伤产道。因此，除了尽量从关节处绞断外，必须用大纱布块保护骨质断端(附图5-17)。

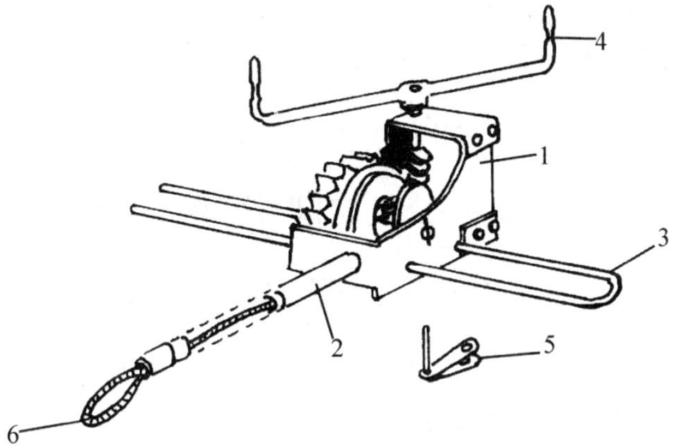

附图5-17　胎儿绞断器

1.绞盘　2.钢管　3.抬杠　4.大摇把　5.小摇把　6.钢绞绳

胎儿绞断器的用途及使用方法基本同线锯。绕上法是先将钢绞绳的一端带入子宫，绕过胎儿的要绞断部分，并拉出产道，将钢绞绳的两端对齐，穿过钢管，固定在绞盘上。套上法是先把钢绞绳装好固定在绞盘上，将钢绳套到需要绞断的肢体上，术者将钢管送入子宫，顶住预定要绞断的部位，并用手加以固定，以防位置改变。两名助手抬起绞盘，另一名助手先用小摇把绞。当钢绳绞紧后，再用大摇把用力慢绞。如果摇把已松，说明已经绞断。

(二)操作练习

按照各种助产器械的使用方法和操作规范，在已死亡胎儿或胎儿标本上进行操作练习，练习内容如下：

1. 牵引术

(1)前肢和后肢缚绳法及牵引胎头时产科绳的套头法和下颌牵引法。

(2)各种拉的器械的操作使用。

2. 矫正术

(1)结合牵引术，用产科绳矫正胎头弯曲。

(2)用长柄产科钩勾住眼眶，拉正胎头。

(3)用推拉梃矫正胎头弯曲或前肢关节屈曲。

(4)坐骨及跗部前置的矫正方法。

(5)正生侧位、下位时的矫正方法。

(6)倒生侧位、下位时的矫正方法

3. 截胎术

(1)各种截胎器械的操作使用。

(2)应用剥皮铲等器械施行皮下法前肢截除术,然后用钩刀缩小胸腔。

(3)应用线锯和绞断器施行开放法前肢、后肢或颈部截除术。

(4)胎头颅骨凿开术。

四、实习报告

(1)列举各种手术助产器械的用途及操作时的注意事项。

(2)通过实习,你认为哪些器械较为实用,哪些器械需要进一步改进?

(芮荣)

实习六　剖腹产手术

一、实习目的

掌握各种家畜腹产的准备工作及施术方法。

二、实习材料

(1)实习动物　即将分娩或妊娠末期的家畜(牛、羊、猪或兔、驴)或临床难产病例。

(2)器械及用品　包括常规外科手术器械、缝针、缝线(4 号、7 号、10 号、18 号)、纱布、创布、有钩探针、注射器、塑料布、手术盘、剪毛剪、剃毛刀、指刷、肥皂、洗手盆、体温表、听诊器以及保定器械等。

(3)药品　包括消毒药(氨水、新洁尔灭、洗必泰等任选一种)、碘酒、酒精、药棉、麻醉药或镇静药(氯丙嗪、静松灵、速眠新注射液、普鲁卡因注射液等)、强心药、止血药、抗生素及其他抢救和输液等药品。

三、实习内容及步骤

(1)术前准备

施术场地的选择:应在手术台上或选择洁净干燥的场地进行手术。地面用消毒液消毒。

施术动物的准备:术部剃毛、清洗消毒,并检查全身情况。

保定:一般为左侧卧或右侧卧保定,亦可站立保定。侧卧保定时,腹下必须垫一塑料布。

麻醉:在牛、马、羊可施行硬膜外腔麻醉或腰旁、椎旁传导麻醉;犬、猫、兔等小动物可用速眠新注射液进行全身麻醉。

(2)手术操作步骤　见本教材第四章第二节相关内容。

(3)术后处理　术后要求学生定时检查病畜全身情况,并注意术部清洁和消毒,防止感染化脓。若切口愈合良好,术后 8～10 d 即可拆除缝线。

四、实习报告

将手术动物的资料、术前检查结果、手术方案、手术过程及术后恢复情况详细记录，由术者组织进行分析讨论并写实习报告。

附：教师参考资料

(1)本实习可以在课表规定时间内用实习专用家畜进行。实习前最好能利用兽医院病例示范一次，以便学生对手术全部过程有一初步了解。也可运用录像带或幻灯片进行示教。

(2)剖腹产术对学生来说为第一次施行，估计所需时间较久，一般要超过 3 h。为了节省时间，实习前可进行一些准备工作，如事先将家畜术部清洗剃毛。

(3)为使实习顺利进行及保证实习动物术后的健康，应要求学生实习前进行预习，教师在术前还应抽出 15 min 左右的时间，扼要讲解手术方法及注意事项。

(4)要求学生实习前明确分工，各负其责。每组学生分工为：术者 1 人，助手 2 人，器械助手 1 人，巡回助手(包括全身观察)1 人，麻醉助手 1 人，其余学生负责保定及作为机动。术者负责组织制定手术方案。

(5)在本实习中，取出胎儿以后，可结合进行剥离胎衣操作、新生仔畜处理及假死时进行抢救的示教。

(6)手术前利用术前处理及消毒时间，进行妊娠检查。方法：外部触诊(大动物)，小动物腹部触摸。或教师事先准备好多普勒诊断仪或 B 超，进行探测诊断。

(7)利用兽医院难产病例进行手术时，参加手术同学需进行难产检查：软产道、硬产道、胎儿的胎向、胎位、胎势判定，对难产的原因作出准确诊断。

实习七　胚胎移植

一、实习目的

(1)了解家畜胚胎移植的过程，包括超排、配种、回收胚胎、检胚及胚胎移植等。

(2)以家兔为实习动物，使学生掌握胚胎移植的基本操作方法。

二、实习材料

1. 实习动物

成年母兔若干只，体重 4～5 kg；成年公兔 1～2 只，体重 4～7 kg。

2. 实习用品

(1)清洗、消毒、灭菌用品和液体配制用品　可参考有关动物细胞工程学的资料准备。

(2)超排及同期发情用品　注射器(5 mL)、针头(7 号)、镊子、酒精棉球；PMSG、hCG。

(3)手术用品　小动物常规外科手术器械、手术器械盘、手术衣帽及口罩(一次性)、医用手套、小动物手术台、手术灯以及消毒液(新洁尔灭)、麻醉药(戊巴比妥、乙醚、速眠新注射液)。

(4)胚胎回收、观察及移植用品　实体显微镜、恒温水浴锅、隔水式恒温培养箱、肠钳、阻血镊(5.7，弯)、注射器(20 mL)、针头、针头盒、胚胎冲洗进液针头、胚胎回收针、集卵杯、检卵杯、异物针、胚胎吸管(玻璃)、吸管胶头(乳胶或硅胶)、器械盘、酒精灯、胚胎移植管、胚胎移植针以及胚胎操作液(或称冲卵液,含2%～5%血清的mDPBS液)、胚胎保存液(含10%～15%血清的mDPBS液)等。

三、实习方法或步骤

1. 家兔的超排处理

家兔超排可在非假孕期的任何时间进行。在超排当日(0 d)3:00～5:00选择阴门淡粉红色的母兔,肌肉注射PMSG 60 IU;3～4 d发情,出现发情症状后将母兔放入公兔笼内交配,间隔3～4 h复配一次,以提高排卵率;在交配后静脉注射hCG 50 IU。

2. 受体兔同期发情与诱导假孕

在供体兔配种的同时给受体兔静脉注射hCG 20～30 IU或LH 10 IU诱导排卵,或用结扎输精管的公兔交配,刺激排卵。排卵兔即进入假孕,可作为待用受体。

3. 胚胎回收

配种后1.5～4 d,对超排配种的母兔进行手术法回收胚胎。手术前1 d开始饥饿,手术前对手术部位剃毛,剃毛范围半径5～6 cm。用1%戊巴比妥0.4～0.5 mL耳静脉注射做基础麻醉,再用乙醚吸入至全麻状态;或使用速眠新注射液进行全麻(0.05～0.1 mL/kg)。侧卧保定在手术台上,以切口为手术部位的中心,对整个手术部位进行清洗并及时擦干。用5%碘酊棉球对手术部位由中心向外扩散消毒,3～5 min之后,用75%酒精棉球重复以同样方式对术部脱碘、消毒。消毒结束后盖上术巾,用巾钳固定,仅暴露手术切口部位,准备手术。手术切口部位是在股前5 cm乳腺上3～4 cm处做长2～3 cm的纵行切口,切开腹壁皮肤,用有齿镊子夹住腹肌轻轻向上提起,切开腹肌及腹膜,用镊子拉住创口一侧,使创口张开,再用无齿镊子拨动肠道和系膜,找到输卵管或子宫角后夹住,轻轻拉出创口,再改用手指操作。

(1)输卵管胚胎回收　用无齿镊子找到输卵管漏斗部,将外径与输卵管开口部内径相当的胚胎回收管(一般长10 cm,外径2～3 mm)插入喇叭口内2 cm左右,用阻血镊由输卵管外固定,防止回收管滑脱。用装有冲卵液的注射器由子宫角前端向输卵管方向冲洗,回收输卵管胚胎。插入进液针头时,以拇指和食指捏住子宫角前端,右手持注射器将进液针头(磨钝针尖的6.5号注射针头)由子宫角前端向输卵管方向插入子宫角尖端。左手拇指和食指固定针头并捏住子宫角,以防止冲卵液流入子宫腔。缓缓推动注射器活塞,使冲卵液经子宫角尖端冲入输卵管,再经胚胎回收管流入集卵杯。一侧冲洗完毕后,除去器械,将该侧送回腹腔,再冲洗另一侧。每侧用液量为10～15 mL。

注意事项:插入针头时,针头斜面向上,先插入浆膜层,沿子宫肌层向前推进一段距离后,再进入子宫腔内,可防止冲卵液从针孔溢出;插针时要避开血管,以免引起出血和术后粘连;推进注射器活塞时不可用力过猛,要时刻注意子宫尖端的膨胀情况,防止子宫角前端过度胀大而破裂。

(2)子宫角胚胎回收　在靠近子宫角基部的位置,避开血管,插入胚胎回收针并轻轻摆动针头,确认针头进入子宫腔后,用套有乳胶管的肠钳夹住子宫角的进针部位。再用阻血镊夹住宫管接合部之前的输卵管,以防冲卵液流入输卵管。然后,从宫管接合部后1～2 cm处向宫管接合部方向插入进液针头,使针尖抵达阻血镊所夹部位。向输卵管方向注入冲卵液,冲卵液倒流回子宫角后,经回收针及后端的硅胶管收集冲出液于集卵杯中。注入冲卵液时要注意子宫角膨胀和回收液流出情况，如子宫角膨胀过大或出液不畅，要调整出液针头，不可用力推进液体，以防子宫破裂。回收液流出通畅时，子宫所受的张力也小，且回收率高。一侧子宫角冲洗完毕后，除去器械，检查针孔，确认无出血现象后，可冲洗另一侧。每侧子宫用液量为15～20 mL。两侧均冲洗完毕后，向子宫内注入抗生素液，将子宫送回腹腔，按腹腔手术常规闭合创口。

4. 检胚及胚胎的形态学观察与鉴定

将收集冲卵液的集卵杯放置在实体显微镜下检出胚胎，经过冲卵液净化处理后提高显微镜倍数，对胚胎进行形态学质量鉴定。将可移植胚胎移入新鲜的胚胎保存液中，在室温或培养箱保存，等待移植。

5. 胚胎移植

手术动物的麻醉、保定、手术部位及手术移植的基本过程与手术回收相似。经输卵管回收的胚胎，须移入输卵管；经子宫回收的胚胎，必须移入子宫角前1/3。由于兔的两侧子宫角不相通，需分别移植，一侧移植结束后，沿子宫体引出另一侧子宫角及输卵管再进行移植。具体方法可参考本教材第八章第五节。

四、实习报告

(1)将实习结果填入下表。

供体兔号	注射PMSG时间	注射hCG时间	发情、配种情况	胚胎回收时间	回收胚胎数	可用胚胎数	受体兔号	移植胚胎数	妊娠情况

(2)对实习结果进行总结。在可能的情况下，组织学生进行术后护理和观察受体的妊娠情况。

（马保华）

实习八　奶牛乳房炎的临床诊断和实验室检验

一、实习目的

使学生掌握奶牛乳房炎的临床一般诊断技术和隐性乳房炎的常用实验室检验方法，为以后诊断和预防乳房炎奠定基础，提高解决奶牛生产中有关问题的能力。

二、实习材料

1. 实习动物及检验样品

健康牛和乳房炎患牛各若干头，弃前三把乳后，采集每个乳区的乳汁约 20 mL，为检验样品。

2. 实习仪器及药品

乳汁检验盘、平皿、试管、1 mL、2 mL、5 mL 吸管、载玻片、滴管、三角烧瓶、温度计、pH 试纸、牙签或火柴和各种试剂(见检验法)。

三、实习内容与操作方法

1. 临床一般检查

(1)询问牛群的饲养管理和牛舍内外的卫生情况，牛只的年龄、胎次、泌乳和病史情况。

(2)现场观察畜舍卫生、牛只的营养和卫生情况，乳房的大小，四个乳区是否对称，乳房皮肤有无创伤和皮肤疾患等情况。

(3)触诊乳腺有无失去正常的柔软弹性，或有无弥漫性变硬与萎缩，并比较各乳区情况。随后以左手轻握乳头的下端，并使其稍向下伸直，用右手的拇指及食指轻轻触诊乳头管壁有无增厚，或变为硬索状等异常变化，并与其他乳头管作对比。最后轻轻挤压各乳区，观察排乳是否正常，有无痛感。触诊乳房上淋巴结有无肿大。

(4)认真观察挤奶员的操作，并观察乳汁有无异常变化。

通过检查，如果发现乳房有红、肿、热、痛等变化，乳房上淋巴结肿大，乳汁中混有絮状物、凝乳块、脓汁或血液，或乳汁呈水样或乳量剧减或无乳或只挤出几滴清液，则可诊断为临床型乳房炎。如果乳房和乳汁均无肉眼可见的变化，为确定是否有隐性乳房炎，则需进行实验室诊断。

2. 实验室检查

(1)CMT(加利福尼亚乳房炎检验)法　基本原理是利用烷基或烃基硫酸盐(阴离子表面活性剂)和碱性药物，破坏乳汁中的体细胞，释放出其中的 DNA 和蛋白质，它们与试剂结合产生沉淀或凝胶。乳汁中体细胞数越多，产生的沉淀或凝胶也越多，凝胶也越紧密。

试剂配方：苛性钠 15 g，阴离子表面活性剂(烷基硫酸盐或烷基烯丙基硫酸钠、或十二烷基硫酸钠)30～50 g，溴甲酚紫 0.1 g，蒸馏水 1 000 mL。

方法：将 4 个乳区的乳汁各 2 mL，分别加入乳汁检验盘的 4 个相应检验皿中，再加入试剂 2 mL，慢摇作同心圆状搅拌 10 s，观察判定。判定标准见附表 8-1。

注意事项：以顺时针回转搅动，边旋转搅动边细心观察乳汁反应，以旋转搅动 10 s 后乳汁反应的变化作为判定标准。本检查法不适用于初乳期和泌乳末期乳汁的检验。

(2)苛性钠凝乳试验法　此法操作简单，但不适用于检验泌乳初期和末期的乳样。

试剂：4%苛性钠溶液。

方法：将载玻片置于黑色衬垫物上，先加被检乳 5 滴，再加试剂 2 滴，用细玻棒或牙签迅速将其扩展为直径 2.5 cm 的圆形，搅动 20 s 观察凝乳情况。如奶样事先经过冷藏保存，则只需加一滴试剂。

判定标准：见附表 8-2。

注意事项：注意检测鲜奶和冷藏奶所加试剂的差异；使用冷藏奶之前须先摇匀，并置室温下温度回升后待检；必须在黑色衬垫物上或黑色背景的玻板上进行，回转搅动到 20 s 后作判定。

附表 8-1　CMT 法判定标准

乳汁反应	反应判定	细胞总数/(万个·mL^{-1})	嗜中性粒细胞比例/%
无变化，不出现凝块	阴性(－)	0～20	0～25
有微量沉淀，但不久有消失倾向	可疑(±)	15～50	30～40
部分形成凝胶状	弱阳性(＋)	40～150	40～60
全部呈凝胶样，回旋搅动时凝块向中央集中，停止回转搅动凝块呈凹凸状附着皿底	阳性(＋＋)	80～500	60～70
全部凝胶样，回转搅动时凝块向中央集中，停止回转搅动时，仍保持原样，并附着皿底	强阳性(＋＋＋)	500 以上	70～80
乳汁变黄色，表示细菌增多使乳糖分解	酸性乳(pH 在 2.5 以下)	—	—
乳汁变深黄紫色，为接近干奶期，感染乳房炎和泌乳量下降的现象	碱性乳	—	—

附表 8-2　苛性钠凝乳试验法判定标准

乳汁反应	反应判定	符号	推算细胞总数/(万个·mL^{-1})
无变化，不出现凝乳现象	阴性	－	50 以下
形成细微凝块	可疑	±	50～100
出现较大凝块，乳汁略显透明	弱阳性	＋	100～200
出现大凝块，用牙签混合搅动时，形成丝状凝结物，乳汁呈水样透明	阳性	＋＋	200 以上
出现乳白色的大凝块，有时全部凝成一大块，乳汁完全透明	强阳性	＋＋＋	500～600

(3)H_2O_2 玻片法(过氧化氢酶法) 此法为间接测定乳中白细胞的方法，即测定乳中白细胞的过氧化物酶，以推断乳中白细胞的数量。

试剂：6%～9% H_2O_2 溶液。

方法：将载玻片置于白色衬垫物上，滴被检乳一滴，再加 6%～9% H_2O_2 试剂一滴，混合均匀，静置 2 min 后观察判定。判定标准见附表 8-3。

附表 8-3　过氧化氢酶法判定标准

乳汁反应	反应判定	符号
液面中心无气泡，或有小如针尖的气泡聚积	正常奶	－
液面中心有少量大如粟粒的气泡聚积	可疑奶	±
液面中心布满或有大量粟粒大的气泡聚积	感染奶	＋

注意事项：检测须在白色背景的玻片上进行，乳样和试剂须等量，室温须在 25℃以上。

(4)溴麝香草酚蓝试验(BTB 法)

试剂：47.7%乙醇 500 mL，溴麝香草酚蓝 1 g，5%苛性钠溶液 1.3～1.5 mL 混合均匀后呈微绿色溶液，并呈准确中性。如果偏酸时，可滴加碳酸氢钠溶液。如果偏碱，可滴加盐酸，以校正酸碱度。

方法：采用试管法可先取 BTB 液 1 mL 置于 10 mL 试管中，再加被检乳 5 mL，混合 1 min 后进行判定。也可先取被检乳 5 mL 置于试管中，再沿试管壁缓缓滴加 BTB 液 1 mL，观察两者接触界面的颜色变化。也可采用玻片法，将载玻片置于白色衬垫物上，滴加被检乳一滴，再加 BTB 液一滴，用牙签作回转搅动搅匀，观察颜色变化。判定标准见附表 8-4。

附表 8-4　溴麝香草酚蓝试验法判定标准

乳汁反应	pH	反应判定	符号
黄绿色	6～6.5	正常奶	－
黄色	6.6	可疑奶	±
黄绿色至青绿色	6.6 以上	感染奶	＋

注意事项：BTB 液和用具必须校正为准确的中性，否则，其检查结果有差异；冷藏保存的乳样须先摇匀，待升至室温后检测。

四、实习报告

(1)到实习基地奶牛场进行调查和临床检查，对发现的临床型乳房炎患牛进行全面分析，并了解其治疗过程和效果。

(2)采用不同试验方法检验将每个乳样，详细记录、分析检验结果，并撰写出实习报告。

（李铁栓）

实习九　精液品质检查

一、实习目的

(1)了解精液品质检查的主要内容，初步掌握精液品质的评定标准和方法。

(2)比较不同生育力公畜精液，掌握根据精液品质评定公畜生育力的基本方法。

二、实习材料和用具

(1)公畜精液:采集正常和生育力低下的公畜(牛、猪)精液。生育力低下公畜可选用患病或老龄公畜,或较长时间人为高温或药物处理睾丸的公畜。

(2)器械及用具:显微镜、显微镜台恒温仪(板)或显微镜保温箱、细胞计数板、细胞计数器、恒温水浴箱、载玻片、盖玻片、一次性吸管或微量移液管、洗瓶等。

(3)试剂:生理盐水、3%氯化钠溶液、95%酒精、乙醚、0.5%龙胆紫酒精溶液、精密 pH 试纸、纱布、脱脂棉、蒸馏水等。

(4)精子形态的挂图或幻灯片。

三、实习内容、步骤和方法

1. 精液的外观检查

肉眼观察刚采集的精液色泽、气味、性状和射精量。

(1)射精量 将采得的精液从采精容器倒入有刻度的试管或集精杯中,测量精液量。牛的正常射精量一般为 4～8 mL,猪为 150～300 mL。

(2)精液的色泽和气味 正常的精液一般呈乳白色,且精子密度越高,乳白程度越浓,透明度也就越低。牛的精液因富含核黄素有时呈乳黄色;猪的精液呈淡乳白色或浅灰色,稀薄、米汤样、半透明。精液中若混有尿液,呈深黄色;混有血液呈粉红色或淡红色;混有脓汁则呈淡绿色;如有絮状物,可能是生殖道的炎性产物。正常的精液除有各种特有的气味外,不应有异味。

(3)精液的性状 牛的正常精液精子密度大,浑浊而不透明,呈云雾状。精子密度越大、活力越强,浑浊度就越大,乳白色就越浓,云雾状越明显。

2. 精子密度检查

(1)估测法 从显微镜视野中观察精子分布的稀稠情况,进行粗略估测。方法是取原精液一滴于载玻片上,加上盖玻片,在显微镜下放大 200～400 倍进行观察,并作粗略评级。

稠密:整个视野中精子密度很大,难于看出单个精子活动情况,可评为"密"(含精子 10^9/mL以上)。

中等:精子之间有明显的空隙,可以看出单个精子活动情况,可评为"中"(约含精子 2×10^8/mL)。

稀薄:精子之间空隙很大,精子稀疏地散布在视野中,可评为"稀"(含精子 2×10^8/mL 以下)。

属于"密"、"中"的精液可以使用,稀的而且活力又差的,则废弃不用。但这种估测方法有较大的主观性,评定的结果只作参考。

(2)血细胞计数器计数法 这是比较准确的精子密度检查法。方法是使用血细胞计数器测定单位体积精液中的精子数。本法常用于对精液做定期全面检查。对牛、羊等精子密度大的精液使用红细胞吸管稀释,对猪、马等精子密度较低的精液使用白细胞吸管稀释。具体操作过程除改用 3%氯化钠作稀释液外,其他都与红细胞计数方法相同。

其简化计算公式为:

1 mL 精液中精子数=5 个中方格(5×16=80 个小方格)内的精子数×10^7(即 5×10×1 000×200,其中"5"指计数室共有 25 个中方格;乘"10"是因计数室与盖片间的距离为

0.1 mm，乘 10 后则为 1 mm；乘“1 000”是因 1 mL＝1 cm^3＝1 000 mm^3；“200”则是稀释倍数）。

正常精液密度牛为 10 亿～15 亿/mL，羊为 20 亿～30 亿/mL，猪和马为 2 亿～3 亿/mL。为了减少误差，必须进行两次计数，取其平均数，即为所确定的精子数。

3. 畸形精子检查

凡形态和结构不正常的精子通称为畸形精子。方法是取少量的原精液，用生理盐水作适当稀释，取一滴经稀释的精液于载玻片的一端，用另一块载玻片一端与精液滴前缘接触，并以 30°角将精液滴拖向载玻片的另一端，做成均匀的精液抹片。抹片自然风干，以 0.5%龙胆紫酒精溶液或纯兰、红墨水染色 3 min，以流水缓缓冲去染色液，待干燥后即可镜检。

将抹片置显微镜下，放大 400～600 倍，检查 200～500 个精子，计算其中畸形精子百分率。

$$畸形率=\frac{畸形精子数}{计算的精子总数}\times 100\%$$

畸形精子率不能超过如下界限：牛 18%，水牛 15%，猪 18%～20%，羊 14%，马 12%，犬 20%。

四、实习报告

(1)将精液品质检查结果填入下表。

精液样品	精液量/mL	色泽	气味	pH	精液密度		活力	畸形率/%	备注
					目测	计数/亿/mL			

(2)根据你的检查所见，发现了哪些形态或结构异常的精子？并绘出异常精子的简图。

（邓近平）

实习十　奶牛场生产实践与调查

——奶牛围产期疾病调查和临床病例见习

一、调查目的

(1)了解奶牛场围产期疾病发病情况。

(2)了解奶牛场繁殖管理工作。

(3)初步掌握常见奶牛产科疾病的临床诊断及治疗方法。

二、调查内容

(1)适繁母牛存栏数、产科疾病种类、头数(次)及发病率。

(2)围产期产科疾病种类、头数(次)及发病率。

(3)前后两年围产期疾病逐月发病头数和发病率。

(4)导致母牛不孕或淘汰的产科疾病种类及发病率。

三、调查方法

(1)查阅近两年产科疾病病例记录、分娩母牛的产犊记录及不孕症资料(包括淘汰的牛);咨询有关围产期奶牛管理的规章制度。

(2)制定相关调查表格。

(3)听取兽医及繁殖技术人员情况介绍,座谈或讲课。

(4)现场见习产科病例的临床诊断及治疗。

四、资料统计分析

(1)各类产科疾病的发病率。

(2)围产期疾病逐月发病情况。

(3)不孕症的发病情况。

几点说明:

产科疾病种类:根据被调查牛场牛群自然发病情况确定。

围产期疾病:主要统计产科疾病,如流产(包括早产、死产),阴道脱出,难产,胎衣不下,子宫脱出,产后感染(包括产后阴门炎及阴道炎、产后子宫内膜炎、产后败血病和脓毒血病)、产后子宫弛缓和复旧不全等。

有关表格:奶牛主要产科疾病发病率统计表、奶牛围产期产科疾病发病率逐月统计表。

(邓近平)

附:调查表格式样

附表 10-1 奶牛主要产科疾病发病率统计表

病　　名	头　　次	发病率/%	
合　　计			

附表 10-2　奶牛围产期主要产科疾病逐月统计表

月份	分娩母牛数	流产（早产、死产）		阴道脱出		难产		生产瘫痪		胎衣不下		子宫脱出		产后感染		子宫弛缓		备注
		头次	发病率/%	头次	发病率/%	头次	发病率/%	头次	发病率/%	头次	发病率/%	头次	发病率/%	头次	发病率/%	头次	发病率/%	
1																		
2																		
3																		
4																		
5																		
6																		
7																		
8																		
9																		
10																		
11																		
12																		
合计																		

附录二　专业术语英汉对照

A-aligned spermatogonia, A_{al}	链状排列的 A 型精原细胞
abnormal posture	胎势异常
abortion	流产
absence of ejaculation	射精不能
acrosome reaction, AR	顶体反应
activin	活化素
acute systemic mastitis	急性全身性乳房炎
adhesion	附着
adronocorticotropic hormone, ACTH	促肾上腺皮质激素
afterbirth	胎衣
agonist	激动剂
alcohol positive milk, APM	酒精阳性乳
allantoic membrane	尿膜
amnion	羊膜
analogues	类似物
anaphase	(有丝分裂)后期
androgen	雄激素
androgen-binding protein, ABP	雄激素结合蛋白
androstenedione	雄烯二酮
anestrus	乏情
anomalies of the genital tract	生殖道畸形
antagnonist	拮抗剂
antidiuretic, ADH	抗利尿素
antilymphocyte serum, ALS	抗淋巴细胞血清
antiovarian antibodies, AoAb	抗卵巢抗体
antisperm antibody, AsAb	抗精子抗体
A-paired spennatogonia, A_{pr}	配对的 A 型精原细胞
artificial insemination, AI	人工授精
asexual reproduction	无性繁殖
A-single spermatogonia, A_s	单个的 A 型精原细胞
asphyxiation	窒息，假死
atresia	(卵泡)闭锁

autocrine	自分泌
balanoposthitis	阴茎头包皮炎
blastocyst	囊胚
blastomere	卵裂球
blastula	囊胚
blastular cavity	囊胚腔
blood tinged milk	血乳
bovine serum albumin,BSA	牛血清白蛋白
breeding difficulty	繁殖障碍
California mastitis test, CMT	加利福尼亚乳房炎诊断法
capacitation	精子获能
cell division cycle gene	细胞分裂周期基因
cervicitis	子宫颈炎
cervilaxin	宫颈松弛因子
cesarean section	剖腹产
cesarotomy	剖腹产术
chorion	绒毛膜
chorionic gonadotropin,CG	绒毛膜促性腺素
chroic endometritis	慢性子宫内膜炎
chronic mastitis	慢性乳房炎
cleavage	卵裂
clinical mastitis	临床型乳房炎
clone	克隆
cloned animal	克隆动物
cloprostenol	氯前列烯醇
co-cuture system	共培养系统
colloidal gold	胶体金
condition medium,CM	条件培养基
congenital myoclonia	先天性肌阵挛
controlled internal drug release-device,CIDR	内置可控药物释放装置
corona radiata	放射冠
corpus albicans,CA	白体
corpus hemorrhagicum	红体
corpus luteum spurium	周期黄体,假黄体
corpus luteum verum	妊娠黄体,真黄体
corpus luteum,CL	黄体
cortical reaction	皮质反应
corticotropin releasing hormone,CRH	皮质激素释放激素
cotyledonary placenta	子叶型胎盘

cryptorchidism	隐睾
cumulus-oocyte complex, COC	卵丘-卵母细胞复合体
cyclic adenosine-3′-5′-monophosphate, cAMP	3′，5′-环腺苷一磷酸
cyclopentenophenanthrene	环戊烷多氢菲
cystic corpora lutea	囊肿黄体
cytokine	细胞因子
dairy herd improvemenl, DHI	奶牛群改良
DEAE dextran	二乙氨乙基葡聚糖
decapacitation	精子去能
dehydroepiandrosterone, DHEA	脱氢表雄酮
delayed uterine involutlon	子宫复旧延迟
diakinesis	(有丝分裂前期的)终变期
6-(Diemthylamino)-purine, 6-DMAP	6-二甲基氨基嘌呤
diestrus	间情期
diffuse placenta	弥散型胎盘
dihydrotestosterone, DHT	二氢睾酮
diplotene	(有丝分裂前期的)双线期
direction of the fetus	胎向
discoid placenta	盘状胎盘
diseases during gestation period	怀孕期疾病
dominance	(卵泡)优势化
donor	(胚胎移植)供体
double cervix	双子宫颈
down regulation	下调
downer cow syndrome	爬卧母牛综合征
drops of fetal membranes and fetus	胎水过多
dystocia	难产
dystocia due to twins	双胎难产
early pregnancy factor, EPF	早孕因子
ectocrine	外分泌
edema of pregnancy	孕畜浮肿
edema of the marmmary gland	乳房浮肿
egg activation	卵子激活
embryo collection	胚胎回收
embryo splitting	胚胎分割
embryo transfer, ET	胚胎移植
embryonic cell	胚胎细胞
embryonic disc	胚盘
embryonic stem cell, ESC	胚胎干细胞

endocrine	内分泌
endocrine gland	内分泌腺
endocrine-disrupting chemicals	内分泌干扰物
endothelio-chorial placenta	内皮绒毛膜型胎盘
enzyme immunoassay, EIA	酶免疫分析法
enzyme linked immunosorbent assay, ELISA	酶联免疫分析法
epidermal growth factor, EGF	表皮生长因子
epididymitis	附睾炎
epithelio-chorial placenta	上皮绒毛膜胎盘
equilizing stage	(发情周期的)均衡期
equine chorionic gonadotropin, eCG	马绒毛膜促性腺激素
establishment of pregnancy	妊娠建立
estradiol	雌二醇
estriol	雌三醇
estrogen	雌激素
estrone	雌酮
estrous sign	发情征状
estrus	发情(期)
estrus cycle	发情周期
estrus during pregnancy	孕期发情
exaciatory stage	(发情周期的)兴奋期
facial paralysis of foal	新生驹面神经麻痹
fat cow syndrome	肥胖母牛综合征
fatty liver in periparturient cow	围产期奶牛脂肪肝
Fecundin	双胎素
feedback	反馈
feeder cell	饲养层细胞
fertilization	受精
fetal bovine serum, FBS	胎牛血清
fetal membranes	胎膜
fetal monsterosities	胎儿畸形
fetal oversize	胎儿过大
flow cytometer	流式细胞仪
fluoprostenol	氟前列烯醇
fluorescence in situ hybridization, FISH	荧光原位杂交
follicle stimulating hormone releasing hormone, FSHRH	促卵泡素释放激素
follicle stimulating hormone, FSH	促卵泡素
follicular cysts	卵泡囊肿

follicular phase	(发情周期的)卵泡期
follicular wave	卵泡(发育)波
follistatin	卵泡抑素
freemartinism	异性孪生母犊不育
FSH suppressing protein,FSP	促卵泡素抑制蛋白
galactorrhea	漏乳
gangrenous mastitis	坏疽性乳房炎
germinal knot	胚结
germinal vesicle	生发泡
germinal vesicle breakdown, GVBD	生发泡破裂
gestation period	怀孕期
glycosaminoglycans,GAGs	葡萄胺聚糖
gonadatropin releasing hormone, GnRH	促性腺激素释放激素
gonadotrophin	促性腺激素
gonocyte	性原细胞
Graafian follicle	格拉夫式/成熟卵泡
growth hormone releasing hormone, GRH	生长激素释放激素
growth hormone, GH	生长激素
haemo-chorial placenta	血液绒毛膜胎盘
haemolytic disease in neonatal piglet	新生仔猪溶血病
haemolytic disease in newborn calf	新生犊牛溶血病
haemolytic disease in newborn puppy	新生仔犬溶血病
haemolytic disease of the neonates	新生仔畜溶血病
haemolytic icterus of the neonate	新生仔畜溶血性黄疸
haemolytic disease of the newborn foal	新生马驹溶血性黄疸
haemolytic disease of the newborn mule	新生骡驹溶血性黄疸
hatched blastocyst	孵化囊胚
healthy udder	健康乳房
helper cell	辅助细胞
hemorrhage of the vagina	阴道出血
hemospermia	血精
hermaphorditism	两性畸形,半阴阳,雌雄同体性
hermaphordite	两性体,半阴阳体,雌雄同体
heterogeneity	异质性,非均一性
hidden mastitis	隐性乳房炎
high ionic strength medium,HIS	高离子强度液
hormone	激素
hormone immunonentralzationm,HIN	激素免疫中和
human chorionic gonadotropin, hCG	人绒毛膜促性腺激素

human chorionic gonodotropin-like factor	人绒毛膜促性腺激素样因子
hybrid infertility	杂种性不育
hydrometra	子宫积液
hydrosalpinx	输卵管积液
hypocalcemia	低血钙症
hypogalactia and agalactia	泌乳不足及无乳
hypoglycemia of newborn piglets	新生仔猪低血糖症
hypothalamus-pituitary-gonadal axis,HPGA	下丘脑-垂体-性腺轴
hypothalamus-pituitary-ovarian axis,HPOA	下丘脑-垂体-卵巢轴
hypothalamus-pituitary-testis axis,HPTA	下丘脑-垂体-睾丸轴
immune-neuro-endocrine network,INEN	免疫-神经-内分泌网络
immunogold labeling technique,ILT	免疫金标记技术
immunosuppressive early pregnancy factor,IsEPF	免疫抑制性早孕因子
implantation	附植
impotency	阳痿
in vitro culture,IVC	体外培养
in vitro developmental blocks	体外发育阻滞
in vitro fertilization,IVF	体外受精
in vitro maturation,IVM	体外成熟
inactive ovaries	卵巢机能不全
incomplete dilation of the cervix	子宫颈开张不全
incomplete involutlon of the uterus	子宫复旧不全
incontinence of milk	漏乳
induced ovulation	诱发排卵
induced pluripotent stem cell,iPSC	诱导多能干细胞
induction of lactation	诱导泌乳
induction of parturition	诱导分娩
induction of estrus	诱导发情
infantilism	幼稚病
infectious clinical mastitis	感染性临床型乳房炎
infectious subclinical mastitis	感染性亚临床型乳房炎
infertilitas	不孕症
infertility	不孕
infertility due to immuunological factors	免疫性不育
inhibin	抑制素
inhibitory stage	(发情周期的)抑制期
inner cell mass,ICM	内细胞团
insulin like growth factor,IGF	胰岛素样生长因子
interferon tau,IFN-τ	干扰素-τ

interferon,IFN	干扰素
interleukin,IL	白细胞介素
intersexualitism	两性畸形
intersexuality	雌雄间性
interstitial cell stimulating hormone,ICSH	间质细胞刺激素
intracytoplasmic sperm injection,ICSI	胞质内精子注射
intrauterine insemination,IUI	宫腔内授精
introcrine	胞内分泌
isoinmune haemolytic anaemia	免疫溶血性贫血病
lack of libido	性欲缺乏
lactorrhea	漏乳
leptotene	(减数分裂前期的)细线期
Leydig cell,LC	(睾丸)间质细胞
libido	性欲
ligand	配基
loop-mediated isothermal amplification,LAMP	环介导恒温扩增法
luchia	恶露
luteal cyst	黄体囊肿
luteal phase	(发情周期的)黄体期
luteinizing hormone releasing hormone,LHRH	促黄体素释放激素
luteinizing hormone,LH	促黄体素
luteotropic hormone,LTH	促黄体分泌素
lutilized cyst	黄体化囊肿
lutin	黄素
Lutrexin	黄体松子宫素或子宫松弛因子
M phase-promoting factor	M-期促进因子
maceration	胎儿浸溶
mastitis	乳房炎
mastitis-metritis-agalactia syndrome,MAA	乳腺炎-子宫炎-无乳综合征
maternal recognition of pregnancy	妊娠识别
maturation-promoting factor,MPF	成熟促进因子
mature follicle	成熟卵泡
melanophore-stimulating hormone release inhibiting factor,MIF	促黑素细胞激素释放抑制因子
melanophore-stimulating hormone releasing factor,MRF	促黑素细胞激素释放因子
menstruation	月经
metaphase	(有丝分裂)中期
metestrus	发情后期,后情期

metrorrhagia	子宫出血
microfertilization	显微受精
milk ejection	放乳
milk fever	乳热症
milk removal	排乳
milk stone	乳石
milk well	乳井
monoestrus	季节性单次发情
morula	桑葚胚
mucometra	子宫积液
mullerian inhibiting factor,MIF	缪勒氏管抑制因子
multiple ovulation and embyo transfer,MOET	超数排卵与胚胎移植
mummification	胎儿干尸化
mutiple generational embryo cloning	胚胎继代克隆
natural mating	自然交配,本交
neonatal isoerythrolysis	新生仔畜同种红细胞溶血病
neurohormone	神经激素
neurosecretion	神经分泌
nidation	(胚胎)着床/嵌入
nonclinical or subclinical mastitis	非临床/亚临床型乳房炎
non-specific clinical mastitis	非特异性临床型乳房炎
non-specific subcincal mastitis	非特异性亚临床型乳房炎
nuclear lamins	核纤层蛋白
nuclear transfer	核移植
nuclear transplantation	核移植
nymphomania	慕雄狂
oil red O	油红 O
omphalitis	脐炎
oocyte maturation inhibitor,OMI	卵母细胞成熟抑制因子
oogonia	卵原细胞
orchitis	睾丸炎
osteopontin,OPN	骨桥蛋白
ovarian cyst	卵巢囊肿
ovarian hypoplasia	卵巢发育不全
ovaritis	卵巢炎
ovine uterine milk proteins,UTMP	绵羊子宫乳蛋白
ovulation	排卵
ovulation disturbance	排卵障碍
ovulation inducing hormone,OIH	排卵诱发激素

oxtocin,OT/OXT	催产素
pachytene	(减数分裂前期的)粗线期
paracrine	旁分泌
paraplegia of pregnancy	孕畜截瘫
parturient paresis	生产瘫痪
parturion syndrome	分娩综合征
parturition	分娩
penis and preputial trauma	阴茎和包皮损伤
penis neoplasmss	阴茎肿瘤
periodic center	周期中枢
periparturient period	围产期
perivitelline space	卵周隙
permissive action	允许作用
persistent corpus luteum,PCL	持久黄体
persistent urachus	持久脐尿管,脐尿管瘘
phantom pregnancy	假孕
placenta	胎盘
placental gonadotropin	胎盘促性腺素
placental lactogens,PL	胎盘促乳素
plasma membrance	细胞膜
pneumovagina	气膣
polyestrus	季节性多次发情
polymerase chain reaction,PCR	聚合酶链式反应
polyspermy	多精子受精
position of the fetus	胎位
postpartum period	产后期
posture of the fetus	胎势
pregnancy toxemia	妊娠毒血症
pregnancy toxemia of ass and mare	驴、马妊娠毒血症
pregnancy toxemia of the dairy cow	奶牛妊娠毒血症
pregnant mare serum gonadotropin,PMSG	孕马血清促性腺素
preimplantation genetic diagnosis,PGD	附植前妊娠诊断
preputial prolapse	包皮脱垂
presentation	前置,先露
primary follicle	初级卵泡
primary oocyte	初级卵母细胞
primary sex cords	初级性索
primary spermatocyte	初级精母细胞
primordial follicle	原始卵泡

primordial germ cell,PGC	原始生殖细胞
proestrus	发情前期
progesterone releasing intravaginal device,PRID	阴道孕酮释放装置
progesterone,P_4	孕酮
progestogen	孕激素
prolactin release-inhibiting factor,PIF	促乳素释放抑制因子
prolactin releasing factor,PRF	促乳素释放因子
prolactin,PRL	促乳素
prolapse of the vagina	阴道脱出
prophase	(有丝分裂)前期
prostaglandin,PG	前列腺素
prostanoic acid	前列烷酸
pseudoestrus	假发情
pseudopregnancy	假孕
puberty	初情期
puerperal infection	产后感染
puerperal metritis	产后子宫内膜炎
puerperal paraplegia	产后瘫痪
puerperal septicemia and pyemia	产后败血症和脓毒血症
puerperal vulvitis and vaginitis	产后阴门炎及阴道炎
purpura haemorrhagica	出血性紫斑,血斑病
pyometra	子宫积脓
pyosalpinx	输卵管积脓
radio-immunoassay,RIA	放射免疫分析法
rapature of the uterus	子宫破裂
reception of egg	卵子的接纳
receptor	受体
recipient	(胚胎移植的)受体
recruitment	(卵泡的)募集
Releasin	松弛素,松弛肽
repeat breeder	屡配不孕
reproductive failture	繁殖障碍
reproductive hormone	生殖激素
retained fetal membranes	胎衣不下,胎膜滞留
retention of meconium	胎粪停滞
retention of the afterbirth	胎衣不下,胎膜滞留
rosette inhibiton test,RIT	玫瑰花环试验
rupture of bladder	膀胱破裂
salpingitis	输卵管炎

scrotal trauma	阴囊损伤
secondary follicle	次级卵泡
secondary oocyte	次级卵母细胞
secondary spermatocytes	次级精母细胞
selection	(优势卵泡的)选择
seminal vesiculitis syndrome	精囊腺炎综合征
sertoli cells	睾丸支持细胞
sex determination region Y gene	Y 染色体的性别决定区
sex control	性别控制
sexal maturation	性成熟
shock	休克
short estrus	短促发情
silent heat	安静发情
simple defined-chemically media	简单化学限定培养液
sinus milk	窦乳
sol particle immunoassay,SPIA	溶胶颗粒免疫测定法
somatic cell	体细胞
somatic cell count,SCC	体细胞计数
somatostatin,SS	生长抑素
sperm abnormalities	精子异常
sperm granuloma	精子肉芽肿
spermatogonial stem cell	精原干细胞
spermiogenesis	精子发生
spermiostasis	精液滞留
spermitids	精子细胞
split estrus	断续发情
spontaneous ovulation	自发排卵
stenosis of pelvis	骨盆狭窄
stenosis of the cistern and teat canal	乳池及乳头管狭窄
stenosis of vagina,vulva and vestibule	阴道、阴门及前庭狭窄
subzonal sperm insertion,SUZI	精子透明带下注射
suffocation	窒息,假死
summer sterility	夏季不育
superfetation	异期复孕
superovulution	超数排卵
synchronizition of estrus	同期发情
syndesmo-chorial placenta	上皮结缔绒毛膜型胎盘
teat dipping	乳头药浴
telecrine	远距分泌

telophase	(有丝分裂)末期
tertiary follicle	三级卵泡
testicular degeneration	睾丸变性
testicular hypoplasia	睾丸发育不全
testicular neoplasms	睾丸肿瘤
testicular torsion	睾丸扭转
testis determining factor	睾丸决定因子
testosterone	睾酮
tetany of the newborn calf	新生犊牛搐搦症
thyroid stimulating hormone, TSH	促甲状腺素
thyrotropin releasing hormone, TRH	促甲状腺素释放激素
tonic center	紧张中枢
trauma of the mammary gland	乳腺创伤
trophoblast protein-1, TP-1	滋养层蛋白-1
tumor necrosis factor, TNF	肿瘤坏死因子
udder gangrene	乳房坏疽
umbilical cord	脐带
up regulation	上调
uterine cystic glandular hyperplasia with pyometra in the dog and cat	犬、猫子宫内膜腺囊性增生蓄脓症
uterine inertia	子宫迟缓
uterine inversion	子宫内翻
uterine involutlon	子宫复旧
uterine prolapse	子宫脱出
uterine torsion	子宫捻转
vaginal anus	膣肛
vaginitis	阴道炎
vasopressin	血管加压素
veterinary obstetrics	兽医产科学
villus halo	绒毛晕
vitelline membrane reaction	卵黄膜反应
weakness	孱弱
white heifer disease	白犊病
yolk sac	卵黄囊
zona pellucida, ZP	透明带
zona reaction	透明带反应
zonary placenta	带状胎盘
zygote	合子
zygotene	(第一次减数分裂前期的)偶线期

参 考 文 献

1. 赵兴绪. 兽医产科学. 4 版. 北京:中国农业出版社,2009.

2. 杨利国. 动物繁殖学. 北京:中国农业出版社,2003.

3. 王建辰,章孝荣. 动物生殖调控. 合肥:安徽科学技术出版社,1998.

4. 陈北亨,王建辰. 兽医产科学. 北京:中国农业出版社,2001.

5. 张家骅. 家畜生殖内分泌学. 北京:高等教育出版社,2007.

6. 杨钢. 内分泌生理与病理生理学. 天津:天津科学技术出版社,1996.

7. 张忠诚. 家畜繁殖学. 4 版. 北京:中国农业出版社,2004.

8. 杨增明,孙青原,夏国良. 生殖生物学,北京:科学出版社,2005.

9. Bearden H J, Fuquay J W, Willard S T. Applied Animal Reproduction. 6th ed. Upper Saddle River, New Jersey: Pearson Prentice Hall, 2004 .

10. Morrow D A. Current Therapy in Theriogenology. WB Saunders Company, 1986.

11. 朱士恩. 动物生殖生理学. 北京:中国农业出版社,2006.

12. 冯怀亮 . 哺乳动物胚胎工程 . 长春:吉林科学技术出版社,1994.

13. 秦鹏春,李云龙,潭景和,等 . 哺乳动物胚胎学 . 北京:科学出版社,2001.

14. 王光亚,马保华,王建辰,等 . 山羊胚胎子宫内回收和移植的手术方法 . 西安:陕西科学技术出版社,1990.

15. Muller W A. 发育生物学. 黄秀英,劳为德,郑瑞珍,等译. 北京:高等教育出版社,施普林格出版社,1998.

16. Jerome F Strauss III, Robert L. Barbieri. Jen & Jaffe 生殖内分泌学. 5 版. 林守清,主译. 北京:人民卫生出版社,2006.